Audi A4 mit 4-Zylinder-Benzin-Motoren 8 und 20 Ventile — ab 1994 1,6- und 1,8- Liter

AF895427

1 Allgemeines

1.1 Der neue Audi A4

Diese Reparaturanleitung befasst sich mit dem neuen Audi-Modell "A4". Bei diesem als Nachfolger des Audi 80 angesehenen Fahrzeug handelt es sich nicht um eine Umgestaltung des Vorgängers unter einem neuen Namen, sondern man kann das neue Modell als ein neues Fahrzeug bezeichnen. Obwohl die Hinterradaufhängung vom Audi 80 übernommen wurde, die bereits bei der Konstruktion des Volkswagen Passat ihre Tauglichkeit bewiesen hat und wenn einer der Motoren aus der VW/Audi-Baureihe zum Einbau kommen, sind die hauptsächlichen Bauteile, wie z.B. Unterboden, Karosserie und die Vorderradaufhängung vollkommen neu.

Wie üblich bei Audi gibt es eine umfangreiche Motoren-Palette. Diese Ausgabe befasst sich nur mit den Vierzylindermotoren.

Der kleinste Motor in der Baureihe ist ein 1,6 Liter-Motor mit 8 Ventilen und einer Leistung von 101 PS (74 kW) bei einer Drehzahl von 5300/min. Der Motor hat sich bereits in den letzten Baujahren des Audi 80 bewährt. Durch vortrefflich angeglichene Getriebeübersetzungen und einem guten Drehmoment, verbunden mit dem leichteren Gewicht des A4, gibt der Motor eine vortreffliche Leistung, vorausgesetzt, dass man die Gänge voll ausnutzt. Der Motor wird nicht in den Quattro eingebaut.

Die beiden anderen, neu entwickelten Motoren sind Vierzylindermotoren und haben einen Hubraum von 1,8 Liter, sind jedoch in zwei Versionen lieferbar. Beide Ausführungen haben fünf Ventile pro Zylinder und zwei obenliegende, durch einen Zahnriemen angetriebene Nockenwellen. Eingebaut im Modell "A4 1,8" ist ein Motor mit einer Leistung von 125 PS (92 kW) bei einer Drehzahl von 5800/min. Beim anderen Motor, in der Ausführung "1,8T" ist der gleiche Motor eingebaut, dessen Leistung jedoch durch Hinzufügung eines Turboladers auf 150 PS (110 kW) bei einer Drehzahl von 5700/min gebracht wurde. Der Motor ist mit einem Ladeluftkühler versehen. Im Abschnitt "Motor" wird etwas näher auf die Konzeption des neuen 5-Ventil-Motors eingegangen. Beide Motoren können in den Quattro ("quattro") eingebaut sein.

Ursprünglich wurden die Motoren nur in Limousinen eingebaut, jedoch ist in der Zwischenzeit eine Kombiwagenausführung "A4 Avant" hinzugekommen.

Die vollkommen neu entwickelte Vorderadaufhängung besteht aus zwei oberen und zwei unteren, dreieckförmig angeordneten Querlenkern, anstelle der früher beim Audi 80 eingebauten Federbeinaufhängung. Schraubenfeder, ko-axiale Stossdämpfer und ein Kurvenstabilisator vervollständigen die Vorderradaufhängung. Durch die neue Radaufhängung wurde vor allem eine bessere Kontrolle der Räder während Auf- und Abbewegungen der Radaufhängung erzielt.

Wie bei den letzten Ausführungen des Audi 80 mit Zweiradantrieb wird man grössere Änderungen an der Verlegung des Kurvenstabilisators der Hinterradaufhängung feststellen (falls Sie frühere Audi 80-Modelle vor Baujahr 1991 kennen), welcher jetzt getrennt vor dem Achskörper sitzt,

Hinweis: Um den genauen Motor zu bestimmen, muss man sich immer an die Typenbezeichnung halten.

wie es bereits bei den letzten Modellen des genannten Fahrzeuges der Fall war. Eingebaut ist eine sogenannte Verbundlenkerachse mit Längslenkern und Querverbindung. Neu am A4 sind die Gasdruckstossdämpfer.
In der Quattro-Ausführung setzt sich die Hinterradaufhängung aus einem Hilfsrahmen mit oberen und unteren Dreiecksquerlenkern, Spurstangen, Schraubenfedern und ko-axialen Stossdämpfern zusammen, wie sie auch bereits bei den letzten Ausführungen der Audi 80-Limousinen und -Kombiwagen eingebaut war.
Vierrad-Scheibenbremsen sind eingebaut. Je nach Motorenstärke können die vorderen Bremsscheiben entlüftet sein oder bestehen aus Vollmaterial. Obwohl die Bremsen wesentlich an den Audi 80 erinnern, ist eine elektronische Bremsdruckregulierung (EBV) in das Steuergerät der ABS-Anlage eingebaut. Diese Einrichtung überwacht den Bremsdruck innerhalb der Anlage und reguliert ihn, so dass die Hinterradbremsen bei der Abbremsung des Fahrzeuges voll mitwirken. Das bereits bekannte EDS-System (elektronische Differentialsperre), welches eines der Antriebsräder beim Durchrutschen abbremst, wird serienmässig in Quattro-Fahrzeuge eingebaut und ist auf Sonderwunsch für alle Modelle mit 1,8 Liter-Motor erhältlich. Die Anlage ist, wie üblich, als Zweikreisanlage mit einem serienmässig eingebauten Bremskraftverstärker gebaut. ABS ist bei den behandelten Fahrzeugen serienmässig eingebaut.
Eine Zahnstangenlenkung dient zum Lenken des Fahrzeuges. Alle Fahrzeuge sind serienmässig mit einer Servolenkung ausgerüstet.
Entweder ein serienmässig eingebautes Fünfganggetriebe oder eine Viergang-Automatik werden in den A4-Modellen mit Zweiradantrieb eingebaut. Der Quattro ist mit dem üblichen, permanenten Allradantrieb, mit zentralem Torsen-Differential und hinterem, manuell sperrbarem Differentil ausgerüstet. Wie auch die anderen Fahrzeuge wird ein Fünfganggetriebe verwendet.

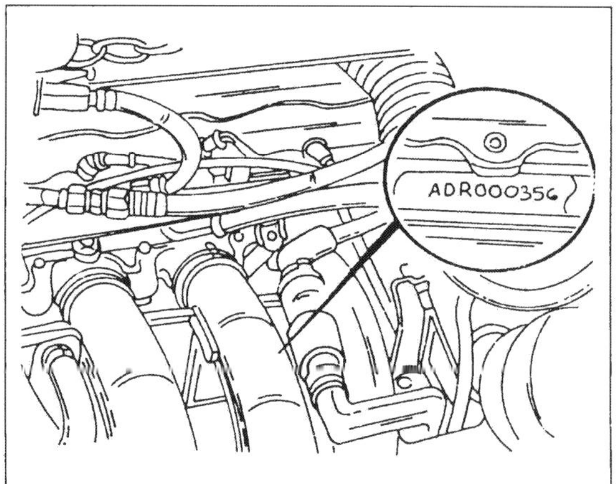

Bild 1
Die Motornummer ist an der gezeigten Stelle in den Zylinderblock eingeschlagen.

1.2 Fahrzeugerkennung

Das Fahrzeugtypenschild kann nach Öffnen der Motorhaube im Motorraum gesehen werden. Die Fahrgestellnummer ist ebenfalls in die Karosserie eingeschlagen und gibt ausser der laufenden Fertigungsnummer den Typ, das Modelljahr und die Produktionsstätte an.
Die Motornummer aller Motoren ist an der in Bild 1 gezeigten Stelle in den Zylinderblock eingeschlagen.
Das Getriebe ist ebenfalls mit einer Nummer versehen. Beim Fünfganggetriebe ist sie mit dem Kenn-Buchstaben an einer Platte an der Seite und auch an der Oberseite, vorn am Anschlussflansch, versehen. An der Seite istdie Bauart des Getriebes angegeben. Im Kapitel "Schaltgetriebe" wird näher auf die Kennzeichnung eingegangen.
Diese Nummern sind beim Bestellen von Ersatzteilen oder Austauschteilen unbedingt anzugeben, da sich viele der Teile nur für den Audi A4 eignen, obwohl sie Ähnlichkeiten mit Teilen anderer Fahrzeuge, wie z.B. dem Audi 80 haben.
Der Fahrzeughersteller versucht jederzeit, die Fahrzeugmodelle zu verbessern, und nur durch Angabe der besagten Nummern ist Ihr Ersatzteillieferant in der Lage, Ihnen die vorgeschriebenen Teile fürdie betreffende Ausführung Ihres Audi A4's zu verkaufen, sei es ein Fahrzeug mit Zweiradantrieb oder einen Quattro.

1.3 Allgemeine Anweisungen bei Reparaturen

Die Beschreibungen in dieser Reparaturanleitung sind in einfacher Weise und allgemein verständlich gehalten. Wenn dem Text und den Abbildungen bei der Arbeit Schritt für Schritt gefolgt wird, dürften keine Schwierigkeiten auftreten.
Die Mass- und Einstelltabelle am Ende des Buches ist hierbei ein wichtiger Teil und muss bei allen Reparaturarbeiten am Fahrzeug hinzugezogen werden. Innerhalb der einzelnen Anleitungen werden die notwendigen Massangaben oder Einstellwerte nicht immer angeführt, weshalb in der genannten Tabelle nachzuschlagen ist. Es sei besonders darauf hingewiesen, dass man unter dem in Frage kommenden Modell nachlesen muss, um jegliche Fehler zu vermeiden.
Einfache Handgriffe, wie z.B. "Motorhaube öffnen" vor Arbeiten im Motorraum, oder "Radmuttern lösen" vor Arbeiten an den Radbremsen werden nicht immer erwähnt, da diese als selbstverständlich vorausgesetzt werden.
Dagegen befasst sich der Text ausführlich mit schwierigen Arbeiten, die in allen Einzelheiten be-

schrieben sind. Eine Reihe wichtiger Hinweise, die bei jeder Reparaturarbeit beachtet werden sollten:

- Schrauben und Muttern sind in sauberem Zustand und leicht eingeölt zu verwenden. Mutternflächen und Gewindegänge immer auf Beschädigung untersuchen und vorhandene Grate entfernen. Im Zweifelsfall neue Schrauben oder Muttern verwenden. Einmal gelöste, selbstsichernde Muttern sollten immer erneuert werden. Auf keinen Fall dürfen Muttern und Schrauben entfettet werden.
- Stets die in der Anzugsdrehmoment-Tabelle angeführten Anzugsdrehmomente beachten. Diese Werte sind nahezu in den gleichen Gruppen zusammengefasst, die auch die Kapitel dieser Reparaturanleitung bilden und lassen sich somit leicht auffinden. Bestimmte Bilder in dieser Ausgabe geben ausserdem die Anzugsdrehmomente von Schrauben und Muttern an, wodurch es Ihnen ermöglicht wird, das Anziehen von Befestigungen schnell durchzuführen.
- Alle Dichtscheiben, Dichtungen, Sicherungsbleche, Sicherungsscheiben, Splinte und 'O'-Dichtringe (Rundschnurringe) sind beim Zusammenbau zu erneuern. Öldichtringe (Radialdichtringe, Simmerringe) sollten ebenfalls erneuert werden, sofern die Welle aus dem Dichtring genommen wurde. Die Lippe eines Dichtringes ist vor dem Zusammenbau mit Fett einzuschmieren. Man muss darauf achten, dass sie beim Einbau in die Richtung weist, aus welcher Öl oder Fett austreten kann.
- Bei Hinweisen auf die linke oder rechte Seite des Fahrzeuges wird angenommen, dass man aus der Fahrtrichtung bei Vorwärtsfahrt die Seitenbezeichnung ableiten kann, analog der Begriffe "vorn" und "hinten". Im Zweifelsfall wird im Text nochmals eine Erläuterung gegeben.
- Ganz besonders ist darauf zu achten, dass zu Arbeiten an den Bremsen, an der Radaufhängung oder allgemein an der Unterseite des Fahrzeuges für eine sichere Abstützung des hochgebockten Wagens gesorgt ist. Kapitel 1.5 sollte durchgelesen werden, ehe man das Fahrzeug aufbockt. Der Bordwagenheber ist nur für den Radwechsel unterwegs vorgesehen. Falls er dennoch bei Reparaturen zur Hilfe genommen wird, ist lediglich der Wagen damit anzuheben und dann auf geeignete Montageböcke abzulassen. Derartige, dreibeinige Unterstellböcke sollen zur Sicherheit auch unter dem Fahrzeug plaziert werden, wenn ein Garagenwagenheber zur Verfügung steht. Ziegelsteine sollten zum Unterbauen nicht verwendet werden, allenfalls Hohlblocksteine wegen ihren grösseren Auflageflächen, doch sind dann zwischen Fahrzeug und Steine noch genügend starke Bretter zu legen.
- Fette, Öle, Unterbodenschutz und alle mineralischen Substanzen wirken auf die Gummiteile des Fahrwerks und der Bremsanlage aggressiv. Besonders von Teilen der hydraulischen Anlage sind solche Mittel, zu denen auch Kraftstoff gehört, fernzuhalten. Für Reinigungsarbeiten an der Bremsanlage soll nur Bremsflüssigkeit oder Spiritus verwendet werden. Hierbei sei aber darauf verwiesen, dass Bremsflüssigkeit giftig ist und z.B. auf lackierte Flächen ätzend wirkt.
- Zur Erzielung der besten Reparaturergebnisse ist die Verwendung von Original-Ersatzteilen Voraussetzung. Um späteren Schwierigkeiten aus dem Wege zu gehen, muss der Einbau irgendwelcher Fremdprodukte unterbleiben. Ausnahmen sind nur bei Teilen der elektrischen Anlage gegeben oder falls das Herstellerwerk dementsprechende Freigaben macht.
- Bei Bestellungen von Ersatz- und Austauschteilen müssen die genaue Modellbezeichnung mit Fahrgestellnummer, gegebenenfalls die Motornummer und das Baujahr angegeben werden. Damit beschleunigt man die Bestellung und das Beziehen von falschen Teilen wird verhindert.
- Alle Arbeiten am Auto, besonders solche an der Bremsanlage und an der Lenkung sowie Radaufhängung, sind mit Sorgfalt und Umsicht durchzuführen. Die Verkehrssicherheit des Fahrzeuges muss nach jeder Reparatur ohne Ausnahme gewährleistet sein.

1.4 Arbeitsbedingungen und Werkzeuge

Um Reparaturarbeiten durchzuführen, benötigt man einen sauberen, gut beleuchteten Arbeitsplatz, der mit einer Werkbank und Schraubstock versehen ist. Es soll auch genügend Raum vorhanden sein, um die verschiedenen Teile auszulegen und zu ordnen, ohne dass man sie immer wieder wegräumen muss. In einer gut ausgerüsteten Werkstatt lässt sich gemütlich und ohne Hast arbeiten, die Maschine kann in einer sauberen Umgebung zerlegt und wieder zusammengebaut werden. Leider verfügt aber nicht jeder über einen solchen idealen Arbeitsplatz und dementsprechend muss auch da und dort improvisiert werden. Um diesen Nachteil auszugleichen, muss besonders viel Zeit und Sorgfalt aufgewendet werden.

Als weiteres benötigt man unbedingt einen möglichst vollständigen Satz Qualitätswerkzeuge. Qualität ist hier oberstes Gebot, da billiges Werkzeug auf lange Sicht eher teuer werden kann, falls man damit abrutscht oder es zerbricht und dabei teuren Schrott baut. Ein gutes Qualitätswerkzeug wird sich lange verwenden lassen und rechtfertigt in jedem Falle die Anschaffungskosten. Die Grundlage des Werkzeugsatzes ist ein Satz Gabelschlüssel, die sich an jedem gut zugänglichen Teil des Fahrzeuges ansetzen lassen. Ein Satz Ringgabelschlüssel stellt einen wünschenswerten Zusatz dar, die sich besonders bei festsitzenden Schrauben und Muttern verwenden lassen, oder wo die Platzverhältnisse ungünstig sind.

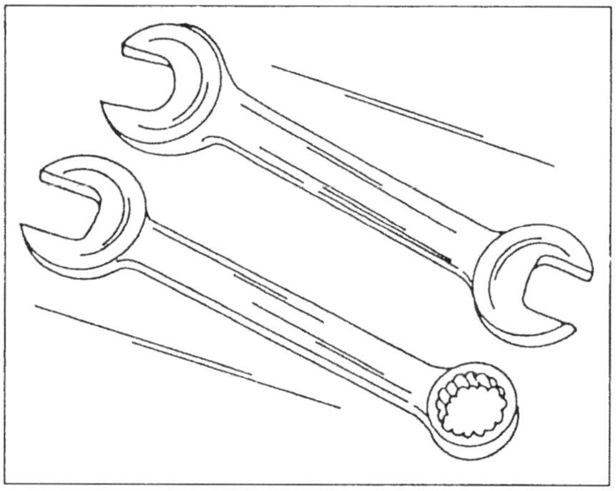

Bild 2
Ansicht eines doppelseitigen Gabelschlüssels (oben) und eines Ringgabelschlüssels (unten). Immer darauf achten, dass die Schlüsselweite der Grösse der Mutter oder des Schraubenkopfes entspricht.

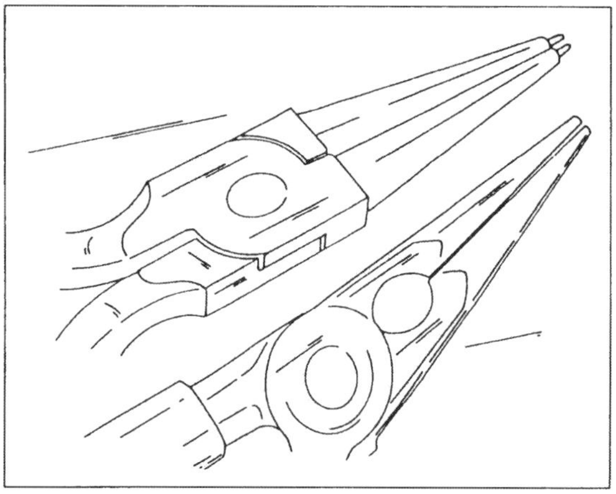

Bild 3
Seegerringzangen sehen wie im oberen Bild gezeigt aus. Die gezeigte Ausführung öffnet Aussensprengringe. Das untere Bild zeigt eine manchmal erwähnte Spitzzange.

Um die Kosten tief zu halten, kann man sich auch mit einem Satz kombinierter Ringgabelschlüssel behelfen, diese tragen an einem Ende eine Gabelöffnung und am anderen einen Ring von der gleichen Weite. Bild 2 zeigt derartige Schlüssel. Stecknüsse (-einsätze) stellen ebenfalls eine lobenswerte Investition dar. Vorausgesetzt, dass der Aussendurchmesser der Nüsse nicht allzu gross ist, können auch sehr versteckt oder in Vertiefungen sitzende Muttern und Schrauben gelöst werden.

Weitere benötigte Werkzeuge sind ein Satz Kreuzschlitzschraubenzieher, Zangen und ein Hammer. Im Automobilbau werden mehr und mehr Schrauben mit sogenannten "Torx"-Köpfen verwenden. Zum Lösen derartiger Schrauben wird ein spezieller Stecknussatz benutzt, der wie normale Sechskant-Stecknussätze, Einsätze verschiedener Grösse hat.

Zusätzlich zur Grundausrüstung kann man sich noch ein paar speziellere Werkzeuge beschaffen, die sich meistens als unschätzbare Hilfe erweisen, besonders wenn man gewisse Reparaturen immer wieder durchführen muss. Damit lässt sich also recht viel Zeit ersparen. Als Beispiel sei hier einmal der Schlagschraubenzieher erwähnt, ohne den sich die maschinell angezogenen Kreuzschlitzschrauben kaum lösen lassen, ohne dass man sie dabei beschädigt. Selbstverständlich kann er auch zum Anziehen verwendet werden, um einen öl- und gasdichten Sitz zu gewährleisten. Ebenfalls oft benötigt werden Seegerringzangen, da Getrieberäder, Wellen und ähnliche Teile meist durch Sicherungsringe gehalten werden, die sich mit einem Schraubenzieher nur schwer entfernen lassen. Es sind zwei Typen von Seegerringzangen erhältlich, einer für die Aussensicherungsringe, welche mit der in Bild 3 gezeigten Zange geöffnet werden und einer für Innensicherungsringe. Sie sind mit geraden oder abgewinkelten Klauen erhältlich. Eines der nützlichsten Werkzeuge ist der Drehmomentschlüssel, eigentlich eine Art Schraubenschlüssel, der so eingestellt werden kann, dass er durchrutscht, wenn ein gewisses Anzugsdrehmoment einer Schraube oder Mutter erreicht ist. Derartige Schlüssel sind ebenfalls mit einem Zeiger erhältlich, welcher das erreichte Drehmoment anzeigt. Anzugsdrehmomente werden in jedem modernen Werkstatthandbuch oder jeder Reparaturanleitung aufgeführt, so dass auch besonders komplexe Baugruppen oder Komponenten, wie z.B. ein Zylinderkopf, angezogen werden können, ohne dass man Beschädigungen oder Lecks infolge Verzugs befürchten muss. Falls Sie das erste Mal am Auto arbeiten, können Sie anhand von Bild 4 sehen, wie ein solcher Drehmomentschlüssel aussieht.

Je höher entwickelt ein Automodell ist, desto mehr Werkzeuge benötigt man, um es im Do-it-yourself-Verfahren immer im bestmöglichen Zustand zu halten. Leider lassen sich aber einige ganz spezielle Arbeiten nicht ohne die richtige Ausrüstung durchführen, für die man meist tief in die Tasche greifen muss, wenn man diese Arbeiten nicht einem Spezialisten gegen ein gewisses Entgelt übergeben will. Hier ist auch eine gewisse Vorsicht am Platze, es gibt nun einfach verschiedene Arbeiten, die man am besten einem Fachmann überlässt. Obwohl ein Vielfachmessgerät zum Aufspüren von elektrischen Schäden eine grosse Hilfe darstellt, kann es in ungeübten Händen grossen Schaden anrichten.

Obschon in dieser Reparaturanleitung gezeigt wird, wie sich verschiedene Komponenten auch ohne Spezialwerkzeuge aus- und wieder einbauen

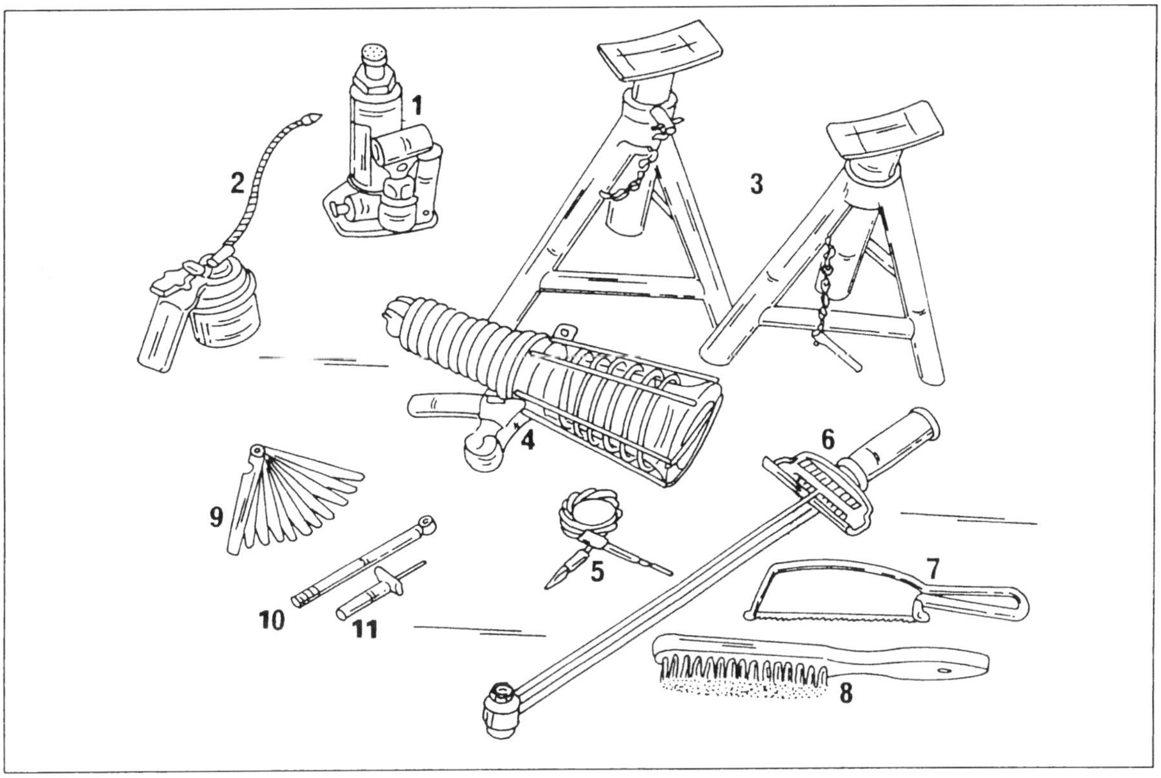

Bild 4
Vorgeschlagene Werkzeuge und Hilfswerkzeuge zur Pflege und Reparatur Ihres Fahrzeuges.
1 Hydraulischer Heber
2 Ölkanne
3 Unterstellböcke
4 Elektrische Handlampe
5 Prüflampe (12 Volt)
6 Drehmomentschlüssel
7 Mini-Säge
8 Drahtbürste
9 Blattfühlerlehren
10 Reifendruckfühler
11 Reifenprofilmesser

lassen (falls nicht unbedingt nötig) empfiehlt es sich, die Anschaffung der gebräuchlichsten Spezialwerkzeuge in Betracht zu ziehen. Dies wird sich besonders dann lohnen, wenn man das Auto über längere Zeit behalten will. In Bild 4 sind einige der gebräuchlichsten Werkzeuge und Hilfswerkzeuge gezeigt, die man immer wieder brauchen wird. Man sollte sich diese im Laufe der Zeit anschaffen, wenn man die Absicht hat sein Auto selbst zu pflegen.
Auch mit den vorgeschlagenen, improvisierten Methoden und Werkzeugen lassen sich verschiedene Teile ohne Gefahr von Beschädigung aus- und einbauen. In jedem Fall lässt sich mit den Spezialwerkzeugen, die vom Hersteller produziert und verkauft werden, eine Menge Zeit (und Ärger) sparen.
Ehe man irgendwelche Arbeiten an einem Fahrzeug durchführt, raten wir Ihnen, die folgenden Hinweise gründlichst durchzulesen und vielleicht einzuprägen, damit Sie vor allen Verletzungen, gleich welcher Art, bewahrt werden:

- Auf einen einzelnen Wagenheber kann man sich nie hundertprozentig verlassen. Immer zusätzliche Böcke unterstellen. Zwei übereinandergelegte, abgeschraubte Räder kann man z.B. auf der Seite der Reparatur entweder vorn oder hinten unterlegen, falls keine Böcke zur Verfügung stehen. Ein abrutschender Wagen wird dann wenigstens auf den Rädern landen.
- Niemals die Räder oder Achsmuttern anziehen, wenn das Fahrzeug aufgebockt ist.
- Niemals den Verschluss der Kühlanlage bei heissem Motor öffnen. Falls es unumgänglich ist, einen dicken Lappen um den Deckel legen und diesen bis zur ersten Raste lösen, damit der Dampf entweichen kann.
- Niemals das Motoröl ablassen, wenn das Fahrzeug bis zum letzten Moment gefahren wurde. Motoröl nur entsprechend der geltenden Vorschriften entsorgen, auf keinen Fall wegschütten.
- Keine Bremsflüssigkeit oder Frostschutzmittel auf Lackstellen tropfen lassen. Die hinterlassenen Flecke lassen sich nur schwer oder nicht entfernen.
- Keinen Bremsstaub einatmen. Obwohl Beläge und Bremsklotzmaterial jetzt meistens asbestfrei hergestellt sind, schadet dies trotzdem Ihrer Gesundheit. Falls Sie Pressluft zum Ausblasen von Bremsen benutzen, kann man den Kopf von der Staubstelle wegdrehen. Erkundigen Sie sich über die Erhältlichkeit von Sprays, mit denen man die Bremsteile absprüht, um die Staubentwicklung zu vermeiden (Autozubehörgeschäft oder Werkstatt).
- Öl- oder Fettreste sofort vom Boden abwischen, ehe Sie selbst oder andere Leute darauf ausrutschen.
- Keine Schlüssel falscher Schlüsselweite oder ausgeweitete Schlüssel zum Lösen von festsitzenden Muttern oder Schrauben benutzen. Ein Abrutschen bedeutet in den meisten Fällen eine Verletzung. Offene Wunden auf jeden Fall "verpflastern" lassen, ehe Schmutz oder Öl usw.

eindringen kann.

- Niemals ein sehr schweres Teil des Fahrzeuges allein heben — erbitten Sie sich Hilfe.
- Kinder oder Haustiere auf keinen Fall in Wagennähe lassen, wenn an diesem eine Reparatur durchgeführt wird.

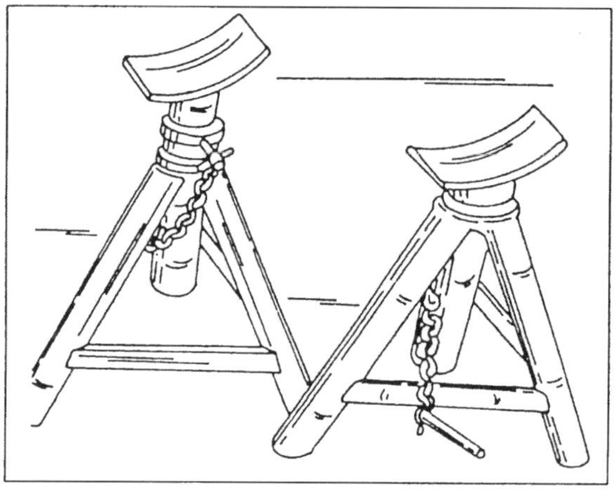

Bild 5
Dreibeinige Unterstellböcke sind die beste Lösung zum Aufbocken eines Fahrzeuges. Wichtig dabei ist, dass der zum Verstellen der Höhe benutzte Bolzen kräftig genug ist, um das Fahrzeug zu tragen.

Achtung: Schlechte Werkzeuge führen in den meisten Fällen zu Verletzungen oder Beschädigung von Muttern, Schrauben usw. Unbedingt vermeiden. Die Anschaffung einer guten Werkzeugausrüstung ist ein guter Anfang zur Selbstpflege des Autos.

- Falls Arbeiten am Auspuff durchgeführt werden sollen, muss man ihn vorher abkühlen lassen.
- Schutzbrillen sind bei Arbeiten mit elektrisch betriebenen Geräten, wie z.B. Bohr- oder Schleifmaschinen, zu tragen. Eine solche Brille wäre auch nicht am falschen Platze, wenn man sich zum Arbeiten unter das Fahrzeug legen muss.
- Besorgen Sie sich eine gute Handschutzcreme, um die Hände vor schmutzigen Arbeiten einzureiben. Abgesehen von leichterer Reinigung bietet sie einen bestimmten Schutz gegen Altöl oder andere korrosive Mittel.
- Krawatten haben bei Arbeiten am Auto keinen Platz. Ebenfalls lange Hemdsärmel oder andere lose Kleidungsstücke fern von sich bewegenden Teilen halten. Lange Haare während der Arbeit festbinden. Fingerringe und Armbanduhren am besten abziehen. Abgesehen davon, dass man daran hängenbleiben kann, bieten sie auch einen Leiter für die elektrische Anlage.
- Den Arbeitsplatz von unnötigen Teilen befreien. Ein Stolpern wird dadurch offensichtlich weitgehend verringert.
- Falls es möglich ist, arbeiten Sie niemals allein an einem Fahrzeug. Familie, Freunde oder Bekannte können öfters mal kurz nachschauen, ob alles in Ordnung ist.
- Niemals versuchen eine Arbeit überhastet zu Ende zu führen. Viele Radmuttern wurden lose gelassen, um das Fahrzeug wieder schnell zum Fahren zu bringen.
- Niemals in der Nähe des Fahrzeuges rauchen oder andere rauchende Personen in die Nähe lassen. Ebenfalls aus diesem Grund sollte man die Batterie abklemmen, wenn Kraftstoffleitungen abgeschlossen werden. Mit Metallgegenständen hergestellte Kurzschlüsse könnten zu Funkenbildung führen. Sicherheitshalber sollten Sie einen Handfeuerlöscher bereit haben.
- Eine Handlampe niemals auf den Motor auflegen, um besser zu sehen. Bestimmte Handlampen entwickeln grosse Wärme und könnten Teile am Motor verbrennen, obwohl man annimmt, dass sie durch den Drahtkäfig geschützt werden.

Falls Sie die angeführten Hinweise sorgfältig beachten, sollten bei den im Buch beschriebenen Arbeiten keine Verletzungen Ihrer Person oder Beschädigung des Fahrzeuges auftreten.

1.5 Fahrzeug richtig aufbocken

Als erstes gilt, dass man sich vergewissern muss, dass sich der Wagenheber zwischen den untersten Teilen des Fahrzeuges und dem Boden einschieben lässt. Aufgrund der Konstruktion darf ein Wagenheber, einschliesslich eines Rollwagenhebers, nur unter der Seite der Karosserie angesetzt werden.
Zum Aufbocken der Vorderseite den Wagenheber unter der längs verlaufenden Verstärkung des Wagenbodens ansetzen. Die Ansatzstelle muss in der bestmöglichen Weise geschützt werden, um keine Lackschäden anzurichten.
Zum Aufbocken der Rückseite den Wagenheber nur unter der Ansatzstelle für den Bordwagenheber ansetzen (die Ihnen aus Ihrer Betriebsanleitung bekannt sein wird). Darauf achten, dass der Wagenheber nicht unter die Befestigung des Lenkerarms untergesetzt wird, da man andernfalls die Radaufhängung verziehen kann.

Achtung: Unter keinen Umständen einen Wagenheber unter die Ölwanne, das Getriebe, unter den Hilfrahmen oder die Hinterachse untersetzen, wenn das Fahrzeug aufgebockt werden soll. Nur ein leichtes Anheben ist unter den genannten Teilen zulässig (ohne dass die Gesamtlast des Fahrzeuges auf dem Wagenheber ruht).
Vor Aufbocken der Rückseite des Fahrzeuges bei eingebautem Schaltgetriebe den Rückwärtsgang oder bei eingebauter Schaltautomatik den Wählhebel in die Parkstellung schalten, damit der Wagen nicht von den Böcken rollen kann. Beim Anziehen der Vorderseite des Fahrzeuges die Handbremse anziehen.
Unbedingt darauf achten, dass die Bodenfläche, auf welcher das Fahrzeug aufgebockt werden soll, nicht zu weich ist, damit der Wagenheber oder die Böcke nicht in den Boden einsinken können. Ein breites Stück Holz, unter die Räder eines Rollwagenhebers (Rangierwagenhebers) unterge-

legt, wird diese Gefahr weitgehend verringern. Das gleiche trifft auf den Bordwagenheber zu. Manchmal sieht der Boden fest aus, bis man feststellt, dass die Räder des Wagenhebers langsam einsinken.
Unterstellböcke können nur unter die Seite der Karosserie untergesetzt werden, jedoch sind diese entsprechend zu schützen, damit sie die Karosserie nicht beschädigen können. Ein Stück alter Autoreifen eignet sich vortrefflich zum Einlegen zwischen Unterstellbock und Karosserie. Zu verwenden sind dreibeinige Unterstellböcke, wie man sie in Bild 5 sehen kann. Dabei darauf achten, dass der Verstellbolzen zur Höheneinstellung die genügende Festigkeit hat. Keine beliebigen Schrauben einstecken, falls sich der ursprüngliche Bolzen von der Kette gelöst hat.
Auffahrrampen sind die besten Auffahrmöglichkeiten für ein Fahrzeug, da man sich einen Wagenheber ersparen kann. Beim Auffahren natürlich darauf achten, dass man die Rampen genau vor die Räder stellt, um die genaue Richtungstreuigkeit zu erhalten. Zur zusätzlichen Sicherheit sollten die Rampen eine Mulde für die Räder in der Standfläche haben. In Bild 6 kann man sehen, wie ein Rad auf einer derartigen Auffahrrampe aufsitzen muss. Je nach Radseite die Handbremse anziehen oder Gang einlegen.

1.6 Wartungs- und Pflegearbeiten

Die meisten der Wartungsarbeiten können selbst durchgeführt werden. Manchmal ist es jedoch zweckmässiger, die Wartung in einer Audi-Werkstatt durchführen zu lassen, d.h. es fehlen die notwendigen Einrichtungen oder Erfahrungen, Messgeräte sind erforderlich oder die Werkstatt kann die Arbeit einfach schneller durchführen. Vor allem wichtig sind die regelmässigen Inspektionen und Kontrollen, welche zur Werterhaltung Ihres Fahrzeuges beitragen. Einige davon sind untenstehend angeführt. Nach einer bestimmten Fahrleistung oder nach Ablauf einer gewissen Zeit durchzuführende Wartungsarbeiten werden in den entsprechenden Kapiteln beschrieben. Ihr Wartungsscheckheft wird Ihnen die Zeitabstände angeben, bei welchen bestimmte Arbeiten durchzuführen sind.

1.6.1 Motorölstand kontrollieren/Ölwechsel

Der Stand des Motoröls sollte etwa alle 600 km, mindestens aber einmal in der Woche, kontrolliert werden. Das Fahrzeug muss auf einer ebenen Fläche abgestellt und der Motor muss warm sein. Obwohl Ihnen bekannt sein wird, wie man den Ölstand kontrolliert, gibt es jedoch Fälle, dass beim Kauf eines Zweithandwagens die Betriebsanleitung nicht dabei ist, so dass man den Ölmessstab das erste Mal sieht.
Zur Kontrolle den Ölmessstab herausziehen und mit einem sauberen Lappen abwischen. Den Messstab nochmals hineinschieben und ihn wieder herausziehen. Das Öl muss zwischen der oberen und unteren Markierung liegen. Der Ölmessstab hat verschiedene Markierungen, welche in Bild 7 zu sehen sind. Je nach erhaltenem Ölstand ist folgendes zu beachten:

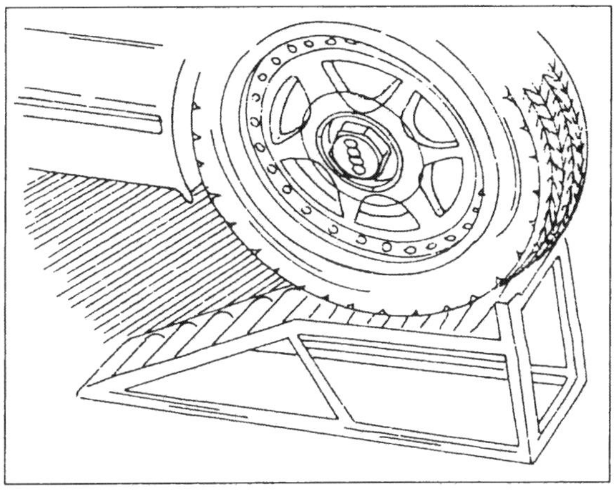

Bild 6
Die Räder können auf Auffahrrampen gefahren werden, um an Teile unter dem Fahrzeug heranzukommen.

- Steht das Öl innerhalb des Bereichs "a" stimmt der Ölstand. Keine Nachfüllung ist erforderlich.
- Steht das Öl innerhalb des Bereichs "b", reicht die eingefüllte Ölmenge zu, jedoch kann man Öl nachfüllen, um es bis zur Marke "b" zu bringen.
- Steht das Öl im Bereich "c", muss Motoröl nachgefüllt werden, um das Öl mindestens in den Bereich "b" zu bringen.

Auf keinen Fall den Motor überfüllen, d.h. das Öl darf nicht über die obere Marke steigen (schadet dem Katalysator vor allem).
Die Einfüllstelle für das Motoröl wird Ihnen ja aus der Betriebsanleitung bekannt sein. Audi schreibt Öl vor, welches der VW-Norm 500 00 oder 501 01 entsprechen muss. Unbedingt bestätigen las-

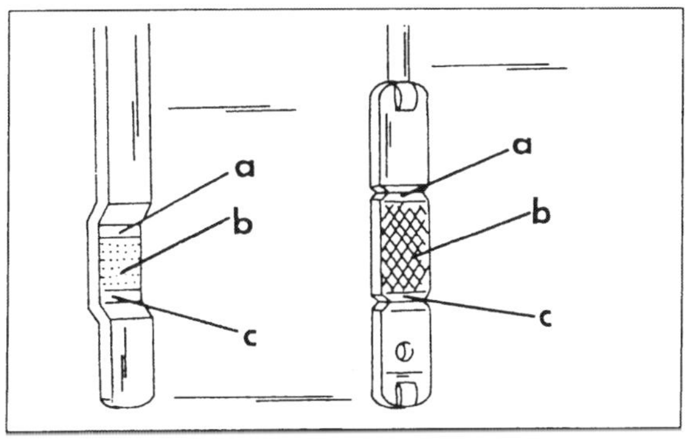

Bild 7
Ansicht des Ölmessstabs. Das Öl muss innerhalb der angegebenen Markierungen liegen (siehe Text).

sen, dass das von Ihnen eingefüllte Öl dieser Norm entspricht.
Alle 15 000 km oder mindestens einmal im Jahr müssen das Motoröl sowie der Ölfilter gewechselt werden. Die Wartungsintervalle beziehen sich auf einen als normal anzusehenden Fahrzeugbetrieb. Die Ölwechselzeiten müssen verringert werden, wenn das Fahrzeug häufig mit einem Anhänger oder Wohnwagen oder unter sehr staubigen Betriebsbedingungen gefahren wird, bei laufenden Kurzstreckenfahrten (z.B. Arbeitsanfahrten von weniger als 7 bis 8 km) bei Aussentemperaturen unter "Null" oder häufigem Steckenbleiben in Fahrzeugstaus, so dass der Motor längere Zeit im Leerlauf laufen muss.
Zum Ablassen des Öls das Fahrzeug vorn auf Böcke setzen oder auf Auffahrrampen fahren. Den Ölablassstopfen aus der Ölwanne herausdrehen. Um das Ablaufen des Öls zu beschleunigen, entweder den Öleinfüllverschlussdeckel oder den Ölmessstab herausziehen. Das Motoröl sollte warm, jedoch nicht heiss sein. Nach Ablaufen des Öls den Ablassstopfen reinigen und wieder einschrauben.
Das vorgeschriebene Motoröl einfüllen, bis durch die Kontrolle am Ölmessstab angezeigt wird, dass der richtige Ölstand hergestellt wurde.
Auf den Ölfilterwechsel wird im betreffenden Kapitel eingegangen.

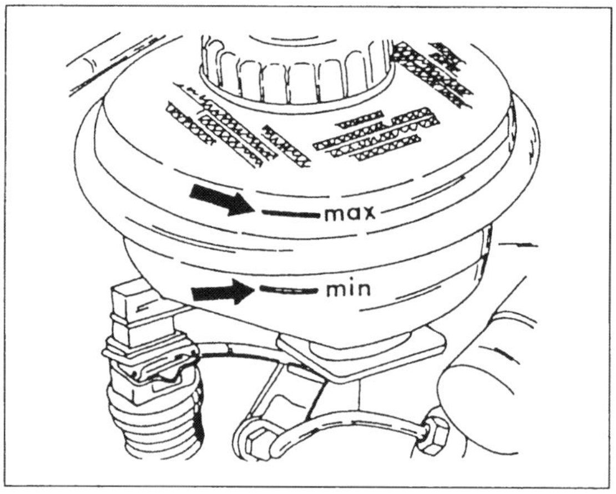

Bild 8
Ansicht des Vorratsbehälters für die Bremsflüssigkeit. Die Flüssigkeit muss zwischen den Marken "min" und "max" stehen.

1.6.2 Bremsflüssigkeitsstand kontrollieren

Der Behälter für die Bremsflüssigkeit sitzt im Motorraum auf der linken Seite auf dem Hauptbremszylinder. Der Vorratsbehälter ist durchsichtig, d.h. der Stand der Flüssigkeit kann an der Aussenseite gut gesehen werden. Falls die Flüssigkeit nicht innerhalb der beiden Marken "Min" und "Max" steht (siehe Bild 8), die Verschraubung abdrehen und Flüssigkeit nachfüllen. Nur frische Bremsflüssigkeit nachfüllen, die der von Audi vorgeschriebenen Norm entsprechen muss. Stark verschmutzte Verschlussdeckel und/oder Vorratsbehälter müssen vorher einwandfrei gereinigt werden.
Falls der Flüssigkeitsstand unerwartet niedrig vorgefunden wird, kann man annehmen, dass die Bremsklötze der Scheibenbremsen abgenutzt sind. Der A4 hat keine Anzeige für den Verschleiss der Bremsklötze.

1.6.3 Bremsleuchten überprüfen

Die Arbeitsweise der Bremsleuchten kann mit Hilfe einer zweiten Person oder auch allein kontrolliert werden. Bei der ersten Methode auf die Bremse treten, während die zweite Person das Aufleuchten der Lampen kontrolliert. Sind Sie allein, rückwärts vor die Garagentür fahren und auf die Bremse treten. Die Lampen scheinen rot gegen die Garagentür. Falls eine Lampe nicht aufleuchtet, die Glühbirne ersetzen; leuchten beide Lampen nicht auf, könnte der Bremslichtschalter defekt sein, da es nur selten ist, dass beide Glühbirnen durchgebrannt sind. Die entsprechende Überprüfung der Bremsanlage vornehmen.

1.6.4 Beleuchtung kontrollieren

Alle Beleuchtungskörper (einschliesslich der Hupe und Warnblinkanlage) der Reihe nach durchschalten und deren Funktion kontrollieren. Rücklichter und Rückfahrscheinwerfer können am besten im Dunkeln vor der Garagentür kontrolliert werden, ohne dass man aus dem Fahrzeug aussteigt.

1.6.5 Reifendruck kontrollieren

Den Reifendruck an einer Tankstelle kontrollieren, es sei denn, Ihnen stehen ein Reifendruckprüfer und ein kleiner Luftkompressor zur Verfügung (den man in der Dose für den Zigarrenanzünder anschliessen kann). Falls Sie den Druck nicht kennen, können Sie anhand der Tabellen an Tankstellen leicht feststellen, welcher Druck für Ihr Fahrzeug erforderlich ist. Ebenfalls sind die Drücke in der Betriebsanleitung angegeben.
Werden die Reifendrücke im warmen Zustand kontrolliert, kann der Druck 0,2 bis 0,3 bar höher liegen. Auf keinen Fall Luft herauslassen, um den Druck zu senken.
Nach einer gewissen Kilometerleistung sollte man die verbleibende Profiltiefe des Reifens kontrollieren. Von Reifenherstellern werden dazu kleine Messlehren hergestellt, die in Bild 5 gezeigt wurde (Pos. 11) und wie in Bild 8 gezeigt auf den Reifen

aufgesetzt wird. Aus der Anzeige kann man die Tiefe des Reifenprofils erhalten, welche laut Gesetz nicht weniger als 1,6 mm betragen darf.

1.6.6 Luftfiltereinsatz

Der Luftfiltereinsatz sollte ca. alle 30 000 km oder zwei Jahre erneuert werden. In staubigen Gegenden sind die Intervalle entsprechend zu verringern.
Das Auswechseln des Filtereinsatzes bringt keine Schwierigkeiten mit sich, da man den Einsatz nach Ausbau des Filterdeckels erneuern kann.

1.6.7 Kühlmittelstand kontrollieren

Das kalte Kühlmittel muss bis zur Markierung am Ausgleichsbehälter stehen (Kaltmarkierung). Das Dehngefäss ist der weisse Kunststoffbehälter mit der blauen Kappe, welcher in Bild 14 mit Pos. 3 bezeichnet ist. Falls erforderlich, abwarten bis das Kühlmittel abgekühlt ist und zusätzliches Frostschutzmittel einfüllen. Ist der Motor heiss, sollte man eine Weile warten, ehe man die Verschraubung des Ausgleichsbehälters abschraubt, um ein Herausspritzen des Kühlmittels zu vermeiden.
Sollte einmal Kühlmittel fehlen, muss man daran denken, dass man durch Nachfüllen von einfachem Wasser den Frostschutz verdünnt, welcher bei der ersten Gelegenheit ergänzt werden muss.

1.6.8 Flüssigkeitsstand der Servolenkung kontrollieren

Der Vorratsbehälter sitzt an der in Bild 14 mit 8 bezeichneten Stelle. Der Flüssigkeitsspiegel kann von aussen auf einen Blick gesehen werden. Zur genauen Kontrolle kann man die Verschraubung abdrehen, um den Flüssigkeitsstand zu überprüfen.
Wie auf dem Behälter aufgedruckt ist, darf man nur Hydrauliköl zum Nachfüllen verwenden. Damit gemeint ist hydraulische Flüssigkeit, wie sie in einem automatischen Getriebe verwendet wird. Falls Sie die Kontrolle vernachlässigen, werden Sie bald feststellen, dass die Lenkung schwer geht, was man am besten beim Parkieren feststellen wird. Verschüttete Flüssigkeit gut abwischen.

1.7 Schmiermittel, Dichtungsmasse, "Loctite", etc.

Jeder Autohersteller empfiehlt die Verwendung von bestimmten Schmiermitteln, die während der Produktion auf das Fahrzeug abgestimmt wurden. Dies trifft ebenfalls auf Audi zu und aus diesem Grund halten wir uns bei Reparaturen an die von VW oder Audi angegebenen Schmieröle, Fette und dergleichen.
Oft wird einfach der Ausdruck "Loctite" erwähnt. Bei diesem handelt es sich um eine Sicherungsflüssigkeit für Muttern- und Schraubengewinde, die ein Lösen von angezogenen Verbindungen verhindern. Obwohl im Text nur auf "Loctite" eingegangen wird, sollten Sie wissen, dass verschiedene Ausführungen zur Verfügung stehen. Ihr Audi-Ersatzteillager wird Sie über die Erhältlichkeit dieser Sicherungsmittel unterrichten.
Oftmals kommt es jedoch vor, dass andere, ebenfalls geeignete Mittel zum Sichern von Gewindeverbindungen benutzt werden. Auch hier sollten Sie in der Lage sein, dies in der Werkstatt zu erfahren.

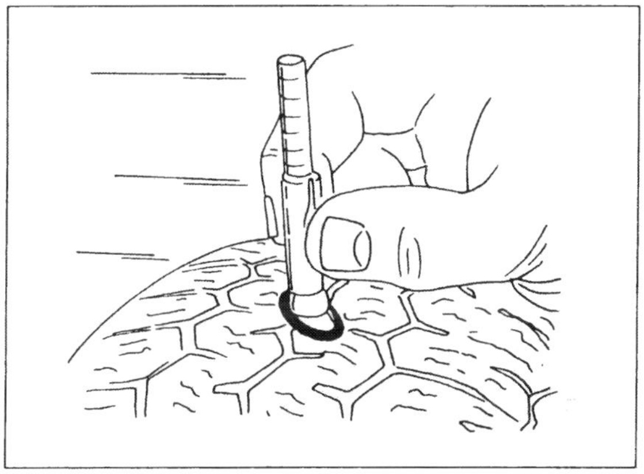

Bild 9
Kontrolle der Profiltiefe der Reifen mit der Messlehre.

Das gleiche trifft auch auf Fette und andere Schmiermittel zu. Hier werden auch von Audi oder VW gehandelte Fette angegeben. Wiederum ist es am besten, wenn man sich in einer Werkstatt erkundigt, ob andere Fette benutzt werden können, um zu gewährleisten, dass die Arbeiten einwandfrei durchgeführt werden können. Spezial-Fett ist zum Beispiel zur Schmierung der Gleichlaufgelenke für die Antriebswellen der Vorderräder erforderlich. Zur Schmierung vom Teilen der Bremsen nur Fette verwenden, die die Bremsanlage nicht angreifen.

1.8 Umgang mit Gewinden, Schrauben, Muttern, usw.

Bei einem ziemlich neuen Fahrzeug, bzw. Motor wird man keine Schwierigkeiten mit dem Lösen von Schrauben, Muttern, Stiftschrauben, usw. haben. Ist das Fahrzeug jedoch älter, kommen schon mal Probleme beim Lösen von Gewindeverbindungen vor, vor allem wenn die Teile längere Zeit dem Strassenschmutz ausgesetzt sind. Die folgenden Hinweise sollten Ihnen helfen, diese Probleme aus dem Weg zu räumen.

● Beim Lösen von Muttern auf Stiftschrauben immer das herausstehende Gewinde mit einer Drahtbürste reinigen, um Schmutz oder auch Rost zu entfernen. Man erspart sich dadurch, dass die Mutter über die Schmutzstellen geschraubt werden muss. Die Verbindungsstelle jetzt mit einem Rostlösesprühmittel behandeln. Hier gibt es verschiedene Produkte, d.h. man muss den Gebrauchsanweisungen folgen.

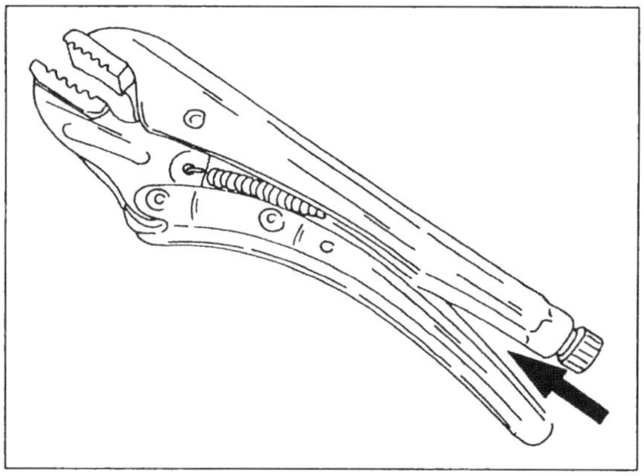

Bild 10
Ansicht einer verstellbaren Gripzange. Beim Zusammendrücken der beiden Griffenden nicht die Finger an die Pfeilstelle bringen, da die Zange "zuschnappt".

● Falls eine in eine Schweissmutter eingedrehte Schraube gelöst werden soll (meistens in der Karosserie), möglichst die Gewindestelle von der Rückseite mit dem Rostlösemittel einsprühen. Schraubenköpfe derartiger Verbindungen reissen gern ab oder man löst die Schweissmutter.

● Schrauben mit Schlitz- oder Kreuzschlitzköpfen lassen sich manchmal nur sehr schwer lösen. Kreuzschlitzschraubenzieher rutschen gern

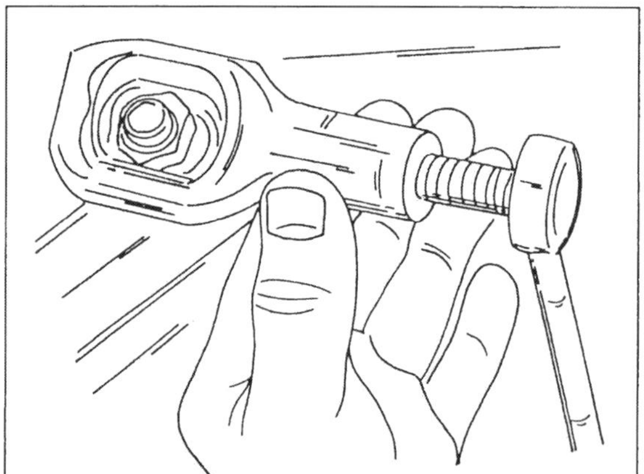

Bild 11
Benutzung eines Mutternspalters. Durch Anziehen der Schraube wird die Mutter in zwei Teile gespalten und kann abgenommen werden.

aus dem Kreuzschlitz heraus und beschädigen diesen dabei. Um diesem vorzubeugen, kann man einen Schraubenzieher oder Kreuzschlitzschraubenzieher mit einem durchgehenden Schaft an der Schraube ansetzen und mit einem kurzen Schlag mit einem Hammer "behandeln". In den meisten Fällen löst sich der Schraubenkopf von der Verbindung und die Schraube kann leicht herausgedreht werden.

● Im modernen Automobilbau werden mehr und mehr Schrauben mit Spezialköpfen verwendet, die ähnlich wie Kreuzschlitzköpfe aussehen aber keine sind. Diese als "Torx"-Kopf bezeichneten Schraubenköpfe werden mit speziellen Einsätzen gelöst, die man in einem Satz erstehen kann. Auf diese "Torx"-Stecknüsse kann man dann in normaler Weise eine Ratsche, Verlängerung, usw. ansetzen.

● Innensechskantschrauben (der bekannte "Inbuskopf") oder Schrauben mit "Polygon"-Kopf (Vielverzahnung, meistens 12 Ecken) können ebenfalls Schwierigkeiten beim Lösen bringen. Als erstes gilt, dass man die Öffnung des Innensechskants einwandfrei reinigt (mit einem kleinen Schraubenzieher zum Beispiel), um den Innensechskantschlüssel oder Vielzahnschlüssel anzusetzen. Falls möglich sollte man hier auch einen Steckeinsatz benutzen. Vor Lösen der Schrauben kann man einen Hammerschlag auf den Steckeinsatz geben, um das Beharrungsvermögen der Schraube zu lösen. Manchmal ist jedoch ein abgewinkelter Inbusschlüssel erforderlich. Durch dessen Winkelstellung wird das Lösen manchmal zum Problem. Wir schlagen vor: Den Schlüssel in die Schraube einsetzen und einen kleinen Ringschlüssel über das lange Ende des Inbusschlüssels schieben. Den Schlüssel jetzt gut gerade halten und die Schraube durch Druck auf den Ringschlüssel lösen. Dadurch vermeidet man, dass sich der Winkelschlüssel bei festsitzenden Schrauben innerlich verdreht.
Kleine, jedoch zugängliche Inbusschraubenköpfe kann man auch mit einer Gripzange erfassen und auf diese Weise die Schraube herausdrehen, vor allem, wenn das Innensechskant abgerundete Kanten erhalten hat. Eine solche Gripzange ist in Bild 10 gezeigt. Beim Zusammendrücken der Gripzange nicht die Finger einquetschen, d.h. die Finger nicht in die Gegend der Pfeilstelle bringen.

● Schwierigkeiten können auch manchmal beim Lösen von Muttern oder Schrauben auftreten, deren Kanten bereits durch unvorschriftsmässige Verwendung der falschen Schlüsselgrösse abgerundet sind (aus Erfahrung gesprochen bei Zweithandwagen manchmal anzutreffen). Mit der bereits erwähnten Gripzange kann man versuchen die Mutter oder Schraube zu lösen. Je nach Lage der Mutter kann man diese auch aufmeisseln oder am Gewinde entlang aufsägen. In diesem Zusammenhang möchten wir auch den Mutternspalter erwähnen, falls man zu dessen Benutzung genügend Arbeitsraum hat. Das Werkzeug arbeitet in der in Bild 11 gezeigten Weise, d.h. man zieht die Schraube an, bis die Mutter platzt. Ein Vorteil ist dabei, dass man das Gewinde der Schraube nicht beschädigt.

- Im Text werden viele Male selbstsichernde Muttern erwähnt. Wie der Name besagt, werden diese durch ihre eigene Sicherungsfähigkeit gesichert, welche nach dem Lösen meistens zerstört wird. Wenn selbstsichernde Muttern erwähnt werden, sollte man diese immer erneuern.
- Manchmal passiert es und eine Schraube reisst am Kopf ab. Um das verbleibende Gewindestück aus der Bohrung zu bekommen, bohrt man ein Loch in der Mitte der "Schraube" und benutzt einen sogenannten "Linksgewindezieher". Diese sind in Autozubehörgeschäften erhältlich und werden wie eine Schraube in das gebohrte Loch eingesetzt. Durch Anziehen schneidet sich das Werkzeug in das Schraubenstück ein und hoffnungsvoll zieht man es heraus. Die einzige andere Lösung ist ein Aufbohren auf den ungefähren Gewindedurchmesser der Schraube (etwas weniger) und das Nachschneiden mit einem Gewindeschneider.
- Stehbolzen werden mit zwei gegeneinander gekonterten Muttern herausgedreht. Beim Herausdrehen den Schlüssel an der inneren Mutter ansetzen, zum Hineinschrauben den Schlüssel an der äusseren Mutter ansetzen.
- In Aluminiumteile eingearbeitete Gewinde werden manchmal beim Anziehen von Schrauben beschädigt. In Ihrer Werkstatt werden Sie Gewindeeinsätze unter der Markenbezeichnung "Heli-Coil" erhalten. Diese können entsprechend den Anweisungen in der Schachtel in das alte Gewindeloch eingezogen werden.

2 Der Motor

2.1 Der neue 20V-Motor

Abgesehen vom Hubraum und von der Motordrehzahl hängt die Leistung eines Motors von anderen, verschiedenen Faktoren ab, besonders aber, wie schnell das Kraftstoff-Luftgemisch in die Zylinder gelangen und die Abgase ausgestossen werden können. Je grösser das Volumen des Gemischs in den Verbrennungskammern bei jeder Zündung ist, um so grösser ist die Leistung.
Die meisten Audi-Motoren sind "unterquadratisch" konstruiert, d.h. der Kolbenhub ist länger als der Kolbendurchmesser. Der Vorteil dieser Konstruktion ist Platzeinsparung im Motorraum, weniger Gewicht, ein weicher Lauf, besonders im Leerlauf und ein Drehmoment, welches besonders im unteren Drehzahlbereich anspricht.
Sehen wir uns an, wie das Füllen der Verbrennungskammern zustandekommt. Dieses wird durch die Oberfläche der Ventilteller, den Strömungsquerschnitt über diese und durch die Strömung durch Ansaug- und Auslasskanäle bestimmt. Falls drei Einlassventile verwendet werden, ist der Strömungsquerschnitt grösser als dies der Fall bei einem oder zwei Ventilen ist. Dies wird ausserdem durch die Grösse der Ventilteller und die Länge des Ventilhubs bestimmt, d.h. dem Betrag um welchen sich die Ventile aus ihren Sitzen heben. Verglichen mit anderen Mehrventil-Bauweisen, bietet die 5-Ventil-Technik den grössten Vorteil zur intensiven Füllung der Zylinder bei einem Motor mit langem Kolbenhub.
Durch den Einbau von 5 Ventilen in jeden Zylinder kann die Zündkerze in der Mitte angeordnet werden und erzielt dabei eine schnelle und effektive Verbrennung mit einer kurzen Funkenstrecke. Die Gefahr des Klopfens wird weitgehend verringert und ermöglicht ein höheres Verdichtungsverhältnis, so dass die im Kraftstoff gespeicherte Energie besser ausgenutzt werden kann.
Der Verbrennungsprozess findet bei einem 5-Ventil-Motor weicher statt, als dies bei den besser bekannten 2- oder 4-Ventil-Motoren der Fall ist. Da die Gesamtventiltellerfläche grösser ist, die einzelnen Ventile jedoch kleiner in ihrem Ventiltellerdurchmesser sind, wird weniger Kraftaufwand zur Betätigung gefordert und ausserdem ist der Geräuschspiegel niedriger.
Die fünf Ventile in jeder Verbrennungskammer werden direkt durch hydraulische Becherstössel geöffnet. Da diese mit einer automatischen Ventilspielausgleichung versehen sind, ist auch bei diesen Motoren ein Nachstellen der Ventile nicht erforderlich.
Die Einlassnockenwelle betätigt drei der Ventile jedes Zylinders, die Auslassnockenwelle die anderen zwei. Die beiden Nockenwellen werden

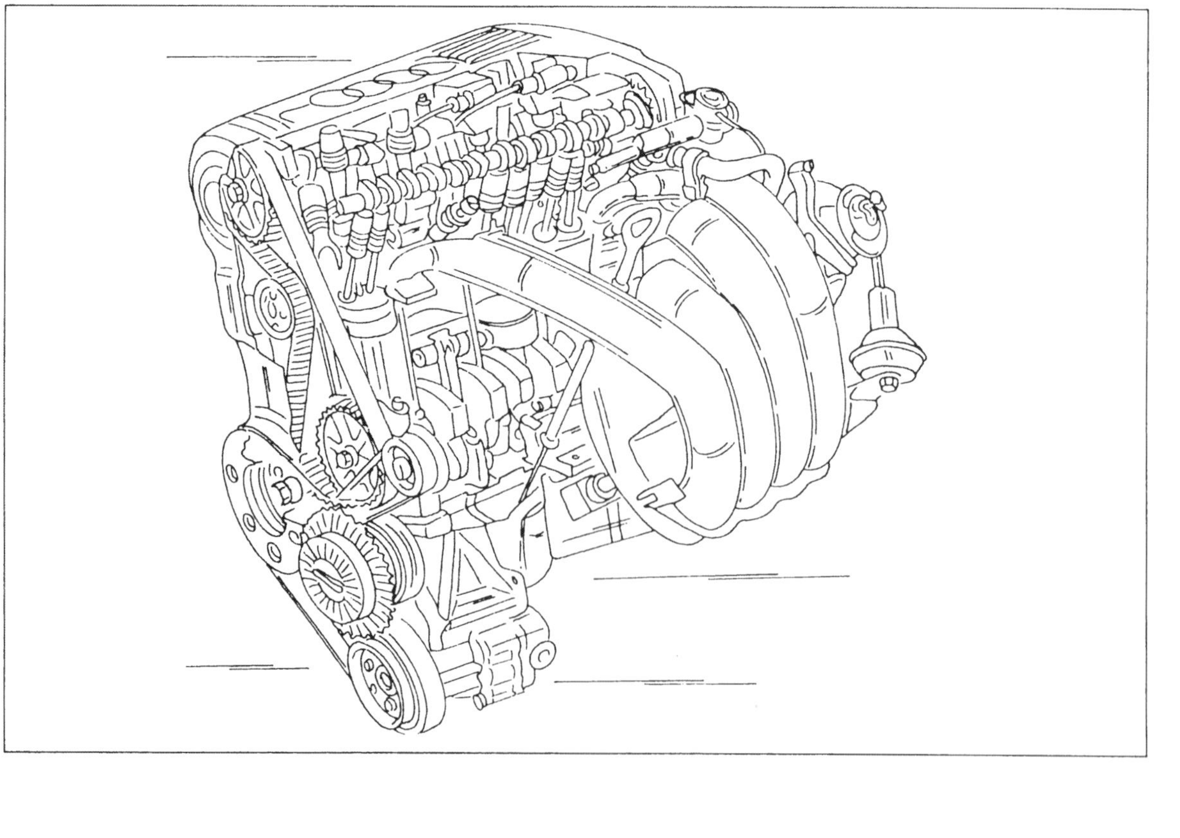

Bild 12
Ansicht des natürlich ansaugenden 5 Ventil-Motors.

durch einen gemeinsamen Zahnriemen von der Kurbelwelle angetrieben und werden miteinander durch eine Kette verbunden, wie dies bereits von den 16V-Motoren bekannt ist.

Das 5-Ventil-Prinzip befriedigt ebenfalls eine andere, moderne Anforderung im Motorenbau. Anstelle der Spitzenleistung erstrebt man jetzt einen optimalen Ausgleich zwischen einem mässigen Kraftstoffverbrauch, ausreichender Leistung, wenn diese erforderlich ist und niedriger Abgaswerte und Geräuschspiegel. Indem man einen Motor mit ausreichendem Drehmoment im unteren Drehzahlbereich entwickelt hat, ist gewährleistet, dass der Fahrer nicht auf hohe Motordrehzahlen zurückgreifen muss und der Kraftstoffverbrauch wird, wenn immer möglich, auf einem Minimum gehalten.

Der Grundmotor mit der neuen Mehrventiltechnik ist der natürlich ansaugende 1,8 Liter-Motor mit einer Leistung von 92 kW (125 PS). Eine Schnittansicht dieses Motors ist in Bild 12 gezeigt. Der hohe Leistungsausstoss wird durch die

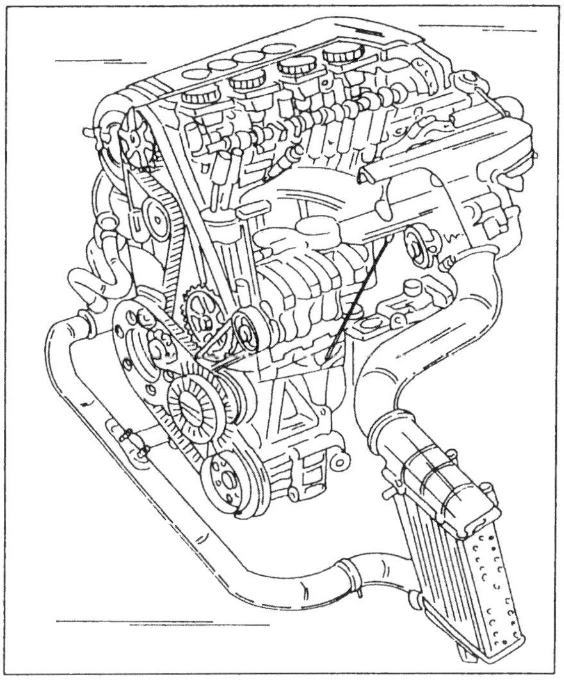

Bild 13
Ansicht des 1,8 Liter-Motors mit Turbolader und Ladeluftkühler.

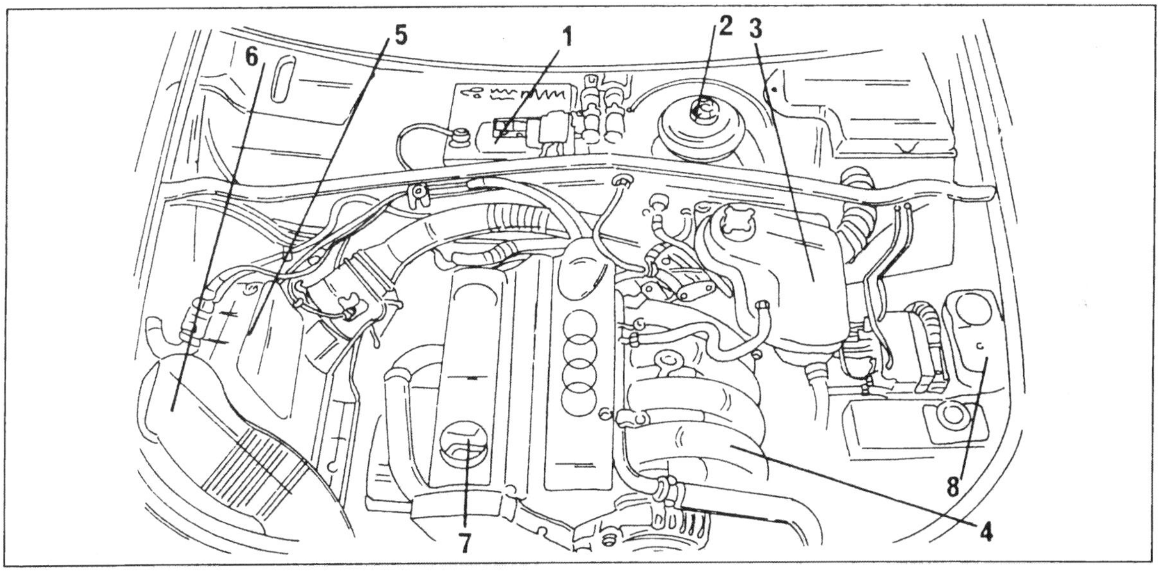

Bild 14
Blick in den Motorraum bei einem natürlich ansaugenden 1,8 Liter-Motor.
1 Batterie
2 Hauptbremszylinder und Vorratsbehälter
3 Dehngefäss der Kühlanlage
4 Ansaugsammelrohr
5 Luftfilter
6 Luftansaugkammer
7 Öleinfüllverschluss
8 Behälter der Flüssigkeit für Servolenkung

Verwendung der drei Einlassventile und zwei Auslassventile und den Einbau einer Motronic-Motorelektronik erzielt, die dem Motor eine genaue, elektronisch gesteuerte Zuteilung des Kraftstoffs in jeden Zylinder gibt. Die beiden Klopfsensoren überwachen den Verbrennungsprozess und verhindern, dass die Verbrennung in eine kritische Phase kommt. Die "Solid-State"-Hochspannungs-Zündanlage liefert einen kraftvollen Funken ohne mechanischen Verschleiss, ohne jegliche Wartung und ein hohes Verdichtungsverhältnis (10,3 : 1) gewährleistet, dass die im Kraftstoff befindliche Energie vollkommen ausgenutzt wird.

Das Luftansaugsystem des 1,8 Liter-Motors wurde so entwickelt, dass das Höchstdrehmoment von 173 Nm bei einer Motordrehzahl von 3950/min erreicht wird. Verbunden mit der ausgezeichneten Aerodynamik des A4 und den genau ausgewählten Getriebeübersetzungen des Fünfganggetriebes, werden ausgezeichnete Flexibilität und minimaler Kraftstoffverbrauch gewährleistet. Werksangaben für die drei DIN-Testwerte liegen durchschnittlich bei 7,8 Liter/100 km).

Die Konstruktion des 5-Ventil-Motors ermöglicht ausserdem eine weitere Verbesserung der Zylinderfüllung, den Zusatz eines Turboladers. Verwendet wird ein verhältnismässig kleiner Turbolader, welche sehr schnell auf Betätigung der Drosselklappe anspricht, jedoch ist das Endziel nicht eine Herstellung der höchstmöglichen

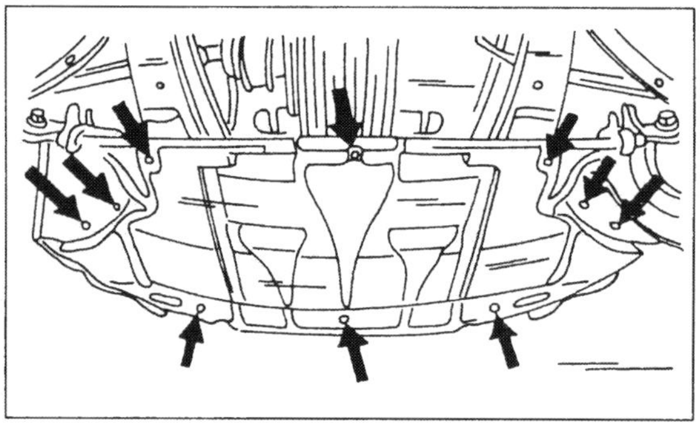

Bild 15
Die Pfeilstellen zeigen wo die geräuschdämpfende Verkapselung an der Unterseite des Fahrzeuges befestigt ist.

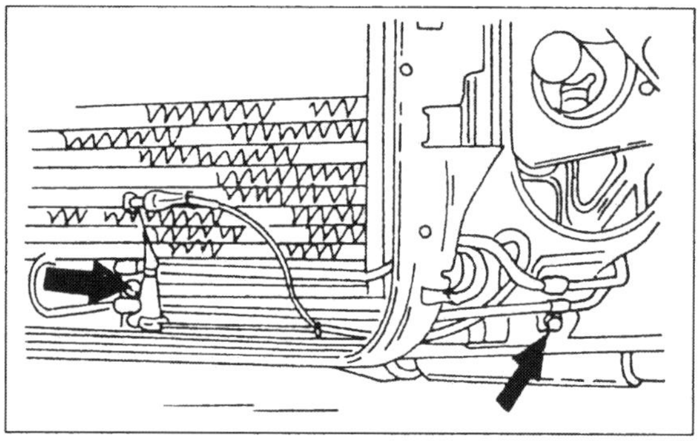

Bild 16
Die Kühlungsschlange für die Flüssigkeit der Servolenkung an den gezeigten Stellen abschrauben.

Bild 17
Zum Ablassen der Kühlanlage das mit dem Pfeil gezeigte Verschlusselement herausziehen.

Spitzenleistung, sondern das Erhalten einer hohen Drehmomentkurve und die Beibehaltung der Drehmomentkurve innerhalb eines breiten Drehzahlbandes. Dies wiederum gibt dem Fahrer die Möglichkeit schneller in einen höheren Gang zu schalten, mit der damit verbundenen Verringerung des Kraftstoffverbrauchs. Das Spitzendrehmoment von 210 Nm wird bei einer Motordrehzahl von nur 1750/min erzielt und verbleibt bis zu einer Drehzahl von 4600/min konstant. Zusammen mit dem Ladeluftkühler hat der Motor das in Bild 13 gezeigte Aussehen. Bild 14 zeigt einen Blick in den Motorraum bei eingebautem Motor ohne Turbolader mit der Lage verschiedener Teile. Beim Turbomotor haben die Ansaugsammelrohre ein ungewöhnliches, quadratisches Aussehen. Ausserdem sehen der Luftfilter und die Zylinderkopfhaube anders aus.
Weitere Unterschiede werden im Abschnitt "Überholung des Motors" beschrieben und in entsprechenden Abbildungen gezeigt.

2.2 Ausbau und Einbau

Entgegen der früheren Audi-Ausführungen wird der Motor ohne Getriebe nach vorn aus dem Motorraum herausgehoben. Dies bedeutet, dass man die gesamte Vorderpartie des Fahrzeuges ausbauen muss. Da diese Arbeit auch bei anderen Arbeiten erforderlich ist, wird sie getrennt in Kapitel 2.12 beschrieben. Vor dem Ausbau sind die folgenden Hinweise zu beachten:

- Die Batterie vor Beginn der Arbeiten abklemmen. Falls ein Radio mit Diebstahlsicherung eingebaut ist, müssen die notwendigen Arbeiten durchführt werden, um das Radio ausser Betrieb zu bringen. Bei einem Radio mit Sicherheits-Code muss man diesen beim Wiederanschliessen der Batterie zur Hand haben. Auch darf die Batterie nur bei ausgeschalteter Zündung abgeklemmt werden.
- Vor Entfernen oder Aufschneiden von Kabelschellen oder Kabelbindern muss man sich deren Lage genau einprägen, um sie wieder in der ursprünglichen Weise anzubringen.
- Ein kräftiges Hebezeug ist eine Voraussetzung für diese Arbeit, um Unfälle zu vermeiden.

Obwohl der Aus- und Einbau aller Motoren in ähnlicher Weise stattfindet, wird man jedoch Unterschiede innerhalb der verwendeten Motorenpalette finden. Es ist natürlich unmöglich auf jedes einzelne Modell einzugehen, jedoch wird man sich beim Durchlesen der Beschreibungen schnell zurechtfinden, besonders beim Abschliessen von Kabeln, usw. Im folgenden Text werden einige Spezialwerkzeuge angegeben, auf die zwar hingewiesen wird, die jedoch nicht immer erforderlich sind.

- Das Vorderteil des Fahrzeuges ausbauen und an sicherer Stelle abstellen, um keine Schäden zu verursachen. Der Stossfänger muss dabei ausgebaut werden. Ehe man das Vorderteil herausziehen kann, sind jedoch einige der in der Beschreibung angegebenen Arbeiten durchzuführen. Sie werden bald sehen, wenn die gesamte Vorderpartie frei zum Herausziehen ist.
- Fahrzeug vorn aufbocken und an der Unterseite das Schutzblech unter der Vorderpartie des Fahrzeuges abschrauben. Dieses ist an den in Bild 15 gezeigten Stellen befestigt.
- Die Kühlungsschlange für die Hydraulikflüssigkeit der Servolenkung an der linken Unterseite des Kühlers abschrauben. Bild 16 zeigt die Befestigungsstellen.
- Die Kühlanlage durch Öffnen der Ablassstelle am Kühler entleeren. Dazu das Verschlusselement für den Verbindungsflansch des Kühlmittelschlauchs an der Unterseite des Kühlers abziehen (siehe Bild 17) und den Verbindungflansch abziehen.
- Die Luftführung zum Luftfilter an der Luftan-

saughutze abschrauben und herausheben.

- Als nächstes sind einige Steckverbinder abzuziehen. Diese sind in Bild 18 zu sehen. Sie verbinden die Kabelstränge für Scheinwerfer, Scheinwerferhöhenverstellung und Blinkleuchten. Anhand der Ventilatoreinheit (1), kann man die Steckverbinder auffinden.
- Vier Steckverbinder vom ABS-Steuergerät abziehen. Diese sind in Bild 19 mit den Pfeilen gezeigt.
- An der linken Oberseite der Vorderpartie einen Steckverbinder (Wegfahrsperre) abziehen.
- Den Kühlmittelschlauch links oben vom Motor abschliessen.
- Den Steckerverbinder für die Magnetkupplung des Kompressors für die Klimaanlage vom Clip befreien und trennen. Dieser sitzt an der Luftführung des Kühlers, unten rechts.
- Die Kabelstecker beider Signalhörner abziehen. Die Kabel lose herunterhängen lassen.
- Die Luftansaughutze ausbauen.
- Die in Bild 20 gezeigten Steckverbinder abziehen (2 Stück), die Leitung vom Wasserkasten abschrauben und vom Clip lösen. Ebenfalls den Schlauch an der Pfeilstelle lösen und abziehen.
- Die Luftführung zwischen dem Luftfilter und dem Drosselklappengehäuse ausbauen.
- Den kompletten Luftfilter (einschliesslich Gehäuse) ausbauen.
- Die Zufuhrleitung und Rücklaufleitung der Kraftstoffversorgung abschliessen. Da der Kraftstoff unter Druck stehen könnte, sollte man einen dicken Lappen um den Anschluss der Zufuhrleitung wickeln und die Verbindung langsam öffnen. Weitere Vorsichtsmassnahmen sind im Abschnitt "Kraftstoffeinspritzanlage" gegeben.
- Das Dehngefäss für die Kühlanlage ausbauen.
- Die Befestigungsschrauben des Kastens mit der Motorelektronik (praktisch das Schaltgerät der elektronischen Anlage) abschrauben. Wie aus Bild 21 ersichtlich ist, muss eine Schraube durch die Öffnung in der Trennwand gelöst werden. Den Kasten aus den Clips befreien und die Steckverbinder abziehen. Ebenfalls die Steckverbinder an der Anschlussleiste unter dem Schaltgerät abziehen.
- Einen Masseanschluss und eine Halterung für die Steckverbinderanschlüsse am Wasserkasten abschrauben.
- Beide zum Wärmeaustauscher der Heizung führenden Wasserleitungen zwischen dem Wasserkasten und dem Motor abschliessen.
- Das Drosselklappelseil vom Widerlager und Drosselklappenhebel aushängen (siehe betreffendes Kapitil) und frei hängen lassen.
- An der Oberseite des Getriebes zwei Steckverbinder trennen.

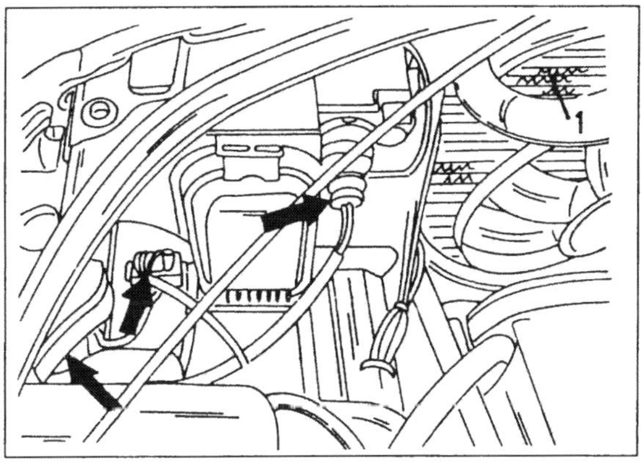

Bild 18
Die mit den Pfeilen gezeigten Steckverbinder sitzen in der Nähe der Ventilatoreinheit.

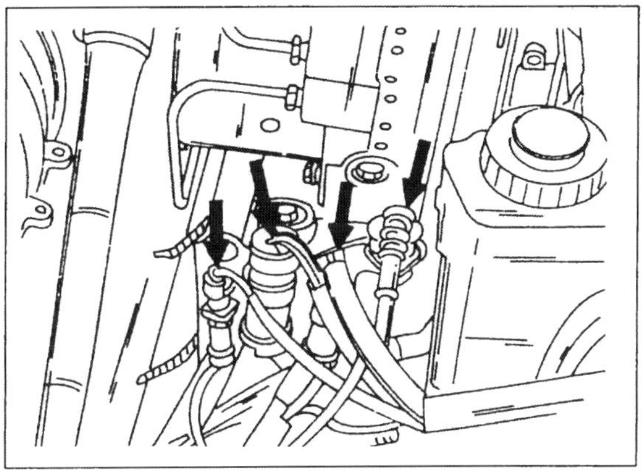

Bild 19
Die vier gezeigten Steckverbinder sind am ABS-Gerät angeschlossen.

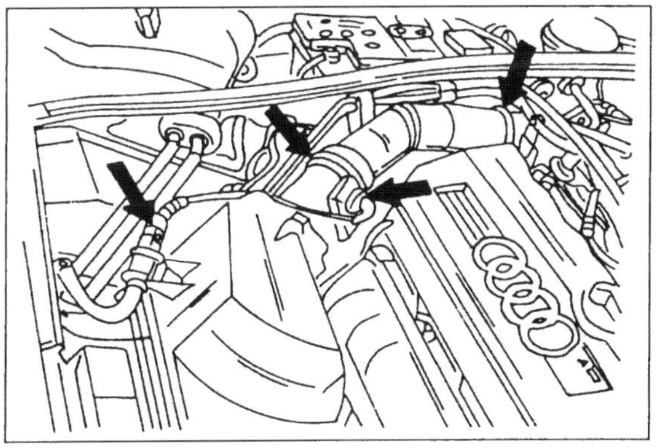

Bild 20
In der Nähe des Luftfilters zu lösende Teile.

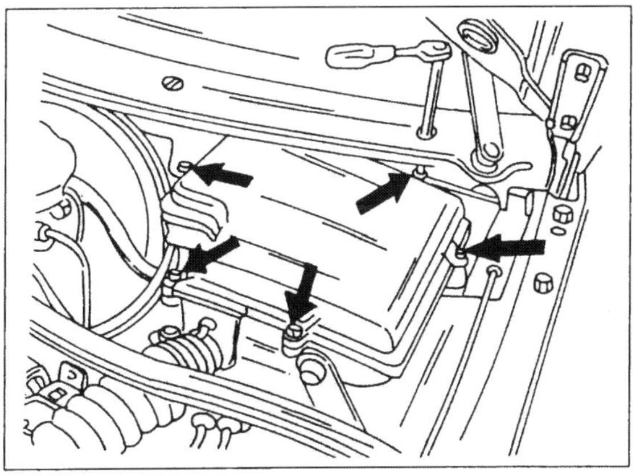

Bild 21
Die Pfeile zeigen wo der Steuerkasten der Motorelektronik befestigt ist.

- Den Keilrippenriemen für den Antrieb der Lenkhilfspumpe, die Visko-Kupplung der Motorkühlung und der Drehstromlichtmaschine lokkern, wie es im Abschnitt "Kühlanlage" unter der betreffenden Überschrift beschrieben ist und den Riemen abnehmen.

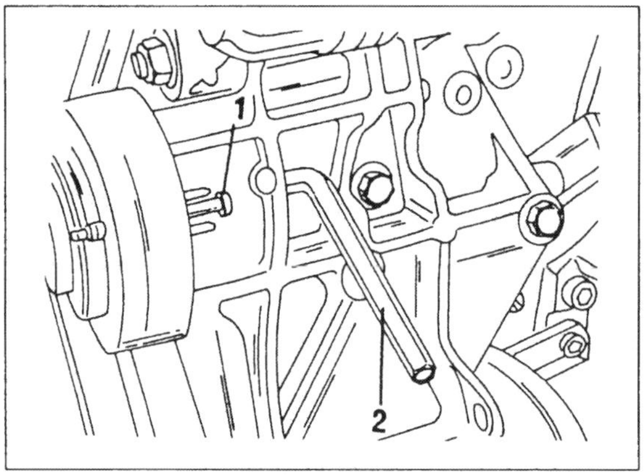

Bild 22
Beim Lösen der Riemenscheibe der Visko-Kupplung wird die Schraube (1) an der gezeigten Stelle eingeschoben. Die Befestigungsschraube mit einem Inbusschlüssel (2) lösen.

- Die Befestigungschrauben des Spanners für den Keilrippenriemen des Kompressors der Klimaanlage lockern, den Riemen lockern und abnehmen.
- Den Keilrippenriemen zwischen der Lenkhilfspumpe und der Drehstromlichtmaschine an der Lichtmaschine herunterheben.
- Eine 5 mm-Schraube mit einer Länge von 60 mm an der in Bild 22 gezeigten Stelle einschieben, um die Riemenscheibe der Visko-Kupplung zu blockieren und die Schraube mit einem 8 mm-Inbusschlüssel lösen.

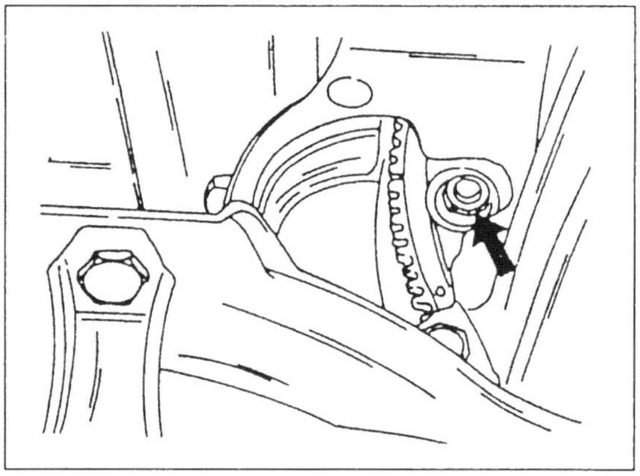

Bild 23
Der Pfeil zeigt eine der Muttern, die die Antriebsscheibe mit dem Drehmomentwandler verbinden.

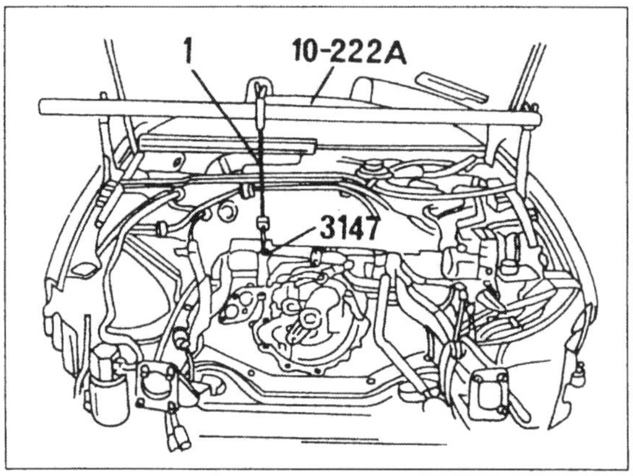

Bild 24
Das Getriebe wird in einer Audi-Werkstatt mit einem Spezialbügel angehoben, um es in waagerechter Lage zu halten.

- Die Riemenscheibe der Wasserpumpe in geeigneter Weise gegenhalten und die drei Schrauben lösen.
- Die Riemenscheibe der Lenkhilfspumpe abschrauben und die Pumpe vom Montagehalter lösen. Die Pumpe abnehmen und mit einem Stück Draht an geeigneter Stelle festbinden. Die Leitungen bleiben an der Pumpe angeschlossen.
- Bei eingebauter Klimaanlage den Kompressor ausbauen, ohne die Leitungen abzuschliessen. Der Kompressor wird mit den angeschlossenen Leitungen vorsichtig auf eine Seite gelegt, ohne dabei die Leitungen zu knicken oder zu verbiegen. *Klimaanlagen dürfen nur von geschultem Personal geöffnet werden.*
- Das Auspuffrohr vom Auspuffkrümmer lösen und das vordere Rohr an der Oberseite abschrauben.
- Die Kabelschelle für das positive Kabel zum Anlasser an der rechten Seite unterhalb des Auspuffkrümmers lösen.
- Die Kabelanschlüsse am Anlasser abklemmen und den Anlasser ausbauen. Ein Massekabel muss an der Motorkonsole abgeschraubt werden.
- Bei eingebauter Getriebeautomatik von der Unterseite des Fahrzeuges in die Öffnung für den Anlasser schauen. Dabei wird man eine der Muttern sehen, welche die Antriebsscheibe des Drehmomentwandlers halten. Falls sie nicht sofort sichtbar wird, die Kurbelwelle etwas durchdrehen, bis sie erscheint. Die Mutter einige Umdrehungen lösen und die Kurbelwelle weiter durchdrehen, bis die beiden anderen Muttern zum Vorschein kommen. Bild 23 zeigt, wo eine der Muttern sitzt. Beim Lösen einen Gang einschalten (von Helfer).
- Ebenfalls bei eingebauter Getriebeautomatik auf der linken Seite der Ölwanne eine Leitungsschelle abschrauben, um die Leitungen des Ölkühlers für das Getriebe zu lösen. Die Leitungen nicht abschliessen.
- Unterdruckschlauch für den Bremskraftverstärker vom Ansaugkrümmer abschliessen.
- Kontrollieren, dass keine Kabelverbindungen zwischen dem Motor und der Karosserie noch angeschlossen sind. Diese entsprechend kennzeichnen, wenn man nicht sicher ist, wo sie hingehören und danach trennen.
- Die vier Befestigungsschrauben der Motoraufhängungen herausdrehen.
- Einen Wagenheber unter Getriebe und Motor untersetzen (in der Hauptsache das Getriebe anheben) und die Schrauben zwischen Motor und Getriebe an der Unterseite lösen.
- Von der Oberseite mit Ausnahme der oberen rechten Schraube die verbleibenden Schrauben zwischen Motor und Getriebe lösen.
- Getriebe in geeigneter Weise von oben abstützen. Audi-Werkstätten verwenden dazu einen

Spezialbügel, welcher links und rechts auf die Kotflügelfalze aufgesetzt wird, wie man es in Bild 24 auf Seite 16 gezeigt ist. Man kann jedoch eine grosse Eisenstange, gut abgepolstert aufgelegt, über den Motorraum legen und das Getriebe entsprechend an der Aufhängung anstelle der Spezialvorrichtung (1) mit starkem Draht befestigen. Eine in das Getriebe eingeschobene Schraube kann zum Anhängen der Drahtschlinge benutzt werden. Wichtig ist es, dass das Getriebe während dem Herausheben waagerecht verbleibt. Ebenfalls kann man einen Rollwagenheber unter das Getriebe setzen, um dieses während dem Herausheben entsprechend anzuheben oder abzusenken, je nachdem, wie dies erforderlich ist.

- Den Motor mit geeigneten Seilschlingen an ein Hebezeug hängen. Einen Hebebügel wird man an der Drehstromlichtmaschine sehen, der zweite sitzt an der Rückseite. Das Hebezeug betätigen, bis das Seil unter Spannung steht.
- Die verbleibende Schraube zwischen Motor und Getriebe an der Oberseite entfernen.
- Nochmals genau überprüfen ob alle Anschlüsse und Verbindungen zwischen Motor und der Karosserie gelöst wurden und den Motor leicht anheben und verdrehen, bis man das Aggregat nach vorn aus dem Motorraum herausheben kann. Darauf achten, dass keine der Anschlüsse vergessen wurden. Wie erforderlich muss das Getriebe mit dem Wagenheber nachgesetzt werden, um es in der zum Herausheben des Motors besten Stellung zu halten. Beim Herausheben nicht die Kupplung beschädigen.

Der Einbau des Motors geschieht in umgekehrter Reihenfolge wie der Ausbau, unter Beachtung der folgenden Punkte:

- Vor dem Einbau des Motors das Kupplungsausrücklager kontrollieren; ggf. erneuern. Die Lagerdruckfläche und die Keilverzahnungen der Kupplungswelle mit etwas Graphitfett einschmieren. Die Gleitmuffe für das Ausrücklager darf nicht geschmiert werden.
- Kontrollieren, dass die Passhülsen für die Getriebeführung im Motor sitzen. Andernfalls die Passhülsen aus dem Getriebe herausziehen und in den Zylinderblock einschlagen.
- Den Motor vorsichtig in den Motorraum hineinheben und die Nabe der Kupplungs-Mitnehmerscheibe mit der Kupplungswelle des Getriebes in Eingriff bringen. Nachdem der Eingriff zustande gekommen ist, den Motor fest gegen das Getriebe andrücken, bis sich der Spalt zwischen Motor und Getriebe fast geschlossen hat. Beim Hineinheben darauf achten, dass keine der Teile eingeklemmt oder beschädigt werden.
- Den Motor in die Motoraufhängungen senken und das Antriebsaggregat einwandfrei ausrichten. Dazu wackelt man den Motor hin und her, bis die Motoraufhängungen ohne jegliche Verspannung angeschraubt werden können. Das Hebezeug erst wegnehmen, nachdem der Motor einwandfrei in den Aufhängungen sitzt. Die Befestigungen der Motoraufhängungen müssen angezogen werden, wenn der Motor im Leerlauf läuft. Die Schrauben mit 45 Nm anziehen. Diese Arbeit aber nicht nach fertigem Einbau vergessen. Die folgenden Anzugsdrehmomente sind zu beachten:

● Motoraufhängung an Karosserie (falls ausgebaut)	45 Nm
● Motorlager an Motorträger	45 Nm
● Schrauben M12 zwischen Motor und Getriebe	60 Nm
● Schrauben M10 zwischen Motor und und Getriebe	45 Nm
● Schrauben M8 zwischen Motor und Getriebe	20 Nm
● Schrauben M6	10 Nm
● Anlasserschrauben	20 Nm
● Auspuffrohr an Krümmer	25 Nm
● Abdeckplatte an Motor/Getriebe	10 Nm
● Kompressor an Konsole	25 Nm
● Drehmomentwandler an Scheibe	35 Nm
● Visko-Kupplung an Halter	45 Nm
● Lenkhilfspumpe an Konsole	25 Nm
● Drehstromlichtmaschine	35 Nm

- Hauptschalldämpfer und Auspuffrohr ausrichten und danach mit dem Gummiring befestigen. Falls der Gummi zu weit ausgedehnt ist, wenn er eingehängt ist, können die Befestigungshaken an der Auspuffanlage etwas verbogen werden. Unter übermässiger Spannung stehende Gummiringe werden bald abreissen.
- Kühlanlage auffüllen, wenn der Heizungshahn geöffnet ist. Das Dehngefäss bis zur Markierung füllen und danach den Verschluss aufschrauben. Den Motor kurz laufen lassen, damit alle Luft ausgestossen wird. Abschliessend den Kühlmittelstand kontrollieren und ggf. berichtigen. Das Kühlmittel sollte immer erneuert werden, falls grössere Reparaturen am Motor durchgeführt wurden. Andernfalls nur gut aussehendes Kühlmittel wieder einfüllen.
- Servolenkung montieren und die Antriebsriemenspannung einstellen, wie es im betreffenden Kapitel beschrieben ist.
- Gasbetätigungszug einstellen, wie es im betreffenden Kapitel beschrieben ist.
- Falls erforderlich die Zündung und den Leerlauf sowie die Zündeinstellung kontrollieren oder bei der ersten Gelegenheit kontrollieren lassen. Ein schlecht laufender Motor verbraucht viel Kraftstoff.
- Den Ölstand in der Ölwanne kontrollieren und ggf. berichtigen.

2.3 Zerlegung und Zusammenbau

2.3.1 Zerlegung

Vor Beginn der Arbeiten sind alle Aussenflächen des Motors gründlich zu reinigen. Alle Öffnungen des Motors vorher mit einem sauberen Putzlappen abdecken, damit keine Fremdkörper in die Innenseite des Motors gelangen können.

Das Zerlegen des Motors wird in Einzelheiten in den Kapiteln 2.4 bis 2.10 beschrieben. Auf diese Weise können wir Arbeiten beschreiben, die entweder bei eingebautem Motor oder ausgebautem Motor durchgeführt werden können, ohne dass bestimmte Zerlegungsarbeiten zweimal beschrieben werden. Falls eine komplette Zerlegung durchgeführt werden soll, braucht man nur die einzelnen Arbeitsgänge miteinander zu kombinieren, und zwar in der angeführten Reihenfolge.

Achtung: Beim Zerlegen und Zusammenbau muss man sich immer an den Kenn-Code des Motors halten.

Im allgemeinen sollte man beim Zerlegen daran denken, dass alle sich bewegenden oder gleitenden Teile vor dem Ausbau zu zeichnen sind, um sie wieder in der ursprünglichen Lage einzubauen, falls sie wieder verwendet werden. Dies ist besonders bei Kolben, Ventilen, Lagerdeckeln und Lagerschalen wichtig. Die Teile so ablegen, dass man sie nicht durcheinander bringen kann. Besonders beim Zylinderkopf eines 20V-Motor ist aufgrund der zusätzlichen Teile besondere Aufmerksamkeit darauf zu legen.

Lager- und Dichtflächen auf keinen Fall mit einer Reissnadel oder gar Schlagzahlen zeichnen. Viele der Teile sind aus Aluminium hergestellt und sind dementsprechend zu behandeln. Falls Hammerschläge zum Trennen bestimmter Teile erforderlich sind, nur einen Gummi-, Plastik- oder Hauthammer verwenden.

Viele der Teile der verschiedenen Motoren sehen ähnlich aus und eignen sich auch für alle Versionen. Bestimmte Teile sind jedoch nur für einen spezifischen Motor hergestellt (z.B. sind Toleranzwerte unterschiedlich), so dass man bei Erneuerung von Teilen unbedingt auf die Eignungsfähigkeit achten muss.

Bild 25 zeigt eine Ansicht der Stirnseite des Motors. Einige der Teile wurden bereits beim Ausbau des Motors gelöst oder ausgebaut. Die Entspannung der einzelnen Aggregatsantriebsriemen ist im Abschnitt "Kühlanlage" beschrieben.

Hinweis: Falls Antriebsriemen bei eingebautem Motor erneuert werden sollen, muss man die Vorderpartie des Fahrzeuges ausbauen, wie es in Kapitel 2.12 beschrieben ist, um Zugang zu den Riemen zu erhalten.

- Alle Motornebenteile, d.h. Zündverteiler, Sammelrohr, Auspuffkrümmer, Teile der Einspritzanlage, usw. abmontieren.
- Den Steuerriemenschutz abschrauben und den Steuerriemen ausbauen. Die dazu erforderlichen Arbeiten sind in Kapitel 2.8.1 beschrieben. Bereits jetzt soll erwähnt werden, dass man die Laufrichtung des Riemens mit Farbe aufzeichnen muss, falls der Riemen wieder verwendet werden soll. Der Riemen darf nicht geknickt werden.
- Kurbelwellenriemenscheibe mit dem Kurbel-

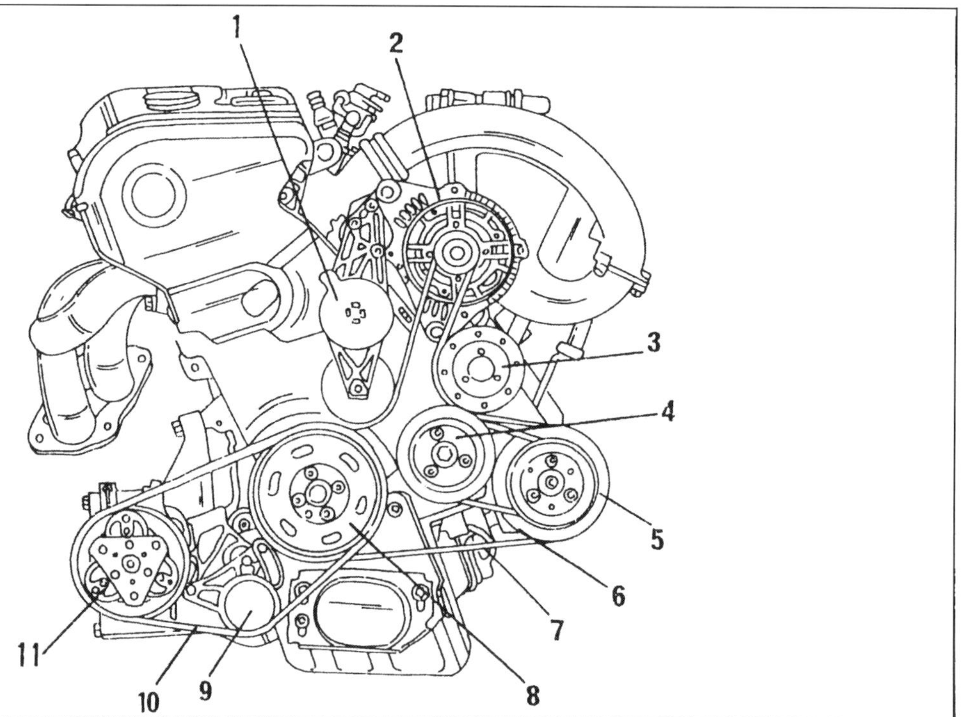

Bild 25
Die an der Stirnseite des Motors zu sehenden Teile.
1 Spanner für Keilrippenriemen
2 Drehstromlichtmaschine
3 Visko-Kupplung des Kühlungsventilators
4 Kühlmittelpumpe
5 Lenkhilfspumpe
6 Keilriemen für Kühlmittelpumpe
7 Keilrippenriemen für Lenkhilfspumpe, Kühlungsventilator und Drehstromlichtmaschine
8 Schwingungsdämpfer
9 Riemenspanner für Keilrippenriemen des Kompressors
10 Kielrippenriemen für Kompressorantrieb
11 Kompressor der Klimaanlage

wellensteuerrad von der Welle abschrauben. Die Riemenscheibe der Wasserpumpe und danach die Wasserpumpe abschrauben.

● Ölfilter abschrauben. Falls man keinen passenden Filterkettenschlüssel zur Verfügung hat, kann man einen Schraubenzieher durch die Seite des Filters schlagen und ihn durch Hebelwirkung auf den Griff abschrauben. Öl wird dabei herauslaufen.

● Den zwischen Ölfilter und Filtersockel eingesetzten Ölkühler abschrauben (falls vorhanden). Falls Klemmschellen zur Befestigung der Schläuche verwendet wurden, können sie durch Schraubschellen ersetzt werden. Siehe auch Kapitel 3.6.

● Falls erforderlich, den Sockel vom Motor abschrauben.

● Den Ölmessstab herausziehen:

● Zylinderkopfhaube abschrauben und die Dichtung sofort wegwerfen. Unter der Haube sitzt bei einem Motor mit 8 Ventilen ein Ölabweisblech, welches ebenfalls abgeschraubt werden kann. Ebenfalls den Dichtring auf der einen Seite und den Dichteinsatz auf der anderen Seite entfernen. Bild 26 zeigt die Teile bei diesem Motor.

● Den Zylinderkopf ausbauen, wie es für den betreffenden Motor beschrieben ist.

● Motor umkehren und die Ölwanne abschrauben. Die Dichtung abnehmen.

● Die Ölpumpe von der Unterseite des Kurbelgehäuses abschrauben und herausziehen.

● Pleuellagerdeckel mit der Zylindernummer kennzeichnen (mit Farbe) und die Lagerdeckel der Reihe nach abschrauben. Zwei Pleuellager sollten sich immer auf dem unteren Totpunkt befinden, wenn die Deckel gelöst werden. Die Pleuelstangen zusammen mit den Kolben der Reihe nach nach oben aus den Zylinderbohrungen schieben. Darauf achten, dass die Lagerschalen und Lagerdeckel sofort wieder an die betreffenden Pleuelstangen angeschraubt werden. Die Pleuellager sind mit Dehnschrauben zusammengeschraubt und die Schrauben dürfen nicht wieder verwendet werden.

● Kurbelwelle ausbauen. Die Lagerdeckel sind in diesem Fall mit Zahlen gezeichnet (Nr. 1 an der Riemenscheibenseite, Nr. 5 an der Schwungradseite; siehe Kapitel 2.7.1). Die eingelegten Anlaufscheiben zur Aufnahme des Axialdrucks am mittleren Lager herausnehmen, nachdem man sie seitenmässig gezeichnet hat.

● Steuerrad der Zwischenwelle abmontieren.

● Flansch der Zwischenwelle abschrauben und den Flansch abdrücken. Die Welle aus dem Motor herausziehen. Bild 27 zeigt die Befestigung der Zwischenwelle (bei beiden Motorentypen gleich). Der Dichtring kann sofort aus dem Deckel ausgeschlagen werden.

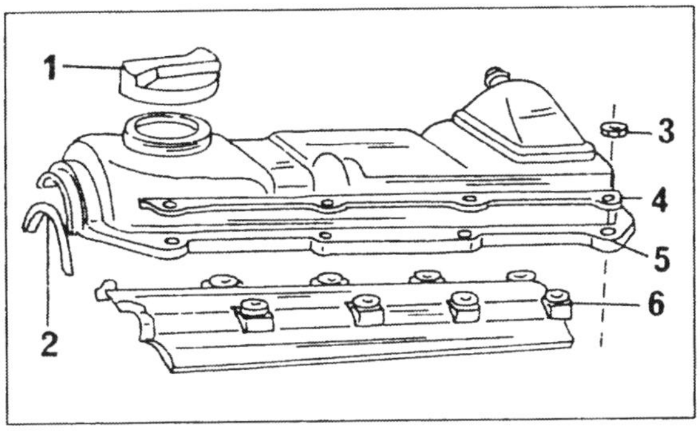

Bild 26
Ansicht der abgenommenen Zylinderkopfhaube bei einem 8V-Motor.
1 Öleinfüllverschluss
2 Dichtring
3 Mutter, 10 Nm
4 Verstärkungsblech
5 Zylinderkopfhaube
6 Ölabweisblech

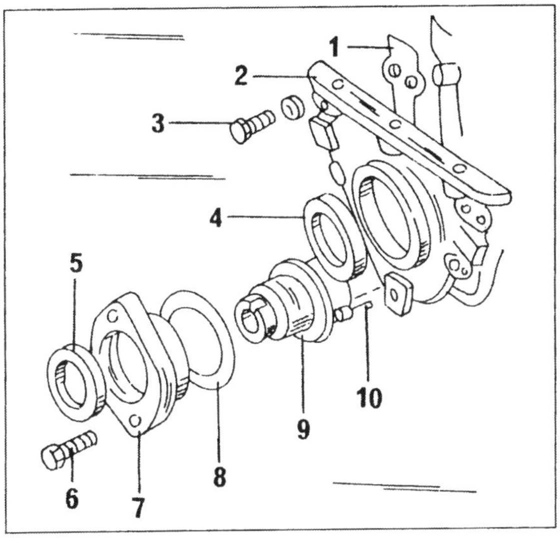

Bild 27
Von der Vorderseite des Blocks abmontierte Teile zum Ausbau der Zwischenwelle und der Kurbelwelle.
1 Flanschdeckel
2 Dichtringflansch
3 Schraube, 20 Nm
4 Öldichtring, Kurbelwelle
5 Öldichtring, Zwischenwelle
6 Schraube, 25 Nm
7 Dichtringflansch, Zwischenwelle
8 "O"-Dichtring
9 Zwischenwelle
10 Schraube, 10 Nm

2.3.2 Zusammenbau des Motors

Wie das Zerlegen wird auch der Zusammenbau des Motors unter getrennten Überschriften beschrieben. Die Reihenfolge des Zusammenbaus ist umgekehrt zur Zerlegung. Die folgenden Allgemeinhinweise sollte man jedoch bei jedem Zusammenbau beachten:

● Alle Teile vor dem Zusammenbau von Schmutz und Fremdkörpern reinigen.

● Einen Ölschmierfilm an alle Teile, die sich drehen oder die gleiten, auftragen. Dies ist **vor** dem Zusammenbau durchzuführen und nicht nachdem die Teile bereits zusammengebaut sind, da sonst das Öl nicht an die eigentlichen Lagerstellen heran kann. Es ist besonders wichtig, dass Kolben, Kolbenringe und Zylinderwandungen vor dem Zusammenbau reichlich mit Motoröl geschmiert werden.

● Alle Teile des Zylinderblocks gründlich reinigen, wenn der Motor vollkommen zerlegt wurde. Bei teilweiser Zerlegung darauf achten, dass keine Fremdkörper in die nicht zerlegten Teile des Motors, oder in Hohlräume, fallen können. Alle Öffnungen entweder abkleben oder mit Lappen abdecken, um dies zu verhindern. Falls Metallteilchen im Block vorgefunden werden, muss man diesen besonders gut reinigen. Dies bedeutet auch, dass man die Kurbelwelle neu lagern lassen muss.

- Ölkanäle und -bohrungen am besten mit Pressluft ausblasen. Falls diese nicht zur Verfügung steht, die Kanäle oder Bohrungen mit einem Stück Holz durchstossen, aber niemals mit Metallgegenständen.
- Dichtringe, Dichtungen, usw. sollten immer erneuert werden. Auf keinen Fall an diesen Teilen sparen und ursprünglich beschädigte Teile wieder verwenden.

In der Mass- und Einstelltabelle sind die Verschleissgrenzen der meisten beweglichen Teile angegeben. Falls Zweifel über ein Teil bestehen, oder die Verschleissgrenze ist bald erreicht, ist es vielleicht besser, wenn man das Teil erneuert, um sich eine baldige Wiederzerlegung zu ersparen. Aufgrund der Vielzahl der verschiedenen Motoren muss man beim Bestellen von Teilen immer die Motornummer angeben.

2.4 Zylinderkopf und Ventile

Aufgrund der Konstruktion der Ventilsteuerung erwähnen wir einige wichtige Punkte, die der Leser wissen sollte, ehe irgendwelche Arbeiten am Zylinderkopf durchgeführt werden, besonders aufgrund der Unterschiede zwischen dem normalen 8V-Motor und dem 20V-Motor:

Normaler Motor (8 Ventile)

- Die obenliegende Nockenwelle ist in fünf Lagern geführt. Das hintere Lager dient zur Axialführung der Nockenwelle. Das vierte Nockenwellenlager fehlt. An dessen Stelle ist eine Vorrichtung zur Verhinderung des Ölrücklaufs für die hydraulischen Stössel in den Ölkanal eingebaut. Der Durchmesser der Einlassventile und Auslassventile ist dem betreffenden Motor angepasst und vor Erneuerung von Ventilen muss man deshalb den genauen Motortyp wissen. Vor Nachbearbeitung der Ventilsitze sind die Anweisungen in Kapitel 2.4.3 genau durchzulesen.

20V-Motor

- Zwei Nockenwellen sind im Zylinderkopf eingebaut. Eine Welle dient für die Einlassventile und die andere für die Auslassventile. Der Antrieb der Nockenwellen erfolgt über einen Zahnriemen zu einer Nockenwelle, welche über eine Kette die zweite Nockenwelle antreibt. Eine Nockenwelle (Einlass) wird mit fünf, die andere Welle (Auslass) mit sechs Lagerdeckeln montiert.
- Die Auslassventile sind mit Natrium gefüllt. Falls Auslassventile erneuert werden, sollte man sie in eine Audi-Werkstatt zum Verschrotten bringen.
- Wie bei den 8 Ventil-Motoren werden ebenfalls hydraulische Stössel eingebaut, welche keine regelmässige Nachstellung erfordern.

Alle Motoren

- Der Hersteller gibt in vielen Fällen keine genauen Werte zum Prüfen von Laufspielen der Ventilschäfte, Messen der ungespannten Länge der Ventilfedern, usw. an, da diese Werte mit bestimmten Lehren gemessen werden. Falls Sie Zweifel haben, sollten Sie sich an eine Audi-Werkstatt wenden, welche Ihnen vielleicht genauere Auskünfte erteilen kann.
- Ventilfedersitze, Ventilfedern und Dichtringe der Ventilschäfte sind ziemlich schwer zugänglich, da sie sich in Ausbuchtungen des Zylinderkopfes befinden. Bei der folgenden Beschreibung wird davon ausgegangen, dass die dazu erforderlichen Hilfswerkzeuge zur Verfügung stehen und den gegebenen Anweisungen genau gefolgt wird. Wir möchten nochmals darauf hinweisen, dass dies äusserst wichtig ist. Beim Ausbau von Ventilen darauf achten, wie die Teile eingebaut sind, d.h. Stössel, Ventilkegelhälften, oberer Ventilteller, innere und äussere Ventilfedern, Ventilschaftdichtringe und unterer Ventilfedersitz.

2.4.1 Ausbau des Zylinderkopfes

Der Zylinderkopf kann bei eingebautem Motor ausgebaut werden, und diese Arbeit wird nachfolgend beschrieben, wobei wir nochmals darauf hinweisen möchten, dass Unterschiede innerhalb der Motoren, vor allem der Motoren mit 8 Ventilen vorliegen, so dass die Arbeiten entsprechend abzustimmen sind. Der Text gibt nur eine Grundreihenfolge an.
Falls der Motor bereits ausgebaut ist, sind die Vorarbeiten bereits ausgeführt. Der Ausbau von vielen abzumontierenden Teilen wurde bereits beim Ausbau des Motors beschrieben und das entsprechende Kapitel ist durchzulesen. Die Teile der Steuerung müssen ausgebaut werden, bis man den Zahnriemen vom Antriebsrad der Nockenwelle herunterheben kann. Die betreffenden Arbeiten sind in Kapitel 2.8 beschrieben.
Den Zylinderkopf unter keinen Umständen ausbauen, wenn der Motor eine Temperatur von mehr als 40° C besitzt.

- Massekabelklemme nach Lockern der Schraube und Mutter vom Batteriepol entfernen.
- Kühlanlage ablassen (Kapitel 4.1.1).

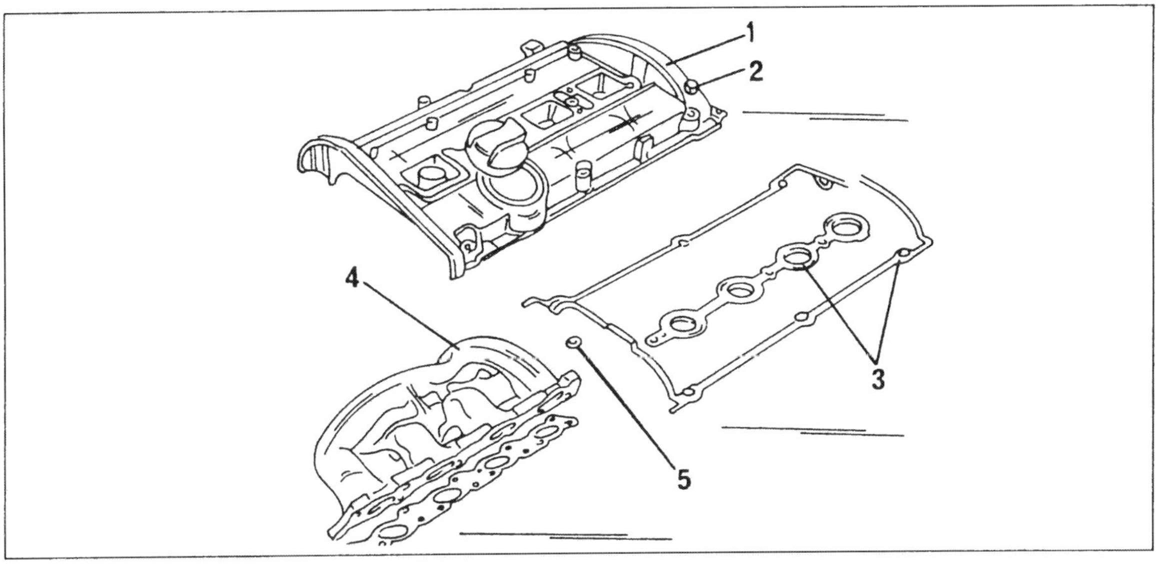

Bild 28
Die gezeigten Teile beim Ausbau des Zylinderkopfes eines 20V-Ventils ausbauen.
1 Zylinderkopfhaube
2 Mutter, 10 Nm
3 Dichtung für Zylinderkopfhaube (muss immer erneuert werden)
4 Auspuffkrümmer
5 Mutter, 25 Nm

- Das Vorderteil des Fahrzeuges ausbauen, wie es in Kapitel 2.12 beschrieben wird.
- Luftfilter ausbauen. Nach Herausnehmen des Filtereinsatzes die Schläuche vom Filter abschliessen und dann den kompletten Filter ausbauen.
- Oberen Kühlwasserschlauch abschliessen.
- Elektrische Leitungen von allen Teile am Zylinderkopf abklemmen.
- Auspuffkrümmer, Sammelrohr und andere Teile ausbauen, um die Zylinderkopfhaube freizulegen. Beim 20V-Motor sind die in Bild 28 gezeigten Teile auszubauen.

Bei diesem Motor ebenfalls die folgenden Arbeiten in der angegebenen Reihenfolge durchführen:

- Den Steckverbinder vom Luftmassenmesser und Regelventil abziehen (siehe Bild 20 zwecks Lage).
- Die Luftführung zwischen dem Luftfilter und dem Drosselklappengehäuse ausbauen.
- Den Luftfilter abschrauben und herausnehmen.
- Die Motorabdeckung an den Clips lösen.
- Unter Bezug auf Bild 29 die mit den Pfeilen gezeigten Anschlüsse abschrauben oder von der Befestigung trennen. Dies sind ein Massekabel sowie die Zündspule zusammen mit der Ausgangsstufe.
- Zwei Kabelbinder an der Zylinderkopfhaube zerschneiden und die Kabel zur Seite legen.
- Die Zündspule abschrauben und zusammen mit den beiden Zündkerzensteckern abnehmen. Auch diese sind in Bild 29 gezeigt.
- Das Anschlussstück der Kühlanlage an der Rückseite des Zylinderkopfes abschrauben (2 Schrauben).
- Die in Bild 30 gezeigten Kabelstecker abziehen. Diese sind am Hall-Geber und den Einspritzventilen angschlossen. Den Kabelstrang auf eine Seite schieben.
- Die Stütze zwischen dem Zylinderkopf und dem Ansaugsammelrohr in der Nähe des Kraftstoff-Druckreglers abschrauben.
- Dehngefäss der Kühlanlage abschrauben und auf eine Seite legen.
- Das Ansaugsammelrohr unter Bezug auf Bild 31 abschrauben. Das Sammelrohr, d.h. der Ansaugkrümmer, ist ebenfalls an zwei Gummimo

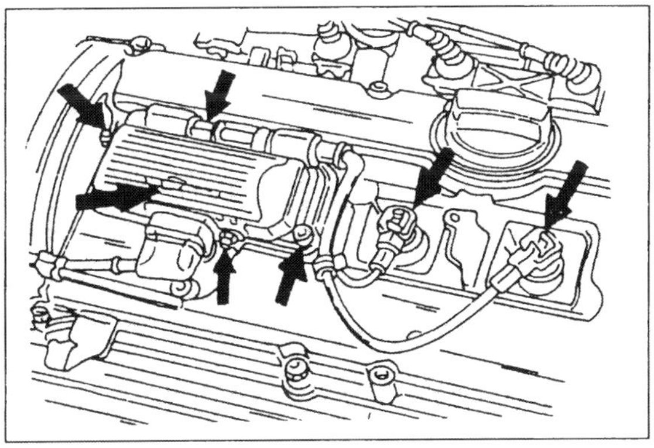

Bild 29
Teile an den Pfeilstellen abschrauben oder abschliessen.

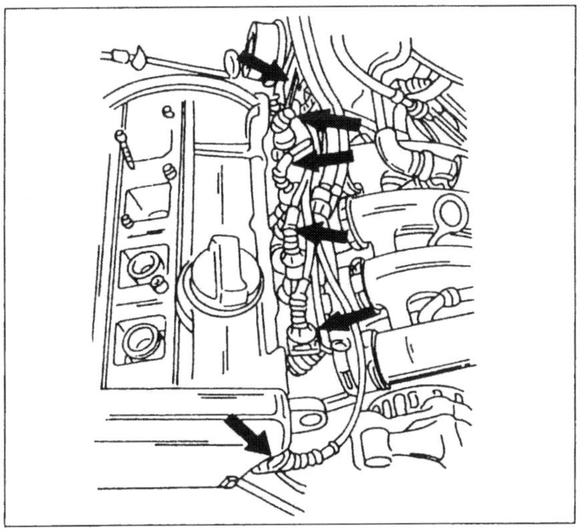

Bild 30
Die Pfeile weisen auf die Steckverbinder der Einspritzventile und des Hall-Gebers.

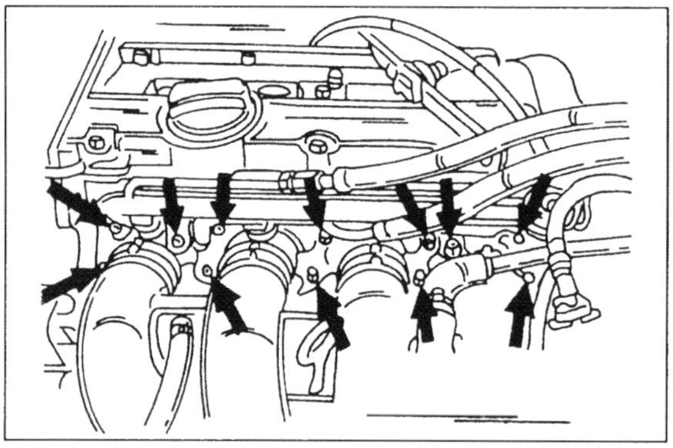

Bild 31
Die Pfeile weisen auf die Befestigungsstellen des Ansaugsammelrohres. Dieses muss beim Ausbau des Zylinderkopfes gelöst werden.

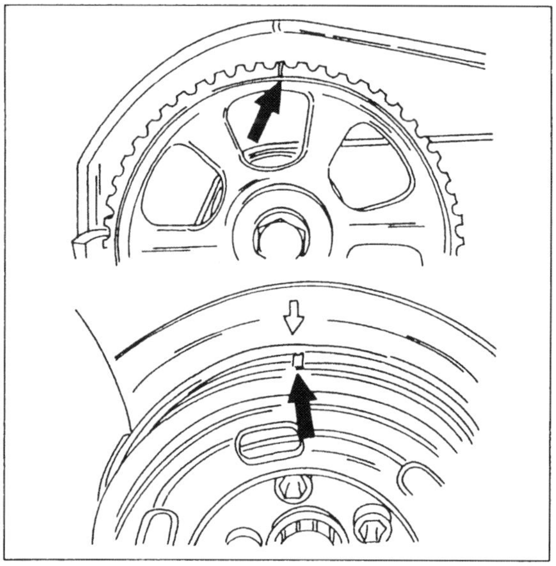

Bild 32
Der Motor steht auf dem oberen Totpunkt des ersten Zylinders, wenn die Steuerzeichen in gezeigter Weise fluchten.

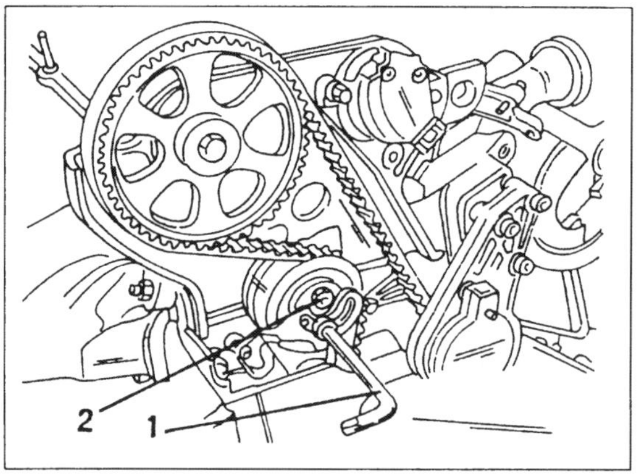

Bild 33
Schraube (1) und Mutter (2) der Spannrolle zum Lockern des Zahnriemens lösen.

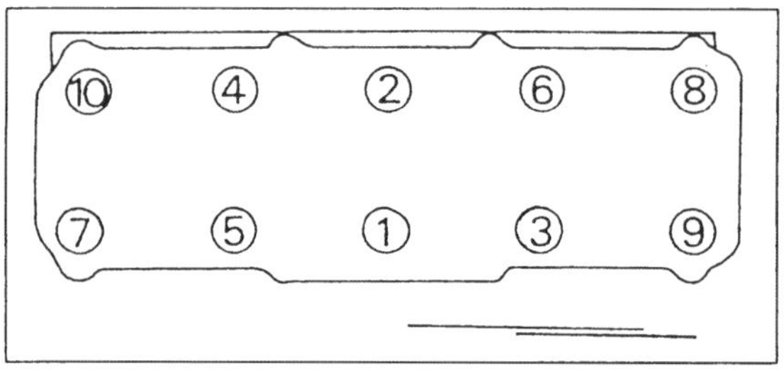

Bild 34
Reihenfolge zum Anziehen der Zylinderkopfschrauben bei einem Motor mit 8 Ventilen. Die Schrauben in umgekehrter Reihenfolge lockern.

- Beide Steckverbinder für die Lambda-Sonde abziehen. Diese befinden sich auf der linken Seite des Wasserkastens. Die Kabel herunterhängen lassen.
- Die Verbindung zwischen dem Auspuffkrümmer und dem Auspuffrohr trennen.
- Die obere Abdeckung für den Zahnriemen ausbauen.
- Die Kurbelwelle durch Ansetzen einer Stecknuss an der Schraube in der Mitte des Schwingungsdämpfers durchdrehen, bis der Motor auf dem oberen Totpunkt steht. Dabei sind zwei Hinweise zu beachten:

1 Die Schraube hat einen 12-Kant-Kopf und eine Schlüsselweite von 19 mm, d.h. eine derartige Stecknuss muss zur Verfügung stehen.

2 Beim Durchdrehen der Kurbelwelle muss man das Steuerrad der Nockenwelle betrachten. Der Totpunkt ist hergestellt, wenn die in Bild 32 gezeigten Steuerzeichen ausgefluchtet sind.

- Der Zahnriemen wird als nächstes ausgebaut.

Wir müssen dringend darauf hinweisen, dass weder Kurbelwelle noch Nockenwelle nach Abnehmen des Zahnriemens durchgedreht werden dürfen. Als erstes die Schraube (1) in Bild 33 lösen und die Spannrolle zurückdrücken, bis der Riemen locker ist. Mit einem Filzstift die Laufrichtung des Riemens in die Aussenseite einzeichnen und den Riemen herunterheben.

Der Zylinderkopf kann jetzt abgeschraubt werden:

- ***Bei einem Motor mit 8 Ventilen*** mit einem 12 mm vielverzahnten, inbusschlüssel-ähnlichen Einsatz und einer Stecknuss der Reihe nach die Zylinderkopfschrauben entgegengesetzt der in Bild 34 gezeigten Reihenfolge lösen, die Schrauben herausziehen und den Zylinderkopf und die Dichtung abnehmen.

- ***Bei einem Motor mit 20 Ventilen (1,8 Liter)*** die Zylinderkopfschrauben in umgekehrter Reihenfolge von Bild 35 lockern, die Schrauben herausziehen und den Zylinderkopf sowie die Dichtung abnehmen. Bild 36 zeigt den Zylinderkopf, wie er vom Motor herunterkommt.

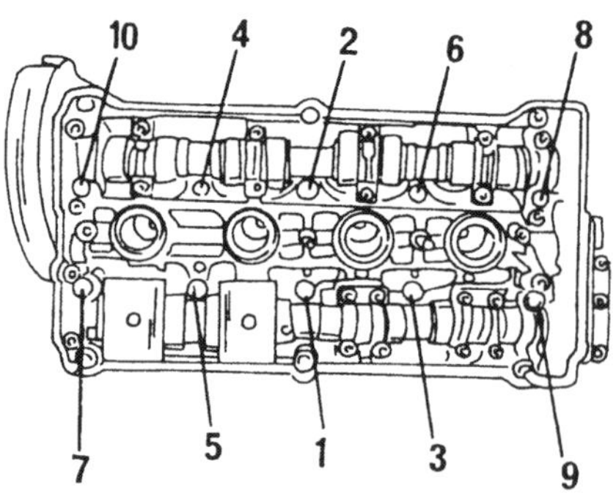

Bild 35

Bild 35 (rechts)
Reihenfolge zum Lockern der Zylinderkopfschrauben eines 20V-Motors.

tallbüchsen an der Unterseite befestigt. Das gesamte Teile vom Zylinderkopf abziehen und zur Seite drücken, so dass der Kopf freigelegt wird.

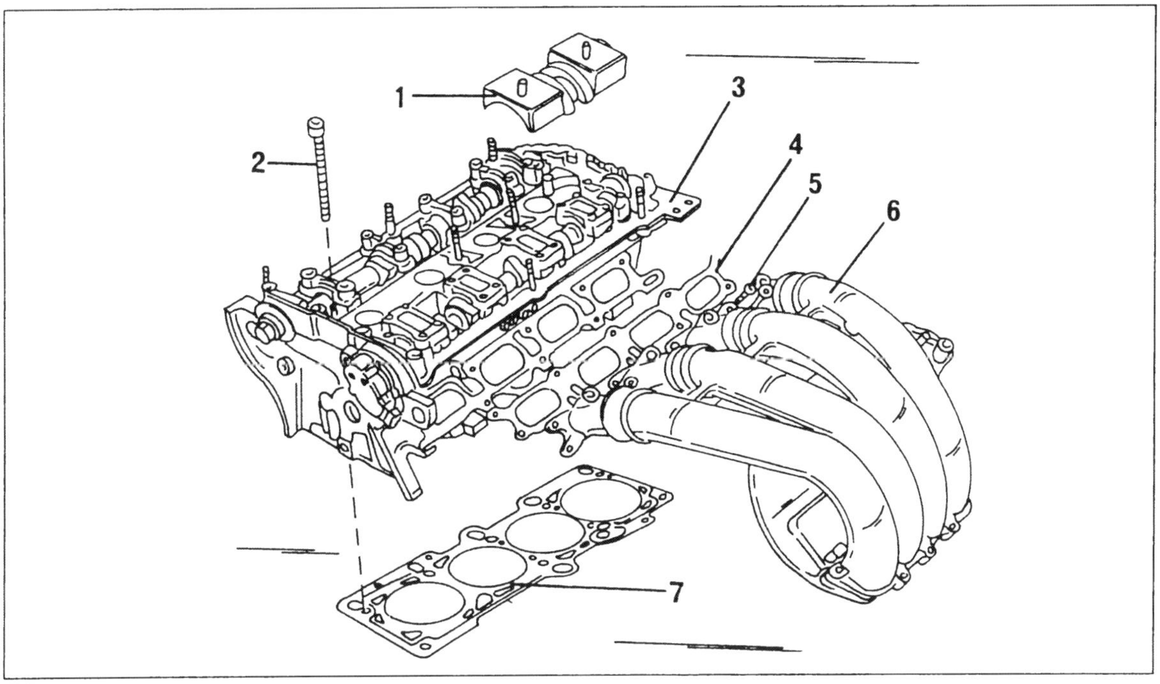

Bild 36
Teilweise zerlegter Zylinderkopf eines Motors mit 20 Ventilen.
1 Ölabweisblech
2 Zylinderkopfschraube (immer erneuern)
3 Zylinderkopf
4 Sammelrohrdichtung
5 Schrauben, 10 Nm
6 Ansaugsammelrohreinheit
7 Zylinderkopfdichtung

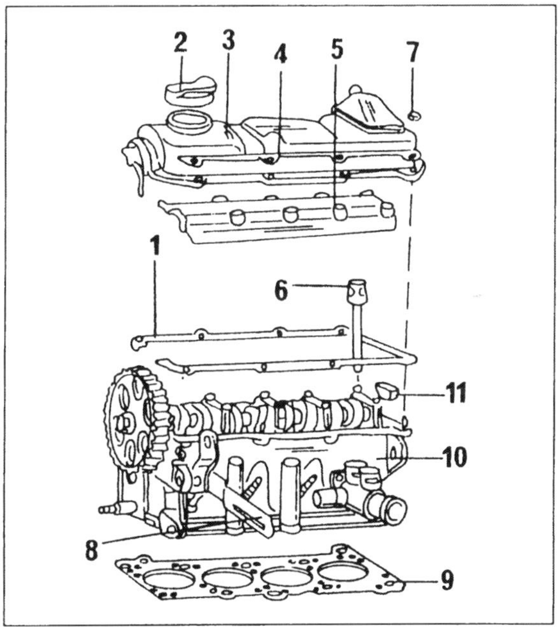

Bild 37
Ansicht des unzerlegten Zylinderkopfes nach dem Ausbau (Motor mit 8 Ventilen).
1 Haubendichtungen
2 Öleinfüllverschluss
3 Zylinderkopfhaube
4 Verstärkungsleiste
5 Ölabweisblech
6 Zylinderkopfschraube
7 Mutter, 10 Nm
8 Bügel für Drehstromlichtmaschine
9 Zylinderkopfdichtung
10 Zylinderkopf
11 Dichteinsatz, immer erneuern

Die Nockenwelle eines Motors mit 8 Ventilen kann bei eingebautem Motor ausgebaut werden. Dabei in ähnlicher Weise wie oben beschrieben vorgehen, bis die Nockenwelle freiliegt und danach die im nächsten Kapitel beschriebenen Arbeiten durchführen, bis die Nockenwelle herausgenommen werden kann. Dann die Nockenwelle herausheben. Das gleiche trifft bei einem 20V-Motor zu, um die beiden Nockenwellen aus dem Zylinderkopf auszubauen. Die Arbeiten sind getrennt beschrieben.

2.4.2 Zylinderkopf zerlegen

- Alle Nebenteile des Zylinderkopfes abschrauben, je nach Ausführung. Mit Ausnahme der Teile der Steuerung sieht der Zylinderkopf jetzt wie in Bild 36, bzw. Bild 37 aus.
- Den Zylinderkopf mit einem an den Stiftschrauben des Auspuffkrümmers angeschraubten Bügel in einen Schraubstock einspannen.

8-Ventil-Motor

- Unter Bezug auf Bild 38 die Lagerdeckel Nr. 1 und 3 langsam und abwechselnd auf jeder Seite lösen und abnehmen.
- Die Muttern der Lagerdeckel Nr. 2 und Nr. 5 um je zwei Umdrehungen gleichmässig und über Kreuz lockern, bis die beiden Deckel gelöst sind, d.h. die Ölrücklaufsperre von der Stelle für den vierten Lagerdeckel abmontieren. Die Deckel abnehmen und und die Nockenwelle herausheben. Im Deckel Nr. 1 könnte sich der Dichtring für die Zylinderkopfhaube befinden.
- Die Stössel herausnehmen. Diese dürfen nicht vertauscht werden und sind entsprechend

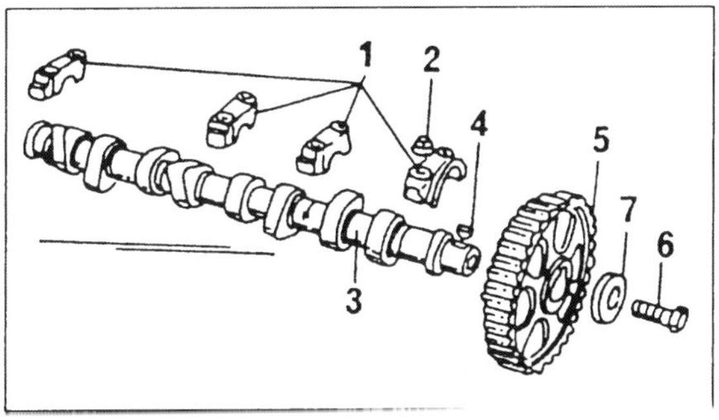

Bild 38
Die Einzelteile der Nockenwelle eines Motors mit 8 Ventilen. Zu beachten ist der fehlende Deckel Nr. 4 bei diesen Motoren.
1 Nockenwellenlagerdeckel
2 Lagerdeckelmutter, 20 Nm
3 Nockenwelle
4 Scheibenfeder
5 Nockenwellensteuerrad
6 Schraube, 80 Nm
7 Unterlegscheibe

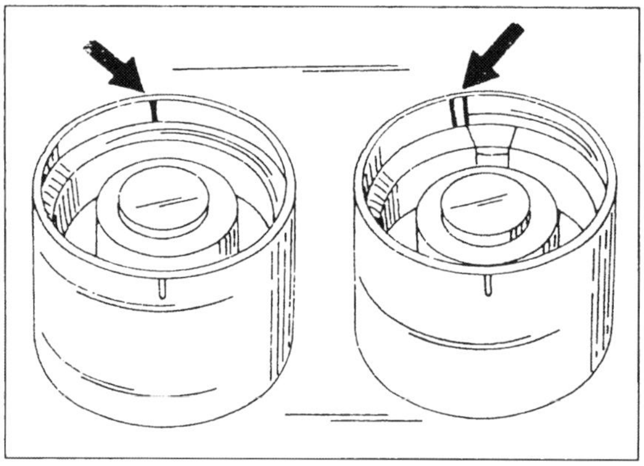

Bild 39
Hydraulische Stössel an der Innenseite in Einbaureihenfolge mit Reisslinien zeichnen.

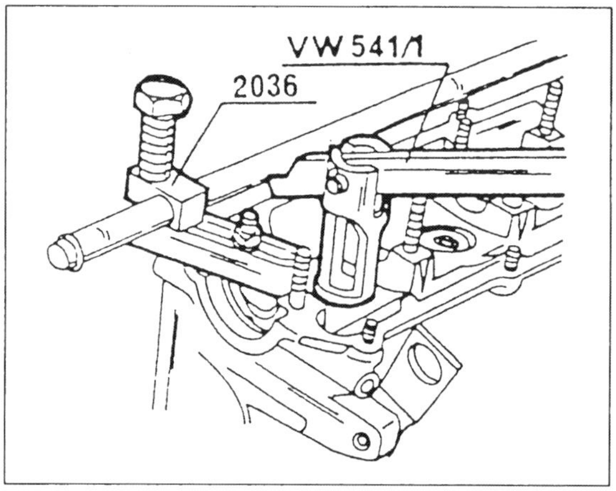

Bild 40
Zusammendrücken einer Ventilfeder mit dem Spezialwerkzeug von Audi. Eine ähnliche Vorrichtung kann ohne weiteres benutzt werden.

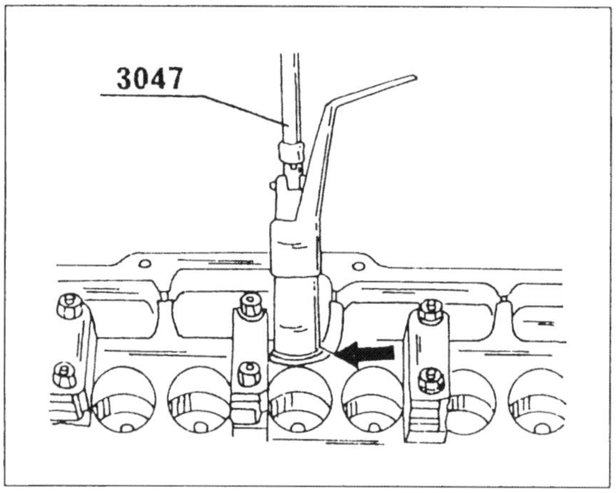

Bild 41
Ausbau der unteren Ventilfedersitze mit der Spezialzange.

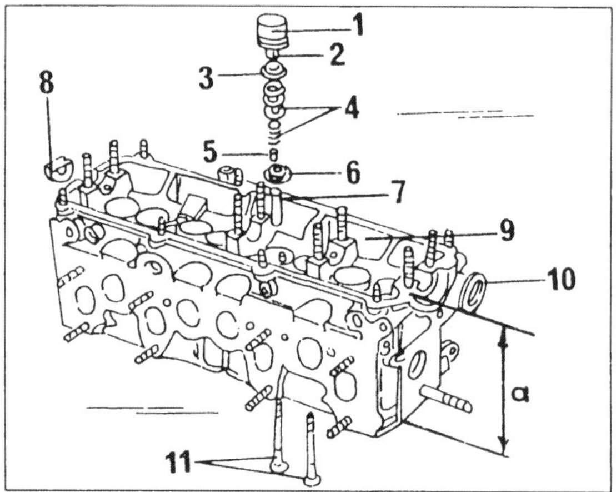

Bild 42
Zerlegter Zylinderkopf bei einem Motor mit 8 Ventilen. Die Zylinderkopfhöhe wird zwischen den Pfeilen "a" ausgemessen.
1 Hydraulischer Stössel
2 Ventilkegelhälften
3 Ventilfederteller
4 Ventilfedern
5 Ventilschaftdichtring
6 Ventilfedersitz
7 Ventilführung
8 Dichteinsatz
9 Zylinderkopf
10 Nockenwellendichtring
11 Ventile

zu zeichnen. Am besten ist es, wenn sie mit einer Reisslinie in der Innenseite gezeichnet werden, d.h. erster Stössel eine Linie, zweiter Stössel zwei Linien usw. Von der Steuerseite des Motors aus vorgehen. Die Stössel nicht auf die Seite legen, sondern mit der Kontaktfläche nach unten weisend aufsetzen. Bild 39 zeigt an welcher Stelle man die Stössel ohne Beschädigung kennzeichnen kann.

● Zum Ausbau der Ventile wird ein sogenannter Ventilheber benötigt. Bild 40 zeigt wie der von Audi-Werkstätten benutzte Ventilheber angesetzt wird. Aud dem Bild kann man ersehen, wie der Druckstempel gegen den oberen Federteller drückt, um die Federn zusammenzudrücken. Das Werkzeug wird am Zylinderkopf angesetzt. Den Hebel des Werkzeuges herunterdrücken. Der Stempel des Werkzeuges muss in die Innenseite der Ventilfedertaschen passen, da man andernfalls die Feder nicht zusammendrücken kann. Die Feder zusammendrücken, bis die Ventilkegelhälften herausgenommen werden können.

Zum Ausbau der Ventile kann auch ein Stück Rohr verwendet werden, welches auf den oberen Federteller aufgesetzt wird. Der Ventilteller auf der anderen Seite ist gut unterzulegen. Mit einem Hammer einen kurzen Schlag auf das Rohr geben, so dass die Ventilkegelhälften herauskommen können. Sie werden in der Innenseite des Rohres aufgefangen. Das Rohr jedoch gut in Verbindung mit dem Federteller halten, damit die Kegelhälften nicht verlorengehen.

● Federteller und Federn herausnehmen. Die Ventilschaftdichtringe herausziehen und sofort wegwerfen, da sie erneuert werden müssen. Den unteren Federteller aus der Bohrung nehmen, wozu entweder das Spezialwerkzeug 3047 (Bild 41) oder eine Innenseegerringzange verwendet werden können.

Bild 42 zeigt die Teile des Zylinderkopfes ohne Nockenwelle. Die folgenden Anweisungen sind besonders durchzulesen ehe der Zylinderkopf zusammengebaut wird:

● Die Nockwellenlagerdeckel müssen in bestimmter Weise aufgesetzt werden. Die Anzugsreihenfolge der Lagerdeckel ist wichtig.

● Das Lagerlaufspiel und das Axialspiel der Nockenwelle müssen ausgemessen werden. Beim Erneuern der Nockenwelle unbedingt die für den Motor bestimmte Nockenwelle beziehen.

● Die Scheibenfeder muss einen festen Sitz in der Welle haben.

● Den halbrunden Dichteinsatz (8) in Bild 42 immer erneuern.

● Hydraulische Stössel vor dem Einbau einer Kontrolle unterziehen, wie es in Kapitel 2.4.6 beschrieben ist.

● Einbaurichtung des Ventilfedertellers (3) in Bild 42 beim Zusammenbau der Ventile beachten.

20V-Motor

Da die Nockenwellen auch bei eingebautem Motor aus- und eingebaut werden, soll vorher auf die erforderlichen Vorbereitungsarbeiten eingegangen werden, ehe der eigentliche Ausbau der Nockenwellen beschrieben wird.

Zum Vorspannen des Kettenspanners wird ein Spezialwerkzeug benutzt. Dieses wird später erwähnt.

- Das Vorderteil des Fahrzeuges ausbauen (Kapitel 2.12).
- Alle vor dem Motor befindlichen Antriebsriemen, d.h. Keilrippenriemen und Keilriemen ausbauen.
- Den oberen Zahnriemenschutz ausbauen.
- Die Laufrichtung des Zahnriemens mit einem Filzstift in die Aussenseite einzeichnen, falls man den Riemen wieder verwenden will.
- Die Kurbelwelle durchdrehen, bis der Motor auf dem oberen Totpunkt steht (siehe Bild 32) und den Zahnriemen ausbauen, wie es auf Seite 21 beschrieben wurde.
- Das Zahnriemenrad der Nockenwelle in geeigneter Weise gegenhalten und die Schraube des Steuerrades lösen. Das Steuerrad herunterziehen, jedoch beachten, wie es aufgesteckt ist. In Bild 43 sind zwei Pfeile zu sehen. Diese weisen auf eine schmale Rippe hin, welche von vorn sichtbar sein muss, wenn das Rad wieder montiert ist.
- Den Hall-Geber und die Lichtschranke ausbauen.
- Die Zylinderkopfhaube abschrauben (siehe Bild 28).
- Das Werkzeug zur Feststellung des Kettenspanners (Nr. 3366) in der in Bild 44 gezeigten Weise am Zylinderkopf ansetzen und anziehen, bis man soeben einen Druckpunkt fühlen kann. *Falls man die Halterung zu fest anzieht, kann man den Kettenspanner beschädigen.*
- Die Antriebskette und die beiden Kettenräder so verdrehen, dass sie gegenüber den beiden Pfeilen im Lagerdeckel Nr. 6 stehen. Die Kette und die Kettenräder reinigen und die Zusammengehörigkeit der Kette und Kettenräder mit einem Klecks Farbe kennzeichnen. Abwarten, bis die Farbe getrocknet ist. Bild 45 zeigt wie der Antrieb ausgerichtet ist. Zu zählen sind die Zähne zwischen den beiden Pfeilen. Insgesamt muss man 16 Zähne zählen können, die auch beim Zusammenbau eine wichtige Rolle spielen.
- Die Nockenwellenlagerdeckel jetzt unter Bezug auf Bild 46 lösen. Die Deckel sind oben mit der Deckelnummer gezeichnet, um Fehler zu vermeiden. Man nimmt jeweils eine Nockenwelle vor. Zuerst die Schrauben der Deckel Nr. 1, 2, 4 und 6 lösen (an beiden Wellen) und dann den Kettenspanner abschrauben.

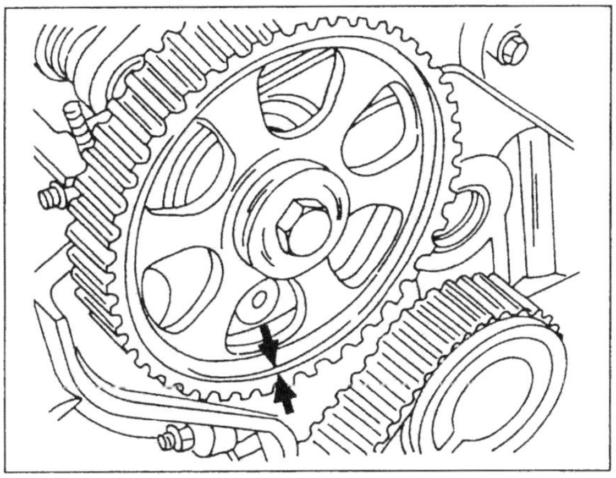

Bild 43
Die mit den Pfeilen gezeigte Rippe muss nach Aufbringen des Zahnriemenrades an der Aussenseite liegen.

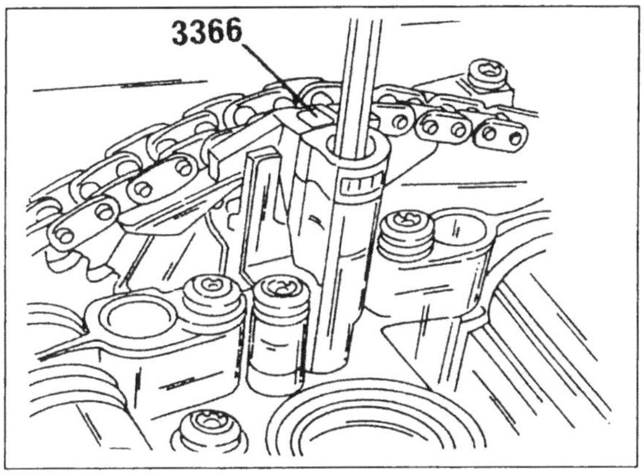

Bild 44
Benutzung des Spezialwerkzeuges zum Vorspannen des Kettenspanners. Das Werkzeug verhindert, dass der Kettenspanner auseinanderfallen kann.

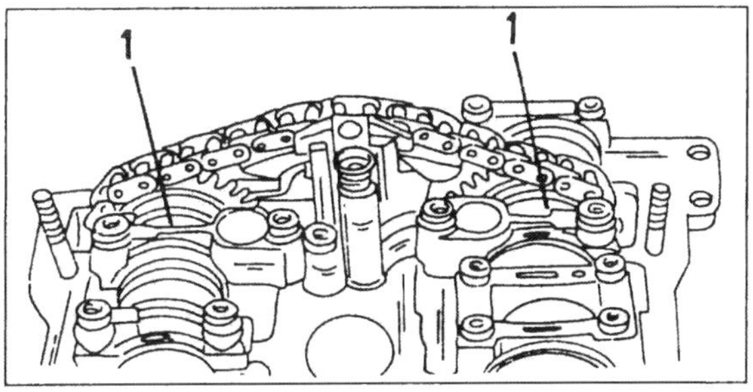

Bild 45
Die Markierungen an der Innenseite der Kettenräder müssen in einer Linie mit den beiden Pfeilen (1) im Lagerdeckel Nr. 6 stehen. Die Kette und Kettenräder vor Ausbau kennzeichnen.

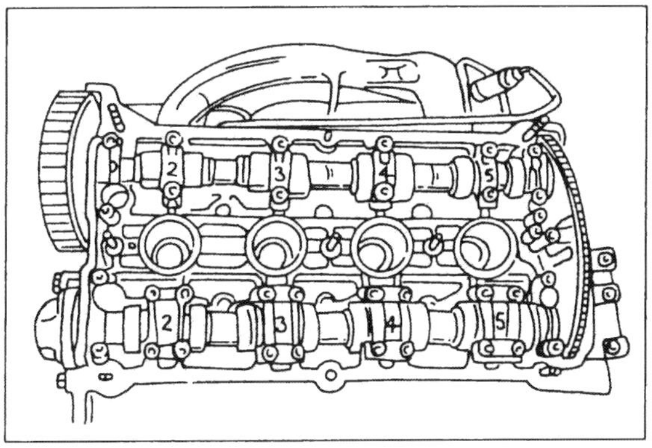

Bild 46
Die Numerierung der Nokkenwellenlagerdeckel. Die Deckel dürfen nur in der angegebenen Reihenfolge gelockert werden.

- Die Schrauben der Lagerdeckel Nr. 3 und 5 beider Nockenwellen über Kreuz in mehreren Duchgängen lockern, bis sie vollkommen ohne Spannung sind und Schrauben sowie Lagerdeckel entfernen.
- Die Nockenwellen herausheben. Dabei die

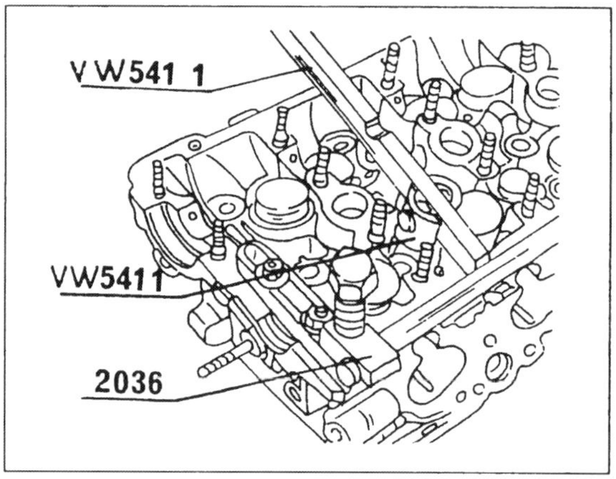

Bild 47
Ausbau der Ventilfedern der Einlassventile. Das Werkzeug 2036 ist ein angeschraubter Eisenstab, unter welchen man den Hebel des Ventilhebers VW541/1 untersetzen kann, um mit dem Stempel VW541/5 die Ventilfedern zusammenzudrücken.

Bild 48
Ausbau der Ventilfedern der Auslassventile. Ein Universal-Ventilheber eignet sich bei diesen Ventilen.

falsch herum eingebaut, kann sie sich sehr schnell abnutzen, so dass sie bald wieder erneuert werden muss.

- Die Stössel herausnehmen. Diese dürfen nicht vertauscht werden und sind entsprechend zu zeichnen. Am besten ist es, wenn sie mit einer Reisslinie in der Innenseite gezeichnet werden, d.h. erster Stössel eine Linie, zweiter Stössel zwei Linien usw, wie es bereits in Bild 39 gezeigt wurde. Von der Steuerseite des Motors aus vorgehen und unbedingt notieren, ob der Stössel zur Einlasseite oder zur Auslasseite gehört. Die Stössel nicht auf die Seite legen, sondern mit der Kontaktfläche nach unten weisend aufsetzen.
- Aufgrund der Einbauweise der Ventile ist der Ausbau der Einlassventile etwas komplizierter, da man auf dieser Seite nicht so gut an die Ventilfedern heran kann. Das vorschriftsmässige Werkzeug zum Aus- und Einbau dieser Ventile trägt die Ersatzteilnummer 2036 und wird entsprechend Bild 47 am Zylinderkopf angesetzt. Zum Ausbau der Auslassventile genügt ein normaler Ventilheber, wie er in Bild 48 gezeigt ist. Bei Verwendung des Ventilhebers gilt, dass der Stempel des Werkzeuges in die Innenseite der Ventilfedertaschen passen muss, da man andernfalls die Feder nicht zusammendrücken kann. Die Feder zusammendrücken, bis die Ventilkegelhälften herausgenommen werden können.

Zum Ausbau der Ventile kann auch ein Stück Rohr verwendet werden, welches auf den oberen Federteller aufgesetzt wird. Der Ventilteller auf der

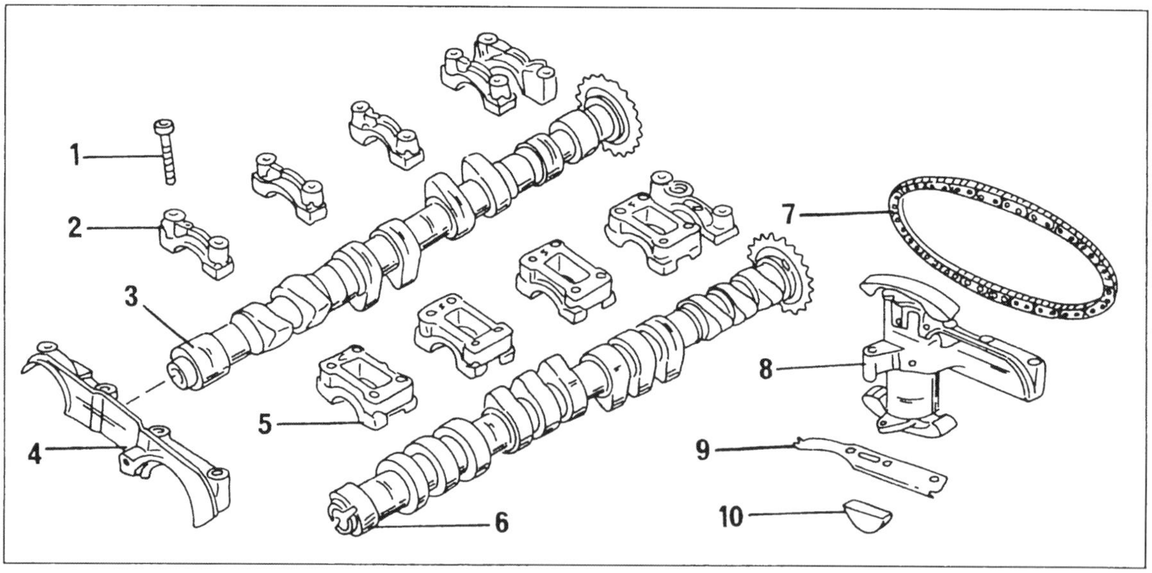

Bild 49
Die Einzelteile der beiden Nockenwellen.
1 Lagerdeckelschraube, 10 Nm
2 Lagerdeckel der Auslassnockenwelle. Wird durch Passhülse gehalten
3 Auslassnockenwelle
4 Vorderer Lagerdeckel
5 Lagerdeckel der Einlassnockenwelle
6 Einlassnockenwelle
7 Antriebswelle
8 Hydraulischer Kettenspanner
9 Gummimetalldichtung
10 Halbrunder Dichteinsatz

Steuerkette aus dem Eingriff mit den beiden Kettenrädern bringen. Es soll nochmals darauf hingewiesen werden, dass man die Zusammengehörigkeit von Kettenrädern und Antriebskette kennzeichnen muss, falls die ursprünglichen Teile wieder verwendet werden sollen. Wird die Kette

anderen Seite ist gut unterzulegen. Mit einem Hammer einen kurzen Schlag auf das Rohr geben, so dass die Ventilkegelhälften herauskommen können. Sie werden in der Innenseite des Rohres aufgefangen. Das Rohr jedoch gut in Verbindung mit dem Federteller halten, damit die Kegelhälften

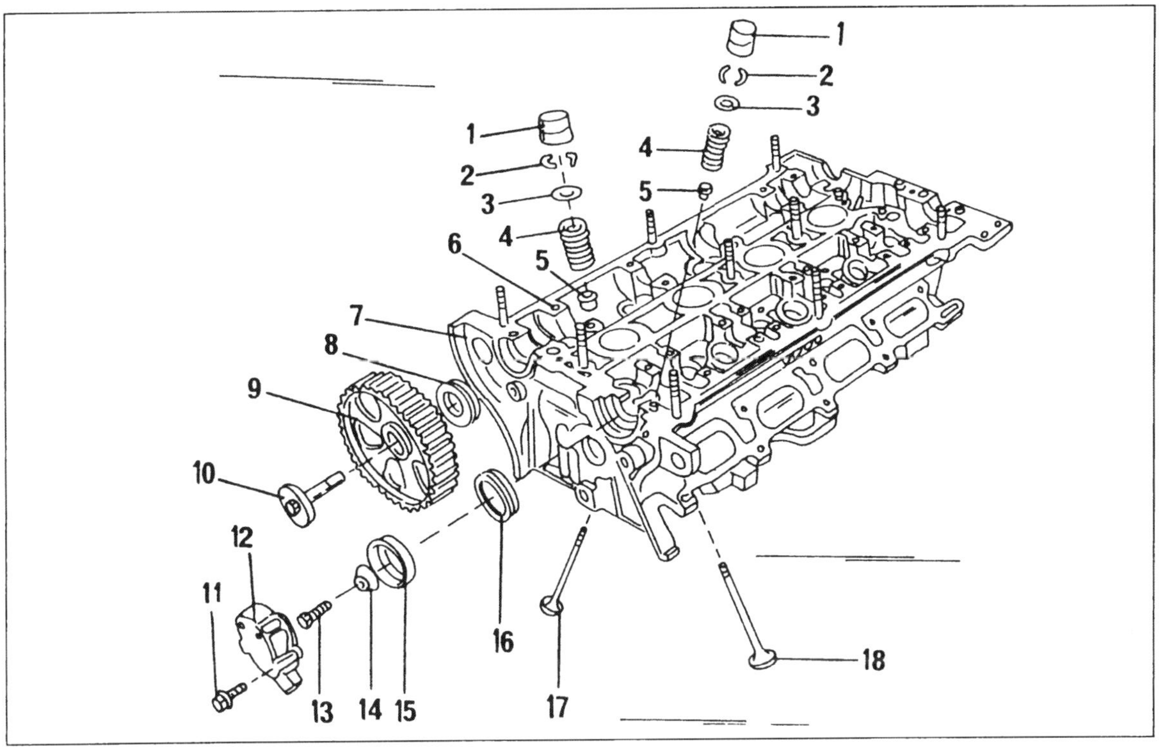

Bild 50
Der zerlegte Zylinderkopf.
1 Becherstössel
2 Ventilkegelhälften
3 Ventilfederteller
4 Ventilfeder
5 Ventilschaftdichtring
6 Passstift
7 Zylinderkopf
8 Öldichtring, Zahnriemenseite
9 Nockenwellensteuerrad
10 Schraube, 85 Nm
11 Schraube, 10 Nm
12 Hall-Geber
13 Schraube, 25 Nm
14 Formscheibe
15 Hall-Aufnahme
16 Öldichtring am Hall-Geber-Ende
17 Auslassventil
18 Einlassventil

nicht verlorengehen.

● Federteller und Federn herausnehmen. Die Ventilschaftdichtringe herausziehen und sofort wegwerfen, da sie erneuert werden müssen.

Bild 50 zeigt die Teile des Zylinderkopfes dieses Motors zusammen mit den Ventilen.

Alle Teile des Zylinderkopfes entsprechend den folgenden Anweisungen überprüfen.

2.4.3 Zylinderkopf überholen

Ventilfedern

Zur einwandfreien Kontrolle der Ventilfedern sollte ein vorschriftsmässiges Federprüfgerät verwendet werden, obwohl keine genauen Federspannwerte zur Verfügung stehen. Benutzt man ein Federprüfgerät, kann man nur von der Tatsache ausgehen, dass alle Federn ca. die gleiche Spannkraft haben. Falls kein Federprüfgerät zur Verfügung steht:

● Eine gebrauchte Feder mit einer neuen Feder vergleichen. Dazu beide Federn in einen Schraubstock einspannen und diesen langsam schliessen. Falls beide Federn um den gleichen Wert zusammengedrückt werden, ist dies eine sichere Anzeige, dass sie ungefähr die gleiche Spannung haben. Lässt sich die alte Feder jedoch weitaus kürzer als die neue Feder zusammendrücken, so ist dies ein Zeichen von Ermüdung und die Federn sollten im Satz erneuert werden.

● Die Federn der Reihe nach so auf eine glatte Fläche aufstellen (Glasplatte), dass sich die geschlossene Wicklung an der Unterseite befindet. Einen Stahlwinkel neben der Feder aufsetzen. Den Spalt zwischen der Feder und dem Winkel an der Oberseite ausmessen, welcher nicht mehr als 2,0 mm betragen darf. Andernfalls ist die Feder verzogen.

● Den Ventilteller an der Oberseite hin- und herbewegen und die Anzeige an der Messuhr ablesen. Falls diese bei einem Motor mit 8 Ventilen mehr als 1,0 mm bei den Einlassventilen oder 1,3 mm bei den Auslassventilen beträgt, muss die Ventilführung meistens erneuert werden (Bild 51). Beim 20V-Motor darf das Spiel bei beiden Ventilarten nicht mehr als 0,8 mm betragen.

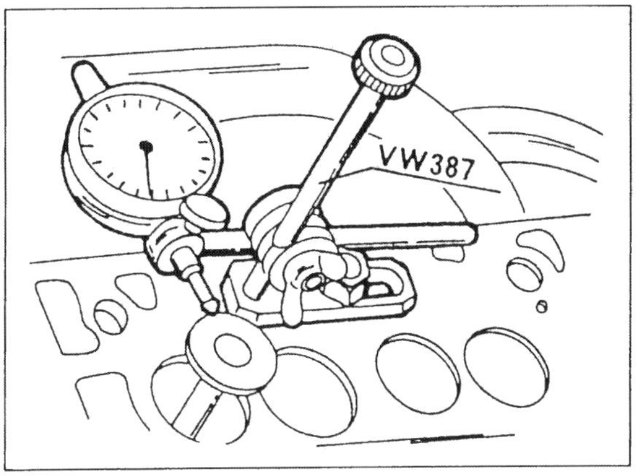

Bild 51
Kontrolle des Ventilschaftspiels in der Ventilführung mit einer Messuhr.

● Den Allgemeinzustand des Zylinderkopfes überprüfen, ehe eine Ventilführung erneuert wird. Zylinderköpfe mit kleinen Rissen zwischen den Ventilsitzen oder zwischen dem Ventilsitz und

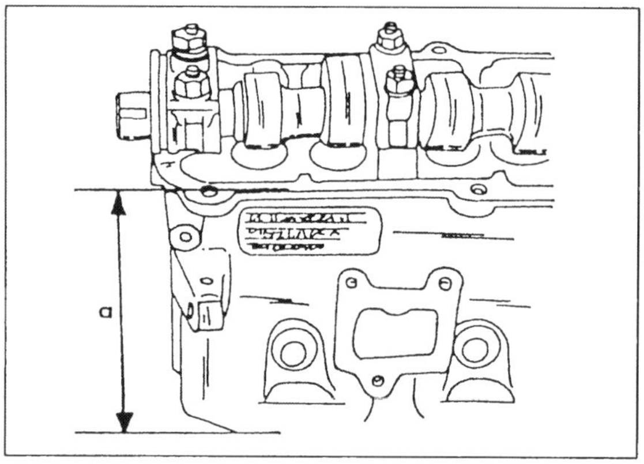

Bild 52
Zylinderkopfhöhe bei einem Motor mit 8 Ventilen zwischen den beiden Pfeilen messen.

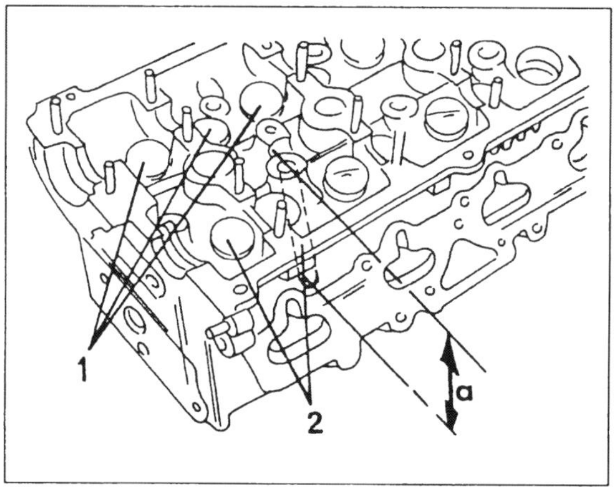

Bild 53
Bei einem Zylinderkopf eines 20V-Motors wird die Zylinderkopfhöhe "a" im gezeigten Schraubenloch gemessen.
1 Einlassventilstössel
2 Auslassventilstössel

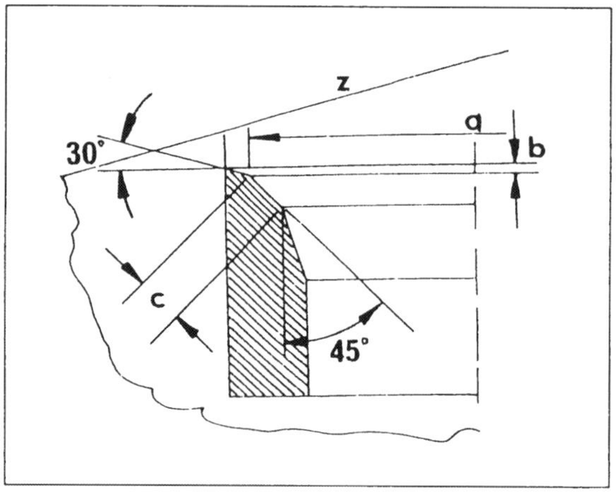

Bild 54
Die Winkel und wichtigen Abmessungen der Einlassventile.
a = Ventilsitzdurchmesser Siehe Mass- und Einstelltabelle
b = Max. Nacharbeitungsmass
c = Ventilsitzbreite, 2,0 mm
Z = Zylinderkopfunterkante
30° = oberer Korrekturwinkel
45° = Ventilsitzwinkel

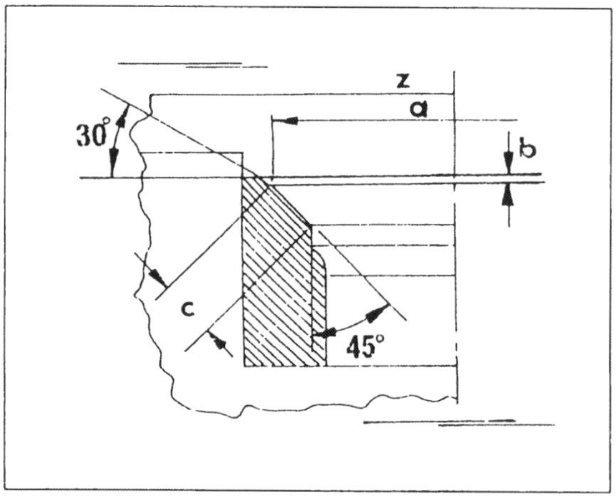

Bild 55
Die Winkel und wichtigen Abmessungen der Auslassventile
a = Ventilsitzdurchmesser Siehe Mass- und Einstelltabelle
b = Max. Nacharbeitungsmass (siehe Text)
c = Ventilsitzbreite, 2,4 mm
Z = Zylinderkopfunterkante
30° = oberer Korrekturwinkel
45° = Ventilsitzwinkel

dem ersten Gewinde der Kerzenbohrung können wieder verwendet und nachgeschliffen werden, vorausgesetzt, dass die Risse nicht breiter als 0,3 mm sind. Falls der Zylinderkopf nachgeschliffen wird, muss das zwischen den Pfeilen in Bild 52 gezeigte Mass bei einem normalen Motor noch 132,60 mm betragen. Bei einem 20V-Motor wird das Mass an Stelle "a" in Bild 53 gemessen. Dazu den Zylinderkopf auf eine glatte Fläche aufsetzen und mit einer Tiefenlehre durch das gezeigte Schraubenloch messen. Das Mass zwischen der Oberseite des Kopfes und der Messfläche muss 139,25 mm betragen.

- Zum Erneuern einer Ventilführung die alte Führung mit einem passenden Dorn von der Verbrennungskammerseite des Zylinderkopfes herauspressen. Der Zylinderkopf kann erhitzt werden, um die Arbeit zu erleichtern. Der zum Ausbau verwendete Dorn sollte einen Zapfen angedreht haben, welcher in die Innenseite der Führung passt.
- Wenn die Ventilführungen erneuert werden, erneuert man die Ventile ebenfalls. Die Ventilsitze müssen dann nachgeschliffen werden.
- Neue Führungen gut einölen und von der Nockenwellenseite aus in den kalten Zylinderkopf einpressen, bis der Bund der Führung gegen den Zylinderkopf ansitzt. Den Pressdruck danach nicht auf mehr als 1 Tonne erhöhen, da man andernfalls den Bund abscheren könnte.
- Die Ventilführungen nach dem Einpressen aufreiben. Auf die Unterschiede der Innendurchmesser der Ventilführungen achten, da sie nicht bei allen Motoren gleich sind. Man kann eine verstellbare Reibahle verwenden.

Die Führungen der Einlass- als auch Auslassventile sind jeweils gleich.

Die Ventilsitze müssen nachgefräst werden, wenn eine Ventilführung erneuert wurde.

Ventilsitze

- Alle Ventilsitze auf Zeichen von Verschleiss oder Narbenbildung kontrollieren. Leichte Verschleisserscheinungen können mit einem 45°-Fräser entfernt werden. Falls der Sitz jedoch bereits zu weit eingelaufen ist, müssen die Ventilsitze neu gefräst werden. Die zu erhaltenen Winkel sind in Bildern 54 und 55 gezeigt. Zu beachten sind die Durchmesser der Ventilsitze der einzelnen Motoren, welche der Mass- und Einstelltabelle zu entnehmen sind. Dies bezieht sich auf die Einlassventile und die Auslassventile, da diese bei den einzelnen Motoren nicht gleich sind.

Die folgenden Messungen sind durchzuführen, um das Nacharbeitungsmass zu bestimmen:

— Ventil in seine Führung einsetzen und fest in den

Ventilsitz drücken.
- Den Abstand "a" in Bild 56 oder 57 zwischen der Spitze des Ventils und der Oberkante des Zylinderkopfes ausmessen.
- Das höchstzulässige Nachfräsmass vom ausgemessenen Wert und dem zulässigen Mindestwert ausrechnen. Bei den Einlassventilen eines Motors mit 8 Ventilen beträgt dieser 33,8 mm, bei den Auslassventilen 34,1 mm. Beim 20V-Motor muss das Mass 32,2 mm bei den Einlassventilen an den Aussenseiten und 33,2 mm beim Einlassventil in der Mitte betragen. Bei beiden Auslassventilen beträgt der Mindestabstand 33,0 mm. Bild 58 zeigt eine Ansicht einer Verbrennungkammer mit der Lage der Ventile.
- Wird der Mindestabstand vom gemessenen Wert abgezogen, erhält man das zulässige Höchstmass, welches in Bildern 54 und 55 durch "b" angegeben ist. Dies muss bei den folgenden Anweisungen beachtet werden.

Hinweis: Falls das ausgemessene Mass kleiner als das Mindestmass ist, kann man die Messung mit neuen Ventilen wiederholen. Andernfalls muss man höchstwahrscheinlich den Zylinderkopf erneuern. Bei Nichtbeachtung der angegebenem Mindestmasse wird die Arbeitsweise der hydraulischen Ausgleichselemente für die Ventilnachstellung beeinflusst.

● Die Ventilsitze müssen nachgefräst werden, wenn neue Ventilführungen eingezogen wurden. Dabei wie folgt vorgehen:
- Den 45°-Winkel fräsen und danach mit dem 30°-Fräser die Oberkante des Sitzes leicht bearbeiten, um die Breite des Ventilsitzes zu verringern und auf die in der Masstabelle angegebene Breite zu bringen (unterschiedlich bei normalem und 20V-Motor). Die Fräsarbeiten sind zu beenden, sobald der Sitz innerhalb der angegebenen Breite liegt.
- Um zu vermeiden, dass man den Sitz zu tief in den Zylinderkopf schneidet, ist die oben angegebene Messung durchzuführen.
- Nachgearbeitete Ventilsitze einschleifen. Dazu die Ventilsitzfläche mit etwas Schleifpaste einschmieren und das Ventil in den entsprechenden Sitz einsetzen. Einen Sauger am Ventil anbringen und das Ventil hin- und herbewegen (Bild 59).
- Nach dem Einschleifen alle Teile gründlich von Schmutz und Schleifpaste reinigen und den Ventilsitz an Ventilteller und Sitzring kontrollieren. Ein ununterbrochener, matter Ring muss an beiden Teilen sichtbar sein und gibt die Breite des Ventilsitzes an. Dieser kann folgendermassen gemessen werden:

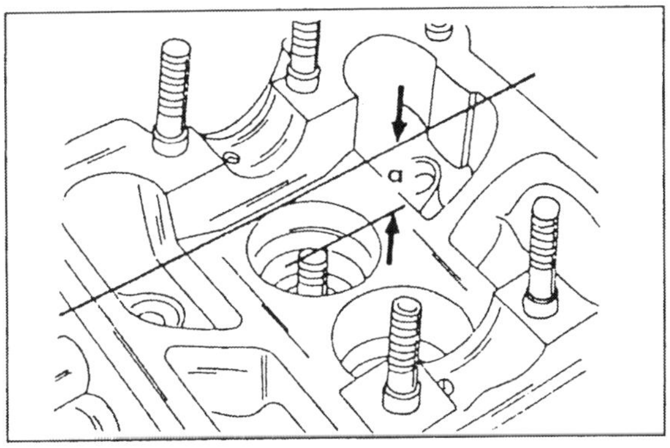

Bild 56
Ausmessen der Tiefe beim Nacharbeiten der Ventilsitze geschieht zwischen den Pfeilen "a", wenn die Messung bei einem Motor mit 8 Ventilen durchgeführt wird.

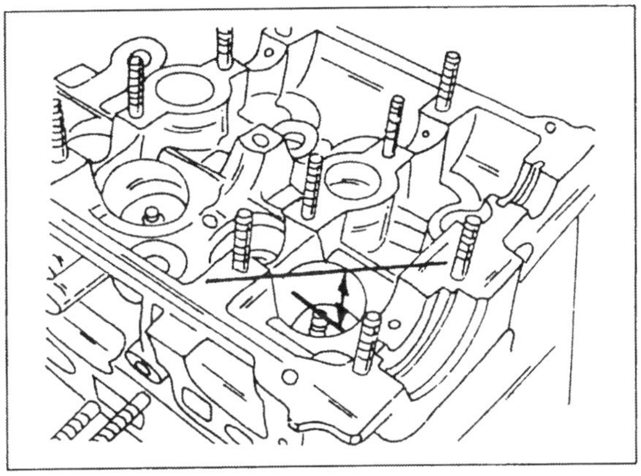

Bild 57
Ausmessen der Tiefe beim Nacharbeiten der Ventilsitze zwischen den Pfeilen, wenn die Arbeit bei einem 20V-Motor durchgeführt wird. Das Bild zeigt einen Motor mit 16 Ventilen, jedoch ist die Messung gleich.

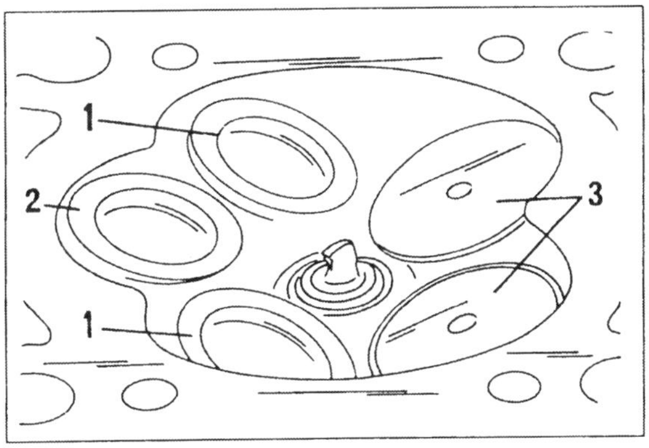

Bild 58
Ansicht einer Verbrennungskammer eines 20V-Motors. In die Sitze (1) und (2) kommen die Einlassventile, in die Sitze (3) die Auslassventile. Das Mindestmass der Sitze (1) und des Sitzes (2) ist unterschiedlich.

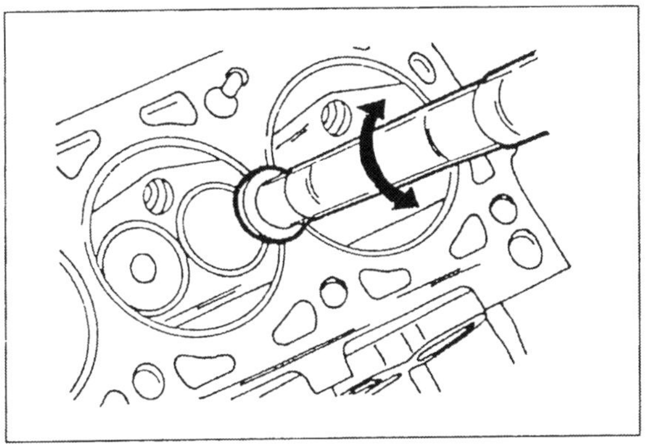

Bild 59
Einschleifen der Ventile mit einem Sauger.

- Mit einem Bleistift einige Striche auf dem Ring am Ventilteller anzeichnen. Die Striche sollten ungefähr in Abständen von 1 mm ringsherum eingezeichnet werden. Danach das Ventil vorsichtig in die Führung und den Sitz fallen las-

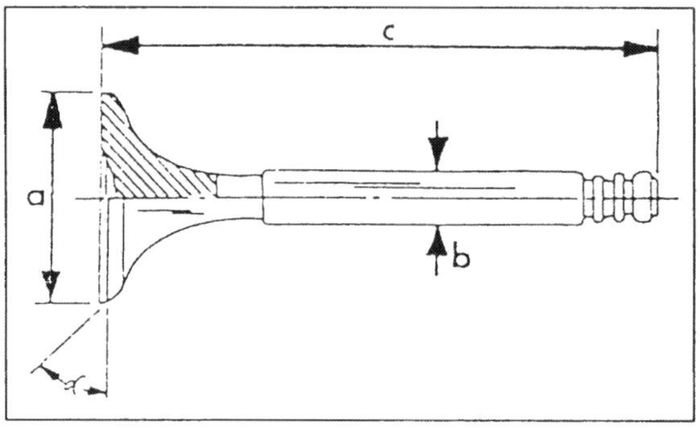

Bild 60
Diehauptsächlichsten Masseder Ventile. Die Werte sind der Mass- und Einstelltabelle zu entnehmen.
a Ventiltellerdurchmesser
b Ventilschaftdurchmesser
c Ventillänge

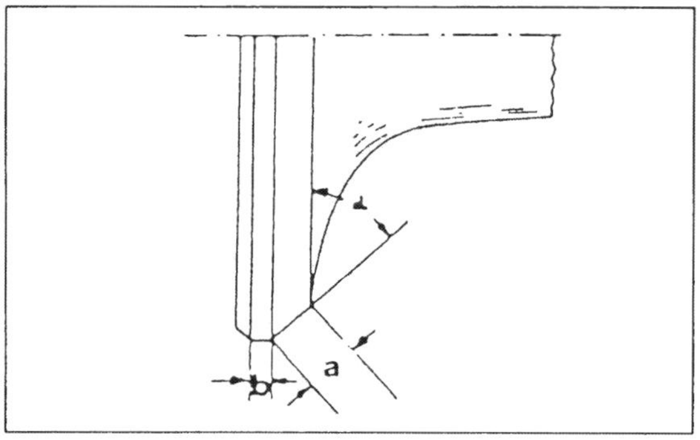

Bild 61
Ansicht der wichtigen Masse eines Ventiltellers. Der Winkel beträgt 45°
a = max. 3,5 mm
b = min. 0,5 mm

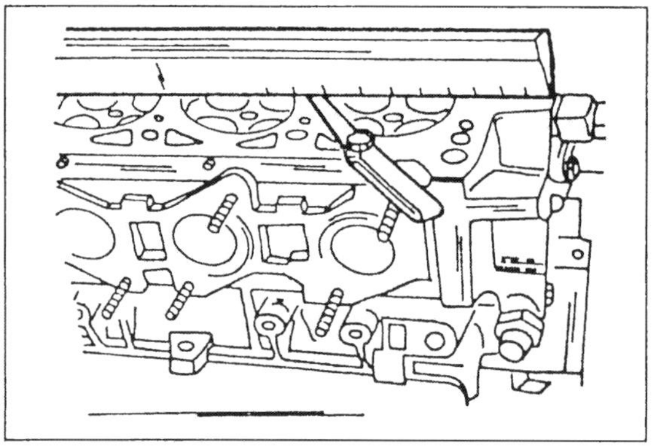

Bild 62
Kontrolle der Zylinderkopffläche auf Verzug. Eine Fühlerlehre zwischen Stahllineal und Kopffläche einschieben.

sen und das Ventil um 90° verdrehen. Etwas Druck auf Ventil ausüben.

— Ventil herausnehmen und kontrollieren, ob die Bleistiftstriche vom Sitzring entfernt wurden. Falls sich die Ventilsitzbreiten innerhalb der Angaben befinden, kann der Kopf wieder eingebaut werden. Andernfalls die Ventilsitze nacharbeiten oder in schlimmen Fällen einen neuen oder Austauschkopf einbauen.

Achtung: Alte Ventile werden gern als Schlagdorne benutzt. Aufgrund der Natriumfüllung bestimmter Ventile sollte man Ventile dieser Motoren nicht dazu benutzen.

Ventile

Kleinere Beschädigungen der Ventiltellerflächen können durch Einschleifen der Ventile in die Sitze des Zylinderkopfes berichtigt werden, wie es bereits beschrieben wurde.

● Ventile entsprechend den Angaben in Bild 60 ausmessen und alle nicht diesen Massen entsprechenden Ventile erneuern. Zu beachten sind die Unterschiede der einzelnen Motoren.

● Falls die Enden der Ventilschäfte Verschleiss aufweisen, können sie an einer Schleifmaschine glatt geschliffen werden, vorausgesetzt, dass man nicht mehr als 0,50 mm des Materials zur Korrektur entfernen muss.

● Die Teller der Ventile eines 20V-Motors können nicht nachgeschliffen werden. Nur Einschleifen ist zulässig. Einlassventile des 8V-Motors können nachgeschliffen werden, vorausgesetzt, dass das Mass "b" in Bild 61 nicht kleiner als 0,5 mm wird. Dies ist bei Auslassventilen nicht zulässig, da sie aus Spezialwerkstoff hergestellt sind. Auslassventile kann man nur durch Einschleifen mit Paste wieder verwendungsfähig machen oder man erneuert sie. Wie bereits erwähnt, muss man alte Ventile zum Verschrotten in eine Audi-Werkstatt bringen, da einige mit Natrium gefüllt sind.

Zylinderkopf

Die Dichtflächen von Zylinderkopf und Zylinderblock einwandfrei reinigen und die Zylinderkopffläche auf Verzug kontrollieren. Dazu ein Messlineal auf den Kopf auflegen, wie es in Bild 62 zu sehen ist und mit einer Fühlerlehre den Lichtspalt längs, quer und diagonal zur Zylinderkopffläche ermitteln. Falls sich eine Blattlehre von mehr als 0,10 mm Stärke einschieben lässt, kann man den Zylinderkopf planschleifen lassen. Ist der Spalt an irgendeiner Stelle grösser, muss der Kopf erneuert werden. Durch vorheriges Messen der Zylinderkopfhöhe wird man feststellen, ob noch genügend Material vorhanden ist, um den Kopf schleifen zu lassen.

Nockenwelle

Die Nockenwelle aller Motoren mit 8 Ventilen sieht ziemlich gleich aus, jedoch sind die Nocken in unterschiedlichen Winkeln eingegossen, um dem Motor die richtige Ventilsteuerung, d.h. das vorschriftsmässige Öffnen und Schliessen der Ventile zu geben. Aus diesem Grund empfehlen wir, dass man die Welle zum Kauf einer neuen mitnimmt. Durch Angabe des Modells und der Motornummer ist Ihr Ersatzteillieferant in der Lage, Ihnen die richtige Welle zu verkaufen, falls sie nach hoher Kilometerleistung einmal erneuert werden muss.

Die Nockenwelle kann man einer gründlichen Kontrolle unterziehen, ehe man sie wieder einbaut. Als erstes die Nockenwelle mit den beiden Endlagerzapfen in Prismen einlegen oder zwischen die Spitzen einer Drehbank spannen, wie es Bild 63 zeigt, und eine Messuhr am mittleren Lagerzapfen ansetzen. Die Nockenwelle langsam durchdrehen und die Anzeige an der Messuhr ablesen. Falls die Anzeige mehr als 0,01 mm beträgt, ist die Welle verbogen und sollte erneuert werden.

Die Lagerzapfen auf sichtbare Schäden hin kontrol-

lieren. Falls Narben oder andere Unebenheiten festgestellt werden können, muss man die Welle(n) erneuern.
Zum Ausmessen des Axialspiels der Nockenwelle diese in den Zylinderkopf einlegen (ohne Stössel) und mit dem vorderen und dem hinteren Lagerdeckel befestigen. Beim 20V-Motor beide Wellen in dieser Weise montieren. Den Zylinderkopf auf eine glatte Fläche aufstellen. Die Messuhr an der Stirnfläche ansetzen, wie es in Bild 64 bei einem 20V-Motor und Bild 65 bei einem 8V-Motor gezeigt ist, und die Welle hin- und herbewegen. Das Spiel darf nicht grösser als 0,15 mm sein. Andernfalls ist die Druckfläche des Lagerdeckels abgenutzt.

Bild 63
Eine Nockenwelle kann zwischen die Spitzen einer Drehbank gespannt werden (oder man legt die Endzapfen in Prismen ein), um sie auf Schlag zu kontrollieren.

2.4.4 Zylinderkopf zusammenbauen

Den Zylinderkopf entsprechend den nachfolgend angeführten Anweisungen und in umgekehrter Reihenfolge wie beim Zerlegen zusammenbauen:

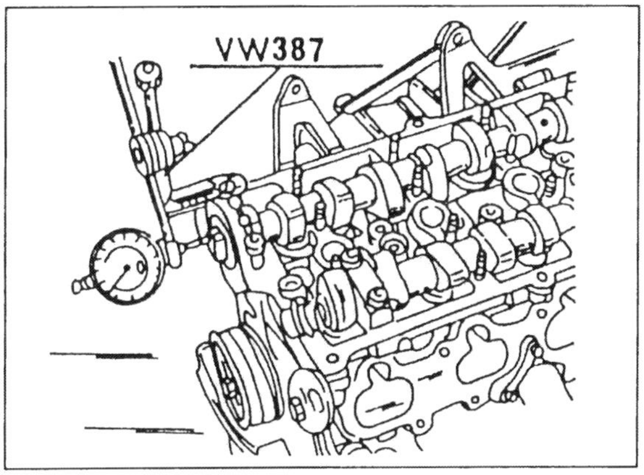

Bild 64
Ausmessen des Axialspiels der Nockenwellen bei einem 20V-Motor.

Normaler Motor (8 Ventile)

- Ventilschäfte gut mit Motoröl einschmieren und in die betreffenden Führungen einsetzen.
- Untere Ventilfederteller von der anderen Seite her mit der in Bild 41 gezeigten Zange über die Ventilführung setzen.
- Dichtring für den Ventilschaft montieren. Dazu steht ein Spezialwerkzeug (10-204) zur Verfügung, welches man unter Bezug auf Bild 66 folgendermassen benutzt.
  - Die Kunststoffhülse (1) des Spezialwerkzeuges über die herausstehende Führung schieben.
  - Den Dichtring (2) gut einölen und über die Kunststoffhülse setzen.
  - Das Werkzeug (3) über den Dichtring setzen und dieses vorsichtig auf die Führung drücken. Daran denken, dass man die Schaftdichtringe beim Einbau ohne das genannte oder ein ähnliches Werkzeug beschädigen kann, so dass starker Ölverbrauch die Folge ist.

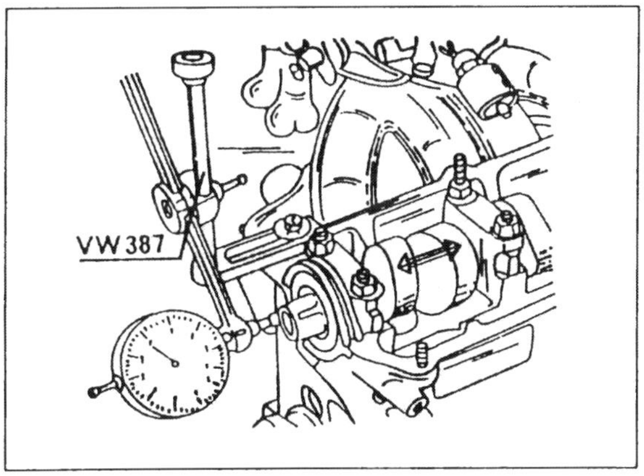

Bild 65
Ausmessen des Axialspiels der Nockenwelle bei einem 8V-Motor.

Falls Ventile eingeschliffen wurden, müssen sie unbedingt in die entsprechenden Ventilsitze kommen, da das Schleifbild aller Ventile unterschiedlich ist.

- Je eine innere und äussere Ventilfeder des betreffenden Ventils (falls die gleichen Federn wieder verwendet werden) auf den Zylinderkopf aufsetzen.
- Mit einem Plastikhammer auf die Oberseite der Ventilschäfte schlagen. Nicht richtig sitzende Ventilkegelhälften fliegen dabei heraus. Zur Vorsicht einen Lappen über die Federenden legen, damit die Teile nicht davonfliegen können.
- Stössel entsprechend der eingezeichneten

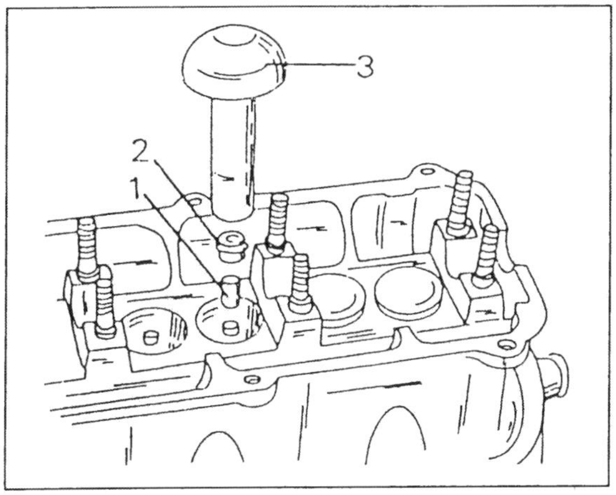

Bild 66
Zum Einbau der Ventilschaftdichtringe. Siehe Text.

Markierung in die Bohrungen einsetzen (gut eingeölt), falls die ursprünglichen Stössel verwendet werden.

- Nockenwellenlagerzapfen gut einölen.
- Nockenwelle in die Lagerbohrungen heben und einige Male durchdrehen. Abschliessend die Welle verdrehen, bis die beiden Nocken für die Ventile des ersten Zylinders nach oben weisen.

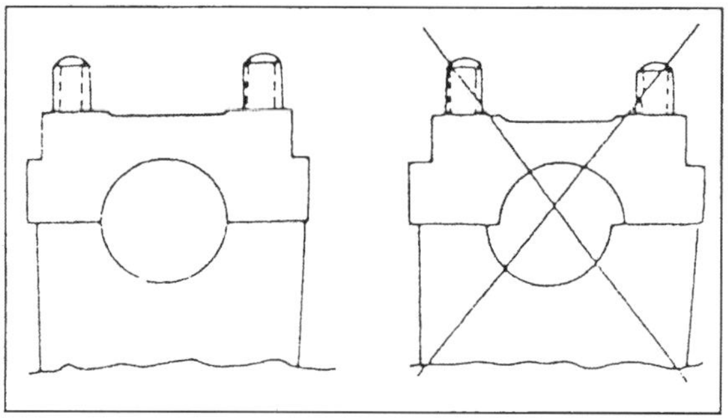

Bild 67
Die Nockenwellenlagerdeckel eines 8V-Motors entsprechend der Abbildung auf den Zylinderkopf montieren.

- Die Lagerdeckel Nr. 2 und 5 aufsetzen und die Muttern lose aufschrauben. Da die Lagerdeckel versetzt sind, kontrolliert man jetzt, ob sie richtig herum sitzen. Dazu anhand Bild 67 bestimmen, ob die Deckel richtig aufgesetzt wurden.
- Die Muttern der aufgesetzten Lagerdeckel über Kreuz abwechselnd einige Umdrehungen anziehen, bis die Deckel mit einem Anzugsdrehmoment von 20 Nm angezogen sind. Kontrollieren, dass die Deckelflächen gegen die Kopffläche ansitzen.

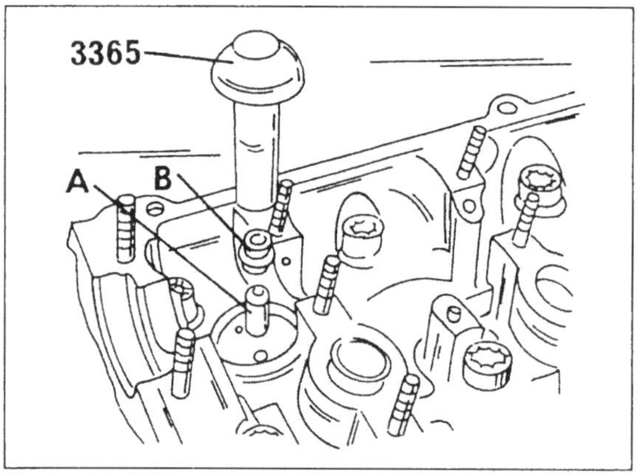

Bild 68
Zum Einbau der Ventilschaftdichtringe beim 20V-Motor. Auf die Buchstaben wird im Text verwiesen. Das Spezialwerkzeug ist mit der Teil-Nummer gezeigt.

- Deckel Nr. 1 und 3 aufsetzen. Die Muttern aufschrauben und abwechselnd über Kreuz auf ein Anzugsdrehmoment von 20 Nm anziehen.
- Dichtring der Nockenwelle zur Hand nehmen und feststellen, auf welcher Seite sich die Feder befindet. Die Federnseite nach innen richten und die Dichtlippe etwas einölen (ebenfalls die Lauffläche auf der Welle). Zum Einbau des neuen Öldichtringes ein Rohrstück mit passendem Durchmesser verwenden. Das Rohr muss vollkommen auf dem Aussenumfang des Dichtringes aufsitzen. Den Dichtring gerade ansetzen und einschlagen, bis er an der Aussenfläche bündig abschneidet. Es ist ebenfalls möglich, dass der Öldichtring in gleicher Weise eingezogen wird, wie es beim Erneuern des vorderen Dichtringes der Kurbelwelle beschrieben wird (Kapitel 2.7.4).
- Nockenwellensteuerrad auf die Welle schieben (den Keil nicht vergessen und kontrollieren, dass er einen festen Sitz hat) und die Schraube mit der Scheibe einschrauben. Das Nockenwellenrad in geeigneter Weise gegenhalten (z.B. mit einem alten Zahnriemen) und die Schraube mit einem Anzugsdrehmoment von 80 Nm anziehen.
- Alle Teile wieder am Zylinderkopf montieren, mit Ausnahme der beim Einbau zu montierenden Teile.

20V-Motor

- Ventilschäfte gut mit Motoröl einschmieren und in die betreffenden Führungen einsetzen.
- Dichtring für den Ventilschaft montieren. Dazu steht ein Spezialwerkzeug (3365) zur Verfügung, welches man unter Bezug auf Bild 68 folgendermassen benutzt.
  - Die Kunststoffhülse (A) des Spezialwerkzeuges über die herausstehende Ventilführung schieben.
  - Den Dichtring (B) gut einölen und über die Kunststoffhülse setzen.
  - Das Werkzeug 3365 über den Dichtring aufsetzen und dieses vorsichtig auf die Ventilführung drücken. Es wird gewarnt, dass man die Schaftdichtringe beim Einbau ohne das genannte oder ein ähnliches Werkzeug beschädigen kann, so dass starker Ölverbrauch die Folge ist.
- Falls Ventile eingeschliffen wurden, müssen sie unbedingt in die entsprechenden Ventilsitze kommen, da das Schleifbild aller Ventile unterschiedlich ist.
- Die Ventilfeder des betreffenden Ventils (falls die gleichen Federn wieder verwendet werden) auf den Zylinderkopf aufsetzen.
- Obere Ventilfederteller aufsetzen. Einen Ventilheber entsprechend Bilder 47 oder 48 ansetzen, je nachdem, ob es sich um die Einlass- oder Auslassventile handelt, um die Federn zusammenzudrücken. Wenn das Schaftende aus dem oberen Federteller heraussteht, die beiden Ventilkegelhälften in die Schaftnut einsetzen und den Ventilheber langsam zurücklassen.
- Mit einem Plastikhammer auf die Oberseite der Ventilschäfte schlagen. Nicht richtig sitzende Ventilkegelhälften fliegen dabei heraus. Zur Vorsicht einen Lappen über die Federenden legen, damit die Teile nicht davonfliegen können.
- Lagerzapfen der beiden Nockenwellen gut einölen.

● Die hydraulischen Stössel entsprechend der Kennzeichnung in die Stösselbohrungen einschieben. Sie müssen gut eingeölt werden. Vor Einbau der Stössel sollte man jedoch Kapitel 2.4.6 durchlesen, um die Arbeitsweise der Stössel zu gewährleisten.

● Die beiden Nockenwellen mit der Antriebskette in Eingriff bringen. Dabei muss die mit Farbe eingezeichnete Kennzeichung beachtet werden, d.h. die Kennzeichnung muss gegenüber den Pfeilen (1) in Bild 45 stehen. 16 Kettenglieder müssen zwischen den beiden Pfeilen angeordnet werden. Beim Einbau der Nockenwellen müssen die Nocken für den ersten Zylinder alle senkrecht nach oben weisen.

● Die in Bild 69 gezeigte, schattierte Fläche der Gummidichtung mit Dichtungsmasse einschmieren (AMV 188 001 02 wird in der Werkstatt verwendet). Der halbrunde Dichtungseinsatz muss immer erneuert werden.

● Den Kettenspanner zwischen die Kette einsetzen, die Lagerzapfen der Nockenwellen gut einölen und die Nockenwellen zusammen mit der Kette und dem Kettenspanner in die Lagerbohrungen einheben. Den Kettenspanner sofort festschrauben.

● Die Nockenwellenlagerdeckel der Reihe nach entsprechend der Nummernreihenfolge aufsetzen (siehe Bild 46) und lose anschrauben.

● Die Lagerdeckel Nr. 3 und 5 abwechselnd über Kreuz in mehreren Stufen anziehen, bis das Anzugsdrehmoment 10 Nm beträgt. Dadurch wird die Nockenwelle in die Lagerbohrungen gedrückt, ohne dass sie sich dabei verziehen kann. Die Deckel beider Nockenwellen in der beschriebenen Weise anziehen.

● Den Lagerdeckel Nr. 6 auf beide Nockenwellen aufsetzen. Nochmals kontrollieren, dass die Nockenwellen einwandfrei ausgefluchtet sind und die beiden Lagerdeckel gleichmässig mit 10 Nm festziehen.

● Das zum Sperren des Kettenspanners benutzte Werkzeug abschrauben und herausnehmen.

● Den Doppellagerdeckel, d.h. den vorderen, an der schattierten Stelle in Bild 70 leicht mit der bereits genannten Dichtungsmasse einschmieren und über die Nockenwellen und den Zylinderkopf setzen. Die Schrauben mit 10 Nm anziehen.

● Die verbleibenden Lagerdeckel gleichmässig und über Kreuz mit 10 Nm anziehen.

● Die Öldichtringe der Nockenwellen auf der Steuerradseite und der Seite des Hall-Gebers montieren, wie es in Kapitel 2.4.7 beschrieben wird.

● Das Antriebsrad der Nockenwelle zur Hand nehmen und das Steuerrad entsprechend Bild 43 auf die Nockenwelle schieben, d.h. zu beachten ist die mit den Pfeilen gezeigte Rippe. Das Zahnriemenrad in geeigneter Weise gegenhalten (z.B. einen Dorn durch einen der Durchbrüche im Steuerrad einschieben) und die Schraube mit der Scheibe mit 85 Nm anziehen. Der Zylinderkopf ist jetzt wieder einbaufertig, vorausgesetzt, dass andere abgeschraubte Teile montiert wurden.

● Die beiden Nockenwellen einige Male durchdrehen, um sie auf Klemmstellen zu kontrollieren.

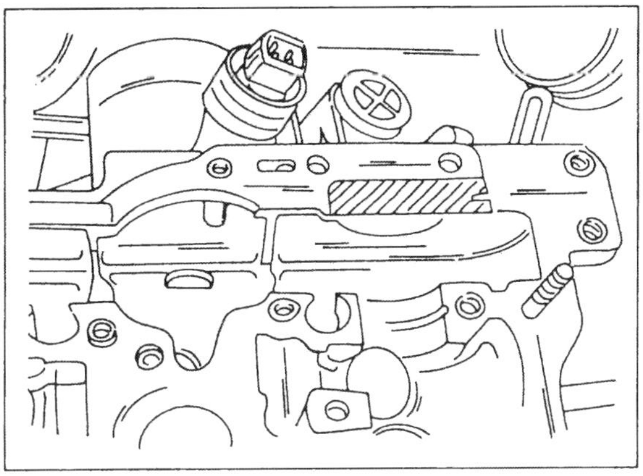

Bild 69
Die Gummiabdichtung (9) in Bild 49 an der schattierten Stelle mit Dichtungsmasse einschmieren.

2.4.5 Zylinderkopf einbauen

Normaler Motor (8 Ventile)

● Die Fläche des Kopfes und Blocks nochmals sauberwischen. Die Zylinderkopfdichtung so auflegen, dass das Wort "Oben" nach Auflegen der Dichtung von oben sichtbar ist. Es muss immer eine neue Dichtung verwendet werden. Die Zylinderkopfdichtung der verschiedenen Vierzylindermotoren von Audi ist nicht unbedingt gleich und muss entsprechend der Ersatzteilnummer bestellt werden.

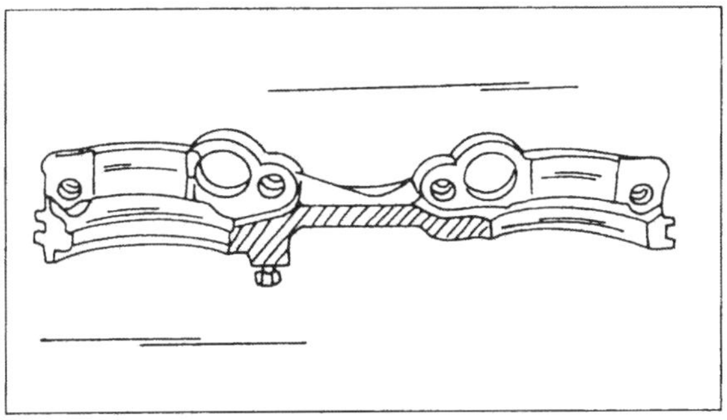

Bild 70
Den vorderen Lagerdeckel der Nockenwelle an den schattierten Stellen mit Dichtungsmasse einschmieren.

● Zur genauen Führung der Zylinderkopfdichtung und des Kopfes sind Führungen in den Zylinderblock eingesetzt. Die Dichtung entsprechend über die Führungen auflegen.

● Den Zylinderkopf aufsetzen (mit den Bohrungen über die Führungshülsen) und mit einem Kunststoff- oder Gummihammer anschlagen. Die Ventile können gegen die Kolbenböden anschlagen, wenn der Kopf aufgesetzt ist. Aus diesem Grund den Kolben des ersten Zylinders auf den oberen Totpunkt setzen und aus dieser Stellung um eine Viertelumdrehung entgegen der

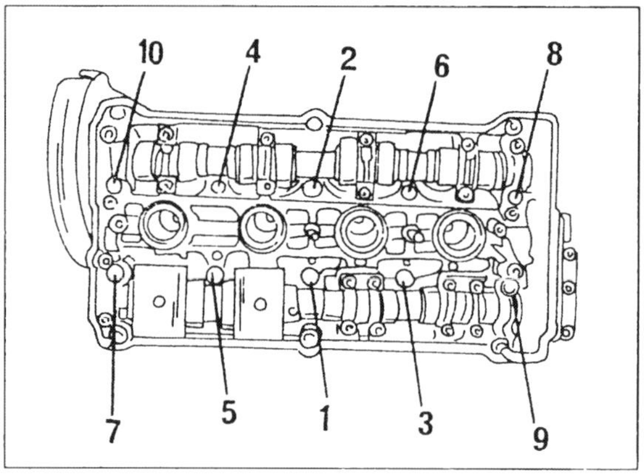

Bild 71
Anzugsreihenfolge der Zylinderkopfschrauben eines 20V-Motors.

Drehrichtung durchdrehen. Den Zylinderkopf nur in dieser Motorstellung montieren.

- Die 10 Zylinderkopfschrauben einsetzen und fingerfest anziehen.
- Unter Bezug auf Bild 34 die Zylinderkopfschrauben stufenweise in der angegebenen Reihenfolge und Weise anziehen. Es wird nochmals darauf hingewiesen, dass man nur einen vielverzahnten, inbus-ähnlichen Schlüssel zum Anziehen der Schrauben verwenden darf, da andernfalls die Schraubenköpfe beschädigt werden. Beschädigte Schrauben immer erneuern.
  — Alle Schrauben in der in Bild 34 gezeigten Reihenfolge auf ein Anzugsdrehmoment von 40 Nm anziehen.
  — Alle Schrauben in der in Bild 34 gezeigten Reihenfolge auf ein Anzugsdrehmoment von 60 Nm anziehen.
  — In der gezeigten Reihenfolge den Schlüssel in die Schraube einsetzen, die Stellung des Knebels merken und jede Schraube um genau eine halbe Umdrehung anziehen (oder zweimal eine Viertelumdrehung).
- Das Ölabweisblech auf dem Zylinderkopf aufsetzen.
- Zahnriemen montieren und die Steuerung einstellen, wie es im betreffenden Kapitel beschrieben wird.
- Den halbrunden Dichteinsatz ("11", Bild 37) in den Kopf einsetzen und auf der anderen Seite den halbrunden Dichtring (2) in Bild 26 auflegen. Beide Hälften der Zylinderkopfhaubendichtung mit Fett auf der Kopffläche aufkleben.
- Die Zylinderkopfhaube aufsetzen. Links und rechts der Zylinderkopfhaube die Verstärkungsbleche auf die Stiftschrauben aufsetzen und die Muttern gleichmässig ringsherum mit einem Anzugsdrehmoment von 10 Nm anziehen.
- Alle anderen Arbeiten in umgekehrter Reihenfolge wie beim Ausbau durchführen.

20V-Motor

Ehe man den Zylinderkopf einbaut, sind die folgenden Punkte zu beachten:

- Die Zylinderkopfschrauben müssen immer erneuert werden.
- Bei den Gewindebohrungen im Zylinderblock handelt es sich um Sackbohrungen, d.h. jegliches darin befindliche Öl muss ausgesaugt werden, um beim Anziehen der Schrauben keine hydraulischen Polster herzustellen.
- Vor dem Aufsetzen des Zylinderkopfes die Kurbelwelle durchdrehen, bis der Kolben des ersten Zylinders auf dem oberen Totpunkt steht.
- Die Fläche des Kopfes und Blocks nochmals sauberwischen.
- Zur genauen Führung der Zylinderkopfdichtung sind Zentrierstifte in den Zylinderblock eingesetzt. Die Zylinderkopfdichtung so auf die Stifte auflegen, dass das Wort "OBEN/TOP" oder die Ersatzteilnummer nach Auflegen der Dichtung von oben sichtbar ist. Es muss immer eine neue Dichtung verwendet werden.
- Den Zylinderkopf aufsetzen und mit einem Kunststoff- oder Gummihammer anschlagen.
- Die Zylinderkopfschrauben einsetzen und fingerfest anziehen.
- Unter Bezug auf Bild 71 die Zylinderkopfschrauben stufenweise in der angegebenen Reihenfolge und Weise anziehen. Es wird nochmals darauf hingewiesen, dass man nur einen vielverzahnten, inbus-ähnlichen Schlüssel zum Anziehen der Schrauben verwenden darf, da andernfalls die Schraubenköpfe beschädigt werden.
  — Alle Schrauben in der in Bild 71 gezeigten Reihenfolge auf ein Anzugsdrehmoment von 40 Nm anziehen.
  — Alle Schrauben in der in Bild 71 gezeigten Reihenfolge auf ein Anzugsdrehmoment von 60 Nm anziehen.
  — In der gezeigten Reihenfolge den Schlüssel in Schraube einsetzen, Stellung des Knebels merken und jede Schraube um genau eine halbe Umdrehung anziehen (oder zweimal eine Viertelumdrehung).

Hinweis: Nach dieser Anzugsweise braucht man die Zylinderkopfschrauben nicht mehr nachziehen, weder bei warmen noch bei kaltem Motor.

- Zahnriemen montieren und die Steuerung einstellen, wie es im betreffenden Kapitel beschrieben wird.
- Die grosse und mittlere Dichtung der Zylinderkopfhaube auflegen (siehe Bild 28) und die Zylinderkopfhaube aufsetzen. Die Schrauben ringsherum gleichmässig mit einem Drehmoment von 10 Nm anziehen.
- Alle anderen Arbeiten durchführen.

2.4.6 Hydraulische Stössel

Etwas soll über die hydraulischen Stössel gesagt werden, da deren unvorschriftsmässige Behandlung den Motor beschädigen kann. Hydraulische Stössel sind bei allen Motoren eingebaut. Die folgenden Punkte müssen jederzeit beachtet werden:

- Bei der Aufbewahrung von Stösseln diese nicht mit der Kontaktfläche nach unten weisend aufstellen.
- Stössel immer komplett erneuern, da sie nicht eingestellt oder repariert werden können.
- Ventilgeräusche beim Anlassen des Motors sind normal. Falls diese jedoch zu laut erscheinen, kann man die Stössel folgendermassen kontrollieren:

— Motor anlassen und laufen lassen, bis der Ventilator eingeschaltet hat.

— Motor ca. 2 Minuten lang mit einer Drehzahl von 2500/min. laufen lassen.

— Falls die Stössel immer noch geräuschvoll sind, kann man einen defekten Stössel herausfinden, nachdem man die Zylinderkopfhaube ausgebaut und die Nockenwelle durchgedreht hat, bis der Nocken des zu prüfenden Stössels mit der Spitze nach oben weist.

— Den Stössel mit einem Holz- oder Plastikkeil nach unten drücken, wie es in Bild 72 und Bild 73 bei den beiden Motorenausführungen gezeigt ist. Falls das Spiel mehr als 0,20 mm beträgt, ehe sich das Ventil öffnet, muss ein neuer Stössel eingebaut werden.

— Falls neue Stössel eingebaut wurden, darf man den Motor nach dem Wiederzusammenbau ca. 30 Minuten lang nicht anlassen, damit sich die Stössel setzen können. Andernfalls kann es passieren, dass die Ventile gegen die Kolben anschlagen.

2.4.7 Nockenwellendichtring erneuern

Der Öldichtring der Nockenwelle(n) kann bei eingebautem Motor erneuert werden, falls Leckstellen in dieser Nähe festgestellt werden können. Der Dichtring befindet sich hinter dem Steuerrad der Nockenwelle bei einem Motor mit einer Nokkenwelle oder hinter dem Steuerrad der Nockenwelle auf einer Seite und unter der Befestigung des Hall-Gebers (welcher den Platz eines Zündverteilers einnimmt) auf der anderen Seite, im Fall eines 20V-Motors. Zum Ausbau des Dichtringes sollte jedoch das Spezialwerkzeug "2085" verwendet werden (für alle Motorentypen geeignet), dessen Benutzung nachstehend beschrieben wird. Andernfalls den Dichtring mit einem abgewinkelten Hebel herausdrücken. Ebenfalls kann man eine Blechschraube in den Dichtring einschrauben und den Ring durch Ziehen und Hebeln an der Schraube weit genug herausziehen, bis man ihn erfassen kann. Diese Arbeiten sind bei allen Motoren ähnlich.

Zum Erneuern des Dichtringes der Nockenwelle (oder beider) muss das Vorderteil des Fahrzeuges ausgebaut werden, wie es in Kapitel 2.12 beschrieben wird, um an die einzelnen Befestigungen zu kommen.

Der eigentliche Ausbau ist etwas unterschiedlich bei einem 8V- und einem 20V-Motor, wird aber zusammengefasst.

- Alle Antriebsriemen der verschiedenen Aggregate von der Stirnseite des Motors abmontieren.

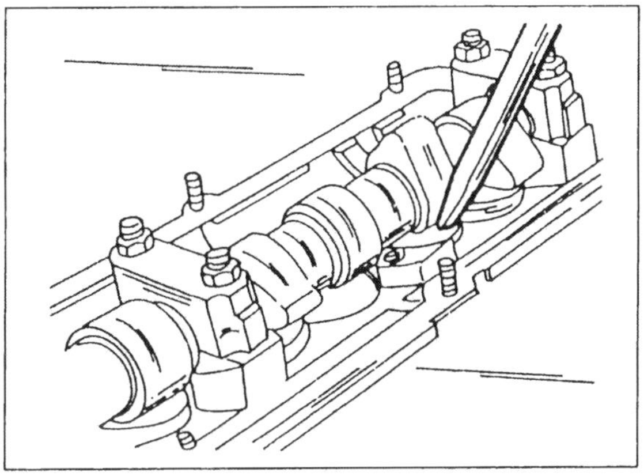

Bild 72
Kontrolle der hydraulischen Stössel. Das Bild zeigt die Arbeit bei einem 8V-Motor.

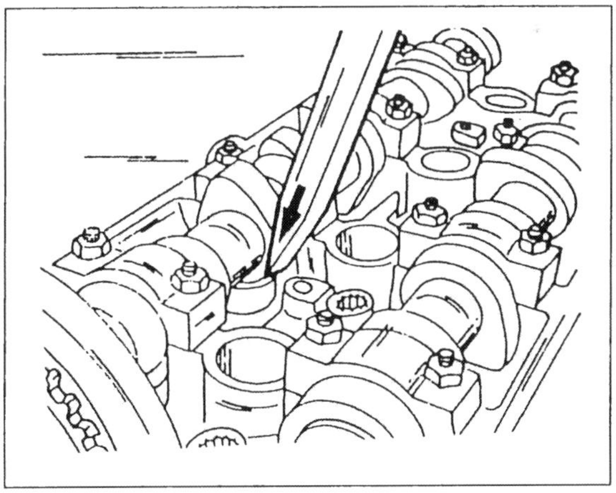

Bild 73
Kontrolle der hydraulischen Stössel. Das Bild zeigt die Arbeit bei einem 16V-Motor, wird beim 20V-Motor jedoch in gleicher Weise durchgeführt.

- Den oberen Zahnriemenschutz ausbauen.
- Den Motor durchdrehen, bis der erste Zylinder auf dem oberen Totpunkt steht. Dies anhand der Zündzeitpunktmarkierung durchführen. Schwingungsdämpfer und Steuerrad der Nockenwelle müssen entsprechend Bild 32 ausgefluchtet sein.

Bei einem Motor mit 8 Ventilen

- Spannrolle des Steuerriemens lockern (siehe Kapitel 2.8.1) und den Steuerriemen abnehmen. Den Riemen in geeigneter Weise festbinden, damit er nicht vom Steuerrad der Kurbelwelle rutschen kann. Den Riemen dabei aber nicht zusammenbinden, da er sonst geknickt wird. Den Motor jetzt nicht mehr durchdrehen.

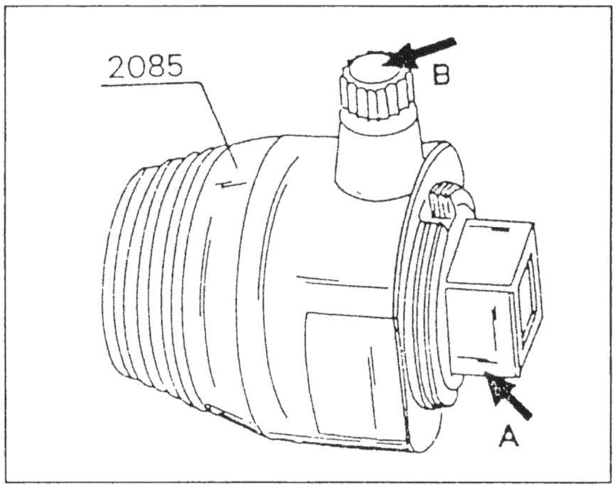

Bild 74
Auszieher für den Öldichtring der Nockenwelle. Der gleiche Auszieher kann ebenfalls für den vorderen Dichtring der Kurbelwelle verwendet werden.

- Nockenwellensteuerrad in geeigneter Weise gegenhalten (z.B. einen alten Zahnriemen um das Steuerrad legen) und die Schraube des Steuerrades lösen. Die Schraube und Scheibe entfernen.
- Mit einer Zange die Scheibenfeder aus der Nockenwelle herausziehen.
- Schraube des Nockenwellensteuerrades mit der Scheibe soweit wie möglich in das Ende der Nockenwelle drehen.

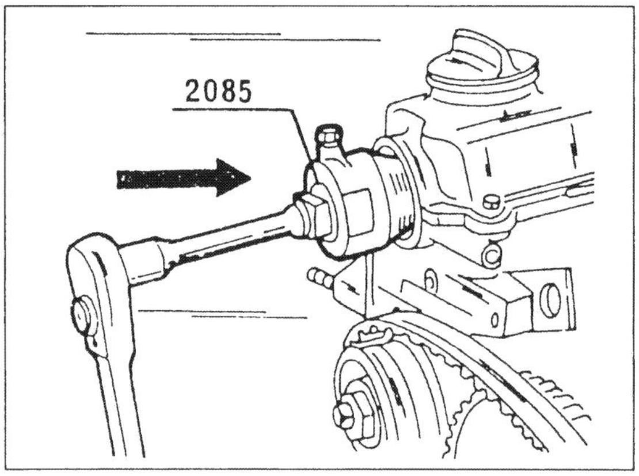

Bild 75
Werkzeug zum Erneuern des Dichtringes der Nokkenwelle am Motor angesetzt.

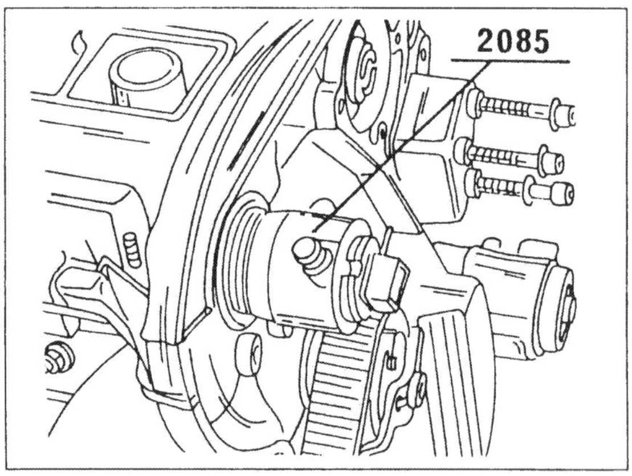

Bild 76
Ausziehen des Öldichtringes der Nockenwelle auf der Steuerradseite bei einen 20V-Motor.

- Unter Bezug auf Bild 74 den Auszieher "2085" zur Hand nehmen, den Innenteil (A) um zwei Umdrehungen (ca. 3 mm) aus dem Aussenteil herausdrehen und in dieser Stellung mit der Feststellschraube (B) blockieren.
- Den Gewindekopf des Werkzeuges einölen, über die Nockenwelle und in den Öldichtring einschieben und unter gleichzeitigem Druck auf eine Ratsche (Bild 75), das Werkzeug in den Öldichtring schrauben.
- Die Kordelschraube (B) in Bild 74 lockern und das Innenteil (A) gegen die Nockenwelle schrauben, bis der Dichtring herauskommt.
- Das Werkzeug in einen Schraubstock einspannen und den Öldichtring mit einer Zange herunterziehen.

Den neuen Dichtring an der Dichtlippe und der Aussenfläche mit Öl einschmieren. Zum Einbau des neuen Öldichtringes ein Rohrstück mit passendem Durchmesser verwenden. Das Rohr muss vollkommen auf dem Aussenumfang des Dichtringes aufsitzen. Den Dichtring gerade ansetzen und einschlagen, bis er an der Aussenfläche bündig abschneidet. Den Dichtring nicht vollkommen einschlagen, da er andernfalls die Ölrücklaufbohrung abdecken kann. Es ist ebenfalls möglich, dass der Öldichtring in gleicher Weise eingezogen wird, wie es beim Erneuern des vorderen Dichtringes der Kurbelwelle beschrieben wird (Kapitel 2.6.4).

Bei einem Motor mit 20 Ventilen

Bei diesen Motoren muss man zwischen den Nockenwellen für die Auslassventile und die Einlassventile unterscheiden.

Öldichtring der Auslassnockenwelle

- Den Zahnriemen ausbauen, wie es für diese Motoren in Kapitel 2.8.3 beschrieben wird.
- Zahnriemenrad der Welle in geeigneter Weise gegen Mitdrehen gegenhalten und die Schraube in der Mitte lösen.
- Die Aussenseite des Steuerrades mit einem Filzstift kennzeichnen, damit man es wieder in der ursprünglichen Einbauweise aufstecken kann und das Rad von der Welle herunterziehen.
- Das in Bild 74 gezeigte Werkzeug benutzen und den Öldichtring der Nockenwelle in ähnlicher Weise erneuert, wie es beim 8V-Motor beschrieben wurde.
- Beim Aufbringen des Steuerrades die Kennzeichnung beachten. Das Rad in geeigneter Weise gegenhalten und die Schraube mit einem Anzugsdrehmoment von 85 Nm anziehen.

Öldichtring der Einlassnockenwelle

- Den Anschlussstecker des Hall-Gebers abziehen und das Hall-Geber-Gehäuse vom Zylinderkopf abschrauben.

- Die Lichtschranke des Hall-Gebers abschrauben.
- Das in Bild 74 gezeigte Werkzeug benutzen und den Dichtring wie beim Motor mit 8 Ventilen beschrieben ausbauen und auch wieder einbauen. Die Teile des Hall-Gebers sind in Bild 50 gezeigt.

Beim Befestigen des Hall-Gebers auf richtige Montageweise der Formscheibe (14) achten. Die Lichtschranke muss richtig eingesetzt werden. Eine Auskerbung in der Nockenwelle gewährleistet dies.

2.5 Kolben und Pleuelstangen

2.5.1 Ausbau

Kolben und Pleuelstangen werden mit einem Hammerstiel von der Innenseite des Zylinderblocks nach oben zu herausgestossen, nachdem die Pleuellagerdeckel und Lagerschalen abmontiert wurden. Vor der Durchführung dieser Arbeiten sind die nachstehenden Anweisungen betreffend Kennzeichnung, Einbaurichtung und Eigenarten der Motoren zu beachten. Die Anweisungen beziehen sich auf alle Motoren.

- Jeden Kolben und die dazugehörige Pleuelstange mit der Nummer des Zylinders versehen, aus welchem sie ausgebaut wurden. Dies kann man am besten durchführen, indem man die Zylindernummer mit Farbe auf den Kolbenboden aufzeichnet (Bild 77). Ebenfalls einen zur Vorderseite des Motors weisenden Pfeil in den Kolbenboden einzeichnen.
- Beim Ausbau eines Kolbens mit der Pleuelstange die genaue Einbaurichtung des Pleuellagerdeckels beachten und sofort nach dem Ausbau den Pleuel und den Lagerdeckel auf einer Seite mit der Zylindernummer zeichnen (Bild 78). Dies lässt sich am besten mit einem Körner durchführen (Zylinder Nr. 1 einen Körnerschlag, usw.). Die Pleuel und Pleuellagerdeckel müssen so zusammengesetzt werden, dass die beiden Gusswarzen sich gegenüberliegen (Bild 79). Die beiden Gusswarzen müssen nach Einbau der Pleuelstangen immer zur Kurbelwellenriemenscheibe weisen.
- Beim 20V-Motor werden Ölspritzdüsen eingebaut, um die Kolben zu kühlen. Diese sitzen an der Unterseite der Zylinderbohrungen.
- Die Lagerschalen entsprechend der Pleuelstange und zum Lagerdeckel zeichnen. Ebenfalls obere und untere Lagerschalen mit Farbe auf dem Rücken zeichnen.

- Als Grundbedingung gilt, dass man beim Bestellen von neuen Kolben das Modell und das Baujahr des Fahrzeuges angibt, um die richtigen

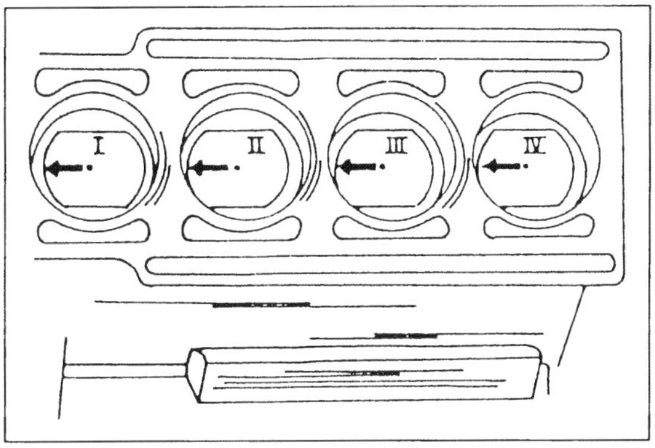

Bild 77
Kennzeichnung der Kolbenböden vor dem Ausbau der Kolben und Pleuelstangen.

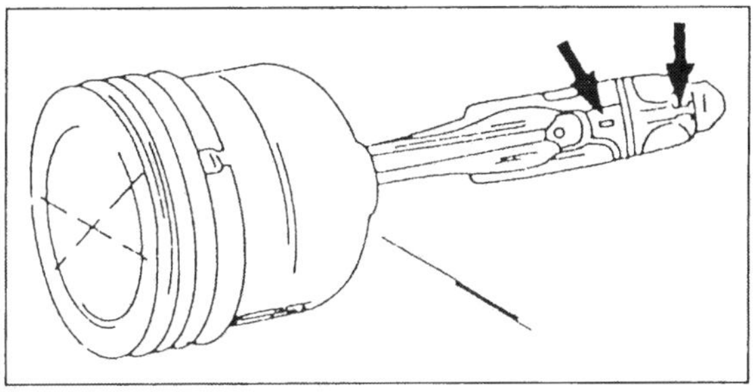

Bild 78
Pleuelstangen und Lagerdeckel können an gegenüberliegenden Stellen (Pfeile) gezeichnet werden.

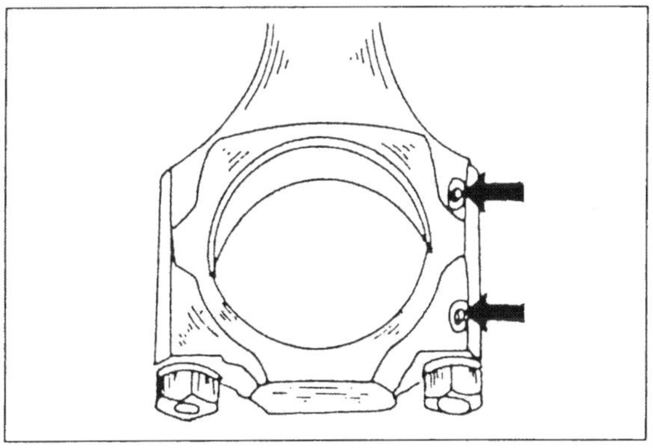

Bild 79
Die beiden Gusswarzen in Pleuelstange und Lagerdeckel müssen gegenüberliegen und zur Riemenscheibe weisen.

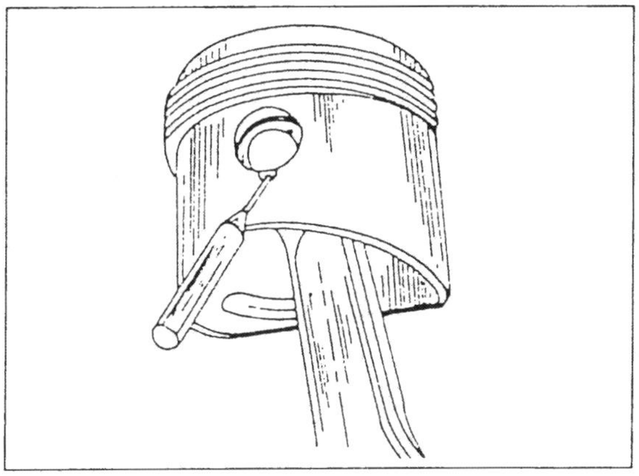

Bild 80
Ausbau eines Kolbenbolzensprengringes mit einem spitzen Dorn aus der Aussparung des Kolbenauges.

Kolben zu erhalten. Kolben werden anhand des gültigen Verdichtungsverhältnisses hergestellt, welches in der Hauptsache durch die Tiefe der Kolbenmulde bestimmt wird.

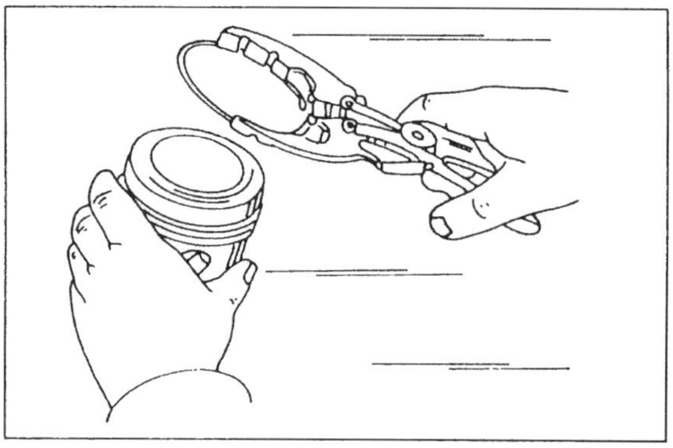

Bild 81
Abnehmen der Kolbenringe mit einer vorschriftsmässigen Kolbenringzange.

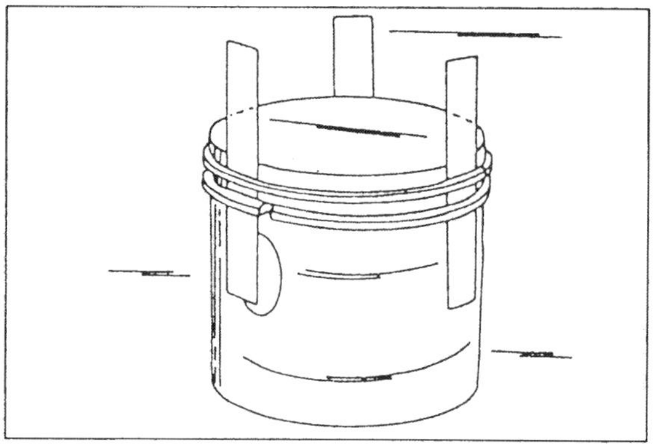

Bild 82
Verwendung von Metallstreifen zum Montieren der Kolbenringe.

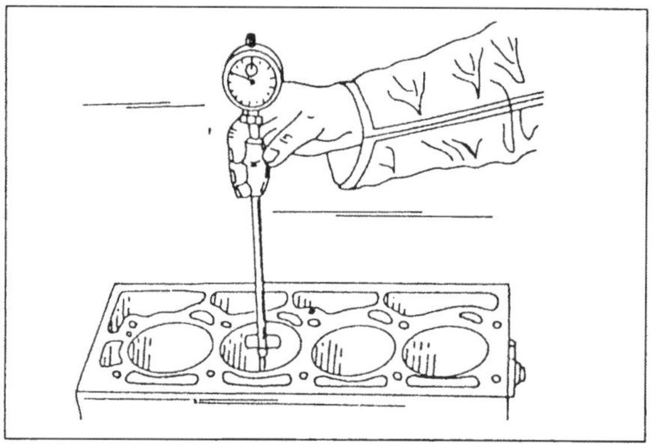

Bild 83
Ausmessen einer Zylinderbohrung.

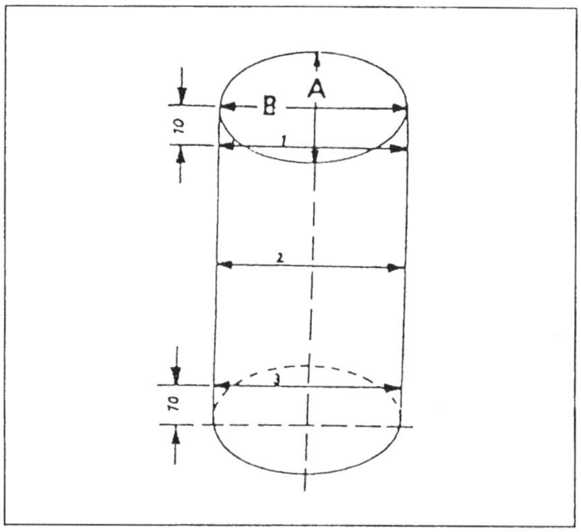

Bild 84
Das Messdiagramm der Bohrungen. Bohrungen in Richtungen "A" und "B" und auf Höhen 1, 2 und 3 ausmessen.

- Die Kolbendurchmesser der Motoren sind der Mass- und Einstelltabelle zu entnehmen. 1,6- und 1,8 Liter-Motoren haben die gleichen Kolbendurchmesser, jedoch nicht die gleiche Kolbenform. Beim Ausbau und der Zerlegung von Kolben und Pleuelstangen folgendermassen vorgehen:
- Die Lagerdeckel und die Schalen entfernen und die Teile wie oben erwähnt herausstossen. Falls erforderlich, den Ölkohlering an der Oberseite der Zylinderbohrungen mit einem Schaber abkratzen.
- Kolbenbolzen herausdrücken, nachdem die Sicherungsspangen entfernt wurden. Ein Einschnitt im Kolbenauge ermöglicht das Ansetzen eines Dorns, so dass man die Sicherungsspangen wie in Bild 80 gezeigt heraushebeln kann. Den Bolzen mit einem passenden Dorn herauspressen.
- Kolbenringe mit einer Kolbenringzange der Reihe nach über den Kolbenboden abnehmen (Bild 81). Falls die Ringe wieder verwendet werden sollen, sind sie entsprechend zu zeichnen. Kolbenringe sind sehr zerbrechlich, d.h. beim Abnehmen, auch mit einer Kolbenringzange, muss man sehr vorsichtig vorgehen, um sie nicht zu weit auszudehnen. Falls keine Kolbenringzange zur Verfügung steht, können Metallstreifen an gegenüberliegenden Stellen des Kolbens unter den Ring geschoben werden, wie es in Bild 82 gezeigt ist. Einen Streifen unbedingt unter das Ende des Ringes unterlegen, um Kratzer zu vermeiden. Nach Abnehmen der Kolbenringe kann man sich diese sofort ansehen. Die beiden oberen Ringe sind auf einer Seite mit dem Wort "Top" oder "Oben" gezeichnet. Diese Seite muss nach Aufsetzen der Ringe von oben lesbar sein. Der dritte Ring kann beliebig herum aufgesetzt werden.

Bild 85 zeigt ein Montagebild des Kolbens eines 20V-Motors nach der Zerlegung. Bei den normalen Motoren fehlt die Ölspritzdüse; andernfalls liegen keine weiteren Unterschiede vor.

2.5.2 Zylinderbohrungen ausmessen

Zum Ausmessen der Zylinderbohrungen ist eine Zylindermessuhr erforderlich, mit der es möglich ist, die Oberseite, die Mitte und die Unterseite der Bohrung auszumessen (Bild 83). Falls eine Messuhr nicht vorhanden ist, können die folgenden Arbeiten nicht durchgeführt werden.

Die Messungen der Zylinderbohrungen sind in Längs- und Querrichtung durchzuführen (Bild 84). Ausserdem die Messungen 10 mm von der Oberkante, 10 mm von der Unterkante und einmal in der Mitte durchführen. Insgesamt sind also sechs Messungen pro Zylinderbohrung erforderlich. Alle gefundenen Werte aufschreiben und mit den Angaben in der Mass- und Einstelltabelle vergleichen.

Zu beachten ist, dass alle Zylinder nachgebohrt

werden müssen, auch wenn nur einer der Zylinder nicht innerhalb der Massangaben liegt. Eine Abweichung von 0,08 mm von den Sollmassen ist zulässig. Übergrösse-Kolben sind in den in der Mass- und Einstelltabelle angegebenen Grössen erhältlich.
Das Endmass einer Zylinderbohrung wird bestimmt, indem man den Kolben entsprechend den Angaben in Bild 86 ausmisst, d.h. 10 mm von der Unterkante des Kolbenmantels und im rechten Winkel zur Kolbenbolzenbohrung, und zu diesem Mass das Kolbenlaufspiel von 0,03 mm hinzurechnet. Ausserdem ist eine Zugabe von 0,02 mm für das abschliessende Aushonen der Zylinder zu berücksichtigen.
Zum Prüfen des Kolbenlaufspiels den Kolben und die Zylinderbohrung wie beschrieben ausmessen und den Unterschied zwischen den Massen pro Zylinder errechnen. Falls das Ergebnis grösser als 0,08 mm ist, müssen die Zylinder ausgeschliffen werden, da das Laufspiel die Verschleissgrenze erreicht hat, wodurch ebenfalls die Zylinder gelitten haben.

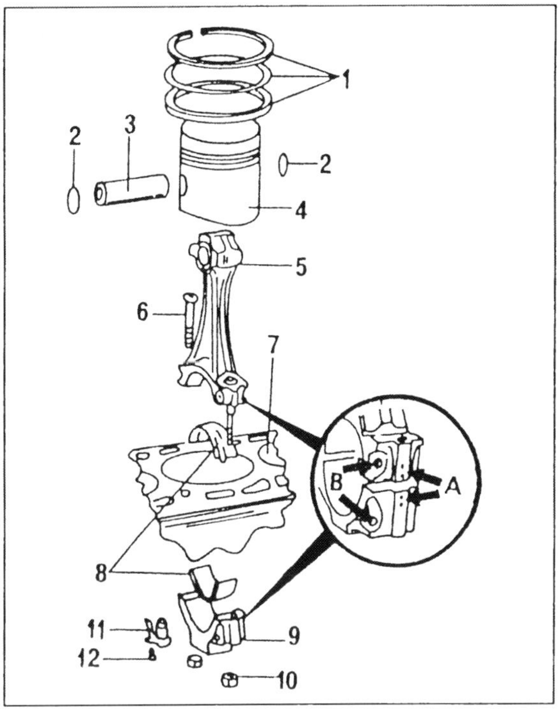

Bild 85
Montagebild des Kolbens und der Pleuelstange. Die Buchstaben geben die Kennzeichnung der Pleuel und Deckel (A) und die Lage der Gusswarzen (B) an. Die letzteren müssen zur Riemenscheibenseite weisen (20V-Motor).
1 Kolbenringe
2 Sprengring für Bolzen
3 Kolbenbolzen
4 Kolben
5 Pleuelstange
6 Pleuelschraube
7 Zylinderblock
8 Pleuellagerschalen
9 Pleuellagerdeckel
10 Pleueldeckelmutter
11 Ölspritzdüse
12 Druckentlastungsventil, öffnet bei 2,5 - 3,2 bar

2.5.3 Kolben und Pleuelstangen überprüfen

Alle Teile gründlich kontrollieren. Falls Teile Anzeichen von Fressern, Kratzern oder Verschleiss aufweisen, müssen sie erneuert werden. Die folgenden Prüfungen an den Kolben vornehmen:

- Das Höhenspiel der Kolbenringe in den Nuten des Kolbens ausmessen, indem man die Kolbenringe der Reihe nach in die jeweilige Nut einsetzt (Bild 87). Mit einer Fühlerlehre den Spalt zwischen der Ringfläche und der Kolbennutenfläche ermitteln. Falls der Spalt eines Ringes mehr als 0,12 mm beträgt, sind entweder die Ringe oder der Kolben abgenutzt. Der Sollwert liegt zwischen 0,02 - 0,07 mm.
- Der Reihe nach alle Kolbenringe von der Unterseite des Kurbelgehäuses in die Zylinderbohrungen einsetzen. Mit einem umgekehrten Kolben die Ringe ca. 15 mm nach unten drücken. Dazu die beiden Ringenden einschieben, um das Kolbenringstossspiel auszumessen (Bild 88). Die gültigen Angaben sind der Mass- und Einstelltabelle zu entnehmen. Auch die Verschleissgrenze ist unterschiedlich für die verschiedenen Kolbenringe.
- Bei zu geringem Spiel (bei neuen Ringen zum Beispiel, die man ebenfalls ausmessen muss), können die Ringenden abgefeilt werden. Dazu eine Schlichtfeile in einen Schraubstock spannen, wie es in Bild 89 gezeigt ist. Bei zu grossem Stossspiel muss der betreffende Ring erneuert werden.
- Kolbenbolzen und Pleuelstangenbüchse auf

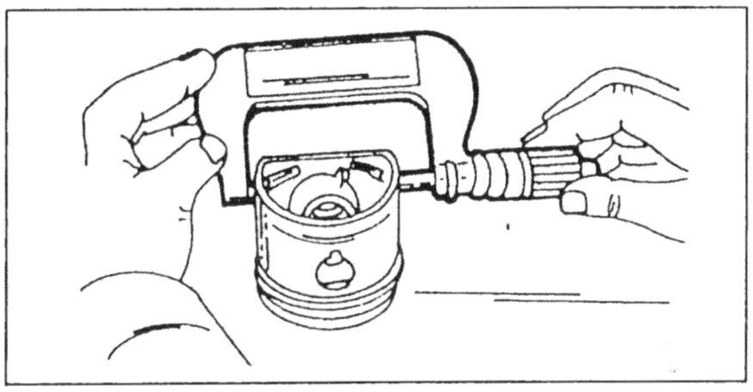

Bild 86
Ausmessen des Kolbendurchmessers. Das Mass von 10 mm, von der Unterkante gemessen, muss eingehalten werden.

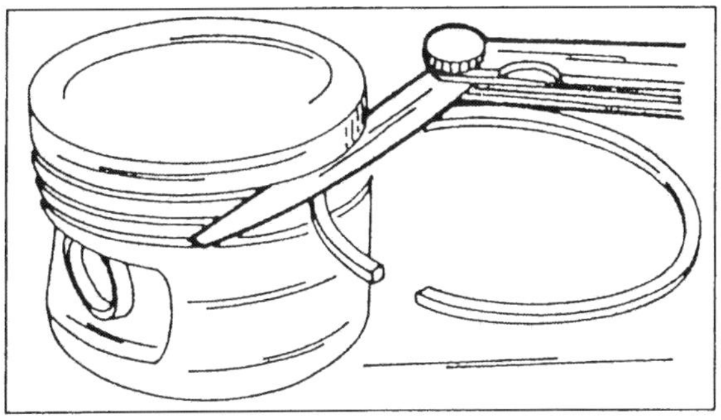

Bild 87
Ausmessen des Höhenspiels der Kolbenringe in den Nuten des Kolbens.

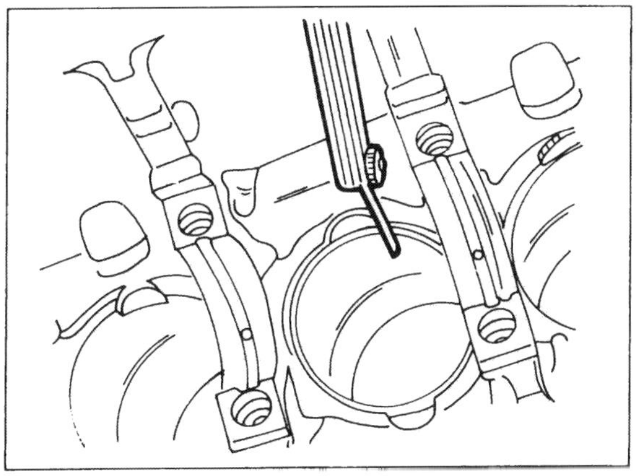

Bild 88
Ausmessen des Stossspiels der Kolbenringe in den Zylinderbohrungen.

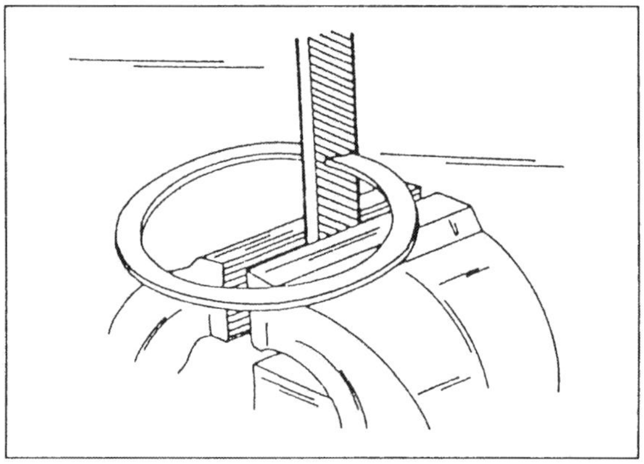

Bild 89
Vergrössern eines Kolbenringstosses. Dies ist nur bei neuen Kolbenringen mit kleinem Stossspiel erforderlich.

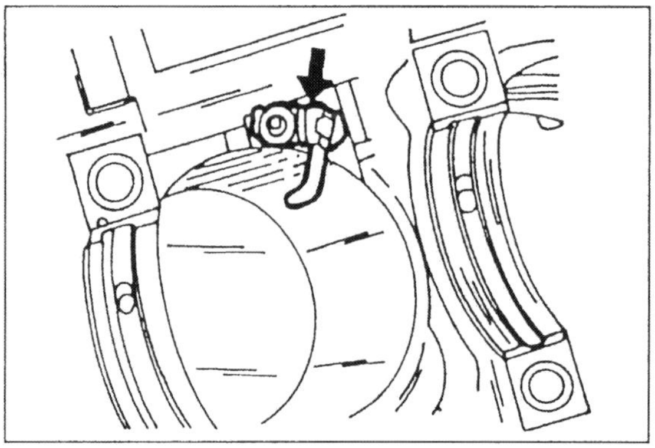

Bild 90
Die Lage der Ölspritzdüse zur Kühlung des Kolbens an der Unterseite des Zylinderblocks.

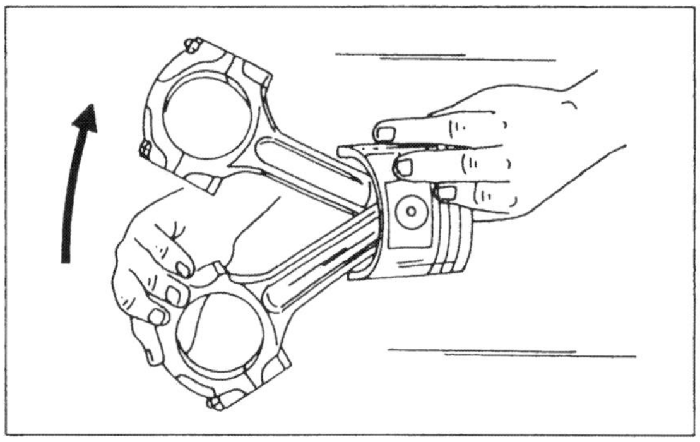

Bild 91
Kontrolle der Pleuelstange auf Leichtgängigkeit.

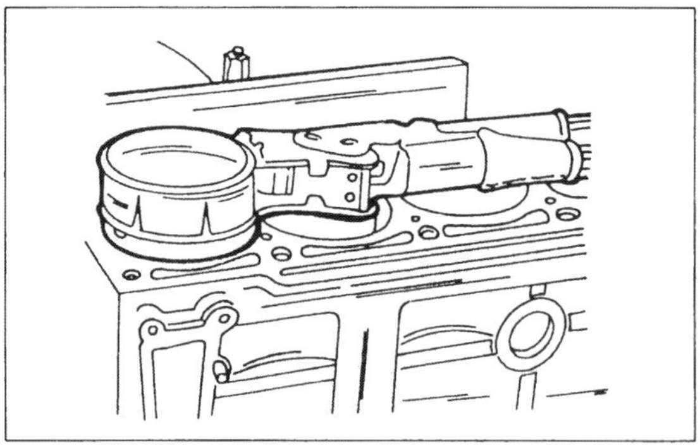

Bild 92
Einbau der Kolben. Mit einem Kolbenringspannband werden die Kolbenringe in die Nuten gedrückt.

Verschleiss oder Fressstellen kontrollieren. Falls auch nur eine Pleuelstange nicht mehr einwandfrei ist, muss der gesamte Satz erneuert werden.

● Die Muttern der Pleuellager müssen immer erneuert werden.

● Die Pleuelstangen in einem Pleuelrichtgerät auf Verdrehung oder Verbiegung kontrollieren lassen.

● Die Pleuellagerschrauben auf Beschädigung kontrollieren und falls erforderlich erneuern. Dehnschrauben werden verwendet und nur solche dürfen eingebaut werden.

2.5.4 Pleuellagerlaufspiel ausmessen

Diese Arbeit wird in Kapitel 2.7.2 beschrieben.

2.5.5 Kolben und Pleuelstangen zusammenbauen

● Falls die Spritzdüsen zur Kolbenkühlung ausgebaut wurden, diese zusammen mit dem Druckentlastungsventil einschrauben (27 Nm). Düsen sitzen an der Unterseite der Zylinderbohrungen, wie es in Bild 93 gesehen werden kann.

● Falls die Kolben erneuert wurden, kontrollieren, dass alle Kolben der gleichen Ausführung angehören.

● Kolben auf eine Temperatur von 60° C anwärmen (in heisses Wasser einlegen). Einen passenden Dorn besorgen, der sich in die Innenseite des Kolbenbolzens einsetzen lässt.

● Bolzen im Handdruck in den angewärmten Kolben und die Pleuelstange eindrücken.

● Die folgenden Hinweise müssen beim Zusammenbau von Kolben und Pleuelstangen beachtet werden:

— Der Pfeil im Kolbenboden (entweder der eingezeichnete oder bei neuen Kolben der eingeschlagene) muss zur Vorderseite des Motors weisen (siehe Bild 77).
— Die Gusswarzen an Pleuelstange und Lagerdeckel (siehe Bild 79) müssen zur Riemenscheibe des Motors weisen.
— Die Zylindernummerkennzeichnungen (Bild 78) müssen an Pleuelstange und Lagerdeckel übereinstimmen.

● Kontrollieren, dass sich der Kolben nach dem Zusammenbau einwandfrei auf der Pleuelstange hin- und herkippen lässt, indem man ihn wie in Bild 91 gezeigt hin- und herbewegt.

● Mit einer Kolbenringzange der Reihe nach die Kolbenringe in die Nuten einsetzen (siehe Bild 81). Die beiden Verdichtungsringe könnte man verwechseln und aus diesem Grund ist deren Querschnitt zu betrachten, ehe sie angebracht werden. Ausserdem sind die beiden Verdichtungsringe auf einer Seite mit dem Wort "Top" oder "Oben" gezeichnet und diese Beschriftung muss nach dem Aufsetzen des Ringes jeweils vom Kolbenboden aus sichtbar sein.

● Einen dreiteiligen Ölabstreifring mit den Stössen versetzt anordnen.

2.5.6 Kolben und Pleuelstangen einbauen

- Zylinderbohrungen gut einölen.
- Alle Pleuel entsprechend den Zylindernummern auslegen. Die Gusswarzen in Pleuel und Lagerdeckel müssen zur Kurbelwellenriemenscheibe hin ausgerichtet sein.
- Die Pfeile in den Kolbenböden müssen zur Vorderseite des Motors weisen.
- Kolbenringstösse in gleichmässigen Abständen von 120° auf dem Umfang des Kolbens verteilen. Bild 85 zeigt wie die Stösse im Verhältnis zum Kolbenbolzen versetzt sind.
- Ein Kolbenringspannband um die Kolbenringgegend legen, wie es in Bild 92 gezeigt ist, und die Kolbenringe in die Nuten drücken. Kontrollieren, dass sie einwandfrei eingedrückt sind.
- Kurze Gummi- oder Kunststoffschlauchstücke auf die Stiftschrauben des Pleuels aufschieben, damit die Bohrung nicht zerkratzt werden kann.
- Kurbelwelle durchdrehen, bis zwei der Kurbelzapfen im unteren Totpunkt stehen.
- Pleuel von oben in die Bohrung einschieben. Den Motor dazu auf die Seite legen, damit die Pleuelstange auf den Lagerzapfen geführt werden kann und die Bohrung oder den Pleuelzapfen nicht zerkratzt. Die Pleuellagerschale sollte sich bereits im Pleuel befinden, mit der Nase in der Aussparung.
- Kolben hineinschieben, bis die Ringe der Reihe nach in die Bohrung rutschen und der Pleuelfuss auf dem Kurbelzapfen aufsitzt. Nicht den Lagerzapfen zerkratzen.
- Zweite Lagerschale in den Lagerdeckel einlegen, die Schale gut einölen, den Deckel auf die Stiftschrauben der Pleuelstange drücken und leicht anschlagen. Die Gummischlauchstücke müssen vorher natürlich wieder abgezogen werden. Unbedingt darauf achten, dass die beiden Gusszeichen in Bild 79 zusammenkommen, da man im letzten Moment noch einen Fehler machen kann.
- Die Anlageflächen der Muttern auf dem Pleuellagerdeckel einölen.
- Die Pleuellagerdeckelmuttern abwechselnd auf ein Anzugsdrehmoment von 30 Nm anziehen und aus dieser Endstellung um weitere 90° anziehen, d.h. um eine viertel Umdrehung.
- Nach dem Zusammenschrauben der Pleuellager sieht man sich nochmals jedes Lager an. Erfahrungen haben gezeigt, dass manchmal Pleuellagerfresser nach einer Reparatur auftraten, da die Lagerdeckel und Pleuel nicht einwandfrei zusammengeschraubt wurden. Mit "1" in Bild 94 sind die beiden oben erwähnten Gusswarzen gezeigt, mit "2" die Kennzeichnung der Pleuellagerdeckel und Pleuelstangen, in diesem Fall für den zweiten Zylinder. Die jeweiligen Zeichen müssen bei **allen** Pleuelstangen wie gezeigt gegenüberliegen. Diese Kontrolle unbedingt vor dem Schliessen des Kurbelgehäuses durchführen.
- Nach Einbau des Pleuels die Kurbelwelle einige Male durchdrehen, um Klemmer sofort festzustellen. Bei dieser Gelegenheit nochmals kontrollieren, ob die Kolben in die richtige Richtung weisen, d.h. bei den ursprünglichen Kolben müssen die eingezeichneten Pfeile, bei neuen Kolben der im Kolben eingezeichnete Pfeil nach vorn (Riemenscheibenseite) weisen.
- Mit einer Fühlerlehre das Spiel zwischen der Seitenfläche der Pleuelstange und der Anlauffläche der Kurbelwelle ausmessen, wie es Bild 93 zeigt. Dies ist das Axialspiel der Pleuellager und sollte 0,37 mm nicht überschreiten.
- Die Ölwanne montieren (Kapitel 3.1).

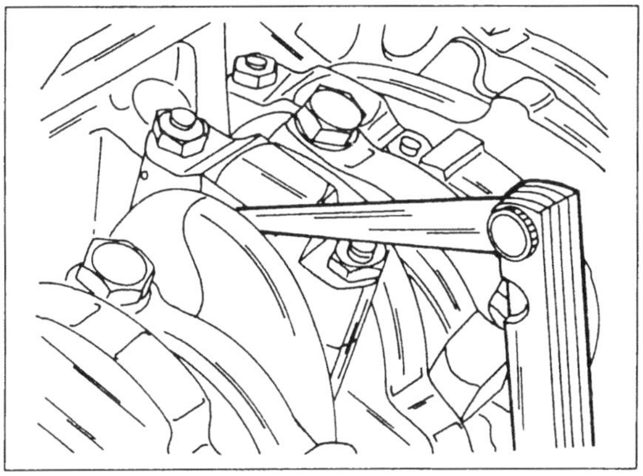

Bild 93
Seitliches Spiel der Pleuellager auf dem Kurbelzapfen mit einer Fühlerlehre ausmessen. Das Pleuellager dazu, wie im Bild gesehen, nach rechts drücken, um einen Spalt zum Einschieben der Fühlerlehre herzustellen.

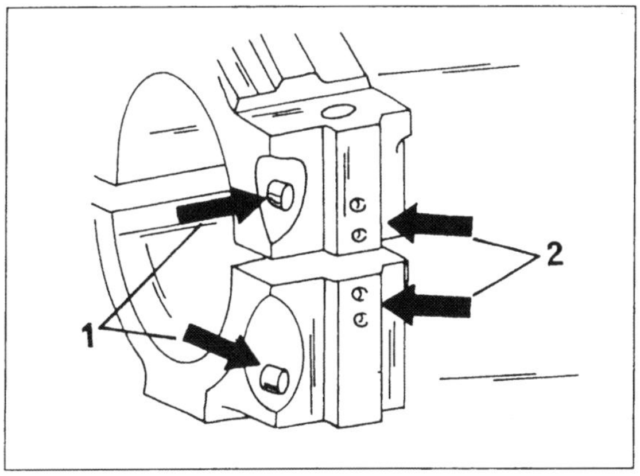

Bild 94
Ansicht eines zusammengebauten Pleuellagers. Die Gusswarzen (1) und Zylinderkennzeichnung (2) müssen gegenüberliegen.

2.6 Zylinderblock

Bei einer Ganzzerlegung den Zylinderblock einwandfrei reinigen und alle Fremdkörper aus Hohlräumen und Ölkanälen entfernen. Besonders auch darauf achten, dass Reinigungsflüssigkeiten vollkommen entfernt werden. Falls möglich mit Pressluft trockenblasen.
Die Zylinderbohrungen müssen sorgfältig kontrol-

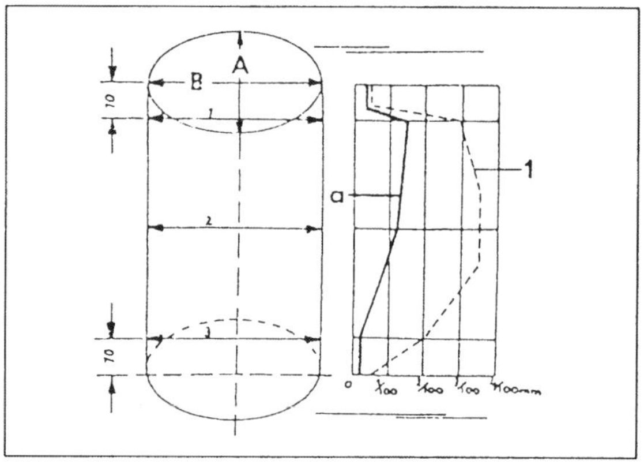

Bild 95
Ausmessen der Zylinderbohrungen. Die Stellen 1, 2 und 3 sind die Messstellen innerhalb der Bohrung. A und B geben an, in welcher Richtung die Messungen zu erfolgen haben. In der Verschleisskurve wird ein normaler Verschleiss durch "a" und ein vorzeitiger Verschleiss durch "1" angegeben.

liert werden. Wenn man mit den Fingerspitzen in die Oberseite und die Unterseite der Bohrungen fühlt, kann man bei verschlissenen Bohrungen meistens eine "Stufe" feststellen, da der Kolben nicht über die gesamte Bohrung läuft und deshalb ein Verschleissbild hinterlässt. Dies ist meistens ein Zeichen, dass ein Ausschleifen der Bohrungen notwendig ist. Da es zwei Übergrösse-Kolben gibt, hat man hier etwas Spielraum.

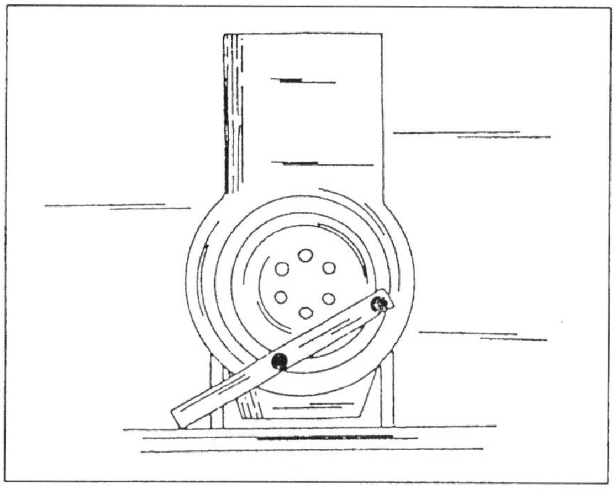

Bild 96
Lösen oder Festschrauben des Schwungrades oder der Antriebsscheibe eines automatischen Getriebes. Das Flacheisen in gezeigter Weise zum Lösen anschrauben. Beim Festziehen das Eisen auf der anderen Seite aufsetzen.

Um das Laufspiel der Kolben auszumessen, den Durchmesser der Kolben ausmessen (siehe Bild 86) und die Werte der Durchmesser aller Kolben mit der Zylindernummer aufschreiben. Hier gilt jedoch eine fachmännische Benutzung eines Mikrometers. Falls Sie damit nicht 100% vertraut sind, lassen Sie die Kolben besser in einer mechanischen Werkstatt ausmessen.

Zur Bestimmung des Laufspiels ist jetzt der Bohrungsdurchmesser der Zylinder wie folgt auszumessen:

- Mit einer Zylindermessuhr den Durchmesser 10 mm von der Oberkante der Bohrung und danach 10 mm von der Unterkante der Bohrung ausmessen. Wiederum gilt, aus Erfahrung gesprochen, dass man mit dem Umgang einer Zylindermessuhr vertraut sein muss. Bild 83 zeigt wie die Messuhr in die Bohrungen eingesetzt wird, im Bild quer zur Bohrung. Schwenkt man die Messuhr, wie eingesetzt, ganz langsam von links nach rechts und wieder zurück, wird sich die Nadel ebenfalls von links nach rechts und wieder zurück bewegen. Wichtig ist das Mittelmass der Nadelbewegung, welches den genauen Durchmesser angibt. In Längsrichtung wird in gleicher Weise gemessen. Bild 95 zeigt die Messstellen.
- **Zusätzlich eine Messung in der Mitte durchführen.**
- Die obigen Messungen in Längsrichtung des Blocks durchführen und danach nochmals in den gleichen Tiefen in Querrichtung des Blocks vornehmen. Alle sechs Ergebnisse aufschreiben. Falls man sich eine Skizze, ähnlich wie in Bild 84 gezeigt, anfertigt, kann man die Messergebnisse danebenschreiben, um eine gute Übersicht zu erhalten. Der Unterschied zwischen der oberen und unteren Messung gibt die Verjüngung an. Der Unterschied zwischen der Längsmessung und der Quermessung weist auf Ovalität (Unrundheit) hin. An keiner Stelle darf der Durchmesser mehr als 0,08 mm vom Sollmass abweichen.

Zwei Übergrösse-Kolbengrössen stehen für alle Motoren zur Verfügung und der Block ist jeweils auf die nächste Grösse nachschleifen zu lassen.

Die Zylinderblockfläche wird in ähnlicher Weise wie in Bild 62 beim Zylinderkopf gezeigt, auf Verzug kontrolliert. Den Block in Längsrichtung, Querrichtung und Diagonalrichtung vermessen. Eine Fühlerlehre von mehr als 0,10 mm Stärke darf sich nicht einschieben lassen. Vor der Messung kontrollieren, dass die Zylinderblockfläche einwandfrei gereinigt ist und dass keine Fremdkörper zwischen die Fühlerlehre und die Zylinderblockfläche eingedrungen sind.

Hinweis: Es kann entweder ein normales Schwungrad oder ein Doppelmassen-Schwungrad eingebaut sein. Das Anzugsdrehmoment der Montageschrauben ist bei den beiden Ausführungen unterschiedlich.

2.7 Kurbelwelle und Kurbelwellenlager

Die Kurbelwelle ist nicht bei allen Motoren gleich, da der Hub der Kolben nicht bei allen Motoren gleich ist. Die beiden 1,8 Liter-Motoren haben jedoch den gleichen Kolbenhub. Falls es einmal erforderlich wird einen Teilmotor einzubauen, kommt dieser mit einem Nadelrollenlager für die Kupplungswelle. Dieses muss jedoch entfernt werden, falls der Motor für ein automatisches Getriebe bestimmt ist.

2.7.1 Kurbelwelle ausbauen

Zum Ausbau der Kurbelwelle muss der Motor ausgebaut sein.

- Bei einem Fahrzeug mit Schaltgetriebe den Zahnkranz des Schwungrades mit einem Schrau-

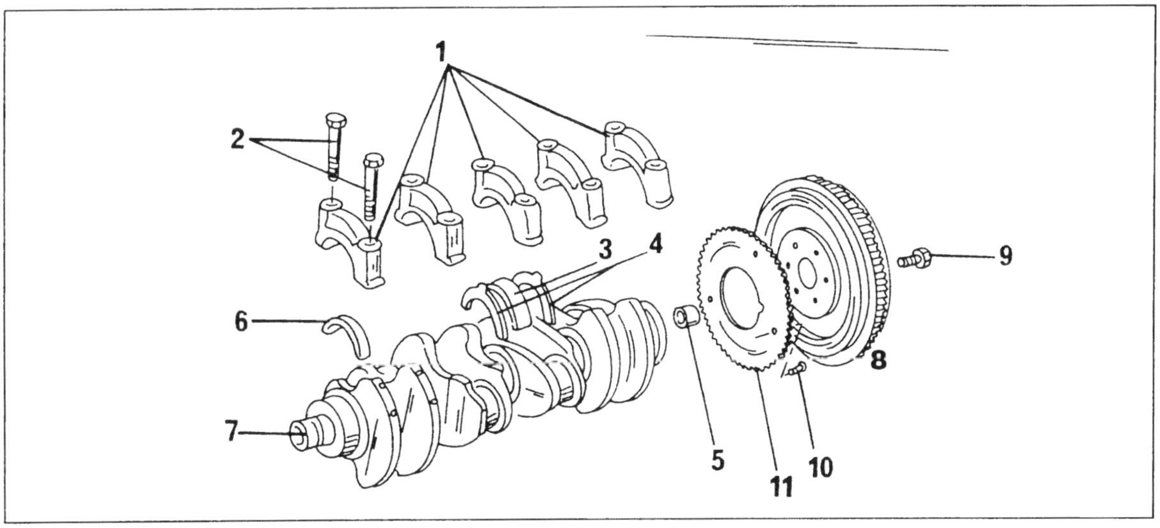

Bild 97
Die Lagerung der Kurbelwelle an der Unterseite.
1 Hauptlagerdeckel
2 Deckelschrauben, 65 Nm
3 Untere Lagerschale, ohne Ölschmiernut
4 Anlaufhalbscheiben
5 Nadelrollenlager (nur bei Schaltgetriebe)
6 Untere Lagerschale, ohne Ölschmiernut
7 Kurbelwelle
8 Schwungrad
9 Schwungradschraube (Anzugsdrehmoment siehe Text)
10 Schraube, 10 Nm + 90°
11 Zahnkranz für Motordrehzahlüberwachung

benzieher gegenhalten und die Schrauben des Schwungrades lösen. Die Schrauben lassen sich auch meistens mit einem Ringschlüssel lösen, ohne das Schwungrad gegenzuhalten. Dazu Ringschlüssel im rechten Winkel aufsetzen und mit der Hand auf das Ende des Schlüssels schlagen. Durch die Schlagwirkung lösen sich die Schrauben in den meisten Fällen. Zum Gegenhalten des Schwungrades kann man ein Stück Flacheisen an zwei Stellen bohren und mit den Schwungradschrauben an der Schwungradfläche befestigen, wie es in Bild 96 gezeigt ist. Den Motor gut abstützen und die Schrauben lösen. Es wird davon ausgegangen, dass man die Kupplung bereits nach Kennzeichnung im Verhältnis zum Schwungrad ausgebaut hat. An der Innenseite des Schwungrades ist ein Zahnkranz zum "Aufspüren" der Motordrehzahl angebracht, welchen man beim Ablegen des Schwungrades nicht beschädigen darf. Wie bereits auf Seite 42 erwähnt (siehe Hinweis), kann entweder ein normales Schwungrad oder ein Doppelmassen-Schwungrad eingebaut sein.

- Von der Vorderseite des Motors die Schraube der Kurbelwellenriemenscheibe (Schwingungsdämpfer) lösen, solange man das Schwungrad gegenhalten kann.
- Bei Fahrzeugen mit automatischem Getriebe die Antriebsscheibe in der oben beschriebenen Weise abschrauben.
- Den Zylinderkopf zusammen mit dem Ansaugkrümmer und Auspuffkrümmer abmontieren (Kapitel 2.4.1). Einige Teile wurden bereits beim Ausbau des Motors abmontiert, je nach Motorausführung.
- Riemenscheibe von der Wasserpumpe und den unteren Zahnriemenschutzdeckel abschrauben.
- Drehrichtung des Zahnriemens mit Farbe an der Aussenseite aufzeichnen.

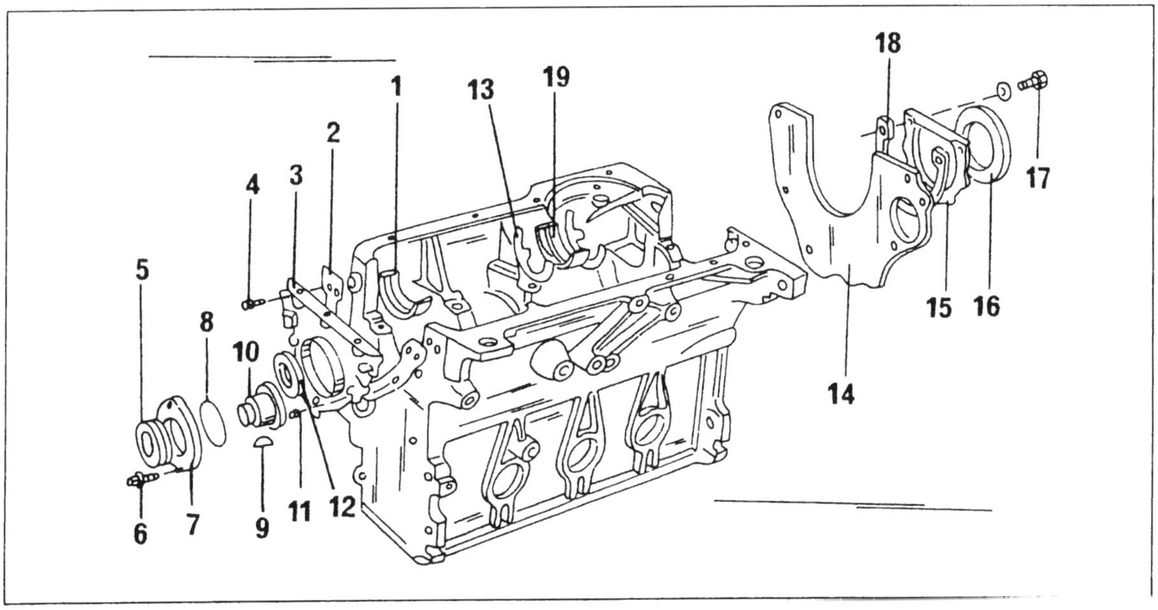

Bild 98
Ansicht des Zylinderblocks und der daran verschraubten Teile.
1 Lagerschale im Block (mit Schmiernut)
2 Dichtung
3 Vorderer Dichtflansch
4 Schraube
5 Öldichtring
6 Schraube, 25 Nm
7 Dichtringflansch
8 "O"-Dichtring
9 Scheibenfeder
10 Zwischenwelle
11 Schraube, 10 Nm
12 Kurbelwellendichtring
13 Anlaufscheibe im Block
14 Motorzwischenplatte
15 Hinterer Dichtringflansch
16 Hinterer Öldichtring
17 Schraube, 10 Nm
18 Dichtung
19 Passlager für Lager Nr. 3

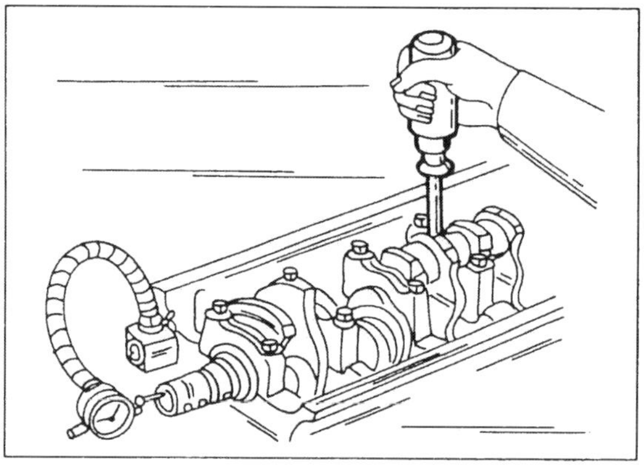

Bild 99
Ausmessen des Axialspiels der Kurbelwelle mit einer Messuhr. Diese kann mit einem Magnetfuss am Zylinderblock "angehaftet" werden.

● Nach Lockern der Riemenspannermutter den Zahnriemen von den Steuerrädern und dem Riemenspanner heben. Die Nockenwelle(n) jetzt nicht mehr durchdrehen.

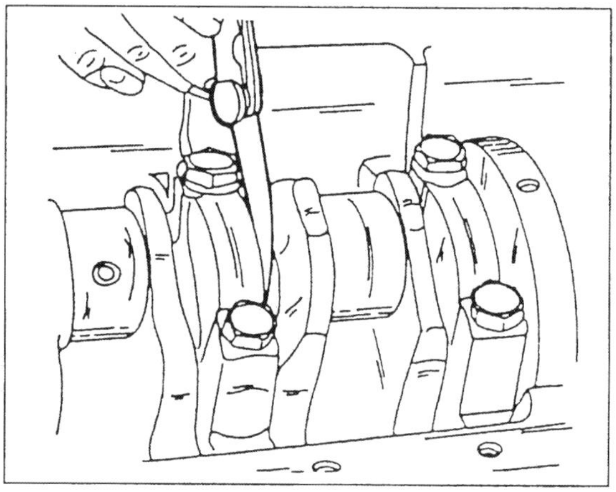

Bild 100
Ausmessen des Axialspiels der Kurbelwelle mit einer Fühlerlehre. Wiederum muss die Welle vor Einschieben der Fühlerlehre (nicht mehr als 0,25 mm) auf eine Seite gedrückt werden.

● Ölwanne abschrauben (Kapitel 3.1).
● Ölpumpe ausbauen (Kapitel 3.2.1).
● Falls nur die Kurbelwelle ausgebaut werden soll, können die Kolben und die Pleuelstangen im Zylinderblock verbleiben. Andernfalls die Kolben und Pleuelstangen ausbauen, wie es in Kapitel 2.5.1 beschrieben wurde. Falls die Pleuel und Kolben im Block verbleiben, der Reihe nach die Pleuellagerdeckel zeichnen und abnehmen und mit den Schalen zusammenhalten. Nicht vergessen, dass

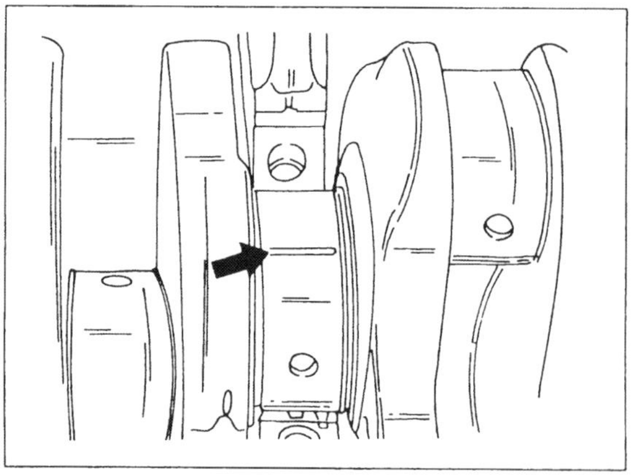

Bild 101
Im Bild wird der "Plastigage"-Streifen in Längsrichtung auf den **Lagerzapfen** aufgelegt.

die verwendeten Dehnschrauben erneuert werden müssen, falls sie beschädigt sind.
● Eine Messuhr mit einem Ständer so vor die Vorderseite des Zylinderblocks setzen oder mit einem Magnetfuss am Block ansetzen, wie es Bild 99 zeigt, mit dem Messstift auf dem Ende der Kurbelwelle. Mit einem Schraubenzieher die Kurbelwelle nach einer Seite drücken, die Messuhr auf Null stellen und die Welle auf die andere Seite drücken. Die Anzeige der Uhr ist das Axialspiel der Kurbelwelle und ist für den späteren Zusammenbau aufzuschreiben. Wenn es mehr als 0,25 mm beträgt, muss dies bei der Montage berücksichtigt werden. Die mittleren Lagerschalen sind mit Anlaufhalbscheiben versehen, um zu grosses Axialspiel bei der Montage auszugleichen. Bild 97 zeigt die Lagerung der Kurbelwelle an der Unterseite, welche bei allen Motoren vorzufinden ist. Ähnliche Teile befinden sich im Kurbelgehäuse, jedoch dürfen untere und obere Lagerschalen zwecks der Ölbohrungen nicht verwechselt werden. Bild 98 zeigt Zerlegungseinzelheiten für den Zylinderblock.
Falls keine Messuhr vorhanden ist, kann man das Spiel auch am mittleren Lager zwischen dem Lagerflansch und der Kurbelwellenfläche mit einer Fühlerlehre messen, wie es Bild 100 zeigt.
● Unter Bezug auf Bild 98 die Befestigungsschrauben des Dichtflansches an der Vorderseite des Motors lösen und Flansch mit der Dichtung abnehmen.
● Die Motorzwischenplatte abnehmen, die Schrauben des Dichtringflansches lösen und den Flansch mit der Dichtung abnehmen. Die Motorzwischenplatte wird auf Passhülsen geführt.
● Die Lagerdeckelschrauben der Kurbelwelle gleichmässig über Kreuz lösen und der Reihe nach abnehmen. Kontrollieren, dass die Deckelnummern gut sichtbar sind. Der Deckel Nr. 1 befindet sich auf der Riemenscheibenseite.
● Die Lagerschalen von den Lagerzapfen abnehmen und mit den entsprechenden Lagerdeckeln zusammenhalten. Zu beachten ist, dass bestimmte Lagerschalen mit Ölschmiernuten versehen sind, während andere keine Nuten haben. Die Schalen (6) in Bild 97 haben keine Ölschmiernut, die Schalen (1) in Bild 98 haben Ölschmiernuten.
● Die Kurbelwelle vorsichtig aus dem Zylinderblock herausheben.
● Verbleibende Schalen aus dem Kurbelgehäuse herausnehmen und mit den anderen Schalen und Deckeln zusammenhalten. Diese Lagerschalen sind mit Ölschmiernuten versehen und beim Zusammenbau müssen diese wieder in das Kurbelgehäuse kommen. Die unteren Anlaufhalbscheiben am mittleren Lager herausnehmen. Die Scheiben seitenmässig kennzeichnen.

2.7.2 Teile der Kurbelwelle überprüfen

- Kurbelwelle sorgfältig auf Schäden kontrollieren und die Hauptlager- und Pleuellagerzapfen genau ausmessen. Kurbelwellenhauptlagerzapfen und Kurbelzapfen können bis zu dreimal nachgeschliffen werden, so dass die Welle mit Untergrösse-Lagerschalen eingebaut werden kann. Die Durchmesser der Kurbelzapfen sind bei allen Motoren gleich.
- Kurbelwelle zwischen die Spitzen einer Drehbank einspannen (oder die beiden äusseren Lagerzapfen in Prismen einlegen) und mit einer Messuhr am mittleren Lagerzapfen auf Schlag kontrollieren. Der Schlag darf nicht grösser als 0,06 mm sein. Andernfalls die Welle erneuern.
- Das Lagerlaufspiel der Hauptlager und Pleuellager ausmessen:
  - Lagerschalen gut reinigen und in die Lagerbohrungen des Zylinderblocks oder in die Pleuelstangen einlegen.
  - Ein Stück "Plastigage"-Kunststoffdraht auf alle Hauptlagerzapfen auflegen und alle Hauptlagerdeckel mit den eingelegten Lagerschalen aufsetzen. Die Schrauben mit einem Drehmoment von 65 Nm anziehen. Die Welle nicht mehr durchdrehen.
  - Zur Kontrolle des Pleuellaufspiels den Pleuel gegen den Kurbelzapfen ansetzen und das "Plastigage" auf die Oberseite des Kurbelzapfens auflegen (Bild 101). Den Lagerdeckel mit Schale aufsetzen und die Muttern mit einem Anzugsdrehmoment von 30 Nm anziehen. Da die Welle nicht mehr durchgedreht werden darf, nimmt man jeweils die zwei im unteren Totpunkt stehenden Pleuellager vor.
  - Bei den Hauptlagern die Deckel abschrauben; bei den Pleuellagern die beiden Deckel der Reihe nach abschrauben.
  - Mit der im "Plastigage"-Satz mitgelieferten Lehre jetzt die breiteste Stelle des flachgedrückten Plastigage-Streifens ausmessen (Bild 102). Falls das Mass mehr als 0,17 mm bei den Hauptlagern oder 0,12 mm bei den Pleuellagern beträgt, sind neue Lagerschalen zu verwenden, wobei zu berücksichtigen ist, ob die Zapfen bereits zu einem früheren Zeitpunkt nachgeschliffen wurden.
  - Falls das Laufspiel der Pleuellager kontrolliert wird, die Kurbelwelle durchdrehen und die beiden anderen Pleuellagerzapfen vornehmen und ausmessen, wie oben beschrieben.

  Falls man keinen "Plastigage"-Kunststoffdraht zur Verfügung hat, jedoch vertraut mit dem Umgang einer Innenmessuhr ist, kann man das Lagerlaufspiel der Hauptlager als auch der Pleuellager in der folgend beschriebenen Weise ausmessen und die Schlüsse aus dem Ergebnis ziehen.
- Die Lagerdeckel zusammen mit den eingelegten Lagerschalen entsprechend der Lagernummer auf den Zylinderblock montieren und die Schrauben mit einem Anzugsdrehmoment von 65 Nm anziehen. Unbedingt darauf achten, dass die Schalen in die ursprünglichen Lagerbohrungen kommen. Falls die Pleuellager vermessen werden, die Schalen in Pleuel und Deckel einlegen und die Deckel mit den alten Muttern aufschrauben und mit 30 Nm anziehen.

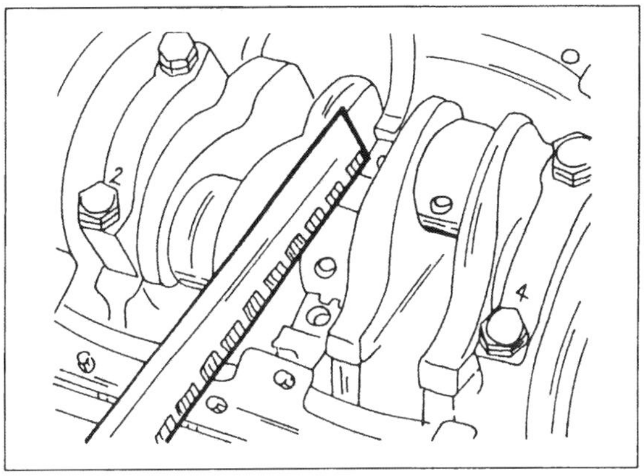

Bild 102
Im Bild wird der Streifen auf seine Breite ausgemessen, nachdem er durch den aufgeschraubten Lagerdeckel zusammengepresst wurde.

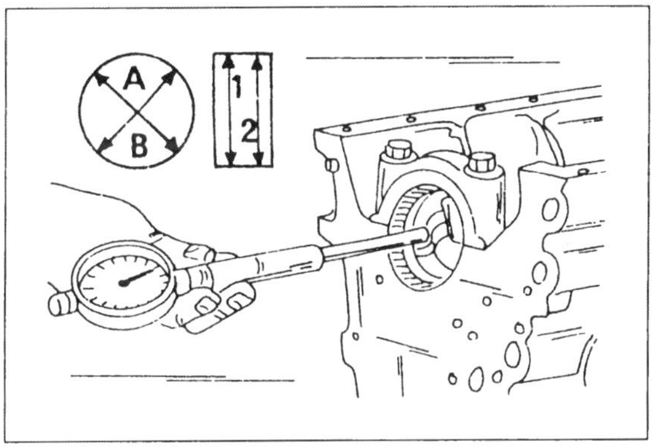

Bild 103
Ausmessen des Durchmessers der eingesetzten Lagerschalen mit einer Messuhr. Die Messungen in Richtungen "A" und "B" sowie "1" und "2" durchführen.

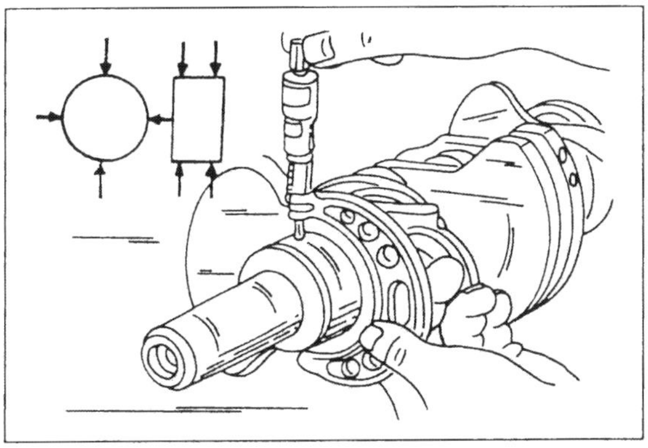

Bild 104
Ausmessen des Durchmessers der Lagerzapfen mit einem Mikrometer. Die Messungen anhand der Pfeilstellen durchführen. Die Kurbellagerzapfen können ähnlich gemessen werden.

- Die einzelnen Lagerbohrungen in der in Bild 103 gezeigten Weise vermessen. Dabei auf die Messrichtung "A" und "B" sowie die Messstellen "1" und "2" achten. Unrundheiten (durch "A" und "B") sowie Verjüngungen (durch "1" und "2") werden dadurch angezeigt. Die Messgebnisse jedes einzelnen Lagers aufschreiben.

- Der Reihe nach den Durchmesser aller Lagerzapfen mit einem Mikrometer ausmessen. Dabei wieder auf die Messstellen achten, die in Bild 104 durch die Pfeile angegeben sind. Die Messergebnisse für jeden Lagerzapfen aufschreiben.
- Die Messergebnisse der Lagerdurchmesser jetzt von den Innendurchmessern der Lagerbohrungen abziehen. Das Resultat ist das Lagerlaufspiel der Kurbelwellen- oder Pleuellager und muss den bereits angeführten Werten entsprechen.

2.7.3 Kurbelwelle einbauen

Unter Bezug auf die verschiedenen Montagebilder des Motors:

- Grundbohrungen auswischen und die Lagerschalen mit den Ölschmiernuten mit den Führungsnasen in die Aussparung der Grundbohrungen einlegen. Dies sind die Schalen mit den Ölschmiernuten, wie man sie in Bild 105 sehen kann. Die Schalen gut einölen.
- Am mittleren Lager die beiden im Block sitzenden Anlaufhalbscheiben ansetzen.
- Kurbelwelle vorsichtig in die Lagerschalen hineinheben. Falls sich die Pleuelstangen noch im Zylinderblock befinden, sind die Pleuellager auf die Kurbelzapfen zu führen.

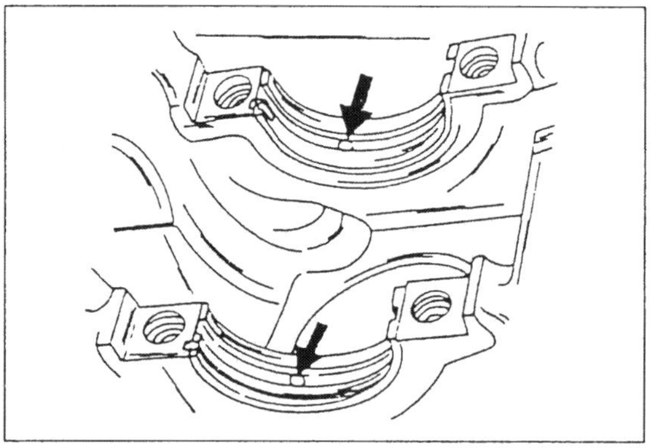

Bild 105
Die Lagerschalen im Kurbelgehäuse haben Ölschmiernuten. Nur diese Schalen an diesen Stellen montieren, obwohl alle Schalen ähnlich aussehen.

- Untere Lagerschalen in die dazugehörigen Kurbelwellenlagerdeckel einlegen (Nasen in Aussparungen) und die Flächen gut einölen. Die beiden anderen Anlaufhalbscheiben gegen den Deckel ansetzen. Ebenfalls gut einölen. Die Schmiernuten kommen gegen die Kurbelwelle.
- Die Deckel auf das Kurbelgehäuse aufsetzen und mit einem Gummi- oder Kunststoffhammer anschlagen.
- Deckelschrauben von der Mitte nach aussen vorgehend in mehreren Stufen auf ein Anzugsdrehmoment von 65 Nm anziehen. Nach dem Anziehen der Deckel die Kurbelwelle einige Male durchdrehen, um Klemmer bereits jetzt festzustellen.
- Axialspiel nochmals kontrollieren, wie es bereits beim Ausbau der Kurbelwelle in Kapitel 2.7.1 beschrieben wurde (siehe ebenfalls Bilder 99 und 100).
- Kolben und Pleuelstangen montieren, wie es in Kapitel 2.5.6 beschrieben wurde.
- Die beiden Öldichtringe einbauen (Kap. 2.7.4).
- Steuerrad der Kurbelwelle mit dem Keil montieren.
- Steuerriemen montieren, wie es in Kapitel 2.8 beschrieben wird und den Deckel anbringen.
- Bei Fahrzeugen mit Schaltgetriebe das Schwungrad montieren. Die Schrauben müssen immer erneuert werden. Die Schrauben entsprechend der Ausführung des Schwungrades folgendermassen anziehen:
  - Falls ein normales Schwungrad eingebaut ist, die Schrauben mit einem Anzugsdrehmoment von 60 Nm anziehen und aus der Endstellung um eine weitere ¼ Umdrehung (90°) nachziehen.
  - Falls ein Doppelmassen-Schwungrad eingebaut ist, die Schrauben mit einem Anzugsdrehmoment von 40 Nm anziehen und aus der Endstellung um eine weitere ½ Umdrehung (180°) nachziehen.
  - In beiden Fällen die Kurbelwelle gegenhalten, indem man einen Holzklotz zwischen eine Kurbelwange und die Kurbelgehäusewandung einsetzt oder die in Bild 96 gezeigte Eisenschiene auf die andere Seite verlegt.
- Nach Einbau des Schwungrades die Kupplung montieren (Kapitel 7.3) und die Schrauben anziehen.
- Bei Fahrzeugen mit automatischem Getriebe die Antriebsscheibe montieren. Eine Scheibe kommt zwischen die Antriebsplatte und die Kurbelwelle und eine weitere Scheibe zwischen die Schrauben und die Scheibe. Die Schrauben in gleicher Weise wie ein normales Schwungrad anziehen. Kapitel 2.6.6 sollte vor Anbringen der Scheibe durchgelesen werden, da ein bestimmter Abstand zwischen der Antriebsscheibe und dem Zylinderblock herzustellen ist.
- Ölpumpe montieren (siehe Kapitel 3.3.2).
- Eine neue Ölwannendichtung mit Fett ankleben und die Ölwanne anbringen. Die Sechskantschrauben auf 20 Nm anziehen.
- Alle verbleibenden Arbeiten in umgekehrter Reihenfolge wie beim Ausbau durchführen.

2.7.4 Kurbelwellendichtringe

Der vordere und hintere Kurbelwellendichtring sollten bei jedem Ausbau der Kurbelwelle oder Dichtringflansche erneuert werden. Besondere Vorsichtsmassnahmen und Spezialwerkzeuge

sind dazu erforderlich, die nachstehend angeführt werden. Beide Öldichtringe können auch bei eingebautem Motor erneuert werden, falls man Leckstellen in dieser Gegend feststellen kann. Eine rutschende Kupplung könnte zum Beispiel auf einen undichten, hinteren Öldichtring zurückgeführt werden.
Zum Ausbau der Öldichtringe an der Stirnseite des Motors gehört auch der Öldichtring der Zwischenwelle, welcher in gleicher Weise wie ein vorderer Kurbelwellendichtring erneuert wird.

Ausbau
Um die Öldichtringe an der Stirnseite zu erneuern, muss man das Vorderteil des Fahrzeuges ausbauen, wie es in Kapitel 2.12 beschrieben ist, um an die beiden Öldichtringe heranzukommen.

- Alle Keilrippenriemen und Keilriemen entspannen und abnehmen, wie es in Kapitel 2.8 beschrieben ist.
- Den Steuerriemen (Zahnriemen) ausbauen, wie es in Kapitel 2.8 beschrieben ist.
- Die Schraube des Steuerrades der Kurbelwelle lösen und ausschrauben. Zum Lösen der Schraube für das Kurbelwellensteuerrad den fünften Gang einlegen, die Handbremse fest anziehen und die Schraube mit einer Stecknuss lösen. Zu beachten ist, dass der Schraubenkopf anstelle eines Sechskants ein 12-Kant hat (Schlüsselweite 19 mm).

Hinweis: Falls der Motor ausgebaut ist, ist es schwer die Kurbelwelle gegenzuhalten. In der Werkstatt wird dazu ein Gegenhalter benutzt, der in der in Bild 106 gezeigten Weise am Kurbelwellensteuerrad angeschraubt wird (die Schraubenlöcher für die Riemenscheibe werden verwendet).

Vorderer Kurbelwellendichtring

- Das Steuerrad der Kurbelwelle von der Kurbelwelle abdrücken. Zwei Reifenhebel können unter das Steuerrad angesetzt werden, um es abzudrücken.

Zum Ausbau des vorderen Dichtringes sollte normalerweise das in Bild 75 gezeigte Werkzeug benutzt werden, jedoch ist ausserdem die Schraube des Kurbelwellensteuerrades wieder in die Kurbelwelle einzuschrauben. Danach den Auszieher (1) wie in Bild 107 gezeigt ansetzen und den Dichtring herausziehen.
Da das Werkzeug in den meisten Fällen nicht zur Verfügung stehen wird, kann man zwei Blechschrauben in die Aussenseite des Dichtringes einschrauben und durch Benutzung von kräftigen Schraubenziehern und einer Zange den Dichtring herausziehen.

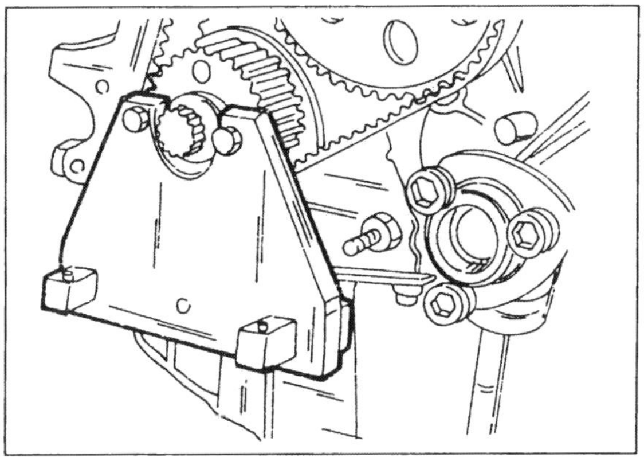

Bild 106
Die Kurbelwelle kann mit der angeschraubten Vorrichtung gegen Mitdrehen gegengehalten werden. Die Arretierplatte wird mit den Schrauben der Riemenscheibe festgeschraubt.

Bild 107
Das Ausziehwerkzeug (1) für den Kurbelwellendichtring einschrauben und den Dichtring entsprechend den Anweisungen in Kapitel 2.4.7 herausziehen.

Öldichtring der Zwischenwelle
Zum Ausbau dieses Öldichtringes schraubt man den kompletten Dichtringflansch ab. Den Dichtring danach aus dem Flansch ausschlagen.

Hinterer Kurbelwellendichtring

Hinweis Der hintere Öldichtring wird normalerweise zusammen mit dem Dichtringflansch erneuert. Die untenstehenden Anweisungen sind nur gültig, falls ein Dichtringflansch mit bereits eingebautem Dichtring nicht zur Verfügung steht.

Zum Ausbau des Öldichtringes das Getriebe, die Kupplung und das Schwungrad (oder bei Automatik die Antriebsscheibe) ausbauen, ehe der Öldichtring herausgedrückt werden kann. Zum Ausziehen des Dichtringes am hinteren Ende das in Bild 108 gezeigte Werkzeug benutzen oder versuchen den Dichtring vorsichtig mit einem Schraubenzieher herauszudrücken. Dabei nicht das Kurbelgehäuse beschädigen. Falls der Motor ausgebaut ist, den Dichtringflansch abschrauben und mit der Dichtung abnehmen. Den Dichtring danach aus dem Flansch von innen nach aussen ausschlagen. Falls ein kompletter Flansch erhalten werden kann, erübrigt sich diese Arbeit natürlich.

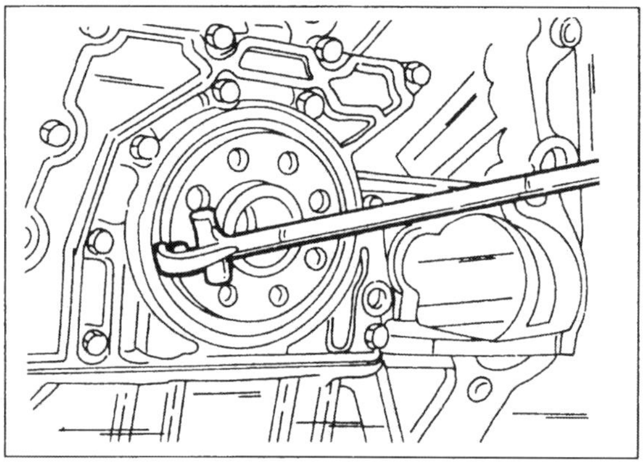

Bild 108
Aushebeln des hinteren Öldichtringes der Kurbelwelle mit dem Spezialhebel.

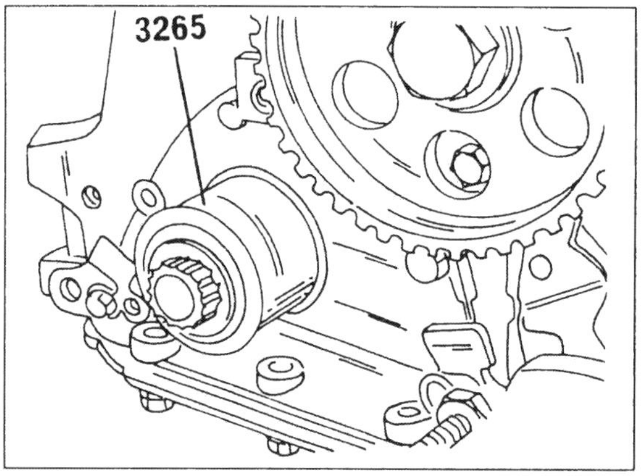

Bild 109
Ein vorderer Kurbelwellendichtring wird in der gezeigten Weise eingezogen.

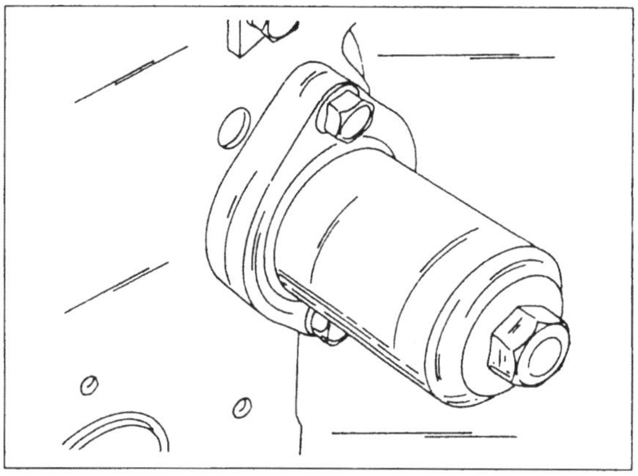

Bild 110
Einziehen des Öldichtringes der Zwischenwelle. Die Vorrichtung besteht aus einem Rohrstück, einer grossen Scheibe, einer langen Schraube (ohne Kopf) und einer Mutter.

Einbau bei ausgebautem Motor

● Dichtring am Aussenumfang einfetten. *Die Dichtlippe wird nicht eingefettet.* Den Dichtring vorsichtig in den Flansch einschlagen, bis die Aussenfläche bündig abschneidet. Wird ein hinterer Flansch bereits mit dem Dichtring erneuert, entfallen die Anweisungen natürlich.

● Flansch vorsichtig mit der aufgelegten Dichtung über die Kurbelwelle und gegen den Zylinderblock ansetzen und gut zentrieren. Die Schrauben gleichmässig ringsherum anziehen. Dabei sind jedoch die folgenden Anzugsdrehmomente zu beachten:

— Beim vorderen Dichtringflansch sind M6-Schrauben und M8-Schrauben verwendet. M6-Schrauben mit 10 Nm, M8-Schrauben mit 25 Nm anziehen.

— Beim Dichtringflansch für die Zwischenwelle die Schrauben mit 25 Nm anziehen.

— Die Schrauben des hinteren Dichtringflansches der Kurbelwelle mit 10 Nm anziehen.

Einbau bei eingebautem Motor

Vorderer Kurbelwellendichtring

● Eine Einziehvorrichtung ist für den vorderen Dichtring erhältlich. Diese wird in der in Bild 109 gezeigten Weise angesetzt und mit der *alten* Schraube für das Steuerrad der Kurbelwelle angezogen. Dabei zieht sich der Dichtring in die richtige Lage. Die Aussenseite des Dichtringes einfetten — *kein Fett an die Dichtlippe schmieren.*
Ohne das gezeigte Werkzeug kann man sich mit Hilfe eines Rohrstücks helfen, welches dem Umfang des Dichtringes entspricht. Auf die Aussenseite eine grosse Scheibe oder Metallplatte mit einem Loch in der Mitte auflegen und die *alte* Schraube benutzen, um das ganze in das Kurbelgehäuse und über die Kurbelwelle zu ziehen.

● Die Einziehhülse oder die zum Einziehen des Dichtringes benutzten Hilfswerkzeuge wieder abmontieren.

● Das Steuerrad der Kurbelwelle über die Kurbelwelle stecken. Die Mitnehmerarretierung gut zusammenbriungen.

● Eine neue 12-Kant-Schraube an den Gewinden mit Gewindesicherungsmittel AMV 188 001 02 (eine Art "Loctite") einschmieren und in die Kurbelwelle einschrauben. Die Kurbelwelle wieder in geeigneter Weise gegenhalten (falls notwendig mit einer Vorrichtung, ähnlich wie sie Bild 106 gezeigt ist) und die Schraube mit 90 Nm anziehen. Nachdem sie dieses Drehmoment hat, zieht man sie ohne Drehmomentschlüssel um eine weitere ½ Umdrehung (90°) nach.

Öldichtring der Zwischenwelle

Der Öldichtring kann in zwei verschiedenen Weisen montiert werden. Entweder schlägt man den Dichtring in den Dichtringflansch ein oder man zieht in nach Anschrauben des Flansches in den Flansch und über die Zwischenwelle ein (Bild 110).

● Die Aussenseite des Öldichtringes einfetten, *jedoch kein Fett an die Dichtlippe schmieren.*

● Den Flansch mit dem Dichtring über die Zwischenwelle führen, ohne die Dichtlippe dabei zu beschädigen und den Flansch vorsichtig mit einem Hammer anschlagen.

● Die beiden Schrauben eindrehen und abwechselnd mit einem Anzugsdrehmoment von 25 Nm anziehen.

● Das Rad der Zwischenwelle anschrauben.

Beim Einziehen des Dichtringes in den angeschraubten Dichtringflansch:

- Die Aussenseite des Dichtringes einfetten — *nicht die Dichtlippe* und den Ring über die Welle und in den Flansch eindrücken.
- Die in Bild 110 gezeigte Einziehvorrichtung aufsetzen. Die gebrauchten Teile sind im Bildtext angegeben. Den Dichtring einziehen, bis er soeben unter der Aussenkante des Flansches steht.

Hinterer Kurbelwellendichtring

- Beim Erneuern des hinteren Dichtringes diesen vorsichtig mit einem Hammer einschlagen, um ihn mittig anzusetzen. Dabei nicht die Dichtlippe beschädigen. Jetzt entweder den Einziehring "2003/3" verwenden oder eine runde Platte herstellen, die in der Mitte eine Bohrung zur Aufnahme des Kurbelwellenendes besitzt, und das entsprechende Werkzeug mit zwei Schrauben an den Gewindebohrungen für das Schwungrad anbringen. Durch gleichmässiges Anziehen der beiden Schrauben kann der Öldichtring in die richtige Lage gezogen werden (Bild 111). Falls man die Werkzeuge nicht zur Verfügung hat, muss man die Öldichtringe durch vorsichtiges Einschlagen erneuern, wobei jedoch die Gefahr der Beschädigung in Betracht zu ziehen ist. *Bei diesem Dichtring wird vorgeschrieben, dass man weder die Aussenseite noch die Dichtlippe einölen oder einfetten darf.*

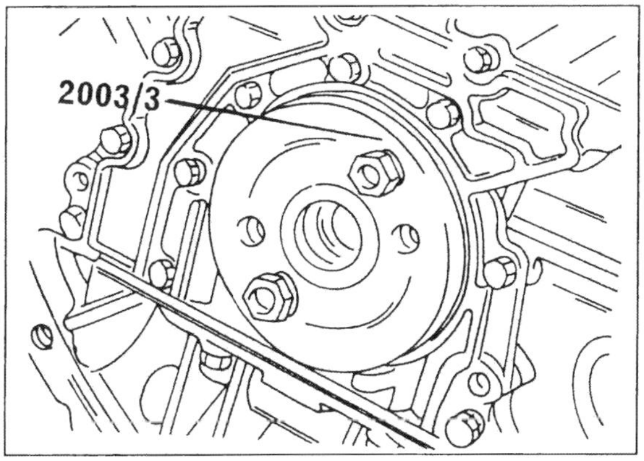

Bild 111
Montage des Kurbelwellendichtringes auf der Seite des Schwungrades. Das gezeigte Werkzeug kann auch selbst hergestellt werden.

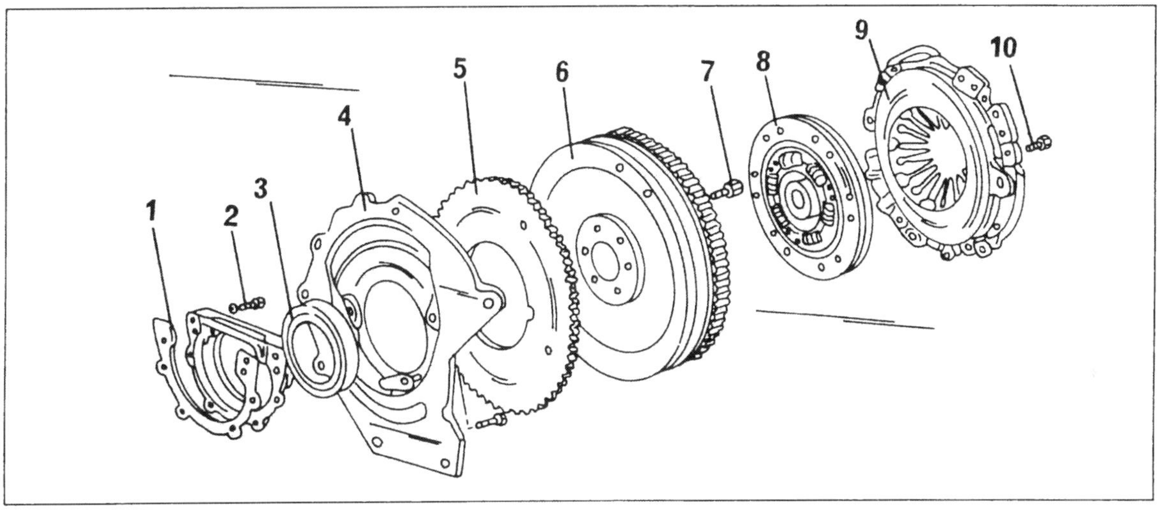

Bild 112
Montagebild der Kupplung, Mitnehmerscheibe und anderer Teile am hinteren Ende des Motors.
1 Dichtung, immer erneuern
2 Schraube, 10 Nm
3 Öldichtring
4 Motorzwischenplatte
5 Geberzahnkranz für Motordrehzahl
6 Schwungrad
7 Schraube (Anzugsdrehmoment siehe nächste Seite)
8 Mitnehmerscheibe
9 Kupplungsdruckplatte
10 Schraube, 25 Nm

2.7.5 Schwungrad (Schaltgetriebe)

Wie bereits erwähnt, kann ein herkömmliches oder ein sogenanntes Doppelmassen-Schwungrad eingebaut sein. Zum Lösen des Schwungrades dieses in geeigneter Weise am Zahnkranz gegenhalten (Schraubenzieher einsetzen oder wie in Bild 113), während die Schwungradschrauben gelöst werden. Andernfalls ein Stück Flacheisen in der in Bild 96 gezeigten Weise am Zylinderblockflansch anschrauben. Bild 112 zeigt die Einzelteile der Kupplung und des Schwungrades. Weitere Einzelheiten sind in Kapitel 7 gegeben.

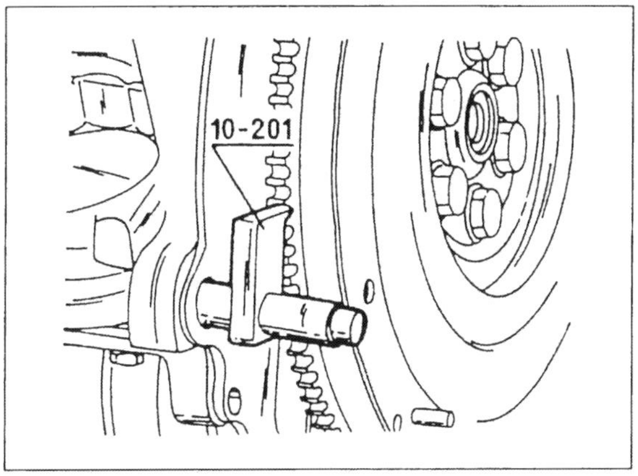

Bild 113
Blockieren des Schwungrades mit dem Spezialwerkzeug. Eine ähnliche Sperrklinke kann man sich vielleicht selbst herstellen.

An der Innenseite des Schwungrades wird man einen Zahnkranz vorfinden. Dieser überträgt beim Drehen des Schwungrades einen Impuls zu einem Sensor und teilt dem elektronischen Steuergerät die augenblickliche Drehzahl des Motors mit. Der Zahnkranz ist am Schwungrad ange-

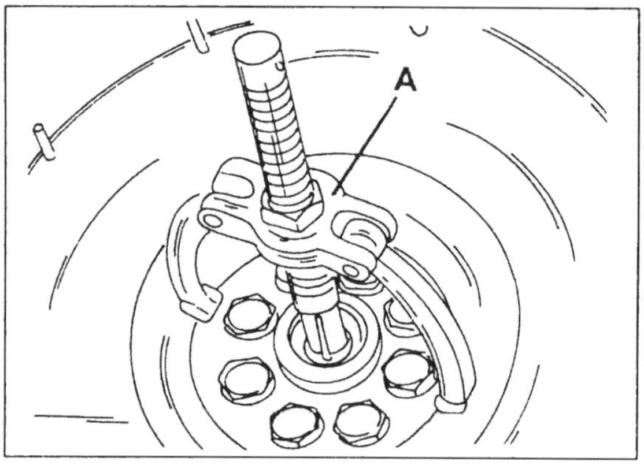

Bild 114
Ausziehen des Nadelrollenlagers aus der Kurbelwelle mit dem Spezialabzieher (mit "A" angegeben).

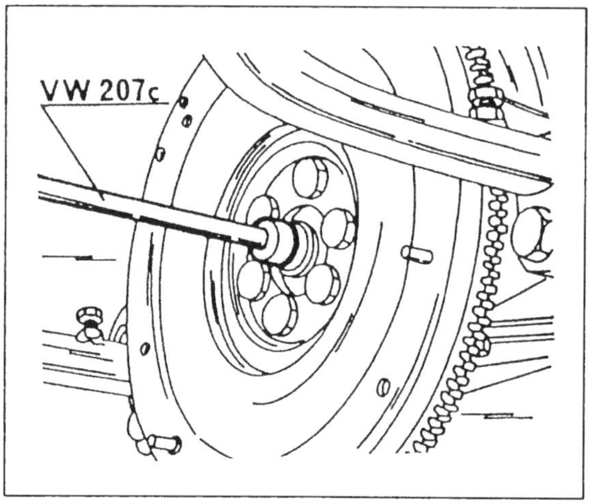

Bild 115
Einschlagen des Nadelrollenlager in die Kurbelwelle. Gezeigt ist der Spezialdorn. Ein anderer Dorn muss auf den Aussenring des Nadelrollenlagers aufgesetzt werden.

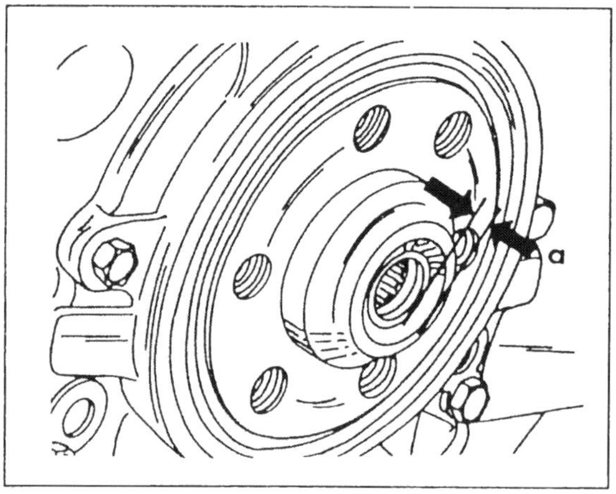

Bild 116
Einbautiefe des Nadelrollenlagers "a" an der gezeigten Stelle messen.

schraubt, kann also beim Austausch des Schwungrades abgeschraubt werden.
Die Schrauben des Schwungrades können nicht ein zweites Mal benutzt werden.
Die Reibfläche des Schwungrades gut mit einem Lappen abreiben und auf Riefenbildung kontrollieren. Kleine Scharten können mit Schmirgelleinwand ausgeglättet werden.
Falls das Nadelrollenlager im Ende der Kurbelwelle ausgebaut werden soll (nur bei Schaltgetriebe), ist ein Abzieher erforderlich, welcher in der in Bild 114 gezeigten Weise anzusetzen ist. Das Mittelstück muss dabei unter den Rand des Lagers greifen. Der Ausbau muss bei angeschraubtem Schwungrad erfolgen.
Die beschriftete Seite des Lagers muss von der Aussenseite sichtbar sein. Beim Einbau das neue Lager (gut eingefettet) mit einem passenden Dorn in die Bohrung einschlagen, wie es in Bild 115 zu sehen ist, bis das Mass von 1,5 mm zwischen der Aussenkante des Lagers und der Aussenfläche der Kurbelwelle erhalten wird (Mass "a", Bild 116). Dieses Mass lässt sich am besten herstellen, wenn man eine Scheibe von 1,5 mm Stärke, die sich auf der Oberseite des Lagers in die Öffnung einlegen lässt, verwendet. Danach auf die Scheibe schlagen, bis diese bündig mit der Welle abschneidet. Die Scheibe darf auf keinen Fall klemmen, da man sie sonst nicht wieder herausnehmen kann.

Falls die Reibfläche des Schwungrades zerrieft ist, zum Beispiel beim Austausch einer rutschenden Kupplung, muss das Schwungrad erneuert werden. Ist der Zahnkranz an den Zähnen abgenutzt, muss man das Ritzel des Anlassers untersuchen, da dieses ebenfalls beschädigt sein wird.
Beim Einbau des Schwungrades sind die folgenden Anzugsdrehmomente zu beachten:

- Falls ein normales Schwungrad eingebaut ist, die Schrauben mit einem Anzugsdrehmoment von 60 Nm anziehen und aus der Endstellung um eine weitere ¼ Umdrehung (90°) nachziehen.
- Falls ein Doppelmassen-Schwungrad eingebaut ist, die Schrauben mit einem Anzugsdrehmoment von 40 Nm anziehen und aus der Endstellung um eine weitere ½ Umdrehung (180°) nachziehen.
- In beiden Fällen die Kurbelwelle gegenhalten, entweder mit der in Bild 113 gezeigten Sperrklinke oder der in Bild 96 gezeigten Eisenschiene, auf die andere Seite verlegt.
- Nach Einbau des Schwungrades die Kupplung montieren (Kapitel 7.3) und die Schrauben anziehen.

2.7.6 Antriebsscheibe des Wandlers (Getriebeautomatik)

Die Antriebsscheibe des Wandlers wird mit sechs Schrauben an der Kurbelwelle gehalten. Eine Verstärkungsscheibe befindet sich zwischen Schrauben und Antriebsscheibe. Diese Scheibe besitzt einen Höcker an der Aussenkante und muss mit diesem zum Drehmomentwandler weisend aufgelegt werden (siehe auch Bild 118).
Zu beachten ist jedoch, dass eine Ausgleichsscheibe zwischen Antriebsscheibe und Kurbelwellenflansch eingelegt ist. Diese Scheibe bestimmt den Abstand der Antriebsscheibe nach aussen. Ehe die Schrauben vollkommen angezogen werden, die Antriebsscheibe in normaler Weise an-

schrauben (nur mit einem Drehmoment von 30 Nm) und mit einer Tiefenlehre messen, wie weit die Antriebsscheibe heraussteht. Die Messung erfolgt anhand von Bild 117. Dabei die Tiefenlehre gegen die Fläche der Antriebsscheibe anlegen (wo der Wandler angeschraubt ist) und das Tiefenmass gegen den Zylinderblock schieben. Das Mass sollte zwischen 25,0 - 27,0 mm betragen, mit einer Toleranz von plus oder minus 1,0 mm. Die Messung ist an drei verschiedenen Stellen der Antriebsscheibe durchzuführen. Der Durchschnittswert bestimmt das Mass. Falls dieses nicht erhalten wird, die Antriebsscheibe wieder abmontieren und eine Beilagscheibe (2) in Bild 118 dazwischen einlegen. Ist das erhaltene Mass grösser, die Antriebsscheibe wieder abmontieren und die Scheibe herausnehmen.

- Die neuen Schrauben gleichmässig ringsherum mit einem Drehmoment von 60 Nm anziehen und aus der Endstellung, wiederum über Kreuz mit einer ¼ Umdrehung (90°) nachziehen.

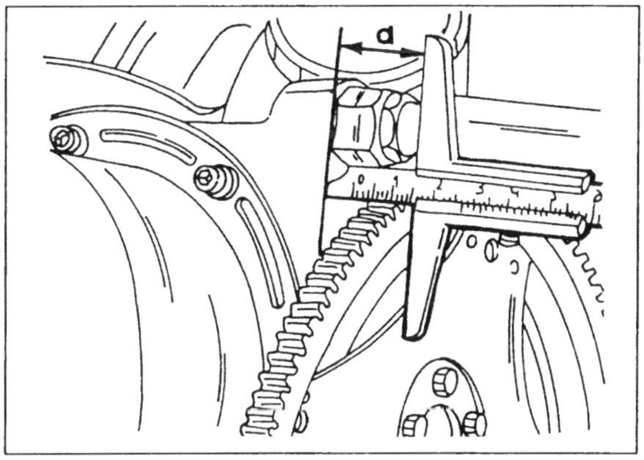

Bild 117
Ausmessen des Abstandes "a" der Antriebsscheibe bis zur Fläche des Zylinderblocks.

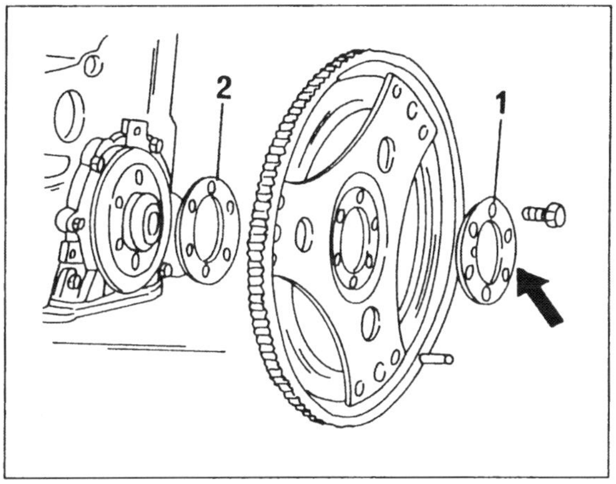

Bild 118
Die Antriebsscheibe des Drehmomentwandlers. Der Höcker (Pfeil) muss an der Aussenseite liegen, d.h. zum Wandler weisen.
1 Beilagscheibe
2 Unterlegscheibe

2.8 Steuerantrieb und Riemenantriebe

Der Antrieb der obenliegenden Nockenwelle des normalen Motors oder der beiden obenliegenden Nockenwellen des 20V-Motors geschieht in ähnlicher Weise, da die zweite Nockenwelle des letztgenannten Motors durch eine getrennte Kette von der durch den Zahnriemen angetriebenen Nockenwelle angetrieben wird. Der Hauptunterschied liegt vielleicht in der Anordnung der verschiedenen Riemenantriebe an der Stirnseite des Motors, die bei 8V- und 20V-Motoren unterschiedlich sind.
Beide Motoren haben einen Schwingungsdämpfer. Der Antrieb der Ventilsteuerung geschieht durch einen Zahnriemen, welcher über die verzahnten Steuerräder an Nockenwelle, Kurbelwelle und Zwischenwelle gelegt ist. Die Teile des Antriebs für einen 8V- Motor sind in Bild 119 zusammen mit dem Riemenantrieb gezeigt. Wie aus dem Bild ersichtlich, ist der Zahnriemen vollkommen vom unteren Schutzblech abgedeckt. Das Kurbelwellensteuerrad wird durch eine Keilnut in der Kurbelwelle und eine Nase in der Innenseite des Kurbelwellenrades geführt. Die Gestaltung einiger Teile ist beim 20V-Motor unterschiedlich. Besonders ist der Funktionsbereich der Antriebsriemen zu beachten. Beim 20V-Motor

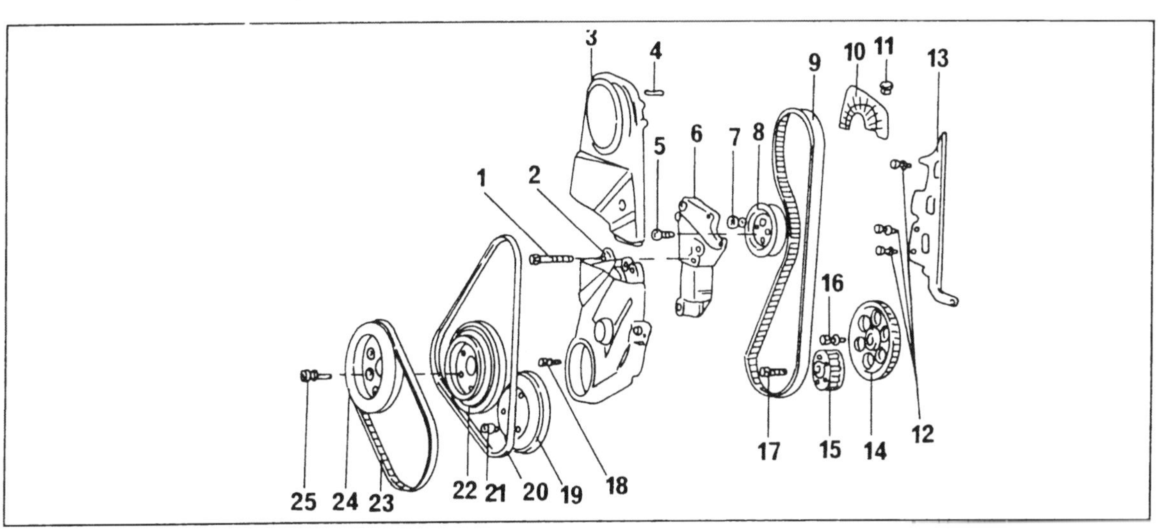

Bild 119
Die Einzelteile der Steuerung bei einem 8V-Motor.
1 Schraube, 10 Nm
2 Unterer Zahnriemenschutzdeckel
3 Oberer Zahnriemenschutzdeckel
4 Sicherungsspange
5 Schraube, 20 Nm
6 Thermospanner
7 Mutter für Zahnriemenspannrolle, 10 Nm
8 Zahnriemenspannrolle
9 Zahnriemen
10 Zahnriemenschutzblech
11 Mutter, 10 Nm
12 Schrauben, 20 Nm
13 Inneres Schutzblech
14 Antriebsrad der Zwischenwelle
15 Kurbelwellensteuerrad
16 Schraube, 80 Nm
17 Schraube, 90 Nm, dann um weitere 90° anziehen
18 Schraube, 10 Nm
19 Riemenscheibe der Wasserpumpe
20 Riemen der Lichtmaschine
21 Schraube, 20 Nm
22 Schwingungsdämpfer
23 Riemen für Lenkhilfspumpe
24 Riemenscheibe
25 Schraube, 20 Nm

ist die Verlegung der Riemen in Bild 122 gezeigt. Bei diesem Motor wird die Pumpe der Lenkung zum Beispiel zusammen mit der Wasserpumpe durch einen gemeinsamen Riemen angetrieben.

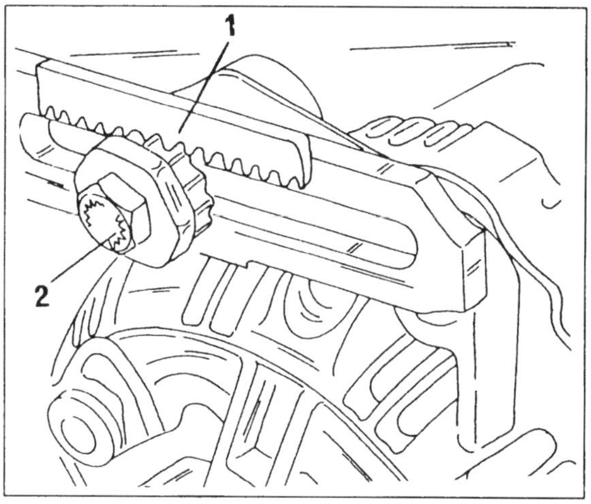

Bild 120
Ansicht der Spannvorrichtung für die Drehstromlichtmaschine bei einem 8V-Motor.
1 Verzahnte Spannschiene
2 Einstellschraube

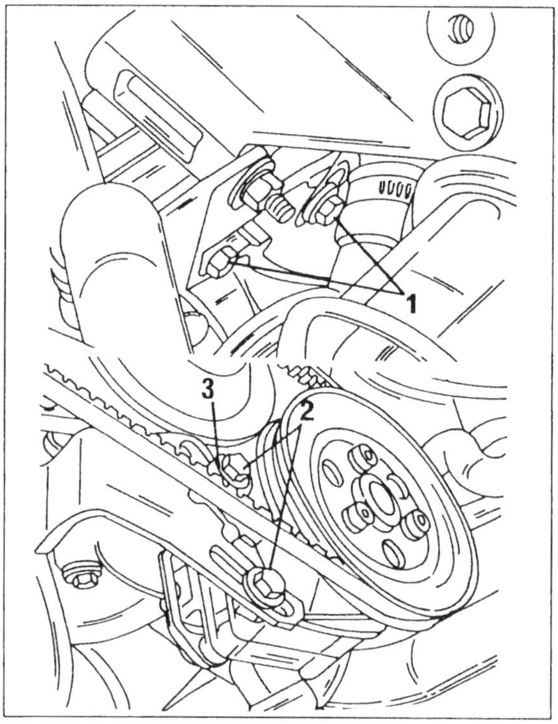

Bild 121
Befestigung der Lenkhilfspumpe bei einem 8V-Motor.
1 Befestigungsschrauben
2 Befestigungsschraube
3 Einstellmutter

Beim 8V-Motor werden Wasserpumpe und Drehstromlichtmaschine zusammen angetrieben.
Vorausgesetzt, dass der Steuerriemen nicht beschädigt wird, sollte er ohne weiteres eine Lebensdauer von 100 000 km haben.
Die Spannung des Steuerriemens wird durch eine eingebaute Spannrolle mit einem Einstellexzenter hergestellt, jedoch wird bei beiden Motorenausführungen ein Zapfenschlüssel zum einwandfreien Nachstellen des Einstellexzenters benötigt, dessen Zapfen man in die beiden kleinen Löcher in der Aussenseite der Spannrolle einsetzen kann.

Ebenfalls wichtig ist eine Kontrolle und Einstellung der Riemenspannung bei kaltem Motor, d.h. nicht mehr als Raumtemperatur.
Da die Riemenantriebe ausgebaut werden müssen, ehe man an die Steuerungsteile kommen kann, wird auf der nächsten Seite zuerst der Aus- und Einbau der verschiedenen Keilriemen und Rippenriemen beschrieben, die am Motor eingebaut sein können.

2.8.1 Aus- und Einbau der Antriebsriemen bei einem 8V-Motor

Die beiden in Frage kommenden Riemen sind in Bild 119 gezeigt. Falls eine Klimaanlage eingebaut ist, sitzt eine zweite Riemenscheibe vor der Riemenscheibe (24), welche zum Antrieb des Kompressors dient.
Ehe man die verschiedenen Antriebe ausbauen kann, muss das Vorderteil des Fahrzeuges ausgebaut werden, um an die auszubauenden Teile zu gelangen.

Drehstromlichtmaschine
Bild 120 zeigt die Spannvorrichtung für die Drehstromlichtmaschine an der Oberseite des Aggregats. Das Spannen des Riemens geschieht durch einen Zahnantrieb, welcher mit einem Drehmomentschlüssel in die richtige Stellung gebracht wird. Zum Ausbau des Riemens die Befestigungsschraube der Stellschiene, links von der Schraube (2) um mindestens eine Umdrehung lockern und ebenfalls die Schraube (2) lösen oder falls erwünscht, vollkommen herausdrehen. Die Lichtmaschine muss sich bewegen lassen. Andernfalls die Befestigung an der Unterseite lockern. Die Lichtmaschine nach innen schwenken und den Riemen (20) in Bild 119 abnehmen. Der gleiche Riemen treibt ebenfalls die Wasserpumpe an.
Der Einbau des Riemens geschieht in umgekehrter Reihenfolge wie der Ausbau. Der Riemen muss jetzt gespannt werden. Bei einem neuen Riemen muss sich dieser 2 mm durchdrücken lassen, wenn man mit Daumendruck gegen die Seite des Riemens drückt (unmittelbar gegenüber dem Ventilatormotor). Bei einem bereits gelaufenen Riemen kann dieser Ausschlag bis zu 5 mm betragen.
Um die Spannung einzustellen, die Lichtmaschine ungefähr in die richtige Lage bringen und mit einer Stecknuss und einem Drehmomentschlüssel die Schraube (2) in Bild 120 mit 8 Nm anziehen, wenn ein neuer Riemen eingebaut wird, oder mit 4 Nm, falls der ursprüngliche Riemen wieder montiert wurde. Nach Einstellung die Befestigungsschraube der Lichtmaschine mit 35 Nm, die Schraube der Stellschiene am Zylinderkopf mit 20 Nm anziehen.

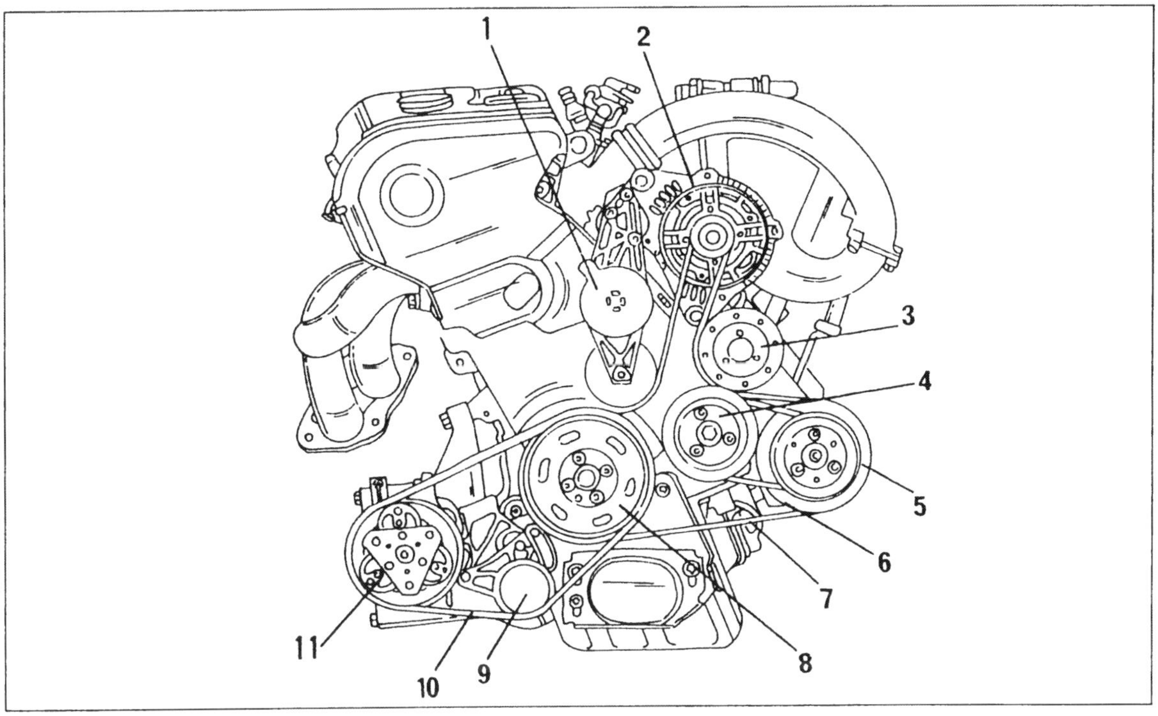

Bild 122
Die an der Stirnseite des Motors zu sehenden Teile.
1 Spanner für Keilrippenriemen
2 Drehstromlichtmaschine
3 Visko-Kupplung des Kühlungsventilators
4 Kühlmittelpumpe
5 Lenkhilfspumpe
6 Keilriemen für Kühlmittelpumpe
7 Keilrippenriemen für Lenkhilfspumpe, Kühlungsventilator und Drehstromlichtmaschine
8 Schwingungsdämpfer
9 Riemenspanner für Keilrippenriemen des Kompressors
10 Keilrippenriemen für Kompressorantrieb
11 Kompressor der Klimaanlage

Riemen der Lenkhilfspumpe

Die Pumpe wird mit dem Riemen (23) in Bild 119 angetrieben. Aufgrund der Anordnung ist der Aus- und Einbau etwas komplizierter. Von der Unterseite her die Schrauben (1) in Bild 121 lösen und ebenfalls die Schraube (2). Nach Lockern der Mutter (3) wird der Riemen locker und kann abgenommen werden.
Der Einbau geschieht in umgekehrter Reihenfolge wie der Ausbau. Den Riemen spannen, bis er sich unten an seiner Laufstrecke mit gutem Daumendruck ca. 10 mm nach innen drücken lässt. Die Einstellung erfolgt durch Festziehen der Mutter (3) in Bild 121. Alle Schrauben danach mit 20 Nm anziehen.

2.8.2 Aus- und Einbau der Antriebsriemen bei einem 20V-Motor

Im allgemeinen gilt:

- Das Vorderteil des Fahrzeuges muss ausgebaut werden, um an die Riemenantriebe zu kommen.
- Falls es sein könnte, dass man den Riemen wieder einbaut, muss die Laufrichtung mit einem Filzstift in die Aussenseite eingezeichnet werden.
- Beim Einlegen von Keilriemen darauf achten, dass sie vorschriftsmässig in die Rille aller Riemenscheiben eingelegt werden.
- Ein Spezialwerkzeug wird beim Ausbau des Keilriemens für die Lenkhilfspumpe, die Drehstromlichtmaschine und die Visko-Kupplung des Kühlungsventilators benutzt. Auf dieses wird im Text eingegangen. Ebenfalls braucht man eine 5 mm-Schraube einer Länge von 60 mm, um die Riemenscheibe der Visko-Kupplung zu sperren, während die Schraube gelöst wird. Dazu ist ausserdem ein 8 mm-Inbusschlüssel (Innensechskantschlüssel) erforderlich.

Keilrippenriemen für Kompressorantrieb

Dies ist der Riemen (10) in Bild 122. Falls andere Riemen ausgebaut werden sollen und das Fahrzeug ist mit einer Klimaanlage ausgerüstet, ist dies der erste Riemen, den man ausbauen muss. Eine Spannvorrichtung (9) hält den Riemen jederzeit auf der richtigen Spannung.
Nachdem Zugang zur Stirnseite des Motors geschaffen wurde, die beiden in Bild 123 gezeigten Schrauben lockern, den Riemenspanner nach innen drücken und den Riemen abnehmen. Der Einbau erfolgt nach Montage der anderen Riemen.

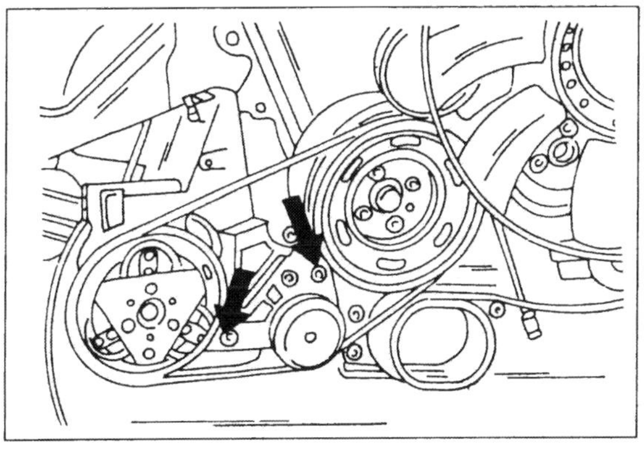

Bild 123
Nach Lockern der beiden Schrauben kann der Keilrippenriemen für den Kompressor der Klimaanlage abgenommen werden.

Drehstromlichtmaschine, Lenkhilfspumpe, Visko-Kupplung des Ventilators

Die genannten Aggregate werden durch den Riemen (7) in Bild 122 angetrieben. Bei diesem handelt es sich um einen Keilrippenriemen, d.h. im Riemen eingearbeitete Rillen liegen in entsprechenden Rillen der Riemenscheiben. Wichtig bei dieser Riemenart ist das Kennzeichnen der Drehrichtung (am besten mit einem Filzstift) vor Ausbau, falls der gleiche Riemen wieder eingebaut werden soll. Falsches Auflegen eines gebrauchten Riemens wird ihn bald beschädigen.

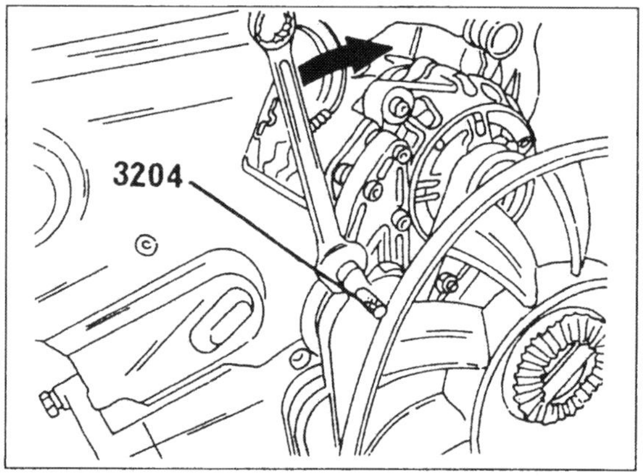

Bild 124
Das gezeigte Spezialwerkzeug an der gezeigten Stelle einsetzen, um den Keilrippenriemen zu lockern.

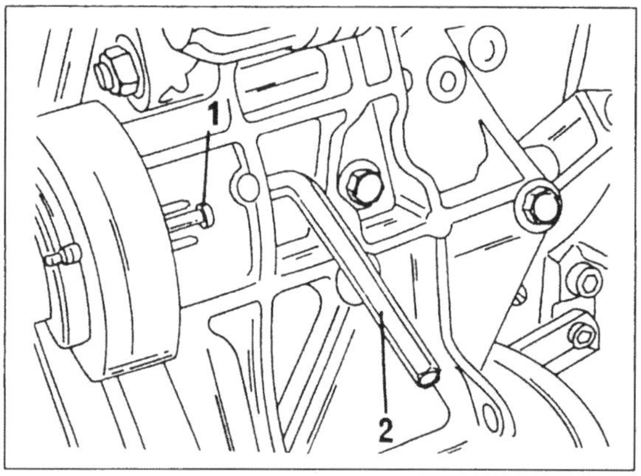

Bild 125
Beim Lösen der Riemenscheibe der Visko-Kupplung wird die Schraube (1) an der gezeigten Stelle eingeschoben. Die Befestigungsschraube mit einem Innensechskantschlüssel (2) lösen.

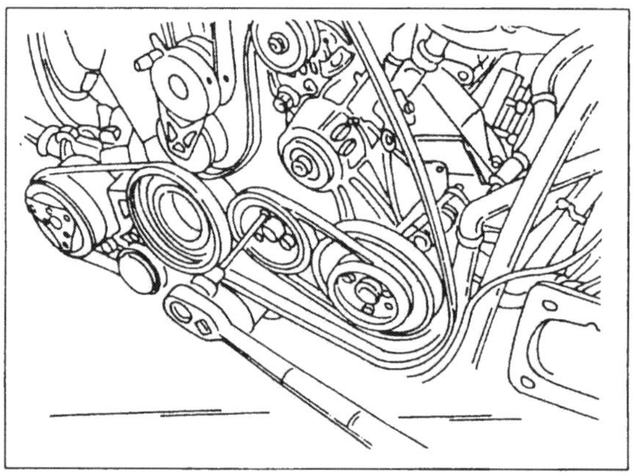

Bild 126
Die Riemenscheibe der Wasserpumpe abschrauben, um den Keilriemen auszubauen.

Der Riemen wird durch den Riemenspanner (1) auf der richtigen Spannung gehalten. Eine Spannrolle drückt dabei auf die Aussenseite des Riemens.

Zum Lockern des Riemens ist jetzt das bereits genannte Spezialwerkzeug erforderlich. Aus Bild 124 ist ersichtlich, wie und wo man das Werkzeug ansetzt, um den Riemenspanner zu entlasten. Nach Lockern den Riemen zwischen den Riemenscheiben der Lenkhilfspumpe und der Drehstromlichtmaschine aus der Scheibe der Lichtmaschine herausheben. Das eingesetzte Spezialwerkzeug jetzt wieder abnehmen.

Eine Schraube mit einem Durchmesser von 5 mm Durchmesser und 60 mm Länge (oder ähnliches) in das Loch der Riemenscheibe der Visko-Kupplung einschieben, wie man es in Bild 125 sehen kann und die Schraube der Visko-Kupplung mit einem 8 mm-Innensechskantschlüssel (Inbusschlüssel) lösen. Den Ventilator abnehmen.

Den neuen (oder gebrauchten Riemen) entsprechend den später gegebenen Anweisungen wieder montieren.

Keilriemen zwischen Lenkhilfspumpe und Wasserpumpe

Zum Ausbau des Keilriemens (dieses Mal kein Rippenriemen) muss man die Riemenscheibe der Wasserpumpe abschrauben. Dazu die Riemenscheibe der Lenkhilfspumpe in geeigneter Weise mit einem eingesetzten Dorn gegen Mitdrehen halten und die Schrauben in der in Bild 126 gezeigten Weise lösen, bis die Riemenscheibe abgenommen werden kann. Den Keilriemen danach einfach abheben.

Einbau aller Antriebsriemen

- Den Keilrippenriemen auf die Riemenscheiben der Lenkhilfspumpe, der Drehstromlichtmaschine und die Riemenscheibe der Visko-Kupplung auflegen.
- Den Keilriemen zwischen Lenkhilfspumpe und Wasserpumpe auflegen und die Riemenscheibe der Wasserpumpe wieder anschrauben.
- Kontrollieren, ob der Riemen einwandfrei in den Scheiben der Wasserpumpe und Lenkhilfspumpe sitzt und die Schrauben mit 25 Nm anziehen (siehe Bild 126). Diesen Riemen braucht man nicht einstellen.
- Den Ventilator wieder festschrauben (siehe Bild 125) und den Keilrippenriemen auf die Riemenscheibe des Ventilators (Visko-Kupplung) auflegen. Den Ventilator mit 45 Nm anziehen, wobei die Riemenscheibe wieder mit der eingesetzten 5 mm-Schraube gegen Mitdrehen zu halten ist.
- Das in Bild 124 gezeigte Werkzeug wieder einsetzen und den Keilrippenriemen auflegen. Kontrollieren, ob der Riemen einwandfrei in den Riemenscheiben liegt und das Werkzeug herausnehmen, so dass sich der Riemen spannen kann.

● Den Keilrippenriemen für den Kompressor auflegen. Zum Spannen des Riemens ist ein Drehmomentschlüssel erforderlich. Diesen in die in Bild 127 gezeigte Schraube ansetzen und die Schraube mit 25 Nm anziehen. Den Drehmomentschlüssel in dieser Stellung halten und die Schrauben (1) im Bild mit 20 Nm anziehen. Da ein Inbusschlüssel zum Anziehen erforderlich ist, muss man das Drehmoment schätzen.

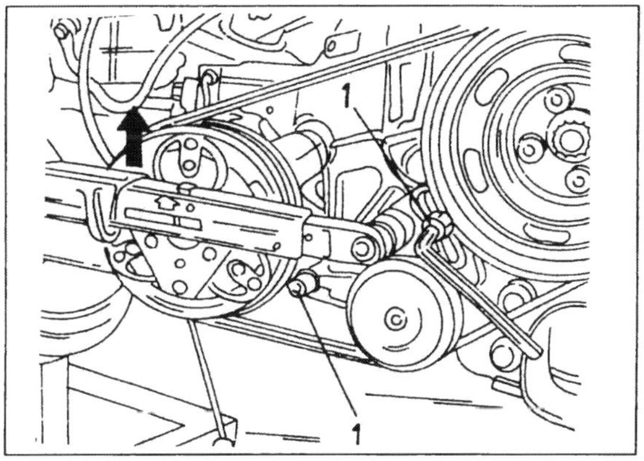

Bild 127
Zum Einbau des Keilriemens für den Kompressor. Die Schrauben (1) anziehen, während die gezeigte Schraube mit dem Drehmomentschlüssel angezogen wird.

2.8.3 Ausbau des Zahnriemens

Die Arbeiten sind etwas unterschiedlich bei einem Motor mit 8 Ventilen und einem 20-Ventiler.

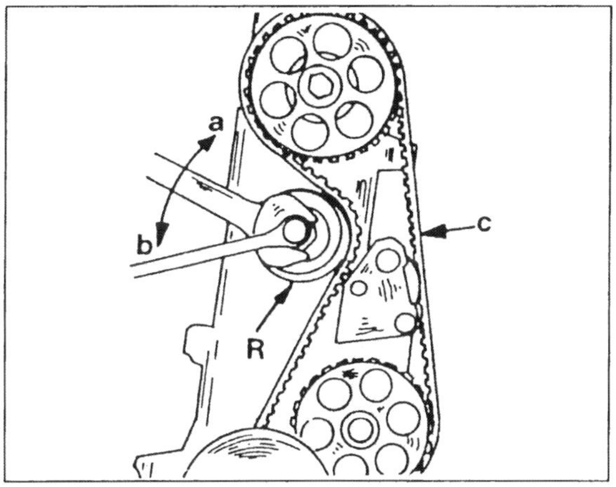

Bild 128
Der Zahnriemen und der Riemenspanner. Gezeigt sind die Einzelheiten der Einstellung nach dem Einbau und das Lockern des Riemenspanners
- a Richtung zum Spannen des Riemens
- b Richtung zum Lockern des Riemens
- c Mittelpunkt der Laufstrecke zur Spannungskontrolle
- R Spannrolle

Motor mit 8 Ventilen
Zuerst das Vorderteil des Fahrzeuges ausbauen, wie es in Kapitel 2.12 beschrieben ist. Die Arbeiten dann unter Bezug auf Bild 119 durchführen.
● Den oberen Zahnriemenschutz abschrauben.
● Riemen der Drehstromlichtmaschine sowie aller anderen Aggregate ausbauen, wie es auf den letzten Seiten beschrieben wurde.
● Den fünften Gang einlegen, die Handbremse anziehen und die Schraube des Schwingungsdämpfers lösen. Der Schwingungsdämpfer kann nur in einer Stellung montiert werden, da die Löcher versetzt sind, d.h. man braucht ihn nicht zu kennzeichnen.
● Unteren Steuerriemenschutz abschrauben.
● Unter Bezug auf Bild 128 die Mutter des Riemenspanners lockern, indem man den Schlüssel in Richtung "b" bewegt und den Spanner "R" nach aussen verdreht, bis der Zahnriemen locker ist.
● Riemen von den Steuerrädern herunterschieben. Die Nockenwelle jetzt nicht mehr durchdrehen.
● Alle weiteren Teile unter Bezug auf Bild 119 ausbauen.

Motor mit 20 Ventilen
Nachdem die Stirnseite des Motors durch Ausbau des vorderen Wagenteils freigelegt wurde (Kapitel 2.12):
● Alle Antriebsriemen der Aggregate ausbauen, wie es aus den letzten Seiten beschrieben wurde.
● Die obere Schutzabdeckung des Zahnriemens ausbauen.
● Mit einem Filzstift die Laufrichtung des Zahnriemens in die Aussenseite des Zahnriemens einzeichnen, falls es sein könnte, dass man ihn wieder einbaut.

● Den Motor durchdrehen, bis der erste Zylinder auf dem oberen Totpunkt steht. Die in Bild 129 gezeigte Ausfluchtung muss dabei zustandegekommen sein.

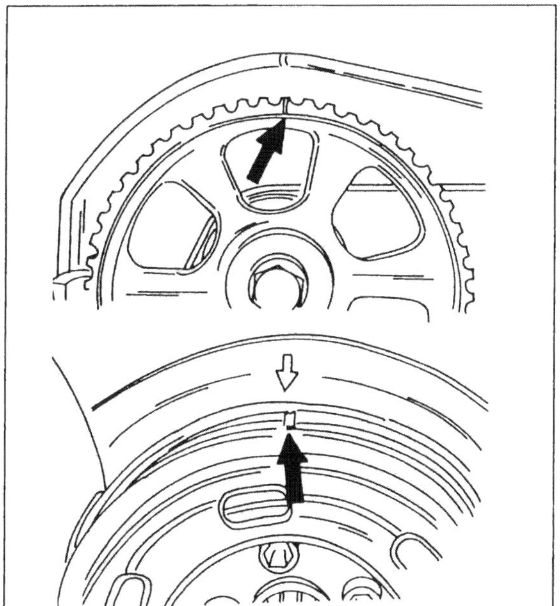

Bild 129
Der Motor steht auf dem oberen Totpunkt des ersten Zylinders, wenn die Steuerzeichen in gezeigter Weise fluchten.

● Die Schrauben des Schwingungsdämpfers lösen. Bei eingebautem Motor einen Gang ein-

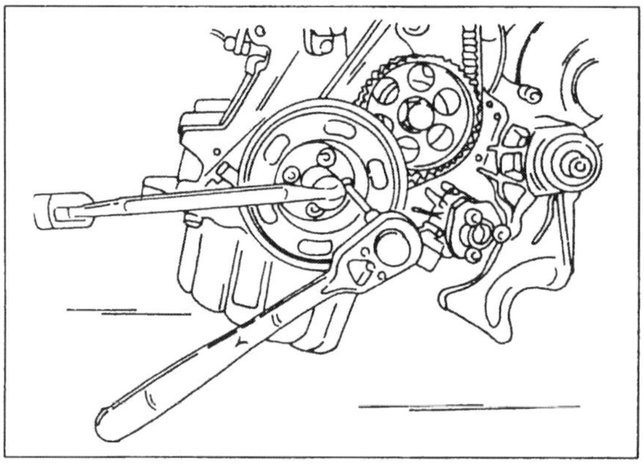

Bild 130
Lösen des Schwingungsdämpfers. Die Kurbelwelle kann an der mittleren Schraube gegengehalten werden.

Bild 131
Die Pfeile zeigen wo der untere Zahnriemenschutz befestigt ist.

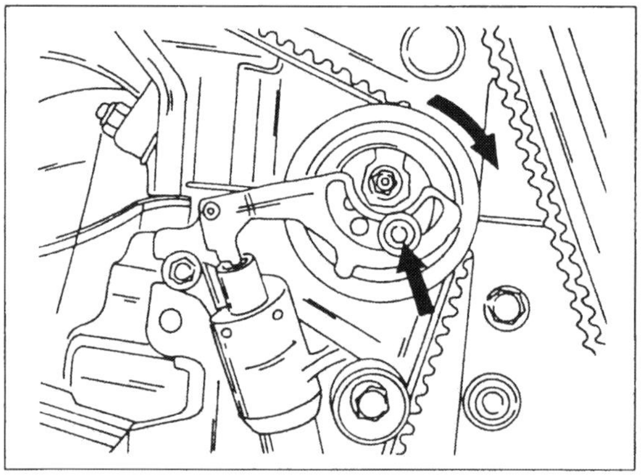

Bild 132
Lockern der Zahnriemenspannrolle beim 20V-Motor.

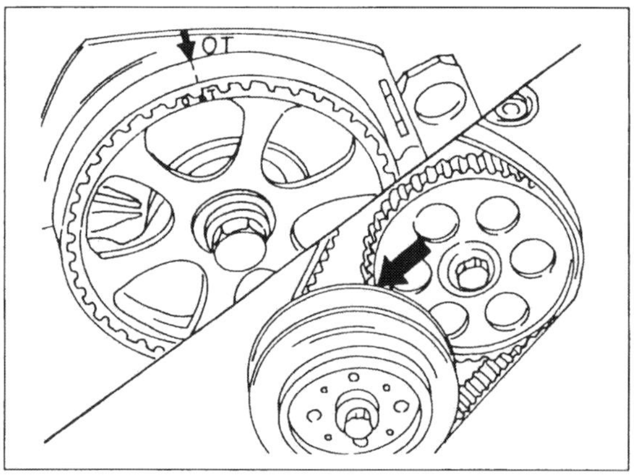

Bild 133
Richtig ausgefluchtetes Steuerrad der Nockenwelle (links) und der Kurbelwelle und Zwischenwelle (rechter Pfeil).

schalten und die Handbremse anziehen oder die Schraube des Kurbelwellensteuerrades mit einer Stecknuss gegenhalten und die Schrauben des Schwingungsdämpfers lösen, wie es in Bild 130 zu sehen ist. Bei ausgebautem Motor das Schwungrad am Zahnkranz gegenhalten.

- Den unteren Zahnriemenschutz ausbauen. Die Befgestigungsstellen sind in Bild 131 zu sehen.
- Die Mutter des Zahnriemenspanners lockern. Dazu ist ein Torxkopf-Schlüssel (T45) erforderlich, welcher an der Pfeilstelle in Bild 132 einzusetzen ist. Den Riemenspanner in Pfeilrichtung nach unten drücken, um den Zahnriemen zu lockern und den Riemen von den Steuerrädern abheben.

Falls der Riemen wieder eingebaut wird, darf er nicht geknickt werden.

2.8.4 Einbau des Zahnriemens

Das Spannen des Zahnriemens geschieht unterschiedlich bei einem Motor mit 8 Ventilen und beim 20V-Motor. Ein Spezialschlüssel zum Verstellen des Riemenspanners muss zum Spannen des Riemens zur Verfügung stehen. Bei diesem handelt es sich um einen Zapfenschlüssel, welcher in zwei Löcher in der Spannrolle eingesetzt wird. Ein solcher Schlüssel wird z.B. von Hazet unter der Nummer 2587 geliefert.

Beim Auflegen des neuen Zahnriemens müssen die Steuerzeichen wie im Text beschrieben ausgefluchtet sein. Der Motor muss Raumtemperatur haben, um den Riemen einwandfrei zu spannen. Beim Einbau des Zahnriemens folgendermassen vorgehen:

8V-Motor

- Den Zahnriemen auf die Steuerräder von Kurbelwelle und Zwischenwelle auflegen, ohne ihn dabei in irgendeiner Weise zu knicken. Auf die eingezeichnete Laufrichtung achten, falls der gleiche Riemen eingebaut wird.
- Den Schwingungsdämpfer provisorisch aufstecken und mit einer Schraube befestigen. Wenn der Motor nicht durchgedreht wurde, muss das Steuerzeichen im Nockenwellenrad gegenüber dem Pfeil im Riemenschutzblech stehen, während die Kerbe im Schwingungsdämpfer und die Steuermarke im Rad der Zwischenwelle ebenfalls gegenüberstehen müssen. Die Ausfluchtung ist in Bild 133 gezeigt. Falls die Flucht stimmt, den Zahnriemen über das Rad der Nockenwelle heben.
- Den Riemen jetzt spannen. Dazu den in Bild 134 gezeigten Schlüssel in den Riemenspanner einsetzen und in Pfeilrichtung bewegen, bis es soeben möglich ist, den Riemen zwischen Zeigefinger und Daumen zwischen den Rädern der Nockenwelle und Zwischenwelle um 90° zu verdrehen. Die beiden Schrauben (1) in dieser

Stellung mit 20 Nm anziehen.

- Kurbelwelle um zwei volle Umdrehungen durchdrehen und kontrollieren, dass die Spannung immer noch gleich ist.
- Schwingungsdämpfer wieder ausbauen (versetzte Löcher entsprechend ausrichten) und die Steuerriemenschutzbleche anbringen.
- Die Schraube des Schwingungsdämpfers jetzt anziehen. Gewinde und Kopf der Schraube werden mit Öl eingeschmiert. Bei gegengehaltener Kurbelwelle die Schraube mit 90 Nm anziehen und aus dieser Stellung um eine weitere Viertelumdrehung nachziehen. Das Nachziehen kann in zwei Stufen erfolgen.
- Alle Riemenantriebe montieren, wie es bereits beschrieben wurde. Das Vorderteil des Wagens wieder montieren (Kapitel 2.12).

20V-Motor

Achtung: Falls die Kurbelwelle aus irgendeinem Grund ohne aufgelegten Zahnriemen durchgedreht werden muss, dürfen die Kolben nicht auf den oberen Totpunkt kommen, da man andernfalls die Kolben mit den Ventilen beschädigen könnte.

- Kontrollieren, dass die Kurbelwelle und das Rad der Nockenwelle noch auf dem oberen Totpunkt stehen, je nachdem, ob der Motor aus- oder eingebaut ist. Die Kontrolle anhand der bereits gezeigten Abbildung durchführen.
- Den Zahnriemen auf die drei Steuerräder auflegen, ohne diese dabei zu verdrehen. Bei dem ursprünglich eingebauten Riemen die eingezeichnete Laufrichtung beachten.
- Den unteren Zahnriemenschutz wieder anschrauben (Bild 131).
- Den Schwingungsdämpfer und die Riemenscheibe anschrauben. Der Schwingungsdämpfer kann nur in einer Stellung angeschraubt werden.
- Den Motor jetzt auf die OT-Stellung bringen.
- Einen Zapfenschlüssel, wie in Bild 135 gezeigt, in die beiden Löcher der Spannrolle einsetzen und die Rolle nach rechts verdrehen, bis der Kolben (1) vollkommen ausgefahren ist und der Kolben (2) der Spannvorrichtung ca. 1,0 mm herauskommt.
- Die Schraube (3) handfest anziehen.
- Kurbelwelle zweimal in Drehrichtung durchdrehen, bis die OT-Markierung erneut am Steuerrad der Nockenwelle fluchtet.

Die genaue Einstellung muss jetzt sorgfältig anhand von Bild 136 kontrolliert werden.

- Kontrollieren, dass der Bereich "A" mit der Oberkante des Kolbens (2) in Bild 135 fluchtet.

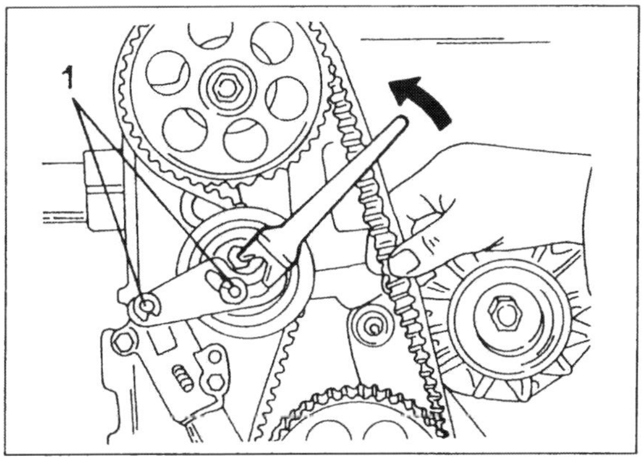

Bild 134
Einstellen der Zahnriemenspannung mit dem Spezialschlüssel (Matra V159). Rechts kann man sehen, wie die Riemenspannung gemessen wird. Die Schrauben (1) mit 20 Nm anziehen (Motor mit 8 Ventilen).

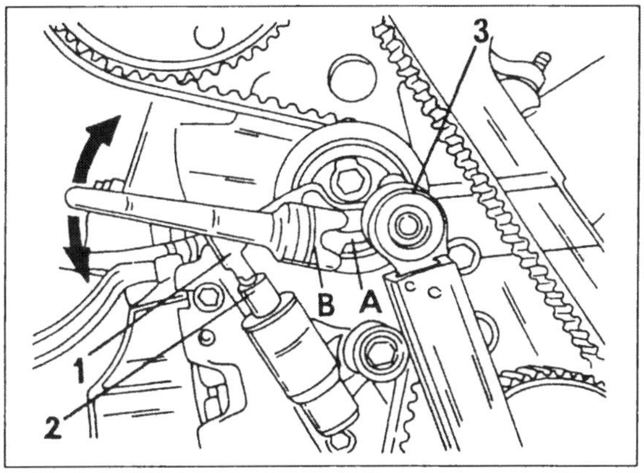

Bild 135
Einstellen der Zahnriemenspannung bei einem 20V-Motor. Die Riemenspannrolle (A) wird durch die Mutter (3) in der Mitte gehalten (25 Nm). Die Rolle mit dem Schlüssel (B) verdrehen, bis die beiden Kolben (1) und (2) richtig stehen.

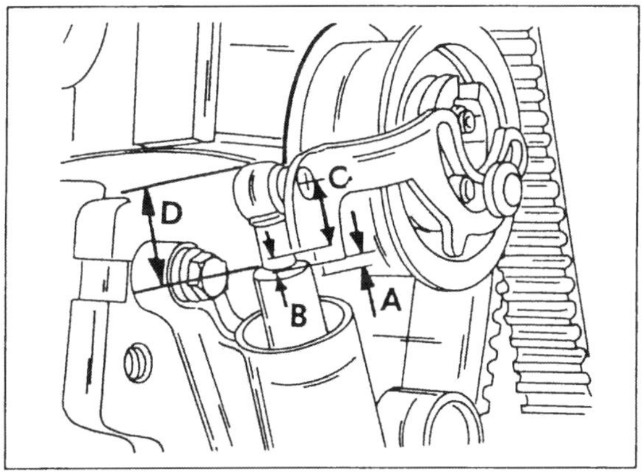

Bild 136
Einzelheiten zur Kontrolle des eingebauten Zahnriemens und dessen Spannung. Auf die Buchstaben wird im Text verwiesen.

- Falls dies nicht der Fall ist, die erforderlichen Nachstellungen vornehmen. Im allgemeinen gilt:
  — Der Bereich "A" stimmt oder das Mass "D" liegt zwischen 25 - 29 mm.
  — Der Bereich "B" ist die Verschleissgrenze.
  — Bereich "C" gibt an, dass eine Neueinstellung erforderlich ist oder der Riemenantrieb, einschliesslich der Spannrolle, müssen auf Verschleiss kontrolliert werden.
- Den Zapfenschlüssel wieder einsprechend Bild 135 einsetzen, die Spannrolle gegen Mitdrehen halten und die Schraube (3) in Bild 135 mit 25 Nm anziehen.
- Alle noch ausgebauten Teile wieder in umgekehrter Reihenfolge wie beim Ausbau montieren.

2.8.5 Steuerzeiten prüfen und einstellen

Die Arbeiten sind durchzuführen ehe der Zahnriemen wieder eingebaut wird, oder falls man annimmt, dass der Zahnriemen entweder verrutscht (um einen Zahn gesprungen) oder falsch aufgelegt ist. Die Arbeiten sind unterschiedlich beim normalen und 20V-Motor. Durch Befolgen der Beschreibung im letzten Kapitel kann man Nockenwelle, Kurbelwelle und Zwischenwelle auf die genaue Steuereinstellung bringen.
Zur Sicherheit sollte die Überpüfung vielleicht mehr als einmal durchgeführt werden, besonders wenn Wellen durchgedreht wurden. Falsch aufgelegte Riemen oder falsch ausgerichtete Steuerräder kommen Sie teuer zu stehen, da die Kolben an die Ventile anschlagen würden.

2.9 Zwischenwelle

Zum Ausbau der Zwischenwelle muss der Motor aus dem Fahrzeug ausgebaut werden. Die Befestigungsweise der Zwischenwelle ist aus Bild 137 ersichtlich. Um die Welle auszubauen, muss bei einem Motor mit 8 Ventilen der Zündverteiler vorher ausgebaut werden; der Zylinderkopf kann montiert bleiben.
Der Dichtringflansch ist mit einer Rücklaufbohrung an der Unterseite versehen und muss dementsprechend eingebaut werden. Der Flansch bestimmt das Axialspiel der Welle und muss erneuert werden, falls dieses mehr als 0,25 mm beträgt. Ein "O"-Dichtring dichtet den Flansch am Motor ab.
Den Dichtring in der Innenseite des Flansches erneuern, falls dieser abgeschraubt wurde. Zur Montage des Dichtringes zuerst die Welle einbauen und danach den Dichtring einziehen, wie es für den vorderen Öldichtring der Kurbelwelle beschrieben wurde. Die Schrauben bei der Montage mit einem Anzugsdrehmoment von 25 Nm anziehen.

2.10 Kompressionsdruckprüfung

Um zu kontrollieren, ob ein Ventil nicht einwandfrei schliesst, Kolbenringe gebrochen oder verschlissen sind oder andere Fehler in den Zylindern vorliegen, sollte eine Kompressionsdruckprüfung aller Zylinder vorgenommen werden. Dazu muss der Motor seine Betriebstemperatur besitzen.

- Zündkerzen herausschrauben. Dazu den vorgeschriebenen Zündkerzenschlüssel benutzen.
- Die folgenden Arbeiten sind entsprechend dem eingebauten Motor abzustimmen:
  — Bei einem Motor mit Zündverteiler den Stecker vom Hall-Geber des Verteilers abziehen.
  — Bei einem Motor ohne Zündverteiler den Stecker vom Hall-Geber am Ende der Nockenwelle abziehen.
- Drosselklappe vollkommen öffnen.
- Kompressionsdruckprüfer in die erste Kerzenbohrung einsetzen.
- Von einer zweiten Person den Anlasser betätigen lassen.
- Motor durchdrehen, bis die Nadel des Kompressionsprüfers den höchsten Druckwert anzeigt.
- Der Reihe nach die anderen Zylinder auf die gleiche Weise kontrollieren.

Normalerweise gilt, dass keiner der Zylinder weniger als 80% des Ergebnisses des besten Zylinders aufweisen darf. Niedrige, ungleichmässige Kompression könnte durch verschlissene Kolbenringe verursacht werden, die ebenfalls durch übermässigen Ölverbrauch feststellbar werden. Bei guter Kompression sollte die folgende Anzeige bei den einzelnen Motoren erhalten werden:

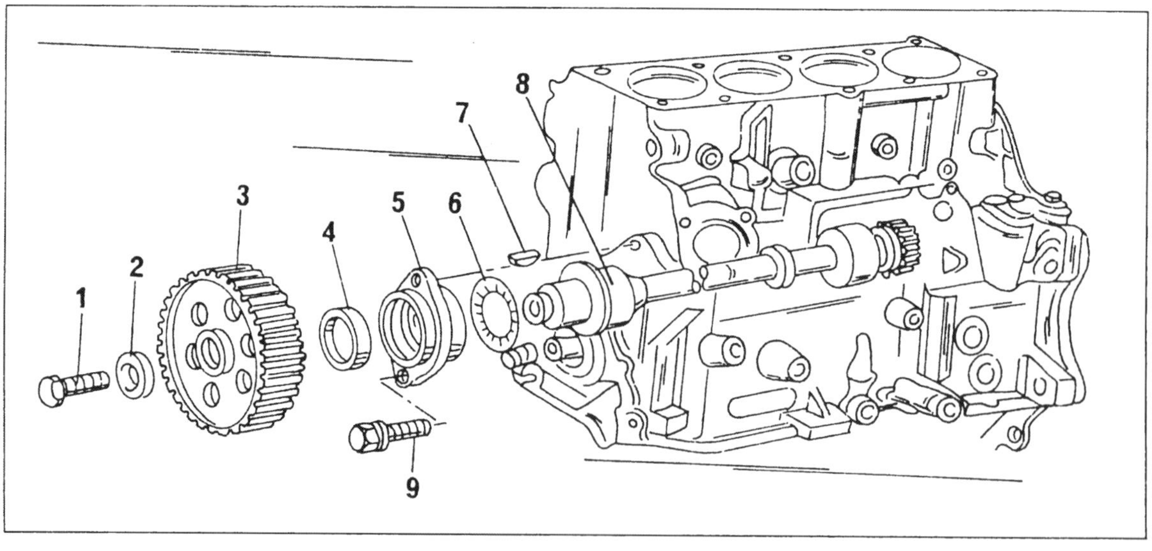

Bild 137
Die Teile der Zwischenwelle.
1 Schraube:
8V = 80 Nm
16V = 65 Nm
2 Scheibe
3 Antriebsrad
4 Öldichtring
5 Öldichtringflansch
6 "O"-Dichtring
7 Scheibenfeder
8 Zwischenwelle
9 Schraube, 25 Nm

1,6 Liter	9 - 14 bar
1,8 Liter, Typ ADR	9 - 14 bar
1,8 Liter, Typ AEB	10 - 13 bar

Die angegebenen Werte gelten bei einem neuen Motor, d.h. aus den eigentlich erhaltenen Anzeigen kann man den Fortschritt des Verschleisses feststellen. Irgendetwas stimmt nicht, d.h. entweder sind die Kolbenringe verschlissen, die Zylinderkopfdichtung ist undicht oder die Ventile schliessen nicht einwandfrei oder sind ausgebrannt (Überholung des Zylinderkopfes notwendig), wenn bei einem oder mehreren Zylindern die folgenden Anzeigen nicht erhalten werden:

1,6 Liter	7,5 bar
1,8 Liter, Typ ADR	7,0 bar
1,8 Liter, Typ AEB	7,0 bar

2.11 Auspuffanlage

Offensichtlich werden unterschiedliche Auspuffanlagen bei den in dieser Ausgabe behandelten Motoren eingebaut. In den folgenden Abbildungen werden die Anlagen von Fahrzeugen mit Zweirad- und Vierradantrieb gezeigt. Alle Anlagen haben gemeinsam, dass ein Katalysator eingebaut ist, zusammen mit einer Lambda-Sonde, eine Art Sauerstoffühler, die in den Katalysator eingeschraubt ist.

Um die Montage der Auspuffanlage besser zu verstehen, müssen Sie als erstes die Kennbuchstaben Ihres Motors wissen. Anhand der folgenden Erläuterung werden Sie dann in der Lage sein irgendwelche Arbeiten am Auspuff besser durchzuführen.

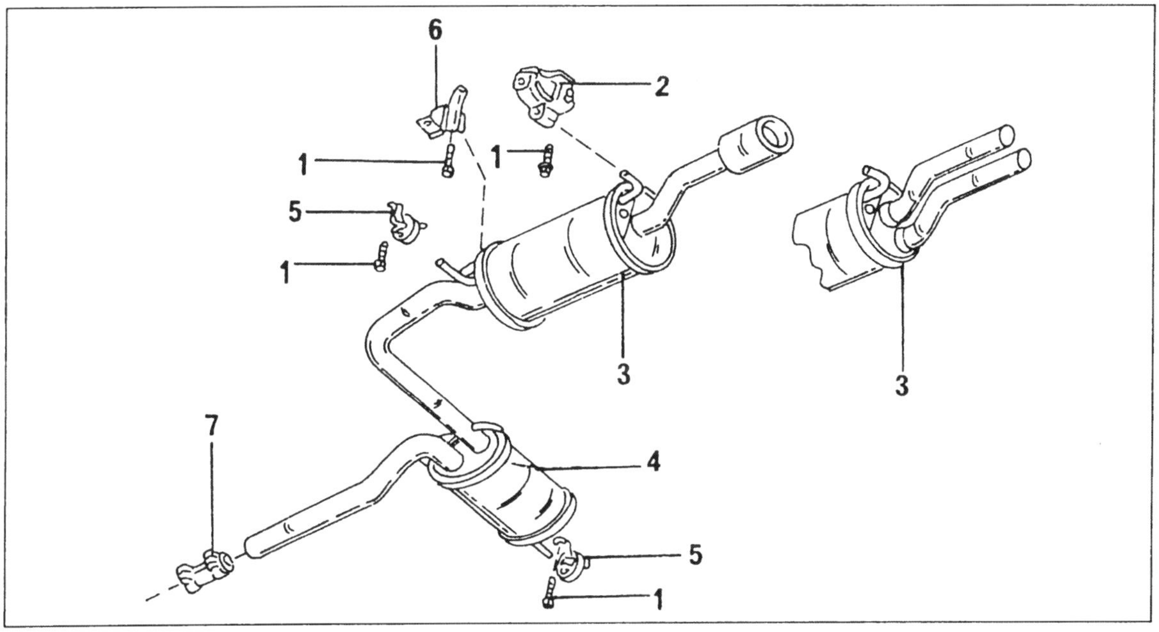

Bild 138
Die Teile des hinteren Abschnitts der Auspuffanlage (mit Zweiradantrieb).
1 Schraube, 25 Nm
2 Aufhängungsschlaufe
3 Hinterer Schalldämpfer
4 Mittlerer Schalldämpfer
5 Aufhängungsschlaufe
6 Aufhängungsbügel, nur Motor AEB
7 Klemmschelle (mit Rohr "15" in Bild 139 verbunden)

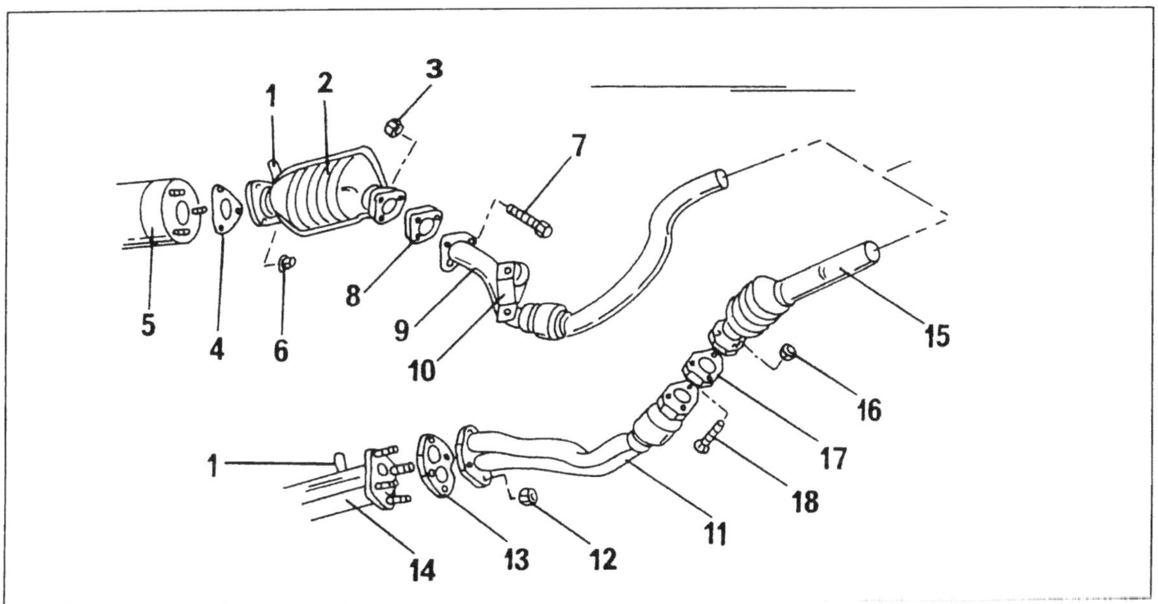

Bild 139
Die Teile des vorderen Abschnitts der Auspuffanlage mit und ohne Turbolader (mit Zweiradantrieb).
1 Lambda-Sonde, 50 Nm
2 Katalysator, Motor AEB
3 Mutter, 25 Nm
4 Dichtung, Motor AEB
5 Turbolader, Motor AEB
6 Mutter, 30 Nm
7 Sechskantschraube
8 Dichtung, Motor AEB
9 Vorderes Auspuffrohr mit Insulationselement, Motor AEB
10 Aufhängungsteile (siehe Bild 140)
11 Vorderes Auspuffrohr mit Insulationselement, Motoren ADP und ADR
12 Mutter, 30 Nm
13 Dichtung, Motoren ADP und ADR
14 Auspuffkrümmer, Motoren ADP und ADR
15 Katalysator, Motoren ADP und ADR
16 Mutter, 25 Nm
17 Dichtung, Motoren ADP und ADR
18 Sechskantschraube

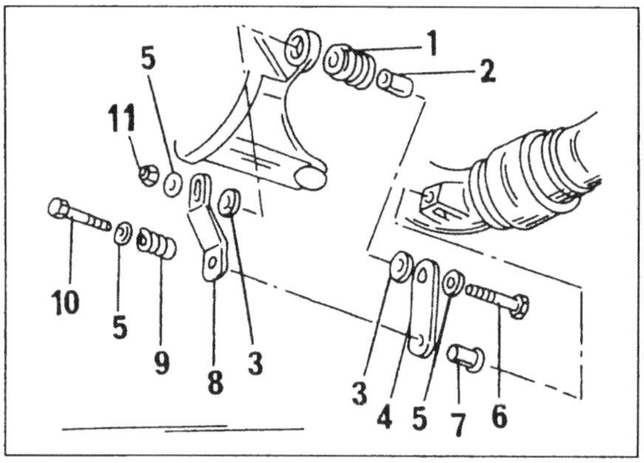

Bild 140
Die Einzelteile der Auspuffaufhängung.
1 Gummipuffer
2 Abstandsrohr
3 Scheibe
4 Rechte Platte
5 Scheibe
6 Schraube, 25 Nm
7 Abstandsrohr
8 Linke Platte
9 Druckfeder
10 Sechskantschraube
11 Mutter, 25 Nm

Die Muttern entsprechend den Angaben über die Anzugsdrehmomente anziehen, d.h. entweder mit 25 Nm oder 30 Nm.

● Die Befestigung des vorderen Auspuffrohres ist mit verschiedenen Kleinteilen befestigt, deren Einbauweise man nur anhand von Bild 140 bestimmen kann. Das Bild gibt ebenfalls die gültigen Anzugsdrehmomente an. Beim Lösen muss man sich einprägen an welcher Stelle die Laschen (8) befestigt sind, da sie entweder auf die linke oder die rechte Seite gehören.

● Die Lambda-Sonde (1) wird mit einem Anzugsdrehmoment von 50 Nm angezogen. Das Gewinde wird mit dem Spezialfett "G5" eingeschmiert, welches Sie sich bei Ihrer Werkstatt vielleicht besorgen können.

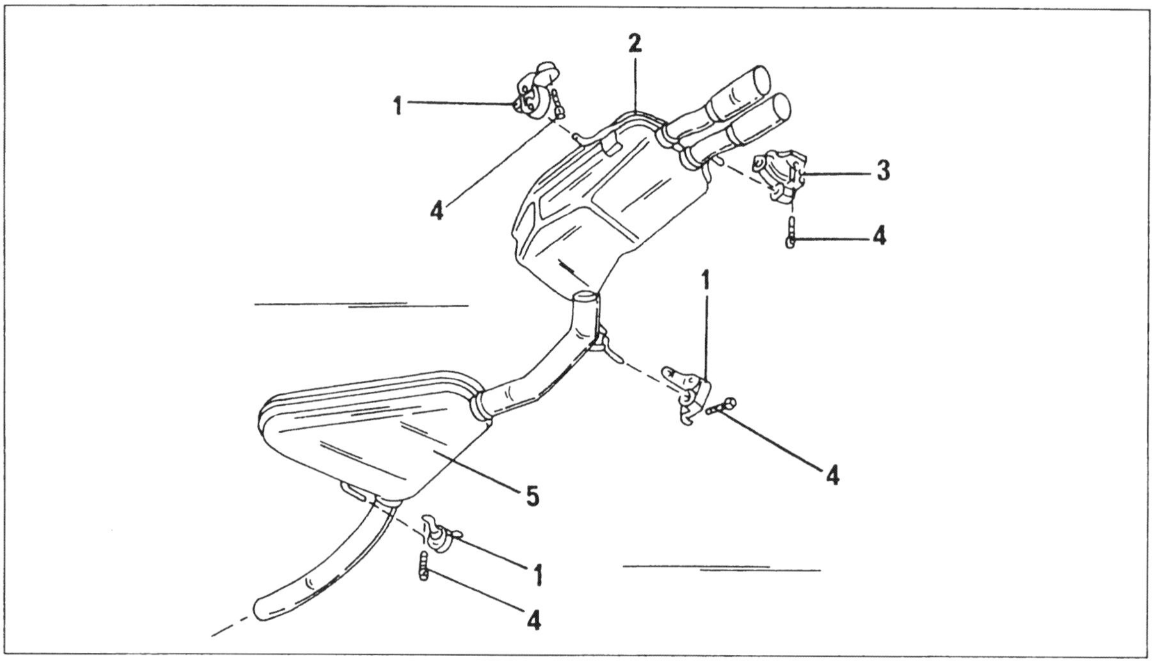

Bild 141
Der hintere Abschnitt der Auspuffanlage des Quattros.
1 Aufhängungsschlaufe
2 Hinterer Schalldämpfer
3 Aufhängungsschlaufe
4 Schraube, 25 Nm
5 Mittlerer Schalldämpfer

Bild 139 zeigt den bei Motoren mit den Buchstaben ADP, ADR und AEB eingebauten vorderen Abschnitt der Auspuffanlage, obwohl auch bei dieser Anlage Unterschiede aufgrund des eingebauten Turboladers vorgefunden werden können. Ähnliche Teile werden auch bei Fahrzeugen mit Vierradantrieb (Quattro) eingebaut, mit dem Unterschied, dass auf Motortyp ADP hinweisende Teile nicht zutreffend sind. Der hintere Abschnitt der Auspuffanlage, für Zweiradantriebs-Modelle in Bild 138 gezeigt, sieht beim Quattro unterschiedlich aus und ist in Bild 141 zu sehen.

Beim Aus- und Einbau von Teilen der Anlage müssen die folgenden Punkte beachtet werden:

● Beim Abschrauben von eingebauten Wärmschutzblechen auf die genaue Einbauweise achten.

● Die Dichtung zwischen Auspuffkrümmer und vorderem Auspuffrohr oder zwischen Turbolader und Katalysator immer erneuern.

● Krümmerdichtungen immer erneuern, falls der Krümmer ausgebaut wurde.

● Beim Befestigen des Katalysators muss der Abstand zwischen dem Katalysator und dem Getriebe mindestens 6 mm betragen. Beim Anziehen der Verbindungsschrauben diese gleichmässig ringsherum anziehen.

● Die Schrauben und Muttern der Doppelschelle mit einem Drehmoment von 40 Nm anziehen. Vorschriftsmässigerweise sollte die Schelle erneuert werden, falls die Schrauben gelockert wurden. Die Schelle so verschieben, dass sie um die gleiche Länge auf den beiden Rohrstücken sitzt. Die Schraubenköpfe müssen auf der linken Seite des Auspuffrohres liegen.

● Der hintere Schalldämpfer ist je nach Ausführung mit einem oder zwei Rohren versehen, muss also je nach Fahrzeug bestellt werden.

● Beim Einhängen der Aufhängungsschlaufen diese mit Seifenwasser einschmieren, um eine Beschädigung zu vermeiden.

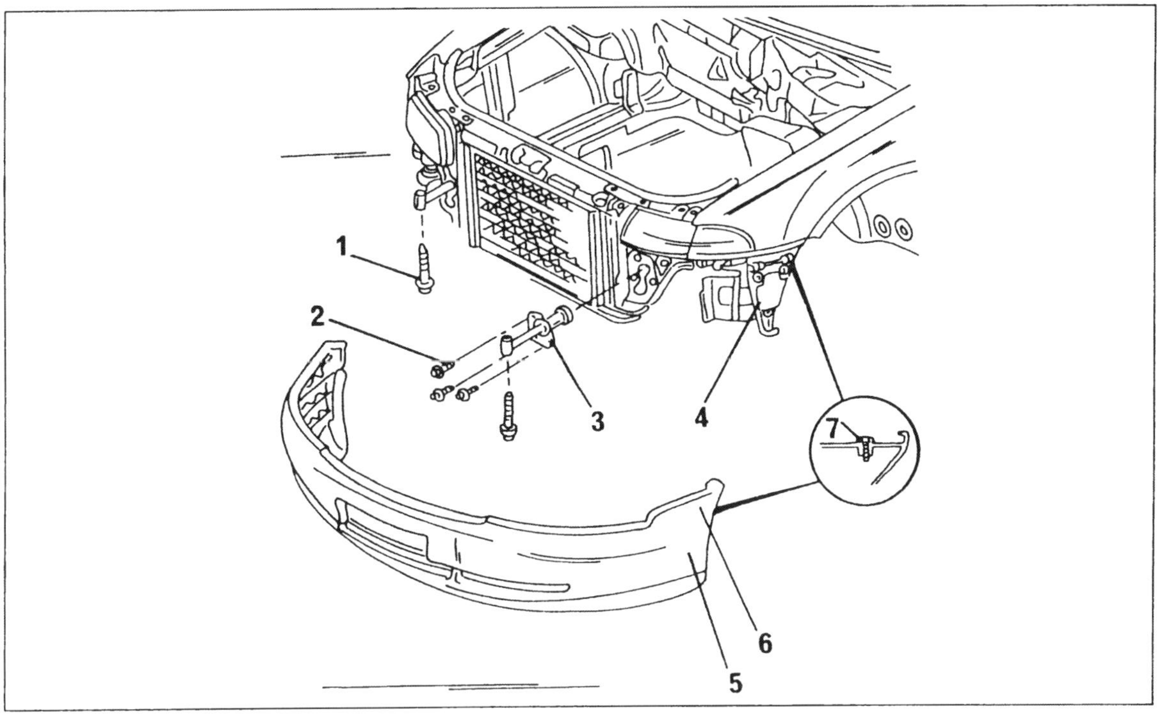

Bild 142
Einzelheiten zum Aus- und Einbau des Stossfängers.
1 Schraube und Scheibe, 23 Nm
2 Sechskantschraube, 45 Nm
3 Stossfänger-Stossdämpfer
4 Befestigungshalter
5 Stossfänger
6 Spoiler
7 "Torx"-Schraube, 10 Nm

2.12 Aus- und Einbau des vorderen Wagenteils

Wie aus den vorangegangenen Beschreibungen bereits mehrere Male hervorgegangen ist, muss das gesamte vordere Ende des Fahrzeuges ausgebaut werden, um an verschiedene Teile an der Stirnseite des Motors zu gelangen. Man spricht dabei von das Vorderteil in die "Service-Position" zu bringen. Diese Arbeit ist auch bei einfach aussehenden Arbeiten, wie zum Beispiel beim Auswechseln eines Keilriemens (Keilrippenriemens) erforderlich. In der Werkstatt wird diese Arbeit, obwohl trotzdem noch ziemlich umfangreich, durch die Verwendung von zwei Spezialbolzen vereinfacht, da man nicht den gesamten Schlossträger ausbauen muss. In der folgenden Beschreibung wird der Ausbau laut Werkstattangaben sowie der Ausbau des kompletten Schlossträgers gegeben. Durch Erkundigung in der Werkstatt haben wir erfahren, dass man anstelle der Spezialbolzen zwei Rohrstücke und zwei M8-Schrauben von mindestens 90 mm Länge benutzen kann. Die Rohrstücke müssen eine Länge von 80 mm, einen Aussendurchmesser von 17 mm und eine Wandstärke von 1 mm haben. Wir schlagen also vor, dass man sich diese Hilfswerkzeuge anfertigt, wenn man die Absicht hat, viele Arbeiten selbst durchzuführen. Wenn im folgenden Text auf die Spezialbolzen oder Führungsbolzen eingegangen wird, nimmt man dann die Rohrstücke. Obwohl ziemlich kompliziert, muss man der Beschreibung folgen.

Vorderteil in Service-Position bringen

Bild 145 zeigt, wie das Vorderteil in ausgebautem Zustand aussieht. Folgendermassen beim Ausbau vorgehen:

- Die Luftführung zwischen dem Vorderteil und dem Luftfilter am Vorderteil ausbauen.

Die Stossstange (d.h. der Stossfänger) muss als nächstes ausgebaut werden. Bild 142 zeigt die Befestigungsweise des Stossfängers. Dazu die folgenden Arbeiten durchführen:

- Die untere Motorverkleidung ausbauen. Ringsherum wird die Verkleidung mit insgesamt 10 Schnellverschlüssen gehalten. Nach Lösen der Verschlüsse die Verkleidung absenken.
- In den kleinen Gittern links und rechts im Stossfänger je eine Kreuzschlitzschraube herausdrehen. Die Gitter aus den Clipsen lösen und herausnehmen.
- In der Innenseite der Öffnungen, an der Oberseite, je eine 6 mm-Inbusschraube herausdrehen.
- Im Radausschnitt links und rechts eine Schraube herausdrehen. Bei dieser handelt es sich um eine Schraube mit "Torx"-Kopf.
- Die Seitenflügel des Stossdämpfers aus der Halterung an der Karosserie und am Kotflügel aushängen. Dazu den Stossdämpfer an der Seite nach unten drücken (vorsichtig) und gleichzeitig von der Karosserie wegziehen.
- Die Enden des Stossfängers über die Radhausschalen hebeln und nach vorne abnehmen, bis der Stossfänger vollkommen herausgezogen werden kann. Zuerst das Stossfängerende nach

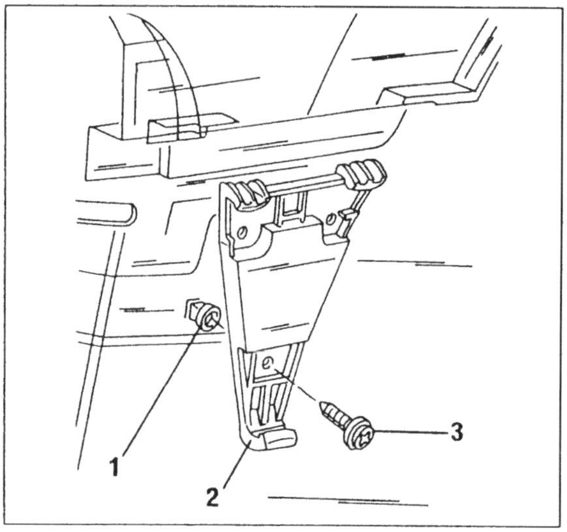

Bild 143
Die Befestigung eines Stossfängerhalters auf einer Seite. Die Kunststoffhülse (1) muss vor Einbau in ihre Lage gedrückt werden.
1 Kunststoffhülse
2 Halter
3 Schrauben

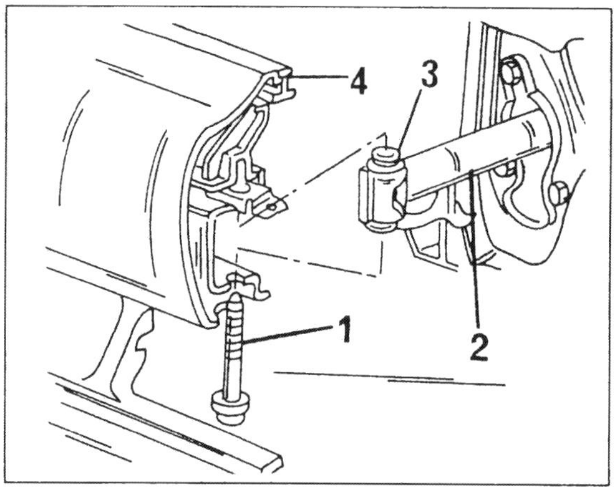

Bild 144
Die Höhe des Stossfängers (4) wird durch Verstellen der Gewindehülse (3) im Stossfängerdämpfer (2) verstellt. Die Schraube (1) mit 23 Nm anziehen.

unten drücken und danach zur Seite zu herausziehen. Wie das ganze gehalten wird, kann man in Bild 143 sehen.

- Falls eine Scheinwerferreinigungsanlage eingebaut ist, muss man die Schläuche an den Düsen abziehen. Die Schlauchenden in geeigneter Weise verschliessen, damit sich der Behälter nicht entleeren kann.

Zum Einbau des Stossfängers:

- Die Schläuche der Scheinwerferreinigungsanlage wieder anschliessen (falls eingebaut).
- Den Stossfänger auf die beiden Halterungen auflegen (Bild 143).
- Die Seitenflügel des Stossfängers so einführen, dass sie nicht gegen die Radhausschale anstossen.
- Die Seitenflügel zuerst an der Unterkante der Halter am Kotflügel einhängen (Bild 143) und dann seitlich auf den Stossfänger drücken, um die Oberkante in die Halterungen einzurasten.
- Alle Schrauben festziehen. Die Anzugsdrehmomente sind in Bild 142 angegeben.
- Nach Einbau des Stossfängers auf einen gleichmässigen Abstand zwischen den Scheinwerfern und dem Stossfänger und der Unterkante der Motorhaube und dem Stossfänger achten. Diesen Spalt (ca. 7 mm) kann man einstellen, jedoch muss der Stossfänger wieder ausgebaut werden. Zur Höhenverstellung wird die Gewindehülse (3) im Stossfängerhalter nach oben oder unten verdreht (Bild 144).

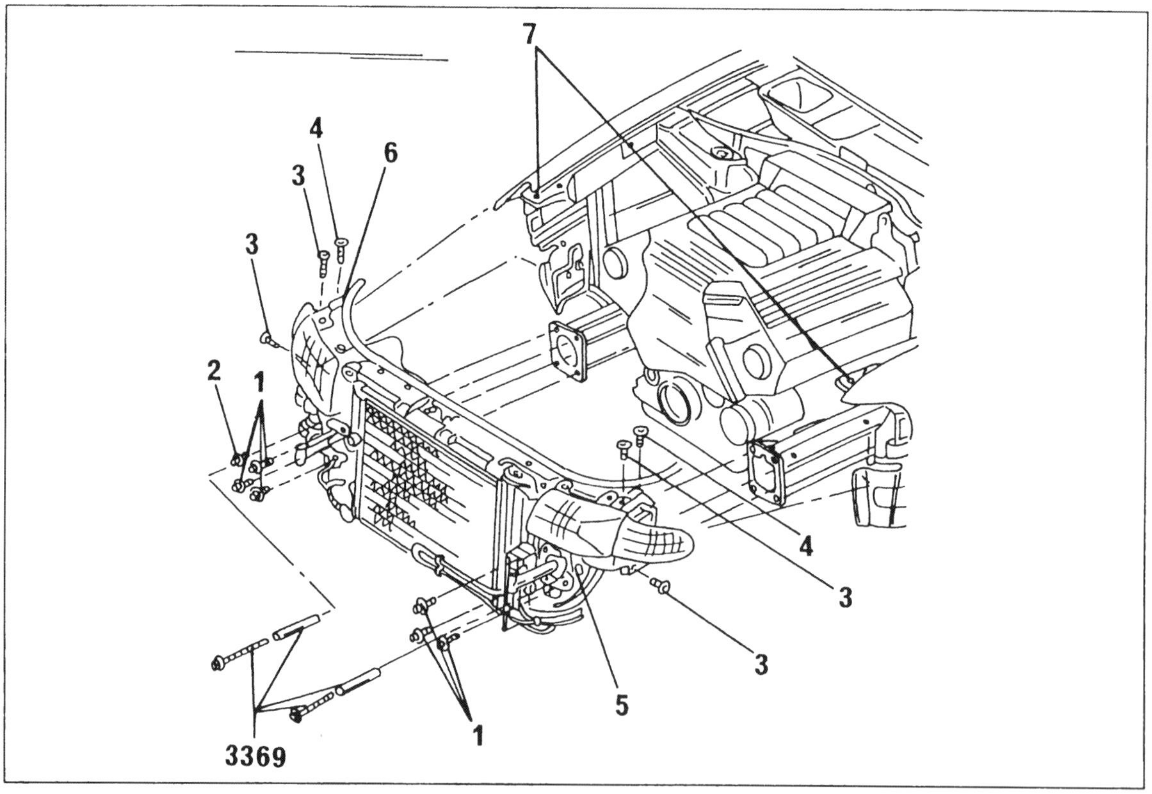

Bild 145
Einzelheiten zum Aus- und Einbau der Wagenfront.
1 Schraube, M8 x 45, 45 Nm
2 Schraube, M8 x 45, 45 Nm
3 Schraube, 6 x 20, 10 Nm
4 Schraube, 6 x 20, 10 Nm
5 Loch für Spezialbolzen VAG 3369
6 Loch in Wagenfront
7 Loch im Seitenblech

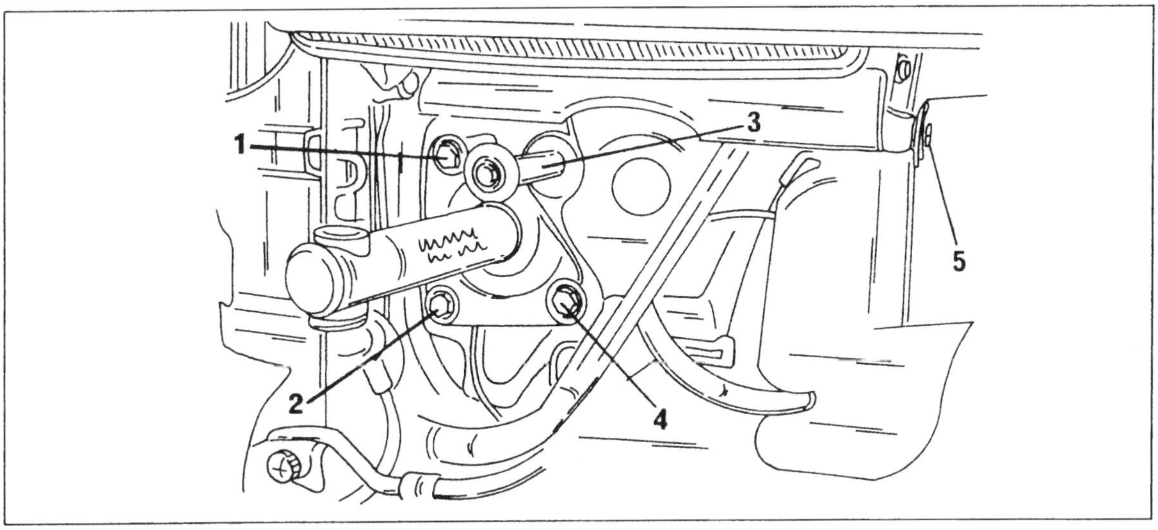

Bild 146
Ansicht eines Führungsbolzens (3) auf einer Seite des Fahrzeuges. Gezeigt ist das Spezialwerkzeug. Die Befestigungsschrauben sind mit den anderen Zahlen bezeichnet.

Bei ausgebautem Stossfänger das Vorderteil jetzt unter Bezug auf Bild 145 in die Service-Position bringen:

- Die Einbaustellung der Wagenfront mit einem Filzstift kennzeichnen, so dass man später einen Anhaltspunkt hat.
- Die Befestigungsschraube (2) auf der rechten Seite herausdrehen und einen der Führungsbolzen mit der Hülse einschrauben.
- Den zweiten Führungsbolzen mit der Hülse in das Loch (5) einschrauben.
- Die beiden Stossfängerhalter ausbauen.
- Die Befestigungsschrauben (1) und (3) auf jeder Seite herausdrehen.
- Rechts und links eine Schraube unter den Blinkleuchten sowie je zwei Schrauben oben an den Scheinwerfern herausdrehen.
- Die Befestigungsschraube (4) herausdrehen, die Wagenfront ca. 70 mm nach vorn ziehen und die Schraube (4) durch das hintere Loch (6) in der Wagenfront und das vordere Loch des Seitenbleches (7) einschrauben.

Der Einbau geschieht in umgekehrter Reihenfolge wie der Ausbau. Die Wagenfront wieder an das Fahrzeug heranschieben und als erstes die Stossfängerhalter anschrauben. Abschliessend kontrollieren, ob die mit dem Filzstift eingezeichneten Kennzeichnungen wieder zusammenkommen.

2.13 Kühlergitter ausbauen

Bei vielen Arbeiten wird es helfen, wenn man das Kühlergitter ausbaut, um an bestimmte Teile zu kommen:

- Motorhaube öffnen.
- Oben an der Rückseite des Kühlergitters die Haltelaschen des Gitters nach unten drücken.
- Das Kühlergitter nach vorn schwenken und dann abnehmen.

Beim Einbau des Kühlergitters die Unterseite mit den Führungen an der Einbauöffnung der Motorhaube einhängen, das Gitter in die Einbauöffnung schwenken und an der Oberseite andrücken, bis die Haltelaschen einrasten. Kontrollieren, dass das Gitter einschnappt.

Der Motor wird durch eine Druckumlaufschmierung mit Öl versorgt. Eine von der Zwischenwelle angetriebene Zahnradpumpe befindet sich im Unterteil des Kurbelgehäuses. Bei allen Motoren ist ein Ölkühler unter dem Ölfilter montiert. Dieser wird

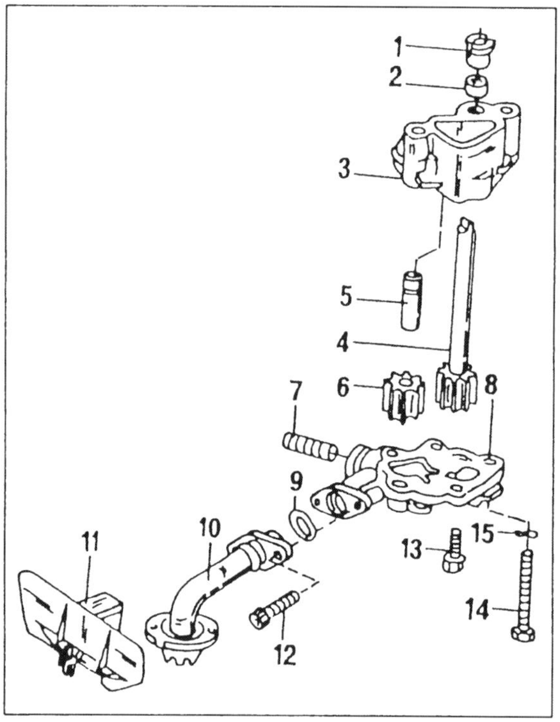

Bild 147
Die Teile der Ölpumpe.
1 Antriebsmitnehmer für Verteiler (falls eingebaut)
2 Antriebsmitnehmer für Ölpumpe
3 Ölpumpengehäuse
4 Zahnrad mit Welle
5 Schieber
6 Getriebenes Zahnrad
7 Feder
8 Ölpumpendeckel
9 "O"-Dichtring
10 Ölansaugrohr
11 Ölleitblech
12 Schraube
13 Schraube, M6x22
14 Schraube, M8x90mm
15 Federring

durch das Kühlmittel über angeschlossene Schläuche mit Kühlwasser versorgt und kühlt das durchlaufende Öl. Das Antriebsrad für die Ölpumpe treibt ebenfalls den Zündverteiler an (nur 1,6 Liter-Motor), jedoch ist anstelle des in der Seite des Zylinderblocks eingesetzten Zündverteilers eine Verschlusskappe eingebaut, die durch ein Halteblech gehalten wird. Ein "O"-Dichtring dichtet die Verbindung ab.

3.1 Aus- und Einbau der Ölwanne

Die Ölwanne, speziell für den Audi A4 hergestellt, kann bei eingebautem Motor ausgebaut werden. Die Arbeiten werden für alle Motoren beschrieben. Irgendwelche Abweichungen wird man bald feststellen.

- Fahrzeug vorn auf Böcke setzen.
- Ölablassstopfen herausdrehen und das Motoröl ablaufen lassen.
- Abdeckblech an der Unterseite des Motors nach Lösen der Schnellverschlüsse abnehmen.
- Ölwanne abschrauben und die Dichtung vom Kurbelgehäuse abnehmen, falls sie daran kleben bleibt.

Der Einbau der Ölwanne geschieht in umgekehrter Reihenfolge wie der Ausbau. Folgende Punkte sind zu beachten:

- Immer eine neue Dichtung verwenden. Kein Fett oder Dichtungsmasse an die Dichtflächen der Ölwanne oder des Kurbelgehäuses schmieren. Die Dichtung ebenfalls trocken auflegen.
- Darauf achten, dass die Dichtung und die Ölwanne einwandfrei ausgerichtet sind und dass sich die Dichtung nicht verschieben kann.
- Schrauben gleichmässig über Kreuz anziehen. Die Sechskantschrauben werden auf 20 Nm in zwei Durchgängen angezogen.
- Motor mit der vorgeschriebenen Menge des empfohlenen Motoröls auffüllen. Dabei muss man auch die Jahreszeit berücksichtigen. Mehrbereichsöle müssen der VW-Norm 501 01 entsprechen und liegen bei SAE 5W-20 bei sehr kalten Temperaturen bis zu SAE 20W-50 bei sehr warmen Temperaturen. Immer darauf bedacht sein ein gutes Öl zu fahren. Ihr Motor wird Ihnen dafür dankbar sein. Den Motor auf keinen Fall überfüllen (Katalysatorbeschädigung).

3.2 Ölpumpe

3.2.1 Aus- und Einbau

Die Befestigung der Ölpumpe ist in Bild 147 gezeigt.

- Ölwanne ausbauen.
- Die Befestigungsschrauben des Ölpumpengehäuses lösen.
- Pumpe nach unten ziehen, bis die Welle aus dem Eingriff kommt, und danach vollkommen herausziehen.
- Falls eingebaut, den Zündverteiler ebenfalls ausbauen, da er beim Einbau der Pumpe ausgebaut sein muss.

Der Einbau der Pumpe geschieht in umgekehrter Reihenfolge wie der Ausbau. Die Pumpe ist ohne Dichtung am Kurbelgehäuse montiert. Die Schrauben mit 20 Nm anziehen. Die Antriebswelle der Ölpumpe vor dem Einsetzen des Verteilers mit einer Zange verdrehen, so dass die Fläche des Zapfens parallel zur Längsachse der Kurbelwelle liegt. Danach den Verteiler einsetzen oder die Büchse mit dem Dichtring einsetzen (1,6 Liter).
Die Zündung kontrollieren, wenn der Verteiler von der Ölpumpenwelle angetrieben wird (siehe Kapitel 6.4).

3.2.2 Ölpumpe reparieren

Zwei ineinandergreifende Zahnräder gleicher Grösse erzeugen den Druck in der Pumpe und leiten ihn von der Saugseite zur Druckseite. Um den richtigen Öldruck beizubehalten, dürfen die Zahnräder natürlich nicht über den Verschleisswert hinaus abgenutzt sein. Ehe man einfach eine neue Ölpumpe einbaut, sollte man die Innenteile der Pumpe kontrollieren.

Zum Zerlegen der Ölpumpe ist Bezug auf Bild 147 zu nehmen:

- Die zwei kurzen Schrauben aus dem Pumpendeckel herausdrehen.
- Deckel zusammen mit dem Ölansaugrohr abnehmen.
- Die Antriebswelle mit dem Zahnrad und das lose laufende Zahnrad aus dem Gehäuse herausnehmen.
- Die beiden Schrauben des Ölansaugsiebs vom Pumpendeckel entfernen und den "O"-Dichtring in der Mitte des Rohres entfernen.

Alle Teile gründlich reinigen, ehe sie einer sorgfältigen Kontrolle unterzogen werden.

- Ölpumpengehäuse auf Verzug kontrollieren. Bei abgenutzten Lagerstellen ergeben sich Druckverluste, so dass ein Auswechseln des Gehäuses erforderlich ist.
- Die Zahnräder auf Verschleiss kontrollieren, dazu eine Fühlerlehre zwischen die Zähne einsetzen, wie es in Bild 148 gezeigt ist, um das Flankenspiel zu messen. Das Spiel liegt zwischen 0,05 - 0,20 mm (Verschleissgrenze 0,20 mm). Falls es mehr beträgt, müssen die Zahnräder erneuert werden. In diesem Fall vielleicht die gesamte Pumpe erneuern.
- Das Axialspiel der Zahnräder muss innerhalb 0,06 - 0,15 mm liegen (Verschleissgrenze 0,15 mm). Zum Messen des Spiels einen Stahlwinkel oder ein Stahllineal auf die Oberfläche des Pumpengehäuses auflegen, wie es in Bild 149 gezeigt ist, und mit einer Fühlerlehre zwischen dem Lineal und der Stirnfläche der Zahnräder messen.
- Den Festsitz der Welle für das getriebene Zahnrad im Pumpengehäuse prüfen. Falls erforderlich, die Welle neu befestigen, indem man mit einem Körner das Ende der Welle neu verstemmt. Andernfalls das Pumpengehäuse erneuern.
- Zahnräder immer als Paar erneuern, falls Anzeichen von Verschleiss oder Beschädigung der Zähne sichtbar sind. Meistens wird an den Zahnflanken Verschleiss durch scheinende Stellen angezeigt.

Beim Zusammenbau der Ölpumpe darauf achten, dass die Flächen zwischen den beiden Gehäuseflächen einwandfrei sauber sind. Alle Teile vor dem Zusammenbau mit Öl einschmieren. Besonders darauf achten, dass die Zahnräder mit Öl versehen werden, so dass sie beim Erstlauf nicht festfressen können. Kontrollieren, ob sich die Zahnräder ohne schwere Stellen hin- und herdrehen lassen, ehe die Pumpe wieder eingebaut wird.

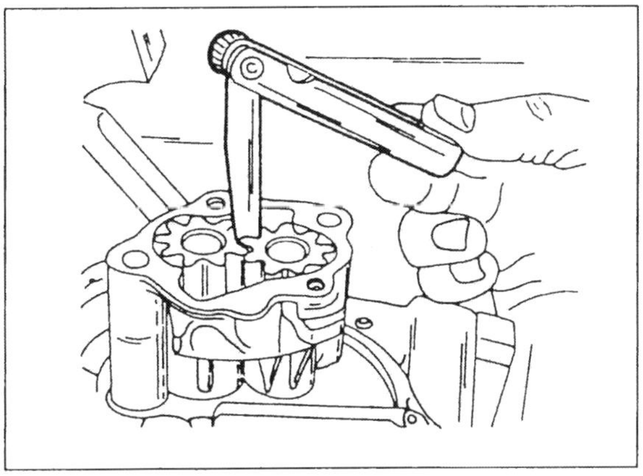

Bild 148
Ausmessen des Flankenspiels zwischen den Zähnen der Ölpumpenräder.

Bild 149
Ausmessen des Axialspiels der Zahnräder.

3.3 Ölfilter

Den Ölfilter entsprechend den Anweisungen in der Betriebsanleitung erneuern, oder bei jeder Motorüberholung auswechseln. Bei allen Motoren sitzt der Filter an der Unterseite des Ölkühlers. Zum Ausbau des Filters einen Filterschlüssel benutzen oder die Klinge eines Schraubenziehers durch die Seite des Filters schlagen und den Griff als Hebel benutzend, den Filter abschrauben (der Filter muss ja ohnehin erneuert werden). Die meisten Filterschlüssel haben einen Kettenantrieb, ähnlich wie man es in Bild 150 sehen kann.

Die Einbauanweisungen für den Filter sind auf einem Aufkleber auf dem Filter aufgedruckt. Immer einen neuen Gummidichtring leicht eingefettet auf den Flansch auflegen. Den neuen Filter mit der Hand aufschrauben — kein Werkzeug zum Anziehen verwenden.

Den Motor wieder mit der vorgeschriebenen Ölmenge füllen.

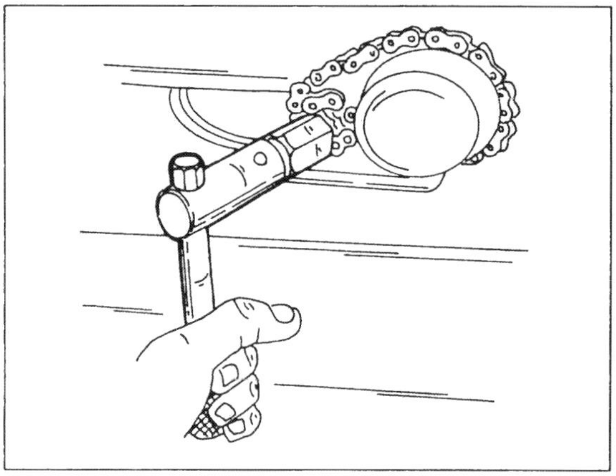

Bild 150
Benutzung eines Filterschlüssels zum Lösen des Ölfilters.

Den Motor anlassen und eine Weile laufen lassen. Nachdem er seine Betriebstemperatur erreicht hat, von der Unterseite des Fahrzeuges kontrollieren, dass keine Leckstellen um die Filterverbindung herum feststellbar sind.

3.4 Öldruck prüfen

Der Öldruck des Motors kann mit einem Manometer kontrolliert werden, welches mit einem Anschluss versehen sein muss, den man anstelle des Öldruckschalters einschrauben kann.
Der Öldruck im Motor wird durch einen Öldruckschalter in Verbindung mit einem elektronischen System im Kombi-Instrument überwacht, d.h. die Öldruckwarnung erfolgt nicht nur durch den Öldruck sondern ebenfalls im Zusammenhang mit der Öltemperatur und der Drehzahl des Motors. Die folgenden Kriterien gelten für eine Warnanzeige. Bei Audi spricht man dabei von einem dynamischen Öldruck-Warnsystem:

- Der Motor läuft nicht, d.h. der Öldruckschalter ist geschlossen.
- Die Kühlmitteltemperatur ist grösser als 60° C, der Motor läuft mit mehr als 1500/min und der Öldruckschalter ist geöffnet.
- Die Kühlmitteltemperatur ist geringer als 60° C, die Motordrehzahl höher als 300/min und der Öldruckschalter ist geöffnet.
- Bei einer Drehzahl von mehr als 5000/min, wird eine aktive Ölwarnung gelöscht, unabhängig von der Stellung des Öldruckschalters.
- Falls der Öldruckschalter bei laufendem Motor bei einer Drehzahl von mehr als 1500/min länger als eine halbe Sekunde geöffnet ist, wird dies aufgespeichert. Tritt dies mehr als dreimal nacheinander ein, wird die Öldruckwarnung in Betrieb gebracht und schaltet auch nicht aus, wenn man die Drehzahl unter 1300/min verringert. Beim nachfolgenden Einschalten der Zündung erfolgt die Zählung von neuem.

Bei allen in dieser Ausgabe behandelten Motoren hat der Öldruckschalter eine Absicherung von 1,4 bar. Zur Kennzeichnung ist der Schalter schwarz gefärbt und nur ein Schalter mit der gleichen Farbkennzeichnung darf eingebaut werden.

Wie verhält man sich bei Störungen im Motorschmierungssystem?

Falls die Öldruck-Warnlampe bei laufendem Motor aufleuchtet oder der Warnsummer ertönt, muss der Motor so schnell wie möglich abgestellt werden. **Dabei den Zündschlüssel nicht in die Stellung für die Lenkradsperre drehen.** Das Fahrzeug muss in diesem Fall in die nächste Werkstatt abgeschleppt werden.

- Falls möglich den Öldruck in einer Werkstatt prüfen lassen, da wir unter diesen Umständen kein erneutes Anlassen des Motors empfehlen möchten.

Der folgende Text beschreibt eine Funktions-, Sicht- und Warntonprüfung der Öldruckanzeige.

- Ölstand kontrollieren, eventuell berichtigen.
- Zündung einschalten. Die Öldruckkontrollleuchte muss aufleuchten.
- Falls der Motor mit einem Auto-Check-System arbeitet, muss die "OK-Anzeige" erscheinen, wie dies Ihnen bekannt sein wird.
- Überzeugen, dass die Öltemnperatur ca. 80° C beträgt, d.h. der Kühlungsventilator muss mindestens einmal eingeschaltet haben.

Kontrolle des Öldruckschalters

- Motor anlassen. Die Öldruckkontrolleuchte muss erlöschen.
- Kabel vom Öldruckschalter abziehen.
- Zur Kontrolle des Öldrucks ist das von Audi benutzte Manometer vorgesehen. Folgendermassen vorgehen:
- Den Öldruckschalter herausdrehen und in den Druckprüfer (4) einschrauben. Im Bild ist der von Audi/VW benutzte Druckmesser gezeigt.
- Das braune Kabel (2) in Bild 151 mit Masse verbinden.

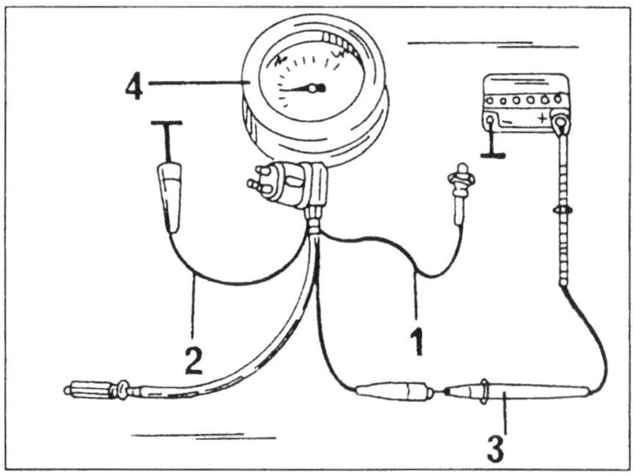

Bild 151
Zur Kontrolle des Öldrucks.
1 Blaues Kabel
2 Braunes Kabel
3 Leuchtdiode VAG 1527
4 Druckmesser VAG 1342

- Das blaue Kabel (1) in den Öldruckschalter einschieben.
- Die Diodenanzeigeleuchte (3) oder eine Prüflampe am Kabel (1) und dem Massepol der Batterie verbinden.
- Zündung einschalten.
- Kontrollieren, ob die Lampe aufleuchtet. Falls dies nicht der Fall ist, muss der Schalter erneuert werden.
- Motor anlassen und den Druckprüfer beobachten. Bei einer Anzeige von 1,2 - 1,6 bar muss die Prüflampe erlöschen. Andernfalls den Schalter erneuern.

Öldruck kontrollieren

- Den Öldruckschalter ausschrauben und in den Öldruckmesser (4) in Bild 151 einschrauben.
- Den Motor anlassen und kontrollieren, dass die Anzeige am Druckmesser zwischen 1,0 bis 2,5 bar liegt, wenn der Motor im Leerlauf läuft. Die Öltemperatur muss mindestens 80° C betragen.
- Die Drehzahl des Motors auf 3000/min bringen. Der Öldruck muss jetzt auf 3 bis 5 bar ansteigen.
- Falls diese Ergebnisse nicht erhalten werden können, muss man die Ursache für den niedrigen Druck herausfinden.

3.5 Ölkühler

Bei allen Motoren wird ein Ölkühler für die Kühlung des Motoröls verwendet, welcher zwischen dem Sockel des Ölfilters und dem Filter eingesetzt ist. Der Ölkühler kann nach Ausbau des Ölfilters und Abschliessen der Schläuche ausgebaut werden. Die Kühlanlage muss abgelassen werden, da andernfalls das Kühlmittel aus den Schläuchen herausläuft. Dazu eine Mutter an der Unterseite entfernen.
Der Ölkühler wird mit einem Dichtring am Sockel abgedichtet. Die Mutter beim Anziehen mit 25 Nm anziehen.

3.6 Motorölstand

Der Ölstand im Motor muss kontrolliert werden, wenn das Fahrzeug auf einer ebenen Fläche abgestellt ist. Ausserdem muss das Motoröl warm sein, wodurch gewährleistet wird, dass alles Öl in die Ölwanne zurückgelaufen ist. Der Motor muss mindestens 10 Minuten stehen, um eine genaue Anzeige des Ölstands zu erhalten.
Den Ölstand in der bekannten Weise überprüfen.

Von der Anzeige am Ölmessstab kann man die Menge des fehlenden Öles feststellen. Der Unterschied zwischen der "Min."-Anzeige und der "Max."-Anzeige beträgt ca. 1,0 Liter. Eine handelsübliche 1,0 Liter-Dose reicht also aus, um den Ölstand von seiner Niedrigstellung auf den Normalstand zu bringen. Den Ölstand immer kontrollieren, ehe man sich auf eine längere Fahrt begibt.
Etwas soll noch über den Ölverbrauch des Motors gesagt werden. Falls Sie der Ansicht sind, dass der Motor zu viel Öl verbraucht, können die folgenden Ursachen dafür verantwortlich gemacht werden:

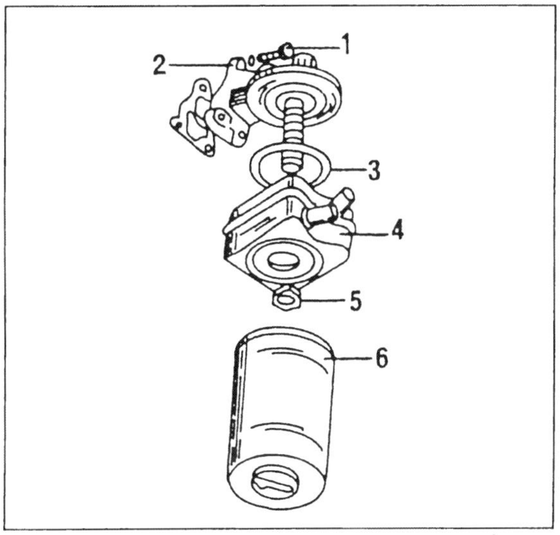

Bild 152
Der Ölkühler.
1 Schraube, 25 Nm
2 Ölfiltersockel
3 Dichtring
4 Ölkühler
5 Mutter, 25 Nm
6 Ölfilter

- Die Ventilschaftölabweisringe sind verschlissen und müssen erneuert werden. Diese können bei eingebautem Zylinderkopf erneuert werden, jedoch sind Spezialwerkzeuge dazu erforderlich. Entweder die Arbeit in einer Werkstatt durchführen lassen oder den Zylinderkopf ausbauen und die Abweisringe erneuern.
- Die Kolbenringe sind verschlissen. Wird starker Ölverbrauch festgestellt, nachdem man die Kolben erneuert hat, könnten die Kolbenringe falsch eingebaut worden sein.
- Das Spiel zwischen den Ventilführungen und den Ventilschäften ist zu gross. In diesem Fall hilft nur eine Überholung des Zylinderkopfes und Erneuerung der Ventile und/oder Ventilführungen.
- Ölleckstellen an bestimmten Stellen des Motors. Ein ölverschmutzter Zylinderblock wird Ihnen zeigen, wo das Öl herausläuft. Betreffende Massnahmen zur Abhilfe treffen.

Mögliche Ölleckstellen am Motor

Dichtung an Zylinderkopfhaube, Zylinderkopfdichtung, Öldruckschalter, Ölfilterdichtung, Ölkühlerdichtung, Ölwannendichtung, Kurbelwelle.

4 Die Kühlanlage

Der Motor wird durch eine Pumpen-Umlaufanlage gekühlt. Eine Flügelradwasserpumpe, d.h. eine Pumpe mit einem kleinen Schaufelrad an der Rückseite, dient zur Umlaufsetzung des Kühlmittels. Das Kühlmittel fliesst, je nach Temperatur des Motors durch einen kleinen Kühlkreis und einen grossen Kühlkreis:

- Wenn der Motor kalt ist, fliesst das Kühlmittel im kleinen Kühlkreis durch den Motor und den Wärmeaustauscher. Ebenfalls in diesen Kühlkreis ist der Kühler für das Motoröl eingeschlossen.
- Erreicht das Kühlmittel eine Temperatur von ca. 87° C, öffnet sich der Thermostat und gibt den "grossen" Kühlkreis frei, welcher ebenfalls den Kühler einzieht.
- Steigt die Wassertemperatur an, schaltet die Viskokupplung des Ventilators oder der elektrisch betriebene Ventilator ein (siehe unten unter "Kühlungsventilator") ein, d.h. der Lüfterflügel dreht sich und führt der Kühlerblockfläche Luft zum Kühlen des Kühlmittels zu. Bei Fahrzeugen mit elektrischem Kühlerventilator schaltet dieser ein, wenn die Temperatur im Kühler mehr als ca. 92° C beträgt.

Achtung: Ein elektrischer Lüfter kann auch bei stillstehendem Motor einschalten. Bei Arbeiten im Motorraum ist dies zu beachten. Verletzungsgefahr.

Überdruckkühlsystem: Hat der Motor seine Betriebstemperatur, steht die Kühlanlage unter einem Druck von 1,2 bis 1,5 bar, wodurch es möglich ist, dass sich die Kühlmitteltemperatur auf mehr als 100° C erhöhen kann, ohne dass die Anlage zu "kochen" beginnt. Zuständig für den richtigen Druck in der Anlage ist der Verschlussdeckel des Dehngefässes der Kühlanlage. Dieser ist mit einem Überdruckventil (Öffnungsdruck zwischen 1,2 und 1,5 bar) und einem Unterdruckventil (Öffnungsdruck zwischen 0,06 - 0,1 bar) versehen. Das Unterdruckventil saugt Luft in die Anlage, wenn das Kühlmittel kälter wird, um den freiwerdenden Raum auszugleichen.

Der eingebaute Kühlungsventilator oder -lüfter hat die Aufgabe zusätzliche Luft durch die Waben des Kühlers zu blasen, wenn der Motor nicht ausreichend durch den Fahrtwind gekühlt werden kann. Durch den Zustrom der Luft wird die vom Kühler ausgestossene Wärme abgeführt.
Alle Motoren sind serienmässig mit einem sogenannten Viskolüfter ausgestattet. Fahrzeuge mit automatischem Getriebe, werkseitig eingebauter Anhängerkupplung oder Klimaanlage haben einen zusätzlichen Ventilator oder sind mit zwei elektrisch angetriebenen Ventilatoren ausgerüstet.

Der Viskolüfter: Der Einbau eines Viskolüfters geschieht in der Hauptsache zum Einsparen der Motorleistung. Der Lüfter wird bei einer Temperatur von ca. 82° C zugeschaltet. Das Zuschalten geschieht über einen Bimetallstreifen, welcher tem-

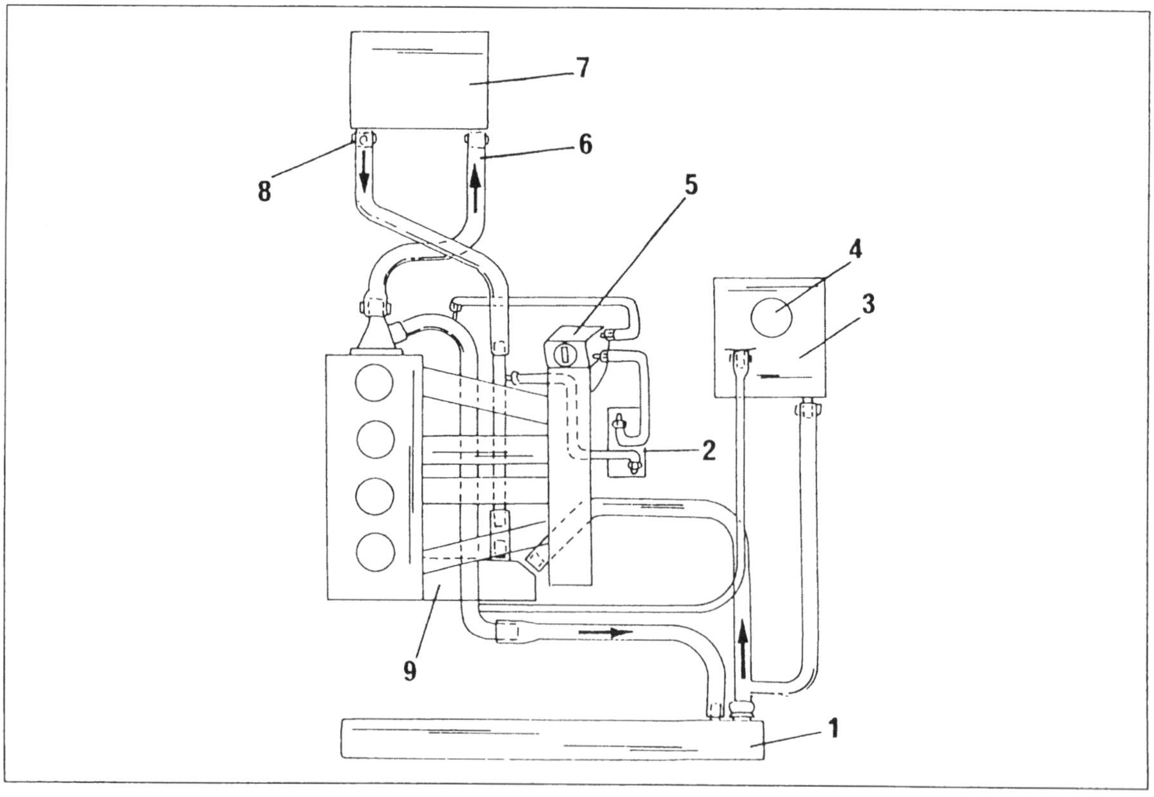

Bild 153
Die Verlegung der einzelnen Teile des Kühlmittelkreises.
1 Kühler
2 Ölkühler
3 Dehngefäss
4 Verschlussdeckel
5 Anschluss am Drosselklappengehäuse
6 Zulaufleitung zum Wärmeaustauscher
7 Wärmeaustauscher
8 Belüftungsbohrung im Rücklaufrohr vom Wärmeaustauscher
9 Kühlmittelpumpe

peraturabhängig über ein Zulaufventil zähes Silikonöl in den Arbeitsraum der Viskokupplug einfliessen lässt. Das Öl bildet dabei eine starre Verbindung zwischen der Riemenscheibe und dem Lüfter, der Lüfter dreht sich und beschickt den Kühler mit Kühlluft. Fällt die Temperatur unter 60° C ab, öffnet sich das Ventil erneut und das Öl kann aus dem Arbeitsraum in den "Warteraum" zurückkehren. Der Kühlungslüfter läuft jetzt ohne Antrieb mit langsamer Drehzahl mit, ohne dem Motor Leistung abzuverlangen.

Elektrischer Kühlungsventilator: Ein solcher Ventilator schaltet sich nur ein, wenn zusätzliche Kühlung erforderlich ist. In die Unterseite des Kühlers ist ein Temperaturschalter eingeschraubt. Nimmt dieser Schalter wahr, dass der Kühler unten zu heiss ist, schaltet er über ein Relais den Ventilator ein. Ebenfalls schaltet er den Ventilator aus, wenn die Temperatur auf einen bestimmten Wert abgesunken ist.
Eingebaut sein kann ebenfalls ein zweistufiger, elektrischer Ventilator, welcher ebenfalls durch einen Schalter an der Unterseite des Kühlers einschaltet, wenn der Motor zu heiss wird, und wieder ausschaltet, wenn die Temperatur des Motors wieder abfällt. Der Schalter öffnet in zwei Stufen, d.h. wenn die Temperatur sehr hoch liegt, schaltet die zweite Stufe ein. Die Temperaturschaltstufen sind der Mass- und Einstelltabelle zu entnehmen.
Ein Dehngefäss für die Kühlanlage ist getrennt im Motorraum eingebaut.
Bild 153 zeigt die Auslegung der Kühlanlage und die Anschlussweise der einzelnen Teile miteinander.

4.1 Kühlmittel

4.1.1 Kühlmittelstand prüfen

Obwohl der Kühlmittelstand und die Kühlmitteltemperatur elektrisch überwacht werden, sollte der Kühlmittelstand im Dehngefäss der Kühlanlage hier und da mal kontrolliert werden. Dies sollte bei stehendem Motor geschehen. Die Höhe der Kühlflüssigkeit ist an der Aussenseite des durchsichtigen Behälters sichtbar. Bei kaltem Motor muss das Kühlmittel zwischen den beiden Markierungen "MIN" und "MAX" in Bild 154 stehen. Ist der Motor heiss, steht das Kühlmittel näher der oberen Marke.
Falls erforderlich muss frisches Frostschutzmittel, gemischt entsprechend der zu erwartenden Temperaturen, in die Anlage eingefüllt werden, wie es folgend beschrieben wird.

4.1.2 Ablassen und Auffüllen der Kühlanlage

- Betätigungshebel der Heizung im Armaturenbrett auf "Heiss" stellen. Dadurch wird der Kühlkreis der Heizungsanlage geöffnet.
- Den Verschlussdeckel des Dehngefässes abschrauben. Dabei die erforderlichen Vorsichtsmassnahmen beachten, d.h. der Motor muss kalt sein. Den Deckel nicht bei heissen Motor abschrauben — **Verbrühungsgefahr.**
- Fahrzeug vorn aufbocken und die untere Motorraumverkleidung ausbauen (Schnellverschlüsse öffnen, siehe Bild 155).

Hinweis: Der in Bild 156 gezeigte Ablassstopfen ist sehr schwer zugängig. Nur bei ausgebautem Stossfänger kann man leicht an ihn herankommen. Falls notwendig, die Anlage durch Abschliessen der Schläuche entleeren.

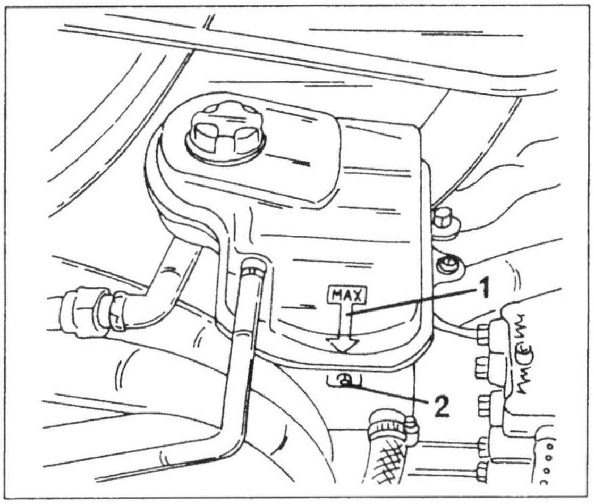

Bild 154
Das Kühlmittel muss innerhalb der beiden Marken (1) und (2) stehen, wenn der Motor kalt ist.

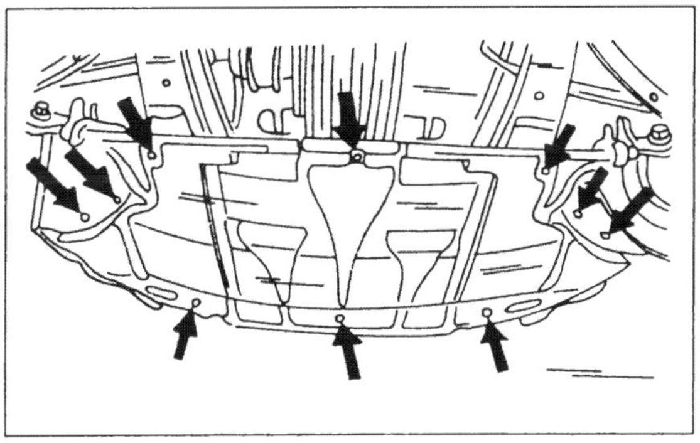

Bild 155
Die Pfeile zeigen wo die Schnellverschlüsse der unteren Motorraumverkleidung sitzen.

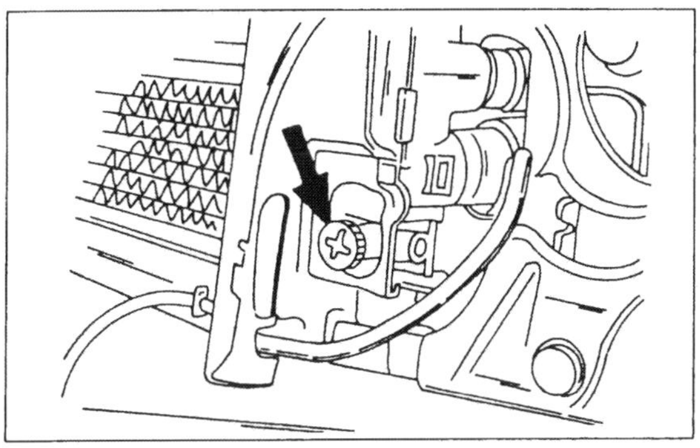

Bild 156
Der Ablassstopfen sitzt an der gezeigten Stelle in der Unterseite des Kühlers.

- Einen flachen Behälter unter den Motor unterstellen.
- Die Ablassschraube an der Unterseite des

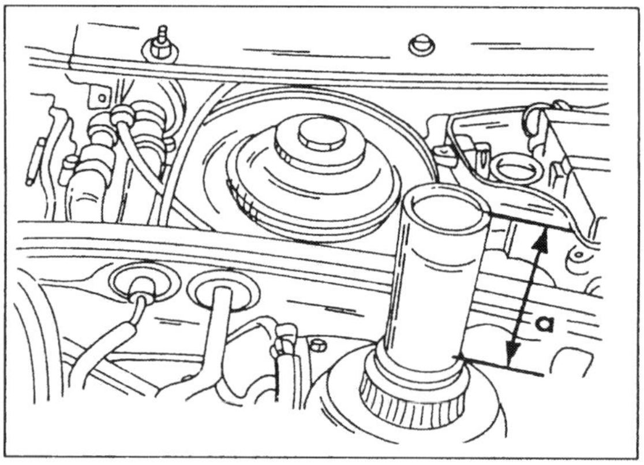

Bild 157
Einen Wasserschlauch (a = 100 mm) auf die Öffnung des Einfüllstutzens des Dehngefässes aufstecken, um das Füllen der Anlage zu erleichtern.

Kühlers an der in Bild 156 gezeigten Stelle öffnen und das Kühlmittel in den Behälter laufen lassen. Um die Anlage vollkommen zu entleeren, ebenfalls den dicken Schlauch zum Kühler und dem dünneren Schlauch zum Wärmeaustauscher der Heizung am Thermostatgehäuse abschliessen und alles Kühlmittel auslaufen lassen. Das Kühlmittel kann wieder verwendet werden, falls es noch nicht zu lange in der Anlage war.
Um zu gewährleisten, dass die Kühlanlage ohne Luftpolster gefüllt wird, soll diese an sich einfache Arbeit beschrieben werden, da man die Anlage entlüften muss. Zu beachten ist, dass die angegebene Füllmenge von ca. 7,5 Liter nicht unbedingt stimmt, da etwas Restflüssigkeit in der Anlage verbleiben wird.

- Heizungshebel auf "Heiss" stellen.
- Unteren Schlauch am Kühler und den dünnen Schlauch am Wärmeaustauscher anschliessen.
- Den in Bild 156 gezeigten Ablassstopfen wieder festschrauben.

Achtung: Frostschutzmittel ist giftig, darf also nicht einfach weggeschüttet werden. Das ausgelaufene Kühlmittel vorschriftsmässig entsorgen.

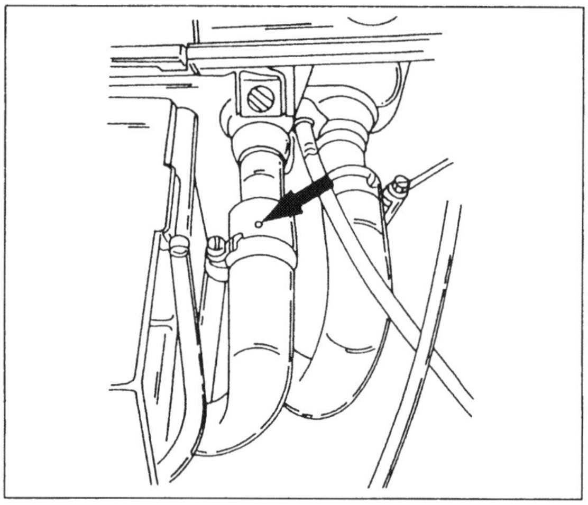

Bild 158
Den Wasserschlauch lösen und zurückziehen, bis die mit dem Pfeil beeichnete Entlüftungsbohrung frei wird.

- Verschlussdeckel des Dehngefässes entfernen und ein Schlauchstück von 100 mm Länge und einem Durchmesser von 42 mm über die Einfüllöffnung stecken, um das Einfüllen zu erleichtern (siehe Bild 157).
- Unter Bezug auf Bild 158 die Schlauchschelle des gezeigten Schlauchs lockern und den Schlauch zurückziehen, bis die Entlüftungsbohrung nicht länger vom Schlauch verdeckt wird.
- Das vorbereitete Kühlmittel einfüllen, bis es aus der Entlüftungsbohrung herausläuft. Den Schlauch jetzt wieder aufschieben und mit der Schelle befestigen.
- Die Kühlanlage bis zum richtigen Stand füllen (an der Markierung des Dehngefässes kontrollieren) und die Verschlusskappe aufschrauben.
- Motor anlassen und ca. 3 Minuten mit einer Drehzahl von 2000/min laufen lassen. Danach den Motor im Leerlauf weiter laufen lassen, bis der Kühler in der Gegend des unteren Schlauchanschlusses heiss wird.
- Kühlmittelstand kontrollieren. Falls dieses nicht bis zur "Max"-Markierung des Dehngefässes steht, muss zusätzliche Frostschutzmischung in die Anlage eingefüllt werden. Da man den Verschlussdeckel wieder abschrauben muss, sind die notwendigen Vorsichtsmassnahmen zu beachten.

4.1.3 Frostschutzmittel

Die Kühlanlage wird werkseitig mit Frostschutzmittel gefüllt und dieses sollte während des ganzen Jahres in der Anlage gelassen werden. Falls Frostschutzmittel gemischt wird, sind die folgenden Mischungsverhältnisse zwischen Frostschutz und Wasser zu beachten. Wir empfehlen, das von VW/Audi gehandelte Frostschutzmittel "G11" zu verwenden, da dessen chemische Zusammensetzung speziell für den Motor hergestellt wurde. Falls andere Produkte verwendet werden, was ohne weiteres möglich ist, muss der Verpackungsaufdruck gelesen werden, da andere Mischungsverhältnisse angegeben sein könnten. Es ist auch ohne weiteres möglich, dass man Frostschutzmittel verschiedener Hersteller miteinander vermischt. Alle Motoren haben die gleichen Füllmengen, jedoch können je nach eingebauter Ausrüstung unterschiedliche Füllmengen vorliegen.

Bis —25° C Gefriergrenze:
3,0 Liter Frostschutz, 4,0 Liter Wasser
Bis —35° C Gefriergrenze:
3,5 Liter Frostschutz, 3,5 Liter Wasser

Um die Gefrierschutzstärke des Frostschutzmittels zu kontrollieren (z.B. vor Anbruch des Winters, wenn man während des Jahres einfaches Wasser nachgefüllt hat), braucht man einen Messer, eine Art Sauger, welcher z.B. als Aräometer bezeichnet wird. Zur Kontrolle etwas Kühlflüssigkeit aus der Öffnung des Dehngefässes absaugen, bis der Schwimmer im Sauger sich frei bewegen kann. Je nach Konzentration des Frostschutzmittels taucht der Schwimmer mehr oder weniger in die Flüssigkeit ein. An der Seite des Messers kann man die Gefrierschutzgrenze ablesen. Da die Zusammenstellung des Frostschutzmittels aller Hersteller jedoch nicht gleich ist, tut man gut daran eine Zugabe von 2 bis 3° C zu erlauben, d.h. man rechnet lieber etwas weniger.

Hinweis: Bei Verwendung von Frostschutzmitteln anderer Hersteller darauf achten, dass diese der Norm TL VW 774 entsprechen. Frisches Frostschutzmittel muss immer eingefüllt werden, wenn Kühler, Wärmeaustauscher der Heizung, Zylinderkopfdichtung oder Zylinderkopf erneuert wurden.
Unter keinen Umständen darf man mehr als 60% Frostschutzmittel einfüllen, um den Gefrierschutz zu erhöhen, da das Kühlungsvermögen darunter leiden könnte.
Am besten ist es, wenn man das richtige Verhältnis Frostschutz/Wasser während des ganzen Jahres beibehält.

4.1.4 Kühlmittel nachfüllen

Es kann schon einmal vorkommen, dass der Kühlmittelstand einmal absinkt. Dies weist in den meisten Fällen auf einen Defekt hin, da Kühlmittel nicht aufgebraucht oder durch Verdampfung verzehrt wird. Bei ständigem Verlust von Kühlmittel überprüft man die Kühlanlage auf Leckstellen, wie es im folgenden Kapitel 4.2.1 beschrieben wird.
Um aber in der Zwischenzeit Kühlmittel nachzufüllen, folgt man der untenstehenden Beschreibung.

- Den Verschlussdeckel des Dehngefässes öffnen. Schlaue Handwerker warten, bis der Motor kalt ist. Andernfalls die Verschraubung mit einem Lederhandschuh oder dicken Lappen erfassen und langsam um eine Umdrehung zurückdrehen. Dadurch wird der Überdruck in der Anlage entlastet. Erst dann den Deckel vollkommen abschrauben.
- Den Kühlmittelstand jetzt berichtigen. Während der Sommermonate kann man ohne weiteres einfaches Leitungswasser einfüllen, jedoch muss man vor Eintritt des Winters die Konzentration des Kühlmittels prüfen. Nicht über die MAX-Marke füllen, da die zusätzliche Menge bei Erwärmung der Anlage wieder unnötig ausgestossen wird.
- Bei erheblichem Wasserverlust und heissem Motor kein kaltes Wasser einfüllen (Kälteschock — Verzug von Teilen des Motors). Abwarten, bis sich der Motor "zum Anfassen" abgekühlt hat.

4.2 Kühler und Ventilator

4.2.1 Prüfungen am Kühler

Die Kühlanlage arbeitet unter Druck. Der Kühlerverschlussdeckel ist mit einer Feder versehen, die so ausgewählt ist, dass eine Dichtung den Kühlungskreis abschliesst und ihn öffnet, wenn der Druck auf 1,2 - 1,5 bar ansteigt. Aufgrund der Ausdehnung des Kühlmittels führt der zusätzliche Druck zur Erhöhung des Siedepunktes.

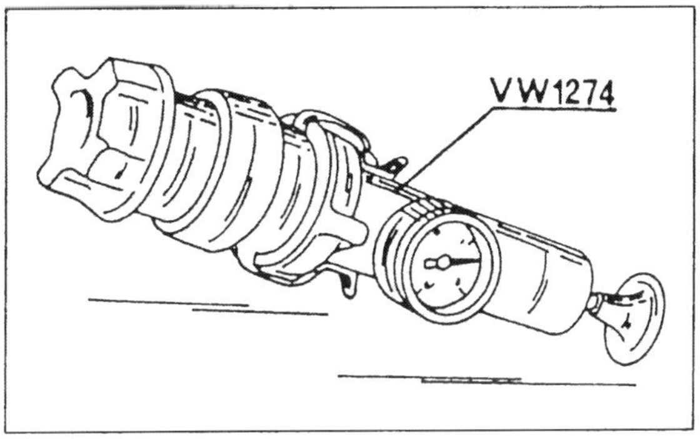

Bild 159
Abdrücken des Verschlussdeckels für das Dehngefäss mit der Spezialpumpe. Die Kühlanlage kann mit der gleichen Pumpe abgedrückt werden.

Bild 160
Die Kühlerprüfpumpe wird mit einem Adapter an der Einfüllöffnung des Dehngefässes angebracht.

Zum Prüfen der Verschlusskappe ist eine Kühlerprüfpumpe erforderlich. Die Pumpe auf die Kappe schrauben (Bild 159) und sie betätigen, bis das Ventil öffnet. Dies sollte innerhalb des oben angegebenen Drucks stattfinden. Falls dies nicht der Fall ist, muss die Verschraubung erneuert werden.
Mit der gleichen Abdrückpumpe kann die Kühlanlage in gleicher Weise auf Leckstellen kontrolliert werden, indem man die Pumpe am Einfüllstutzen anbringt, wie es in Bild 160 zu sehen ist. Den Druck auf 1,0 atü. bringen und kontrollieren, dass der Druckmesser diesen Druck mindestens 2 Minuten lang hält. Falls dies nicht der Fall ist, befindet sich eine Leckstelle in der Kühlanlage,

welche durch den im Kühler befindlichen Druck leichter herauszufinden ist (Auslaufen von Kühlmittel an der Leckstelle). Falls eine derartige Pumpe nicht zur Verfügung steht, und der Motor überhitzt, lassen Sie den Deckel in einer Werkstatt kontrollieren, da der Fehler oftmals an der Verschraubung liegt.
Falls man Leckstellen feststellen will, muss man an den folgenden Stellen kontrollieren:

- Kontrollieren, dass alle Schläuche an Motor, Kühler und Heizungsanlage dicht sind.
- Rissige Schläuche. Durch Durchkneten der Schläuche wird man schnell in der Lage sein harte oder spröde Schläuche festzustellen.
- Wurden Schläuche erneuert, ist es möglich, dass sie zu knapp auf den Stutzen sitzen oder die Spannschrauben der Schlauchschellen sind unzureichend angezogen.
- Verrostete Schlauchschellen auswecheln, da sie ohne Warnung platzen könnten.

4.2.2 Kühler aus- und einbauen

Der Kühler hat zwei Wasserkasten aus Kunststoff, welche rechts und links des Kühlerblocks angeordnet sind. Ehe ein Kühler ausgewechselt wird, sollte man ihn in einer Werkstatt abdrücken lassen oder die Kontrolle selbst durchführen, wie es bereits beschrieben wurde. Kühlerwerkstätten sind in der Lage kleinere Leckstellen wieder zu flicken, d.h. den Kühler nicht sofort erneuern, sondern vorher untersuchen lassen. Ebenfalls versuchen einen Austauschkühler zu erhalten.
Der Ausbau des Kühlers bei einem Fahrzeug mit automatischem Getriebe muss als schwierig bezeichnet werden, da die Leitungen vom angebauten Kühler der Getriebeflüssigkeit abgeschlossen werden müssen. Obwohl diese Arbeit nicht schwierig ist, liegen die Probleme beim Nachfüllen etwaig ausgelaufener Flüssigkeit. Die genaue Kontrolle des Flüssigkeitsstandes ist eine Werkstattarbeit, die mit einem Fehlerauslesegerät durchgeführt wird. Führt man die Arbeit trotzdem durch, muss man darauf achten, dass kein Öl herausläuft. Den Ölstand im Getriebe danach unbedingt kontrollieren lassen.
Beim Ausbau des Kühlers folgendermassen vorgehen:

- Den vorderen Stossfänger ausbauen (siehe Seite 61).
- Bei einem eingebauten Elektro-Ventilator vorher die Batterie abklemmen, da bei eingeschalteter Zündung die Leitungen des Ventilators unter Strom stehen.
- Kühlanlage ablassen, wie es in Kapitel 4.1.1 beschrieben wurde. Den Verschlussdeckel des Dehngefässes abschrauben, damit das Wasser besser ablaufen kann.
- Leitungen von den Anschlussstiften des Thermoschalters und der Ventilatoreinheit abziehen (letztere, falls eingebaut).
- Kühlmittelschläuche am Kühler abschliessen. Der grosse Schlauch auf der Fahrerseite kann nach Abdrücken einer Blechklammer im Schlauchanschluss abgezogen werden.
- Wo notwendig die Luftführung an der rechten oder linken Seite ausbauen.
- Die Überwurfmuttern der Leitungen des Ölkühlers abschliessen (bei automatischem Getriebe). Wie bereits erwähnt den Ölverlust auf einem Minimum halten.
- Die Kühlerhaltebolzen oben am Kühler mit einem kleinen Schraubendreher (Schraubenzieher) entriegeln und herausziehen.
- Das Gummizwischenlager nach vorn herausziehen.
- Den Kühler oben etwas nach vorn ziehen und nach oben aus der unteren Steckverbindung aus der Halterung herausziehen.

Der Einbau des Kühlers ist eine einfache Umkehr. Die Kühlanlage auffüllen, wie es in Kapitel 4.1.1 beschrieben wurde. Vorher jedoch das nachfolgende Kapitel durchlesen, um die Schläuche einwandfrei zu befestigen.
Wie bereits erwähnt, den Ölstand im automatischen Getriebe kontrollieren lassen.

4.2.3 Kühlmittelschläuche

Grundsätzlich gilt, dass man den richtigen Kühlmittelschlauch beziehen muss, d.h. Schläuche nur anhand der Motornummer bestellen.
Meistens entwickeln sich Leckstellen an einem Kühlmittelschlauch während einer Fahrt, so dass man sich umgehend weiterhelfen muss. An Tankstellen gibt es meistens Schnellreparatursätze. Bei diesen handelt es sich um Klebbänder, die auf einem gut gereinigten Schlauch gut aufkleben. Falls der Riss ziemlich gross ist, kann man den Verschlussdeckel des Dehngefässes um eine Umdrehung öffnen, um den Druck in der Anlage zu entlasten. Während man die Kühlmitteltemperatur und den Kühlmittelstand im Auge behält, kann man in die nächste Werkstatt fahren.
Bei Erneuerung eines Kühlmittelschlauchs:

- Kühlanlage ablassen (Kapitel 4.1.1)
- Bei Schraubschellen die Schraube mit einem Schraubendreher ausreichend lösen; bei Federband-Schlauchschellen die beiden Enden der Schelle bis zum Anschlag zusammendrücken.
- Der grosse Schlauch an der Unterseite des Kühlers könnte mit einer Blechklammer im Schlauchanschluss gesichert sein. Diese muss

abgedrückt werden.

- Den Schlauch abziehen. Sitzt der Schlauch sehr fest, kann man einen Schraubenzieher zwischen Schlauch und Stutzen einzwingen und vorsichtig von der "Anklebung" abdrücken.
- Den neuen Schlauch auf die Anschlussstutzen schieben. Zum Befestigen dabei Schraubschellen benutzen. Die Klemmschraube nicht zu übermässig anziehen, damit man das Gewinde nicht beschädigt oder gar den Schlauch einschneidet.
- Ist der Schlauch mit einer Blechklammer gesichert, den Dichtring überprüfen. Der Schlauchanschluss wird einfach angedrückt, bis die Blechklammer einrastet.

4.2.4 Kühlungsventilator prüfen

Sehr hohe Kühlmitteltemperaturen können unter anderen auf einen Ausfall des Ventilators zurückgeführt werden (andere Gründe: Thermostat, gerissener Keilrippenriemen), besonders wenn dies im stockenden Verkehr auftritt. Falls dies vorkommen sollte, den Motor abkühlen lassen und abwarten, bis man mit mittleren Drehzahlen bei gutem Tempo die nächste Werkstatt anlaufen kann.
Falls ein elektrischer Ventilator nicht einwandfrei einschaltet, können die unten angeführten Abhilfsmassnahmen befolgt werden. Im Falle eines Visko-Lüfters muss die Kupplung ersetzt werden, wenn der Ventilator sich bei stillstehenden Motor nicht mehr leicht durchdrehen lässt, übermässiges Spiel (axial und radial) ist feststellbar oder Öllleckstellen sind an der Kupplung feststellbar.

Kontrolle eines elektrischen Ventilators

- Die zum Absichern des Ventilators zutreffende Sicherung überprüfen (Nr. 19 im Zusatzrelaisträger).
- Den Thermoschalter in der Seite des Kühlers prüfen (dieser sitzt unmittelbar neben dem Ölfilter). Dazu den Stecker vom Thermoschalter abziehen und die beiden Kontakte im Stecker mit einem Stück Draht überbrücken. Ist ein zweistufiger Thermoschalter eingebaut, alle drei Steckerkontakte überbrücken.
- Die Zündung einschalten. Falls der Ventilator sofort anläuft, kann man annehmen, dass der Thermoschalter defekt ist.
- Um einstweilen Abhilfe zu schaffen, die Drahtanschlüsse im Stecker gut befestigen und das ganze mit Isolierband umwickeln, so dass keine Kurzschlüsse auftreten können.
- Die nächste Überprüfung betrifft das Lüfter-Relais. Diese sitzen an Steckplätzen 2 und 3 im 8-fachen Zusatzrelaisträger. Zur ersten Kontrolle muss man einen Helfer beauftragen das Ohr in die Nähe des freigelegten Relais halten. Während die Anschlusskabel des Thermoschalters überbrückt werden, muss man bei eingeschalteter Zündung ein hörbares Schliessen der Schaltkontakte im Relais vernehmen.
- Wenn man es sich zutraut, kann man das Relais behelfsmässig überbrücken. Dazu die Relaissteckerzungen der Klemmen 30 und 87 mit einer Büroklammer verbinden und das Relais einstecken. Der Kühlungsventilator muss auch bei ausgeschalteter Zündung laufen. Falls dies der Fall ist, ein neues Relais einbauen. Um zur nächsten Werkstatt zu kommen, kann man die Drahtüberbrückung in Position lassen.
- Die nächste Prüfung betrifft den Lüftermotor selbst. Zuerst den Kabelstecker zum Ventilator abziehen und statt dessen am Kontakt der rot/schwarzen Leitung mit einem Hilfskabel mit der Batterie verbinden. Die Steckverbindung für das braune Kabel wird mit dem Minuspol der Batterie verbunden.
- Dreht sich der Lüfter immer noch nicht, ist der Ventilatormotor defekt und muss erneuert werden; läuft der Ventilator stimmt irgendetwas in der Verdrahtung nicht. In diesem Fall alle Kabelverbindungen zwischen Thermoschalter und Lüfter kontrollieren.

4.2.5 Visko-Lüfter

Wie bereits erwähnt, muss der Visko-Lüfter im Falle der bereits angegebenen Defekte erneuert werden.

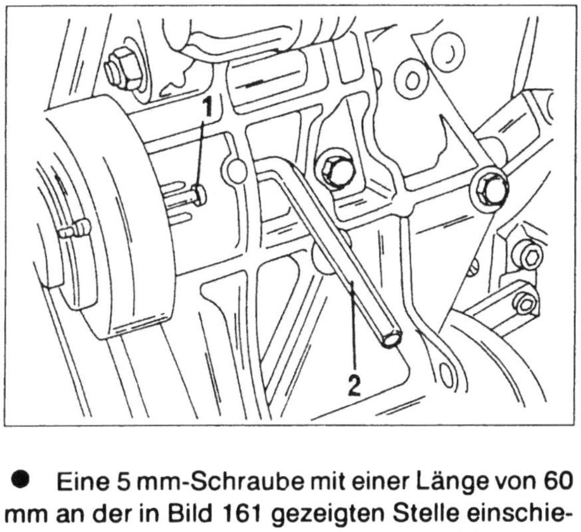

Bild 161
Beim Lösen der Riemenscheibe der Visko-Kupplung wird die Schraube (1) an der gezeigten Stelle eingeschoben. Die Befestigungsschraube mit einem Inbusschlüssel (2) lösen.

- Eine 5 mm-Schraube mit einer Länge von 60 mm an der in Bild 161 gezeigten Stelle einschieben, um die Riemenscheibe der Visko-Kupplung zu blockieren und die Schraube mit einem 8 mm-Inbusschlüssel lösen.
- Den Visko-Lüfter abnehmen.
- Die Lüfterkupplung von Ventilator abschrauben.

● Die neue Kupplung mit dem Ventilator zusammenschrauben. Das Anzugsdrehmoment beträgt 10 Nm.

● Den Visko-Lüfter wieder einbauen. Die Schraube mit 70 Nm anziehen. Die eingesteckte Schraube nicht vergessen.

4.3 Die Wasserpumpe

Die Wasserpumpe sitzt in Fahrtrichtung vorn links am Motor und wird vom Keilriemen angetrieben. Die Wasserpumpe ist auf Lebenszeit wartungsfrei. Auch eine leckende oder geräuschvolle Wasserpumpe kann nicht repariert werden.

4.3.1 Aus- und Einbau

Die Wasserpumpe besteht aus zwei Teilen. Einmal kann man die komplette Pumpe zusammen mit dem hinteren Gehäuseteil erneuern, oder man kann den Vorderteil der Pumpe kaufen, in welchem sich das Flügelrad, das Lager und der Flansch befindet. Bild 162 zeigt wo die Wasserpumpe am teilweise zerlegten Motor sitzt. Der folgende Text beschreibt den Ausbau des Lagergehäuses und der kompletten Pumpe.

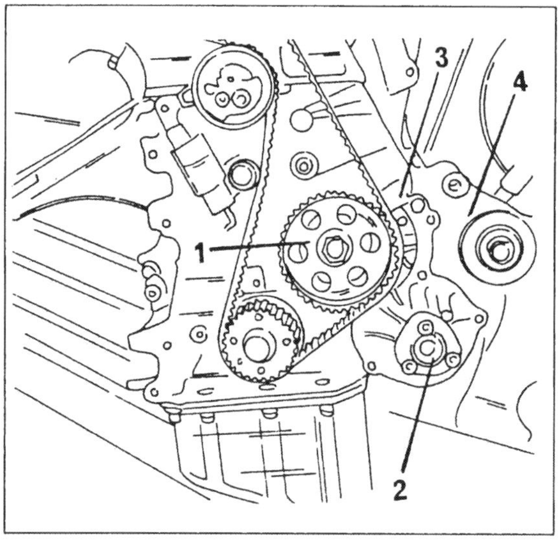

Bild 162
Ansicht der Stirnseite des Motors mit Lage der Wasserpumpe. Beim Einbau des Zahnriemens den Anweisungen im Kapitel 2.8 folgen.
1 Antriebsrad der Zwischenwelle (ausbauen)
2 Antriebsflansch der Pumpe (an diesem ist die Riemenscheibe angeschraubt)
3 Lagergehäuse
4 Konsole

Ausbau des Lagergehäuses

● Kühlanlage entleeren.

● Alle Schläuche von den Anschlüssen an der Pumpe abschliessen.

● Keilrippenriemen ausbauen, wie es in Bild 2.8.1 bzw. 2.8.2 beschrieben wurde.

● Riemenspanner für den Keilrippenriemen ausbauen.

● Die Riemenscheibe der Wasserpumpe abschrauben. Diese dabei in geeigneter Weise gegenhalten (z.B. einen alten Keilriemen in die Nut eindrücken).

● Zahnriemenschutzdeckel an der Unterseite und Oberseite ausbauen, wie es bei der Erneuerung des Zahnriemens beschrieben wurde.

● Den Zahnriemen ausbauen, wie es im Kapitel 2.8 unter der betreffenden Überschrift beschrieben wurde. Zwischenrad ausbauen (gegenhalten).

● Die einzelnen Schrauben der Verbindung zwischen dem vorderen Lagergehäuse und dem Wasserpumpengehäuse ausfindig machen und herausdrehen. Insgesamt sind 7 Schrauben eingeschraubt. Im Lagergehäuse sitzt das Pumpenflügelrad.

● Die Dichtung zwischen dem Lagergehäuse und dem Wasserpumpengehäuse abnehmen und durch eine neue ersetzen.

Der Einbau des Lagergehäuses geschieht in umgekehrter Reihenfolge wie der Ausbau. Die Schrauben des Lagergehäuses mit 10 Nm, der Riemenscheibe auf 20 Nm anziehen.
Den Keilriemen montieren, wie es im Kapitel 2.8.1 oder 2.8.2 beschrieben ist.

Komplettes Wasserpumpengehäuse erneuern

● Den beim Ausbau des Lagergehäuses gegebenen Anweisungen folgen, ohne den Zahnriemen auszubauen. Auszubauen sind jedoch die Konsole der Lichtmaschine und der Lenkhilfspumpe (Servolenkung). Beim Einbau die Dichtung zwischen dem Gehäuse und dem Zylinderblock erneuern. Die Konsole der Lichtmaschine mit 25 Nm, die der Lenkhilfspumpe mit 35 Nm anziehen.

4.3.2 Wasserpumpe reparieren

Wie bereits erwähnt, kann die Wasserpumpe nicht repariert werden und ist im Schadenfalle zu erneuern. Die Pumpe nach dem Ausbau auf Zeichen von Leckstellen kontrollieren (meistens durch Roststellen angezeigt) und die Nabe durchdrehen, um das Lager zu überprüfen.
Zum Erneuern der Pumpe das Thermostatgehäuse an der Unterseite abschrauben und den Thermostat herausnehmen. Die Schrauben der Pumpe vom Pumpengehäuse lösen und die Pumpe abnehmen. Die Dichtung zwischen den beiden Gehäusehälften entfernen.
Beim Anschrauben der Pumpe am Gehäuse die Dichtung erneuern.

4.3.3 Antriebsriemenspannung einstellen

Die für den Antriebsriemen der Wasserpumpe

gültigen Anweisungen zum Spannen des Riemens wurden bereits in den Kapiteln 2.8.1 und 2.8.2 für den in Frage kommenden Motor beschrieben.

4.4 Thermostat

Falls der Motor während der Fahrt wegen eines defekten Thermostats überhitzt, muss das Fahrzeug abgeschleppt werden oder man baut den Thermostat einfach aus. In diesem Fall muss die Temperatur natürlich ausreichend abgesunken sein. Dabei müssen Sie daran denken, dass es eine Weile dauern wird, bis ein überhitzter Motor abgekühlt ist.
Der Thermostat sitzt an der Unterseite der Wasserpumpe in einem angeschraubten Gehäuse (Deckel mit Schlauchanschluss), welches mit einem "O"-Dichtring abgedichtet wird. Den Thermostat folgendermassen erneuern;

- Kühlanlage entleeren. Da der Thermostat ziemlich tief sitzt, muss die Anlage fast vollkommen entleert werden.
- Untere Verkleidung des Motorraums ausbauen (Schnellverschlüsse).
- Den Schlauch vom Wasserpumpengehäuse abschliessen (Arbeitsschritt übergehen, falls er bereits beim Ablassen des Kühlmittels abgeschlossen wurde).
- Von unten zwei Schrauben aus dem Thermostatgehäusedeckel ausschrauben und den Deckel nach unten abnehmen. Der Thermostat kann jetzt herausgenommen werden. Der Thermostat ist mit einer kleinen Abdichtplatte versehen, welche zum Motor weisen muss. Den Dichtring vom Deckel abnehmen und sofort kontrollieren.

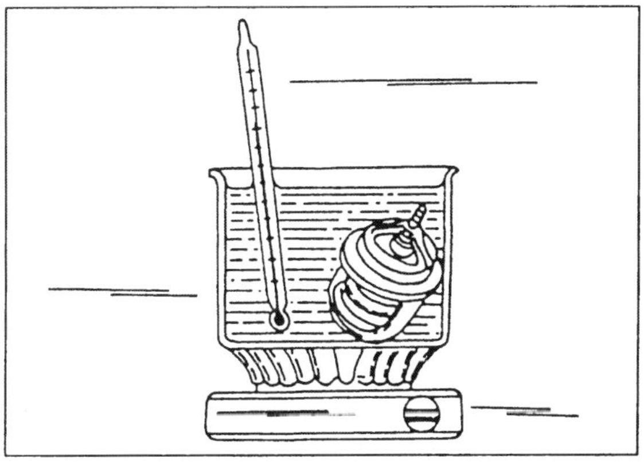

Bild 163
Bei der Kontrolle eines Thermostaten diesen mit einem Thermometer in Wasser einhängen.

Ein Thermostat kann nicht repariert werden und ist im Schadenfalle zu erneuern. Eine einfache Prüfung lässt sich folgendermassen durchführen:

- Thermostat an einem Stück Draht in einen Behälter mit kaltem Wasser einhängen.
- Ein Thermometer in ähnlicher Weise einhängen. Bild 163 zeigt wie man die Teile in das Gefäss einlegt.
- Wasser allmählich erhitzen und kontrollieren, ob sich der Thermostat bei ca. 87° C zu öffnen beginnt. Bei 102° C muss der Thermostat vollkommen geöffnet sein.
- Der Thermostatstift muss bei dieser Kontrolle mindestens 7 mm aus dem Thermostat heraustreten. Falls der Thermostat diese Prüfungen nicht besteht, muss er erneuert werden.
- Falls irgendwelche Zweifel bestehen, muss man den Thermostat immer erneuern, da ein verklemmter Thermostat in falscher Stellung zum Überhitzen des Motors führen kann.

Beim Einbau des Thermostats eine neue Dichtung verwenden. Die Schlauchschelle kontrollieren, ehe sie wieder am Schlauch festgezogen wird. Die Kühlanlage auffüllen, wie es in Kapitel 4.1.1 beschrieben ist.

5 Die Kraftstoffeinspritzanlage

Diese Einspritzanlage ist in alle Motoren eingebaut. Bei dem Einspritzsystem handelt es sich um eine elektronisch gesteuerte Anlage mit vorprogrammiertem Einspritzkennfeld, kennfeldgesteuerter Zündanlage, klopfgeregelter Zündverstellung, integrierter Leerlaufstabilisierung und Abschaltung im Schub. Wie der Name "Mono" besagt, handelt es sich um eine sogenannte Mehrpunkteinspritzung, d.h. jeder Zylinder hat sein eigenes Einspritzventil. Wo einige der Hauptkomponenten der Anlage im Motorraum sitzen, zeigen Ihnen Bilder 164 bis 166. Zwischen dem 1,6 Liter-Motor und den beiden 1,8 Liter-Motoren liegen kleine Unterschiede vor, auf welche später noch eingegangen wird, die man auch den Bildern entnehmen kann.

5.1 Sauberkeit bei Arbeiten an der Einspritzanlage

Bei Arbeiten am Motor, bei denen man Anschlüsse der Kraftstoffeinspritzanlage lösen muss, sind die folgenden Vorsichtsmassnahmen zu beachten:

- Vor Abschrauben von Überwurfmuttern diese und die umliegende Gegend einwandfrei reinigen.
- Ausgebaute Teile auf eine saubere Fläche ablegen und gut mit Papier oder Kunststoffmaterial abdecken. Keine flusenden Lappen dazu verwenden. Auch darf man mit fettigen Händen die Teile nicht an den Anschlüssen anfassen, um zu verhindern, dass Fremdkörper in die Anlage gelangen.
- Ausgebaute Teile, welche nicht wieder umgehend eingebaut werden, sollten in einer Schachtel oder einem anderen Behälter abgelegt und entsprechend aufbewahrt werden.
- Neuteile sollten nur kurz vor dem Einbau aus der Verpackung herausgenommen werden.
- Falls Anschlüsse der Anlage geöffnet wurden, keine Pressluft zum Ausblasen von anderen Teilen benutzen. Das Fahrzeug sollte nicht verschoben werden, wenn es irgendwie möglich ist. Geöffnete Anschlüsse immer gut abdecken.

5.2 Sicherheitsmassnahmen bei Arbeiten an der Anlage

Da die meisten der eingebauten Einspritzanlagen elektronisch zusammen mit der Zündung arbeiten, sind die folgenden Vorsichtsmassnahmen bei Arbeiten an der Anlage zu beachten, um Verletzungen und/oder Schäden an Teilen der Anlage zu vermeiden.

- Beim Anschliessen und Abschliessen von elektrischen Kabeln der Zündanlage, Einspritzanlage oder von Messinstrumenten muss die Zündung immer ausgeschaltet sein.

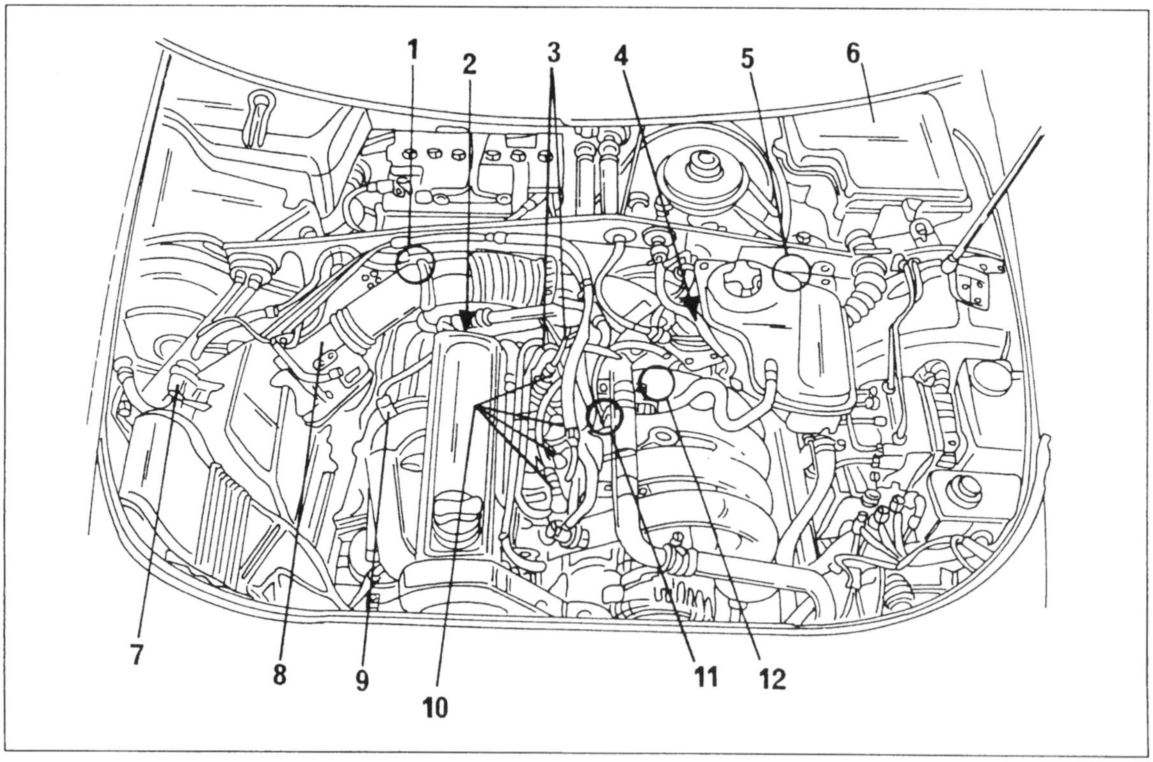

Bild 164
Die Lage der Teile im Motorraum. Die Kennzeichnungen entsprechen den Bezeichnungen in den Schaltplänen (Motor ADP).
1 Leistungsendstufe N7 mit Zündspule N
2 Kühlmittel-Temperaturgeber G62 (in Kühlmittelrohr an Rückseite Zylinderkopf)
3 Verteiler mit Hall-Geber G40
4 Drosselklappen-Steuereinheit J338
5 Steckeranschluss für: Lambda-Sonde (schwarz) Motordrehzahlgeber (grau) Klopfsensor (grün)
6 Motronic-Steuergerät
7 Magnetventil für Aktivkohlebehälter N80
8 Luftmassenmesser G70
9 Lambda-Sonde G39 mit Lambda-Sondenbeheizung Z19
10 Einspritzventile, N30-N33
11 Klopfsensor I G61
12 Geber für Motordrehzahl G28 (hinter Ölfilter)

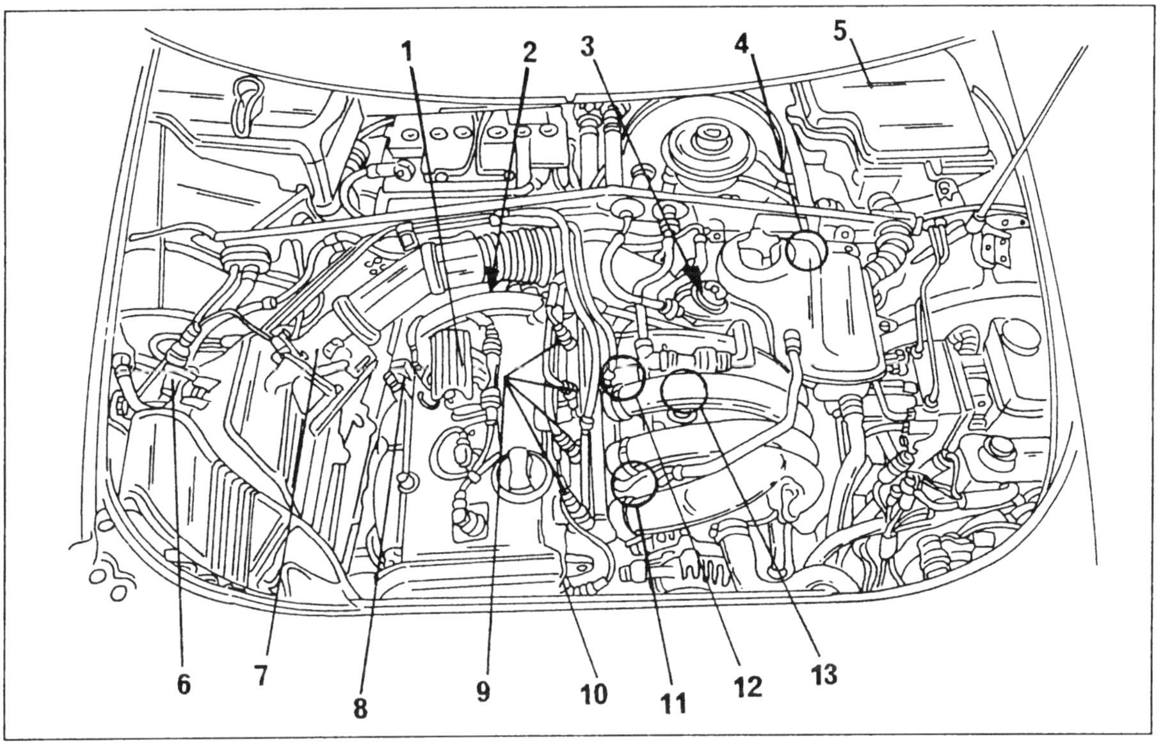

Bild 165
Die Lage der Teile im Motorraum. Die Kennzeichnungen entsprechen den Bezeichnungen in den Schaltplänen (Motor ADR)
1 Zündspulen N und N128 mit Leistungsendstufe N122
2 Kühlmittel-Temperaturgeber G62 (in Kühlmittelrohr an Rückseite Zylinderkopf)
3 Drosselklappen-Steuereinheit J338
4 Steckeranschluss für: Lambda-Sonde (schwarz) Motordrehzahlgeber (grau) Klopfsensor I (grün) Klopfsensor II (blau)
5 Motronic-Steuergerät
6 Magnetventil N80 für Aktivkohlefilter
7 Luftmassenmesser G70
8 Lambda-Sonden-Beheizung, G39
9 Einspritzventile, N30 - N33
10 Hall-Geber G40
11 Klopfsensor I, G61
12 Klopfsensor II, G66
13 Geber für Motordrehzahl, G28 (hinter Ölfilter)

● Beim Durchdrehen des Motors mit dem Anlasser, ohne dass der Motor angelassen werden soll (z.B. bei Kompressionsprüfung), ist der Stecker von der Leistungsendstufe für die Zündspulen und die Stecker von den Einspritzventilen abzuziehen.

● Beim Anlassen mit einem Schnellstarter nicht mit mehr als 16,5 Volt und nicht länger als eine Minute anlassen.

● Beim Reinigen des Motors mit Reinigungsflüssigkeiten die Zündung ausschalten.

● Beim Durchführen von Schweissungen am Fahrzeug, ganz gleich welche Schweissungsart, immer die Kabel von beiden Polen der Batterie abklemmen.

● Beim Abschleppen des Fahrzeuges mit einer

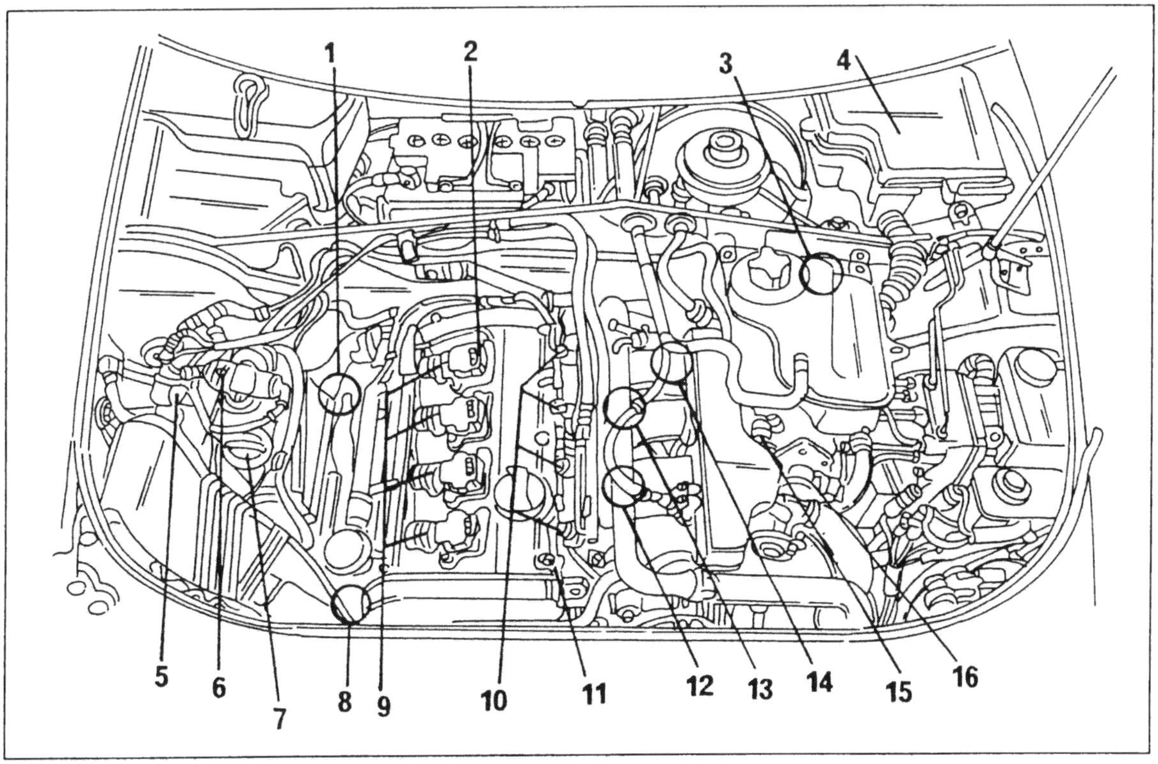

Bild 166
Die Lage der Teile im Motorraum. Die Kennzeichnungen entsprechen den Bezeichnungen in den Schaltplänen (Motor AEB)
1 Lambda-Sonde G39 mit Lambda-Probenbeheizung, Z19
2 Kühlmittel-Temperaturgeber G62 (in Kühlmittelrohr an Rückseite Zylinderkopf)
3 Steckeranschluss für: Lambda-Sonde (schwarz) Motordrehzahlgeber (grau) Klopfsensor I (grün) Klopfsensor II (blau)
4 Motronic-Steuergerät, J220
5 Magnetventil für Aktivkohlefilter, N80
6 Leistungsendstufe für Zündspulen, N122
7 Luftmassenmesser, G70 (im Oberteil des Luftfiltergehäuses)
8 Magnetschaltventil für Ladedruckregelung N75
9 Zündspulen: Zylinder 1 — N Zylinder 2 — N128 Zylinder 3 — N158 Zylinder 4 — N163
10 Einspritzventile, N30 - N33
11 Hall-Geber G40
12 Klopfsensor I, G61
13 Klopfsensor II, G66
14 Motordrehzahlgeber, G28 (hinter Ölfilter)
15 Ansaugluft-Temperaturgeber, G42
16 Drosselklappen-Steuergerät, J338

Störung in der Zündung oder der Einspritzanlage muss der Stecker von der Leistungsendstufe abgezogen werden.

5.3 Die Einspritzanlage

Obwohl man wenig Arbeiten an der Einspritzanlage durchführen kann, soll kurz auf die wichtigsten Teile und deren Funktion in der Anlage eingegangen werden.
Das Gehirn der Einspritzanlage sowie der damit verbundenen Zündanlage ist *das Steuergerät*. Dieses sitzt im Elektronikkasten links hinten im Motorraum (in einem Raum, welcher von Audi als "Wasserkasten" bezeichnet wird). Ist ein Turbolader eingebaut, liegt da auch der Höhengeber, d.h. eine Einrichtung, die auch bei Fahrten in höheren Höhenlagen die Ladedruckregelung beibehält. Im Fahrzeug selbst ist das Steuergerät als schwarzer Kasten erkenntlich, da er durch einen Deckel verschlossen ist. Bild 167 zeigt wo sich das Steuergerät befindet. Über einen Mehrfachstecker erhält das Steuergerät die folgenden Informationen:

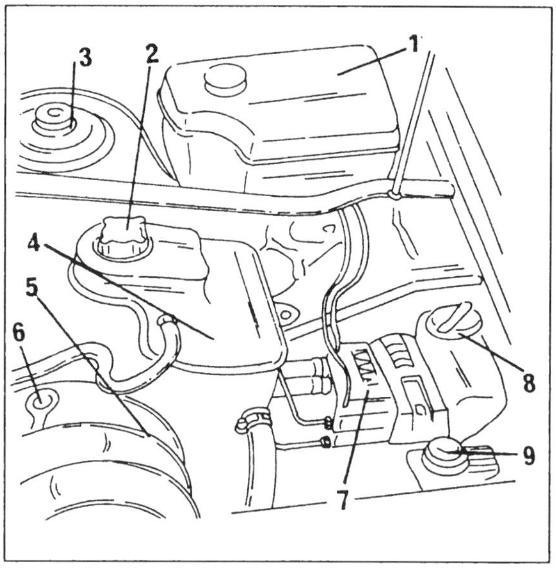

Bild 167
Unter dem Deckel (1) des Elektronikkastens sitzt das elektronische Steuergerät.
1 Elektronikkasten
2 Verschraubung des Dehngefässes
3 Flüssigkeitsbehälter (Bremsen)
4 Dehngefäss der Kühlanlage
5 Krümmer
6 Ölmessstab
7 Steuergerät für ABS
8 Behälter der Scheibenwaschanlage
9 Behälter für Servolenkungsöl

Von der Anlasserklemme 50 wird der Beginn und das Ende des Anlassvorgangs angezeigt.
Das Drosselklappen-Potentiometer gibt die augenblickliche Stellung der Drosselklappe an.
Der Hall-Geber der Zündanlage gibt unter anderem Aufschluss über die Motordrehzahl.
Die Lambda-Sonde im Katalysator gibt Aufschluss über den Restsauerstoffgehalt im Abgas.
Ein Luftmassenmesser teilt dem Gerät die Menge der angesaugten Luft mit.
Bei einem Turbomotor ist ein ***Temperaturgeber für die Ansaugluft*** eingebaut, welcher das Steuergerät ständig über die Temperatur der Ansaugluft informiert.
Ein ***Temperaturgeber für die Kühlmitteltemperatur*** sitzt im Kühlmittelrohr hinter dem Zylinderkopf und teilt dem Steuergerät die Temperatur des Kühlmittels in jedem gegebenen Moment mit.
Ein Klopfsensor oder zwei Klopfsensoren (1,8 Liter-Motoren) sind in den Zylinderblock eingeschraubt. Diese regulieren die "klopfende" Verbrennung und regulieren den Zündzeitpunkt entsprechend. Weitere Informationen darüber können im Kapitel "Zündanlage" gefunden werden.
Durch ständigen Erhalt der oben erwähnten Daten über die Drehzahl, den Belastungszustand und der Temperatur des Motors errechnet das Steuergerät die Einspritzdauer, d.h. die Zeit der Öffnung der Einspritzventile und dosiert die einzuspritzende Kraftstoffmenge genau ab. Im Steuergerät sind sogenannte Kennfelder integriert, die alle erdenklichen Bedingungen im Motor einbeziehen und die Kraftstoffmenge sowie den dazu passenden Zündzeitpunkt genau auswählen. Schwankt die Temperatur der Ansaugluft oder des Kühlmittels, werden entsprechende Korrekturen vorgenommen.
Ehe wir uns kurz mit der Aufgabe der einzelnen Bauteile befassen, möchten wir kurz auf die allgemeine Arbeitsweise der Anlage unter den verschiedenen Betriebsbedingungen eingehen.

Während dem Kaltstart wird durch das Drosselklappensteuerteil zusätzliche Luft dem Motor zugeführt, da der Geber für die Kühlmitteltemperatur dem Steuergerät mitteilt, dass der Motor kalt ist. Die Einspritzventile erhalten eine längere Öffnungszeit und spritzen mehr Kraftstoff ein (dadurch fetteres Gemisch).

Während dem Warmlauf wird die allmähliche Anwärmung des Kühlmittels dem Steuergerät mitgeteilt. Das eingebaute Leerlaufstabilisierungsventil schliesst sich dadurch und die Öffnungsdauer der Einspritzventile geht auf den Sollwert zurück.

Im Leerlauf erkennt das Steuergerät, wenn der Motor im Leerlauf läuft. Dies wird durch den Drosselklappen-Potentiometer in der Drosselklappen-Steuereinheit und den Luftmassenmesser dem Steuergerät mitgeteilt. Bei sinkender Drehzahl wird der Zündzeitpunkt verändert. Mehr Luft kann durch die Drosselklappen-Steuereinheit strömen, wodurch die Einspritzmenge erhöht wird.

Bei ***normalem Motorlauf*** bestimmen die Drosselklappe und die durch den Luftmassenmesser strömende Ansaugluft die Öffnungsdauer der Einspritzventile und dadurch den Betrieb des Motors.

Es soll jetzt etwas näher auf einige der bereits genannten Teile eingegangen werden.

Drosselklappen-Steuereinheit

Verschiedene Bauteile sind in dieser Einrichtung untergebracht. Als erstes wird darin die *Drosselklappe* untergebracht. Durch den Drosselklappenhebel und das Drosselklappenseil ist sie mit dem Fahrpedal (Gaspedal) verbunden. Bild 168 zeigt die Lage der Drosselklappe bei abgezogenem Ansaugschlauch. Je nach Betätigung des Fahrpedals wird der Ansaugquerschnitt der Bohrung geöffnet oder geschlossen. Bei Vollast ist sie vollkommen geöffnet. Beim 1,6 Liter-Motor und den 1,8 Liter-Motoren arbeitet die Drosselklappe auf dem gleichen Prinzip, jedoch ist die Einbauweise unterschiedlich. Bild 169 zeigt wie das ganze bei einem 1,6 Liter-Motor aussieht.

In das Steuergerät ist das *Drosselklappen-Potentiometer* eingebaut. Dieses nimmt die Stellung der Drosselklappe unter allen Bedingungen auf und teilt dies dem Steuergerät mit. Durch die erhaltenen Daten, wird die Leerlaufstabilisierung, die Abschaltung im Schub (der Motor schiebt die Antriebsräder) und die Vollastanreicherung ausgelöst.

Ein Ventil für die Leerlaufstabilisierung übernimmt den Ausgleich der Leerlaufdrehzahl bei vollem Einschlagen der Lenkung, bei eingeschalteter Klimaanlage oder bei eingebauter Getriebeautomatik, indem zusätzliche Luft hinter die Drosselklappe einströmen kann. Diese Zusatzluft wird vom Luftmassenmesser wahrgenommen, so dass ausserdem mehr Kraftstoff in den Motor gelangen kann. Der Motor kann etwas schneller laufen, so dass die durch Servolenkung, Klimaanlage oder Automatik aufgezehrte Motorleistung ausgeglichen werden kann.

Kraftstoffdruckregler

Der Regler sitzt vor dem Kraftstoffverteiler und reguliert den Kraftstoffdruck zu den Einspritzventilen. Da er durch einen Schlauch mit dem Drosselklappengehäuse verbunden ist, wird er über den Unterdruck im Ansaugkrümmer unterrichtet. Wie das Teil aussieht, kann man in Bild 170 sehen. Bei hohem Unterdruck (z.B. im Leerlauf) wird der Druck gering gehalten. Erhöht sich die Motordrehzahl, verringert sich der Unterdruck. Dies bewirkt, dass sich der Kraftstoffdruck vom Druckregler erhöht.

Einspritzventile

Bei jeder Umdrehung der Kurbelwelle wird der Kraftstoff in den Ansaugkanal vor das Einlassventil (oder die Einlassventile) des betreffenden Zylinders eingespritzt. Die Öffnung der Ventile wird dabei vom elektronischen Steuergerät bestimmt.

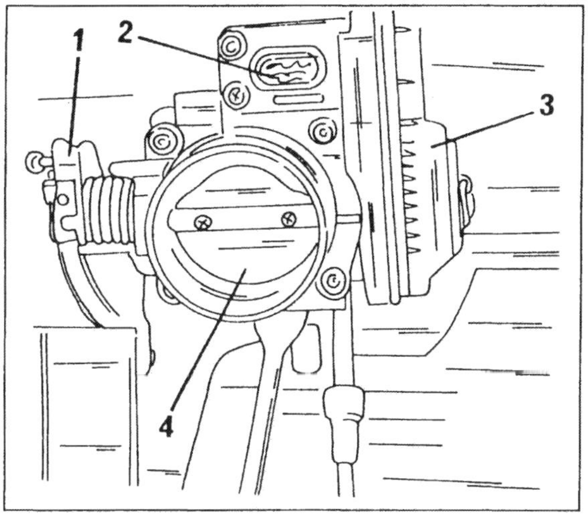

Bild 168
Ansicht des Drosselklappenstutzens bei einem 1,8 Liter-Motor.
1 Drosselklappenhebel
2 Anschlussdose für Stecker
3 Drosselklappen-Steuereinheit
4 Drosselklappe (hier geschlossen)

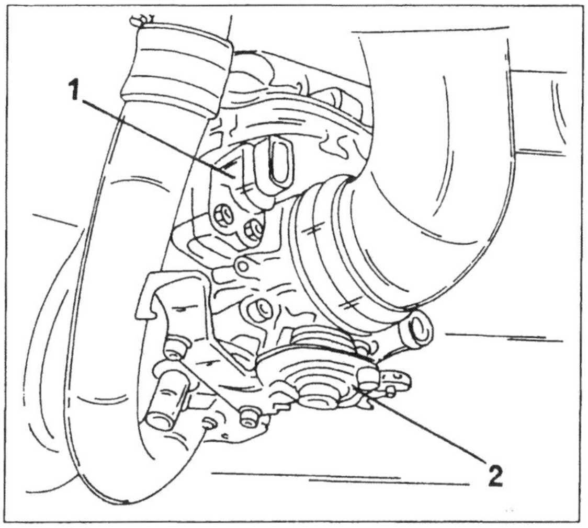

Bild 169
Ansicht des Drosselklappenstutzens bei einem 1,6 Liter-Motor.
1 Anschlussdose für Stecker
2 Drosselklappenhebel

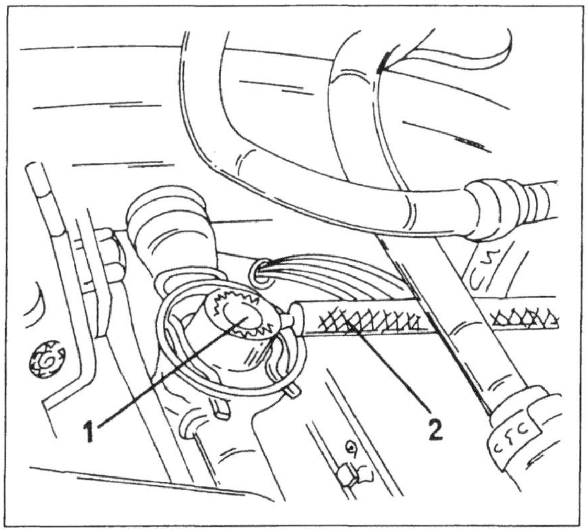

Bild 170
Der Kraftstoffdruckregler (1) hat das gezeigte Aussehen. Ein Schlauch (2) verbindet ihn mit dem Drosselklappengehäuse.

Geber für Ansauglufttemperatur

Dieser ist nur beim Turbomotor vorhanden. Der Geber ermittelt die Temperatur der vom Turbolader unter Druck kommenden Ansaugluft, welche im Steuergerät verarbeitet wird. Dies gleicht die durch den Turbolader hohen entwickelten Temperaturen aus.

Geber für Kühlmitteltemperatur
Die Temperatur des Kühlmittels bestimmt mehrere Funktionen des Motorbetriebs, wie z.B. Kaltstartanreicherung, Warmlaufanreicherung, Beschleunigungsanreicherung und Abschalten im Schub. Die Temperatur wird dem Steuergerät als Widerstandswert übermittelt. Daraus wird die richtige Einspritzzeit errechnet, die bei einem kalten Motor entsprechend verlängert wird.

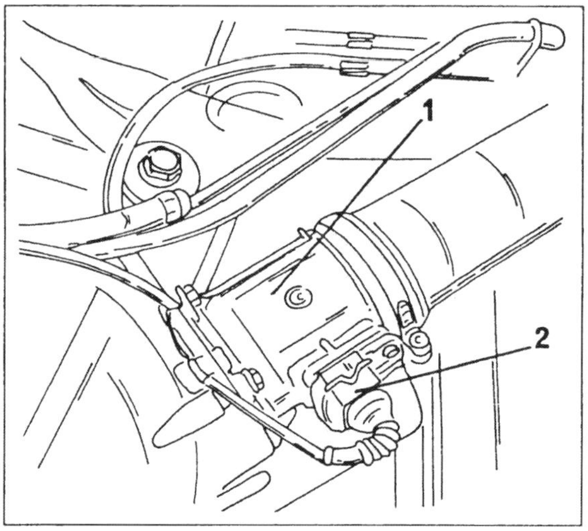

Bild 171
Die Lage des Luftmassenmessers (1) zusammen mit dem Anschlussstecker (2) bei den natürlich ansaugenden Motoren.

Luftmassenmesser
Dieses bereits mehrmals erwähnte Teil sitzt in der Nähe des Luftfilters an der in Bild 171 gezeigten Stelle. Bei einem Turbomotor ist der Messer nicht zu sehen, da er im Inneren des Luftfiltergehäuses sitzt. Im Ansaugstrom sitzt ein kleines Plättchen, welches elektrisch erhitzt wird. Wird die angesaugte Luftmasse grösser, wird das Plättchen entsprechend abgekühlt. Diese Abkühlung besorgt eine Veränderung des elektrischen Widerstandes, die dem Steuergerät mitgeteilt wird.

5.4 Störungen an der Anlage

Die Einspritzanlage/Zündanlage ist mit einem Fehleraufzeichnungssystem versehen. Dies bedeutet, dass irgendwelche aufgetretene Störungen in einem Speicher aufgezeichnet werden. Dies bezieht sich auf Dauerstörungen oder nur kurz auftretende Störungen. Die letzteren werden nach 50maligem Anlassen des Motors wieder gelöscht, falls sie sich von selbst behoben haben.
Im Speicher aufgezeichnete Störungen (Fehler) können nur in einer Werkstatt ausgelesen werden, da ein spezielles Gerät dazu gebraucht wird. Im folgenden Text versuchen wir auf einige Prüfarbeiten einzugehen, manche können ohne viel Umfang durchgeführt werden, andere verlangen Spezialinstrumente, um bestimmte Störungen selbst herauszufinden oder leichte Reparaturen selbst durchzuführen. Es soll auf die am häufigsten vorkommenden Störungen hingewiesen werden:

Ein kalter Motor springt nicht oder sehr schlecht an
Sicherungen 15, 28, 29, 32 oder 34 können durchgebrannt sein. Auswechseln.
Das Relais der Spannungsversorgung ist nicht in Ordnung. In einer Werkstatt überprüfen lassen.
Die Kraftstoffpumpe fördert nicht oder die Kraftstoffzufuhr ist nicht ausreichend. Die Pumpe überprüfen (siehe spätere Beschreibung) oder austauschen (Spezialschlüssel erforderlich).
Kraftstoffdruckregler defekt. Den Druck in der Werkstatt messen lassen.
Geber für Kühlmittel-Temperatur defekt. Den Geber kann man selbst prüfen (Ohmmeter).
Das Drosselklappen-Steuerteil hat einen Fehler. Muss in der Werkstatt kontrolliert werden lassen.
Das elektronische Steuergerät hat einen Fehler. Muss in der Werkstatt überprüft werden lassen.
Der Kabelstrang zwischen dem Hall-Geber und dem Steuergerät ist unterbrochen. Kontrollieren.
Der Motor saugt "falsche" Luft an. Alle Schlauchverbindungen am und zum Luftfilter untersuchen.

Ein warmer Motor springt nicht oder sehr schlecht an.
Die zum Kraftstoffdruckregler führende Unterdruckleitung ist undicht. Überprüfen.
Alle oben angegebenen Prüfungen durchführen oder durchführen lassen.
Die Einspritzventile sind undicht. Überprüfen oder überprüfen lassen.

Der Motor springt an, stellt aber wieder ab
Drosselklappen-Steuerteil ist defekt. In einer Werkstatt überprüfen lassen.
Die Unterdruckleitung zum Druckregler ist undicht. Überprüfen oder überprüfen lassen.
Defekt der Lambda-Sonde. Überprüfen lassen.

Motor vibriert im Leerlauf
Der Fehler kann im Spannungsversorgungs-Relais oder im Geber der Kühlmitteltemperatur liegen. Ebenfalls könnte das Drosselklappen-Steuerteil defekt sein. Überprüfen oder überprüfen lassen.

Motor setzt aus
Kraftstoffilter verstopft. Einen neuen Filter einbauen.
Störung in der Kraftstoffpumpe (unzureichende Kraftstoffzufuhr).
Einspritzventile sind undicht.
Drosselklappen-Steuerteil defekt. In Werkstatt überprüfen lassen.

5.5 Arbeiten an der Anlage

Im folgenden Text werden einige Arbeiten beschrieben, die man mit und ohne Messwerkzeuge durchführen kann.

Druckregler überprüfen
Zur genauen Messung des Kraftstoffdrucks wird das Spezialmanometer VAG 1318 mit den Zubehörteilen gebraucht. Es sollen Ihnen nur die Prüfwerte angegeben werden. Der Druck beträgt im Leerlauf 3,5 bar. Wird der in Bild 172 gezeigte Schlauch abgezogen, erhöht sich der Druck auf 4,0 bar. Nachdem der Motor abgestellt wird, sollten mindestens noch 3,0 bar vorhanden sein. Der Druck kann jedoch nach 10 Minuten auf 2,5 bar abfallen.

Einspritzventile überprüfen
Zur Kontrolle der Einspritzventile die Spannungsversorgung und die eigentlichen Ventile prüfen. Ein Leuchtdioden-Spannungsprüfer wird gebraucht.

- *Spannungszufuhr prüfen*: Beim 1,6 Liter-Motor die Motorabdeckung ausbauen (das grosse Teil in der Mitte des Motors). Dazu zwei Schnellverschlüsse mit einem Schraubendreher um eine viertel Umdrehung nach links drehen, die Abdeckung aushaken und abnehmen. Beim 1,8 Liter-Motor zwei Haltespangen rechts an der Verkleidung lösen, Verkleidung an der linken Seite aushaken und abnehmen. Die Abdeckung über den Einspritzventilen zuerst an der Hinterkante nach oben ziehen und dann vorn aus dem Eingriff bringen.
- Die Stecker von den Einspritzventilen abziehen. Diese werden durch Drahtsicherungen gehalten.
- Den Leuchtdioden-Spannungsprüfer an den Kontakten des abgezogenen Steckers anschliessen. Wird der Motor von einem Helfer jetzt mit dem Anlasser durchgedreht, muss die Lampe flackern. Andernfalls kann man annehmen, dass die Stromzufuhr unterbrochen ist (leider kann auch das Steuergerät schadhaft sein).
- *Einspritzventile überprüfen:* Zuerst alle Stecker von den Einspritzventilen abziehen. An den beiden Kontakten des Steckers für das Ventil Nr. 1 einen Ohmmeter anschliessen. Eine Anzeige von 14 - 16 Ohm (1,6 Liter) oder 11 - 13 Ohm (1,8 Liter) muss zustandekommen.
- Falls man es sich zutraut, können die Einspritzventile ausgebaut werden (siehe Beschreibung unten). Diese werden zusammen mit dem Verteilerrohr ausgebaut. Die Kabelstecker auf den Ventilen lassen, auch die Kraftstoffleitungen nicht abschliessen.
- Die Einspritzventile in vier getrennte Messgläser halten und den Anlasser von einem Helfer betätigen lassen. Der aus den Einspritzventilen austretende Strahlkegel muss bei allen Ventilen gleich sein.

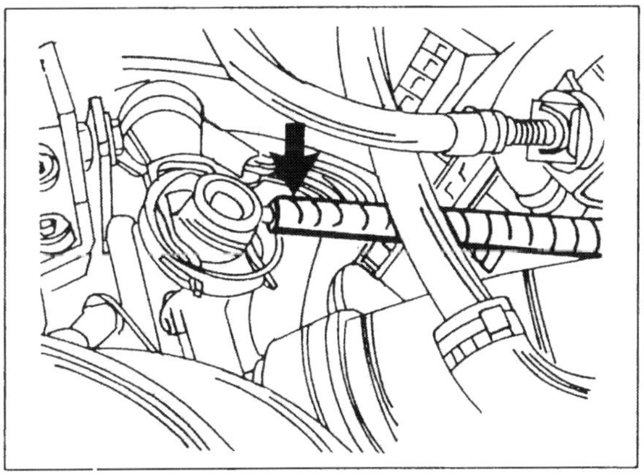

Bild 172
Der Unterdruckschlauch ist an der Pfeilstelle auf den Kraftstoffdruckregler aufgesteckt.

- Die Zündung ausschalten, alle Stecker jetzt von den Einspritzventilen abziehen und die Zündung wieder einschalten. Die Zündung erneut ausschalten und dann ca. 5 Sekunden lang einschalten. Aus jedem Ventil dürfen nicht mehr als 2 Tropfen austreten. Ist dies der Fall, sind die Einspritzventile dicht.

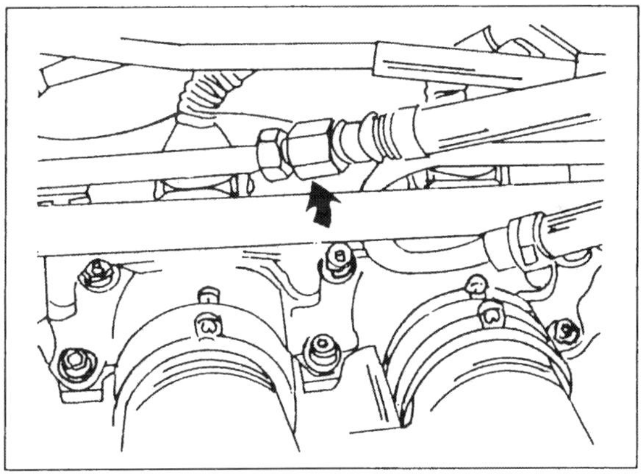

Bild 173
Die Verbindungsverschraubung ist an der Kraftstoffvorlaufleitung angeschraubt.

Ausbau der Einpritzventile

- Die Motorabdeckung ausbauen, wie es bereits beschrieben wurde.
- Den Unterdruckschlauch vom Kraftstoffdruckregler abziehen.
- Den Tankverschlussdeckel kurz öffnen (Druckabbau).
- Den in Bild 173 gezeigten Verbindungsanschluss der Kraftstoffvorlaufleitung mit einem dicken Lappen abdecken und die Schraubverbindung ganz langsam mit einem Gabelschlüssel öffnen (gut gegenhalten). Falls Kraftstoff ausspritzt, diesen im Lappen auffangen.
- Die Stecker von den Einspritzventilen abziehen. Die Drahtsicherungen an der Rückseite dabei niederdrücken.
- Bei den 1,8 Liter-Motoren den Stecker vom

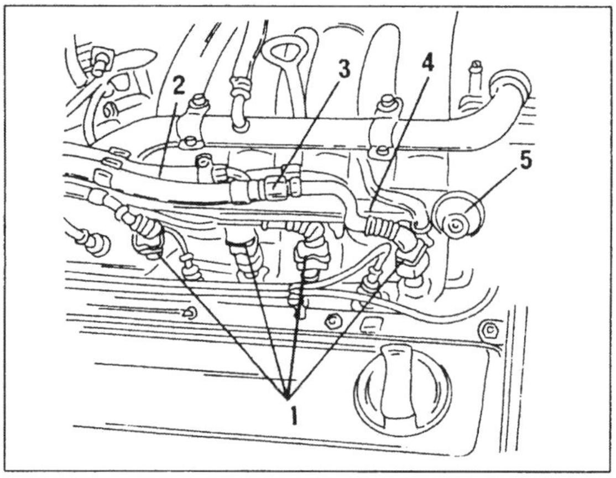

Bild 174
Ansicht des Motors von der Oberseite nach Ausbau der Abdeckung.
1 Einspritzventile
2 Kraftstoff-Rücklaufleitung
3 Kraftstoff-Vorlaufleitung
4 Kraftstoff-Verteilerrohr
5 Kraftstoffdruckregler

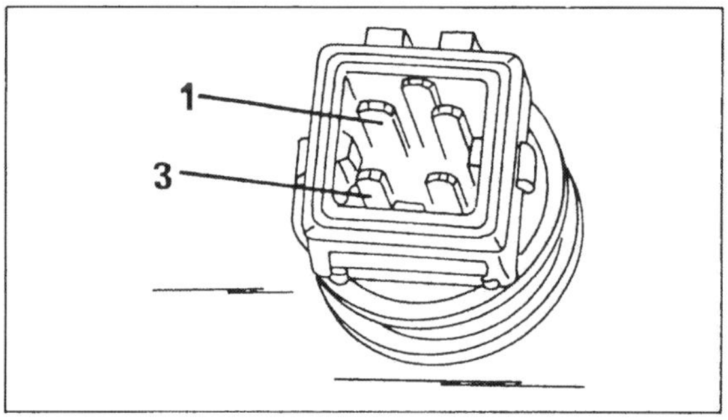

Bild 175
Ansicht des abgezogenen Steckers für den Geber des Temperaturgebers. Gemessen wird zwischen den Klemmen "1" und "3".

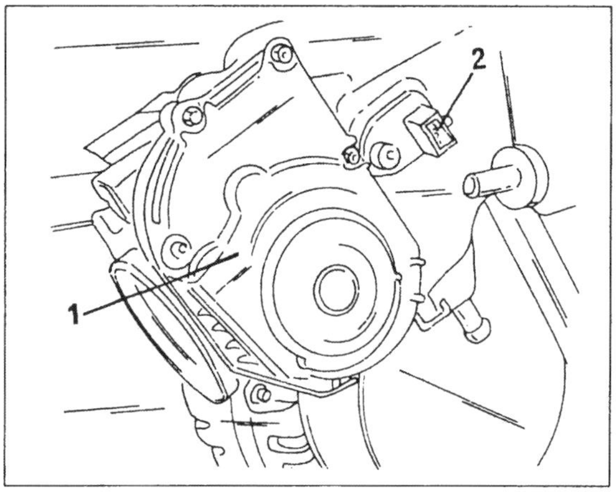

Bild 176
Neben dem Drosselklappen-Steuerteil (1) sitzt der Geber der Ansauglufttemperatur (2) bei einem Turbomotor.

Hall-Geber abziehen.

- Das Kraftstoffverteilerrohr vom Ansaugsammelrohr abschrauben (2 Schrauben) und das Verteilerrohr zusammen mit den Einspritzventilen nach oben abheben. Bild 174 zeigt die eingebauten Einspritzventile mit den erwähnten Anschlussverbindungen.
- Zum Einbau eines Ventils aus dem Verteilerrohr die Halteklammer abziehen und das Ventil aus dem Rohr nehmen.

Der Einbau geschieht in umgekehrter Reihenfolge unter Beachtung der folgenden Punkte:

- Die O-Dichtringe immer erneuern. Dabei auf keinen Fall die Kunststoffkappe vom Ventil abdrücken, um den vorderen O-Dichtring zu erneuern. Der O-Dichtring wird über die Kunststoffkappe gezogen. O-Dichtringe werden mit sauberem Motoröl eingeschmiert.
- Kontrollieren, dass die Halteklammern einwandfrei sitzen.
- Die Einspritzventile senkrecht in richtiger Lage in das Verteilerrohr eindrücken, bis sie vollkommen sitzen und mit den Halterklammern befestigt werden können.
- Das Verteilerrohr zusammen mit den eingebauten Einspritzventilen in das Ansaugsammelrohr einsetzen und gleichmässig eindrücken, bis es einwandfrei sitzt.
- Die Schrauben eindrehen, das Verteilerrohr langsam mit der Hand zum Ansaugsammelrohr drücken und die Schrauben mit 10 Nm anziehen.

Kühlmittel-Temperaturgeber prüfen

Der Geber verrichtet einen Doppelzweck. Einmal ermittelt er die Temperatur des Kühlmittels im Motor und zum zweiten ist er mit dem Fernthermometer im Kombiinstrument des Armaturenbretts verbunden. Der Geber sitzt an der Rückseite des Zylinderkopfes. Ist eine Klimaanlage eingebaut (1,8 Liter), befindet sich ein zweiter Temperaturgeber unmittelbar daneben. Zur Kontrolle:

- Den Stecker am Geber im Kühlmittelrohr an der Rückseite des Zylinderkopfes abziehen.
- Ein Ohmmeter an zwei der Steckzungen des Steckers anlegen. Um die richtigen Steckzungen zu verbinden, muss man sich Bild 175 ansehen. Zu verbinden sind die Klemmen 1 und 3.
- Bei kaltem Motor und Raumtemperatur sollte die Anzeige am Ohmmeter zwischen 1,5 bis 3,0 Kiloohm liegen. Andernfalls einen neuen Geber einbauen.

Ansaugluft-Temperaturgeber prüfen

Dieser ist nur beim Turbomotor vorhanden. Er sitzt an der in Bild 176 gezeigten Stelle.

- Stecker vom Geber abziehen.
- Ein Ohmmeter an den beiden Steckzungen des Gebers anlegen. Bei kaltem Motor und Raumtemperatur muss die Anzeige zwischen 1,6 bis 2,8 Kiloohm liegen. Andernfalls einen neuen Geber einbauen.

Luftmassenmesser prüfen

Nur die Spannungszufuhr zum Luftmassenmesser und die Verbindung zum Steuergerät kann kontrolliert werden, wenn man ein wenig Erfahrungen mit elektrischen Messungen hat. Besteht der Messer die beschriebenen Prüfungen nicht, muss man weitere Prüfungen in der Werkstatt durchführen lassen. Da der Luftmengenmesser unterschiedlich bei einem Saugmotor und einem Turbomotor ist, hält man sich beim Prüfen an die entsprechenden Bilder 177 und 178. Beim Saugmotor ist der Luftmengenmesser am Luftfilter angeschraubt; beim Turbomotor ist er im Luftfiltergehäuse integriert. Eine Diodenprüflampe ist zur Kontrolle erforderlich.

- Den Kabelstecker vom Luftmassenmesser abziehen. Die Innenseite hat jetzt das gezeigte Aussehen.
- Die Spitzen der Diodenprüflampe zwischen die Klemme "3" des Steckers und Masse anlegen (bei beiden Steckerausführungen, Bilder 177 und 178).
- Von einem Helfer den Anlasser betätigen lassen (der Motor wird anspringen). Falls die Lampe aufleuchtet, erhält der Luftmassenmesser Strom.
- Um die Verbindung zum Steuergerät zu kontrollieren, die Zündung ausschalten und den Stecker am Steuergerät abziehen. Den Stromdurchfluss jetzt prüfen.
- Bei dem in Bild 177 gezeigten Stecker ein Ohmmeter zwischen dem Pin "1" am Steuergerätstecker und der Kontaktzuge "2" des Luftmassenmengen-Steckers anlegen. Ausserdem zwischen dem Pin "9" und der Kontaktzunge "2" messen. Eine Stromanzeige muss zustandekommen.
- Bei dem in Bild 178 gezeigten Stecker das Ohmmeter zwischen dem Pin "1" am Steuergerät-Stecker und der Kontaktzunge "4" des Luftmassenmesser-Steckers anlegen. Ausserdem zwischen dem Pin "9" und der Kontaktzunge "2" messen. Eine Stromanzeige muss zustandekommen.

Leerlauf und CO-Anteil messen

Der Leerlauf wird automatisch reguliert. Bei warmem Motor und ausgeschalteten Verbrauchern läuft der Motor mit 820 bis 900/min im Leerlauf. Der CO-Anteil des Abgases kann nicht mit einfachen Mitteln gemessen werden, da er über das Fehlerablesegerät in der Werkstatt ermittelt wird.

5.6 Drosselklappen-Zugseil

Grundsätzlich gilt, dass der Gaszug ziemlich empfindlich ist. Bei allen Arbeiten im Motorraum muss man darauf achten, dass der Gaszug nicht geknickt wird. Obwohl die Verlegung des Gaszugs beim 1,6 Liter-Motor und 1,8 Liter-Motor unterschiedlich ist, bleibt das Funktionsprinzip gleich. Beim 1,6 Liter-Motor wird der Seilzug unter dem Ansaugsammelrohr durchgeführt, beim 1,8 Liter-Motor ist er unmittelbar neben dem Dehngefäss der Kühlanlage angeschlossen.

Es wird kaum vorkommen, dass der Gaszug erneuert werden muss, jedoch muss man ihn bei einigen Arbeiten abschliessen. Dazu das Widerlager abschrauben und das Ende des Seilzuges aus dem Segment am Drosselklappengehäuse aushängen (mit einer Halteklammer gesichert). Der Seilzug ist mit einer Halteklammer im Widerlager gehalten, welche dabei nicht gelöst werden darf.

Nach Anschrauben des Widerlagers und Einhängen des Seilendes das Fahrpedal von einem Helfer durchtreten lassen und kontrollieren, dass sich das Drosselklappensegment nicht um mehr als 1,0 mm bewegen kann.

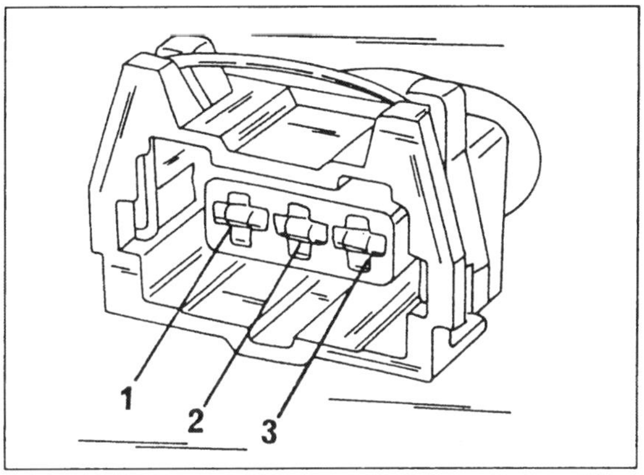

Bild 177
Ansicht des Steckers für den Luftmassenmesser, wenn dieser 3 Pole hat (Saugmotor). Die Zahlen geben die Kontaktzungen an.

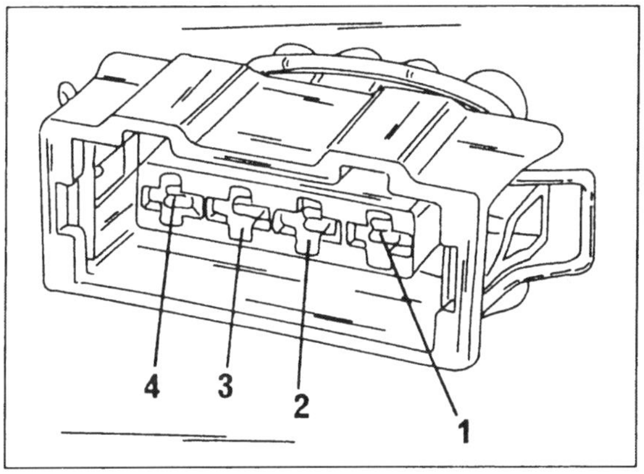

Bild 178
Ansicht des Steckers für den Luftmassenmesser, wenn er 4 Pole hat (Turbomotor). Die Zahlen zeigen die Kontaktzungen.

5.7 Elektrische Kraftstoffpumpe

Die Kraftstoffpumpe ist in die Unterseite des Tanks eingesetzt. Ein Betriebsrelais beliefert die Pumpe mit Strom. Eine eingebaute Sicherheitsschaltung gewährleistet, dass die Pumpe nur fördert, wenn der Motor läuft.

Kraftstoffpumpe überprüfen

Falls die Pumpe nicht mehr einwandfrei arbeitet, oder man nimmt an, dass sie ungenügenden Kraftstoff fördert, kann man einige Arbeiten durchführen, um die Arbeitsweise der Pumpe zu kontrollieren. Wiederum sind einige elektrische Vorkenntnisse erforderlich. Es wird angenommen, dass die zuständige Sicherung intakt ist.

Dies ist die Sicherung Nr. 28 im Sicherungskasten.
- Um ein grundlegendes Einschalten der Pumpe zu kontrollieren, die Rückseite des Fahrzeuges aufbocken und in der Nähe des Tanks hören, ob die Pumpe "klickt", wenn ein Helfer die Zündung einschaltet. Falls dies der Fall ist, herausfinden, wo der Kraftstoff verbleibt.
- Einen Lappen über die Schraubverbindung der Kraftstoffleitung legen (siehe Bild 173) und die Verbindung lockern. Falls dabei Kraftstoff herausspritzt, ist dies bereits eine Anzeige, dass die Kraftstoffanlage unter Druck steht. Falls dies nicht der Fall ist, den Anlasser betätigen lassen. Jetzt muss es spritzen. Ist dies nicht der Fall:
- Bodenbelag im Kofferraum zurückschlagen und den schwarzen Verschlussdeckel abschrauben. Den Mehrfachstecker abziehen und mit einem Voltmeter oder einer Prüflampe kontrollieren, ob Strom zwischen den beiden Klemmen vorhanden ist, an welchen das braune und das gelb/grüne Kabel anschlossen sind. Dazu den Anlasser betätigen lassen. Diese Prüfung beweist, dass Strom an die Pumpe gelangt. Falls kein Strom feststellbar ist, kann man annehmen, dass die Pumpe erneuert werden muss.
- Ehe man die Pumpe jedoch erneuert, sollte man das Relais der Pumpe in einer Werkstatt kontrollieren lassen.

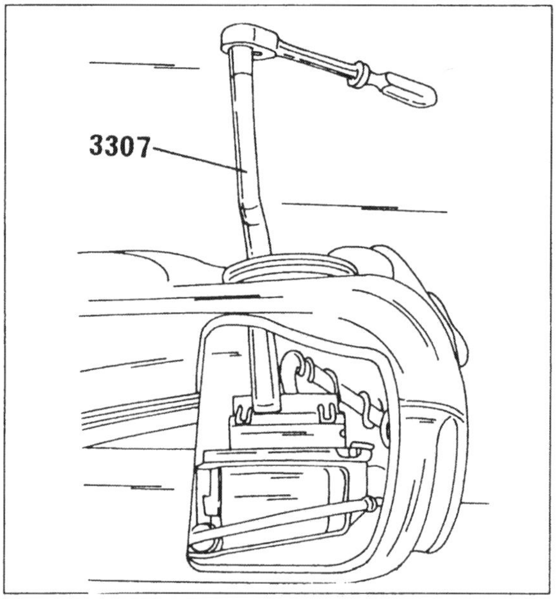

Bild 179
Ausschrauben der Kunststoff-Überwurfmutter zur Befestigung der Kraftstoffpumpe mit dem Spezialschlüssel.

Kraftstoffpumpe erneuern

Die Kraftstoffpumpe ist in eigentümlicher Weise befestigt und ein Spezialschlüssel ist zum Ausbau erforderlich (Nr. 3307). Falls man sich diesen Schlüssel besorgen kann, wird die Pumpe zusammen mit dem Ansauggehäuse-Innenteil herausgenommen.

Hinweis: Der Tank darf höchstens bis zu 2/3 gefüllt sein, wenn die Pumpe ausgebaut werden soll.
- Bodenbelag im Kofferraum zurückschlagen und den schwarzen Blechdeckel abschrauben.
- Den Mehrfachstecker und die Rücklaufleitung sowie Vorlaufleitung von der Pumpe abziehen.
- Den Verschlussflansch des Tanks jetzt lösen. Normalerweise wird dazu der Spezialschlüssel 3217 benutzt. An der Kunststoff-Überwurfmutter sind jedoch kleine Rippen vorhanden, an denen man einen Schraubendreher (ein stumpfer Schraubenzieher eignet sich am besten) ansetzen kann. Mit kleinen Schlägen auf den Schraubenzieher sollte sich die Mutter lösen.
- Den Verschlussflansch jetzt nach oben herausziehen.
- In der Innenseite des Verschlussflansches ist die Rücklaufleitung angeschlossen. Die Klemmschelle lösen und die Leitung nach unten abziehen.
- Den Stecker zum Tankgeber abziehen.
- Das genannte Spezialwerkzeug jetzt in der in Bild 179 gezeigten Weise durch die Öffnung im Tank einsetzen und in die Ansauggehäuse-Innenteil einführen. Das Ansauggehäuse-Innenteil ca. 15° nach links drehen, praktisch bis zum Anschlag, um die Pumpe zu lösen.
- Die Pumpe mit dem Innenteil kann jetzt mit dem Verschlussflansch herausgehoben werden. Vor Ausbau der Pumpe jedoch die Einbauweise der Pumpe, die Anschlussweise der Schläuche und der Kabelbinder genau kennzeichnen, so dass sie beim Einbau wieder in die gleiche Lage kommen können.

Nach Kennzeichnung und Abschrauben der Druckleitung kann die Pumpe aus dem Ansauggehäuse-Innenteil ausgebaut werden. Diese Arbeit hängt vom Durchmesser der Pumpe ab.
- Hat die Pumpe einen Durchmesser von 60 mm, das Sieb an der Unterseite des Ansauggehäuse-Innenteils nach links drehen und die Pumpe herausziehen. Beim Einbau muss eine Nase an der Seite der Pumpe in die Nut eingeschoben werden. Nicht den Dichtring vergessen.
- Hat die Pumpe einen Durchmesser von 40 mm, den Sicherungsbügel an der Oberseite des Ansauggehäuse-Innenteils zusammendrücken und die Pumpe herausziehen. Die Pumpe kann nur in einer Stellung eingebaut werden.

Der Einbau der Pumpe geschieht in umgekehrter Reihenfolge wie der Ausbau. Zu beachten ist die Verlegung zwischen der Pumpe und dem Verschlussflansch, da eine unterschiedliche Anordnung in Frage kommt. Ebenfalls ist auf die richtige Verlegung der Kabel für den Tankgeber zu achten.
- Bei einem Fahrzeug mit Zweiradantrieb den Verschlussflansch wie in der rechten Ansicht von Bild 180 gezeigt ausrichten und den Schlauch in

der gezeigten Weise aufstecken. Die elektrischen Kabel für den Tankgeber müssen zwischen der Rücklaufleitung und dem Kraftstofftank verlegt werden.

- Bei einem Fahrzeug mit Vierradantrieb den Verschlussflansch wie in der linken Ansicht von Bild 180 gezeigt ausrichten. Die elektrischen Kabel des Tankggebers zwischen der Pumpe und dem Kraftstofftank verlegen.
- Die Pumpe wieder einsetzen. Die Kennzeichnung am Aussenteil muss mit der Marke am Innenteil fluchten.
- Das Innenteil mit dem genannten Schlüssel festziehen.
- Beim Einbau des Verschlussflansches auf die Einbaulage achten. Auf dem Flansch sind die Bezeichnungen "Quattro" und "Front" eingezeichnet. "Front" bedeutet in diesem Fall Vorderradantrieb. Beide Kennzeichnungen haben einen Pfeil, welcher mit dem Pfeil an der Aussenseite in Flucht kommen muss. Bild 182 zeigt wie dies bei einem Fahrzeug mit Vorderradantrieb aussieht. Den Dichtring des Verschlussflansches vor dem Wiedereinbau mit Kraftstoff benetzen.

5.8 Kraftstoffilter

Der Filter ist auf Lebenszeit gebaut, braucht also nicht im Rahmen der üblichen Wartungsarbeiten ausgewechselt werden. Nur wenn er sich einmal verstopfen sollte, muss er erneuert werden.
Bei einem Fahrzeug mit Vorderradantrieb sitzt der Filter vor dem hinteren Radkasten am Wagengehäuse. Beim Quattro ist er am rechten vorderen Ende des Tanks eingebaut, jedoch: **Zum Erneuern des Filters eines Quattros muss der Tank und somit die Hinterachse ausgebaut werden.**

5.9 Tankgeber

Die Erneuerung des Tankgebers erfolgt entsprechend der Anweisungen zum Ausbau der Kraftstoffpumpe, bis der Verschlussflansch ausgebaut wurde. Jetzt mit der Hand in den Tank fassen und den Geber unter gleichzeitigem Drücken einer Sperrnase herausziehen. Zu beachten ist, dass der Tankgeber auf das Fahrzeug angestimmt ist. Ein Geber für ein Fahrzeug mit Zweiradantrieb hat einen rechteckig geformten Schwimmer, für den Quattro ist er rund.
Beim Einbau des Verschlussflansches auf die richtige Ausrichtung achten. Auf diese Ausfluchtung wurde bereits beim Einbau der Kraftstoffpumpe eingegangen.

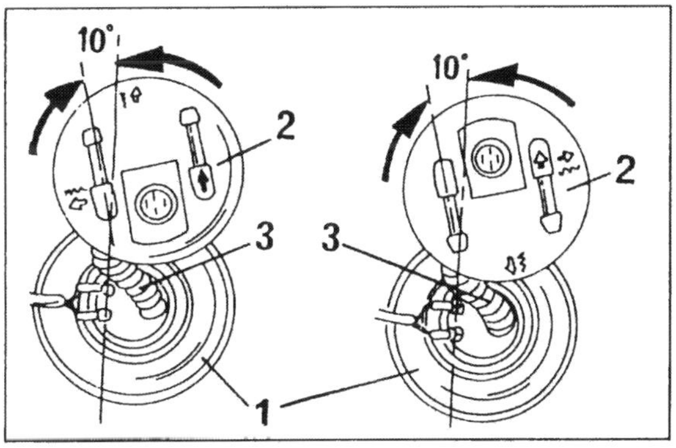

Bild 180
Aufsetzen des Verschlussflansches des Tanks. Links beim Quattro, rechts bei Vorderradantrieb gezeigt. Wie man sehen kann, sind die Anschlussstücke entgegengesetzt angeordnet.
1 Kraftstoffpumpe
2 Verschlussflansch
3 Kraftstoffschlauch

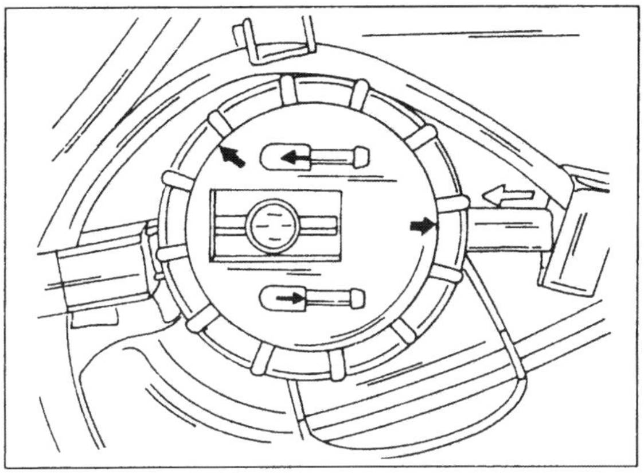

Bild 181
Die jeweilige Pfeilkennzeichnung muss mit dem grossen Pfeil an der Aussenseite fluchten.

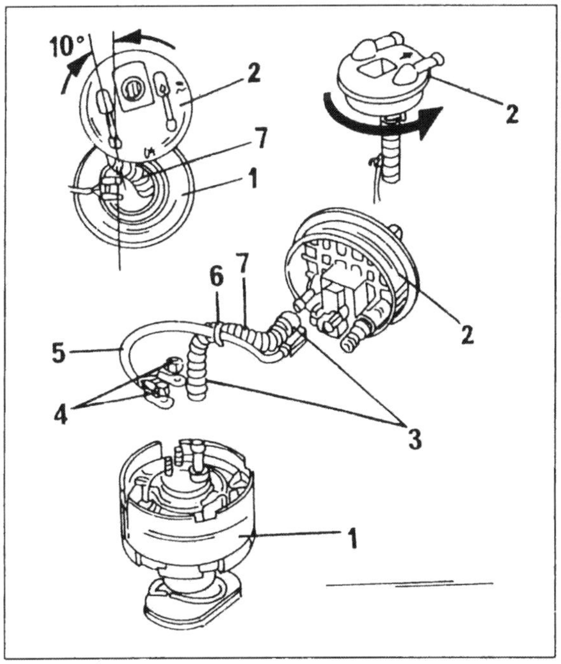

Bild 182
Ansicht der ausgebauten Kraftstoffpumpe. Die Anordnung oben links gilt bei einem Fahrzeug mit Zweiradantrieb.
1 Ansauggehäuse-Innenteil
2 Verschlussflansch
3 Befestigungs-Clips
4 Befestigungsschraube
5 Kabel
6 Kabelschelle
7 Kraftstoffschlauch (Schlauch "3" in Bild 180)

5.10 Luftfilter

Ein Austausch des Luftfiltereinsatzes wird alle 60 000 km empfohlen, jedoch ist es angebracht, dass man den Filter in der dazwischenliegenden Zeit ausbaut und mit Pressluft ausbläst, um grobe Verschmutzung zu entfernen.

Beim Ausbau des Luftfiltereinsatzes folgendermassen vorgehen:

- Den Luftansaugschlauch am Luftfiltergehäuse abziehen und am Ansaugstück vorn herausnehmen.
- Das Magnetschaltventil für das Aktivkohlefiltersystem aus der Halterung ziehen und auf eine Seite legen, ohne die Schläuche dabei abzuziehen.
- Bei einem Motor ohne Turbolader vier Spannklammern zurückschnappen und den Gehäusedeckel abheben. Der angeschlossene Schlauch kann daran bleiben. Den Filtereinsatz herausheben.
- Bei einem Turbomotor das Wärmeschutzblech abschrauben und die dünne Leitung freimachen. Das Spannband am Luftschlauch lösen und den Schlauch abziehen.
- Die vier Spannklammern zurückschnappen.
- Den Stecker am Temperaturgeber, an der Zündungs-Endstufe und am Luftmassenmesser (unter der Gummitülle) abziehen. Evtl. Kabelschelle zerschneiden.
- Den Filtereinsatz herausnehmen.

Einen verschmutzten Filtereinsatz zuerst durch Aufschlagen auf einer Holzunterlage von grobem Schmutz reinigen. Falls Pressluft zur Verfügung steht, in die Filterlamellen blasen, ohne den Luftstrahl direkt gegen das Filtermaterial zu richten. Der Einbau des Filters geschieht in umgekehrter Reihenfolge wie der Ausbau.

5.11 Der Turbolader

Der Turbolader besorgt eine bessere Füllung der Zylinder, indem das Kraftstoff/Luftgemisch unter Druck in die Zylinder befördert wird. Wie die einzelnen Teile der Turboladeranlage zueinander stehen, zeigt Bild 183. Angetrieben wird der Turbolader durch die Auspuffgase (Abgase).

Um den zugeführten Druck jedoch im Rahmen zu halten, muss ein Ladedruckregler in die Anlage eingebaut werden. Seine Funktion ist es, ein Magnetschaltventil (13) bei zu hohem Druck zu öffnen, so dass nur ein Teil über das Turbinenrad des Turboladers (4) strömen kann. Dies bedeutet, dass der Druck nicht über den vorbestimmten Wert ansteigen kann.

Um die Regelung jedoch unter allen Betriebsbedingungen unter Kontrolle zu halten, wird das elektronische Steuergerät der Einspritz/Zündanlage eingeschaltet. Ein elektro-pneumatisches Schaltventil steuert über eine Druckdose (11) eine Umleitung zum Turbolader. Wenn das Ventil geöffnet ist, sinkt der Ladedruck. Das Steuergerät sorgt also dafür, dass immer der richtige Ladedruck zur Verfügung steht. Ausserdem ist ein Höhenregler mit dem Steuergerät verbunden (im Elektronikkasten im Motorraum eingebaut), welcher gewährleistet, dass auch bei Betrieb in Höhenlagen die verringerte Luftdichte nicht die Turbolader beeinträchtigen kann. In diesem Fall erhöht sich der Ladedruck, so dass bei gleichbleibender Kraftstoffeinspritzmenge mehr Luft in die Zylinder gelangen kann, das Kraftstoff/Luftgemisch bleibt dabei unverändert.

Ebenfalls zur Anlage gehört ein Schubabschaltventil (12). Der Sinn dieses Ventils ist folgender:

- Der vom Turbolader erzeugte Druck würde bei geschlossener Drosselklappe (Fuss vom Gaspedal genommen) keinen Ausweg haben, d.h. der Druckrückschlag wirkt gegen den Turbolader und verringert dessen Drehzahl. Um dies zu verhindern, öffnet das Ventil einen Auslass. Die Luft

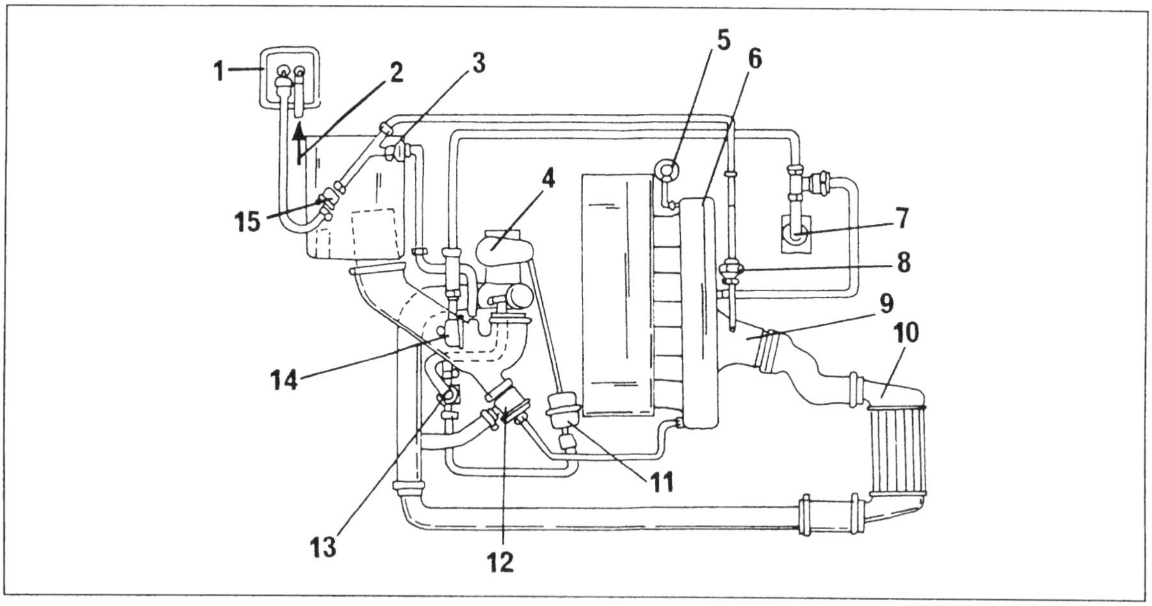

Bild 183
Auslegung der Turbolader-installation.
1 Aktivkohlefilter
2 Belüftungsleitung vom Tank
3 Rückschlagventil für Aktivkohlebehälter
4 Abgasturbolader
5 Kraftstoff-Druckregler
6 Ansaugkrümmer (Sammelrohr)
7 Kurbelgehäuse-Belüftung
8 Rückschlagventil für Aktivkohlebehälter
9 Drosselklappenstutzen
10 Ladeluftkühler
11 Druckdose des Ladeluftkühlers
12 Schubabsperrventil
13 Magnetventil für Ladedruckbegrenzung
14 Druckbegrenzungsventil der Kurbelgehäuse-Entlüftung
15 Elektrisch betätigtes Ventil für Aktivkohlefilter

kann damit wieder zur Saugseite entweichen und der Turbolader behält sein Drehzahl bei.

- Sobald das Gaspedal getreten wird, schliesst das Ventil. Da der Turbolader weiterhin auf Hochtouren läuft, kann er sofort wieder verdichtete Luft liefern, d.h. beim Beschleunigen gibt es kein "Loch" mehr, wie dies in früheren Jahren bei Turboinstallationen der Fall war.

Bekannt wird Ihnen der eingebaute Ladeluftkühler sein. Welche Aufgabe hat er?

- Die durch den Luftfilter angesaugte Frischluft wird einmal im Turbolader zu schnellerer Strömung gezwungen und durch die Verdichtung komprimiert. Da der durch die heissen Auspuffgase angetriebene Turbolader ebenfalls Wärme abführt, würde dies zu einer Überhitzung der Ansaugluft führen, wodurch der enthaltene Sauerstoff bereits aufgezehrt wird, ehe er in den Motor kommt.
- Der zwischen dem Turbolader und dem Ansaugkrümmer eingebaute Ladeluftkühler (10) kühlt die Ansaugluft genügend ab, ehe sie in den Motor gelangen kann. Die Luft wird dadurch dichter und führt mehr des wichtigen Sauerstoffs mit sich. Die Füllung der Zylinder wird verbessert, die Leistung wird verbessert.

5.11.1 Turboladerstörungen

Arbeitet der Turbolader nicht mehr einwandfrei, kann man dies durch abfallende Leistung oder Nichterreichen der Höchstgeschwindigkeit feststellen, vorausgesetzt, dass die Kraftstoffeinspritzung einwandfrei arbeitet. Einmal kann dies an einer Leckstelle in der Aufladeanlage liegen, zum anderen Mal an einem defekten Turbolader. Wir schlagen die folgende Reihenfolge beim Prüfen vor:

Undichte Turboladeranlage

- Den Luftschlauch zwischen dem Turbolader und dem Ansaugsammelrohr über den Ladeluftkühler auf Bruch, Risse, Lockerung, usw. kontrollieren und Defekte evtl. beheben.
- Undichtheit zwischen dem Zylinderkopf und dem Ansaugsammelrohr kontrollieren. Dies kann durch schlechte Dichtungen oder in schlimmen Fällen durch einen geplatzten Krümmer vorkommen.
- Die Verbindungsflansche zwischen dem Auspuffkrümmer und dem Zylinderkopf oder zwischen dem Auspuffkrümmer und dem Turbolader sind undicht.

Defekter Turbolader

- Den Ladedruck in einer Werkstatt kontrollieren lassen. Der Ladedruck kann entweder zu hoch oder zu niedrig sein.
- Ist der Druck zu hoch, kann der Fehler im Magnetventil für die Ladedruckbegrenzung liegen oder die Druckdose des Ladedruckregelventils am Turbolader is defekt. Die Auslesung des Fehlerspeichers wird der Werkstatt zeigen, wo der Fehler liegt.
- Ist der Ladedruck zu niedrig, kann man die Druckdose für die Ladedruckbegrenzung verdächtigen. Andernfalls muss der Fehler im Turbolader liegen.

5.11.2 Aus- und Einbau des Turboladers

Wie Sie bereits wissen werden, darf man einen Motor nach einer langen, schnellen Fahrt nicht sofort abstellen, sondern muss ihn eine Weile im Leerlauf lassen lassen. Was Sie vielleicht nicht wissen, ist der Grund dafür: Würde man den "überheissen" Motor sofort abstellen, könnte sich das Wellenlager des Turboladers so stark erhitzen, dass das Schmieröl im Lager verbrennen kann. Bei einer solchen, wiederholten "Behandlung" würde der Turbolader bald festfressen.

Der Turbolader ist ziemlich empfindlich auf Schmutz oder andere Fremdteile, so dass beim Aus- und Einbau grösste Reiniglichkeit empfohlen wird.

- Massekabel der Batterie abklemmen (Achtung, Radio-Diebstahl-Code muss zur Hand sein).
- Luftfilter ausbauen (Seite 85/86).
- Luftschläuche vom Turbolader abschliessen.
- Wasserschläuche zum Turbolader mit Zwingen abklemmen oder die Kühlanlage ablassen.
- Vorderseite des Fahrzeugs je nach erforderlichen Arbeiten auf Böcke setzen.
- Auspuffaufhängung am Getriebe lösen.
- Den Katalysator vom Turbolader abschrauben (4 Muttern).
- Ölvorlaufleitung und Ölrücklaufleitung vom Turbolader abschliessen. Auf austropfendes Öl achten.
- Von der Unterseite her die Befestigungsschrauben des Turboladers am Auspuffkrümmer lösen. An die Schrauben ist nicht leicht heranzukommen, d.h. man muss einen passen Schlüssel (Ringschlüssel, S/W 12 mm) benutzen. Den Turbolader dabei festhalten und nach oben herausziehen, sobald er frei ist.

Der Einbau geschieht in umgekehrter Reihenfolge. Immer neue Muttern und Schrauben verwenden. Vor Anschliessen der Ölvorlaufleitung etwas Öl in die Anschlussöffnung am Lader einfüllen (Vorschmierung). Motor am Anfang nicht sofort auf Hochtouren bringen.

6 Die Zündanlage

Die Zündanlage aller Motoren ist mit der Einspritzanlage verbunden und wird durch ein sogenanntes "Motormanagement" gesteuert, d.h. alle Funktionen der Zündanlage werden vom gleichen Steuergerät wie die Einspritzanlage gesteuert, sind also vollkommen miteinander abgestimmt. Die bereits bei der Behandlung der Kraftstoffanlage erwähnten Bauteile dienen ebenfalls zur einwandfreien Arbeitsweise der Zündanlage. Unterschiede liegen jedoch innerhalb der behandelten Motoren vor:

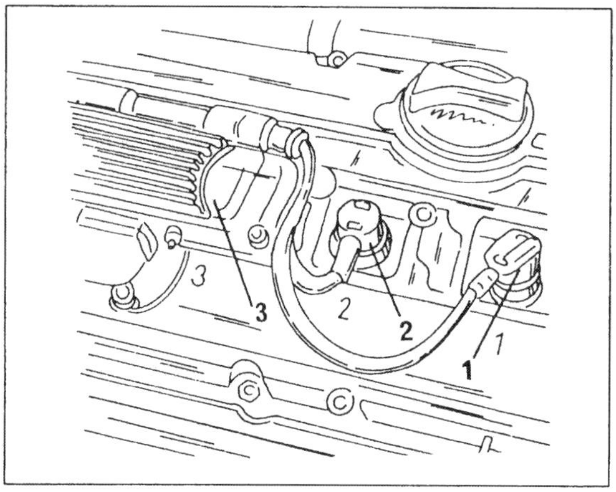

Bild 184
Ansicht der Oberseite eines 1,6 Liter-Motors. Die beiden Zündspulen versorgen den Zylinder 1 und 3 und den Zylinder 2 und 4. Der Motordeckel ist abgenommen.

Zündverteiler/Zündspule(n)

- Der 1,6 Liter-Motor hat einen Zündverteiler, welcher jedoch ebenfalls elektronisch "regiert" wird. Eine einzelne Zündspule wird für den Motor verwendet.
- Die beiden 1,8 Liter-Motoren haben eine verteilerlose Zündung, sind jedoch nicht in gleicher Weise aufgebaut. Beim Saugmotor ist je eine Zündspule für zwei Zylinder verantwortlich. Da die Zündspulen bei jeder Umdrehung einen Funken abgeben, bedeutet dies, dass auch ein Funken überspringt, wenn der betreffende Kolben im Auspufftakt steht. Bild 184 zeigt wie dieser Motor nach Abnahme des Motordeckels aussieht.

Beim Turbomotor hat jeder Zylinder seine eigene Zündspule. Nur die im Moment erforderliche Zündspule erzeugt einen Funken für die Zündkerze des betreffenden Zylinders. Bild 185 zeigt die vier Zündspulen, wiederum nach Abnahme des Motordeckels.

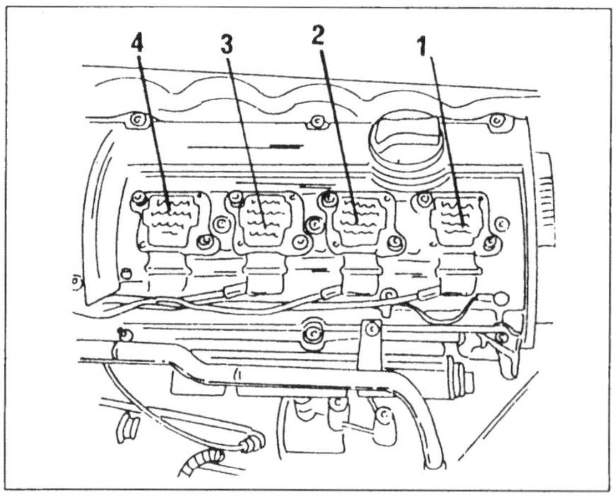

Bild 185
Ansicht der Oberseite eines Turbomotors. Deutlich sind die vier einzelnen Zündspulen zu sehen, nachdem der Motordeckel entfernt wurde.

Zündungs-Endstufe

Ziemlich neu könnte Ihnen die bereits mehrmals erwähnte Endstufe vorkommen. Dieses Teil ist an unterschiedlichen Stellen montiert.

- Beim 1,6 Liter-Motor sitzt sie neben der Zündspule.
- Beim 1,8 Liter-Saugmotor sitzt sie über den Zündspulen auf dem Zylinderkopf.
- Beim 1,8 Liter-Turbomotor sitzt sie unter der Abdeckung des Luftfiltergehäuses.

Was macht eine Endstufe? In dieser sitzt ein Transistor, welcher die Stromzufuhr zu der Zündspule oder die Zündspulen aus- und einschaltet, ohne dabei durch das elektronische Steuergerät zu fliessen. Den genauen Schaltpunkt erhält der Transistor vom Hallgeber oder vom Geber der Motordrehzahl, nachdem das Steuergerät den richtigen Zündzeitpunkt bestimmt hat.

Hallgeber

Auch dieses Bauteil wurde schon viele Male erwähnt. Die Bezeichnung stammt vom Erfinder des Hall-Effekts, seine Aufgabe ist das Aus- und Einschalten des Stroms zur Erzeugung des Zündfunkens. Es würde zu weit führen, auf die Arbeitsweise einzugehen. Zu sagen wäre jedoch, dass der Hallgeber beim 1,6 Liter-Motor unten im Verteiler sitzt, während er bei den 1,8 Liter-Motoren vorn links am Zylinderkopf sitzt. Wie die Einheit aussieht, kann man in Bild 50 sehen (Teile 11 bis 15).

Geber für Motordrehzahl

Der Geber ist an der Rückseite des Motors über dem Schwungrad angebracht. In Verbindung mit einem entsprechend konstruierten Schwungrad informiert der Geber das elektronische Steuergerät über die Drehzahl des Motors in jedem gegebenen Moment, so dass diese verarbeitet werden kann. In das Schwungrad ist ebenfalls ein kleiner Stahlstift an einer bestimmten Stelle in den Umfang eingesetzt. Läuft der Stift am Geber vorbei, wird dem Steuergerät ein Signal zugeführt, so dass dieses die genaue Stellung der Kurbelwelle auswerten kann.

Klopfregelung/Klopfsensor

Eine klopfende Verbrennung, die durch einen zu frühen Zündzeitpunktorfolgt, ist auf lange Dauer schädlich für den Motor. Durch vorzeitiges Zünden werden den Lagern der Kurbelwelle und den Kolben schadhafte Schäde erteilt, die sich sehr bald in Beschädigung der Teile umwandeln.

Im modernen Automobilbau wird jedoch versucht, so weit wie möglich an die "Frühzündung" heranzukommen. Um diesen Punkt jedoch festzulegen, muss der Zündzeitpunkt aufgrund verschiedener Faktoren laufend verändert, bzw. geregelt werden. Dies ist die Klopfregulierung.

Die Verbrennung in den Zylindern wird mit Hilfe eines sogenannten Klopfreglers überwacht, d.h. einem elektrischen Fühler, welcher in den Zylindern auftretende "Detonationen" wahrnimmt. Entweder ein Klopfsensor (1,6 Liter) oder zwei Sensoren (1,8 Liter) sind unten links in den Zylinderblock eingeschraubt. Der Klopfsensor ist in der Lage die Verbrennung in den Zylindern ständig zu überwachen. Treten ungleichmässige Schläge auf, werden diese dem Steuergerät mitgeteilt, die in diesem, kurz beschrieben, folgendermassen ausgewertet werden:

- Sobald das Steuergerät ein Signal erhalten hat, dass eine klopfende Verbrennung stattgefunden hat, findet es sofort heraus, um welchen Zylinder es sich handelt. Die verbleibenden Zylinder behalten den gleichen Zündzeitpunkt bei, jedoch wird die Zündung des "bösen" Zylinders um ca. 3° zurückgestellt.
- Läuft der Motor weiter mit dem klopfenden Zylinder, stellt das Steuergerät den Zündzeitpunkt um weitere 3° zurück. Dies kann mehrere Male bei den nächsten Arbeitstakten geschehen.
- Wenn sich der schlecht laufende Zylinder wieder eingespielt hat, wird der Zündzeitpunkt nach einer "Probezeit" wieder früher gestellt. Um dabei nicht zu hastig vorzugehen, geschieht die "Frühstellung" jeweils um ca. 0,5°. Während der Motor weiter läuft, wird der Zündzeitpunkt bei jedem Arbeitstakt um weitere 0,5° früher gestellt, bis der ursprüngliche Zündzeitpunkt wieder hergestellt wurde. In der Zwischenzeit ist es jedoch möglich, dass eine klopfende Verbrennung von einem anderen Zylinder gemeldet wird.

6.1 Vorsichtsmassnahmen bei Arbeiten an der Zündanlage

Um Stromschläge oder Beschädigung der Zündanlage oder persönliche Verletzungen zu vermeiden, müssen die folgenden Vorsichtsmassnahmen bei allen Arbeiten an der Zündanlage beachtet werden. Der Aufkleber im Motorraum wird Ihnen ja bekannt sein, jedoch liegen auch andere Gründe vor, bei Arbeiten im Motorraum mit der notwendigen Vorsicht vorzugehen.

Grundsätzlich gilt: Personen mit Herzschrittmacher sollten nicht an der Zündanlage arbeiten. Auch Herzkranke sollten sich gut überlegen, ob sie im Motorraum arbeiten. Wir müssen Sie hinsichtlich dessen warnen.

- Vor Abklemmen der Batterie muss der Diebstahl-Code für das Radio parat sein.
- Zündkabel nicht bei laufendem Motor abziehen oder bei Anlassdrehzahl nicht mit den Händen berühren oder abziehen. Die Spannung ist sehr hoch.
- Jegliche Leitung der Zündanlage nur abklemmen, wenn der Motor still steht. Das gleiche gilt beim Anschliessen von Prüf- oder Messgeräten, wobei auch die Zündung ausgeschaltet sein muss.
- *Bei einem 1,6 Liter-Motor* An der Klemme "1" der Zündspule (die Minusklemme) darf kein Kondensator an die Klemme "1" angeschlossen werden.
- Ehe der Stecker vom elektronischen Steuergerät abgezogen wird, muss man mindestens 30 Sekunden nach Ausschalten der Zündung warten. Sonst kann man das Steuergerät beschädigen.
- Eine Starthilfe mit einem Schnellader sollte unterlassen werden, da sich nicht jedes Gerät dazu eignet. Wird es jedoch verwendet, darf es nur eine Minute lang mit höchstens 16,5 V angeschlossen werden.
- Bei elektrischen Schweissungen die Batterie abklemmen (was sowieso, wie bekannt, wegen der Drehstromlichtmaschine durchzuführen ist).
- Falls ein Fahrzeug zwecks Zündungsschwierigkeiten abgeschleppt wird, muss das Einspritz/Zündungssteuergerät abgeschlossen werden (Stecker abziehen).
- Nur die für die elektronische Zündung vorgeschriebenen Zündkabel und Zündkerzenstecker dürfen verwendet werden.
- Falls der Läufer des Zündverteilers erneuert werden soll, unbedingt das vorgeschriebene Teil einbauen. Der Läufer ist gekennzeichnet und kann daran erkannt werden.

6.2 Arbeiten an der Anlage

Bestimmte Teile der elektronischen Anlage können Schäden erleiden, wenn man den Motor bei abgezogenen Zündkabeln durchdreht. Aus diesem Grund ist es wichtig, dass man die folgenden Arbeiten durchführt, falls dies vorgesehen ist:

- *Bei einem 1,6 Liter-Motor* die Zündung ausschalten und den Stecker neben der Zündspule von der Zündungs-Endstufe abziehen.
- *Bei einem 1,8 Liter-Saugmotor* den Motordeckel in der Mitte des Motors abmontieren und den Stecker von der Endstufe auf der Zündspuleneinheit abziehen (Zündung ausgeschaltet).
- *Bei einem 1,8 Liter-Turbomotor* den Motordeckel in der Mitte des Motors abmontieren und zwei Stecker von der Endstufe abziehen (bei ausgeschalteter Zündung).

Bei der folgenden Beschreibung wird wieder angenommen, dass man einige elektrische Kenntnisse zum Anschliessen verschiedener Messgeräte hat.

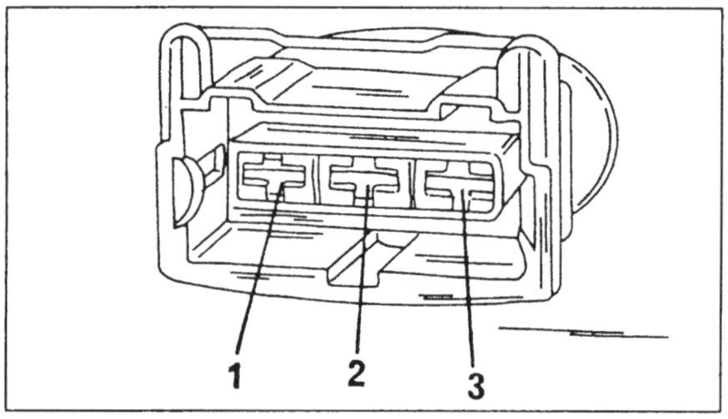

Bild 186
Ansicht des Steckers der Zündspule des 1,6 Liter-Motors. Gemessen wird zwischen den Klemmen 1, 2 und 3.

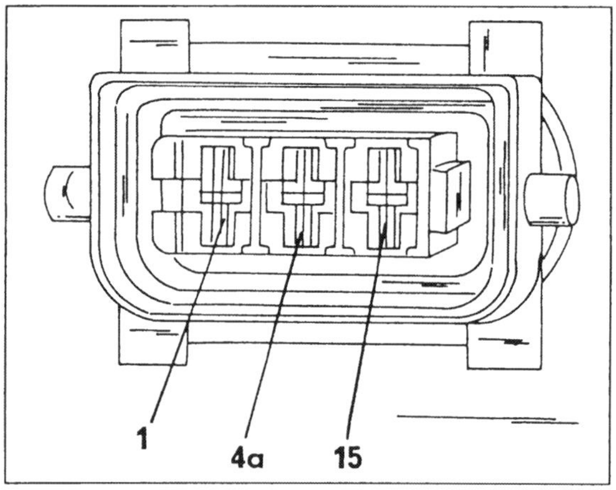

Bild 187
Ansicht des Steckers der Zündungs-Endstufe beim 1,8 Liter-Turbomotor. Gemessen wird zwischen den Klemmen 1, 4a und 15.

Gebraucht werden ein Voltmeter und ein Ohmmeter. Die Vorsichtsmassnahmen müssen streng befolgt werden. Falls die beschriebenen Prüfungen keine Resultate erbringen, muss man die Anlage in einer Werkstatt mit dem Fehlerauslesegerät überprüfen lassen.

6.2.1 Allgemeine Überprüfung der Anlage

- Alle Kabelanschlüsse, Steckverbinder, usw. an Zündspule(n), Endstufe, Steuergerät und am Verteiler (1,6 Liter) auf festen Sitz überprüfen. Besonders bei einer Fahrt über unebene Strassen kann sich schon mal etwas lockern.
- Alle Kabel auf Durchscheuerung kontrollieren.
- Alle Hochspannungs-Zündkabel auf festen Sitz überprüfen. Eine durchgescheuerte Aussenhülle kann leicht zum Durchschlagen von Funken führen.
- In der Innenseite der Verteilerkappe eines 1,6 Liter-Motors können sich Funkenüberschläge gebildet haben. Diese werden durch kleine schwarzen Linien zwischen den Kontakten angezeigt.

Um zu kontrollieren, ob die Zündanlage mit Strom oder Spannung versorgt wird, kann man den folgenden Anweisungen folgen, wobei gesagt werden muss, dass auch das Vorhandensein von Strom auch nicht unbedingt die erforderliche Spannung herstellen muss.

Stromzuführung kontrollieren

Ein Voltmeter muss zu den Prüfungen benutzt werden.

- Als erstes die zuständige Sicherung kontrollieren (Nr. 32).
- *Bei einem 1,6 Liter-Motor*

Den Stecker von der Zündungs-Endstufe neben der Zündspule abziehen. Dieser hat das in Bild 186 gezeigte Aussehen. Ein Voltmeter zwischen den Kontakt "1" (positiv) und Kontakt "3" (Masse) anschliessen. Die Zündung einschalten und kontrollieren, dass die ungefähre Batteriespannung am Voltmeter angezeigt wird. Falls dies nicht der Fall ist, die Kabelverbindung bis zum Zündschloss überprüfen.

- *Bei einem 1,8 Liter-Saugmotor*

Den Deckel in der Mitte des Motors abmontieren und den Stecker von der Zündungs-Endstufe (welche übrigens auch Leistungsendstufe genannt wird) abziehen. Der Stecker hat das in Bild 187 gezeigte Aussehen. Das Voltmeter an der mittleren Klemme "4a" und Masse anschliessen und die Zündung einschalten. Die ungefähre Batteriespannung muss erhalten werden. Ist dies nicht der Fall, die Kabelverbindung bis zum Zündschloss kontrollieren.

- *Bei einem 1,8 Liter-Turbomotor* in ähnlicher Weise vorgehen, mit dem Unterschied, dass das Voltmeter zwischen den Kontakten mit dem schwarz/blauen Kabel und dem braun/gelben Kabel anzuschliessen ist. Die Prüfergebnisse entsprechen dem Saugmotor.

Zündspannung kontrollieren

Obwohl die obigen Prüfungen positiv ausfallen könnten, bedeutet es nicht, dass der Motor den wichtigen Zündfunken erhält. Durch einige Handgriffe kann man dies jedoch schnell herausfinden.

1,6 Liter-Motor

- Das Zündkabel der ersten Zündkerze abziehen und die Kerze ausschrauben.

● Das Zündkabel wieder auf die Kerze stecken und die Kerze mit dem Sechskant auf eine gute Massestelle auflegen (z.B. Ansaugsammelrohr) wie man es in Bild 188 sehen kann.

● Den Anlasser betätigen lassen, während die Elektroden der Kerzen beobachtet werden. Ein kräftiger Funken muss zwischen den Elektroden überspringen.

● Falls dies der Fall bei allen Kerzen ist (die man sicherheitshalber ebenfalls kontrollieren kann), erhält die Zündanlage die erforderliche Spannung.

● Wurde der Verteiler ausgebaut, Spannung ist vorhanden, aber der Motor springt nicht an, muss man die Einbauweise des Verteilers nachprüfen.

1,8 Liter-Saugmotor

Die Überprüfung erfolgt in der oben beschriebenen Weise, jedoch müssen die Kerzen der Zylinder 1 und 2 ausgeschraubt und wie oben mit Masse geschlossen werden. Auf diese Weise werden beide Zündspulen kontrolliert. Nach Belieben die beiden anderen Kerzen ausschrauben, um diese zu kontrollieren.

1,8 Liter-Turbomotor

● Die Zündspule abschrauben und die dazugehörige Kerze ausschrauben.

● Die Kerze wieder mit dem Stecker verbinden und auf eine gute Massestelle auf den Motor auflegen.

● Die weitere Kontrolle geschieht entsprechend den Anweisungen beim 1,6 Liter-Motor, mit dem Unterschied, dass man alle Spulen/Kerzen prüfen muss, um eine defekte Spule/Kerze zu lokalisieren.

Falls die obigen Prüfungen nichts ergeben, muss man weiterforschen.

6.2.2 Zündspule(n) überprüfen

Wiederum sind unterschiedliche Arbeiten erforderlich. Je nach Motor vornehmen.

1,6 Liter-Motor

● Als erstes das Aussehen der Spule kontrollieren. Bei einer durchgebrannten Zündspule kann man manchmal ausgequellte Vergussmasse feststellen.

Zum Ausmessen ist ein Voltmeter mit Kilo-Ohmanzeige erforderlich.

● Zündung ausschalten und die Kabel von den in Bild 189 gezeigten Anschlüssen abziehen.

● Mit einem Ohmmeter zwischen den Klemmen "1" (minus) und "15" (plus) messen. Ausgemessen wird der Primärwiderstand, welcher zwischen 0,5 - 1,5 Ohm liegen sollte.

● Mit dem Ohmmeter zwischen den Klemmen "15" und "4" (mittleres Kabel) messen. Gemessen wurde der Sekundärwiderstand, welcher zwischen 5 bis 9 Kilo-Ohm liegen sollte.

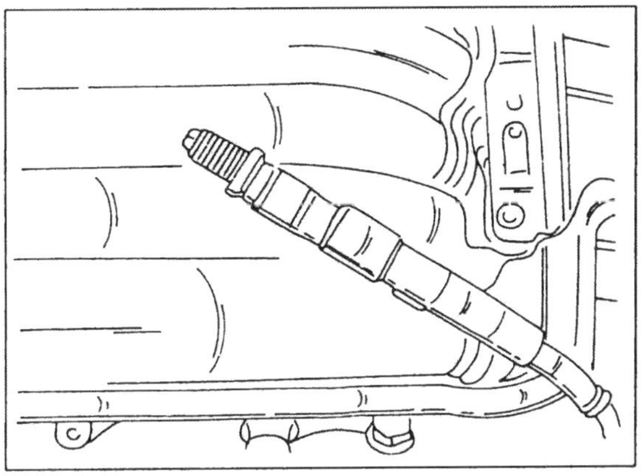

Bild 188
Zündkerzen mit dem aufgeschobenen Stecker auf eine gute Massestelle auflegen, um einen guten Zündfunken zu erhalten.

● Falls die Werte nicht erhalten werden, muss man eine neue Zündspule einbauen. Andernfalls kann man die Spule in einer Werkstatt kontrollieren lassen.

1,8 Liter-Saugmotor

Bei diesem Motor sind Zündspulen und Endstufe miteinander verbunden. Nur eine grobe Prüfung ist möglich, vorausgesetzt, dass Spannung vorhanden ist (Motordeckel ausgebaut):

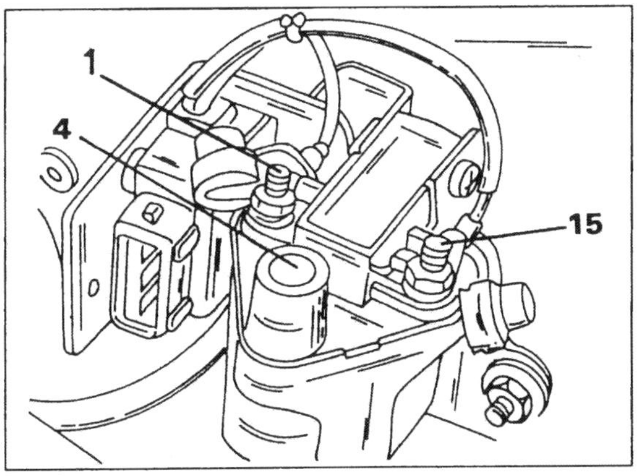

Bild 189
Die Anschlüsse an der Zündspule eines 1,6 Liter-Motors.
1 Minusklemme
4 Mittlere Klemme (Hochspannungskabel)
15 Plusklemme

● Alle Stecker von den Einspritzventilen abziehen.

● Den Stecker von der Zündungs-Endstufe abziehen und eine Prüflampe mit einem der äusseren Kontakte und Masse anschliessen. Den Motor mit dem Anlasser durchdrehen lassen und kontrollieren, dass die Lampe blinkt.

● Gleiche Prüfung am anderen Kontakt vornehmen. Wiederum muss die Lampe blinken.

● Falls kein "Blinken" der Lampe erhalten werden kann, kann der Fehler in folgenden Abschnitten liegen: Kabelverbindungen, Steuergerät, Gebern. Vor Erneuerung sollte man die Anlage fachmännisch kontrollieren lassen, um den genauen Defekt festzustellen.

1,8 Liter-Turbomotor

Bei diesem Motor werden nur wieder die Zündspulen kontrolliert (Kontrolle der Endstufe erfolgt getrennt).

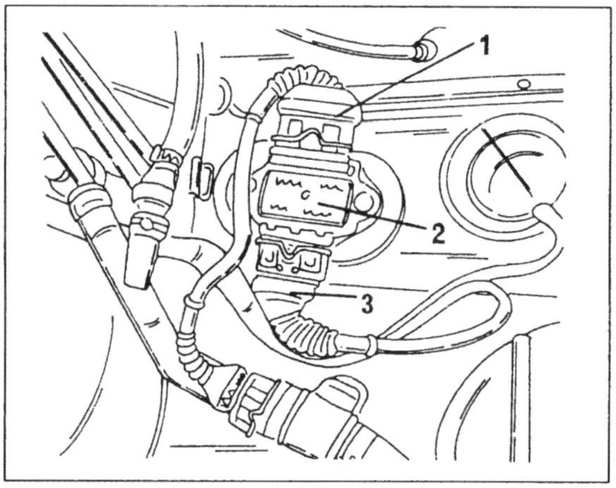

Bild 190
Die Lage der Zündungs-Endstufe für die Zündspulen bei einem Turbomotor.
1 Fünfpoliger Stecker
2 Zündungs-Endstufe
3 Vierpoliger Stecker

- Alle Stecker von den Einspritzventilen abziehen. Falls man bei der Kontrolle der Stromzufuhr und Spannungszufuhr festgestellt hat, dass eine Kerze nicht funkt, kann man die Spulen untereinander austauschen. Erscheint kein Funken an der anderen Kerze, ist die Spule defekt. Um vollkommen sicherzugehen kann man auch die Zündkerze mit der vertauschten Spule verbinden — auch die Kerze kann einen Schaden entwickelt haben.

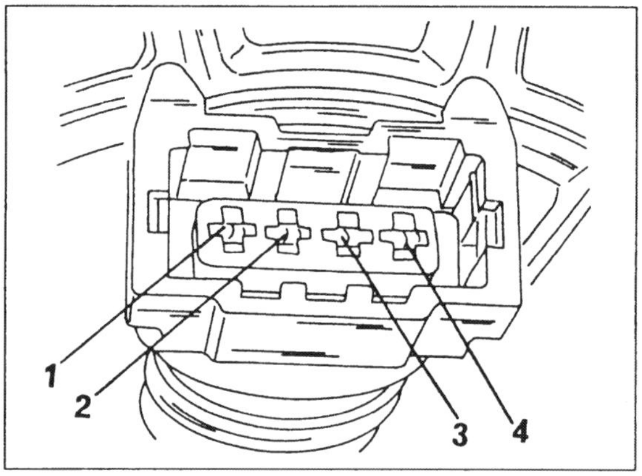

Bild 191
Die Kontaktzungen eines vierpoligen Steckers sind beim Draufsehen von links nach rechts angeordnet (Turbomotor).

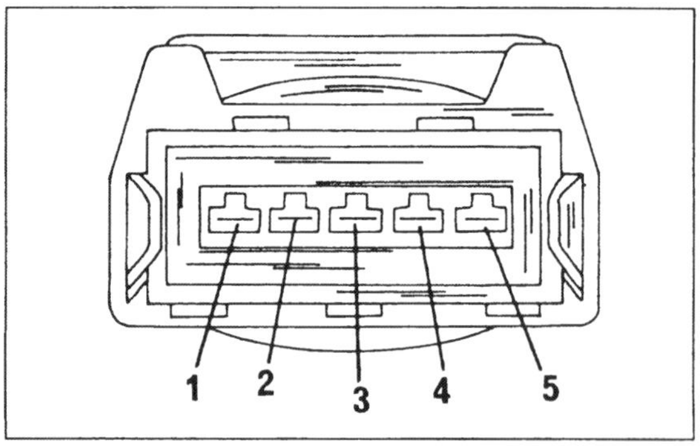

Bild 192
Die Kontaktzungen des fünfpoligen Steckers sind beim Draufsehen von links nach rechts angeordnet (Turbomotor).

- Falls immer noch kein Ergebnis, den Stecker des betreffenden Zylinders abziehen und zwischen den Kontakten messen. Dazu das Voltmeter zwischen den beiden äusseren Zungen des Steckers anlegen und die Zündung einschalten. Die ungefähre Batteriespannung muss angezeigt werden. Ist dies nicht der Fall, liegt eine Stromunterbrechung zum Stecker vor.
- Eine Prüflampe an den Kontakten 2 und 3 des Steckers anschliessen und den Anlasser betätigen lassen. Falls die Lampe nicht flackert, muss man die Anlage in einer Werkstatt überprüfen lassen.

6.2.3 Zündungs-Endstufen überprüfen

Nur bei einem 1,8 Liter-Saugmotor wurde die Endstufe bereits zusammen mit den Zündspulen kontrolliert. Bei den anderen Motoren erfolgt die Kontrolle getrennt.

1,6 Liter-Motor

Die Endstufe sitzt neben der Zündspule. Zur Kontrolle:

- Den Stecker von der Endstufe abziehen und ein Voltmeter zwischen den Klemmen "2" und "3" in Bild 186 anlegen.
- Den Motor mit dem Anlasser durchdrehen lassen und kontrollieren, dass die Anzeige mindestens 2 V beträgt.
- Falls dies nicht der Fall ist, müssen Zündspule und Endstufe zusammen erneuert werden. Vielleicht lassen Sie die Teile vorher in einer Werkstatt kontrollieren.

1,8 Liter-Turbomotor

Die Anschlussweise der Zündungs-Endstufe ist in Bild 190 zu sehen. Die Stecker sind nicht gleich und sind deswegen in unterschiedlicher Weise zu prüfen. Der mit (1) bezeichnete Stecker hat 5 Pole, der mit (3) bezeichnete Stecker hat 4 Pole. Sie sind links und rechts der Endstufe (2) aufgesteckt.

- Die Stecker aller Einspritzventile abziehen.
- Den vierpoligen Stecker von der Zündungs-Endstufe (unter der Abdeckung am Luftfiltergehäuse) abziehen. Der Stecker hat das in Bild 191 gezeigte Aussehen.
- Ein Kabel einer Leuchdioden-Prüflampe an Masse anschliessen.
- Das andere Kabel der Lampe der Reihe nach an die Kontakte "1", "2", "3" und "4" des Steckers halten, während man den Anlasser betätigen lässt. Die Leuchte muss bei allen Prüfungen blinken. Ist dies der Fall, liegt kein Defekt vor. Den Stecker danach wieder aufstecken. Dies ist der Stecker (3) in Bild 190.
- Den fünfpoligen Stecker (1) in Bild 190 abzie-

hen. Dieser hat das in Bild 192 gezeigte Aussehen.
- Das freie Kabel der Prüflampe der Reihe nach an den Kontaktzungen "1", "2", "4" und "5" anlegen, während man den Anlasser wieder betätigen lässt (die Kontaktzuge "3" ist in diesem Fall "Masse"). Die Lampe muss bei allen vier Prüfungen blinken. Dies bedeutet, dass das Eingangssignal zur Endstufe Strom erhält.
- Falls die oben beschriebenen Prüfungen negativ ausfallen, die Zündungs-Endstufe erneuern oder nochmals in einer Werkstatt kontrollieren lassen.

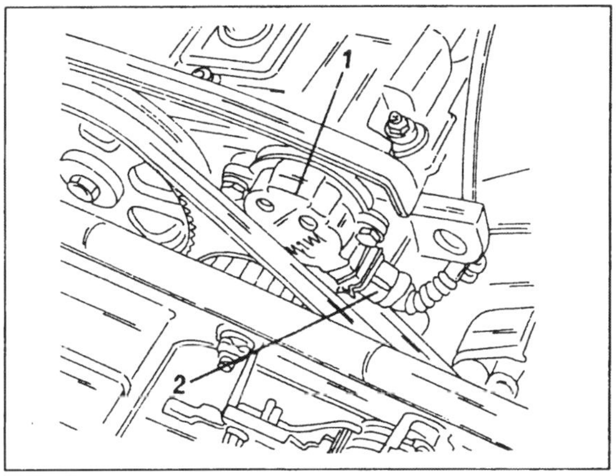

Bild 193
Nach Abnehmen des Schutzdeckels für den Zahnriemen, wird der Hallgeber (1) freigelegt. Der Stecker (2) sitzt an der Unterseite.

6.2.4 Hallgeber überprüfen

Wie bereits erwähnt, sitzt der Hallgeber bei den 1,8 Liter-Motoren an der Vorderseite des Zylinderkopfes, unmittelbar über dem Zahnriemen. Bei normalem Betrieb erkennt die Motorelektronik durch das Signal vom Hallgeber den Zündzeitpunkt für den ersten Zylinder. Falls das Signal nicht erhalten wird, können die Zylinder nicht länger der Klopfregelung zugeteilt werden. In diesem Fall wird die Klopfregulierung ausser Betrieb gebracht und der Zündzeitpunkt wird etwas zurückgestellt, um ein Klopfen zu vermeiden. Um einen Hallgeber zu kontrollieren, folgendermassen vorgehen:
- Die Stecker der Einspritzventile abziehen.
- Den Hallgeber freilegen, so dass er wie in Bild 193 gezeigt erscheint.
- Die Gummitülle auf dem Stecker des Hallgebers zurückziehen (der Stecker bleibt auf dem Hallgeber aufgesteckt).
- Den Leuchtdioden-Spannungsprüfer an die Kontakte "1" und "2" von der Rückseite anlegen. Die Kontakte sind an der Rückseite des Steckers dazu gezeichnet. Den Anlasser einige Sekunden betätigen lassen. Bei jeder zweiten Umdrehung des Motors muss die Leuchtdiode kurz aufblinken.
- Den Stecker vom Hallgeber abziehen und die Zündung einschalten.
- Ein Voltmeter zwischen den Kontaktzungen "1" und "3" des Steckers anlegen. Die Kontaktzugen sind in Bild 194 gezeigt. Eine Spannungsanzeige von 4,5 bis 5,5 V sollte erhalten werden.
- Das Voltmeter jetzt zwischen die Kontaktzungen "2" und "3" des Steckers anlegen. Die Anzeige sollte jetzt zwischen 4,3 und 5,2 V liegen.
- Falls die Spannungswerte erhalten werden, die Leuchtdiode aber nicht blinkt, muss man den Hallgeber erneuern. Werden die Spannungswerte nicht erhalten, liegt die Störung in der Kabelverbindung. Werkstattarbeit.

6.2.5 Geber für Motordrehzahl prüfen

Der Drehzahlgeber sitzt über dem Zahnkranz des Schwungrades. Zur Kontrolle ist dieses Mal ein Ohmmeter erforderlich.
- Den Stecker vom Drehzahlgeber abziehen (grauer Steckverbinder).
- An der Innenseite des Steckers das Ohmmeter an Kontaktzungen "1" und "2" anlegen (Nr. 1 ist links). Die Anzeige sollte zwischen 480 - 1000 Ohm liegen. Falls dieser Widerstand nicht erhalten werden kann, den Drehzahlgeber erneuern.
- Falls die Anzeige erhalten wird, das Ohmmeter zwischen Kontakte "1" und "3" sowie Kontakte "2" und "3" anlegen. Das Ohmmeter muss "unendlich" anzeigen, andernfalls den Geber erneuern.
- Falls alle Teste positiv ausfallen, könnte die Kabelverbindung unterbrochen sein. Am besten in der Werkstatt überprüfen lassen.

6.2.6 Klopfsensor überprüfen

Nur ein Klopfsensor ist beim 1,6 Liter-Motor eingebaut. Eine elektrische Überprüfung der Klopfsensoren ist nicht möglich. Störungen können nur mit Hilfe des Auslesegeräts aus dem Fehlerspeicher erhalten werden. Die Steckverbinder liegen hinter dem Dehngefäss der Kühlanlage und

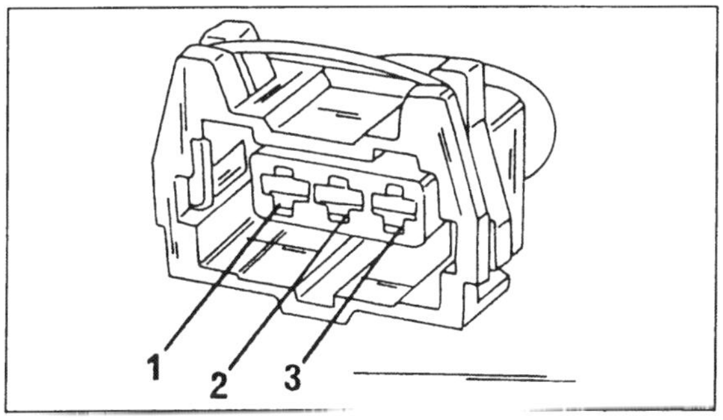

Bild 194
Draufsicht auf den Stekker des Hallgebers. Die drei Kontaktzungen sind von links nach rechts angeordnet.

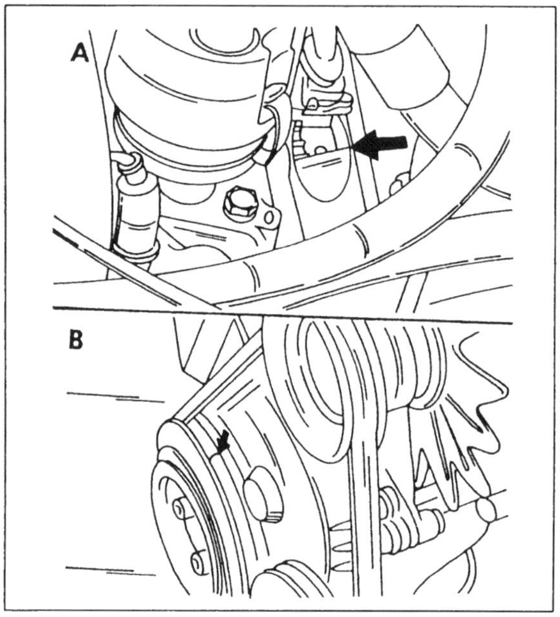

Bild 195
Totpunktstellung des Motors.
A Bei eingebautem Motor
B Bei ausgebautem Motor

können auf Korrosion oder andere Schäden kontrolliert werden. Andernfalls Werkstattarbeit.

6.3 Der Zündverteiler (1,6 Liter)

Der Zündverteiler des 1,6 Liter-Motors hat dafür zu sorgen, dass der Zündstrom in der richtigen Folge, d.h. 1-3-4-2 und im richtigen Augenblick (Zündzeitpunkt) an die richtige Zündkerze geleitet wird. Der Verteiler wird von der Zwischenwelle des Motors angetrieben und sitzt im Zylinderblock. Das Oberteil des Verteilers verteilt den Zündfunken an die Zündkerzen, das Unterteil enthält den Hallgeber, welcher die Signale zur Zündung auslöst.

6.3.1 Wartung des Zündverteilers

Der Verteilerdeckel ist innen und aussen in regelmässigen Abständen zu reinigen, um Kohlereste, Staub oder Feuchtigkeit zu entfernen. Den Verteilerläufer ebenfalls reinigen. Zum Reinigen einen in Benzin angefeuchteten Lappen verwenden; dabei gleichzeitig den Verteilerdeckel auf Rissstellen hin kontrollieren.

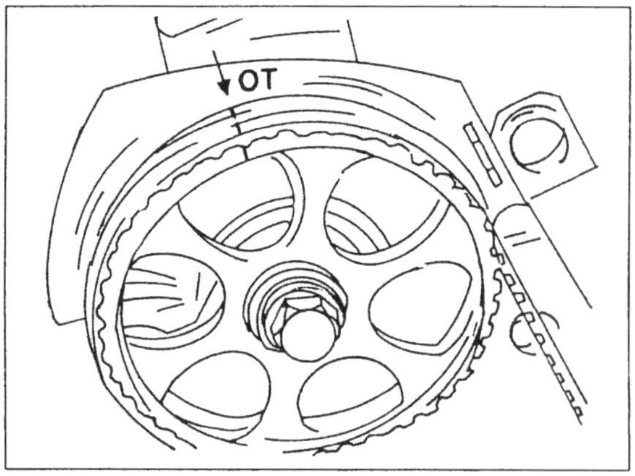

Bild 196
Das Fluchtzeichen an der Aussenseite des Nockenwellenrades muss gegenüber die OT-Markierung am inneren Blech liegen.

Zum Öffnen des Verteilers die Blechklammern des Deckels zurückschnappen und das Massekabel der Abschirmung abziehen. Den Verteilerdeckel mit aufgsteckten Zündkabeln abnehmen.
Den Verteilerläufer erneuern, wenn die Kontakte sehr abgeschliffen sind (richtigen Läufer einbauen). Die Messingkontakte dürfen auf keinen Fall nachgefeilt oder nachgeschliffen werden. Unter dem Verteilerfinger liegt eine Staubschutzscheibe. Diese kann man auch abnehmen. Beim Einbau der Scheibe und des Verteilerfingers auf die Haltenasen achten. Bei Erneuerung des Verteilerfingers unbedingt ein zum Motor passendes Teil einbauen (mit "R1" gezeichnet).
Kleine schwarze Striche in der Innenseite des Deckels deuten auf Funkenüberschläge. Diese kann man behelfsmässig mit einem Messer abkratzen. Die abgekratzte Oberfläche mit Nagellack überstreichen, bis man den Deckel erneuern kann.
Die Aussenflächen aller Hochspannungskabel sauber und frei von Feuchtigkeit halten, um eine einwandfreie Stromführung durch die Zündanlage zu garantieren. Gelegentlich alle Leitungen aus dem Zündverteiler ziehen, die Anschlussenden reinigen und kontrollieren. Die Leitungen dürfen nicht verkürzt werden, um schlechte Anschlussenden zu berichtigen und sind immer zu erneuern. Neue Kabel nur entsprechend der Ersatzteilnummer für den betreffenden Motor bestellen.

6.3.2 Zündverteiler aus- und einbauen

- Verteilerdeckel abnehmen, wie es oben beschrieben wurde.
- Den Stecker des Hall-Gebers an der Seite des Verteilers abziehen. Die Federspange dabei zusammendrücken, um den Stecker freizugeben.
- Motor durchdrehen, bis der Kolben des ersten Zylinders auf dem oberen Totpunkt des Verdichtungshubes steht. Bei eingebautem Motor muss die "0"-Marke im Schwungrad in einer Linie mit der Kante des "Fensters" im Schwungradgehäuse stehen, ähnlich wie es Bild 195 zeigt. Bei ausgebautem Motor muss die Kerbe im Schwingungsdämpfer mit dem Pfeil am Steuerriemenschutz fluchten (untere Ansicht, Bild 195), während das Steuerzeichen am Nockenwellenrad in einer Linie mit dem Pfeil im Steuerriemenblech liegen muss, wie man es in Bild 196 sehen kann.
- Die Stellung der Läuferspitze mit einer Reissnadel in der Aussenkante des Verteilergehäuses anzeichnen, wenn der Läufer in der in

Bild 197 gezeigten Stellung steht. Zum Durchdrehen eine Stecknuss auf der Schraube in der Innenseite des Schwingungsdämpfers aufstecken.

- Die Schraube entfernen und die Klemmplatte des Verteilers abnehmen. Den Verteiler gerade aus dem Motor herausziehen, ohne ihn zu verkanten.

Falls der Motor nicht durchgedreht wurde, den Verteiler wieder in der ursprünglichen Lage einbauen.

Falls der Motor in der Zwischenzeit durchgedreht wurde, ist folgendermassen vorzugehen:

- Bei eingebautem Motor den Kolben des ersten Zylinders auf den oberen Totpunkt im Verdichtungshub bringen, d.h. beide Ventile müssen geschlossen sein (falls die Zylinderkopfhaube abgenommen ist) oder den Motor durchdrehen, bis die "0"-Marke im Schwungrad mit der Einstellmarke am Fenster in eine Linie kommt (siehe Bild 195, Ansicht A).
- Bei ausgebautem Motor den Motor durchdrehen, bis die Kerbe im Schwingungsdämpfer der Kurbelwelle (Riemenscheibe) in einer Linie mit dem Pfeil im Zahnriemenschutzblech steht (Ansicht "B", Bild 195). Die Steuermarke des Nockenwellenrades muss entsprechend Bild 196 ausgefluchtet sein. Diese Anweisung bezieht sich natürlich nur auf den Zusammenbau des Motors nach einer Überholung oder sonstigen Arbeiten bei denen der Verteiler bei ausgebautem Motor ausgebaut wurde.
- Unter Bezug auf 198 kontrollieren, ob der Aufnahmezapfen der Ölpumpenwelle in Längsrichtung, d.h. in Axialrichtung der Kurbelwelle steht. Falls erforderlich, kann der Zapfen mit einer Zange verdreht werden (herausziehen und wieder einsetzen).
- Verteilerläufer so verdrehen, dass er auf die eingezeichnete Marke im Rand des Verteilergehäuses weist, wie es in Bild 197 gezeigt ist.
- Verteiler in dieser Stellung einsetzen und mit der Platte befestigen.
- Den Stecker wieder in den Verteiler einschieben und die Federspange aufdrücken.
- Abschliessend den Zündzeitpunkt kontrollieren (Kapitel 6.4). Der Zündzeitpunkt wird durch Verdrehen des Zündverteilers verstellt. Von Audi-Werkstätten wird ein Spezialinstrument zur Kontrolle des Zündzeitpunkts benutzt. Wir raten Ihnen, dass Sie die genaue Einstellung nachprüfen lassen.

6.3.3 Zündverteilerreparaturen

Verteiler lassen sich nur bis zu einem gewissen Ausmass reparieren und müssen in den meisten Fällen erneuert werden. Falls der Läufer erneuert werden muss, unbedingt das richtige Teil einbauen, da er den richtigen Widerstand haben muss (mit "R1" gezeichnet).

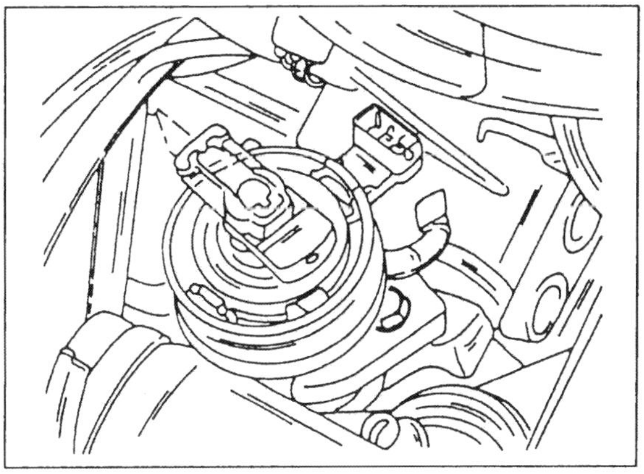

Bild 197
Der Verteilerläufer muss in der gezeigten Stellung stehen, ehe er ausgebaut wird. Die Spitze des Läufers und die Kante des Gehäuses mit einer Reissnadel anritzen.

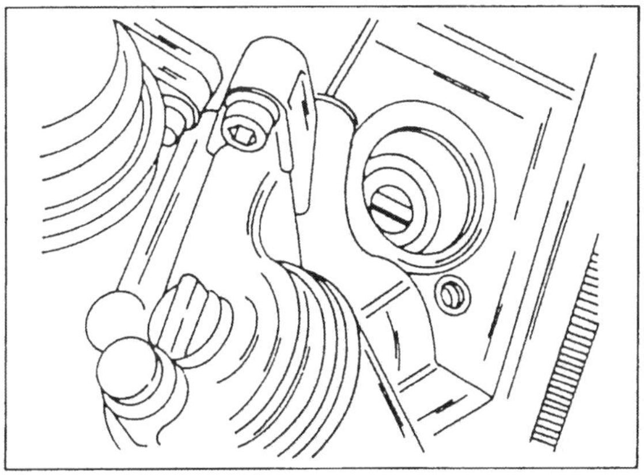

Bild 198
Ausrichten des Aufnahmezapfens der Ölpumpenwelle vor Einbau des Zündverteilers. Die Achse des Zapfens verläuft parallel mit der Achse der Kurbelwelle.

6.4 Zündzeitpunkt einstellen

Die Zündung eines 1,6 Liter-Motors wird eingestellt, wenn der Motor im Leerlauf läuft (siehe Mass- und Einstelltabelle). Das Schwungrad ist mit der Zündzeitpunktmarkierung gezeichnet. Eine Zunge am Gehäuse des Schwungrades gilt als Richtzeichen. Die folgenden Arbeitsrichtlinien sind nur als Behelfsmassnahme gedacht. Eine einwandfreie Kontrolle kann nur mit Werkstatt-Instrumenten durchgeführt werden.

- Leerlauf kontrollieren.
- Eine Stroboskoplampe entsprechend den Anweisungen des Herstellers anschliessen. Bei den meisten Lampen wird die Anschlussleitung zwischen die Zündkerze Nr. 1 und der Anschlussklemme Nr. 1 im Verteiler angeschlossen.
- Bei im Leerlauf laufenden Motor den Strahl der Lichtblitzlampe auf das Fenster im Gehäuse richten und kontrollieren, ob der Zündzeitpunkt innerhalb 0° ± 12° liegt. Die Toleranz von 12° ist sehr gross, stimmt aber.

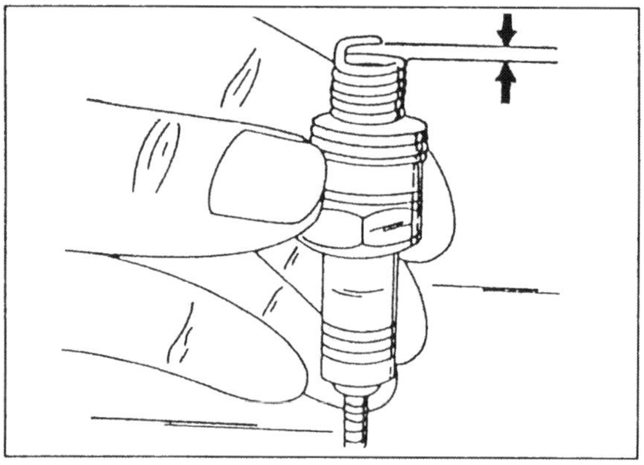

Bild 199
Kontrolle des Elektrodenabstandes einer Zündkerzen. Eine Fühlerlehre wird in den Spalt eingeschoben.

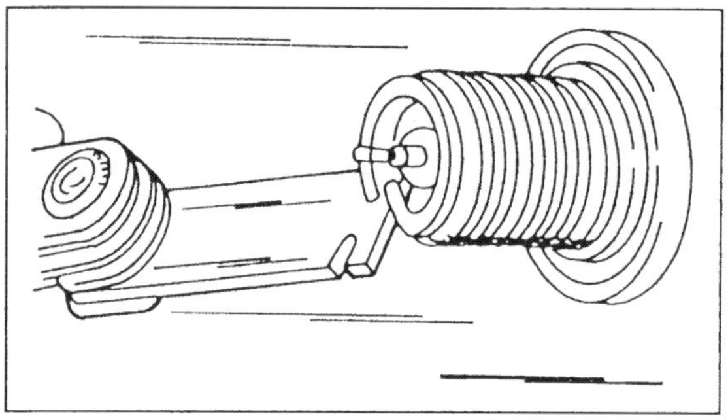

Bild 200
Verbiegen der äusseren Elektrode mit dem Spezialwerkzeug der Kerzenhersteller.

Dieser Wert bezieht sich auf die Gradstellung vor dem oberen Totpunkt.

- Falls Einstellungen erforderlich sind, die Platte des Zündverteilers lockern und den Verteiler verdrehen. Man wird schnell feststellen in welche Richtung die Zündzeitpunktmarkierung "wandert". *In diesem Fall jedoch den Verteiler verdrehen, dass der Zündzeitpunkt 0° mit einer Toleranz von plus oder minus 3° beträgt.*
- Platte wieder festziehen und den Zündzeitpunkt erneut einstellen, falls er nicht stimmt.
- Lampe abklemmen und das Kabel wieder anklemmen.

6.5 Zündkerzen

Die Zündkerzen haben einen Gewindedurchmesser von 14 mm. Vom Hersteller werden bestimmte Kerzen empfohlen, jedoch können geeignete Kerzen mit dem entsprechenden Wärmewert anderer Hersteller verwendet werden.
Der Elektrodenabstand der Kerzen ist der Mass- und Einstelltabelle zu entnehmen.
Vor dem Ausschrauben der Kerzen kontrollieren, ob sich keine Fremdkörper in den Kerzenaufnahmevertiefungen befinden. Eine beim Ausschrauben der Kerze in die Kerzenbohrung fallende Scheibe, Schraube, ein Stein oder ähnliches kann Ventile, Ventilsitze oder den Zylinderkopf beim ersten Lauf des Motors zerstören. Ebenfalls darf nur der dafür vorgesehene Spezialschlüssel zum Ausschrauben der Kerzen benutzt werden. Wie auch viele andere Arbeiten, ist auch das Ersetzen der Kerzen bei diesen Motoren nicht wie man erwartet, jedenfalls bei den 1,8 Liter-Motoren. Bei allen Motoren muss der Motordeckel in der Mitte ausgebaut werden, um an die Kerzen zu kommen.

- *Bei einem 1,6 Liter-Motor* können die Kerzen jetzt ausgeschraubt werden (nach Abziehen der Kerzenstecker).
- *Bei einem 1,8 Liter-Saugmotor* die Zündspulen mit der Zündungsendstufe abschrauben und abnehmen. Die Kerzenstecker abziehen und die Kerzen ausschrauben.
- *Bei einem 1,8 Liter-Turbomotor* die einzelnen Zündspulen abschrauben, die Kerzenstecker abziehen und die Kerzen ausschrauben.

Im allgemeinen gilt:

- Beim Abziehen der Kerzenstecker nicht an den Kabeln, sondern am Stecker ziehen.
- Beim Ausschrauben der Kerzen diese in Zylinderreihenfolge ablegen. Die Kerzen könnetn Aufschluss über einen schlecht arbeitenden Zylinder geben.
- Kalte Kerzen sitzen gern sehr fest. In diesem Fall den Motor warmfahren und die Kerzen ausbauen. Natürlich bei heissem Motor aufpassen.
- Beim Einschrauben der neuen Kerzen sollte der Motor kalt sein. Andernfalls können sich die Gewinde "festbeissen" (durch Ausdehnung des Zylinderkopfmaterials).
- Zündkerzen werden mit 30 Nm angezogen. Manchmal hat man jedoch keinen Drehmomentschlüssel zur Verfügung. In diesem Fall die Kerze mit dem Kerzenschlüssel lose eindrehen, bis der Dichtring anliegt. Werden neue Kerzen eingeschraubt, zieht man sie eine weitere Viertelumdrehung mit dem Kerzenschlüssel nach. Werden alte Kerzen wieder eingeschraubt, reicht ein Anziehen von ca. 15°.

Zündkerzen brauchen nur alle 60 000 km oder alle drei Jahre gewechselt werden. Auch wenn die Kerzen keine Probleme gegeben haben, sollte man diese Zeitabstände befolgen.
Sollen die Kerzen wieder eingeschraubt werden, den Elektrodenabstand der Kerzen auf einen Wert von 0,7 - 0,9 mm bringen.
Zur Kontrolle des Elektrodenabstandes sind spezielle Fühlerlehren von Kerzenherstellern erhältlich. Die einzelnen Blattlehren haben den Elektrodenabstand eingestanzt. Die entsprechende Blattlehre auswählen und die Lehre in der in Bild 199 gezeigten Weise zwischen die beiden Elektroden einschieben. Falls der Abstand nicht stimmt, benutzt man das in Bild 200 gezeigte Werkzeug zum Verbiegen der äusseren Elektrode. Dazu den

Haken in die Elektrode einsetzen und diese vorsichtig verbiegen.
Aus dem Kerzengesicht lassen sich Schlüsse auf Eignung und einwandfreies Arbeiten der Kerzen, auf die Arbeitsweise der Einspritzanlage, den Gemischzustand und den Zustand des Motors (Kolben, Kolbenringe, etc.) ziehen. Allgemein gilt dafür:

Kerzen einwandfrei
Isolatorfuss mit schwachem, graugelben bis braunen, meist pulverförmigen Niederschlag bedeckt. Die Elektroden weisen, abgesehen von der Abbrandfläche, graugelben bis braunen pulverförmigen Belag auf. Das Gehäuseinnere hat hellbraunen oder gelblichen bis schwarzbraunen Belag. Der Motor ist in Ordnung. Der Wärmewert der Kerze ist richtig gewählt.

Kerze verrusst
Isolatorfuss, Elektroden und Gehäuseinneres mit meist dickerem, pulvrigen, schwarzgrauen, samtartigen Belag bedeckt. Die Ursache dafür liegt an zu fettem Gemisch, zu wenig Luft, zu grosser Elektrodenabstand, Kerze hat zu hohen Wärmewert und bleibt im Betrieb zu kalt. Zur Abhilfe eine Kerze mit unterschiedlichem Wärmewert einbauen.

Kerze verölt
Isolatorfuss, Elektroden und Kerzengehäuse mit fettem, ölglänzendem Russ bedeckt. Ölkohlebildung. Die Ursache dafür kann im Eindringen von Motoröl in den Verbrennungsraum oder an verschlissenen Zylindern und Kolben liegen.

Kerze überhitzt
Isolatorfuss mit dunkelbraunem bis grau-schwarzem, gläsigem oder rauhem festgebackenen Niederschlag bedeckt, meist starke Krusten und Perlenbildung am Isolatorfussende. Elektroden, besonders Mittelelektrode, angegriffen. Oberfläche meist aufgerauht, aufgequollen oder zerfressen. Als Ursache kann man ein zu mageres Gemisch, eine lose Kerze, schlecht schliessende Ventile oder eine Kerze mit zu niedrigem Wärmewert verantwortlich machen, die dadurch zu heiss wird. Ablagerungen zwischen dem Porzellanisolator der mittleren Elektrode und dem Kerzengehäuse sind möglichst durch Sandstrahl des Kerzenprüfgeräts zu reinigen. Beim Einschrauben der Kerzen ist unbedingt darauf zu achten, dass das Kerzengewinde vorher gründlich gereinigt wird. Da die Lebensdauer der Kerzen normalerweise bei mindestens 60 000 km liegt, sollten Sie eine Werkstatt befragen, falls diese Anzeichen festgestellt werden.

7 Die Kupplung

Bei der Kupplung handelt es sich um eine Einscheibentrockenkupplung mit einer Tellerfederdruckplatte. Besonders zu beachten ist das Aussehen der Kupplung, die sich von älteren, in Audi-Fahrzeugen verwendeten Kupplungen unterscheidet. Ebenfalls anders sieht das Schwungrad, auch als Schwungscheibe bekannt, aus. Das in Bild 201 gezeigte Schwungrad ist ein sogenanntes Doppelmassen-Schwungrad. Da jedoch ein herkömmliches Schwungrad eingebaut sein, ist es wichtig, dass man sich sofort mit der Einbauweise der Kupplungsmitnehmerscheibe vertraut macht, ehe man daran denkt, eine Kupplung zu erneuern:

- Bei eingebautem Doppelmassen-Schwungrad (Aussehen wie Bild 201) die Mitnehmerscheibe so auf das Schwungrad aufsetzen, dass die längere Seite der Nabe zur Druckplatte weist.
- Falls ein herkömmliches Schwungrad eingebaut ist, die Mitnehmerscheibe so in das Schwungrad einlegen, dass der Federnkäfig zur Kupplungsdruckplatte weist.

Die Betätigung der Kupplung erfolgt über eine hydraulische Anlage, ähnlich wie sie bei der Bremsanlage verwendet wird, mit einem Geber- und einem Nehmerzylinder. Durch Treten auf das Kupplungspedal wird der im Geberzylinder erzeugte Druck durch eine Zuleitung dem Nehmerzylinder zugeführt. Dessen Kolben wiederum betätigt die Kupplungsausrückgabel und betätigt dabei das Kupplungsausrücklager.

Hinweis: Druckplatte und Tellerfeder können nicht zerlegt werden und sind bei Beschädigung zusammen zu erneuern. Neue Druckplatten sind speziell behandelt, um sie gegen Korrosion zu schützen und geschmiert. Bei einer neuen Kupplung nur die Reibfläche gut entfetten, wozu man einen in Benzin angefeuchteten Lappen benutzen kann.

7.1 Kupplung ausbauen

Die Kupplung kann ohne Ausbau des Motors aus dem Fahrzeug ausgebaut werden.

- Getriebe ausbauen (Kapitel 8.1).
- Einbaulage der Kupplung im Verhältnis zum Schwungrad kennzeichnen. Dazu verwendet man einen Körner, mit welchem man in das Schwungrad und die Kupplung schlägt.
- Die sechs Schrauben der Kupplung gleichmässig über Kreuz lösen, bis der Federdruck entlastet ist. Das Schwungrad muss dazu in geeigneter Weise gegengehalten werden.
- Kupplung abnehmen. Falls sie festhängen sollte, kann man vorsichtig einen Schraubenzieher zwischen Kupplungskörper und Schwungrad einschieben und die Kupplung von den Passstiften abdrücken.
- Die Mitnehmerscheibe herausnehmen. Sofort beachten, wie diese eingebaut ist. Andernfalls in der linken Spalte nachlesen.
- Mit einem Lappen sofort die Innenseite bzw. die Fläche des Schwungrades auswischen (abwischen) und die Reibfläche des Schwungrades überprüfen. Falls die Mitnehmerscheibe bis auf die Nietenköpfe abgenutzt ist, könnte es sein, dass sich die Niete in die Schwungradfläche oder die Kupplungsdruckplatte eingearbeitet haben.

Falls der Motor oder das Getriebe ausgebaut werden müssen, sollte die Kupplung immer abgeschraubt werden, so dass man sie kontrollieren kann.

7.2 Kupplung überholen

Druckplatte und Deckel auf Beschädigung oder

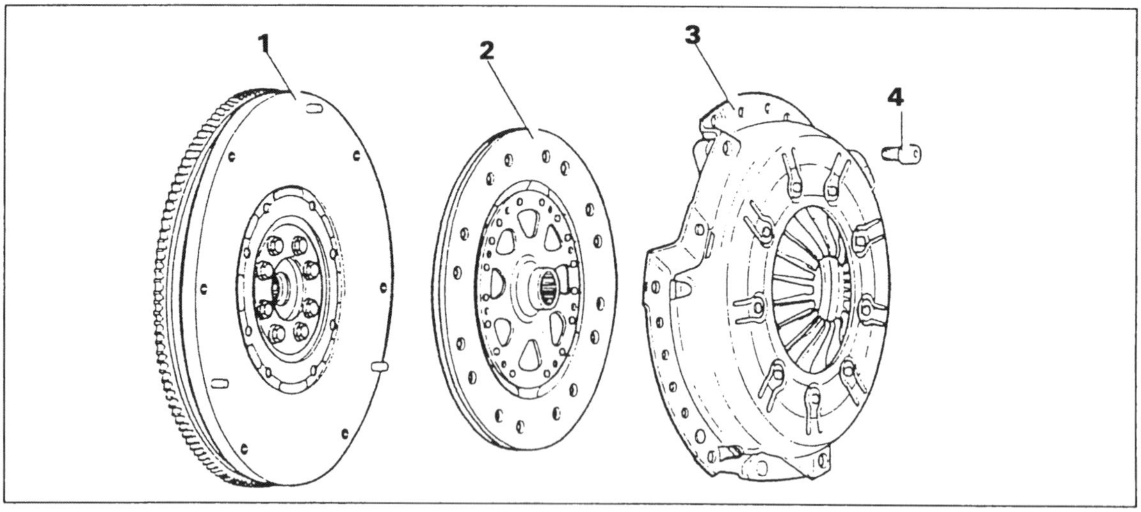

Bild 201
Die Teile der Kupplung bei eingebautem Doppelmassen-Schwungrad.
1 Schwungrad
2 Mitnehmerscheibe
3 Kupplungskörper
4 Kuplungsschraube, 25 Nm

Verzug kontrollieren. Bei Schäden beide Teile im Satz erneuern.
Kontrollieren, ob die Federn der Mitnehmerscheibe noch einwandfrei sind und dass die Keilverzahnungen der Scheibe nicht übermässig ausgeschlagen sind. Da verölte Kupplungsbeläge nicht gereinigt werden können, ist die Mitnehmerscheibe in derartigen Fällen zu erneuern.
Um Mitnehmerscheiben auf Schlag zu kontrollieren, spannt man sie auf einem passenden Dorn oder einer Kupplungswelle zwischen die Spitzen einer Drehbank, wie es in Bild 202 gezeigt ist. Eine Messuhr mit einem geeigneten Halter neben der Scheibe so aufsetzen, dass der Messfinger gegen den Rand der Scheibe anliegt und zwar an der Aussenkante der Scheibe. Die Scheibe langsam durchdrehen und die Anzeige der Messuhr ablesen. Falls die Anzeige grösser als 0,4 mm ist, kann man die Scheibe, falls erwünscht, vorsichtig mit einer Zange richten, obwohl die gewünschten Ergebnisse nicht immer erhalten werden. Andernfalls die Scheibe erneuern.
Kupplungsbeläge auf Wiederverwendbarkeit kontrollieren, indem man mit einer Tiefenlehre von der Oberfläche der Beläge bis auf die Oberseite der Nietenköpfe ausmisst. Falls das Mass weniger als 0,30 mm beträgt, muss die Scheibe erneuert werden. Die Scheibe ebenfalls erneuern, falls das Mass bald erreicht ist.
Die Gleitpassung der Mitnehmerscheibennabe auf den Keilverzahnungen der Kupplungswelle kontrollieren. Dazu die Scheibe aufstecken und an der Aussenkante zwischen Daumen und Zeigefinger erfassen. Die Scheibe im Drehsinn hin- und herbewegen. Falls ein Spiel von mehr als 0,4 mm festgestellt werden kann, liegt Verschleiss in den Keilverzahnungen vor. Die Ursache dafür ist meistens bei der Mitnehmerscheibe zu finden.
Die inneren Enden der Tellerfeder auf Abnutzung an den in Bild 203 mit den Pfeilen gezeigten Stellen kontrollieren. Falls tiefe Einlaufstellen sichtbar sind, muss man die komplette Kupplung erneuern. *Im allgemeinen gilt: Die Spitzen können sich bis zur Hälfte ihrer ursprünglichen Stärke abgenutzt haben, ehe man eine neue Kupplung einbauen muss.*
Die Spitzen der Tellerfeder müssen alle innerhalb 0,5 mm auf der gleichen Höhe liegen. Verbogene Spitzen können wieder geradegebogen werden. Dazu wird normalerweise ein Spezialwerkzeug verwendet, jedoch kann man einen Stahlstreifen mit einem Schlitz versehen und die Enden biegen.
Ein Messlineal über die Reibfläche der Druckplatte auflegen, wie es in Bild 204 gezeigt ist, und mit Fühlerlehren den Spalt ausmessen. Falls der Spalt innen mehr als 0,3 mm beträgt, muss die Kupplung erneuert werden.

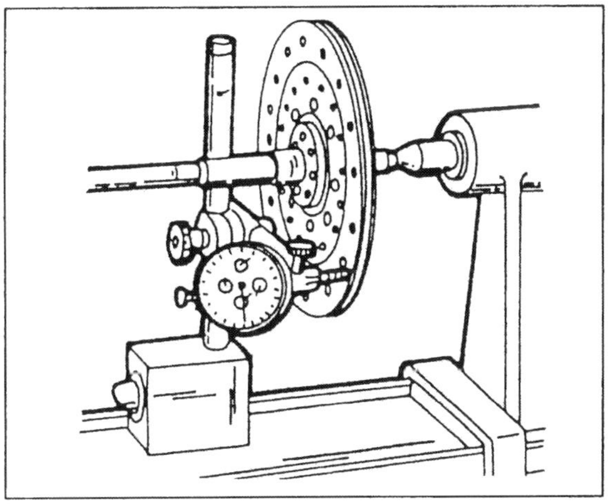

Bild 202
Kontrolle der Mitnehmerscheibe auf Schlag zwischen den Spitzen einer Drehbank.

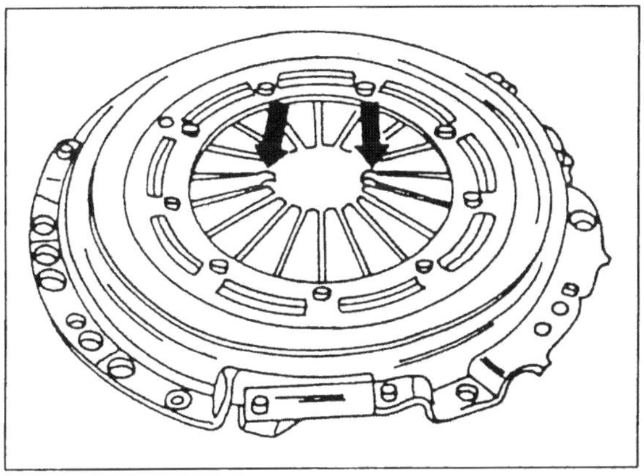

Bild 203
Die Kupplungsdruckplatte an den mit den Pfeilen gezeigten Stellen auf Verschleiss kontrollieren.

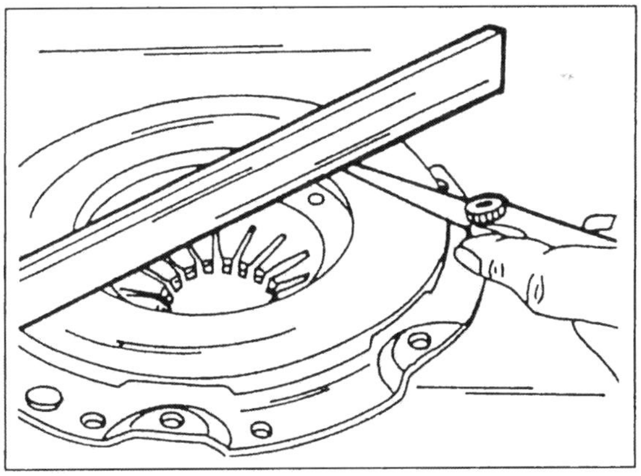

Bild 204
Kontrolle der Planfläche der Kupplungsdruckplatte auf Verzug. Eine Fühlerlehre an der gezeigten Stelle einschieben.

7.3 Kupplung einbauen

Der Einbau der Kupplung geschieht in umgekehrter Reihenfolge wie der Ausbau. Die folgenden Punkte sollten besonders beachtet werden:

- Beim Kauf einer Kupplung immer den eingebauten Motor angeben, da Druckplatte und Mitnehmerscheibe nur auf diese Weise richtig gewählt werden können.
- Falls die alte Kupplung wieder verwendet wird, die beim Ausbau eingezeichnete Markie-

rung wieder ausfluchten. Eine neue Kupplung kann in beliebiger Weise angeschraubt werden, da sie noch nicht eingelaufen ist.

- Beim Einlegen der Mitnehmerscheibe die auf der letzten Seite gegebenen Anweisungen beachten.

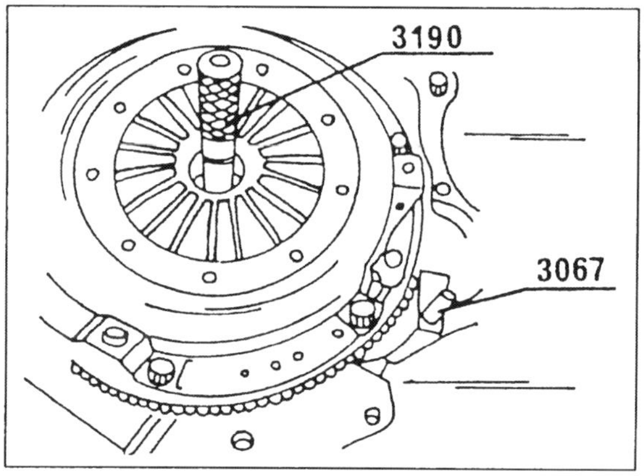

Bild 205
Zentrieren der Mitnehmerscheibe mit dem Spezialdorn. Das Werkzeug an der rechten Seite dient zum Halten des Schwungrades gegen Mitdrehen.

- Beim Einbau der Kupplung muss die Druckplatte ringsherum gut gegen das Schwungrad anliegen und die drei Passstifte müssen in die Löcher der Druckplatte eingegriffen habe. Niemals versuchen die Druckplatte durch Anziehen der Schrauben in die richtige Lage zu ziehen. Passstifte und/oder Löcher werden dabei beschädigt.
- Ein Zentrierdorn wird zum Zentrieren der Mitnehmerscheibe verwendet. Dieser Dorn muss in die Verzahnung der Mitnehmerscheibe passen und einen Zapfen haben, der in die Führung der Kurbelwelle passt. Eine alte Kupplungswelle des Getriebes kann auch verwendet werden. Erfahrene Mechaniker sind auch in der Lage die Mitnehmerscheibe nach Augenmass auszurichten. In Bild 205 ist das Spezialwerkzeug von Audi gezeigt, welches für den Audi A4 die Nummer 3176 hat.
- Kupplungsschrauben gleichmässig über Kreuz auf ein Anzugsdrehmoment von 25 Nm anziehen. Das Schwungrad muss dabei wieder gegengehalten werden. Audi-Werkstätten verwenden dazu das in Bild 205 gezeigte Werkzeug zum Arretieren des Schwungradzahnkranzes.
- Motor oder Getriebe wieder einbauen und abschliessend die Kupplung auf einwandfreie Arbeitsweise kontrollieren.

7.4 Kupplungsausrückmechanismus

7.4.1 Kupplungsausrücklager ersetzen

Ein mit Kugellager versehenes Ausrücklager ist eingebaut. Bild 206 zeigt das Getriebe (Typ 012) mit dem Kupplungsausrückmechanismus in der Innenseite des Getriebes. Das Lager nicht mit fettlösenden Mitteln reinigen, falls es wieder verwendet werden soll.

Bei der Erneuerung folgendermassen vorgehen:

- Getriebe ausbauen (Kapitel 8.1.1).
- Klammern des Ausrücklagers (8) vom Ausrücklager ausfedern und das Lager abziehen.
- Falls der Ausrückhebel (9) ausgebaut werden soll, muss er mit einem Schraubenzieher vom Kugelbolzen (2) abgedrückt werden.
- Sämtliche Lager- und Berührungsflächen des Ausrücklagers mit Graphitfett einschmieren.
- Ausrücklager in den Ausrückhebel einsetzen und mit neuen Klammern sichern.
- Getriebe einbauen (Kapitel 9.1.2).
- Die Kupplung nach Einbau des Getriebes kontrollieren. Dabei vor allem auf ein kratzendes Geräusch beim Einlegen der einzelnen Gänge achten. Geräusche können vor allem beim Einlegen des Rückwärtsganges hörbar sein.

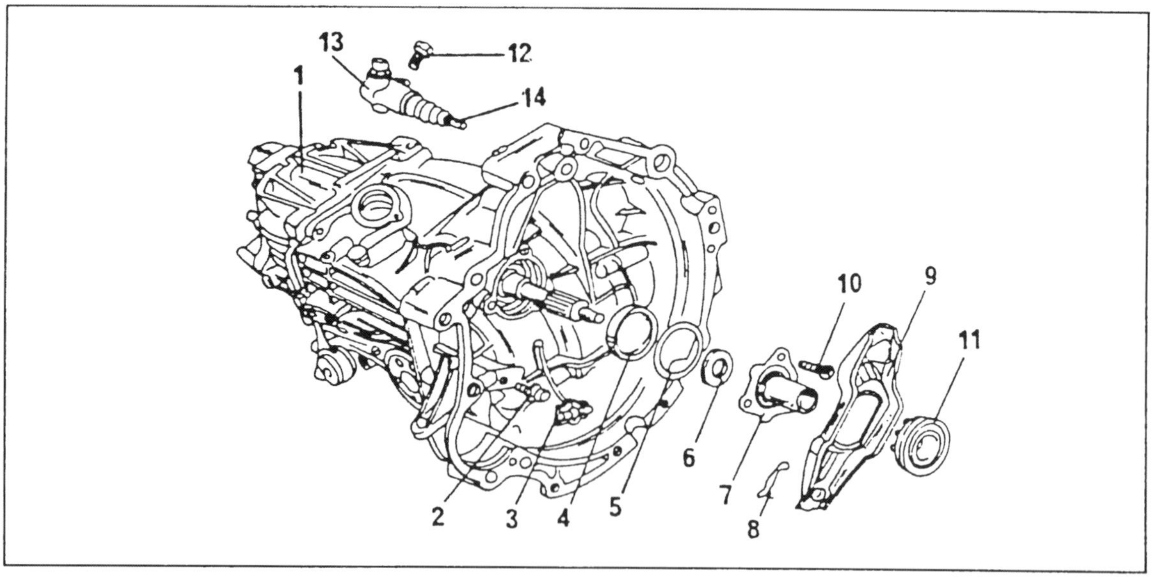

Bild 206
Die Teile des Kupplungsausrücklagers und des Kupplungsnehmerzylinders bei hydraulischer Kupplungsbetätigung.
1 Getriebe
2 Kugelbolzen, 25 Nm
3 Zwischenstück
4 Scheibe
5 "O"-Dichtring, immer erneuern
6 Öldichtring, Antriebswelle
7 Führungsmuffe
8 Sicherungsfeder
9 Ausrückhebel
10 Torx-Schraube, 25 Nm
11 Ausrücklager
12 Schraube, 25 Nm
13 Kupplungsnehmerzylinder
14 Stösselstange

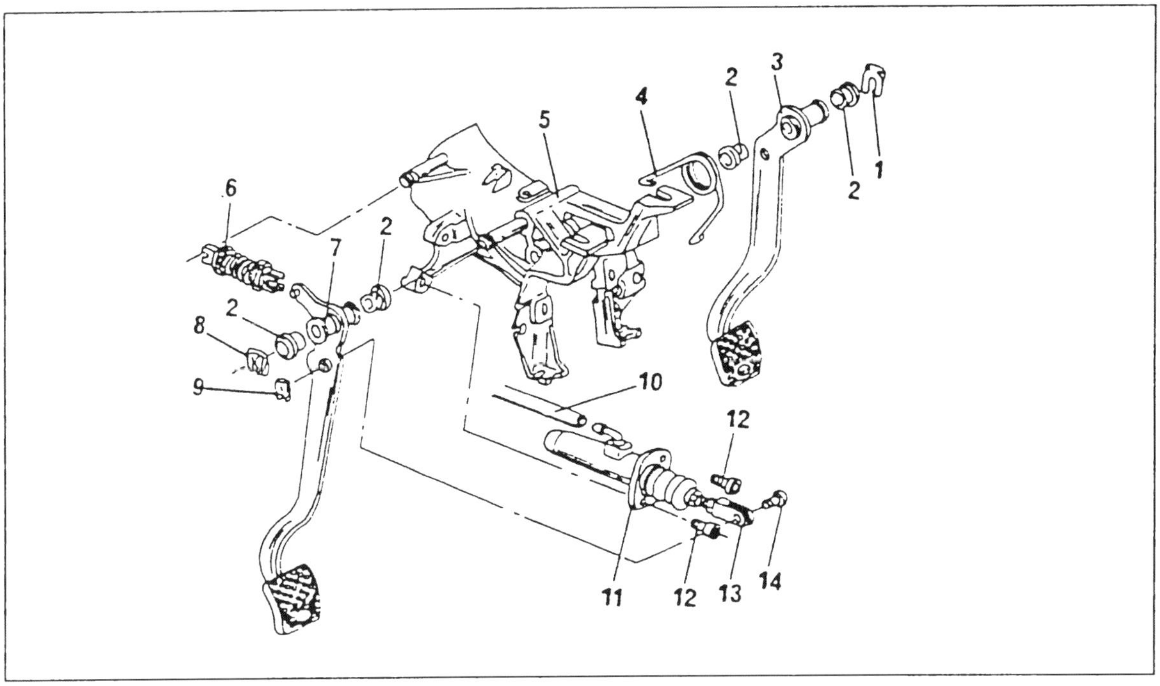

Bild 207
Ansicht des Pedaleinbaus und Kupplungshauptzylinders.
1 Sicherungsspange
2 Büchse
3 Bremspedal
4 Rückzugfeder
5 Pedallagerbock
6 Übertotpunktfeder
7 Kupplungspedal
8 Sicherungsspange
9 Sicherungsspange
10 Flüssigkeitsschlauch
11 Kupplungsgeberzylinder
12 Schraube, 20 Nm
13 Gabelkopf
14 Lagerbolzen

7.4.2 Hydraulische Anlage

Die Kupplung wird hydraulisch durch einen Hauptzylinder und einen Nehmerzylinder betätigt. Der Hauptzylinder sitzt am Pedalbock (mit zwei Schrauben befestigt) und wird durch einen Splintbolzen am Kupplungspedal gehalten. Bild 207 zeigt wie der Zylinder befestigt ist.
Der Nehmerzylinder sitzt an der Oberseite des Getriebes und wird durch eine Schraube gehalten, wie es aus Bild 206 ersichtlich ist.
Die Einbauweise der beiden Zylinder ist aus Bild 208 ersichtlich. Kupplungsgeberzylinder und Nehmerzylinder können nicht repariert, bzw. überholt werden. Druckverlust aufgrund von Verschleiss oder Beschädigung eines der Teile bedeutet den Einbau eines Neuteils.

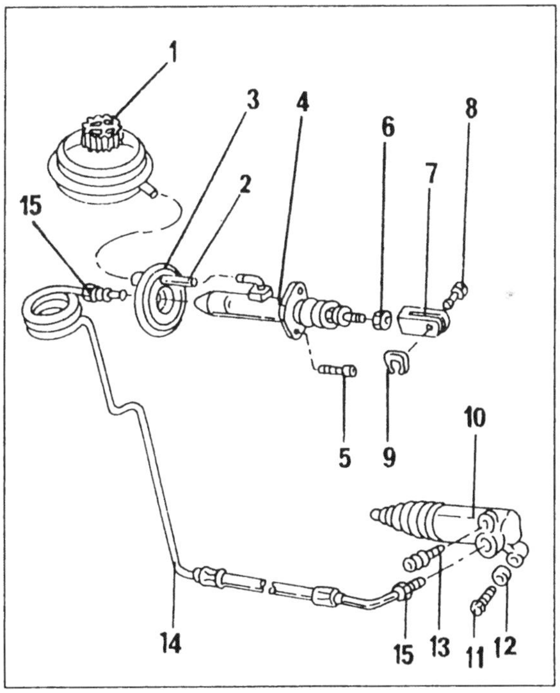

Bild 208
Die Verbindung zwischen dem Geberzylinder und dem Nehmerzylinder.
1 Vorratsbehälter
2 Rücklaufschlauch
3 Gummitülle
4 Geberzylinder
5 Schraube, 20 Nm
6 Kontermutter
7 Gabelkopf
8 Schraube
9 Sicherungsspange
10 Nehmerzylinder
11 Schraube, 25 Nm
12 Scheibe
13 Entlüftungsschraube
14 Druckleitung mit Druckschlauch
15 Leitungsanschluss, 25 Nm

Aus- und Einbau des Geberzylinders
Der Ausbau erfolgt in der Hauptsache von der Innenseite des Fahrzeuges her. Man muss auch darauf vorbereitet sein, dass die Ablage auf der linken Seite auszubauen ist.

- Verschraubung des Behälters für die Bremsflüssigkeit öffnen und so viel wie möglich Flüssigkeit absaugen. Dazu benutzt man einen Sauger, ähnlich wie er zum Nachfüllen der Batterie benutzt wird. *Unbedingt darauf achten, dass die Flüssigkeit nicht auf Lackstellen tropft — Flüssigkeit ist giftig — auf keinen Fall versuchen sie mit einem Schlauch abzusaugen.*

Das Ablagefach auf der linken Seite jetzt folgendermassen ausbauen:

- Die Abdeckung des Sicherungskastens an der Aussenseite des Armaturenbretts entfernen (zwei Schrauben sitzen darunter).
- Die vier Befefstigungsschrauben der Ablage entfernen. Dies sind die zwei bereits genannten im Sicherungskasten sowie zwei weitere. Diese sind rechts und links des Lenkrades an den in Bild 209 gezeigten Stellen eingesetzt. Das Ablagefach jetzt etwas nach unten bewegen und nach hinten zu herausziehen.
- Dicke Lappen auf den Fahrzeugboden legen, um auszulaufende Flüssigkeit aufzufangen, da

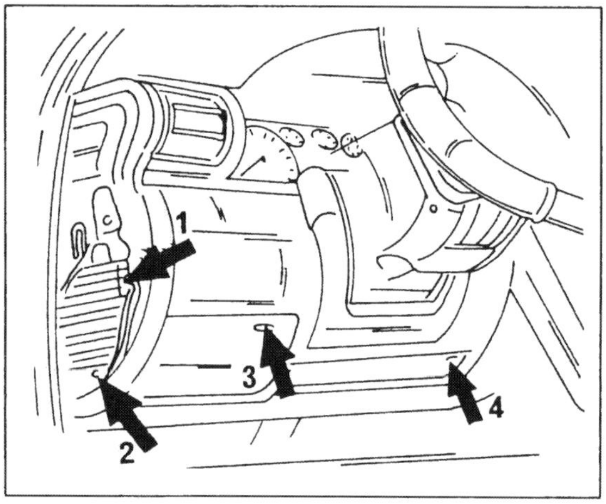

Bild 209
Die Pfeile zeigen wo die Befestigungsschrauben des Ablagefachs auf der linken Seite sitzen.

jetzt der Schlauch vom Anschluss des Geberzylinders abgezogen wird.

● Die Überwurfmutter der Druckleitung des Nehmerzylinders abschrauben. Diese Arbeit ist im Motorraum durchzuführen.

● Ebenfalls von dieser Seite aus die beiden Muttern der Befestigungsschrauben lösen.

● Im Fahrzeuginneren jetzt die Sicherungsspange des Gelenkbolzens für die Stösselstange des Geberzylinders vom Kupplungspedal entfernen und den Bolzen herausschieben.

● Den Zylinder vorsichtig herausheben. Unbedingt daran denken, dass er noch tropfen kann.

● Beim Einbau eines neuen Zylinders muss die Stösselstange so eingestellt werden, d.h. der Gabelkopf am Stössel ist so zu verstellen, dass das Kupplungspedal ungefähr 10 mm höher als das Bremspedal steht. Kontrollieren, ob die Übertotfeder das Kupplungspedal zurückführt und dass das Pedal in der Ruhestellung nicht gegen den Pedalbock anschlägt. Falls dies nicht beachtet wird, ist schneller Kupplungsverschleiss die Folge.

● Nach Einbau die Kupplungsanlage entlüften, wie es folgend beschrieben wird. Kehrt das Kupplungspedal nicht in die Ausgangslage zurück und das Fahrzeug hat bereits eine hohe Kilometerleistung, könnte es sein, dass das Pedal schwergeht oder die Übertotpunktfeder (welche zur Unterstützung der Pedalrückkehr dient), arbeitet nicht mehr einwandfrei.

Aus- und Einbau des Nehmerzylinders

● Das Fahrzeug vorn auf Böcke setzen. Gearbeitet wird vorn links.

● Einen dicken Lappen um die Gegend des Zylinders auf dem Getriebe legen und die Überwurfmutter der Flüssigkeitsleitung abschrauben. Die Leitung herausziehen. Die auslaufende Flüssigkeit sofort aufsaugen.

● Eine Befestigungsschraube am Zylinder lösen und den Zylinder nach hinten aus dem Getriebe herausziehen. Es kann schon mal vorkommen, dass sich der Zylinder ziemlich festgesetzt hat. In diesem Fall kann man ein Rostsprühmittel verwenden. Das Sprühmittel aber gut einwirken lassen. Falls es immer noch schwer geht, einen Reifenhebel ansetzen.

● Den neuen Zylinder am Umfang leicht einfetten. Wo der Betätigungsstössel im Ausrückhebel sitzt, sollte man etwas Graphitfett anschmieren.

● Den Zylinder in das Getriebe hineinschieben, bis man die Schraube eindrehen und anziehen kann. Das Anzugsdrehmoment beträgt 25 Nm.

● Abschliessend die Druckleitung anschliessen und die Kupplungsanlage entlüften, wie es untenstehend beschrieben ist.

7.4.3 Hydraulische Anlage entlüften

Die Entlüftung der hydraulischen Anlage findet in gleicher Weise statt, wie es beim Entlüften der Bremsanlage beschrieben ist, mit dem Unterschied, dass der Entlüftungsschlauch am Entlüftungsventil des Kupplungsnehmerzylinders aufzustecken ist. Um jedoch zu gewährleisten, dass die Flüssigkeit der Bremsanlage luftfrei zur Kupplungsbetätigung strömen kann, steckt man einen zweiten Schlauch auf die Entlüftungsschraube einer Vorderradbremse. Ehe mit dem eigentlichen Entlüftungsvorgang begonnen wird, das Bremspedal langsam durchtreten (beide Entlüftungsschrauben geöffnet), damit die Flüssigkeitsverbindung stattfinden kann.
Die Anlage muss immer entlüftet werden, wenn die hydraulischen Leitungen abgeschlossen wurden oder falls Luft auf andere Weise in die Anlage eingedrungen ist.

7.5 Störungen an der Kupplung

Wie bereits erwähnt, kann eine Kupplung durchrutschen. Ausserdem kann eine Kupplung rupfen. Bei einer rupfenden Kupplung setzt sich das Fahrzeug ruckweise in Bewegung, d.h. die Übertragung der Motordrehzahl auf die Antriebsräder erfolgt nicht gleichmässig. Verschiedene Ursachen können für diese Störung verantwortlich sein.

● Die Motor- oder Getriebeaufhängung ist defekt oder die Befestigungsschrauben sind locker. Dies bedeutet, dass das Triebwerk beim Einkuppeln ins Schwingen kommt.

● Der Kupplungsbelag auf der Mitnehmerscheibe ist verbrannt oder verhärtet, d.h. keine gleichmässige Reibwirkung zwischen Kupplung und Schwungrad ist möglich. Falls man z.B. ein anderes Fahrzeug über eine längere Strecke abgeschleppt hat, kann dies passieren, ohne dass man es merkt.

- Die Druckplatte hat sich aufgrund von starker Wärmebildung verzogen, d.h. die Reibfläche ist nicht mehr einwandfrei glatt.

In allen Fällen müssen die Kupplung und Mitnehmerscheibe ausgebaut werden, um die Störungsquelle herauszufinden.

Sollte die Kupplungsanlage unterwegs ausfallen oder die Kupplung nicht mehr aus- oder einkuppeln, kann man die Reise zumindest in die nächste Werkstatt oder zu einem nahen Endziel fortsetzen. Es ist sogar möglich, dass man das Getriebe mit etwas Gefühl hoch- und runterschaltet. Falls die Kupplung ausfällt, während der Wagen rollt und der Gang eingeschaltet ist, und der Gang soll ausgeschaltet werden, das Gas wegnehmen und den Schalthebel in die Leergangstellung schalten. Klemmt der Gang, kann man ein wenig Gas geben, bis der Schalthebel frei wird.

Um ohne Kupplung anzufahren, folgendermassen vorgehen:

- Motor ausschalten und den ersten Gang einlegen.
- Den Anlasser betätigen. Ihr Wagen wird sich stotternd in Bewegung setzen, bis die Motordrehzahl sich dem Antrieb angeglichen hat. Falls der Motor kalt ist, sollte man ihn vorher warmlaufen lassen, damit er nicht sofort wieder stehenbleibt.

Fährt man auf ebener Strasse im zweiten Gang an, kann man auf diese Weise bis zur nächsten Werkstatt weiterkommen.

- Will man das Hochschalten versuchen, wie oben beschrieben im ersten Gang anfahren und den Motor bis auf ca. 1000/min. beschleunigen. Das Gas etwas zurücknehmen und den Schalthebel in die Leergangstellung ziehen. Das Gaspedal jetzt vollkommen zurücklassen und den Schalthebel in Richtung der Stellung für den zweiten Gang drücken. Bei angeglichener Motor- und Getriebedrehzahl wird der Gang einspringen. Ist die Zwischenzeit der Schaltung zu lange, muss man wieder etwas Gas geben, damit sich der Gang einlegen lässt. Das Hochschalten nur bei niedrigen Geschwindigkeiten vornehmen, so etwa in den zweiten Gang bei ca. 20 km/h, in den dritten Gang bei ca. 25 km/h und in den 4. Gang bei etwa 35 km/h schalten. Es wird kaum angenommen, dass man in den fünften Gang schalten will.
- Beim Zurückschalten muss die Motordrehzahl beschleunigt werden, damit sich der nächste Gang einlegen lässt. Gas etwas zurücklassen, den Gang herausnehmen und mit Gefühl auf den Gashebel treten. Im gleichen Augenblick den Schalthebel in die Stellung des nächstniedrigeren Ganges drücken. Bei richtiger Motordrehzahl wird der Gang ohne Zögern einspringen. Auch beim Zurückschalten sollte man die Fahrgeschwindigkeit entsprechend abbremsen, um die Schaltung unter Kontrolle zu halten. Bei kratzenden Gängen muss man das Schalten erneut kontrollieren. Durch die Synchronisierung wird das Schalten mit etwas Gefühl leicht gemacht und sollte keine Schwierigkeiten bereiten.

Man wird feststellen, dass man etwas Übung haben muss, um den Anweisungen zu folgen.

8 Das Fünfganggetriebe – Zweiradantrieb

Das bereits beim ausgelaufenen Audi 80 eingebaute Fünfganggetriebe des Typs 012 ist in die Audi A4-Fahrzeuge mit Vorderradantrieb eingebaut. Das Getriebe und der vordere Achsantrieb, zusammen mit dem Differential, sind innerhalb eines Gehäuses untergebracht. Aus diesem Grund ist es nicht möglich, einen Teil zu reparieren, ohne den anderen Teil dabei zu stören.
Zur Reparatur des Getriebes und Antriebs werden Spezialwerkzeuge benötigt und da diese in den meisten Fällen nicht zur Verfügung stehen, sehen wir von einer Beschreibung der Überholung des Getriebes in dieser Reparaturanleitung ab.

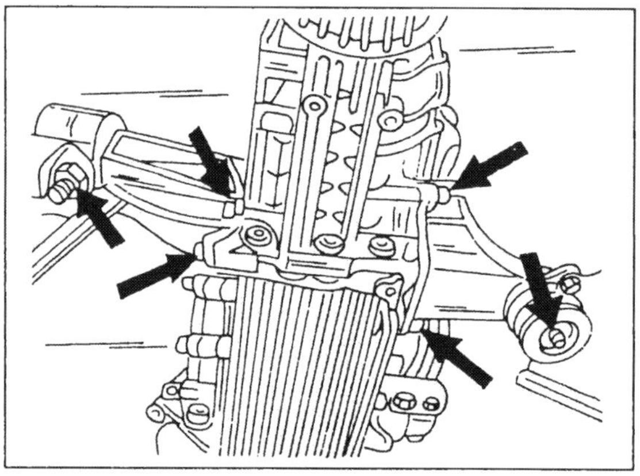

Bild 210
Die Pfeile zeigen die Befestigung des Getriebes von unten gesehen.

8.1 Aus- und Einbau

8.1.1 Ausbau

Das Getriebe kann von der Unterseite des Fahrzeuges ausgebaut werden, so dass der Wagen entsprechend aufzubocken ist. Ein fahrbarer Wagenheber ist ebenfalls erforderlich, um das Getriebe zu stützen. Ganz gleich, auf welche Weise der Wagen aufgebockt wird, immer darauf achten, dass kräftige Unterstellböcke unter den Rahmen gesetzt werden.

- Negatives Kabel der Batterie abklemmen. An den Diebstahl-Code beim Anschliessen denken.
- Die Geräuschverkapselung unter dem Vorderwagen ausbauen (Schnellverschlüsse öffnen).
- Einen Wagenheber unter das Getriebe setzen. Noch besser ist es, wenn man den Motor mit einem Hebezeug und einem Seil aus den Aufhängungen heben kann.
- Anschluss des Tachometergebers (elektronisch) am Getriebe abklemmen, indem man die Spangen nach innen drückt.
- Schrauben zwischen Motor und Getriebe an der Oberseite lösen.
- Die Kabel vom Schalter der Rückfahrleuchten abklemmen.
- Auspuffrohr vom Auspuffkrümmer abschrauben, die Montageschelle der Auspuffanlage lösen und nach hinten schlagen und das Auspuffrohr zusammen mit dem Katalysator abschrauben. Die Anlage vorsichtig absenken. Vielleicht kann man sie von unten abstützen.
- Den Anlasser nach Abschliessen der Kabelverbindungen ausbauen.
- Die Schraube der Schaltstange am Getriebe lösen und das Verbindungsgelenk von der Schaltstange herunterziehen.
- Das Schutzblech für die Getriebeaufhängung abschrauben.
- Kontrollieren, ob das Getriebe einwandfrei abgestützt ist und die in Bild 210 gezeigten Befestigungen der Getriebeaufhängung lösen. Dies sind die Aufhängung auf der rechten Seite und die Aufhängung auf der linken Seite, zusammen mit den Büchsen.
- Das Schutzblech für die Antriebswelle abschrauben.
- Linke und rechte Antriebswelle an der Innenseite abschrauben. Unbedingt einen passenden Schlüsseleinsatz für die Schrauben verwenden, da sie vielverzahnte, inbus-ähnliche Köpfe haben. Die Räder in den rechten Einschlag drehen. Die Wellen in geeigneter Weise mit einem Stück Draht oder Schnur festbinden, um sie aus dem Weg zu nehmen.
- Kupplungsnehmerzylinder vom Getriebe abschrauben und am hydraulischen Schlauch hängend, in geeigneter Weise festbinden. Das Getriebe muss entsprechend abgesenkt werden (ca. 15 mm), um an den Zylinder zu kommen.
- Alle Verbindungsschrauben zwischen Motor und Getriebe an der Unterseite lösen.
- Mit Hilfe eines Reifenhebels das Getriebe vom Motor abdrücken und herausheben. Hierzu sind zwei Personen erforderlich.
- Getriebe vorsichtig auf den Boden absenken.

8.1.2 Einbau

Der Einbau des Getriebes geschieht in umgekehrter Reihenfolge wie der Ausbau, unter Beachtung der folgenden Punkte:

- Kerbverzahnungen der Antriebswelle mit Graphitpuder einschmieren. Wir müssen Ihnen mitteilen was in der Werkstatt benutzt wird. Das vorgeschriebene Schmiermittel hat den Namen

"Optimol OLISTA LONGTIME 3EP". Vielleicht sind Sie in der Lage einen "Finger voll" in der Werkstatt zu erhalten. Nur einen dünnen Film auftragen.

● Die Gewindelöcher für die Befestigung des Nehmerzylinders und des Schaltwählhebels an der Schaltwelle mit einem Gewindeschneider nachschneiden, um alte Gewindesicherungsflüssigkeit zu entfernen. Die Gewinde dieser Schrauben vor Eindrehen mit "Loctite" einschmieren.

● Den Kupplungsnehmerzylinder mit dem Halter für den Schlauch anbringen, ehe das Getriebe auszentriert wird. Der Halter muss in die Nut des Nehmerzylinders kommen.

● Beim Einsetzen des Getriebes auf den richtigen Sitz der Zwischenplatte achten und das Getriebe auf die Passhülsen schieben.

● Alle M12-Schrauben zwischen Motor und Getriebe mit 65 Nm anziehen. Nicht alle Schrauben haben die gleiche Länge. Bild 211 zeigt wo die einzelnen Schrauben sitzen. An einer Schraube ist die Halterung für den Kühlmittelschlauch befestigt.

● Alle M8-Schrauben mit einem Drehmoment von 25 Nm anziehen.

● Alle M10-Schrauben mit einem Drehmoment von 45 Nm anziehen.

● Die M8-Schraube mit einem Drehmoment von 25 Nm anziehen.

● Die Getriebeaufhängungen am Getriebe und an der Karosserie mit 40 Nm anziehen.

● Schaltstangenkupplung auf den Innenschalthebel des Getriebes aufdrücken und die Schraube mit 20 Nm festziehen.

Falls man ein gebrauchtes Getriebe einbauen sollte, muss man sich überzeugen, dass die in den Bildern 212 und 213 eingeschlagenen Getriebekennzeichnungen mit denen des ursprünglichen Getriebes übereinstimmen. Nur so hat man die Gewährleistung, dass die Übersetzung der Gänge gleich bleibt.

8.2 Die Schaltung

Es würde zu weit führen auf eine aufgegliederte Zerlegung der Schaltung einzugehen, vor allem, da diese selten zu Schwierigkeiten führt. Lässt sich ein Gang schwer einlegen, liegt der Fehler meistens im Kupplungsmechanismus. Die Schaltung lässt sich jedoch einstellen. Da dazu keine Spezialwerkzeuge erforderlich sind, soll die Arbeit beschrieben werden. Zuerst muss man die Schaltung jedoch folgendermassen überprüfen:

● Alle Gänge der Reihe nach durchschalten. Dabei auch die Arbeitsweise der Sperre für den Rückwärtsgang kontrollieren. Es muss möglich sein den Schalthebel in die gewählte Schaltrichtung aus der Rückwärtsgangschelle zur Schaltgasse 3/4 Gang zu bewegen, ohne dass man ihn hart drücken muss.

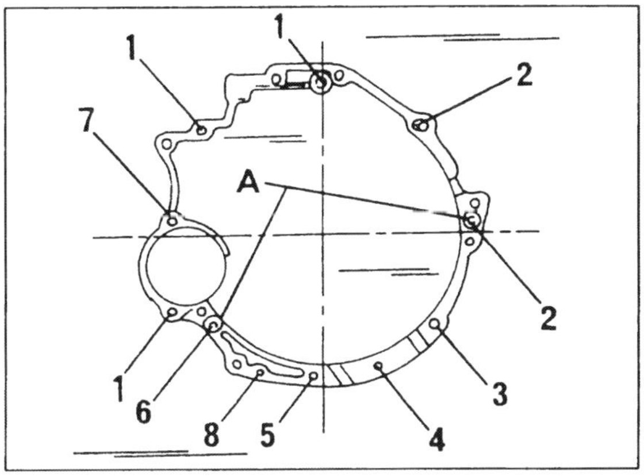

Bild 211
Ansicht des Getriebeflansches mit Lage der einzelnen Schrauben/Muttern. Die Passhülsen sitzen an Stellen "A".
1 = M12 x 67
2 = M12 X 90
3 = M10 x 50
4 = M8 x 32
5 = M10 x 38
6 = M12 x 100
7 = M12 x 80
8 = M10 x 45

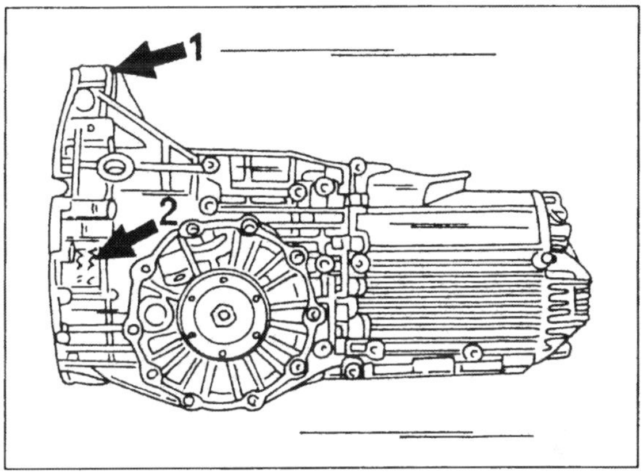

Bild 212
Kennzeichnung des Getriebes "012". An Stelle (1) ist der Code eingeschlagen, an Stelle (2) der Getriebetyp.

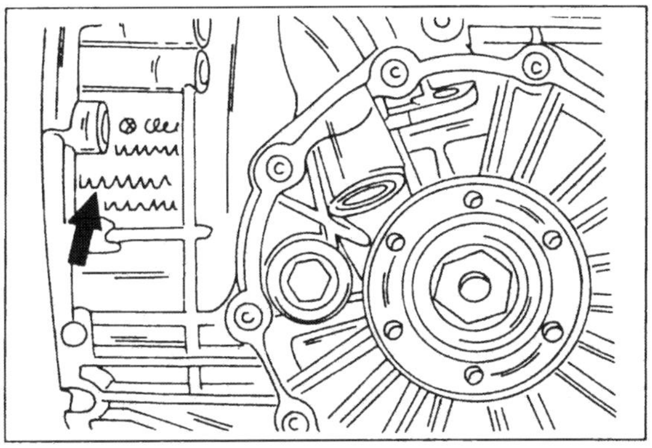

Bild 213
Grossansicht der Seite des Getriebes. Das Typenschild zeigt, dass es sich um ein Getriebe des Typs "012" handelt.

Andernfalls die Schaltung folgendermassen einstellen:

● Schalthebel in die Leergangstellung (neutral) schalten.

● Den Schalthebelknopf abschrauben und die Schalthebelmanschette ausbauen. Diese wird am unteren Rahmen ausgehakt.

● Die Stellung des Schalthebels in die gewählten Schaltstellung (Leergang) kontrollieren. Dazu bedient man sich Bild 214 und ermittelt das Mass "a". Falls dieses nicht 37,0 mm beträgt,

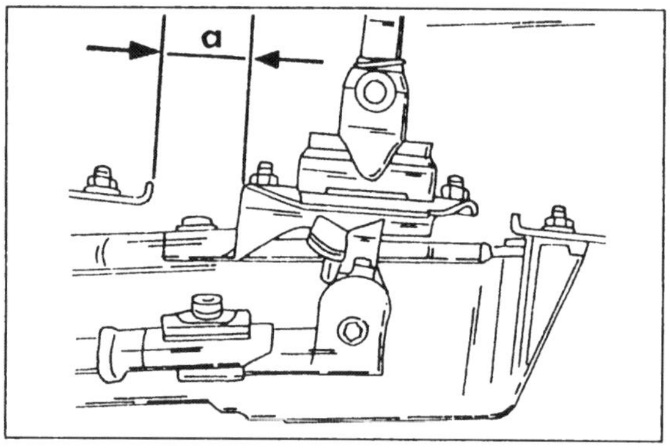

Bild 214
Einstellen des Schalthebels in der Längsrichtung. Das Mass "a" muss 37 mm betragen.

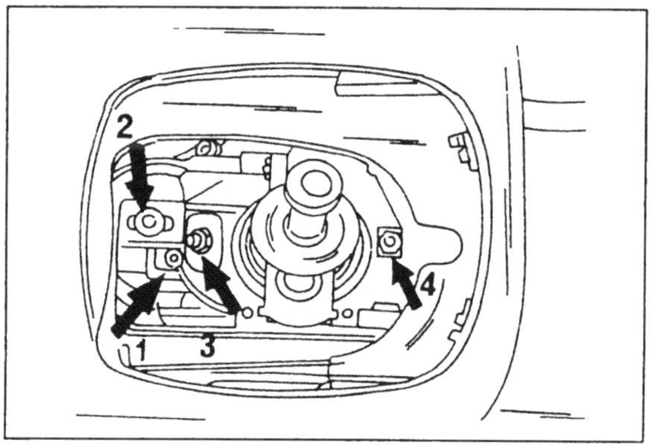

Bild 215
Einzelheiten zum Einstellen der Schaltung. Die Muttern und Schrauben 1 bis 4 sind im Text erwähnt.

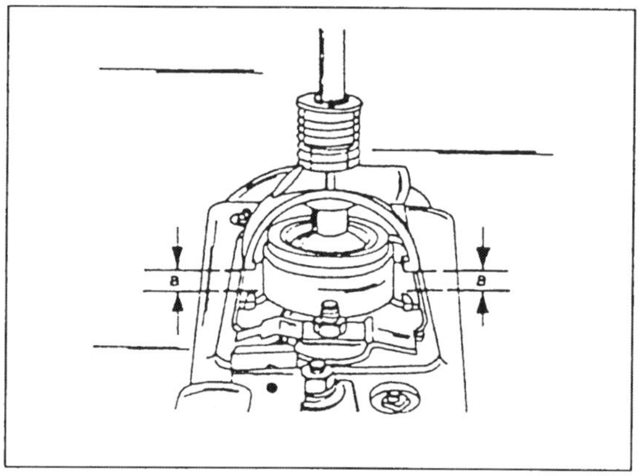

Bild 216
Beim Einstellen des Schalthebels in Querrichtung müssen die Masse "a" auf beiden Seiten gleich sein.

muss man den Hebel folgendermassen einstellen. Das gemessene Mass ist die Einstellung in Längsrichtung.

- Unter Bezug auf Bild 215 die Schraube (2) etwas lockern und die Schalthebelplatte verschieben, bis das in Bild 214 gezeigte Mass erhalten wird. Die Schraube in dieser Stellung mit 25 Nm anziehen.

Um den Schalthebel richtig in Querrichtung einzustellen, folgende Arbeiten durchführen:

- Die beiden Muttern (3) und (4) in Bild 215 lockern und das Kugelgehäuselager waagerecht zur Fahrtrichtung gesehen ausrichten. Die Mutter (3) mit 10 Nm, die Mutter (4) mit 25 Nm anziehen.
- Die Schraube (1) jetzt lösen.
- Den Schalthebel etwas nach hinten geneigt im rechten Winkel zur Fahrtrichtung ausrichten, d.h. senkrecht stellen und so in Flucht bringen, dass die beiden Ansätze des Kugelanschlages auf beiden Seiten den gleichen Abstand zum Kugelgehäuse haben. Diese Messung wird durch die beiden Abstände "a" in Bild 216 ausgedrückt.
- Die Schraube (1) in Bild 215 mit 25 Nm anziehen. Dabei darauf achten, dass sich die gewählte Stellung des Schalthebels nicht verändert.
- Alle Gänge der Reihe nach durchschalten. Dabei die Funktion der Rückwärtsgangsperre kontrollieren.
- Falls die Arbeitsweise der Schaltung immer noch nicht als einwandfrei angesehen werden kann, lässt sich eine Feineinstellung durchführen, indem man die Muttern (3) und (4) erneut lockert.
- Den Schalthebel nach rechts bis zum Anschlag am Getriebe bewegen und das Kugelgehäuse gleichzeitig nach links gegen den Schalthebel drücken.
- Den Schalthebel und das Schalthebellager in dieser Stellung lassen und die Mutter (3) mit 25 Nm, die Mutter (4) mit 10 Nm anziehen.
- Abschliessend die Schalthebelabdeckung und den Schalthebelknopf wieder anbringen.

8.3 Ölstand im Getriebe

Obwohl das Getriebe auf Lebenszeit gefüllt ist, können sich jedoch Öllecks bilden, die man durch ein an der Aussenseite veröltes Getriebe feststellen kann. In diesem Fall sollte man den Ölstand kontrollieren.

- Fahrzeug aufbocken. Um keine falschen Ergebnisse zu erhalten, sollte es waagercht stehen.
- Die Einfüllschraube auf der rechten Seite des Getriebes mit einem 17 mm-Inbusschlüssel herausdrehen. Der Stopfen sitzt neben der Antriebswelle. Falls sofort Öl herausläuft, stimmt der Ölstand, sonst Öl nachfüllen. Dabei beachten:
- Nur sythetisches Öl SAE 70 W 90) darf in das Getriebe eingefüllt werden. Das Einfüllen mit einem Trichter und einem Schlauch dauert sehr lange. Versuchen Sie eine Nachfüllflasche mit Schlauch zu erhalten. Besser ist noch eine Plastikflasche mit "angeschraubtem" Schlauchstück. Diese mit dem Öl füllen und das Öl durch Zusammenquetschen der Flasche in das Getriebe füllen.

Falls man einmal die Absicht hat das Getriebeöl zu wechseln, ist ein Ablassstopfen in die Unterseite des Getriebes eingesetzt. Ebenfalls ist ein 17 mm-Inbusschlüssel erforderlich. Das Getriebe sollte schön warm sein, damit das Öl besser ablaufen kann. Das Öl durch die Öffnung zur Kontrolle des Ölstands einfüllen, bis der oben beschriebene Ölstand erhalten wird. Die Stopfen vor Einschrauben gut reinigen (30 Nm).

9 Das Fünfganggetriebe – Quattro

Das in den Quattro eingebaute Fünfganggetriebe ist auf dem Getriebe von Fahrzeugen mit Vorderradantrieb aufgebaut, mit dem Unterschied, dass am Ende des Getriebegehäuses ein zusätzliches Gehäuse angeschraubt ist, welches das Torsen-Differential für den Hinterradantrieb enthält. Das Getriebe ist vom Typ "01A". Dieses Gehäuse kann zusammen mit dem Differential ausgebaut werden, ohne dass man das Getriebe anderweitig zerlegt.
Der folgende Text bezieht sich nur auf die in diesem Zusammenhang durchzuführenden Arbeiten.
Zur Reparatur des Getriebes und Antriebs werden Spezialwerkzeuge benötigt und aus diesem Grund sollte man nicht versuchen das Getriebe zu zerlegen, da man es ohne diese Werkzeuge nicht wieder zusammenbauen kann.

Wie bei Fahrzeugen mit Zweiradantrieb werden verschiedene Getriebe verwendet, deren Kennzeichnung der in Bildern 212 und 213 entspricht. Bei Einbau eines Getriebes aus zweiter Hand muss dies beachtet werden.

9.1 Aus- und Einbau

Der Ausbau und Einbau des Getriebes erfolgt entsprechend den Anweisungen in Kapitel 8.1 auf den Seiten 104 und 105. Zuzüglich muss man jedoch die Gelenkwelle vom hinteren Achsantrieb abflanschen. Auch die Anzugsdrehmomente und die Länge und Anordnung der Schrauben zwischen Motor und Getriebe entsprechen dem bereits beschriebenen Getriebe "012" (siehe Bild 211).

9.2 Aus- und Einbau des Gehäuses mit Torsen-Differential

Bild 218 zeigt ein Montagebild der Teile des Hinterradantriebs. Der Deckel, d.h. das Gehäuse für das Torsen-Differential (11) kann komplett mit dem Differential ausgebaut werden. Das Differential kann nicht repariert werden, d.h. es ist im Schadensfalle zu erneuern. Der Aus- und Einbau

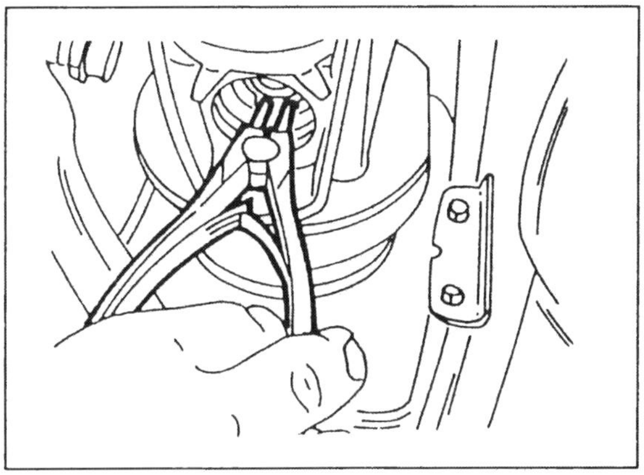

Bild 217
Ausfedern des Sprengringes zur Befestigung der Flanschwelle für den Hinterachsantrieb.

geschieht unter Bezug auf das Montagebild unter Beachtung der folgenden Punkte:

- Die Flanschwelle (17) wird durch einen Sprengring an der Innenseite gehalten, welcher durch Einsetzen einer Sprengringzange, wie in

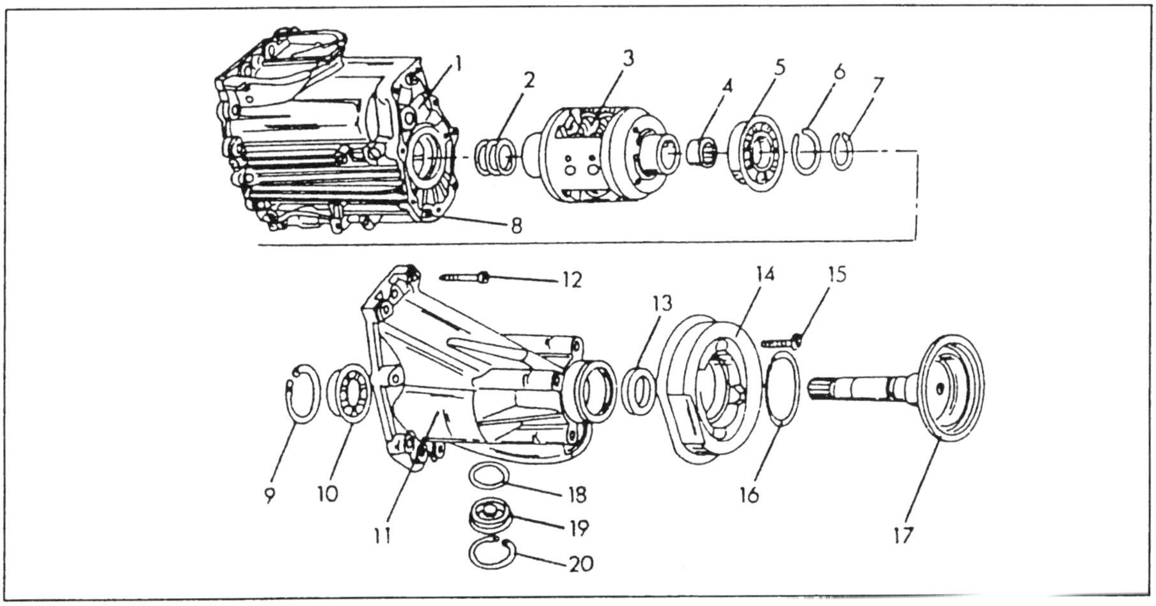

Bild 218
Einzelheiten zum Ausbau, Zerlegen, Zusammenbau und Einbau des Torsen-Differentials.
1 Getriebedeckel
2 Feder
3 Torsen-Differential
4 Nadelrollenlager
5 Kugellager
6 Sprengring
7 Sprengring
8 Passhülse
9 Sprengring
10 Kugellager für Flanschwelle
11 Deckel für Torsen-Differential
12 Torx-Schraube, 25 Nm
13 Öldichtring für Flanschwelle
14 Schwingungsdämpfer
15 Torx-Schraube, 25 Nm
16 Sicherungsring
17 Flanschwelle
18 "O"-Dichtring
19 Verschlusskappe
20 Sprengring

Bild 217 gezeigt, zu öffnen ist. Den Sprengring aber nicht zu weit ausdehnen. Die Flanschwelle kann danach herausgezogen werden. Nach Einbau muss der Ring gut auf dem Boden der Nut sitzen.

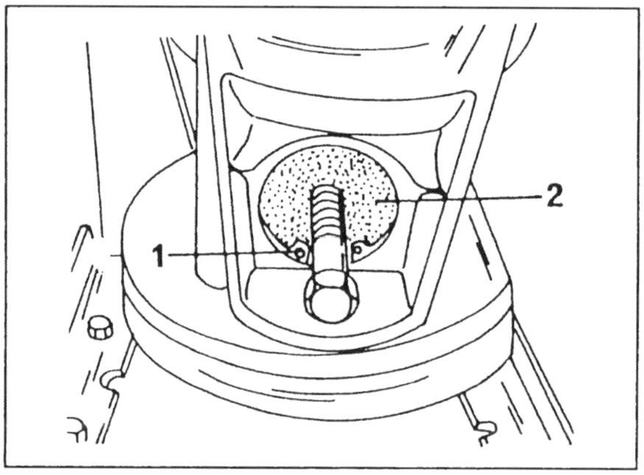

Bild 219
Ausziehen der Kappe aus dem Torsen-Differentialgehäuse. Die Schraube wird in die Kappe (2) eingeschraubt. Den Sprengring (1) ausfedern.

- Das Nadelrollenlager (4) muss mit einem passenden Abzieher und einem Schlaghammer herausgezogen werden und wird mit einem passenden Pressdorn eingepresst.
- Das Kugellager (5) wird nach Unterlegen geeigneter Pressplatten vom Differential abgepresst, d.h. das Differential wird durch das Kugellager gepresst. Zum Einpressen ein passendes Rohrstück verwenden.
- Das Kugellager (10) für die Flanschwelle mit einem passenden Rohrstück von aussen nach innen auspressen und von der gegenüberliegenden Seite einpressen.
- Den Deckel (11) mit Dichtungsmasse AMV 188 001 1 einschmieren, ehe er am Gehäuse angeschraubt wird.
- Die Torx-Schraube (12) mit 25 Nm anziehen. Die Schraube muss eine Länge von 42 mm haben.
- Den Öldichtring für die Flanschwelle (13) mit einem abgewinkelten Hebel heraushebeln. Neuen Dichtring mit einem passenden Dorn einpressen, bis die Aussenfläche 2,0 mm unterhalb der Deckelfläche liegt.
- Die Torx-Schraube (15) mit einem Drehmoment von 25 Nm anziehen. Die Schraube hat eine Länge von 38 mm.
- Den "O"-Dichtring (18) immer erneuern und vor dem Einbau mit Fett einschmieren.
- Zum Ausbau der Kappe (19) eine M8-Schraube in das Gewinde der Kappe einschrauben und die Kappe herausziehen, wie es in Bild 219 gezeigt ist. Den Sprengring (1 im Bild) vorher entfernen.

9.3 Hintere Differentialsperre

Während frühere Quattro-Modelle mit einer mechanischen Sperre für das Differential des Hinterachsantriebs ausgerüstet waren (pneumatisch betätigt), geschieht dies beim A4 durch das "EDS"System, d.h. durch eine elektronische Differentialsperre. Diese Einrichtung arbeitet in Verbindung mit dem Anti-Blockier-System (ABS) für die Bremsen. Am Abschnitt "Bremsen" wird kurz auf die Wirkungsweise eingegangen.

9.4 Die Schaltung

Alles was über die Schaltung des Fünfganggetriebes der Fahrzeuge mit Zweiradantrieb gesagt wurde gilt ebenfalls für den Quattro.
Falls man Schaltschwierigkeiten haben sollte, kann man den Anweisungen und den betreffenden Abbildungen auf den Seiten 105 und 106 folgen.

9.5 Ölstand im Getriebe

Auch hier gelten die Anweisungen für das bereits beschriebene Getriebe. Alle Anweisungen sind Seite 106 zu entnehmen.

Bestimmte Modelle in der Audi A4-Baureihe (mit 1,6 Liter-Motor und 92 kW-1,8 Liter-Motor) können auf Wunsch mit einer Getriebe-Vollautomatik vom Typ 01N ausgerüstet werden. Es sollte darauf hingewiesen werden, dass Fahrzeuge mit V6-Motor mit einem unterschiedlichen Getriebe ausgerüstet sind. Sie hat vier Vorwärtswählbereiche, die automatisch über eine elektronische/hydraulische Steuerung geschaltet werden. Je nach eingebautem Motor und Fahrzeugmodell hat das Getriebe bestimmte Kennbuchstaben und nur ein Getriebe mit den gleichen Buchstaben darf eingebaut werden. Dies ist vor allem wichtig, wenn man einmal die Absicht hat, ein Getriebe aus zweiter Hand einzubauen. Getriebe sehen von aussen gleich aus und nur anhand der Kennzeichnungen in Bild 220 ist es möglich die Getriebe voneinander zu unterscheiden. Aus der verschlüsselten Bezeichnung ab Stelle (1) kann man auch den Bautag des Getriebes bestimmen. Die ersten beiden Zahlen weisen auf den Bautag, die beiden nächsten auf den Baumonat und die beiden letzten auf das Baujahr hin.
Arbeiten am automatischen Getriebe sind sehr heikel und aufwendig. Viel Erfahrung und eine Menge Spezialwerkzeuge sind dazu nötig. Deshalb werden Reparaturen an der Getriebeautomatik fast ausschliesslich von Spezialwerkstätten ausgeführt. Auch der Flüssigkeitsstand im Getriebe kann nicht mit einfachen Mitteln kontrolliert werden, da die richtige Höhe der Flüssigkeit nur mit einem Spezialgerät ermittelt werden kann. Da das Getriebe und der Achsantrieb auf Lebenszeit gefüllt sind, gibt es in dieser Hinsicht keine regelmässigen Wartungsarbeiten.
Da das Getriebe neu entwickelt wurde, möchten wir kurz auf die Eigentümlichkeiten eingehen. Das Getriebe bestimmt von selbst, wenn aufgrund von Motordrehzahl, Fahrgeschwindigkeit und Belastung der nächste Gang ausgewählt werden muss. Die Steuerung erkennt ausserdem an der Stellung des Gaspedals, wenn der Fahrer ein Schalten des Getriebes erwünscht. Genannt wird diese Einrichtung "Dynamisches Schalt-Programm". Durch schlaue Konstruktion ist das Getriebe ebenfalls in der Lage das Schalten der Gänge entsprechenden Fahrverhältnissen anzupassen. So schaltet es bei Fahren auf ebener Strasse in unterschiedlicher Weise, wie dies z.B. bei einer Bergfahrt der Fall ist.
Obwohl das Getriebe nur ausgebaut werden braucht, wenn es vollkommen defekt ist, um z.B. ein Austauschgetriebe einzubauen, werden die Arbeiten zum Aus- und Einbau beschrieben, falls man sie mal brauchen sollte.

10.1 Aus- und Einbau der Getriebeautomatik

Ein Rollwagenheber muss zur Verfügung stehen, um das Getriebe beim Herausheben von unten abzustützen. Ausserdem muss man einen Handhebekran oder Flaschenzug benutzen, um den Motor aus den Aufhängungen zu heben und ihn in dieser Stellung zu halten.

- Das Massekabel der Batterie abklemmen. Falls ein Radio eingebaut ist, muss man den Sicherheits-Code wissen, um das Radio später wieder in Gang zu bringen.
- Die Schrauben zwischen Motor und Getriebe an der Oberseite lösen.
- Fahrzeug vorn auf Böcke setzen.
- Die Geräuschverkapselung unter dem Vorderwagen ausbauen (Schnellverschlüsse).
- Den Katalysator und das vordere Auspuffrohr vollkommen ausbauen (nicht nur lösen).
- Falls eingebaut den Antriebsriemen für den Kompressor einer eingebauten Klimaanlage entspannen (Kapitel 2.8), den Riemen abnehmen und den Kompressor vom Haltebügel abschrauben. Nicht die Leitungen abschliessen.
- Motor mit einem Hebezeug aus der Aufhängung heben, so dass er unter Spannung steht. Die Hebebügel sind in geeigneter Weise zum Anheben zu benutzen.
- Beide Vorderräder abschrauben.
- Den Anlasser ausbauen. Dazu die Stütze zum Motor abschrauben, das Kabel vom Einrückmagnetschalter abklemmen, die beiden Pluskabel von der Klemme "30" abschliessen und den Anlasser abschrauben und herausziehen.
- In der Öffnung für den Anlasser wird man jetzt den Zahnkranz für die Anlasser und die angeschraubte Mitnehmerscheibe sowie den Drehmomentwandler sehen. Die Teile werden durch drei Muttern zusammengehalten und sind zu lösen. Falls man eine der Muttern nicht sofort sieht,

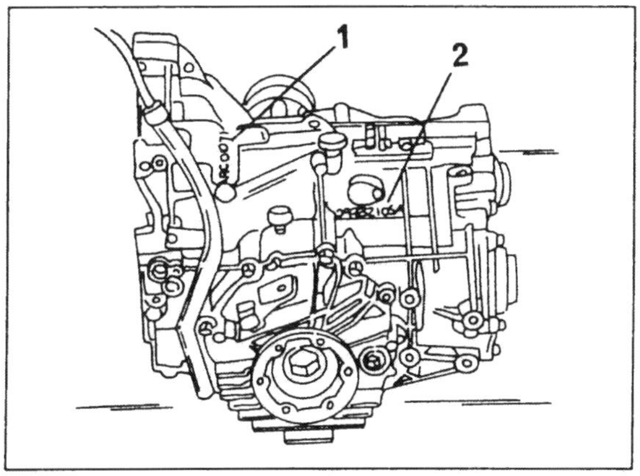

Bild 220
Die Lage der Getriebekennbuchstaben mit dem Bautag (1) und der eingeschlagene Getriebetyp (2).

den Motor durchdrehen, bis sie der Reihe nach erscheinen und gelöst werden können. Bild 221 zeigt, wie die Muttern in der Öffnung zu sehen sein müssen.

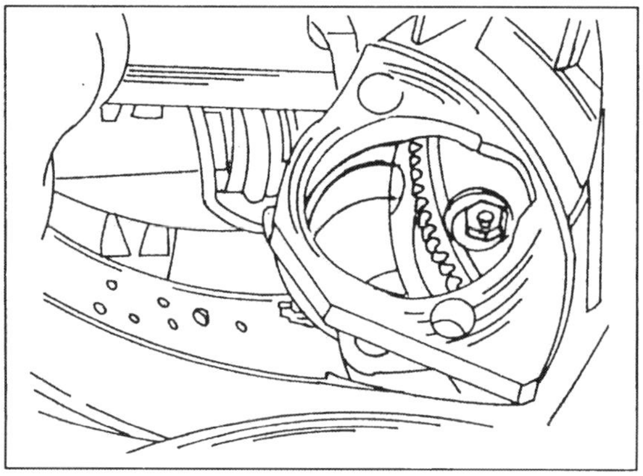

Bild 221
Die drei Muttern der Mitnehmerscheibe erscheinen der Reihe nach in der Öffnung.

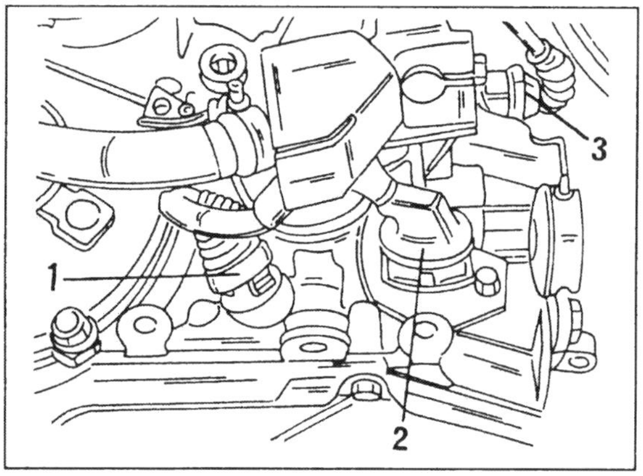

Bild 222
Die gezeigten Steckerverbinder sind an folgenden Schaltern und Gebern aufgesteckt:
1 Stecker am Getriebe
2 Stecker am Mehrfunktionsschalter (F125)
3 Stecker am Geber für Fahrgeschwindigkeit (G68)

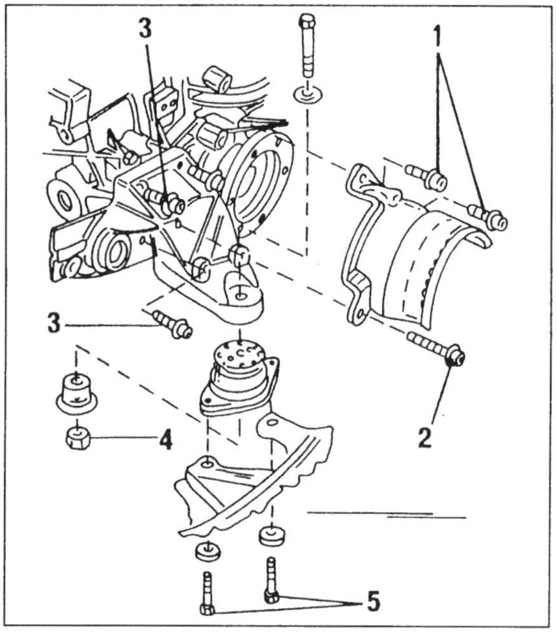

Bild 223
Die Aufhängung des Getriebes.
1 Schrauben
2 Schraube, 40 Nm
3 Schraube, 40 Nm
4 Mutter, 40 Nm
5 Schrauben, 40 Nm

- Die drei in Bild 222 gezeigten Stecker abziehen. Wo sie aufgesteckt sind, ist dem Bild zu entnehmen.
- An der Rückseite des Getriebes, links, ist ein kurzes Kabel zu sehen. Dieses vom Drehzahlgeber des Getriebes abschliessen.
- Den Stecker vom Geber des Tachometers am Differentialdeckel abziehen.
- Das Schutzblech für die Antriebswelle abschrauben.
- Die rechte Getriebestütze zusammen mit dem Getriebelager abschrauben. Bild 223 zeigt wie das Getriebe aufgehängt ist.
- Die Antriebswellen vom Getriebe abflanschen und die rechte Welle in angehobener Lage mit einem Stück Draht an geeigneter Stelle festbinden.

Hinweis: Obwohl beim Ausbau der Antriebswellen etwas Flüssigkeit herauslaufen könnte, sollte man die Flüssigkeit nicht aus dem Getriebe ablassen. Das Getriebe kann nur in einer Werkstatt einwandfrei gefüllt werden.

- Schaltseilhalterung abschrauben und das Schaltseil am Getriebe abschliessen.
- Gaszug am Betätigungshebel abschliessen.
- Die starre Flüssigkeitsleitung vom Getriebe zur Anschlussstelle des Schlauchs trennen.
- Einen Wagenheber unter das Getriebe untersetzen und die Schrauben des Gummimetalllagers auf der linken Seite an der in Bild 223 gezeigten Stelle lösen (zusammen mit dem Getriebelager).
- Motor etwas mehr anheben. Dadurch wird das Getriebe abgesenkt und kann leichter ausgebaut werden.
- Schrauben zwischen Motor und Getriebe an der Unterseite lösen. Alle Schrauben haben entweder M10- oder M12-Gewinde. Die M12-Schrauben sind 67 mm oder 90 mm lang und sind deshalb auf Einschraublage zu zeichnen.
- Getriebe vorsichtig absenken und vom Motor abziehen. Den Drehmomentwandler am Getriebe befestigen, damit er nicht herausfallen kann. Er muss dabei von der Antriebsscheibe weggedrückt werden, da er andernfalls an dieser anhaften kann. Darauf achten, dass die Antriebswellen und der Tachometerantrieb nicht beschädigt werden.

Der Einbau des Getriebes geschieht in umgekehrter Reihenfolge, unter Beachtung der folgenden Punkte:

- Die Muttern der Antriebsscheibe mit 85 Nm anziehen. Die Schraubenverbindung zwischen Motor und Getriebe mit 65 Nm (M12-Schrauben) oder 45 Nm (M10-Schrauben) anziehen.
- Die Schraube des Gummimetallagers zuletzt anziehen, aber die Lager so ausrichten, dass die Mitte der Lager zentral zum Gehäuse ausgerichtet ist. Das Anzugsdrehmoment aller Aufhängungsschrauben (M10) beträgt 40 Nm.
- Schrauben der Antriebswellen mit 80 Nm (M10-Gewinde) oder 40 Nm (M8) anziehen.

● Der Flüssigkeitsstand im automatischen Getriebe muss stimmen, da man ein gefülltes Getriebe nur in einer Werkstatt kontrollieren lassen kann. Ein abgelassenes Getriebe nimmt 5,4 Liter ATF-Flüssigkeit auf. Von Audi wird synthetisches Öl von ESSO mit der Bezeichnung LT 71 141 eingefüllt. Auf dem Einfüllrohr sitzt eine Kappe, welche beim Abnehmen beschädigt wird und erneuert werden muss.

Die Füllmenge des Getriebes ist ein wichtiger Faktor zur Funktion des Getriebes. Unterfüllen und auch Überfüllen führen zu Funktionsstörungen.

10.2 Flüssigkeit im Getriebe und Achsantrieb kontrollieren

Wie Sie vielleicht wissen werden, hat der Audi A4 keinen Messstab zur Kontrolle des Flüssigkeitsstandes. Wie bereits oben erwähnt, wird der Ölstand in der Werkstatt mit Hilfe des Fehlerauslesegeräts kontrolliert, um den Ölstand der Temperatur des Getriebes zum Zeitpunkt der Messung anzugleichen. Da der Ölstand laut Wartungsvorschriften alle 30 000 km kontrolliert werden muss, darf man es nicht versäumen das Fahrzeug zur Kontrolle des Flüssigkeitsstandes in einer Werkstatt vorzufahren.

Der Ölstand im Achsantrieb des Getriebes sollte kontrolliert werden, falls man Ölleckstellen in dieser Gegend sieht. Das Öl im Achsantrieb entspricht der Norm SAE 75 W90, ist jedoch ein synthetisches Öl, welches von Audi geliefert wird. Die Kontrollschraube sitzt nebe dem Ausgang einer Antriebswelle. Falls erforderlich, Öl nachfüllen, bis dieses wieder an der Unterkante der Einfüllöffnung herausläuft. Der Achsantrieb ist auf Lebenszeit gefüllt.

10.3 Störungen am Getriebe

Das Steuergerät des automatischen Getriebes ist mit einer Fehleraufzeichnung versehen. Falls eine Störung in den überwachten Gebern oder Komponenten auftreten sollte, wird diese zusammen mit der Art der Störung in einem Speicher aufgezeichnet. Dies bedeutet, dass Sie sich bei einer Störung im Getriebe an Ihre Audi-Werkstatt wenden müssen, die anhand von Spezialinstrumenten die Störung abrufen und dementsprechend beheben kann. Das Getriebe ist in der Lage in ein Notlaufprogramm umzuschalten, so dass Sie bei bestimmten Störungen in der Lage sind, Ihre Fahrt fortzusetzen oder das Fahrzeug in eine Werkstatt zu bringen.

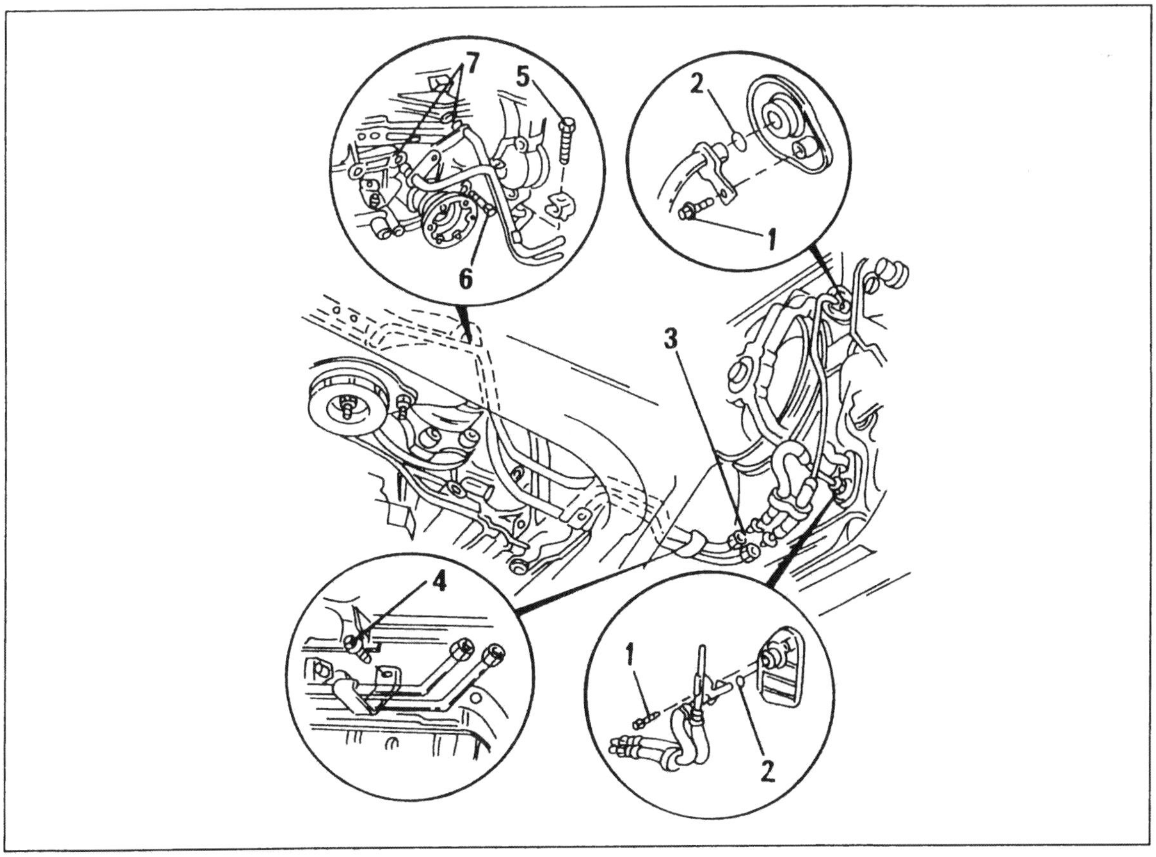

Bild 224
Die einzelnen Schläuche und Leitungen des automatischen Getriebes sind an den gezeigten Stellen befestigt.
1 Schraube, 5 Nm
2 "O"-Dichtring
3 Überwurfmutter, 25 Nm
4 Schraube, 25 Nm
5 Schraube, 9 Nm
6 Schraube, 20 Nm
7 "O"-Dichtring

Hinweise beim Anschliessen:
Leitung vollkommen in Getriebe oder Ölkühler schieben, bis sie gegen den Anschlag ansitzen. Erst dann die Überwurfmutter anziehen.
"O"-Dichtringe immer erneuern und vor Anbringen mit Flüssigkeit einschmieren.
Den Ölstand abschliessend kontrollieren lassen.

Als erstes sollte man wissen, dass die Antriebswellen links und rechts nicht die gleiche Länge haben. Abgesehen davon muss man die folgenden Unterschiede beachten:

- Alle in dieser Ausgabe behandelten Fahrzeuge mit Vorderradantrieb, Vierzylindermotor und Fünfganggetriebe sowie Quattro-Fahrzeuge sind von gleicher Konstruktion. Eingebaut sind sogenannte homokinetische Gelenke (Gleichlaufgelenke). Bei eingebauter Getriebeautomatik ist das innere Gelenk mit einem sogenannten Dreiweg-Gelenk, auch als Tripode-Gelenk bekannt, versehen. Eine derartige Welle passt nicht in Fahrzeuge mit Schaltgetriebe. Wie die anderen Modelle sind die Gleichlaufgelenke an den äusseren Enden der Wellen montiert.
- Je nach eingebauter Motor/Getriebekombination ist der Durchmesser der Gelenke unterschiedlich. Das äussere Gelenk kann einen Durchmesser von 88 oder 98 mm haben, beim inneren Gelenk beträgt der Durchmesser entweder 100 mm oder 108 mm.
- Das Gelenk kann nur komplett erneuert werden und lässt sich nicht zerlegen und/oder reparieren. Das Gelenk muss mit einer bestimmten Menge eines Spezialfetts geschmiert werden, welche im folgenden Text für die beiden Gelenke angegeben ist. Das innere Gelenk bei einem Fahrzeug mit Getriebeautomatik wird als Ersatzteil mit einer Schutzhülle und Schmiermittel geliefert.
- Die Gelenkmanschetten können erneuert werden. Die Fettmengen der verschiedenen Gelenke sind entweder im betreffenden Text oder in der Mass- und Einstelltabelle angegeben. Sie müssen gut eingehalten werden.
- Beim Bezug eines neuen Gelenks oder einer neuen Welle ist es deshalb wichtig, dass man das in Frage kommende Fahrzeug genau angibt, um den Erhalt von falschen Teilen und Zeitverschwendung zu vermeiden.

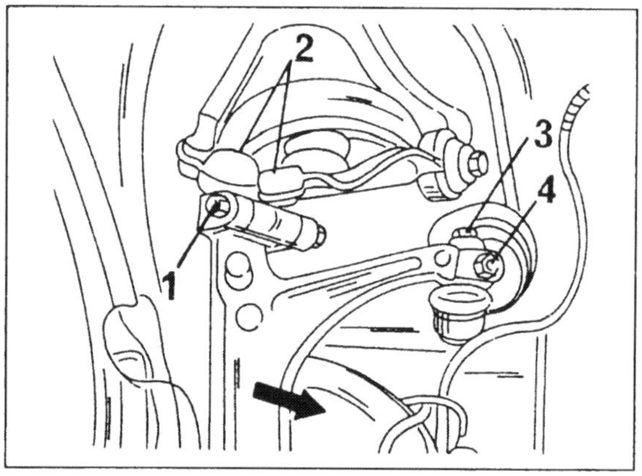

Bild 225
Trennen der Aufhängungsarme vom Schwingarm. Den Schwingarm in Pfeilrichtung drücken, um Raum für die Welle zu schaffen. Die Schrauben (3) und (4) nicht lösen.
1 Mutter
2 Schraube

11.1 Aus- und Einbau einer Antriebswelle

Der Aus- und Einbau der Achswellen ist laut Angaben von Audi beschrieben. Ehe man jedoch die beiden oberen Achsgelenklager vom Achsschenkel (Radlagergehäuse, Schwingarm) trennt, kann man versuchen die Welle nach Einschlagen der Lenkung herauszuziehen. Falls man keinen Erfolg hat, kann man die genannte Verbindung immer noch lösen.

Wichtig: Eine neue Sechskant-Bundschraube muss verwendet werden, wenn man die Schraube löst. Ebenfalls eine neue Dichtung für den Gelenkwellenflansch an der Getriebeverbindung verwenden (nur bei Schaltgetriebe).

- Radzierblende entfernen und die Radmuttern lösen. Bei Leichtmetallfelgen die Kappe aus der Mitte der Räder herausziehen.
- Die Achswellenschraube lösen, wenn das Rad auf dem Boden aufsitzt. Diese Schraube ist sehr fest angezogen.
- Vorderseite des Fahrzeuges anheben und auf Böcke setzen. Das Rad abschrauben.
- Schrauben der Wellenflansche am Getriebe lösen. Dazu ist ein vielverzahnter Steckeinsatz von 8 mm Durchmesser zu verwenden, welcher wie ein Inbusschlüssel aussieht, aber anstelle der 6 Flächen 12 Flächen hat. Je nach Fahrzeug werden die Schrauben einen Durchmesser von 8 mm oder 10 mm haben. Dies ist beim späteren Anziehen der Wellenschrauben wichtig. Je nach Seite, auch das Abdeckblech für die Antriebswelle abschrauben.
- Die Kabelleitung des ABS-Drehzahlfühlers an der Halterung am Bremssattel lösen und den Drehzahlgeber etwas aus dem Radlagergehäuse (Schwingarm) herausziehen.
- Die Antriebswelle vom Getriebe trennen und nach oben über das Getriebe heben.
- Um ein leichtes Ausbauen der Antriebswelle zu ermöglichen, muss man das Radlagergehäuse an der Oberseite von den Aufhängungsarmen lösen. Dabei muss man sich an Bild 225 halten. Nur die Mutter (1) entfernen und die Schraube ausschlagen. Danach die beiden Lenkerarme nach oben drücken. Nicht die Klemmschlitze im Schwingarm mit einem Schraubenzieher öffnen, falls die Kugelgelenke festsitzen sollten. Die beiden Schrauben (3) und (4) unter keinen Umständen lockern. Dies würde zur Verstellung der Radgeometrie führen.

Hinweis: Wie bereits erwähnt, kann man versu-

chen die Achswelle vom Getriebe abzustossen, seitlich abzuknicken und aus der Radnabe zu schieben. Durch Einschlagen der Lenkung in die entsprechende Richtung, kann man die Welle bestimmt in dieser Weise freibekommen.
Das Fahrzeug nach Ausbau einer Achswelle nicht wegschieben, da man andernfalls das Radlager beschädigen kann. Muss das Fahrzeug doch weggeschoben werden, kann man versuchen sich in einer Audi-Werkstatt ein altes, äusseres Gleichlaufgelenk zu besorgen. Dies kann man dann anstelle der Achswelle einsetzen. Die Schraube mit einem Anzugsdrehmoment von 50 Nm anziehen.
Der Einbau der Antriebswelle geschieht in umgekehrter Reihenfolge wie der Ausbau, jedoch sind einige Punkte zu beachten:

- Bei eingebautem Schaltgetriebe die neue Dichtung auf den Flansch der Antriebswelle aufkleben, nachdem man die Schutzfolie von der Dichtung gezogen hat.
- Die Verzahnungen von Antriebswelle und der Innenseite der Radnabe einwandfrei von Fett oder Öl reinigen. Die Achswelle wieder von der Innenseite in die Nabe einführen.
- Die Welle am Getriebe anschliessen. Die Flanschschrauben der Antriebswelle auf 45 Nm anziehen, wenn Schrauben mit 8 mm Durchmesser verwendet werden oder mit 80 Nm, wenn Schrauben mit 10 mm Durchmesser (bei Fahrzeugen mit Getriebeautomatik kommen nur diese Schrauben zum Einbau) eingebaut sind. Nicht die Platten unter jeweils zwei der Schrauben bei eingebautem Schaltgetriebe vergessen.
- Die Schraube zum Festziehen der Achswelle muss immer erneuert werden. Die Achswellenschraube des A4 kann einen Durchmesser von 14 mm oder 16 mm haben. Schrauben mit 14 mm-Gewinde werden mit 115 Nm angezogen, Schrauben mit 16 mm-Gewinde mit 190 Nm. In beiden Fällen die Schraube aus dieser Stellung um weite 90° nachziehen (Viertelumdrehung). Dadurch werden die Dehnschrauben vorgespannt. Das Fahrzeug muss beim Anziehen der Schraube mit den Rädern auf dem Boden stehen.
- Falls die Aufhängungsarme gelöst wurden, beide Kugelgelenke bis zum Anschlag in den Schwingarm einschieben. Die Muttern (immer erneuern) mit 40 Nm anziehen.
- Den ABS-Drehzahlfühler bis zum Anschlag einschieben und das Kabel vorschriftsmässig befestigen.
- Die Radschrauben mit 110 Nm anziehen. Falls vorhanden, das Schraubenschloss anbringen und die Kappe auf den Schlosszylinder aufdrücken.

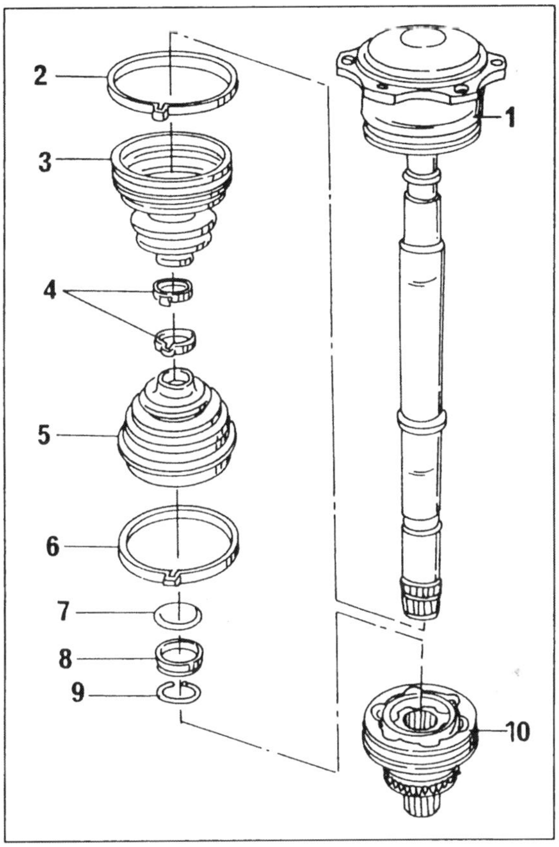

Bild 226
Die Teile der Antriebswelle bei eingebauter Getriebeautomatik
1 Welle mit Gelenk
2 Befestigungsschelle
3 Manschette
4 Klemmschelle
5 Manschette
6 Befestigungsschelle
7 Beilagscheibe
8 Abstandsscheibe
9 Sprengring, erneuern
10 Äusseres Gleichlaufgelenk

11.2 Antriebswellenreparatur

11.2.1 Inneres Gleichlaufgelenk erneuern

Bilder 226 und 227 zeigen Montagebilder der beiden in Frage kommenden Wellenausführungen

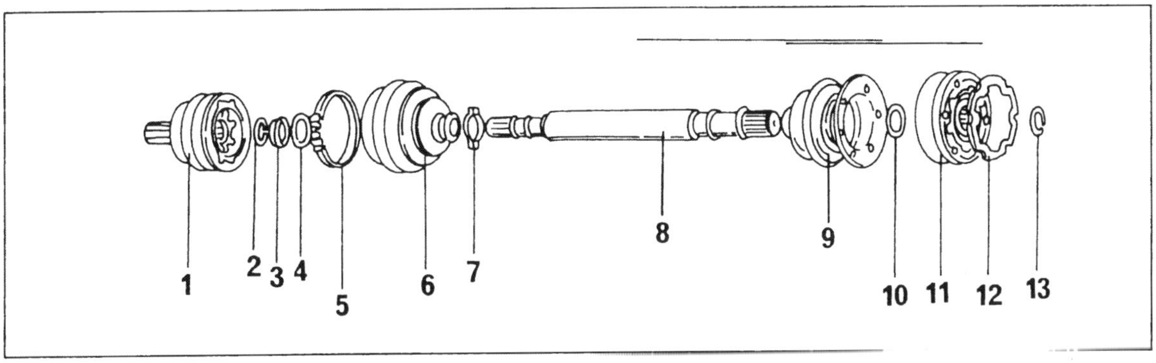

Bild 227
Ansicht einer Antriebswelle für Modelle mit Schaltgetriebe.
1 Äusseres Gleichlaufgelenk
2 Sicherungsring, erneuern
3 Abstandsscheibe
4 Beilagscheibe
5 Schelle
6 Manschette
7 Klemmschelle
8 Antriebswelle
9 Manschette und Kappe
10 Beilagscheibe
11 Inneres Gleichlaufgelenk
12 Dichtung
13 Sicherungsring, erneuern

eines Audi A4. Die Antriebswelle für ein eingebautes automatisches Getriebe kommt zusammen mit dem Gleichlaufgelenk und kann nicht repariert wer-

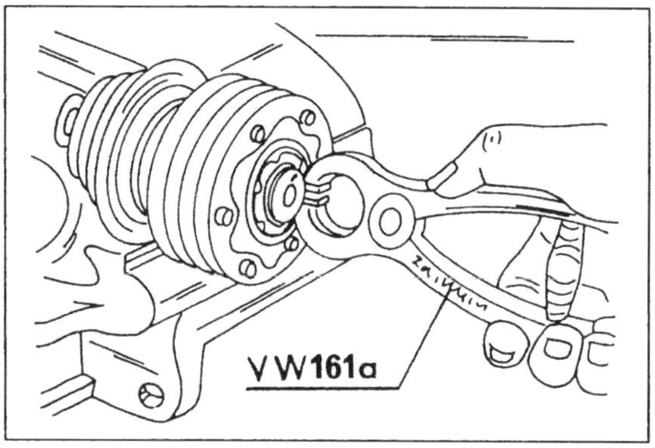

Bild 228
Ausbau des Sprengringes vom Ende der Achswelle mit einer Spezialzange.

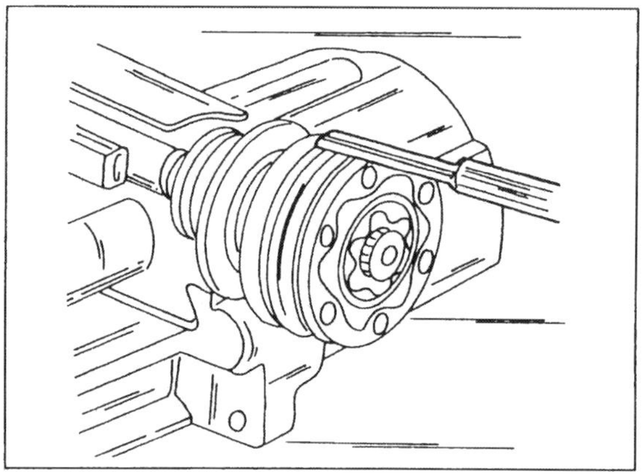

Bild 229
Die Schutzkappe muss in der gezeigten Weise zurückgeschlagen werden (falls eingebaut), ohne sie zu verbeulen.

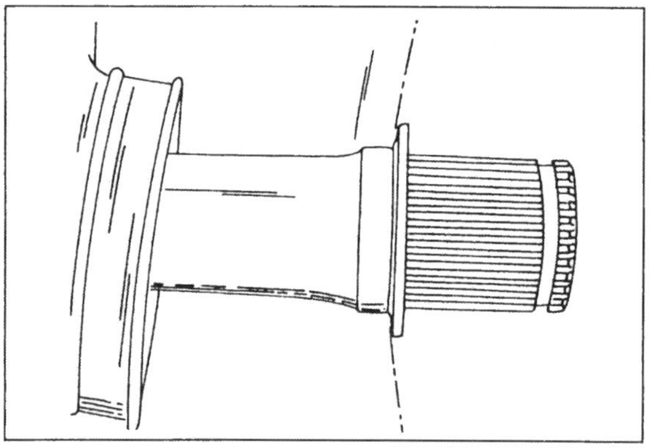

Bild 230
Die Federscheibe (falls eingebaut) in der gezeigten Richtung aufstecken.

den. Bei der folgenden Beschreibung ist zu beachten, dass man bei dieser Welle nur die Manschette des inneren Gelenks erneuern kann.

Die folgenden Arbeiten sind unter Bezug auf diese Bilder durchzuführen. Das innere Gleichlaufgelenk kann nicht repariert werden und ist im Schadensfalle zu erneuern. Vor Erneuerung jedoch Seite 112 betreffs der Verwendung der verschiedenen Gelenkgrössen durchlesen. Das Gelenk muss auch ausgebaut werden, falls man die Schutzmanschette erneuern will.

- Antriebswelle in einen Schraubstock einspannen.
- Mit einer Sprengringzange der in Bild 228 gezeigten Form (gezeigt ist die Spezialzange "VW 161a") den Sprengring vom Ende des inneren Gleichlaufgelenks entfernen. Der Sprengring muss immer erneuert werden.
- Mit einem Dorn vorsichtig die Schutzkappe vom Gelenk schlagen (Bild 229). Den Dorn an verschiedenen Stellen des Umfanges ansetzen, um die Kappe nicht zu verkanten.
- Die Welle unter eine Presse setzen und die Welle durch das Gelenk pressen. Das Gelenk muss so nahe wie möglich in der Mitte untergelegt werden.
- Die Federscheibe von der Welle herunterziehen (nicht bei bei allen Wellen vorhanden). Dabei auf die Einbauweise achten, da die Scheibe gewölbt ist (zwecks Einbau siehe weiter unten).
- Die Achswelle gründlich reinigen, ehe das neue Gelenk montiert wird.
- Federscheibe (falls vorhanden) so auf die Welle stecken, dass die Wölbung zur Achswelle weist, wie es in Bild 230 durch die gekurvte Linie angedeutet ist.
- Gleichlaufgelenk auf die Welle pressen, wobei die Welle von unten abzustützen ist. Die Anschrägung am inneren Durchmesser der Kugelmitte muss gegen den Anschlagbund der Welle weisen. Welle gut von unten abstützen und das Gelenk bis zum Anschlag aufpressen.
- Einen neuen Sprengring in die Nut einsetzen. Falls erforderlich, mit einer Wasserpumpenzange gut einpressen.
- Das Gelenk mit G.6-Fett füllen. Bei einem Gelenkdurchmesser von 100 mm wird eine Fettmenge von 80 g gebraucht, 50 g in die Manschette und 30 g in das Gelenk. Beim Gelenk mit 108 mm Durchmesser kommen 35 g in das Gelenk und 85 g in die Manschette. Das Fett sollte gut ausgewogen werden, damit das Gelenk einwandfrei arbeiten kann. Die Fettmenge gut in das Gelenk einkneten. Das Gelenk einer Welle mit automatischem Getriebe ist vorgeschmiert.
- Die Schutzkappe wieder vorsichtig auf das Gelenk aufschlagen.
- Die Manschette an der Antriebswelle anbringen. In der Wekstatt wird eine Spezialzange zum Anziehen der Schelle benutzt. Falls diese nicht zur Verfügung steht, muss man sorgfältig beim Anziehen der Manschette vorgehen, damit sie nicht herunterspringen kann. Ehe die Manschette verschlossen wird, muss sie etwas zusammengedrückt werden, um eingeschlossene Luft auszuscheiden. Falls nach dem Zusammenbau "eingebeulte" Stellen wie in Bild 233 festgestellt werden können, die Manschette am kleinen Durchmesser wieder lösen und mit einem Schraubenzieher vorsichtig anheben, damit die Luft eindringen und den darin befindlichen Saugdruck ausgleichen kann. Dabei natürlich darauf

achten, dass man nicht mit dem Schraubenzieher durch die Manschette stösst.

- Die Welle und die Manschetten gut reinigen. Fett zieht Strassenschmutz an.

Hinweis: Das innere Gelenk bei einer Welle für eine Automatik ist mit 140 g G 000 605-Fett gefüllt. Nur beim Erneuern der Manschette muss man das Gelenk neu schmieren. Wiederum das Fett gleichmässig auf Gelenk und Manschette verteilen.

11.2.2 Äusseres Gleichlaufgelenk

Wie das innere Gleichlaufgelenk kann auch das äussere Gleichlaufgelenk nur komplett erneuert werden.
Wie bereits erwähnt, ist das äussere Gelenk bei den verschiedenen Modellen und Motoren in der A4-Baureihe unterschiedlich. Seite 112 sollte durchgelesen werden, um festzustellen mit welchem Gelenk man es zu tun hat.

Ausbau des Gleichlaufgelenks

- Klemmschellen an beiden Enden der Gummimanschette entfernen und die Manschette auf der Welle entlang vom Gelenk wegdrücken.
- Innenseite des Gelenks reinigen.
- Die Welle mit Blechbacken in einen Schraubstock spannen und mit einem Aluminium- oder Kupferhammer das Gelenk von der Welle schlagen, bis dieses von der Welle abgenommen werden kann. Bild 231 zeigt wie man das Gelenk von der Welle abschlägt, bis der innen liegende Sicherungsring aus der Rille herausspringt. Bei einer Welle für ein automatisches Getriebe sind die in Bild 226 gezeigten Teile auf die Welle aufgesteckt, deren Einbaulage man vor Abnehmen zeichnen muss. Die Einbauweise entspricht Bild 232.

Einbau des Gleichlaufgelenks

- Die Gummimanschette auf die Welle aufsetzen und auf dieser entlang verschieben.
- Die zu verwendende Fettmenge genau auswiegen. Bei Gelenkdurchmesser von 89 mm kommen 40 g in das Gelenk und 50 g des bereits genannten Fetts in die Manschette. Andernfalls 80 g in das Gelenk und 40 g in die Manschette.
- Die Federscheibe mit der Innenverzahnung über die Welle schieben, so dass die Wölbung gegen das Gelenk anliegt und die Anlaufscheibe darübersetzen. Bild 232 zeigt das Gelenk mit der Lage der beiden Teile bei zusammengebautem Gelenk.
- Einen neuen Sprengring an der Welle anbringen, die Welle in einen Schraubstock einspannen und mit einem Kupfer- oder Aluminiumhammer das Gelenk auf die Welle schlagen, bis der Sprengring in die Nut in der Innenseite des Gelenks einschnappen kann.
- Gummimanschette über das Gelenk ziehen und mit den Schellen befestigen. Ehe die Manschetten verschlossen werden, müssen sie etwas zusammengedrückt werden, um eingeschlossene Luft auszuscheiden. Falls nach dem Zusammenbau "eingebeulte" Stellen wie in Bild 233 festgestellt werden können, die Manschette am kleinen Durchmesser wieder lösen und mit einem Schraubenzieher vorsichtig anheben, damit Luft eindringen und den darin befindlichen Saugdruck ausgleichen kann. Beim Einschieben des Schraubenziehers nicht die Manschette durch Durchstossen beschädigen.

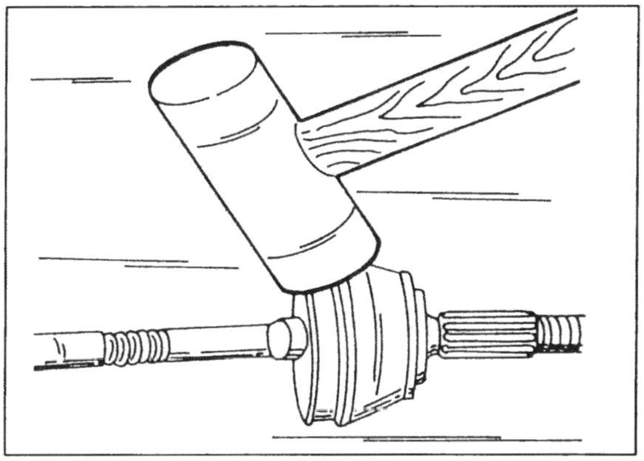

Bild 231
Äusseres Gleichlaufgelenk bei eingespannter Antriebswelle mit einem Gummi- oder Kunststoffhammer herunterschlagen.

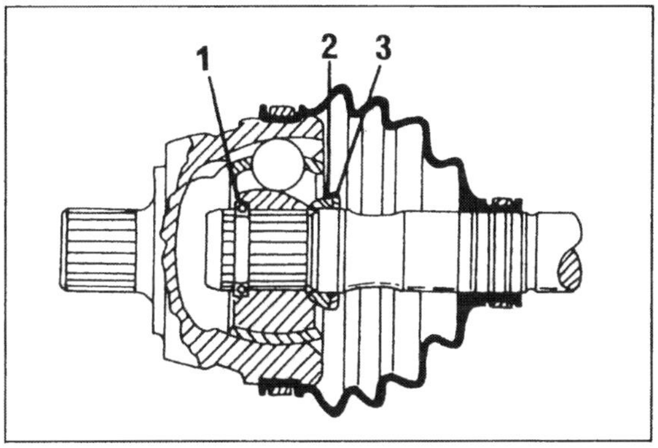

Bild 232
Die vorschriftsmässige Zusammenbauweise der Federscheibe und der Abstandsscheibe. Auf die gewölbten Seiten der beiden Scheiben achten.
1 Sprengring
2 Abstandsscheibe
3 Federscheibe

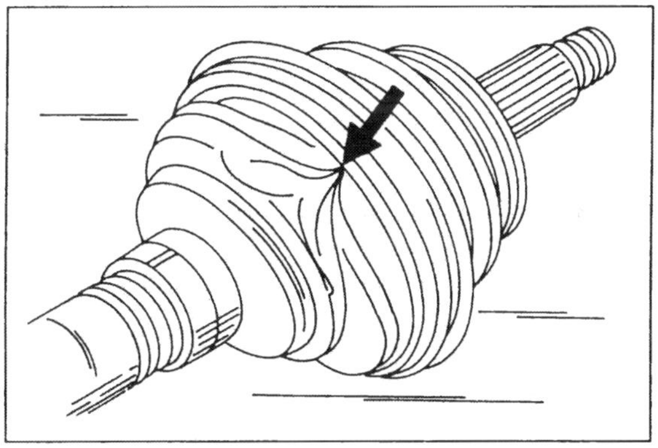

Bild 233
Falls die Manschette an irgendeiner Stelle wie durch den Pfeil gezeigt nach innen gezogen wird, muss man sie lösen, um Luft eindringen zu lassen.

12 Die Servolenkung

Bei der Servolenkung wird ein in einem Zylinder arbeitender Kolben verwendet, welcher an einem Ende der Lenkung montiert ist. Je nach Einschlag des Lenkrades wird der Kolben von der einen oder anderen Seite durch Flüssigkeit unter Druck gesetzt, wodurch der zum Lenken erforderliche Kraftaufwand verringert wird. Die in der Anlage verwendete Flüssigkeit ist die gleiche wie sie bei automatischen Getrieben eingefüllt ist.

Die Flüssigkeit wird durch eine Flügelradpumpe aus dem Vorratsbehälter abgesaugt und in ein Schieberventil geleitet, welches die Lenkung nach links und rechts bewegt.

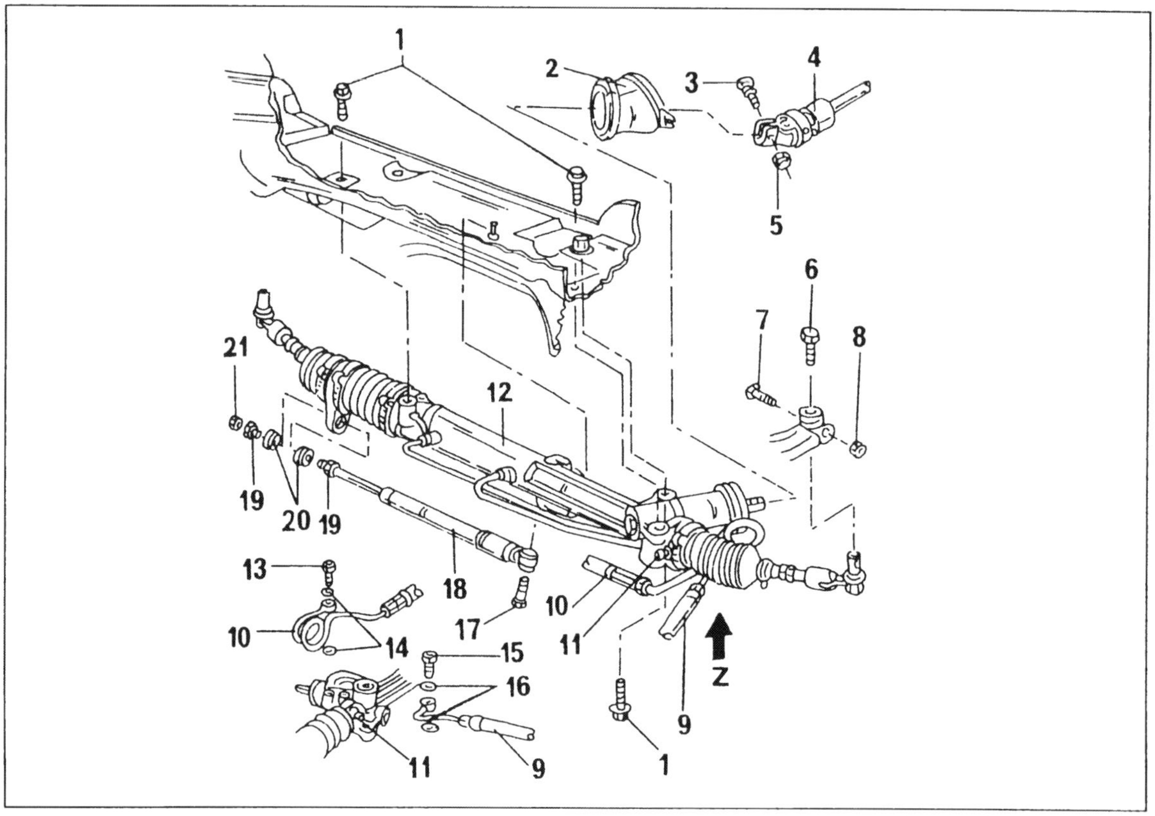

Bild 234
Ansicht der ausgebauten Lenkung. Der Lenkungsstossdämpfer (18) und die damit verbundenen Teile sind bei Vierzylinder-Modellen nicht eingebaut. "Z" zeigt die Anschlussweise an der Pfeilstelle.

1 Schrauben und Scheiben, 65 Nm. **Anzugsweise beachten**
2 Stirnwandabdichtung
3 Exzenterschraube, Torx-Kopf
4 Lenksäule
5 Selbstsichernde Mutter, 40 Nm
6 Schraube und Scheibe, 7 Nm
7 Schraube
8 Selbstsichernde Mutter
9 Rücklaufschlauch
10 Flexi-Schlauch
11 Schraubstopfen, 18 Nm
12 Lenkung
13 Hohlschraube, 40 Nm
14 Dichtring, 14 x 20
15 Hohlschraube, 50 Nm
16 Dichtring, 16 x 22
17 Sechskantschraube, 35 Nm
18 Lenkungsdämpfer, 6-Zyl.
19 Büchse
20 Gummibüchsen
21 Mutter, 10 Nm

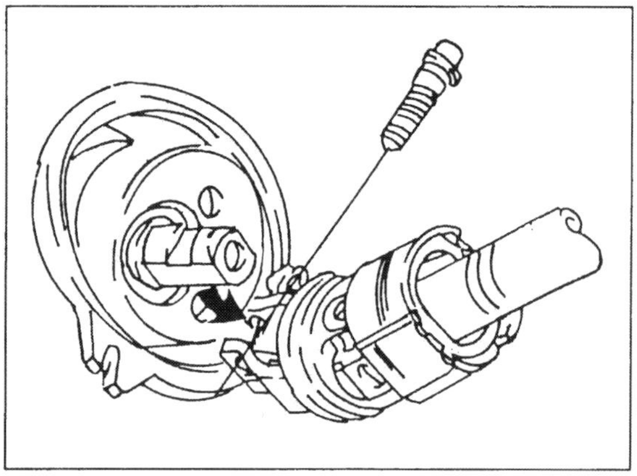

Bild 235
Das Kreuzgelenk in der gezeigten Weise abschliessen.

12.1 Das Lenkgetriebe

12.1.1 Lenkung aus- und einbauen

Obwohl es kaum vorkommen wird, dass man die Lenkung ausbauen muss, soll die sich ansich komplizierte Arbeit beschrieben werden. Die Lenkung wird durch die Öffnung im linken Radkasten ausgebaut, wobei das Rad abgenommen werden muss, um mehr Platz zu haben. Der Aus- und Einbau geschieht bei allen Modellen in ähnlicher Weise. Beim Ausbau kann Bild 234 hinzugezogen werden. Das Bild zeigt einen Lenkungsdämpfer, welcher jedoch nur bei einem Fahrzeug mit 6-Zylinder-Motor eingebaut ist:

- Die Batterie abklemmen und vollkommen ausbauen.
- Das Ablagefach auf der Fahrerseite ausbauen (siehe Bild 209).
- An der Unterseite der Lenksäule die Exzenterschraube (3) nach rechts lockern (T50-Torx-Stecknuss erforderlich) und die Schraube herausziehen. Die Mutter (5) abnehmen. Das Kreuzgelenk (4) wie in Bild 235 gezeigt nach unten bewegen um es von der Wellenverbindung zu lösen. Nachdem die Lenkwelle vom Lenkritzel getrennt wurde, muss man das ganze am oberen Ende der Lenksäule mit

einem Stück Draht zusammenbinden. Auf keinen Fall darf sich die Kerbverzahnungsverbindung zwischen dem oberem und dem unterem Teil der Lenksäule trennen können, d.h. die Lenksäule nicht einfach nach Lösen des Kreuzgelenkes hängen lassen.

- Den Saugschlauch (10) und den Rücklaufschlauch (9) mit einer geeigneten Schlauchzwinge zusammendrücken, um Auslaufen von Flüssigkeit zu vermeiden.
- Die Vorderseite des Fahrzeuges auf Böcke setzen und die Vorderräder abschrauben.
- Unter Bezug auf Bild 225 die beiden Schrauben (3) und (4) ausschrauben und die Spurstange abschliessen. Die Arbeiten auf beiden Seiten durchführen.
- Die in Bild 236 gezeigte Kunststoffmutter entfernen, die sichtbaren Clips entfernen und den Deckel aus der Spurstangenöffnung herausnehmen.
- Mit einem 22 mm-Gabelschlüssel die Hohlschraube (15) an der Lenkung ausschrauben. Dabei auslaufende Flüssigkeit auffangen.
- Die Hohlschraube (13) mit einem 19 mm-Gabelschlüssel an der Lenkung ausschrauben.
- Die drei Befestigungsschrauben der Lenkung herausdrehen. Wie Bild 237 zeigt, sind zwei der Schrauben von oben und eine Schraube von unten eingesetzt. Die Lenkung wird jetzt zusammen mit den daran befestigten Spurstangen nach links ausgefahren. Dazu ist ein Helfer erforderlich, da man das Lenkritzel vorsichtig durch die Gummiabdichtung in der Stirnwand schieben muss, ohne sie dabei zu beschädigen.

12.1.2 Einbau

Der Einbau geschieht in umgekehrter Reihenfolge unter Beachtung der folgenden Punkte:

- In der Werkstatt wird eine Zentrierschraube (Nr. 3355) in die durch den Stopfen (11) verschlossene Bohrung eingeschraubt, um die Lenkung in die Mittelstellung zu bringen. Da diese bestimmt nicht vorhanden sein wird, muss man die Lenkung durch Verdrehen des Ritzels genau in die Mitte bringen.
- Lenkung durch die Öffnung im linken Radkasten einführen und gleichzeitig das Ritzel durch die Gummiabdichtung in der Stirnwand schieben (2 Personen).
- Die in Bild 237 gezeigten Schrauben einsetzen und anziehen. Dabei ist die Anzugsreihenfolge zu beachten. Zuerst die beiden Schrauben (1) und (2) handfest anziehen. Die Schraube (3) wird jetzt eingesetzt und mit 65 Nm angezogen. Die beiden anderen Schrauben jetzt mit dem genannten Drehmoment anziehen. Die Gewinde

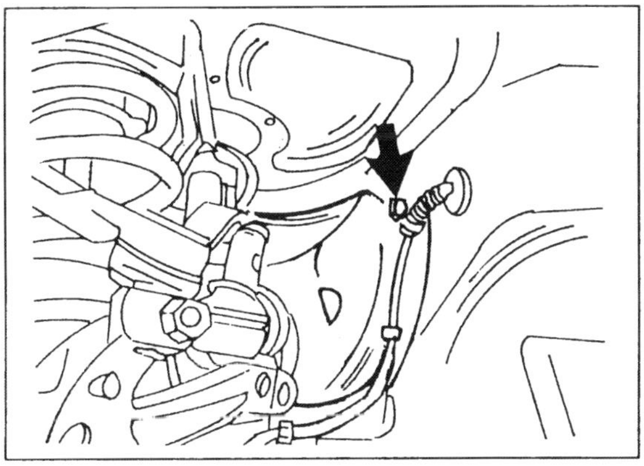

Bild 236
Das Abdeckblech in der Innenseite des Radkastens wird an der Pfeilstelle durch eine Kunststoffmutter und Clips gehalten.

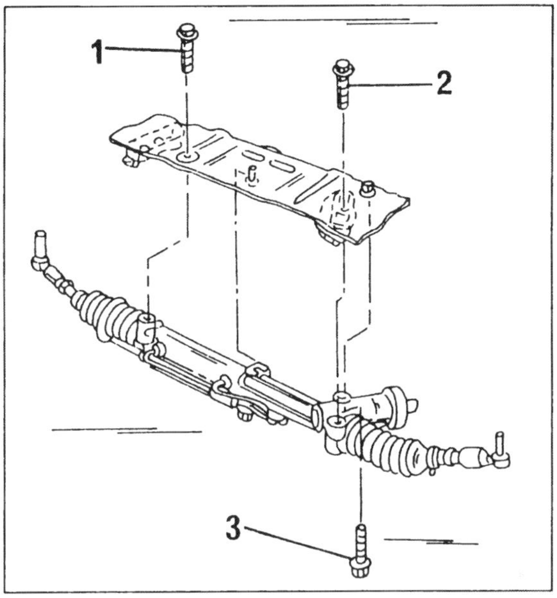

Bild 237
Die Befestingsschrauben der Lenkung. Die Anzugsweise muss beachtet werden.

und Auflageflächen der Schraubenköpfe müssen frei von Öl oder Fett sein.

- Die hydraulischen Schläuche wieder so anschliessen, dass sie nicht an andere Teile anstossen können. Bild 238 zeigt wie diese Schläuche winkelgerecht angeschlossen werden. Die Hohlschraube (1) (Rücklaufschlauch) mit 50 Nm, die Hohlschraube (2) (Flexi-Schlauch) mit 40 Nm anziehen.
- Die Drahtsicherung von der Lenksäule ab-

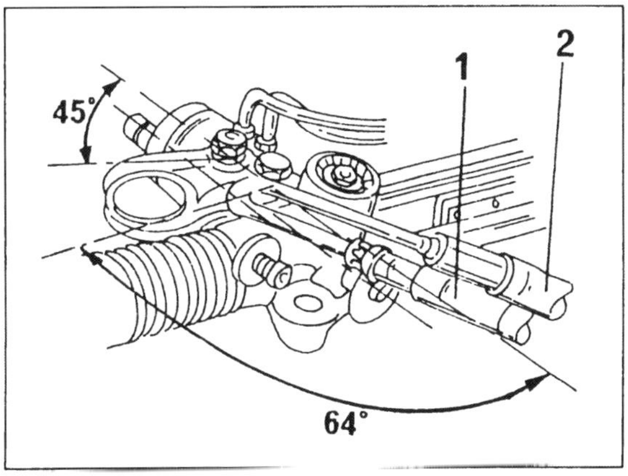

Bild 238
Richtige Verlegung des Rücklaufschlauchs (1) und Flexischlauchs (2).

nehmen und das Kreuzgelenk mit der Lenkwelle verbinden. Die Spannschraube (3 in Bild 234) einsetzen und durch Rechtsdrehung vorspannen. Die Mutter mit der Scheibe mit 40 Nm anziehen.

- Abschliessend die folgenden Arbeiten durchführen: Ablagefach einbauen, Klemmzwingen von den Schläuchen entfernen, die Batterie einbauen, den Flüssigkeitsstand im Vorratsbehälter kontrollieren, Wirkungsweise der Lenkung kontrollieren, falls erforderlich entlüften, Fahrzeug auf den Boden ablassen und die Räder anziehen. Die Vorderradgeometrie muss vermessen werden oder vermessen werden lassen.

12.2 Spurstangen erneuern

Die beiden Spurstangen sind gleich. Falls man bei den folgenden Prüfungen feststellen kann, dass die Spurstangengelenke ausgeschlagen sind, kann man sie bei eingebauter Lenkung erneuern (wird bei der technischen Kontrolle überprüft).

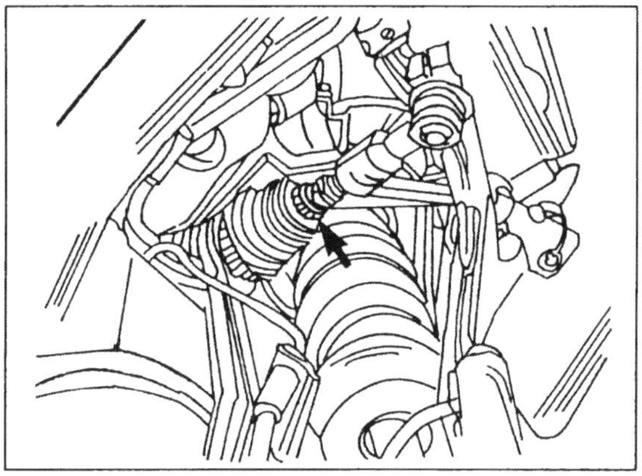

Bild 239
Die Befestigungsschellen der Lenkungsmanschette an den gezeigten Stellen lösen.

- Die Staubschutzkappen der Gelenke dürfen nicht eingerissen sein.
- Lenkung nach einer Seite einschlagen, das Spurstangengelenk mit einer Hand erfassen und von einem Helfer das Lenkrad hin- und herdrehen lassen (Motor anlassen, um das Einschlagen zu erleichtern. Falls man ungewöhnliches Spiel feststellt, das Gelenk erneuern.
- Fahrzeug vorn aufbocken und die Spurstange mit einer Hand erfassen. Bei kräftigem Auf- und Abbewegen der Spurstange darf man kein Spiel am Gelenk feststellen. Andernfalls das Gelenk erneuern.
- Ähnliche Prüfungen am inneren Gelenk durchführen. In diesem Fall muss man die Manschette von der Lenkung lösen. Festgestelltes Spiel bedeutet hier Erneuerung der kompletten Spurstange, jedoch gibt es bei dieser Arbeit einige Schwierigkeiten aufgrund der Befestigung der Spurstange an der Zahnstange.

Erneuerung eines Spurstangenkopfes

Beim Erneuern eines Spurstangenkopfes oder einer Spurstange gilt: Die Vorspur muss aufgrund der Anordnung der Spurstangenkopfbefestigung in einer Werkstatt kontrolliert bzw. einstellt werden. Eine Verstellung der Vorspur durch Verlängern oder Verkürzen der Spurstange ist nicht mehr möglich.

- Das betreffende Vorderrad abschrauben.
- Die Kontermutter der Spurstange lockern. Dabei die Stange am Sechskant gegenhalten.
- Unter Bezug auf Bild 225 die beiden Schrauben (3) und (4) entfernen. Schraube (4) mit Mutter hält den Kugelbolzen im Klemmstück, Schraube (3) ist eine Einstellschraube.
- Den Spurstangenkugelbolzen aus dem Lenkhebel ausdrücken.
- Den Spurstangenkopf unter Zählung der erforderlichen Umdrehungen von der Spurstange abschrauben.
- Den neuen Spurstangenkopf um die gleiche Anzahl Umdrehungen wieder aufschrauben. Dadurch wird die Vorspur in die ungefähre Stellung gebracht.
- Den Kugelbolzen in die Klemmvorrichtung einsetzen. Durch die Spannung des Klemmstücks könnte es sein, dass man mit einem Gummihammer von unten nachhelfen muss.
- Die Klemmschraube einschlagen und eine neue, selbstsichernde Mutter aufschrauben und mit 40 Nm anziehen.
- Kontermutter an der Spurstange mit dem gleichen Drehmoment anziehen.
- Vorspureinstellung in einer Werkstatt einstellen lassen, da dies nicht länger eine Einstellung zur Selbstdurchführung ist.

Komplette Spurstange erneuern

Beim Ausbau der Spurstange muss man das Kugelgelenk von der Zahnstange der Lenkung abschrauben. Dazu wird in der Werkstatt ein Spezialschlüssel (Nr. 1923) benutzt. Im folgenden Text wird auf den Schlüssel eingegangen. Vielleicht kann man sich auch anderweitig helfen, wenn man weiss, um was es geht.

- Das betreffende Vorderrad abschrauben.
- Die Schraube/Mutter (4) und die Einstellschraube (3) in Bild 225 entfernen und den Kugelbolzen wie oben beschrieben aus dem Eingriff bringen.
- Die beiden in Bild 239 mit den Pfeilen gezeigten Schellen der Lenkungsmanschette lösen und die Manschette von der Lenkung abziehen und zurückstreifen.
- Die Spurstange muss jetzt von der Zahnstange abgeschraubt werden. Der Spezialschlüssel ist in Bild 240 an der Spurstange angesetzt. Obwohl man einen entsprechend grossen Schlüssel zum Lösen

benutzen kann, muss man daran denken, dass die Spurstange beim Anziehen mit 100 Nm zu befestigen ist.
Beim Einbau das Gelenk der Spurstange mit Lenkgetriebefett schmieren (Bezeichnung AOF 063 000 04) und die neue Spurstange wieder an der Zahnstange anschrauben und festziehen (siehe oben).
Die Lenkmanschette wieder anbringen und mit den Schellen befestigen. Die Vorspur muss man abschliessend in einer Werkstatt vermessen lassen.

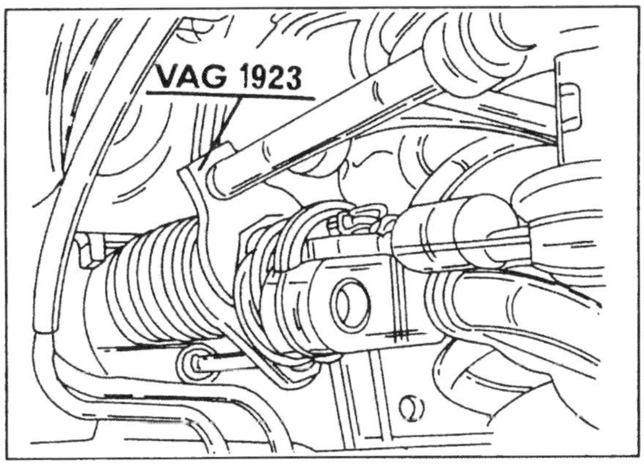

Bild 240
Der Spezialschlüssel wird zum Abschrauben der Spurstange von der Zahnstange benutzt.

12.3 Lenkungsspiel einstellen

Falls zu viel Spiel zwischen dem Lenkritzel und der Zahnstange vorhanden ist, können Geräusche in der Lenkung wahrgenommen werden (Klappern), wenn das Fahrzeug über unebene Fahrbahnen gefahren wird. Die folgenden Arbeiten können in diesem Fall durchgeführt werden, um die Störung zu beheben, während sich die Lenkung im Fahrzeug befindet. Zwei Personen sind bei der Einstellung erforderlich, d.h. ein Helfer muss das Lenkrad hin- und herbewegen, während die Lenkung eingestellt wird. Denken Sie daran, dass dies wichtig für die Sicherheit ist und man nur eine Einstellung durchführen sollte, wenn man damit etwas vertraut ist. Das Fahrzeug muss mit den Rädern auf dem Boden aufstehen.

- Lenkrad in die Geradeausstellung bringen.
- Die selbstsichernde Einstellschraube (Pfeil, Bild 241) von der Seite des linken Radkastens aus langsam anziehen, bis der Helfer ein Schwergehen oder Hängen der Lenkung feststellen kann.
- Danach die Einstellschraube genügend weit zurückschrauben, bis sich die Lenkung einwandfrei anfühlt.
- Fahrzeug probefahren und kontrollieren, ob die Lenkung von selbst in die Geradeausstellung zurückkehrt. Falls dies nicht der Fall ist, die Schraube ein wenig herausdrehen. Falls man immer noch Spiel verspüren kann, die Schraube etwas weiter hineindrehen. Wie man aus der Beschreibung ersehen kann, ist die Einstellung Gefühlssache, deshalb die obige Warnung.

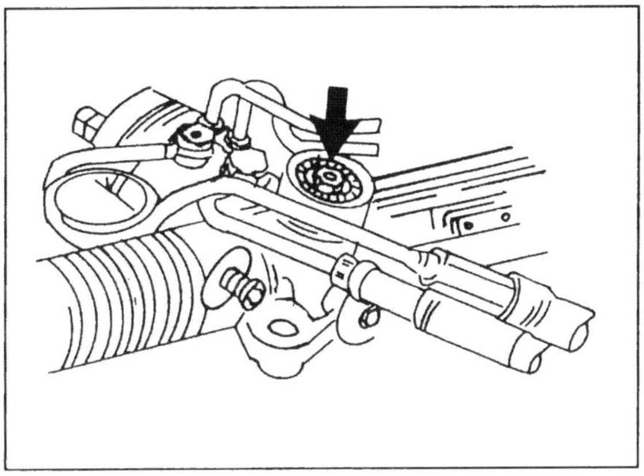

Bild 241
Die mit dem Pfeil gezeigte Schraube wird zum Einstellen der Lenkung verstellt.

12.4 Lenkrad/Airbag/Lenksäule

Da alle Fahrzeuge mit einem Airbag im Lenkrad versehen sind, wird der Aus- und Einbau der genannten Teile problematisch. Nur wenn man die notwendigen Erfahrungen hat, sollte man sich an den Ausbau der Teile herantrauen.

Ausgebaut muss man aber in vielen Fällen das Lenkrad, wobei ebenfalls der Airbag herauskommt.

Die folgenden Vorsichtsmassnahmen müssen vor Beginn irgendwelcher Arbeiten beachtet werden:

- Beide Kabel von den Polen der Batterie abklemmen und die Kabel gut zur Seite drücken.
- An der rechten Seite des Armaturenbretts ist eine Abdeckung angeschraubt. Nach Abnehmen der Abdeckung wird man einen roten Steckverbinder sehen (Bild 242), welchen man trennen muss. Diese Kabelverbindung liefert den Strom zum Airbag.
- Falls Sie vom Fahrzeug weglaufen, niemals

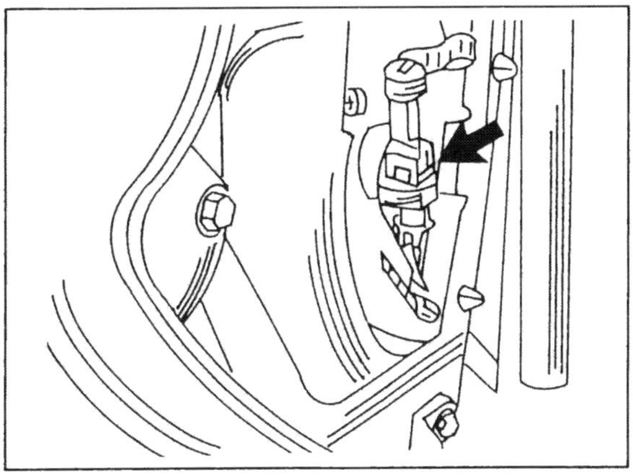

Bild 242
Lage des Steckers für den Airbag-Stromkreis. Zum Freilegen die Abdeckung auf der rechten Seite des Armaturenbretts abschrauben.

den Airbag unbeaufsichtig liegen lassen. Der Airbag darf nur mit der Abpolsterung nach oben weisend abgelegt werden, sollte aber gut vom Fahrzeug entfernt aufbewahrt werden.

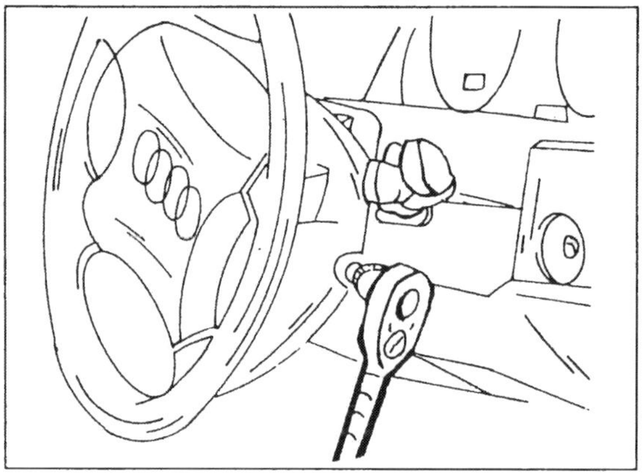

Bild 243
Lösen der Airbag-Einheit an der Seite des Lenkrades.

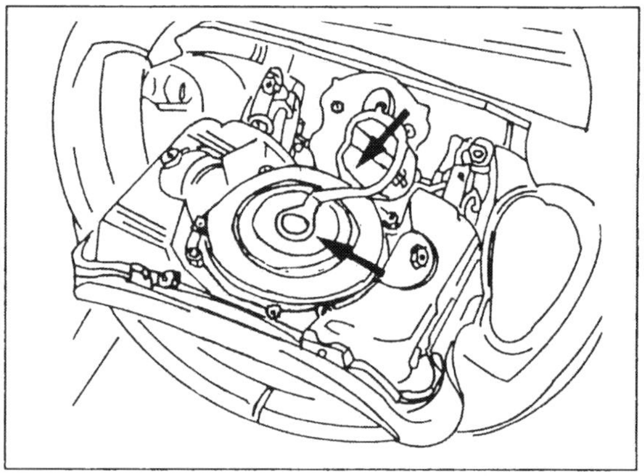

Bild 244
Nach Zurückklappen der Airbag-Einheit die beiden mit den Pfeilen gezeigten Stecker trennen.

- Die Zündung während den folgenden Arbeiten nicht einschalten, da der Speicher andernfalls unter anderem das abgeklemmte Kabel des Airbags wahrnehmen wird.

Lenkrad/Airbag aus- und einbauen

- Rechte Tür öffnen die seitliche Armaturenbrettabdeckung abziehen und die in Bild 242 gezeigte rote Steckverbindung trennen.
- Die Airbag-Einheit auf der linken und rechten Seite des Lenkrades von der Rückseite lösen. Dazu eine T30-Torxkopf-Stecknuss entsprechend Bild 243 benutzen.
- Die Airbag-Einheit nach unten umfalten.
- Stecker von der Airbag-Einheit abziehen. Die Anschlussweise ist in Bild 244 zu sehen. Die Airbag-Einheit so ablegen, das die in Bild 243 gezeigten Audi-Ringe von oben sichtbar sind.
- Das Oberteil der Lenksäulenverkleidung ausbauen. Dazu zwei von unten eingesetzte Schrauben lösen.
- Steckverbindungen der Leitungen für die Airbag-Einheit und Hupe trennen und abziehen.
- Das Lenkrad in geeigneter Weise gegenhalten (oder Lenkschloss einrasten) und die Mutter in der Mitte des Lenkrades lösen (Stecknuss, 24 mm). Das Lenkrad muss unbedingt in der Geradeausstellung stehen, um die eingebaute Schraubenfeder nicht zu verdrehen.
- Lenkrad hin- und herwackeln, bis es herunterkommt.

Der Einbau des Lenkrades geschieht in umgekehrter Reihenfolge wie der Ausbau. Die Mutter des Lenkrades mit 40 Nm anziehen. Die beiden Schrauben der Airbag-Einheit mit 6 Nm anziehen.

Lenksäule

Falls man die Lenksäule ausbauen, bzw. lösen will, folgt man den Anweisungen zum Ausbau des Lenkrades und zum Ausbau der Lenkung. Danach verbleibt noch der Ausbau des Lenksäulenschalters, das Abschliessen der angeschlossenen Kabel und das Lösen der Lenksäulenbefestigung an der Oberseite (4 Schrauben). Wiederum darauf achten, dass sich die beiden Hälften der Lenkwelle dabei nicht trennen können (siehe Kapitel 12.1.1).

12.5 Hydraulische Anlage

12.5.1 Füllen und Entlüften der hydraulischen Anlage

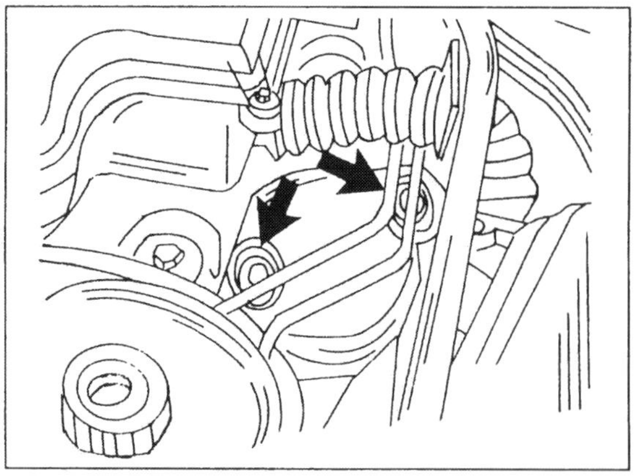

Bild 245
Kontrolle des Flüssigkeitsstandes der Servolenkung.

Nach Aus- und Einbau der Lenkung muss die Anlage mit Flüssigkeit gefüllt und anschliessend entlüftet werden. Während des Ausbaus ausgelaufene Flüssigkeit darf nicht wieder eingefüllt werden. Die Lenkung entlüftet sich von selbst, nachdem der Motor eine Weile gelaufen ist.

Folgende Reihenfolge muss eingehalten werden:

- Vorratsbehälter bis zur Oberkante auffüllen. Der Behälter sitzt, von vorn gesehen, auf der rechten Seite des Fahrzeuges an der in Bild 245 gezeigten Stelle. Die Verschraubung ist von grüner Farbe. Ein Messstab ist an der Verschraubung angebracht.

- Motor abstellen und die Verschraubung abdrehen. Den Messstab gut abwischen und die Verschraubung wieder eindrehen. Kappe erneut abschrauben und den Flüssigkeitsstand kontrollieren.
- Falls erforderlich hydraulische Flüssigkeit einfüllen, bis diese an der "Max"-Marke steht (erneut kontrollieren). Bei laufenden Motor darf man keine Luftblasen in der Flüssigkeit sehen.
- Motor anlassen und ca. 2 Minuten lang laufen lassen. Die Vorderräder müssen dabei in Geradeausstellung stehen.
- Den Flüssigkeitsstand erneut kontrollieren und ggf. berichtigen.

12.5.2 Kontrolle der Anlage auf Leckstellen

Da es manchmal vorkommen kann, dass man Flüssigkeit aus der Anlage verliert, kann man durch eine kurze Prüfung feststellen, wo diese herausläuft.

- Lenkung von einer zweiten Person in beide Einschläge drehen lassen bis sie anschlägt und kurz in dieser Einschlagstellung lassen. Dadurch wird der höchstmögliche Druck in der Anlage aufgebaut und irgendwelche Leckstellen lassen in diesem Moment die Flüssigkeit heraustreten.
- Von der Unterseite des Fahrzeuges die Umgebung des Lenkritzels kontrollieren (Drehschieber), die Gummimanschetten an der Zahnstange lösen und die Enden der Zahnstange kontrollieren (Dichtringe der Zahnstange), die Lenkhilfspumpe überprüfen und alle Schlauchanschlüsse kontrollieren. Auslaufendes Öl an diesen Stellen weist auf Leckstellen hin.

12.5.3 Keilriemenspannung der Lenkhilfspumpe einstellen

Der Antriebsriemen der Lenkhilfspumpe wurde bereits in Kapitel 2.8 behandelt.

12.5.4 Lenkhilfspumpe aus- und einbauen

Die Lenkhilfspumpe muss bei vielen Arbeiten ausgebaut werden, um an andere Teile am Motor zu kommen. Das Vorderteil des Fahrzeuges muss in die Service-Position gebracht werden, um an die Befestigung der Teile zu kommen. Bild 246 zeigt wie die einzelnen Teile miteinander verbunden sind.

- Keilrippenriemen bzw. Keilriemen ausbauen, wie es in Kapitel 2.8 beschrieben wurde.
- Die zur Lenkung führenden Schläuche mit Zwingen abklemmen und die Leitungen abschliessen.
- Pumpe abschrauben und herausnehmen.

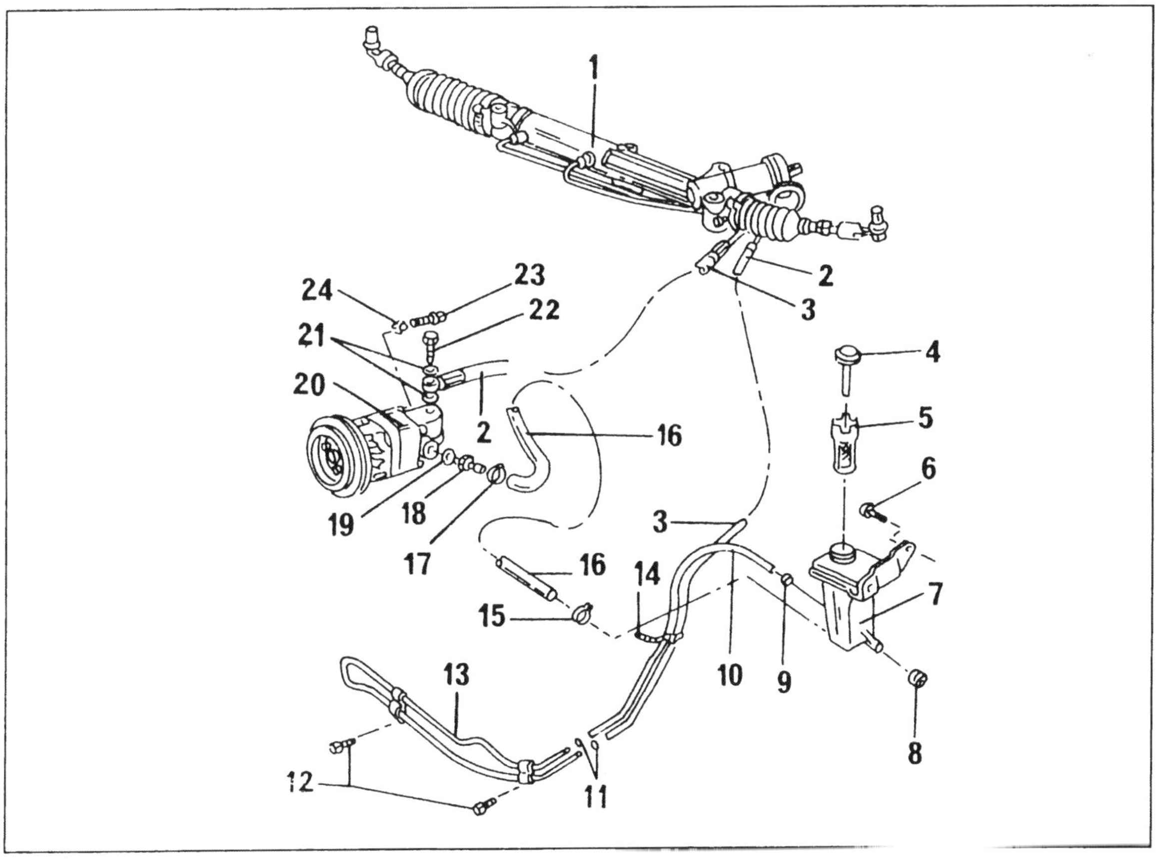

Bild 246
Ansicht der Servolenkung zusammen mit den Verbindungen zur Lenkhilfspumpe und zum Vorratsbehälter. Die Lenkung neu befüllen, falls Leitungsverbindungen gelöst wurden.

1 Lenkung mit Spurstangen
2 Flexi-Schlauch (Anschlussweise siehe Bild 238)
3 Rücklaufschlauch (Anschlussweise siehe Bild 238)
4 Kappe mit Messstab
5 Sieb im Behälter (mit Benzin reinigen)
6 Schraube, 9 Nm
7 Vorratsbehälter, 0,7 Liter
8 Gummitülle
9 Schraubschelle
10 Rücklaufschlauch, Ölkühler zu Behälter
11 Schraubschelle
12 Schraube, 10 Nm
13 Ölkühler
14 Schlauchbinder
15 Schraubschelle
16 Saugschlauch
17 Schraubschelle
18 Leitungsanschluss, 50 Nm
19 Dichtring, immer erneuern
20 Lenkhilfspumpe
21 Dichtring, immer erneuern
22 Hohlschraube, 50 Nm
23 Schraube, 18 Nm
24 Schelle

13 Die Vorderradaufhängung

Hinweis: Der eingebaute Stossdämpfer ist auf einem Datenaufkleber angegeben. "1BA" bedeutet Normalradaufhängung, "1BE" bedeutet Sportaufhängung. Das gleiche gilt für die Hinterradaufhängung. Der Aufkleber ist auf dem Kofferraumboden oder in der Reserveradmulde zu finden.

Bei der eingebauten Vorderradaufhängung spricht man von einer Vierlenker-Vorderachse, d.h. jedes Rad wird von vier Aluminium-Querlenkern geführt. Wie die Gesamteinheit aussieht, kann man in Bild 247 sehen. Die beiden oberen Querlenker sind mit Gummilagern an der Karosserie verschraubt und mit Kugelgelenken mit dem Radträger (auch als Achsschenkel zu bezeichnen) verbunden. Bei den unteren Querlenkern spricht man von einem Traglenker und einem Führungslenker. Diese werden mit Gummilagern am Hilfs- oder Nebenrahmen montiert und sind durch je ein Kugelgelenk mit dem Radträger verbunden. Die eingebauten Federbeine haben Gasdruckdämpfer und Schraubenfedern. Die Federbeine haben nur die Aufgabe die Auf- und Abbewegungen der Räder zu überwachen, unterstützt durch eine Zusatzfeder und eine Anschlagabfederung in den Stossdämpfern. Die Achslenker sind so montiert, dass sie das Anheben und das Absenken des Fahrzeuges unter allen Fahrbedingungen gut ausgleichen. Der am Nebenrahmen montierte Stabilisator wird über Gestänge mit dem Tragquerlenker der Aufhängung verbunden.

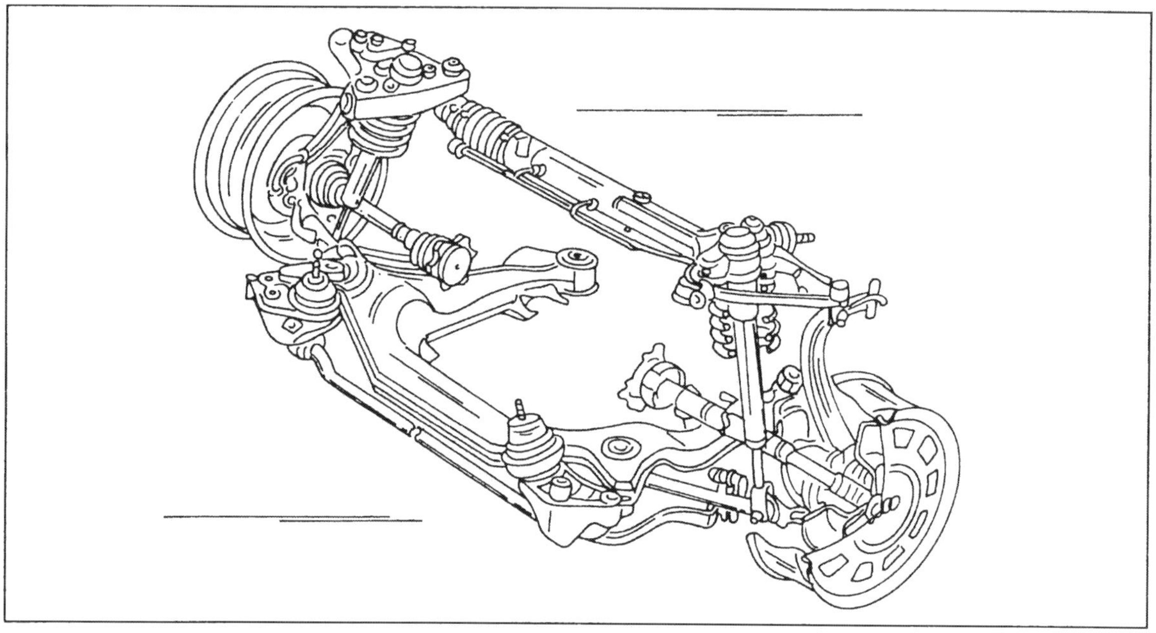

Bild 247
Ansicht der zusammengebauten Vorderachse. Die Konstruktion der Achse wurde bereits im Audi A8 erprobt.

13.1 Aus- und Einbau eines Federbeins

Die meisten Teile der Vorderradaufhängung können ohne viel Schwierigkeiten aus- und eingebaut werden. Dazu gehört auch das Federbein. Durch die Konstruktion der Aufhängung ist es auch nicht erforderlich die Radgeometrie nach vollendetem Einbau einzustellen, vorausgesetzt, dass man den gegebenen Anweisungen folgt. Bei der folgenden Beschreibung wird nur das Federbein ausgebaut, die verbleibenden Teile bleiben am Fahrzeug. Neue selbstsichernde Muttern sind für die genannten Verbindungen notwendig.

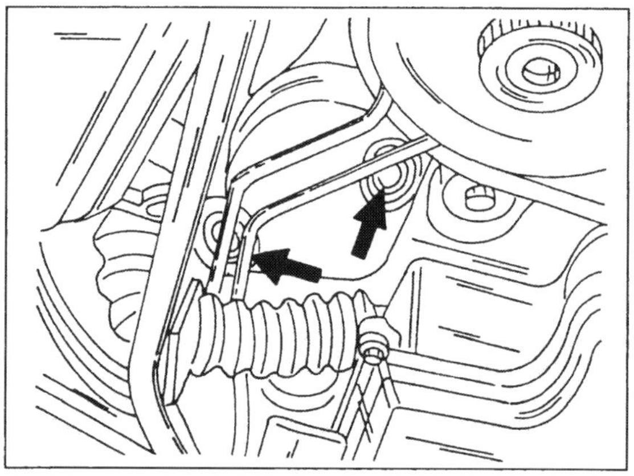

Bild 248
Unter den beiden Gummikappen (Pfeile) sitzen die Muttern der oberen Federbeinbefestigung.

- Im Wasserkasten die beiden in Bild 248 gezeigten Gummitüllen herausdrücken. Darunter liegen die Federbeinbefestigungen.
- Eine Stecknuss mit Verlängerung in die beiden Öffnungen einsetzen und die beiden Muttern abschrauben. Dabei nicht den Aussenschutz der danebenliegenden Bremsleitungen beschädigen.
- Radmuttern lockern, Fahrzeug vorn aufbokken und das Rad abschrauben.
- Die Leitung zum ABS-Drehzahlgeber am Federbein lösen.

Gummimanschette der Antriebswelle beschädigt wird.
Falls erforderlich, kann man das Federbein entsprechend den folgenden Beschreibungen zerlegen, um Teile zu erneuern.
Beim Einbau des Federbeins:

- Neue Muttern für die Federbeinbefestigung (oben und unten) und die Kugelgelenkbefestigung verwenden.
- Man muss die vorschriftsmässige Einbaulage des Federbeins beachten. In Bild 249 ist ein Pfeil zu sehen, welcher auf eine Bohrung im unteren Federteller weist. Wichtig ist, dass diese zur Mitte des Fahrzeuges weist. Federbein durch die obere Befestigung einführen und die Lage der Bohrung überprüfen.
- Das Gabelende des Federbeins unten befestigen und die Schraubenverbindung (1) in Bild 249 mit 90 Nm anziehen.
- Die Traggelenke bis zum Anschlag in den Radträger einschieben, die Klemmschraube einschlagen und die Mutter mit 40 Nm anziehen.
- Das Kabel des Drehzahlfühlers am Bremssattel befestigen.
- Die beiden Muttern auf die obere Federbeinbefestigung schrauben und abwechselnd mit 20 Nm anziehen.
- Fahrzeug auf die Räder ablassen und die Radmuttern anziehen.

13.2 Federbein überholen

Bild 250 zeigt ein Montagebild des ausgebauten und zerlegten Federbeins. Alle im Bild gezeigten Teile können erneuert werden.
Eine Federspannvorrichtung ist unbedingt erforderlich, um die Mutter (1) zu lösen. Eine derartige Einrichtung ist in Bild 251 zu sehen, d.h. zwei Haken werden um die Wicklungen der Feder gelegt. Durch Zusammenschrauben der Vorrichtung wird die Feder von den Sitzen gehoben, so dass das Federbein nicht länger unter Spannung steht. **Deshalb wichtig**: Niemals die Mutter (1) in Bild 250 lösen, ehe die Feder zusammengespannt wird. Die Teile fliegen davon.

- Das Federbein mit dem Gabelkopf in den Schraubstock einspannen, den Federspanner entsprechend Bild 251 ansetzen und die Schrauben (Pfeile) anziehen, bis man sehen kann, dass sich die Feder oben und unten abhebt. Unbedingt sicherstellen, dass die Federspannhaken kräftig genug sind. Unfälle müssen unter allen Umständen hier vermieden werden.
- Die Bundmutter (1) in Bild 250 jetzt lösen. Dabei wird sich höchstwahrscheinlich die Kolbenstange mitdrehen. Zum Gegenhalten einen Innensechskantschlüssel einsetzen.
- Das Federbeinlager, die Distanzscheibe und den oberen Federteller herunterheben und die

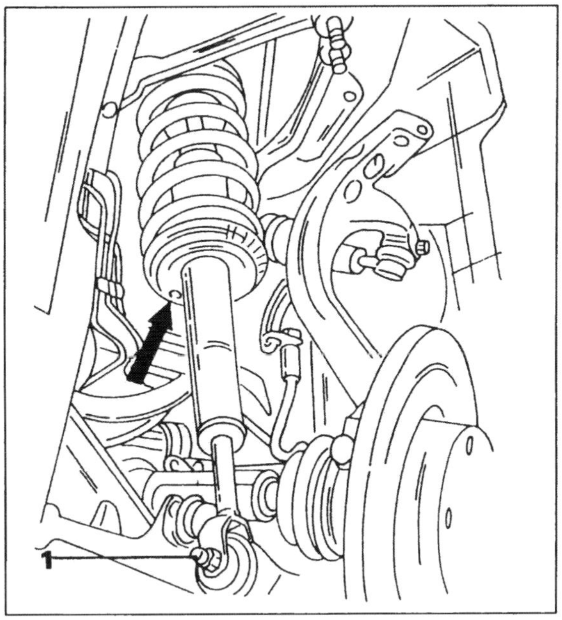

Bild 249
Einbau eines Federbeins. Beim Befestigen der unteren Aufhängung (1) kontrollieren, dass die Bohrung (Pfeil) sich an der gezeigten Stelle befindet.

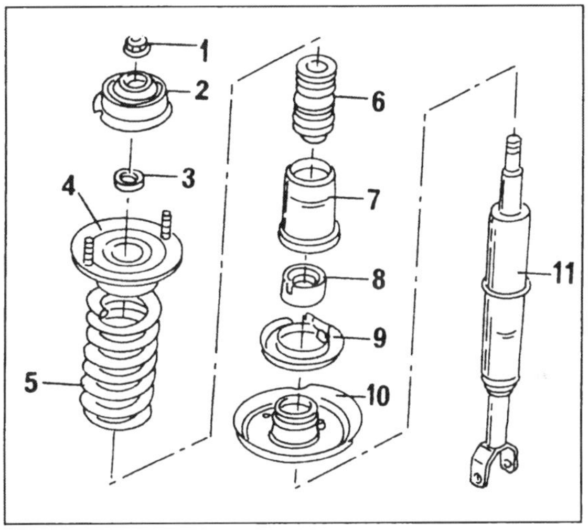

Bild 250
Ein zerlegtes Federbein.
1 Bundmutter, 50 Nm
2 Federbeinlager
3 Abstandsscheibe
4 Oberer Federteller
5 Schraubenfeder
6 Rückprallgummi
7 Schutzhülle
8 Schutzkappe
9 Unterer Federeinlage
10 Unterer Federteller
11 Stossdämpfer

Hinweis: Bei den letzten Ausführungen ist der untere Federteller bereits auf dem Stossdämpfer aufgepresst, braucht also nicht abgeschlagen bzw. aufgeschlagen werden.

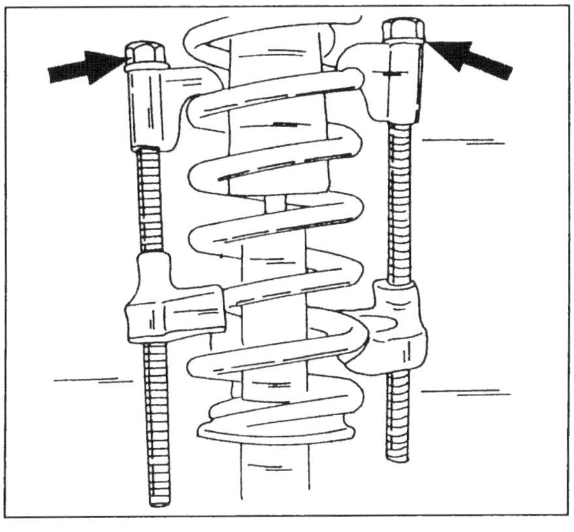

Bild 251
Federspannhaken an einer Feder angesetzt. Durch Anziehen der Schrauben (1) hebt sich die Feder ab. Spannhaken können auch Muttern an der Unterseite haben.

zusammengespannte Feder abnehmen. Den Spanner an der Feder lassen, falls sie wieder eingebaut werden soll.

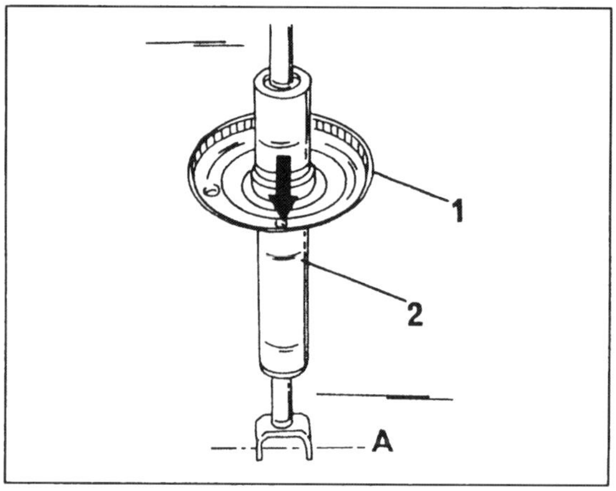

Bild 252
Das Loch im Federteller (1), durch den Pfeil gezeigt, auf dem Stossdämpfer (2) muss im 90°-Winkel zum Gabelkopf an der Unterseite stehen (Fluchtlinie A).

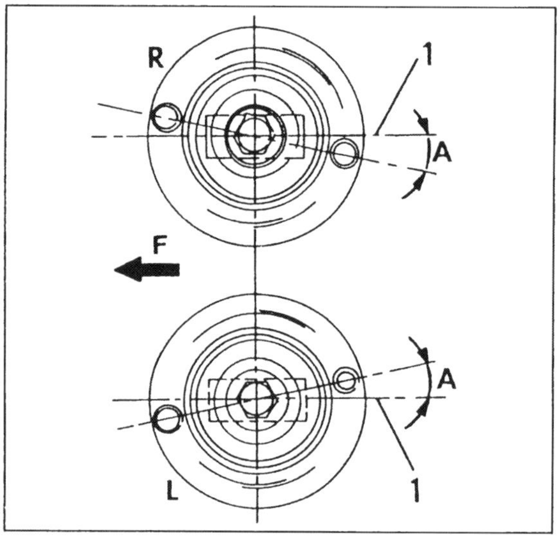

Bild 253
Die Winkelstellung (A) des oberen Federtellers zur Schraubenachse (1) des Gabelkopfes an der Unterseite. Rechts (R) und links (L) sind entsprechend der Fahrtrichtung (F) entgegengesetzt anzuordnen.

- Den Rückprallgummi (6), die Schutzhülle (7), die Schutzkappe (8) und die Federeinlage (9) von der Kolbenstange herunterziehen. Soll der Stossdämpfer erneuert werden, muss der untere Federteller vorsichtig mit einem Kunststoffhammer abgeschlagen werden (siehe Hinweis links).

Falls der Stossdämpfer erneuert wird, das Altteil in

Hinweis: Bei den neuesten Stossdämpfern ist der Federteller auf den Stossdämpfer aufgepresst. Die Arbeit entfällt in diesem Fall. Einen alten Stossdämpfer in die Werkstatt zum Verschrotten bringen.

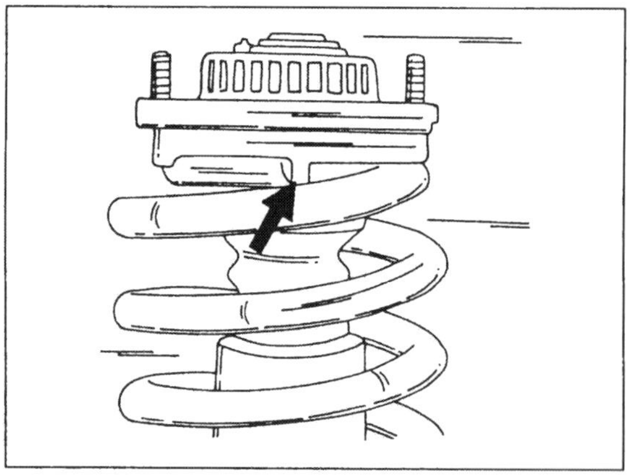

Bild 254
Der Auslauf des Wicklungsendes muss an der Pfeilstelle gegen den Anschlag der Federunterlage anliegen.

eine Werkstatt bringen, damit er da gefahrlos verschrottet werden kann. Auf keinen Fall einen gasgefüllten Stossdämpfereinsatz in den Müll werfen.

Beim Erneuern der Schraubenfeder oder des Stossdämpfers folgendermassen vorgehen:

- Schraubenfeder abnehmen. Die Schraubenfedern sind in verschiedenen Toleranzgruppen erhältlich. Die Federn sind mit Farbstreifen gezeichnet und ein Audi-Händler kann anhand der Mikrofilme feststellen, welche Feder eingebaut werden muss. Beim Erneuern von Federn deshalb unbedingt das Fahrzeugmodell angeben, da die Federn aller Modelle unterschiedlich sind.
- Stossdämpfer auf einwandfreien Betrieb kontrollieren. Dazu das untere Ende in einen Schraubstock spannen und die Kolbenstange herausziehen und hineinstossen. Der Widerstand sollte über den gesamten Arbeitsweg gleich sein. Falls der Stossdämpfer flach abgelegt war, ist er vor dem Einbau in den Schraubstock einzuspannen und durchzupumpen, um alle Luft zu entfernen.

Beim Zusammenbau des Federbeins die folgenden Anweisungen beachten:

- Den Federteller auf den neuen Stossdämpfer auflegen. Dieser muss vorschriftsmässig zum Gabelkopf des Federbeins ausgerichtet sein. Eine Bohrung im Federteller muss wie in Bild 252 gezeigt ausgerichtet sein, ehe man den Teller auf den Dämpfer aufschlägt (Kunststoffhammer). Da die Abweichung nur 2° betragen darf, muss man die Arbeit sorgfältig durchführen.
- Die untere Federunterlage, die Schutzkappe, die Schutzhülle und den Rückprallgummi auf die Kolbenstange montieren.
- Die Schraubenfeder mit dem Spanner aufsetzen. Die Feder so verdrehen, dass der untere Wicklungsauslauf gegen den Anschlag am Federteller ansitzt.
- Oberen Federteller mit dem Federbeinlager und der Abstandsscheibe auf die Feder aufsetzen.
- Den Federteller jetzt verdrehen, bis der Winkel (A) in Bild 253 11° (Abweichung plus oder minus 2°) im Verhältnis zur Schraubenachse der unteren Stossdämpferschraube (1) beträgt. Zu beachten sind die unterschiedlichen Richtungen für die linke und rechte Seite, im Bild mit "L" und "R" angegeben. Wiederum muss man bei der Arbeit zwecks der kleinen Toleranz sorgfältig vorgehen.
- Die Bundmutter aufschrauben und mit einem Drehmoment von 50 Nm anziehen. Dreht sich die Kolbenstange mit, einen Inbusschlüssel einsetzen.
- Die Feder jetzt langsam entspannen. Dabei den oberen Wicklungsauslauf der Feder beobachten. Das Ende muss gegen den Anschlag der oberen Federunterlage anliegen, wie man es in Bild 254 sehen kann. Feder eventuell etwas verdrehen, ehe man sie vollkommen entspannt.

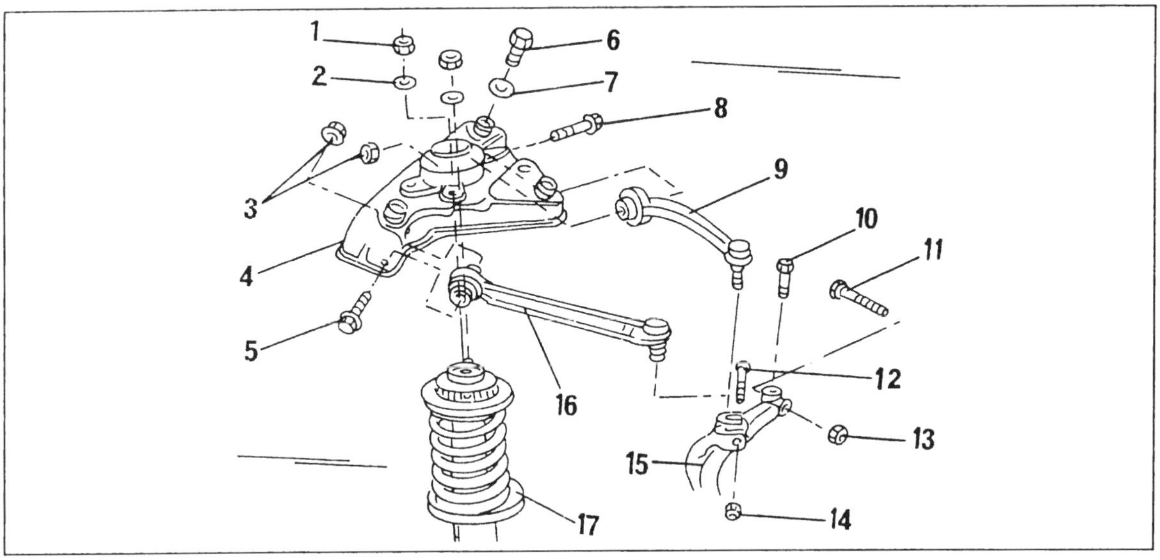

Bild 255
Befestigung der oberen Querlenker und des Lagerbocks.
1 Muttern, 20 Nm (2 Stück)
2 Unterlegscheiben (2 Stück)
3 Muttern, 50 Nm + 90°
4 Lagerbock
5 Schraube, M10 x 60, erneuern
6 Schrauben (65 Nm) (3 Stück)
7 Scheiben (3 Stück)
8 Schraube, M10 x 60, erneuern
9 Querlenker, hinten
10 Schraube/Scheibe, 7 Nm
11 Schraube
12 Schraube, M10 x 95
13 Mutter, 45 Nm, erneuern
14 Mutter, 40 Nm, erneuern
15 Achsschenkel
16 Querlenker, vorn
17 Federbein

13.3 Obere Querlenker (Achslenker)

Die Anordnung der beiden Querlenker ist in Bild 255 gezeigt. Zum Ausbau der Querlenker ist auch der Lagerbock (4) auszubauen. Alle Muttern sind selbstsichernd, müssen also erneuert werden.

- Fahrzeug vorn aufbocken und das Rad abschrauben.
- Im Motorraum die drei Schrauben des Lagerbocks herausdrehen. Diese sitzen im Wasserkasten.
- Die Leitung zum ABS-Drehzahlfühler von der Befestigung am Bremssattel befreien.
- Die Mutter der Klemmschraube für die oberen Achsgelenke entfernen, die Schraube herausziehen und beide Querlenker nach oben herausziehen. Dabei nicht den Klemmschlitz am Achsschenkel (Radlagergehäuse) mit einem Schraubenzieher öffnen. Die Spurstangenbefestigung nicht lösen.
- Das Radlagergehäuse zur Seite schwenken und das Federbein an der Unterseite am Gabelkopf lösen.
- Das Federbein mit dem angeschraubten Lagerbock vorsichtig nach unten ausfahren. Dabei nicht die Manschette der Antriebswelle beschädigen.
- Das Federbein wie in Bild 256 gezeigt in einen Schraubstock einspannen und die beiden gezeigten Schrauben und Muttern (2) lösen. Die Muttern (1) des Lagerbocks lösen, falls dieser abgeschraubt werden soll.

Querlenkerreparaturen

- Falls die Büchsen an der Innenseite ausgeschlagen sind, kann man sie in einer Werkstatt auswechseln lassen. Ein ausgeschlagenes Kugelgelenk und sogar eine beschädige Gelenkmanschette, bedeutet die Erneuerung des kompletten Querlenkers.

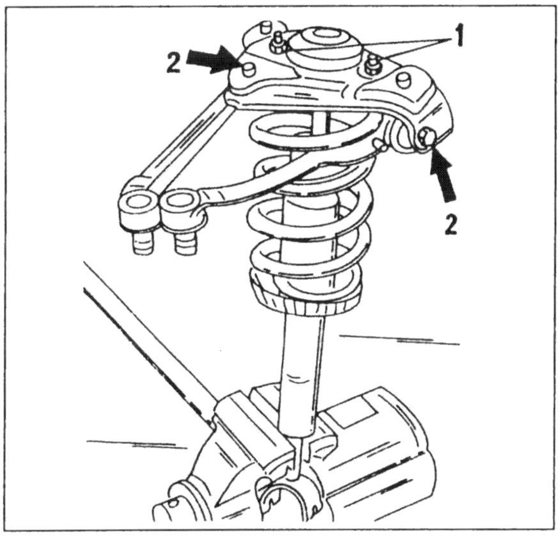

Bild 256
Das Federbein im Schraubstock eingespannt. Muttern (1) halten den Lagerbocks, Schrauben/Muttern (2) die beiden oberen Querlenker.

Bei der Montage des Lagerbocks und der Querlenker sind einige wichtige Anweisungen zu beachten, um die Teile wieder in die richtige Einbaulage zu bringen:

- Falls der Lagerbock abmontiert wurde, muss man sich an Bild 257 halten, vor allem, da die linke Seite (L) und rechte Seite (R) unterschiedlich sind. Die beiden Bohrungen im unteren Federsitz (1) müssen zur Innenseite des Fahrzeuges weisen. Die beiden Muttern (2) mit 20 Nm anziehen.
- Bei der Montage der Querlenker sie entsprechend Bild 257 anordnen und die Schrauben (2, Bild 256) handfest anziehen. Neue Schrauben verwenden. Die Querlenker jetzt beide nach unten neigen, bis der in Bild 258 gezeigte Ab-

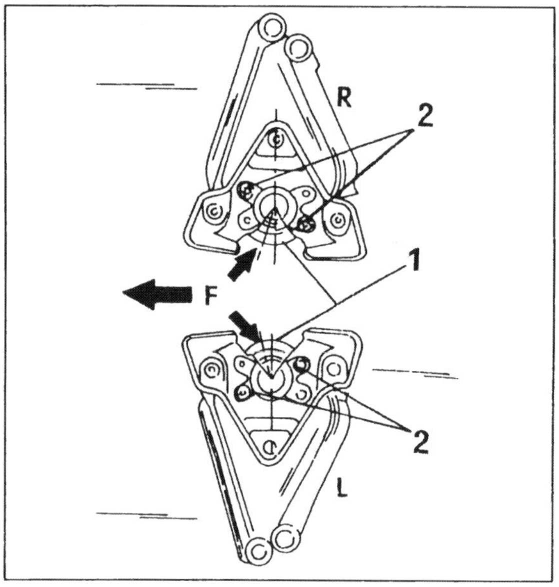

Bild 257
Anordnung der beiden oberen Querlenker. An den Pfeilstellen müssen die beiden Bohrungen zu sehen sein. Auf die Unterschiede zwischen links (L) und rechts (R) im Verhältnis zur Fahrtrichtung (F) achten.
1 Federbein
2 Muttern, 20 Nm

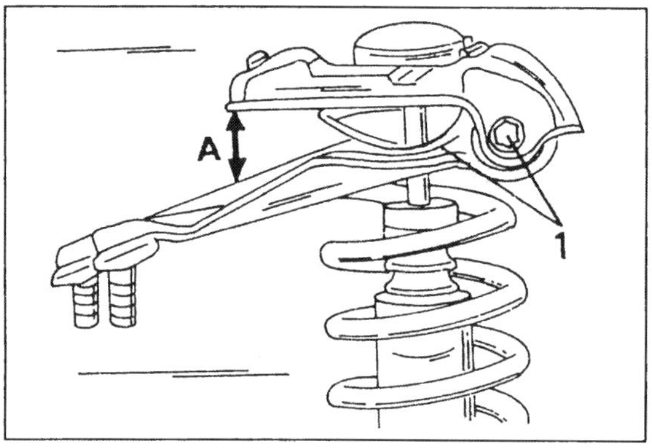

Bild 258
Die Schrauben/Muttern (1) anziehen, wenn das Mass an Stelle "A" den angegebenen Wert hat.

stand zwischen der Aussenkante des Lagerbocks und den Achslenkern 55 mm beträgt (Abweichung 2 mm). Beide Querlenker in dieser Lage halten und die Schrauben mit 50 Nm anziehen. Aus dieser Stellung noch um eine Viertelumdrehung fester anziehen.

- Das Federbein wieder mit dem Lagerbock einsetzen und die drei Schrauben des Lagerbocks im Wasserkasten mit 65 Nm anziehen. Die Scheiben vorschriftsmässig auflegen.
- Gabel des Federbeins befestigen und die

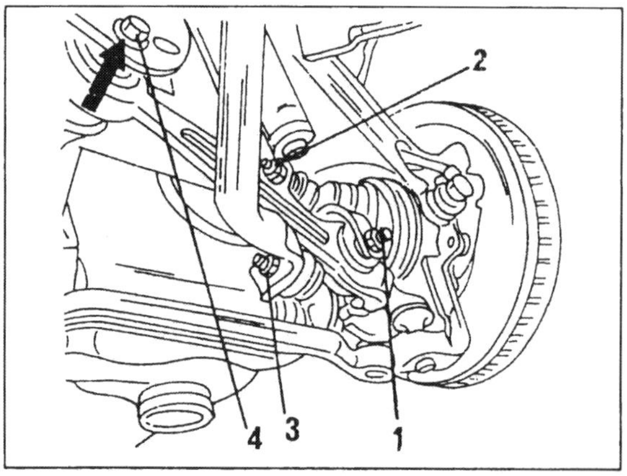

Bild 259
Einzelheiten zum Aus- und Einbau eines Traglenkers.
1 Sechskantschraube, 90 Nm
2 Rippmutter, 70 Nm
3 Rippmutter, 90 Nm
4 Schraube/Mutter, 90 Nm + 90°

Schraube mit 90 Nm anziehen.

- Klemmschraube für die oberen Kugelbolzen einsetzen und die Mutter mit 40 Nm anziehen. Ein Kugelgelenk mit Bund bis zum Anschlag in den Achsschenkel eindrücken.
- ABS-Kabel wieder befestigen, Rad anbringen, Fahrzeug auf den Boden ablassen und die Räder anziehen.

13.4 Untere Querlenker (Traglenker)

Erforderliche Neuteile: Selbstsichernde Muttern, Schraube Querlenker/Achskörper, Flanschmutter am Kugelgelenk, Ripp-Muttern der Stabilisator-Verbindungsstange.
Beim Ausbau eines Traglenkers folgendermassen vorgehen:

- Radmuttern lockern, Wagen vorn auf Böcke setzen und das Rad abnehmen.
- Flanschmutter vom Tragkugelgelenk entfernen und den Gelenkzapfen mit einem geeigneten Abzieher trennen. Dazu kann man einen Spurstangenabzieher benutzen.
- Unter Bezug auf Bild 259 die Gabelkopfverbindung (1) an Unterseite Federbein trennen.
- Die Rippmuttern (2) und (3) lösen und die Verbindungsstange des Kurvenstabilisators trennen.
- Die Verschraubung des Querlenkers (4) lösen und den Querlenker herausnehmen.

Traglenkerreparaturen
Beide Büchsen im Traglenker kann man in einer Werkstatt erneuern lassen. Selbsterneuerung wird nicht empfohlen, da die innere Büchse in einem bestimmten Winkel eingezogen wird. Ein ausgeschlagenes Kugelgelenk oder beschädigte Staubschutzkappe verlangen die Erneuerung des gesamten Lenkerarms.

Beim Einbau des Traglenkers sind die folgenden Anweisungen zu beachten:

- Den Zapfen des Kugelgelenks gut reinigen, in den Achsschenkel einsetzen und eine neue Flanschmutter aufschrauben und mit 100 Nm anziehen.
- Federbein unten anschliessen und die Schraube/Mutter (1) in Bild 259 mit 90 Nm anziehen.
- Querlenker am Achskörper verschrauben. Dabei die inneren Bohrungen an der Karosserie verwenden (Pfeilstelle, Bild 259). Lenkerstange beim Anziehen nach innen drücken. Die Mutter mit Scheibe (4) mit 90 Nm anziehen und um weitere 90° nachziehen.
- Verbindungsstange des Stabilisators mit der

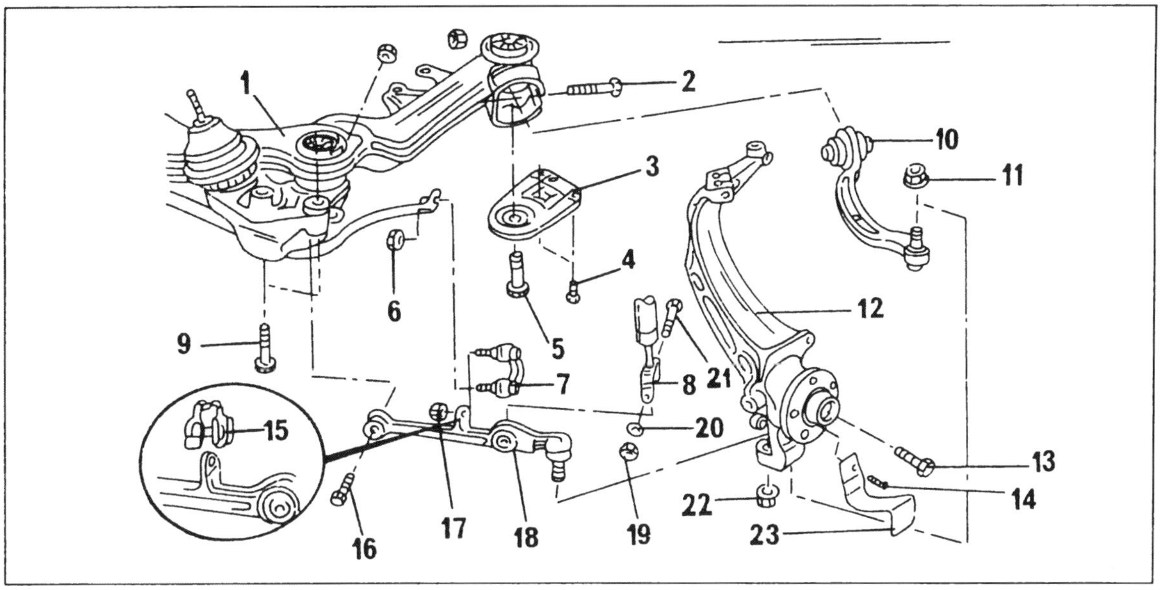

Bild 260
Befestigung der unteren Querlenker und des Achsschenkels.
1 Nebenrahmen
2 Schraube, erneuern
3 Abstützblech für Nebenrahmen
4 Schraube, M8, 25 Nm
5 Schraube, M12, 110 Nm + 90 Nm
6 Rippmutter, 90 Nm
7 Verbindungsstange
8 Unterseite des Federbeins
9 Schraube, M10, 60 Nm
10 Führungslenker mit hydraulischer Büchse
11 Flanschmutter, 100 Nm
12 Achsschenkel
13 Bundschraube der Achswelle
14 Schraube 10 Nm
15 Klemmstück
16 Schraube, M12
17 Rippmutter, 70 Nm
18 Traglenker
19 Mutter, 90 Nm
20 Unterlegscheibe
21 Schraube, M12
22 Flanschmutter
23 Schutzblech

Pfeilkennzeichnung in Fahrtrichtung weisend anbringen. Die Rippmuttern (2) mit 70 Nm, die Mutter (3) mit 90 Nm anziehen (siehe Hinweis).
- Alle anderen Arbeiten in umgekehrter Reihenfolge durchführen.

13.5 Untere Querlenker (Führungslenker)

Erforderliche Neuteile: Schraube und Mutter der Querlenkerbefestigung am Achskörper, Flanschmutter des Kugelgelenks und die Schrauben des Nebenrahmens.
Beim Ausbau eines Führungslenkers folgendermassen vorgehen:
- Radmuttern lockern, Wagen vorn aufbocken und das Rad abschrauben.
- Die Flanschmutter des Achsgelenks entfernen und die Kugelbolzenverbindung mit einem herkömmlichen Kugelbolzenabzieher trennen.
- Unter Bezug auf Bild 261 die Schraube (1) und Scheibe lockern. Um die Schraube herauszuziehen, muss der Nebenrahmen an der Rückseite gelöst werden. Dazu die Sechskantschrauben (3) der Abstützbleche sowie die grosse Schraube (2) des Nebenrahmens herausdrehen.
- Die Schraube jetzt ausschlagen und den Führungslenker abnehmen.

Führungslenkerreparaturen
Die innere Büchse in einer Werkstatt erneuern lassen, da sie im richtigen Winkel eingezogen werden muss. Falls das Kugelgelenk ausgeschlagen oder die Staubschutzkappe beschädigt ist, muss man einen neuen Führungslenker einbauen.

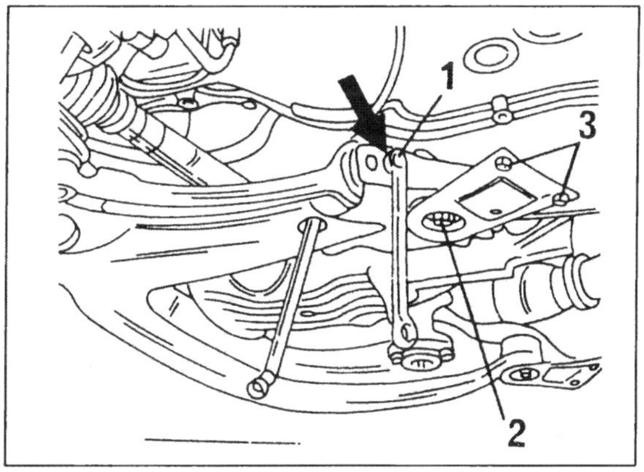

Bild 261
Zum Ausbau des Führungslenkers. Die Schraube (1) mit zwei Ringschlüsseln lösen.
1 Montageschraube
2 Schraube, Nebenrahmen
3 Schraube, Abstützblech

Beim Einbau des Führungslenkers die folgenden Anweisungen beachten:
- Zapfen des Kugelgelenks gut reinigen und in den Achsschenkel einsetzen. Neue Flanschmutter mit 100 Nm anziehen.
- Querlenker innen ansetzen und die neue Schraube in das innere Loch (Pfeilstelle, Bild 261) einsetzen. Neue Mutter aufschrauben, den Lenkerarm nach innen drücken und die Mutter mit 90 Nm anziehen. Danach um weitere 90° anziehen. Ein Helfer sollte den Arm dabei nach innen drücken.
- Die beiden kurzen Schrauben (3) der Abstützbleche einschrauben und mit 25 Nm anziehen.
- Neue Nebenrahmenschrauben einschrauben und mit 110 Nm anziehen. Aus der Endstellung um 90° nachziehen.
- Alle weiteren Arbeiten in umgekehrter Reihenfolge durchführen.

Wichtig Alle selbstsichernden Muttern und die angegebenen Schrauben immer erneuern. Niemals an diesen Teilen sparen.

Hinweis: Das Anzugsdrehmoment der Stabilisatorstange wurde Anfang 1995 geändert. Die Angaben im Text sind die gültigen Angaben. Vorher wurden beide Muttern mit 90 Nm angezogen.

13.6 Achsschenkel/Radlager

Der Achsschenkel, ebenfalls als Radlagergehäuse, bzw. Radträger zu bezeichnen, muss zum Beispiel zur Erneuerung der Radlager ausgebaut werden, da man das Radlager nur unter einer Presse erneuern kann. Der Ausbau ist eng mit dem Ausbau der oberen und unteren Achslenker verbunden. Das

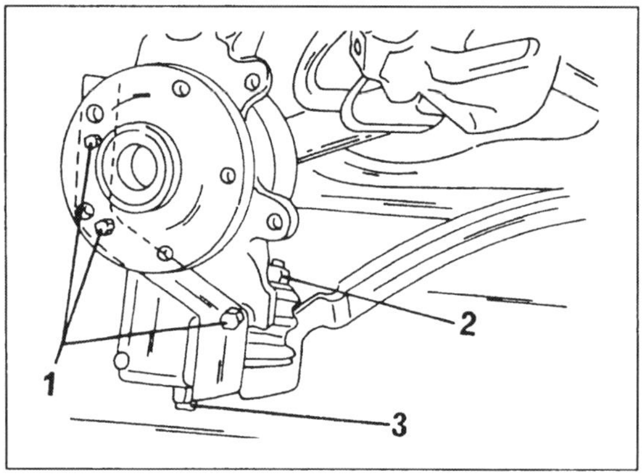

Bild 262
Beim Ausbau eines Achsschenkels als erstes lösen:
1 Schrauben des Spritzblechs (1), Pos. 5 in Bild 264
2 Mutter des Achslenkers
3 Mutter des Achslenkers

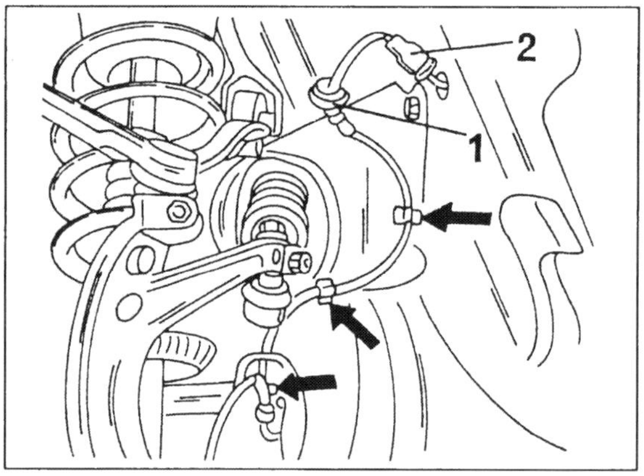

Bild 263
Zum Aus- und Einbau des Kabels für den ABS-Drehzahlfühler. Das Kabel wird an den Pfeilstellen befestigt.
1 Gummitülle
2 Steckverbinder

Fahrzeug muss vorn auf Böcken stehen, Rad abgeschraubt. Die Bremsscheibe durch Aufschrauben eines Radbolzens an der Radnabe befestigen.

Unbedingt zu vermerken Die Spurstange muss beim Ausbau des Achsschenkels vom Lenkspurhebel getrennt werden. Dies bedeutet, dass man die Vorderradeinstellung nach Einbau des Achsschenkels kontrollieren/einstellen lassen muss.

13.6.1 Achsschenkel aus- und einbauen

- Die Bundschraube der Achswellenbefestigung lösen, ehe das Fahrzeug aufgebockt wird.
- Das Kabel des ABS-Drehzahlfühlers aus der Befestigung am Bremssattel lösen.
- Die beiden Schrauben des Bremssattels lösen und den Bremssattel mit einem Stück Draht hochbinden, damit er nicht am Schlauch herunterhängen kann. Die Bremsscheibe kann jetzt abgeschraubt und heruntergezogen werden.
- Unter Bezug auf Bild 262 das Spritzblech der Bremsscheibe abschrauben. Zwei der Schrauben sitzen hinter dem Radnabenflansch.
- Die Muttern (2) und (3) lösen.
- Unter Bezug auf Bild 263 die Gummitülle (1) herausziehen und den Steckverbinder (2) trennen. Das Kabel für den ABS-Drehzahlfühler an den Pfeilstellen von den Befestigungen lösen. Das Kabel durch die Öffnungen im Achsschenkel ziehen, ohne dabei die Gummitülle zu beschädigen.
- Die Schraube und Scheibe (3) und die Schraube (4) in Bild 225 ausdrehen und die Spurstange aus dem Lenkhebel herausziehen.
- Mit einem Spurstangenabzieher die Verbindung zwischen dem Achsschenkel und den beiden Achslenkern trennen. Aus Sicherheitsgründen die Flanschmuttern dazu wieder ca. 4 Umdrehungen auf die Kugelbolzenschrauben. Nicht das Gewinde beschädigen. Die Staubschutzkappen dürfen auch nicht beschädigt werden — bedeutet Erneuerung des betreffenden Achslenkers. Die Mutter nach Trennen wieder abschrauben.
- Die Mutter (1) in Bild 225 lösen, die Lagerschraube ausschlagen und die beiden Querlenker nach oben drücken.
- Den Achsschenkel erfassen und hin- und herbewegen, bis er von der Achswelle herunterkommt.

Beim Einbau des Achsschenkels folgendermassen vorgehen:

- Die Kugelbolzenzapfen der Aufhängungsgelenke einwandfrei reinigen.
- Den Achsschenkel über das Ende der Antriebswelle schieben und in die Radaufhängung einsetzen. Die Kugelbolzenzapfen in Eingriff bringen. Neue Flanschmuttern mit 100 Nm anziehen. Mitdrehende Kugelbolzenzapfen mit einem 4 mm-Inbusschlüssel gegenhalten. Querlenkergelenke mit Bund bis zum Anschlag in den Achsschenkel eindrücken.
- Die beiden oberen Querlenker anschliessen. Die Mutter mit 40 Nm anziehen.
- Den Spurstangenzapfen einsetzen und die Klemmschraube mit 45 Nm anziehen. Die kleine Schraube mit Scheibe mit 7 Nm anziehen.
- Kabel des ABS-Drehzahlfühlers wieder anschliessen und richtig verlegen.
- Das Spritzblech der Bremsscheibe mit 10 Nm anziehen.
- Bremsscheibe auf die Nabe schieben, den Bremssattel darüber setzen und die Befestigungsschrauben mit 115 Nm anziehen.
- Rad anschrauben und das Fahrzeug auf den Boden ablassen.
- Die Bundschraube der Antriebswelle anziehen. 115 Nm beim M14-Gewinde, 190 Nm bei M16-

Gewinde. Falls man nicht sicher ist, den Durchmesser ausmessen. Hier wollen wir keine Fehler machen.

- Das Fahrzeug vorsichtig zur nächsten Audi-Werkstatt fahren, um die Vorspur überprüfen zu lassen. Wir sagen Audi-Werkstatt, da es nicht bestimmt ist, dass sich alle Werkstätten, die sich mit Einstellungen der Radgeometrie beschäftigen, die Messgeräte zum Einstellen der Vorspur des A4 haben.

13.6.2 Radlager erneuern

Das Radlager ist mit dem äusseren Lagerlaufring in den Achsschenkel und mit dem inneren Radlagerlaufring über die Radnabe gepresst. Dies bedeutet, dass man den Achsschenkel in der oben beschriebenen Weise ausbauen muss. Eine Handpresse und entsprechende Pressplatten sind erforderlich, um die Radnabe sowie das Lager auszupressen.
Zu erwähnen wäre, dass das Radlager, je nach eingebautem Motor einen unterschiedlichen Durchmesser haben (75 oder 85 mm). Beim Bezug eines neuen Lagers muss dies beachtet werden.
Bild 264 zeigt den Achsschenkel bei ausgebautem Radlager.

- Achsschenkel gut untergelegt mit der Radnabe nach unten weisend unter die Presse legen und die Radnabe von innen nach aussen auspressen. Der Pressstempel darf nur auf der Nabe aufsitzen.
- In ähnlicher Weise das Radlager von innen nach aussen auspressen. Diesmal muss der Pressstempel (oder ein Rohrstück) auf dem äusseren Lagerlaufring aufsitzen.
- Von der Radnabe den noch aufgeschrumpften, inneren Lagerlaufring abziehen. Zu dieser Arbeit ist ein Abzieher zu benutzen, der die in Bild 265 gezeigte Arbeitsweise hat.
- Alle Teile gründlich reinigen. Das Radlager ist abgestutzt und muss mit dem grösseren Durchmesser zur Radnabe weisend eingepresst werden. Da das Lager von aussen nach innen einzupressen ist, muss man aufgrund der Form des Achsschenkels ein Rohrstück unter den Achsschenkel unterlegen, wie es in Bild 266 zu sehen ist. Radlager dann einpressen. Einen Pressdorn nur auf dem äusseren Lagerlaufring aufsetzen. Das Lager bis zum Anschlag einpressen.
- Die Radnabe auf die Pressunterlage aufsetzen und das Radlager über den Zapfen der Nabe pressen. Dieses Mal den Pressstempel am inneren Lagerlaufring ansetzen.
- Abschliessend den zusammengebauten Achsschenkel gut reinigen.

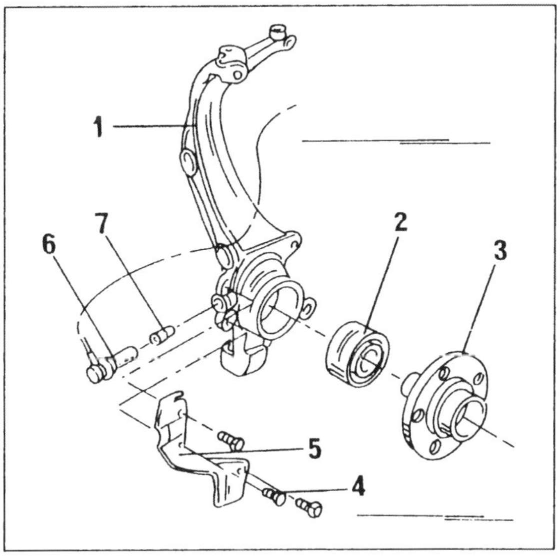

Bild 264
Ein zerlegter Achsschenkel.
1 Achsschenkel
2 Radlager
3 Radnabe
4 Schrauben, 10 Nm
5 Abdeckblech
6 Drehzahlfühler
7 Klemmhülse, bis zum Anschlag in Achsschenkel drücken

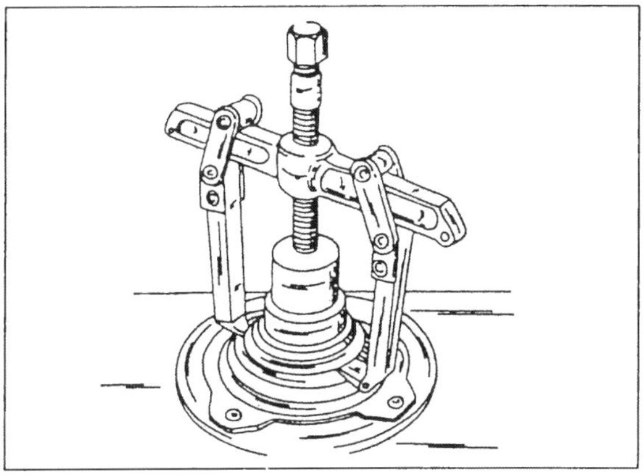

Bild 265
Abziehen des inneren Lagerlaufringes des Radnabenlagers.

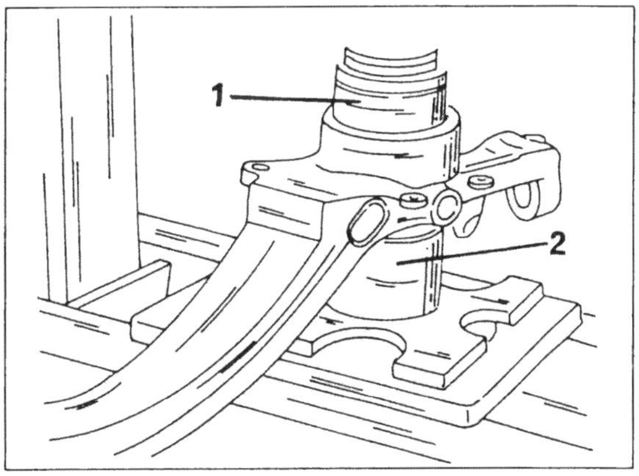

Bild 266
Einpressen des Radlagers. Den Pressstempel (1) auf den äusseren Lagerlaufring aufsetzen, ein Rohrstück (2) an der Unterseite unterlegen.

13.7 Vorderradeinstellung

Einige Vermessungen kann man an der Vorderachse durchführen, jedoch muss man eine Einstellung in einer Werkstatt durchführen lassen. Die Radeinstellung der Vorderräder (Lenkungsgeometrie) muss kontrolliert werden, wenn das Fahrzeug sein Betriebsgewicht hat. Vor der Durchführung irgendwelcher Prüfungen kontrollieren, dass die Kugelgelenke der Spurstangen

und Querlenker frei von Spiel und in gutem Zustand sind. Die Vermessung sollte mit optischen Geräten durchgeführt werden, jedoch sind gute, andere Geräte mit Winkelanzeige ebenfalls geeignet.
Wir sollten jedoch darauf hinweisen, dass diese Prüfungen und Einstellungen nicht durchgeführt werden dürfen, wenn die vorschriftsmässigen Prüfgeräte nicht zur Verfügung stehen. Da die erhältlichen Prüfgeräte in ihrem Gebrauch voneinander abweichen, werden in den folgenden Beschreibungen nur die Grundrisse der Messung beschrieben. Sie sollten durch die Gebrauchsanweisung des betreffenden Geräts ergänzt werden. Falls Sie bei irgendeiner Messung nicht vollkommen sicher sind, kann man die Radaufhängung vielleicht später vermessen lassen. Schlecht eingestellte Vorderräder bedeuten Reifenverschleiss (abgesehen von der Verschlechterung der Fahreigenschaften in schlimmen Fällen).

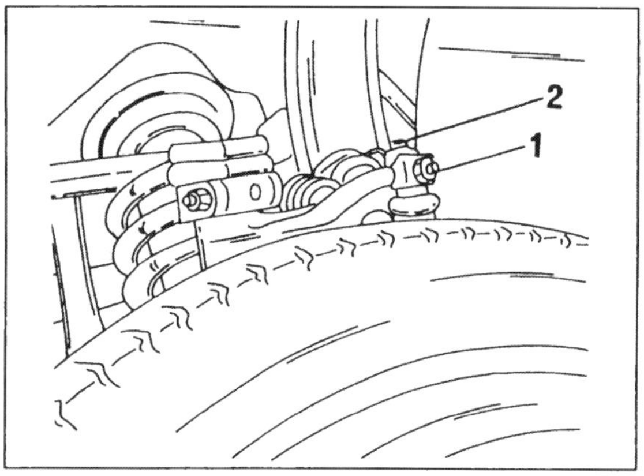

Bild 267
Die beiden Schrauben (1) und (2) halten die Spurstange am Achsschenkelhebel. Löst man sie aus irgendwelchen Gründen, muss man die Vorspurkurve ausmessen und ggf. einstellen lassen.

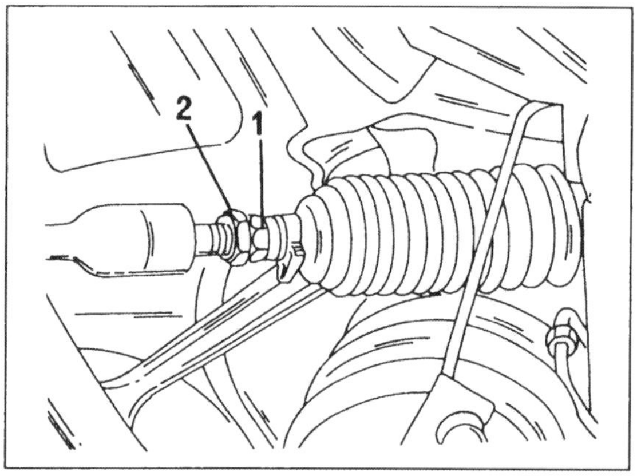

Bild 268
Die Spurstangen werden am Sechskant (1) nach Lockern der Kontermutter (2) verstellt.

Die Einstellwerte sind in der Mass- und Einstelltabelle angegeben. Zu beachten sind jedoch die Unterschiede zwischen der Normalaufhängung und der Sportaufhängung (neue Werte ab 1995).

13.7.1 Vorspur

Die Vorderräder werden nicht nur durch die Vorspur, sondern ebenfalls durch die Vorspurkurve beeinflusst. Die letztere wird mit Hilfe der Schraube (2) in Bild 267 eingestellt. Die Kontrolle und die Einstellung kann jedoch nur in einer Werkstatt kontrolliert und/oder eingestellt werden.

Für Wissbegierige Die Vorspurkurve wird durch die Vorspur der Vorderräder im unbeladenen Zustand und bei "springenden" Rädern bestimmt. Durch Verbindung dieser beiden Werte wird die Vorspurkurve hergestellt.

Ein Vorteil ist, dass man die Vorspurkurve nur in den folgenden Fällen einstellen lassen muss:

- Die Verbindung in Bild 267 wurde getrennt, d.h. die Spurstange wurde vom Lenkhebel abgeschlossen.
- Man vermutet einen Verzug in der Vorderradaufhängung (z.B. scharfes Auffahren auf einen Bordstein).
- Das Fahrzeug lässt sich nicht vorschriftsmässig über unebene Fahrbahnen oder unter Bremsung lenken.

Die Vorspur selbst kann an beiden Spurstangen eingestellt werden. Verstellt wird jede Spurstange am Sechskant (1) der Spurstange nach Lockern der Kontermutter (1). Die Vorspur in der gewöhnlichen Weise ausmessen, wobei darauf zu achten ist, dass die Werte in Graden und Minuten angegeben sind. Die Räder müssen frei stehen, die Reifendrücke müssen stimmen.
Die Lenkung muss genau in der Mittelstellung stehen. Werkstätten benutzen dazu ein Spezialwerkzeug. Da man dies bestimmt nicht zur Verfügung steht, muss man das beste tun, um die Lenkung zu zentrieren, d.h. die Räder müssen genau in Geradeausstellung stehen.
Zum Einstellen der Vorspur die Kontermutter lockern. Die Spurstange mit einem am Versteller angesetzten Gabelschlüssel nach links oder rechts verdrehen. Danach die Kontermutter mit 40 Nm anziehen.
Beide Spurstangen müssen um den gleichen Wert verstellt werden, damit das Lenkrad in der Mittelstellung verbleibt. Falls nur eine Spurstange verstellt wird, wird man feststellen, dass die Speichen des Lenkrades nicht länger waagerecht stehen. In diesem Fall muss man die Einstellung entsprechend berichtigen.

13.7.2 Sturz

Der Sturz kann eingestellt werden, jedoch nicht mit normalen Werkzeugen. Dies liegt daran, dass man nicht den Sturzwinkel getrennt an den Rädern verstellen kann, sondern der Sturz "wird zentriert", d.h. der Nebenrahmen wird gelöst und seitlich

verschoben um den Sturz innerhalb des Einstellbereichs in die Mittelstellung zu bringen. Natürlich ist eine Einstellehre dazu erforderlich. Diese hat eine Schraube, durch deren Anziehen der Nebenrahmen nach innen verschoben wird, nachdem der gesamte Nebenrahmen gelockert wurde. Falls Sie die Arbeit in einer Werkstatt durchführen lassen, werden Sie auch feststellen, dass man Ihnen vier neue Nebenrahmenschrauben berechnet.
Den Sturz des Rades kann man jedoch in herkömmlicher Weise ausmessen, wenn ein sogenanntes Sturzmass zur Verfügung steht. Falls der Sturz nicht innerhalb der in der Mass- und Einstelltabelle abgegebenen Werte liegt, oder der Unterschied zwischen der linken und rechten Seite beträgt mehr als 30′, muss eine Einstellung durchgeführt werden lassen. Auf die Unterschiede zwischen Normalradaufhängung und Sportradaufhängung achten.

13.7.3 Nachlauf

Der Nachlauf kann bei diesen Fahrzeugen nicht eingestellt werden. Einwandfrei kann er nur mit optischen Geräten in einer Werkstatt gemessen werden.
Der Nachlauf wird sich kaum verstellen, falls man nicht gegen harte Gegenstände anfährt.

13.8 Kurvenstabilisator

Der Aus- und Einbau des Kurvenstabilisators bringt keine Schwierigkeiten mit sich. Bild 269

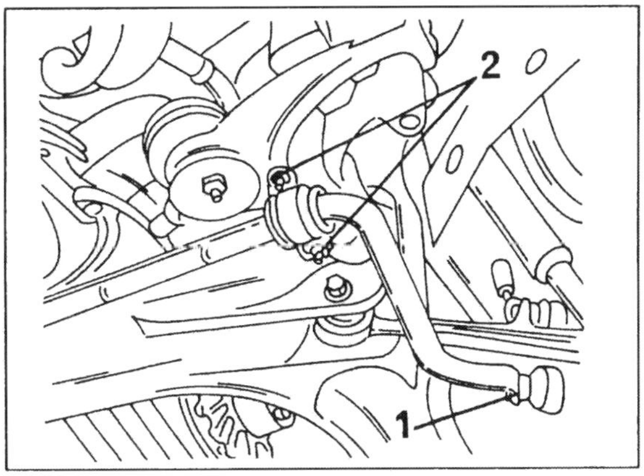

Bild 269
Die Befestigung des Kurvenstabilisators. Muttern (1) und Muttern (2) halten den Stabilisator.

zeigt wie die Stabilisatorstange auf einer Seite befestigt ist. Die beiden Verbindungsgestänge zwischen Stabilisator und Achslenker sind mit sogenannten Rippmuttern (1) befestigt. Dies sind Spezialmuttern und dürfen nicht durch beliebige Muttern ersetzt werden. Das Anzugsdrehmoment der Muttern beträgt oben und unten 90 Nm.
Die Stabilisatorstange wird mit Gummilagern und Montageschellen am Nebenrahmen befestigt. Gummilager und Stabilisatorstange werden bei der Montage nicht eingefettet.

14 Die Hinterradaufhängung (ausser Quattro)

Die Hinterradaufhängung der neuen Audi A4-Modelle besteht aus der bekannten Verbundlenkerachse, d.h. einem Achsträger mit zwei von der Achse nach hinten verlaufenden, integralen, biege- und torsionssteifen, rohrförmigen Längslenkern, zwei Schraubenfedern und zwei hydraulischen Stossdämpfern, wie sie bereits beim Audi 80 eingebaut wurde. Beim A4 ist der Kurvenstabilisator mit den Enden der Längslenker verschweisst. Bild 270 zeigt eine Gesamtansicht der Hinterachse und Hinterradaufhängung mit der Lage der einzelnen Bauteile.

14.1 Hinterradaufhängung

14.1.1 Aus- und Einbau der Hinterachse

Wie aus den Abbildungen auf den folgenden Seiten ersichtlich ist, bringt der Ausbau der kompletten Hinterachse wenig Schwierigkeiten mit sich, da die Achse ohne Ausbau der Federbeine ausgebaut werden kann. Zum Vorteil wäre es, wenn man das Fahrzeug auf eine Hebebühne oder über eine Montagegrube fahren kann, um von unten zu arbeiten. Andernfalls das Fahrzeug auf Böcke setzen.

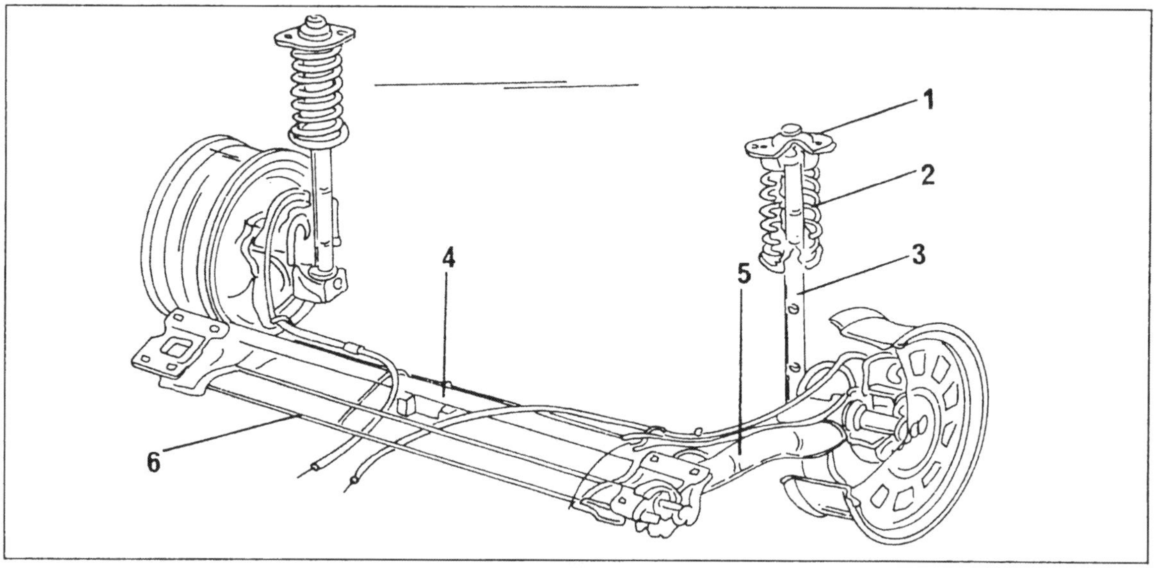

Bild 270
Ansicht der zusammengebauten Hinterradaufhängung.
1 Oberes Federlager
2 Schraubenfeder
3 Federbein
4 Achsträger
5 Längslenker
6 Kurvenstabilisator

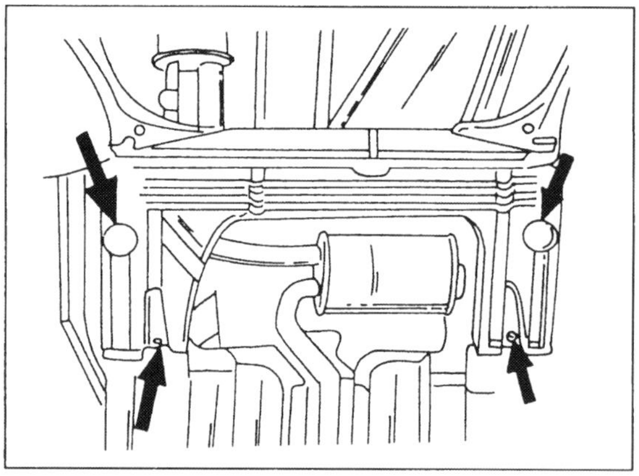

Bild 271
Die Pfeile weisen auf die Befestigungsstellen der Abdeckung in der Nähe des Schalldämpfers.

Wie bei der Vorderradaufhängung ist auch die Hinterradaufhängung dem Modell angeglichen, d.h. entweder Normalaufhängung (Bezeichnung "1BA") oder Sportaufhängung (Bezeichnung "1BE").

Zu beachten ist, wie bereits bei den Vorgängern, dass jegliche Schweissarbeiten an der Hinterachse und den Achsstümpfen verboten sind. Die Achsstümpfe sind an den Längslenkern verschraubt.

Ein Rollwagenheber ist erforderlich.

Es soll darauf hingewiesen werden, dass man die zur Aufnahme des Hinterachskörpers angeschraubten Lagerkonsolen nicht abschrauben sollte. Falls dies durchgeführt wird, muss man die Konsolen beim Einbau wieder in Ebene "links-rechts", d.h. zur Mittelachse des Fahrzeuges ausrichten, ehe die Konsolen festgezogen werden. Die Arbeit kann jedoch ohne viel Schwierigkeiten mit etwas Geschick durchgeführt werden.

Bei der folgenden Beschreibung wird davon ausgegangen, dass man nur die Hinterachse ohne die Federbeine ausbaut. Der Ausbau der Federbeine ist getrennt im nächsten Kapitel beschrieben. Falls man die Achse zusammen mit den Federbeinen ausbauen will, braucht man nur die Arbeiten zu kombinieren.

- Radschrauben auf beiden Seiten lockern (Schraubenschloss entfernen).
- Rückseite des Fahrzeuges aufbocken und Unterstellböcke untersetzen. Die Räder abschrauben.
- Die Abdeckung unter der Achse abschrauben.

Die Verbindungsstellen sind in Bild 271 gezeigt.

- Das Wärmschutzblech über dem Auspuffrohr abschrauben (4 Schrauben) und genügend weit nach vorn schieben, bis der Seileinsteller der Handbremse sichtbar wird.
- Die beiden Handbremseinsteller jetzt folgendermassen zurückstellen. Bei diesen handelt es sich um eine Neukonstruktion, die man unter Bezug auf Bild 272 lösen muss. Zuerst das Sicherungselement (4) herausziehen, dann die Einstellmutter (3) in Richtung (1) bis zum Anschlag verdrehen. Die Einstellung in Richtung (2) zusammenschrauben.
- Handbremsseile vom Betätigungshebel auf der linken und rechten Seite nach Herausziehen der Federklammer aushängen. Den Seilzug jetzt von den verschiedenen Haltern an der Hinterachse und am Wagenboden befreien.
- Die Bremsflüssigkeit aus der Anlage entleeren und die Bremsleitungen auf beiden Seite des Fahrzeuges von den Bremschläuchen trennen. Die Verbindung auf einer Seite ist in Bild 273 gezeigt.
- Die ABS-Drehzahlfühler auf beiden Seiten aus den Befestigungsbohrungen herausziehen und die Kabelanschlüsse lösen, wie es im Abschnitt "Bremsen" unter "ABS" bei der Erneuerung der Drehzahlfühler beschrieben ist.
- Die beiden Schrauben (6) und Muttern (8) in Bild 274 vom unteren Ende des Federbeins abschrauben. Die Hinterachse sollte dabei mit einem Wagenheber angehoben sein, um sie einstweilen in ihrer Lage zu halten. Die Federbeine, wie bereits erwähnt, oben an der Befestigung lassen.
- Kontrollieren, dass die Achse einwandfrei auf dem Wagenheber ruht und die Mutter (5) und Schraube (3) in Bild 274 auf jeder Seite lösen. Die Mutter ist selbstsichernd und muss immer erneuert werden. Auch die Schraube kann nicht mehr eingebaut werden, falls die Mutter gelöst wurde.
- Auspuffanlage entsprechend von der Karosserie lösen oder den hinteren Abschnitt der Anlage vollkommen ausbauen (Kapitel 2.11).
- Hinterachse langsam auf dem Wagenheber

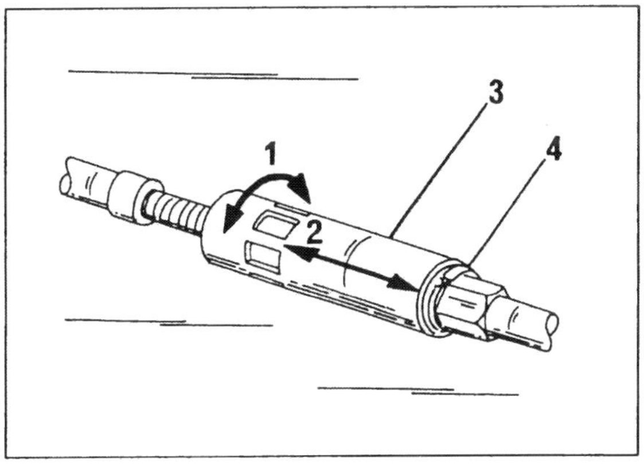

Bild 272
Der Einsteller der Handbremsseile.
1 Feinverteller
2 Grobversteller
3 Einsteller
4 Sicherungsspange

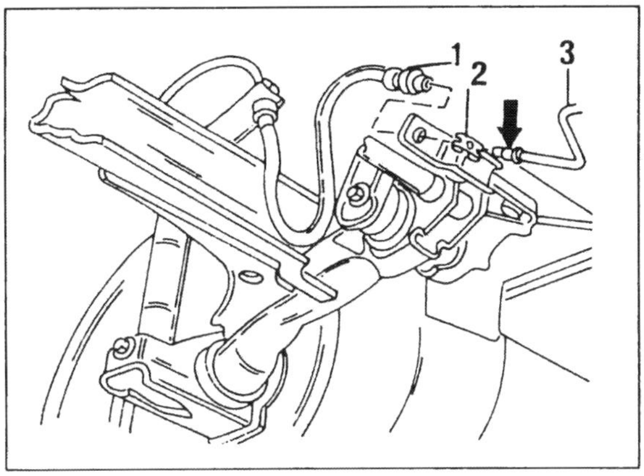

Bild 273
Der Pfeil zeigt die Anschlussverbindung zwischen Bremsschlauch und Bremsleitung. Die Federklammer (2) hält den Schlauch im Halter.
1 Bremsschlauch
2 Federspange
3 Bremsleitung

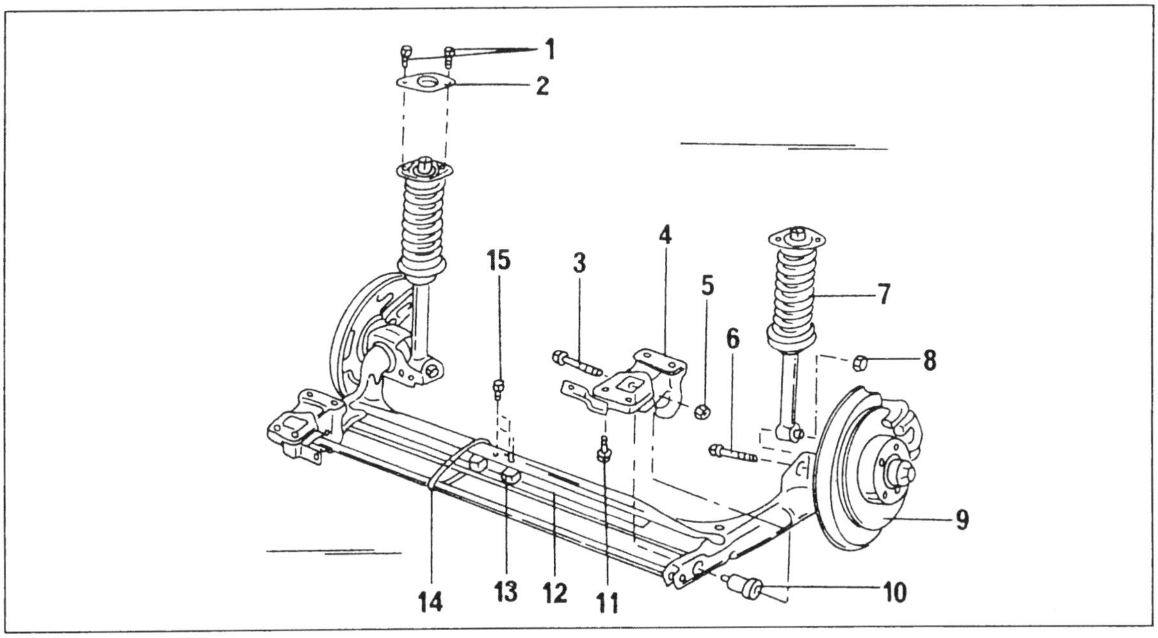

Bild 274
Zum Aus- und Einbau der Hinterachse und Federbeine.
1 Schrauben, 25 Nm
2 Dichtung, muss erneuert werden
3 Sechskantschraube, muss erneuert werden
4 Aufhängungsbock, nicht vom Wagenboden lösen
5 Bundmutter, 80 Nm + 90°, erneuern
6 Schraube, 50 Nm + 90°, erneuern
7 Federbein
8 Mutter, erneuern
9 Radnabeneinheit
10 Führungsbüchse
11 Schraube mit Scheibe, 75 Nm
12 Achskörper
13 Achsdämpfer
14 Band für Stabilsatorstange
15 Schraube, 20 Nm

ablassen und nach hinten herausziehen.
Die Führungslager in den Längslenkern, mit Pos. 10 in Bild 274 gezeigt, können erneuert werden, falls sie einmal ausgeschlagen sind, was nach einer hohen Kilometerleistung schon mal vorkommen kann. Die Arbeit kann auch bei eingebauter Achse durchgeführt werden, und sollte einer Werkstatt überlassen werden.
Der Einbau der kompletten Achse geschieht in umgekehrter Reihenfolge wie der Ausbau, jedoch müssen die folgenden Punkte beachtet werden:

- Hinterachse langsam anheben und die Hinterachse mit den Längslenkern in die Öffnungen der beiden Konsolen einführen.
- Die beiden Schrauben (3) in Bild 274 von der gezeigten Seite aus einschlagen und die Muttern (5) auf der anderen Seite aufschrauben. Schrauben wie auch Muttern müssen immer erneuert werden. Schrauben und Muttern auf beiden Seiten nur handfest anziehen. Das endgültige Anziehen erfolgt, wenn das Fahrzeug wieder mit den Rädern auf dem Boden aufsteht. Die Muttern dann mit einem Drehmoment von 80 Nm anziehen und aus dieser Stellung um weitere 90° nachziehen, ohne einen Drehmomentschlüssel zu verwenden.
- Die Unterseite der Federbeine mit der Hinterachse verbinden. Die beiden Schrauben (6) durch das Federbein und den Hinterachskörper schieben (die Schrauben braucht man nicht erneuern) und an der Aussenseite die Muttern (8) aufschrauben. Die Verbindung im Moment nur handfest anziehen. Das Anziehen der Federbeine erfolgt, nachdem das Fahrzeug wieder mit den Rädern auf dem Boden aufsteht. Dabei die Muttern gegenhalten und die Schrauben mit 50 Nm + 90° anziehen, da man keine Stecknuss mit Drehmomentschlüssel an den Muttern ansetzen kann.
- Handbremsseile und Bremsschläuche anschliessen und die Handbremse einstellen. Die Bremsanlage entlüften. Die Arbeiten sind im Abschnitt "Bremsen" beschrieben.
- Beim Einsetzen der ABS-Drehzahlfühler die Klemmbüchse bis zum Anschlag einschieben. Die Aufnahmebohrung vorher mit etwas Bremsfett einschmieren.
- Nachdem alle Teile wieder eingebaut sind, das Fahrzeug auf die Räder ablassen und die Befestigung der Achse an den Lagerkonsolen und der Federbeine auf die angegebenen Anzugsdrehmomente anziehen. Auffahrrampen eignen sich hier nicht, da die Stellung der Hinterräder zu der waagerechten Linie des Fahrzeuges nicht mehr genau ist. Natürlich wäre eine Hebebühne oder eine Montagegrube die Ideallösung.

Falls die Aufhängungskonsolen (4) in Bild 274 ausgebaut werden sollen, muss man im Kapitel 14.1.4 nachlesen, um die Achse beim Einbau wieder in die Mitte zu bringen.

14.1.2 Aus- und Einbau der Federbeine

Bild 274 zeigt die Befestigungen der Federbeine an der Oberseite und der Unterseite. Der Aus- und Einbau der Federbeine ist aufgrund der auszubauenden Rückenlehne mit einigen Schwierigkeiten verbunden. Zum Ausbau muss das Fahrzeug bei abgenommenen Rädern auf Böcken stehen. Die Hinterachse mit einem Wagenheber mit einem aufgelegten Holzblock vorsichtig anheben, um die Stossdämpfer zusammenzudrücken. Obwohl man die Achse normalerweise nicht anheben darf, ist es in diesem Fall erlaubt, da nur der Druck der Schraubenfedern und Stossdämpfer zu überwinden ist. Ein Anheben von 10 mm reicht aus.
Das Federbein an der Unterseite lösen (Schraube 6 und Mutter 8 in Bild 274). Den Wagenheber jetzt absenken, bis das Federbein aus dem Achskörper kommt.

- Die Sitzlehnenabdeckung bzw. die Rückenlehne ausbauen. Aufgrund der verschiedenen Ausführungen ist den entsprechenden Anweisungen zu folgen.

Geteilte Lehnen ausbauen: Betreffende Lehne umklappen, das Oberteil des mittleren Scharniers abschrauben und das Lehnenteil abnehmen. Die darunter befindlichen Kreuzschlitzschrauben herausdrehen, das Lehnenteil aus dem mittleren Scharnier nehmen und zur Mitte zu aus der Führung an der Seite ziehen.

Die Seitenabdeckung neben der Klappsitzlehne ausbauen: Die Sitzlehne umklappen. Von der Innenseite her die Schraube ungefähr in der Mitte der Seitenabdeckung lösen. Die Seitenabdeckung nach oben schieben und oben und unten aus der Befestigung aushaken.

Starre Sitzlehne ausbauen: Dazu das Sitzpolster und die Kopfstützen ausbauen. Die Kopfstützenführungen nach oben aus der Rückenlehne herausziehen. An der Unterkante der Rückenlehne zwei Schrauben lösen und die Lehne nach oben schieben und aus den drei Einklinkhaken herausnehmen.

- In der Gegend der Federbeinbefestigung ein Schaumstoffstück abziehen und die beiden Muttern (1) in Bild 274 entfernen. Ausser der Verschraubung ist das Federbein zusätzlich mit vier Verschlüssen in der oberen Befestigung verankert. Um das Federbein zu lösen, verdreht man es, bis die Verschlüsse über den Öffnungen sitzen und das Federbein frei wird. Einige Versuche könnten dabei erforderlich sein, um das Federbein in die richtige Stellung zu bekommen. Die Befestigung des Federbeins an der Oberseite ist in Bild 275 zu sehen. Nach Ausbau des Federbeins kann man die in Bild 276 gezeigten Teile erneuern, falls dies die Absicht ist.

Der Einbau des Federbeins geschieht in umgekehrter Reihenfolge, unter Beachtung der folgenden Anweisungen:

- Zuerst das Federbein an der Oberseite befestigen. Die aufgelegte Dichtung (2) in Bild 274 muss immer erneuert werden.
- Das Federbein in die Öffnung einschieben und durch leichte Verdrehung in den Verschlüssen verankern (Bild 275). Durch Ziehen am Federbein wird man feststellen, ob dies der Fall ist.
- Die beiden Schrauben (1) eindrehen und mit 25 Nm anziehen.
- Federbein mit der Achse verbinden (die letztgenannte dazu etwas anheben). Die Schraube und Mutter im Moment nur handfest anziehen (so dass sich das Aufhängungsauge noch verdrehen kann, wenn das Fahrzeug auf die Räder kommt). Die Schraube kann wieder verwendet werden, die Mutter muss man erneuern.
- Das Fahrzeug auf die Räder ablassen und die Schraube (6) in Bild 274 mit einem Drehmoment von 50 + 90° Nm anziehen, während die Mutter (8) an der Aussenseite gegengehalten wird.

14.1.3 Zerlegen und Zusammenbau eines Federbeins

Bild 276 zeigt die Einzelteile eines Federbeins. Beim Zerlegen ist auf die unterschiedlichen Versionen der Normalradaufhängung und der Sportaufhängung achten. Die folgenden Punkte müssen beim Zerlegen und Zusammenbau beachtet werden:

- Zum Zerlegen des Federbeins muss ein Federspanner benutzt werden. Eine solche Spannvorrichtung wurde bereits beim Zerlegen der vorderen Federbeine behandelt. Beim Lösen der Mutter (1) würde die Feder davonfliegen, was unter allen Umständen vermieden werden muss. Nur das Aufhängungsauge des Federbeins in einen Schraubstock einspannen.
- Die Abdeckkappe (1) mit einem Schraubenzieher abhebeln.
- Um die Kolbenstange gegen Mitdrehen zu sichern, muss ein Inbusschlüssel in die Kolbenstange eingesetzt werden. Die Mutter (3) kann jetzt mit einem Ringschlüssel gelöst werden.
- Die Teile von der Oberseite des Federbeins abnehmen und in Einbaureihenfolge ablegen. Danach die gespannte Feder herunternehmen und die anderen Teile vom Stossdämpfer entfernen. Die Feder kann man mit dem Spanner zusammenlassen, falls man sie nicht erneuern will. Der Sicherungsring (12) sitzt auf der Kolbenstange und muss ausgefedert werden, um den Rückprallgummi (13), die sogenannte Zusatzfeder, abzunehmen.

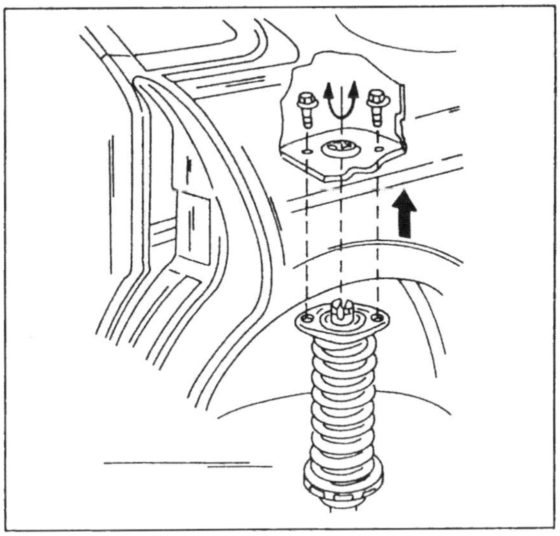

Bild 275
Befestigung eines hinteren Federbeins an der Oberseite. Das Mittelteil in die Öffnung einsetzen und in Pfeilrichtung verdrehen, um den Verschluss einzurasten.

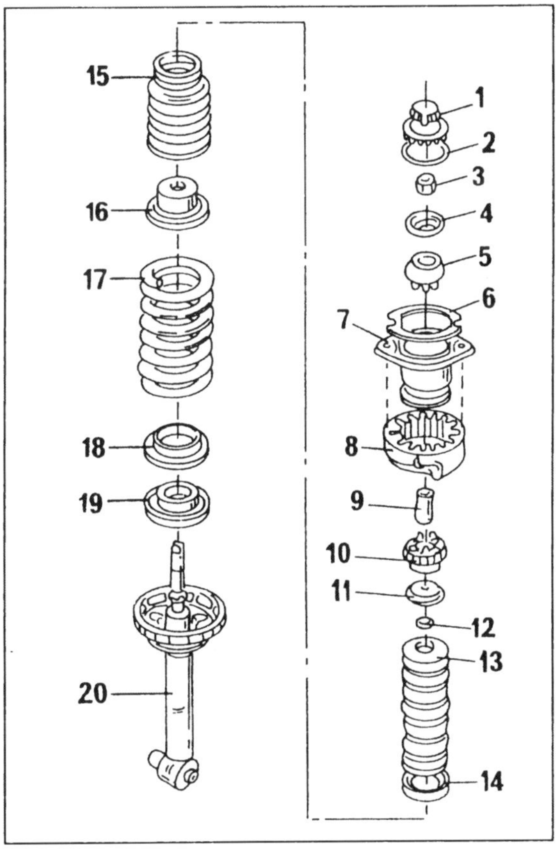

Bild 276
Die Einzelteile eines hinteren Federbeins.
1 Abdeckkappe
2 "O"-Dichtring
3 Mutter, 25 Nm, immer erneuern
4 Formscheibe
5 Lagerring
6 Schaumgummidichtung, immer erneuern
7 Oberer Federteller
8 Obere Federauflage
9 Distanzrohr
10 Lagerring
11 Untere Scheibe
12 Sicherungsring
13 Zusatzfeder (Gummipuffer)
14 Aufnahmering für Faltenbalg (15)
15 Faltenbalg
16 Schutzkappe
17 Schraubenfeder
18 Unterlage
19 Untere Federauflage
20 Gasstossdämpfer

- Falls die Unterlage (18) und die untere Federunterlage (19) abgenommen werden, muss man sich deren Einbaulage genau einprägen oder kennzeichnen, da sie in bestimmter Stellung zum unteren Aufhängungsauge des Federbeins stehen müssen.

● Die Schraubenfedern (17) sind mit Farbkennzeichnungen versehen und können nicht in beliebige Modelle eingebaut werden. Die Farbkennzeichnung befindet sich an der Unterseite an der Federauflage. Im Hinweis auf Seite 122 wird auf den Stossdämpfer verwiesen. Dies bezieht sich ebenfalls auf die Hinterradaufhängung, d.h. falls man nicht weiss welche Radaufhängung eingebaut ist, muss man sich zuerst am Datenaufkleber darüber orientieren. Unbedingt immer eine Feder mit der gleichen Farbkennzeichnung einbauen. Es ist möglich nur eine Hinterfeder zu erneuern, ohne dabei die Hinterradaufhängung aus dem Ausgleich zu bringen.

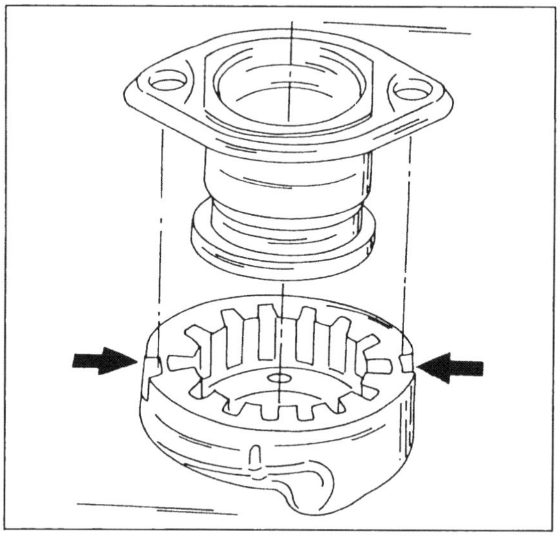

Bild 277
Richtiger Zusammenbau des oberen Federtellers und der Federauflage.

● Die Stossdämpfer und die Zusatzfedern (Gummipuffer) sind ebenfalls auf die betreffende Hinterradaufhängung abgestimmt. Die gleichen Anweisungen wie bei den Schraubenfedern gelten auch hier.

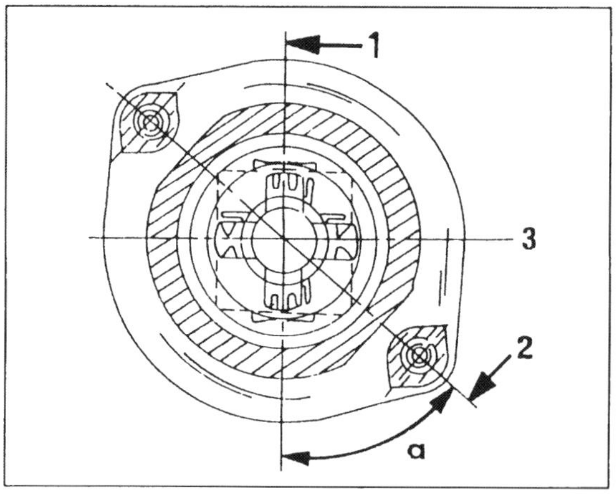

Bild 278
Einbaulage des oberen Federtellers und der Abdeckkappe. Der Winkel "a" beträgt 45°.
1 Achse des Federbeinauges
2 Lage der Stiftschrauben
3 Achse der Abdeckkappe

● Ausgebaute Stossdämpfer müssen beim Austausch in eine Werkstatt gebracht werden, um sie vorschriftsmässig zu verschrotten. Auf keinen Fall in den Müll werfen.

● Einen Stossdämpfer senkrecht in den Schraubstock einspannen und mit der Hand zusammendrücken. Der Widerstand sollte auf dem gesamten Arbeitsweg gleich sein. Nach Loslassen der Kolbenstange muss diese wieder in die Ausgangsstellung zurückkehren. Andernfalls den Stossdämpfer erneuern. Der untere Federsitz ist bereits auf den Stossdämpfer aufgezogen.

● Die Lagerringe (5) und (10) entsprechend der in Bild 276 gezeigten Richtung montieren.

● Die Berührungsflächen zwischen der unteren Federunterlage (19) und der Unterlage (18) vor dem Einbau mit Talkumpuder einreiben. Die beiden Teile entsprechend der ursprünglichen Einbaulage wieder auf das Federbein aufstecken.

● Die noch zusammengepresste Schraubenfeder aufsetzen und verdrehen, bis der Wicklungsauslauf an der Unterseite gegen den Anschlag an der Federunterlage anliegt. Die Farbkennzeichnung muss an der Unterseite sitzen.

● In der Reihenfolge Schutzkappe, Faltenbalg, Lagerring, Zusatzfeder (Gummipuffer), Lagerring und Distanzrohr die Teile auf die Kolbenstange schieben.

● Die obere Federauflage auf die Feder aufsetzen. Der Wicklungsauslauf der Feder muss in der Aussparung der Federauflage anliegen, wie es in Bild 254 bei den Vorderfedern gezeigt ist.

● Den oberen Federteller auf die Federunterlage auflegen. Hier ist etwas zu beachten, nämlich, dass die Teile unbedingt in der in Bild 277 gezeigten Weise zusammenkommen.

● Die neue Schaumgummidichtung (6), den Lagerring (5), die Blechscheibe (4) und die Mutter auf der Kolbenstange befestigen.

● Eine neue Mutter (1) aufschrauben und mit einem Anzugsdrehmoment von 25 Nm anziehen. Zum Gegenhalten einen Inbusschlüssel in die Kolbenstange einsetzen.

● Nochmals kontrollieren, dass die Unterlage (18) und die Federunterlage (19) gegen das Ende der Feder anliegen. Falls dies nicht der Fall ist, kann man einen Dorn an die erhöhte Kante der Federunterlage ansetzen und diese gegen die Feder schlagen.

● Den Federspanner langsam entlasten. Dabei den richtigen Sitz der Feder in der unteren und oberen Federauflage beachten.

● Das Federbein jetzt mit Bild 278 vergleichen. Die Achse (3) der Abdeckkappe muss im 90°-Winkel zur Achse (1) des Federbeinaufhängungsauges stehen. Anhand der beiden Stiftschrauben (2) im oberen Federteller kann man dies leicht ausrichten. Die Abdeckkappe wird auf den Federteller aufgepresst. Eine Handpresse ist dabei wesentlich.

● Das Federbein ist jetzt wieder fertig zum Einbau in das Fahrzeug.

14.1.4 Hinterachsaufhängungen

Falls man die Aufhängungskonsolen (5) in Bild 274 ausbauen will (sollte nur sehr selten erforderlich sein), brauchen nach Absenken oder Ausbau der Hinterachse nur die Schrauben (11) gelöst werden. Falls die gleichen Konsolen wieder eingebaut werden, kann man die Einbaulage genau kennzeichnen. Falls eine oder beide Konsolen erneuert werden, müssen die Konsolen zur Mittellinie des Fahrzeuges ausgefluchtet werden, um zu gewährleisten, dass die Federbeine gerade im Verhältnis zu den Längslenkern stehen. Ein genaues Messlineal und ein Stahllineal sind erforderlich, keine Spezialwerkzeuge. Folgendermassen vorgehen:

- Die Konsolen am Unterboden ansetzen und waagerecht so weit wie möglich nach vorn schieben. Die Schrauben (11) in Bild 274 handfest anziehen, so dass sich die Konsolen jedoch nicht mehr selbstständig verschieben können.
- Die Hinterachse wieder entsprechend den bereits gegebenen Anweisungen montieren.
- Beide Bremsscheiben montieren und mit den Schrauben befestigen.
- Das Stallineal gegen die Planfläche der Bremsscheibe anlegen und am besten von einer zweiten Person fest darauf drücken lassen.
- Mit dem Messlineal jetzt den Abstand von der Oberseite des Stahllineals bis zur Anlage ausmessen, wie es in Bild 279 gezeigt ist. Das Messlineal muss auf beiden Seiten an der gleichen Stelle angesetzt werden.
- Den Unterschied zwischen den beiden Messungen auswerten. Liegt er innerhalb 2,0 mm, können die Schrauben mit den Scheiben (11) in Bild 274 mit 75 Nm angezogen werden. Liegt der Unterschied zwischen den beiden Seiten ausserhalb der 2,0 mm, muss man die Achse seitlich verschieben (Konsolen vielleicht wieder etwas lockern) und die Messung erneut durchführen, bis die Einbaulage der Achse stimmt. Daran denken, dass auch bei einer kleinen Verschiebung sich die andere Seite sofort mit verändert.

14.2 Hinterradlager — Aus- und Einbau

- Radmuttern lösen und Wagen hinten auf Böcke setzen.
- Rad abnehmen und die Fettkappe abnehmen. Vorschriftsmässig wird das in Bild 280 gezeigte Spezialwerkzeug benutzt, jedoch kann man die Kappe vorsichtig mit einem Schraubenzieher abschlagen (abwechselnd links und rechts ansetzen).
- Den Splint aus der Muttersicherung herausziehen und die Sicherung abnehmen.
- Die Einstellmutter abschrauben und die Scheibe entfernen.
- Den Bremssattel ausbauen (ohne die Anlage zu öffnen) und die Bremsscheibe zusammen mit der Nabe abnehmen. Das äussere Lager kommt dabei mit heraus.

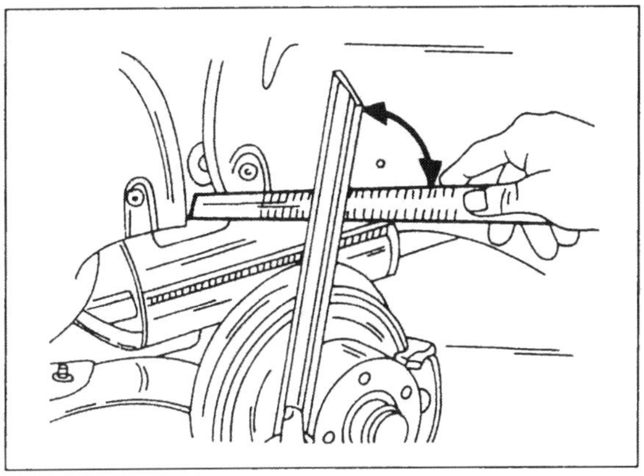

Bild 279
Ausmessen der Einbaulage der Hinterachse. Das Messlineal an der gezeigten Stelle ansetzen.

- Der Zahnkranz der Anti-Blockier-Anlage (ABS) kann vorsichtig von der Radnabe abgeschlagen werden, jedoch nur wenn Nabe oder Zahnkranz erneuert werden müssen.

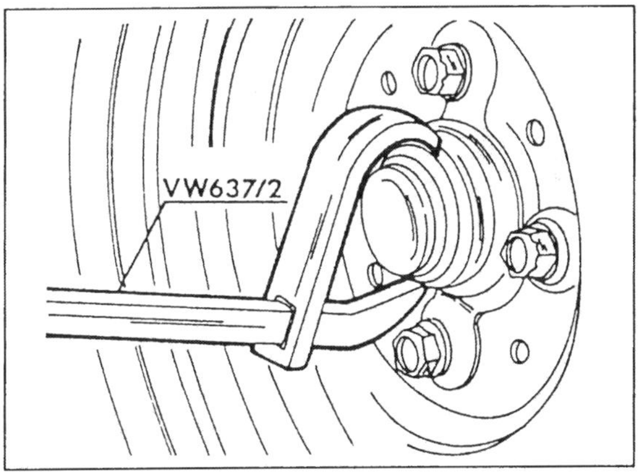

Bild 280
Entfernen der Nabenfettkappe mit dem Spezialwerkzeug.

Die Zerlegung findet jetzt folgendermassen statt:

- Die Radnabe mit Blech- oder Aluminiumbacken in einen Schraubstock einspannen und von der Rückseite den Öldichtring mit einem Schraubenzieher heraushebeln.
- Die Nabe ausspannen und über die geöffneten Backen eines Schraubstocks auflegen, einen Dorn von vorn einsetzen und das innere Lager herausschlagen. Beide Lagerlaufringe von gegenüberliegenden Seiten aus der Nabe ausschlagen.
- Alle Teile gründlich reinigen.
- Die neuen Ringe einschlagen und die neuen Lager mit Fett einschmieren.
- Inneres Lager einsetzen und den Dichtring vorsichtig bündig mit einem Gummihammer ein-

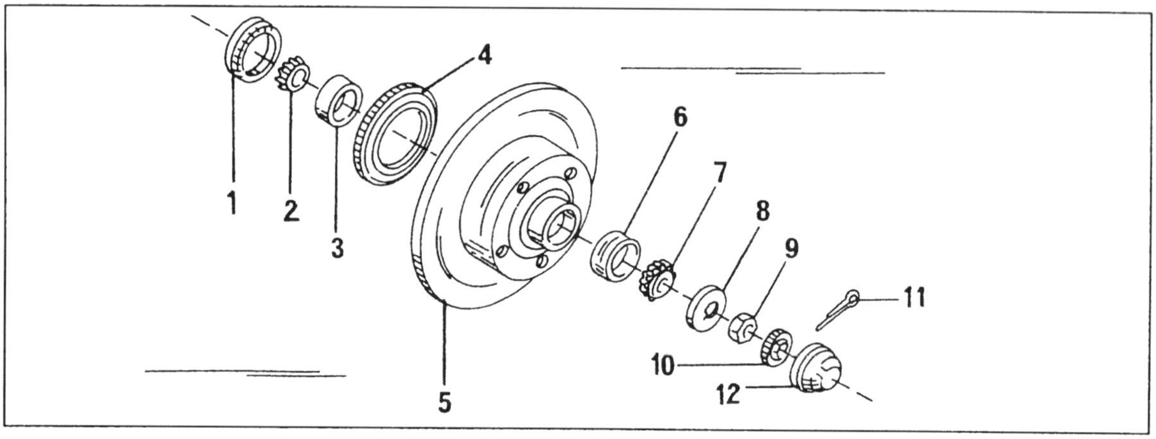

Bild 281
Die Teile einer Radnabe zusammen mit dem Radlager.
1 Innerer Öldichtring, Raum zwischen den Lippen mit Fett füllen
2 Inneres Radlager
3 Äusserer Lagerring, inneres Radlager
4 Zahnkranz
5 Radnabe/Bremsscheibe
6 Äusserer Lagerring, äusseres Radlager
7 Äusseres Radlager
8 Druckscheibe
9 Einstellmutter
10 Mutternsicherung
11 Splint
12 Nabenfettkappe

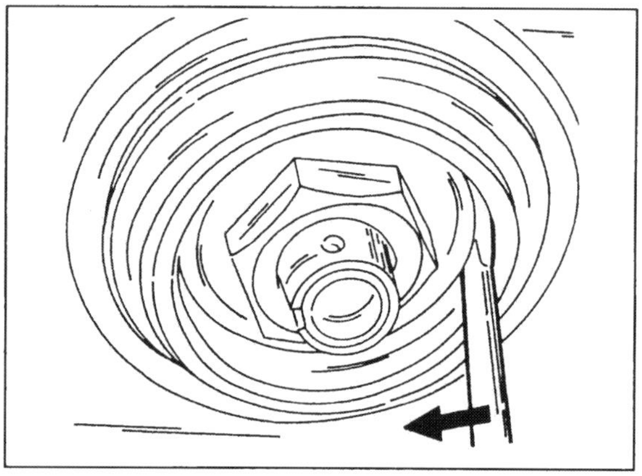

Bild 282
Kontrolle der Einstellung der Hinterradlager.

schlagen. Alles herausgequetschte Fett abwischen.

● Den Zahnkranz der ABS-Anlage vorsichtig über die Radnabe pressen. Ein Aufschlagen sollte vermieden werden.

Falls der Achsstumpf ausgetauscht wird, muss man Spezialscheiben mit integralen Scheiben verwenden. Sie werden mit einem Anzugsdrehmoment von 30 Nm angezogen.

● Die Radnabe auf den Achsstumpf schieben und mit einem Gummihammer anklopfen.

● Die in Bild 281 gezeigten Teile in die Aussenseite der Bremsscheibe montieren.

● Das Lagerspiel jetzt folgendermassen einstellen. Nur ein Schraubenzieher ist zur Einstellung erforderlich, jedoch sollte man die Einstellung sorgfältig durchführen, damit das Radlager beim nachfolgenden Betrieb nicht festfressen kann.

— Die Mutter fest anziehen, während die Bremsscheibe hin- und hergedreht wird. Dies ist erforderlich, um die Lager in die Laufringe zu setzen. Die Mutter danach wieder lockern.

— Die Mutter erneut anziehen, bis man die Scheibe unter der Mutter noch soeben mit einer Schraubenzieherklinge hin- und herbewegen kann, wie es in Bild 282 gezeigt ist.

— In dieser Stellung die Mutternsicherung einsetzen und neu versplinten. Falls der Splint nicht passt, kann man die Mutter etwas anziehen, jedoch muss sich die Scheibe danach noch wie in Bild 282 gezeigt bewegen lassen.

14.3 Geometrie der Hinterräder

Die Geometrie der Hinterräder kann nicht eingestellt werden. Falls Prüfungen nach einem vermuteten oder stattgefundenen Unfall vorgenommen werden, so sind die in der Mass- und Einstelltabelle angegebenen Werte gültig. Spurabweichungen der Hinterräder können durch Versetzen der Hinterachse durchgeführt werden, jedoch ist dies eine Arbeit für die Werkstatt.

15 Die Hinterradaufhängung (Quattro)

Die Hinterradaufhängung ist mit einer Doppelquerlenker-Radführung versehen. Geschmiedete Radträger werden für die Hinterräder verwendet. Je ein oberer und ein unterer Dreiecksquerlenker auf jeder Seite sowie eine Spurstange, welche wie ein Längslenker wirkt, bilden die Radaufhängung zusammen mit Federbeinen, in ähnlicher Weise aufgebaut wie bei der Vorderradaufhängung, mit dem Unterschied, dass die Federbeine starr mit der Karosserie verbunden sind.

15.1 Die Federbeine

15.1.1 Ausbau und Einbau

Der Ausbau des Federbeins und des oberen Querlenkers werden unter der gleichen Überschrift zusammengefasst. Die betroffenen Teile sind in Bild 283 gezeigt. Die im Bild angegebenen Muttern und Schrauben müssen immer erneuert werden. Ebenfalls muss die mit Pos. "6" angegebene Scheibe erneuert werden.

- Radmuttern lösen, das Fahrzeug hinten auf Böcke setzen und das Rad abschrauben.
- Einen Wagenheber unter den Querlenker untersetzen, von welchem das Federbein abgeschraubt werden soll und die Befestigungsschraube und Mutter des Federbeins von der Verbindung am Querlenker abschrauben. Die Schraube ausschlagen.
- Die Befestigungsschraube des oberen Querlenkers am Radlagergehäuse (Achsschenkel) lösen. Zu lösen sind die Mutter (5) und die Schraube (9). Bild 284 zeigt die Befestigungsstellen. Vorsicht dabei, da das Radlagergehäuse unter Spannung steht.
- Das Federbein von einem Helfer gut halten lassen und die vier Schrauben (4) des Federbeinlagers vom Radhaus lösen und das Federbein vom Aufbau abnehmen. Auf die Innenseite gesehen, sind dies die vier in Bild 285 gezeigten Verschraubungen.
- Die Schraubverbindung zwischen Federbein und oberem Querlenker trennen, d.h. Mutter (3) und Schraube (8) in Bild 274.

Beim Einbau:

- Die oberen und unteren Befestigungen handfest anschrauben und als erstes die vier in Bild 285 gezeigten Schrauben mit 55 Nm am Radhaus anziehen.
- Die Befestigungsschraube für den oberen Querlenker einschlagen und Mutter auf der anderen Seite handfest anziehen (Teile 3 und 8).
- Fahrzeug auf die Räder ablassen und die Befestigung an der Unterseite des Federbeins und des oberen Querlenkers anziehen. Beide Verbindungen werden im Winkelanzug von 90° nachgezogen. Die Federbeinbefestigung zuerst mit 70 Nm, die Querlenkerbefestigung mit 50 Nm anziehe, danach um eine Viertelumdrehung (ohne Drehmomentschlüssel) nachziehen.

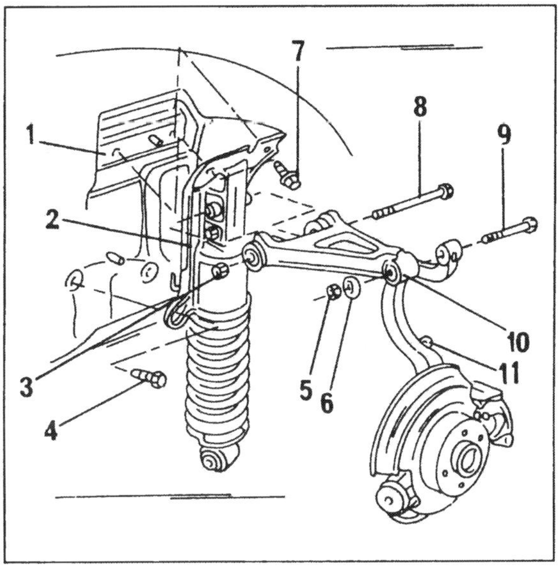

Bild 283
Einzelheiten zum Aus- und Einbau des Federbeins und oberen Querlenkers.
1 Radhaus
2 Federbeineinheit
3 Mutter, immer erneuern, 50 Nm + 90°
4 Schraube mit Scheibe, 55 Nm
5 Mutter, immer erneuern, 50 Nm + 90°
6 Scheibe, immer erneuern
7 Schraube mit Scheibe, 55 Nm
8 Schraube, immer erneuern
9 Schraube, immer erneuern
10 Oberer Querlenker
11 Radlagergehäuse

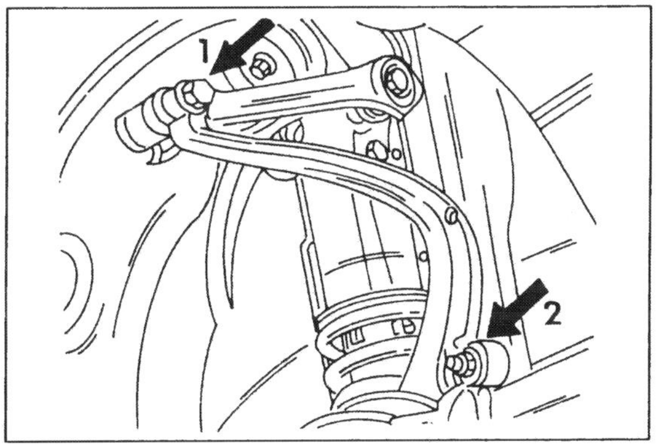

Bild 284
Die Verbindungen (1) und (2) beim Ausbau der Federbeine trennen.

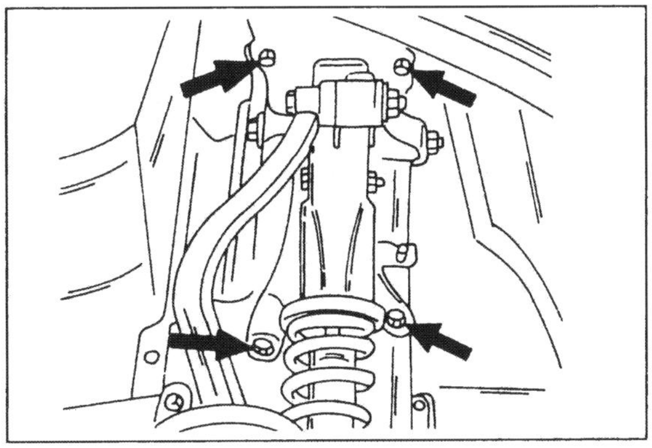

Bild 285
Die obere Federbeinbefestigung. An den vier Stellen sitzen die Befestigungsschrauben.

15.1.2 Federbein zerlegen und zusammenbauen

Das Federbein muss zur Erneuerung der Schraubenfeder oder des Stossdämpferteils zerlegt werden. Schraubenfedern als auch Stossdämpfer sind unterschiedlich für die Normalradaufhängung und die Sportaufhängung. Ein Datenaufkleber gibt Angaben darüber. Es soll noch einmal erwähnt werden "1BA" = Normalaufhängung, "1BE" = Sportaufhängung. Gebraucht werden eine neue Schraube und Mutter für die Verbindung des Federbeins am Federbeinlager (von Audi als Adapter bezeichnet). Weiterhin zu beachten:

- Die Schraubenfedern nur paarweise erneuern.
- Die Stossdämpfer können einzeln erneuert werden. Stossdämpfer können auf Funktionsweise kontrolliert werden, wie es auf Seite 136 beschrieben wurde. Links unten auf der gleichen Seite wird auch erwähnt, was man mit ausgedienten Stossdämpfern macht.

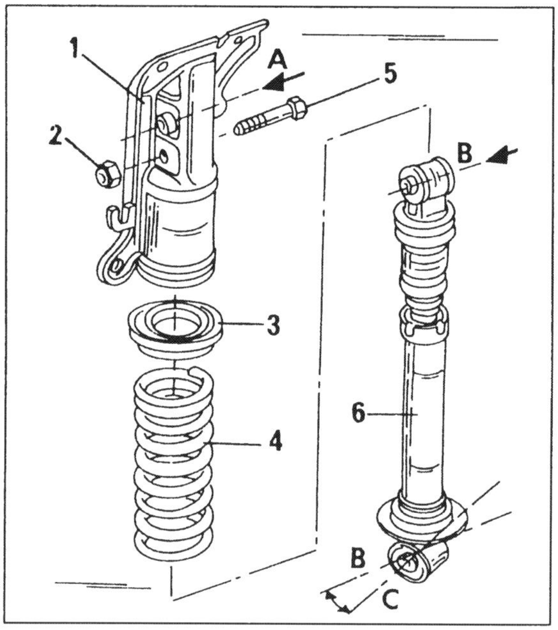

Bild 286
Das zusammengebaute Federbein kann in die gezeigten Teile zerlegt werden. Beim Zusammenbau ist die angegebene Winkelstellung wichtig (Winkelversetzung der oberen zur unteren Federbeinbefestigung).
1 Federbeinlager (Adapter)
2 Selbstsichernde Mutter, 70 Nm
3 Dämpfungsring
4 Schraubenfeder
5 Schraube, immer erneuern
6 Federbein

- Die beiden Federbeinlager an der Oberseite sind unterschiedlich für die linke und rechte Seite. Beim Zerlegen eines Federbeins unter Bezug auf Bild 286 folgendermassen vorgehen:
- Das Federbein mit dem unteren Aufhängungsauge fest in einen Schraubstock einspannen.
- Einen Federspanner an der Feder ansetzen, wie es bei den Federbeinen der Vorderradaufhängung beschrieben wurde (siehe ebenfalls Bild 251).
- Kontrollieren, dass der Federspanner die Feder einwandfrei hält und die selbstsichernde Mutter an der Oberseite lösen. Die Schraube ausschlagen und den Stossdämpfer, die Feder und den Dämpfungsring nach unten abnehmen.

Beim Zusammenbau des Federbeins

- Die bereits oben gegebenen Anweisungen beachten und die zusammengespannte Feder auf das Federbein aufsetzen. Den Wicklungsauslauf der Feder unten gegen den Ansatz an der Federauflage anlegen. An der Oberseite den Dämpfungsring verdrehen, bis dessen Ansatz gegen den Wicklungsauslauf der Feder anliegt. **Wichtig**: Die Farbkennzeichnung der Feder muss an der Unterseite sitzen, der Dämpferring muss mit Talkumpuder eingerieben werden.
- Das Federbeinende in das Federbeinlager einführen, kontrollieren, dass die Feder oben und unten einwandfrei sitzt und die Schraube einschlagen. Die Mutter einstweilen handfest anziehen.
- Der nächste Arbeitsschritt ist kritisch, da der Stossdämpfer und das Federbeinoberteil in eine bestimmte Flucht gebracht werden müssen. Diese ist in Bild 286 an der Unterseite gezeigt. Es bedeutet, dass die gedachten Achsen der beiden Stossdämpferbefestigungen, d.h. Achse "A" zu Achse "B" 0° betragen müssen, während Achse "B" zu Achse "C" einen Winkel von 21°, mit einer Abweichung von nur 2° bilden muss. In der Werkstatt wird zu dieser Arbeit eine Gradscheibe benutzt. Da man diese nicht haben wird, muss man den Winkel gut schätzen.
- Die Schraubenfeder jetzt langsam zurücklassen, wobei die genaue Einbaulage der Feder zu beachten ist.
- Die Schraubenverbindung an der Oberseite jetzt mit 70 Nm anziehen und um eine weitere Viertelumdrehung ohne Drehmomentschlüssel anziehen.

15.2 Obere Querlenker

Der Aus- und Einbau der oberen Querlenker wurde bereits im Zusammenhang mit dem Federbein beschrieben.
Die beiden Gummimetallbüchsen an der Innenseite sowie die einzelne Büchse an der Aussenseite können erneuert werden, jedoch sollte man dies in einer Werkstatt durchführen lassen. Ein Einziehen ohne Spezialwerkzeuge führt oft zu Beschädigung der neuen Büchse. Falls man nach Ausbau festgestellt hat, dass die Büchsen ausgeschlagen sind, kann man den Querlenker in eine Werkstatt bringen.

15.3 Untere Querlenker

Bild 287 zeigt die Befestigung des Querlenkers an der Innenseite. Die Gummimetallager an der Innenseite können erneuert werden, jedoch sollte man das Auspressen und Einpressen einer Werkstatt überlassen. Vorn ist eine einzelne Büchse eingepresst, die hintere Büchse ist geteilt.

15.3.1 Aus- und Einbau

- Radmuttern lockern, das Fahrzeug aufbokken und das Rad abschrauben. Vorteilhaft sollte das Fahrzeug auf einer Hebebühne sitzen oder über einer Montagegrube stehen.
- Das Kabel des ABS-Drehzahlgebers verfolgen und von den Kabelschellen befreien.
- Die Bremsflüssigkeit aus der Anlage entfernen (auspumpen, siehe Kapitel "Bremsen") und die Bremsleitung vom Bremsschlauch trennen. Bild 287 zeigt wo die Teile miteinander verbunden sind. Die Federspange nach Abschrauben der Überwurfmutter an der Leitung aus der Halterung ziehen, um den Schlauch herauszuziehen.
- Die untere Verbindung zwischen dem Querlenker und dem Federbein lösen. Einen Wagenheber unter den Querlenker untersetzen und die Mutter (7) und die Schraube (11) dazu entfernen.
- Das Handbremsseil vom Querträger abmontieren.
- Die Einbaulage der Exzenterschraube (6) genau kennzeichnen, auf der anderen Seite die Lage der Exzenterscheibe (9) kennzeichnen und die Mutter (10) lösen. Die Verbindung zwischen dem Radlagergehäuse und dem Querlenker dient zum Verstellen der Hinterradgeometrie und muss deshalb wieder wie ursprünglich zusammengebracht werden.
- Beide Befestigungsschrauben des Querlenkers vom Nebenrahmen abschrauben. Dies sind die Schrauben (3) und (4) sowie die dazugehörigen Muttern (2). Bild 289 zeigt eine der Befestigungsmuttern.
- Den Querlenker jetzt herausnehmen.

Der Einbau geschieht in umgekehrter Reihenfolge wie der Ausbau unter Beachtung der in Bild 287 angegebenen Anzugsdrehmomente. Nach dem Einbau die Bremsanlage entlüften. Die Einstellung der Hinterräder muss auf jeden Fall überprüft werden lassen, vor allem wenn man den Querlenker erneuert hat oder man hat neue Büchsen einziehen lassen.

15.4 Längslenkerstange, usw.

Bild 290 zeigt die noch nicht gezeigten Teile der Hinterradaufhängung, einschliesslich des Kurvenstabilisators. Der Aus- und Einbau dieser Teile kann unter Bezug auf dieses Bild und anhand

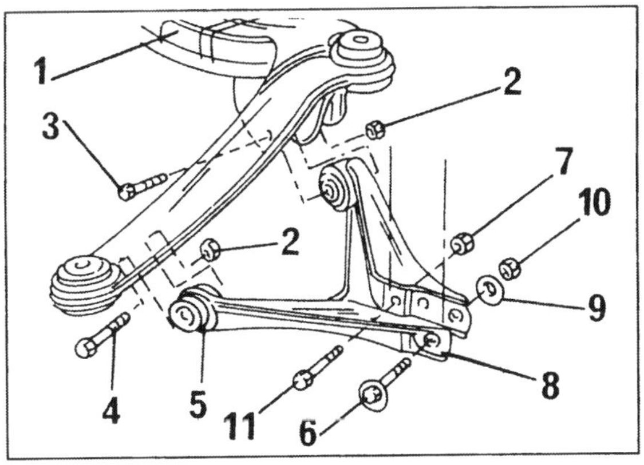

Bild 287
Befestigung eines unteren Querlenkers.
1 Hinterer Nebenrahmen
2 Mutter, 70 Nm + 90°, neu
3 Schraube, erneuern
4 Schraube, erneuern
5 Unterer Querlenker
6 Exzenterschraube
7 Mutter, 70 Nm + 90°, neu
8 Führung für Exzenterschraube und -scheibe
9 Exzenterscheibe
10 Mutter, 95 Nm, neu
11 Schraube, erneuern

Hinweis: Beim Einbau des Querlenkers die Anweisungen auf der nächsten Seite durchlesen.

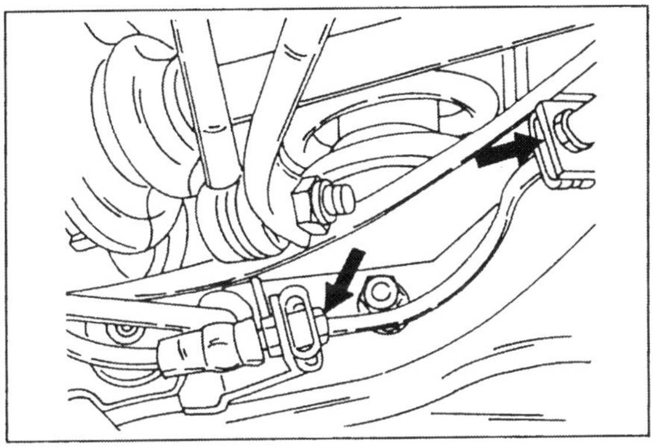

Bild 288
Anschlüsse von Bremsschlauch und Bremsleitung.

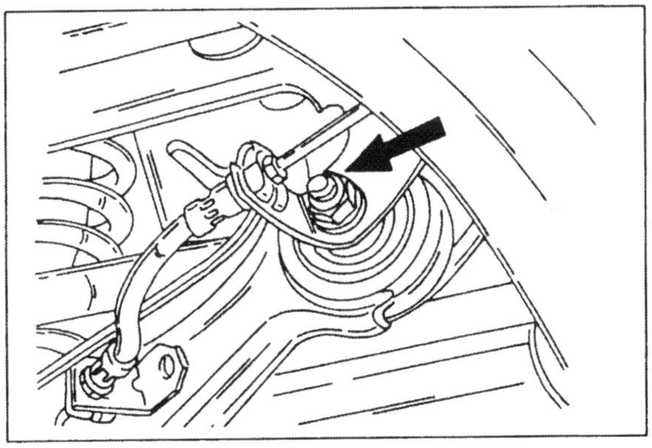

Bild 289
Eine der Befestigungsmuttern des Querlenkers an der Innenseite.

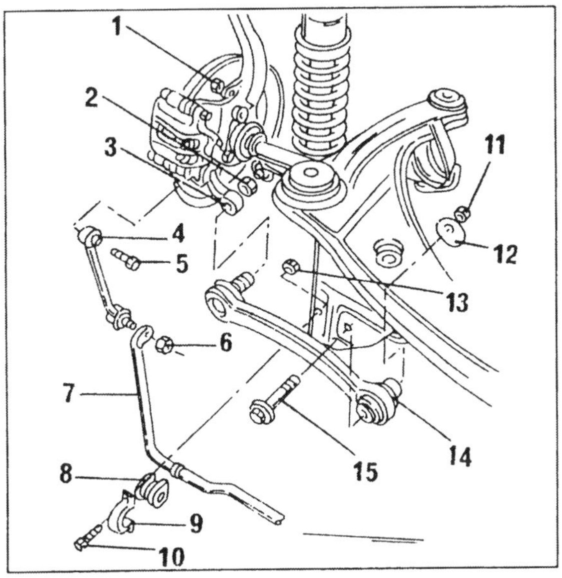

Bild 290
Montageweise des Kurvenstabilisators und der Längslenkerstange. Bestimmte Anweisungen auf der nächsten Seite beachten.
1 Mutter, 50 Nm
2 Mutter, 50 Nm
3 Radlagergehäuse
4 Koppelstange
5 Schraube
6 Mutter, 40 Nm
7 Kurvenstabilisator
8 Büchse
9 Montageschelle
10 Schraube, 25 Nm
11 Mutter, 90 Nm
12 Exzenterscheibe
13 Mutter
14 Längslenkerstange
15 Exzenterschraube

der folgenden Hinweise durchgeführt werden. Die Anzugsdrehmomente sind bereits in der Bildlegende angegeben, bei den zu erneuernden Muttern handelt es sich um selbstsichernde Muttern:

- Die Mutter (1) immer erneuern.
- Die Mutter (2) immer erneuern. Der Wagen muss beim Anziehen der Mutter mit dem Rädern auf dem Boden aufstehen.

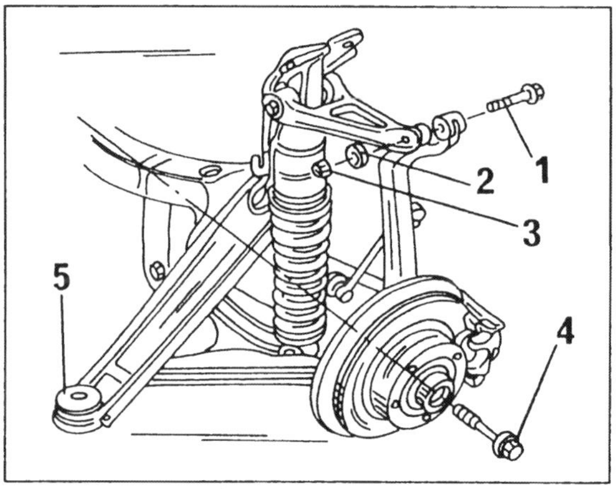

Bild 291
Beim Ausbau einer Antriebswelle zu lösende Teile. Ausserdem die Schrauben an der Innenseite lösen.
1 Schraube, erneuern
2 Scheibe, erneuern
3 Mutter, erneuern, 70 Nm + 90°
4 Schraube, erneuern, 115 Nm + 90°
5 Nebenrahmen

- Das Radlagergehäuse (3) muss zur Erneuerung der Radlager ausgebaut werden. Der Ausbau geschieht nach Lösen des oberen und unteren Querlenkers, Lösen des Längslenkers und anderer angeschlossenen Teile. Dazu gehören die Koppelstange des Stabilisators und die Längslenkerstange. Der Bremssattel muss ebenfalls abgeschraubt werden (mit Drahtschlinge hochbinden), die Bremsscheibe abnehmen.
- Die Koppelstange (4) verbindet den Kurvenstabilisator (7) mit der Hinterradaufhängung.
- Die Mutter (6) immer erneuern.
- Der Kurvenstabilisator (7) sowie die Gummibüchse (8) sind auf die eingebaute Radaufhängung abgestimmt (siehe Datenaufkleber). Beim Erneuern des Stabilisators beachten.
- Die Mutter (11) immer erneuern.
- Die Exzenterscheibe (12) vor dem Ausbau genau kennzeichnen. Beim Einbau die Scheibe wieder in die gleiche Lage bringen, ehe die Mutter angezogen wird. Die Radeinstellung sollte man trotzdem vermessen lassen.
- Der Längslenker, ebenfalls als Spurstange zu bezeichnen, ist am Hebel des Radlagergehäuses mit einem Kugelgelenk befestigt. Zum Anziehen ist deshalb ein Abzieher erforderlich.
- Die Exzenterschraube (15) wird zum Einstellen des Sturzwinkels der Hinterräder benutzt. Vor Ausbau den Kopf der Schraube genau in Einbaulage kennzeichnen und beim Einsetzen wieder in die ursprüngliche Lage bringen (siehe ebenfalls unter 12, Exzenterscheibe). Die Radeinstellung muss man vermessen lassen, vor allem, wenn neue Teile eingebaut wurden.

15.5 Hintere Antriebswellen

Innen und aussen werden homokinetische Gelenke verwendet. Der Gelenkdurchmesser beträgt aussen 89 mm und innen 100 mm.

15.5.1 Aus- und Einbau

Verschiedene Schrauben und Muttern müssen erneuert werden. Diese sind bei der Einbaubeschreibung angegeben. Zu beachten ist der unterschiedliche Ausbau auf der rechten und der linken Seite (linke Seite, Auspuff ausbauen).
Bild 291 zeigt die Radaufhängung mit den zu lösenden Befestigungen. An der Innenseite ist die Welle mit einem Schraubenkranz am Differential verschraubt.

- Die Radschrauben lockern und die Mittelschraube an der Aussenseite der Antriebswelle lockern. Der Wagen muss dabei unbedingt auf dem Boden aufstehen.
- Fahrzeug hinten auf Böcke setzen und das Hinterrad abschrauben. Die Mittelschraube der Achswelle kann jetzt vollkommen ausgeschraubt werden.
- Falls die linke Welle ausgebaut wird, den mittleren Schalldämpfer und den Nachschalldämpfer ausbauen.
- Den ABS-Drehzahlfühler etwas aus der Befestigung in der Achse herausziehen.
- An der Innenseite der Achswelle die sechs Befestigungsschrauben lösen. Unbedingt eine für die Innenverzahnung geeignete Stecknuss dazu benutzen. Die aufgelegte Dichtung abnehmen und wegwerfen. Sie muss erneuert werden.
- Die Befestigungsschraube der Koppelstange für den Stabilisator vom Achsschenkel (Radlagergehäuse) abschrauben. Die Verbindung wurde bereits durch (2) in Bild 284 gezeigt.
- Den Querlenker oben vom Achsschenkel abschrauben. Dabei handelt es sich um die Schraubverbindung (1) in Bild 284.
- Die Achswelle vom Flanschanschluss am Differential abdrücken, das innere Ende nach unten senken und etwas seitlich abknicken und das Wellenende aus der Radnabe herausziehen.

Vor Einbau der Welle eine neue Dichtung für den Achswellenflansch, eine neue Schraube für die Achswelle, Schraube, Mutter und Scheibe der oberen Querlenkerbefestigung und eine neue Mutter für die Koppelstange bereitlegen.

- Die Schutzfolie von der neuen Dichtung abziehen und auf den Innenflansch der Welle aufkleben.
- Die Welle in die Radnabe einschieben und dann mit dem Flanschantrieb verbinden. Die Unterlegplatten unter je zwei der Schrauben legen, die Schrauben eindrehen und anziehen (40 Nm).

- Die Radaufhängung wieder zusammenbauen. Den Querlenker zunächst nur handfest anziehen. Die Mutter der Koppelstange sofort mit 50 Nm anziehen.
- Falls ausgebaut, die Auspuffanlage wieder montieren.
- Fahrzeug auf die Räder ablassen, die neue Mittelschraube in die Welle eindrehen und die Handbremse anziehen. Die Schraube jetzt mit einem Anzugsdrehmoment von 115 Nm anziehen und aus dieser Stellung um weitere 90° ohne Drehmomentschlüssel nachziehen. Den Winkel gut einhalten.
- Die Querlenkerverschraubung kann jetzt ebenfalls angezogen werden, verbunden mit den üblichen Schwierigkeiten, wenn das Fahrzeug auf den Rädern steht. Das Voranzugsdrehmoment beträgt 70 Nm, danach ohne Drehmomentschlüssel um eine weitere Viertelumdrehung nachziehen.
- Abschliessend den ABS-Fühler wieder bis zum Anschlag einschieben. Die Radschrauben festziehen.

15.5.2 Antriebswellenreparatur

Die Reparatur einer Antriebswelle geschieht in gleicher Weise wie es auf den Seiten 113 und 114 beschrieben wurde (vordere Antriebswelle). Eingebaut ist die in Bild 227 gezeigte Welle. Die beiden Gelenke können nur komplett erneuert werden. Beim Kauf von neuen Gelenken den Durchmesser des betreffenden Gelenks beachten.

15.6 Radeinstellung

Sturz und Spureinstellung der Hinterräder werden durch die eingebauten Exzenterschrauben

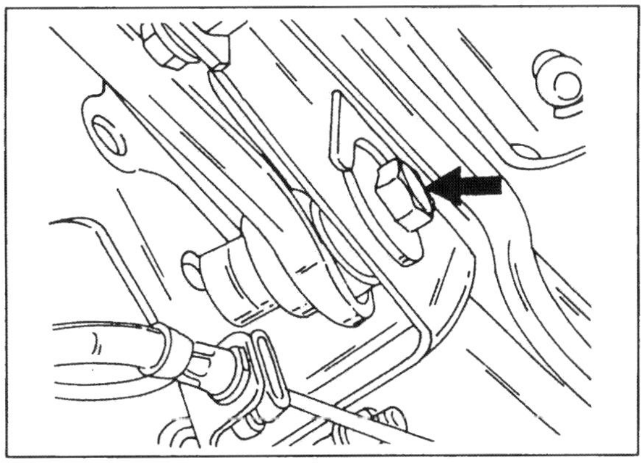

Bild 292
Der Pfeil weist auf den Kopf der Exzentereinstellschraube für die Einstellung der Radspur.

und Exzenterscheiben verstellt. Da zum Messen einwandfreie, optische Geräte erforderlich sind und die Spureinstellung (an der Spurstange, d.h. der Längslenkerstange) sowie die Sturzeinstellung (an der Aussenseite des unteren Querlenkers) an verschiedenen Stellen durchgeführt werden, sollte man die Arbeit einer Werkstatt überlassen.
Es soll jedoch kurz auf die Wirkungsweise der Einstellung eingegangen werden:

Zum Einstellen des Sturzes wird die Mutter (10) in Bild 287 gelockert und die Schraube (6) verstellt. Die Schraube hat einen Einstellbereich einer Viertelumdrehung nach links oder rechts. Eine in die Querlenker eingeschweisste Führung dient zur Sicherung des Exzenters. Nach der Einstellung wird die Mutter wieder mit 95 Nm angezogen. Eine neue Mutter wird immer verwendet.

Einstellen der Radspur
Die Mutter (11) in Bild 290 wird gelockert und die Exzenterschraube (15) verstellt. Die Schraube hat einen Einstellbereich von 90° (¼ Umdrehung) nach links und rechts. Bild 292 zeigt wo die Verbindung an der Radaufhängung sitzt. Die Mutter ist selbstsichernd und muss erneuert werden. Das Anzugsdrehmoment beträgt 70 Nm + 90°.

16 Die Bremsanlage

Alle vier Räder haben Scheibenbremsen. Die Bremsscheiben der Fahrzeuge mit Turbomotor sind belüftet. Ebenfalls serienmässsig ist ein Anti-Blockier-System (ABS) von Bosch eingebaut. Die letzte von Bosch entwickelte Anlage mit elektronisch gesteuerter Bremskraftverteilung "EBV" gewährleistet ein sicheres Ansprechen der Bremsen unter den verschiedenen Fahrbedingungen. Auf den früher verwendeten mechanischen Brems-

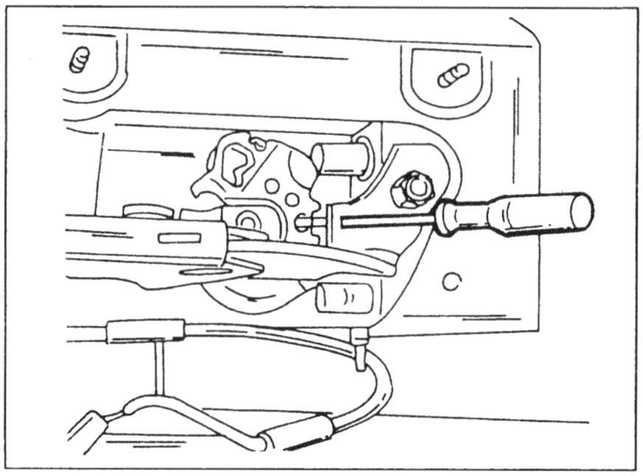

Bild 293
Einen Schraubendreher an der gezeigten Stelle einsetzen, um den Ausgleichsbügel in Mittelstellung zu fixieren.

kraftregler konnte dadurch verzichtet werden. Um kurz auf die "EBV" einzugehen:

- Bei Geradeausfahrten bremsen die Hinterradbremsen in gleicher Weise wie die Vorderradbremsen.
- Um bei Kurvenfahrten unter Bremsung die Bremsauswirkung auf die Hinterräder zu verringern, um ein Ausbrechen des Fahreuges zu vermeiden, wird dem Steuergerät durch die eingebauten ABS-Drehzahlfühler der vier Räder mitgeteilt, ob das Fahrzeug geradeaus oder durch eine Kurve fährt. Bei Erkennung einer Kurvenfahrt wird der Druck auf die Hinterradbremsen automatisch reduziert.

Ebenfalls kann beim A4 eine elektronische Differentialsperre, kurz mit "EDS" bezeichnet, eingebaut sein (serienmässig beim Quattro). Diese arbeitet ebenfalls in Verbindung mit der ABS-Bremsanlage. Je nach Beschaffenheit der Fahrbahn werden bis zu drei Räder beim Quattro oder ein Rad bei Frontantrieb mehr abgebremst, als die verbleibenden Räder.

Eine weitere Einrichtung in Verbindung mit der ABS-Anlage ist die sogenannte Antriebs-Schlupf-Regelung (ASR), die jedoch nicht bei Fahrzeugen mit Vierzylindermotor eingebaut ist. Diese hat die gleiche Aufgabe wie die Differentialsperre, wird aber zusätzlich von der Motorsteuerung reguliert. Der Sinn dieser Einrichtung ist ein Vermeiden der Durchdrehung der Vorderräder, ganz gleich wie fest das Fahrpedal durchgetreten wird.

Hinweis: Bei Arbeiten an den Bremssätteln muss man angesammelten Bremsstaub entfernen. Falls man dazu Pressluft benutzt, empfehlen wir dringend, dass man sich eine Gesichtsmaske aufsetzt, wie sie z.B. von Autolakkierern getragen wird.

Von ATE oder Girling (Lucas) gelieferte Scheibenbremsen sind eingebaut.

Die Anlage ist als Zweikreissystem ausgebildet, d.h. jeder Abschnitt des Hauptbremszylinders übernimmt in diagonal geteilter Form die Abbremsung von jeweils zwei Rädern.

Die Bremsanlage ist serienmässig mit einem Bremskraftverstärker ausgerüstet.

16.1 Einstellen der Bremsen

16.1.1 Fussbremse (Betriebsbremse)

Die Scheibenbremsen brauchen nicht nachgestellt werden, da ein automatischer Nachstellmechanismus dafür sorgt, dass die Kolben näher an die Bremsscheiben gestellt werden, wenn sich das Belagmaterial im Laufe des Betriebs abnutzt. Die Hinterradbremsen müssen jedoch in ihre Grundeinstellung gebracht werden, wie es später beim Erneuern der Bremsklötze beschrieben wird.

16.1.2 Handbremse

Eine Einstellung der Handbremse ist aufgrund der Selbstnachstellung der Scheibenbremsen normalerweise nicht erforderlich. Die Handbremse muss eingestellt werden, falls Handbremsseile, Bremssättel oder die Handbremszugstange und auch die Bremsscheiben erneuert wurden. Der Einstellmechanismus der Handbremse wurde neu konstruiert, d.h. es könnte sein, dass sie eine derartige Verstellung das erste Mal sehen. Vorausgesetzt, dass die Fussbremse einwandfrei entlüftet ist und sonst einwandfrei arbeitet, folgendermassen vorgehen:

- Bremspedal mindestens einmal kräftig durchtreten.
- Die Handbremse lösen (Handbremshebel nach unten).
- Die hinteren Aschenbecher ausbauen, um an die Rückseite des Handbremshebels zu kommen.
- Den Ausgleichsbügel am Handbremshebel mit einem Schraubendreher in Mittelstellung bringen, um ihn am Verdrehen zu hindern. Dazu die Klinge wie in Bild 293 gezeigt einsetzen.
- Die Rückseite des Fahrzeuges auf Böcke setzen.
- Das Handbremsseil an der Nachstellvorrichtung entsperren. Bild 294 zeigt den Einsteller. Am Ende befindet sich eine Sicherungsspange (4). Diese herausziehen und die Einstellmutter (3)

bis zum Anschlag eindrehen.

- Die Grobverstellung (2) der Nachstellvorrichtung zusammenschieben.
- Jetzt die Einstellmutter der Nachstellvorrichtung (3) so weit herausdrehen, bis die Rille für die Sicherungsspange (4) sichtbar wird. Die Sicherungsspange wieder einschieben.
- Den Grobversteller beider Bremsseilaussenhüllen gleichmässig auseinanderziehen, bis die Bremsseile gespannt sind, ohne dass sich die Betätigungshebel an den Bremssätteln von ihren Anschlägen abheben. Die Lage der Versteller an den Seilen kann in Bild 295 gesehen werden.
- Den Schraubendreher wieder aus dem Ausgleichsbügel am Handbremshebel herausziehen und den Handbremshebel dreimal anziehen.
- Die Vorspannung der Handbremsseile jetzt nachprüfen. Dazu sieht man sich die beiden hinteren Bremssättel an. An beiden Betätigungshebeln muss ein Spalt von höchstens 1,5 mm zwischen dem Hebel und dem Anschlag am Bremssattel vorhanden sein (Handbremse gelöst). Falls dies nicht der Fall ist, kann man eine Nachstellung am Feineinsteller (1) in Bild 294 vornehmen.
- Bei abgestelltem Motor das Bremspedal mehrere Male auf Druck pumpen.
- Kontrollieren, dass sich die Räder frei drehen lassen.
- Handbremshebel anziehen und kontrollieren, dass die Räder fast feststehen, wenn man auf der dritten Raste angekommen ist und vollkommen blockiert sind, wenn man den Hebel auf die vierte Raste gezogen hat.

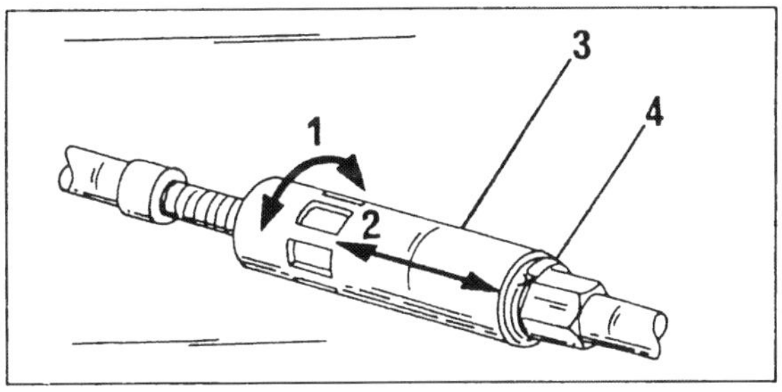

Bild 294
Ein Einsteller der Handbremsseile.
1 Feinversteller
2 Grobversteller
3 Einsteller
4 Sicherungsspange

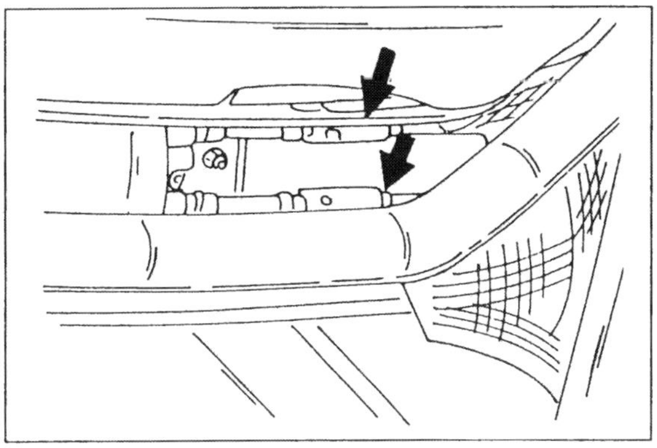

Bild 295
Die beiden Einsteller der Handbremsseile liegen an den gezeigten Stellen.

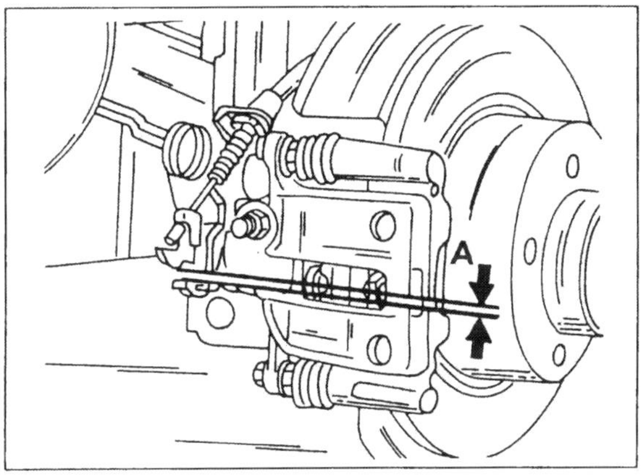

Bild 296
Zur Kontrolle der Handbremseinstellung den Spalt "A" zwischen dem Betätigungshebel und dem Anschlag am Bremssattel auf beiden Seiten kontrollieren.

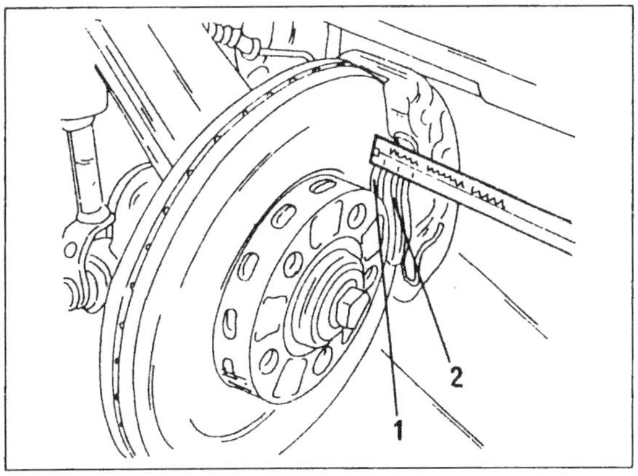

Bild 297
Die Bremsbelagstärke wird zwischen der Kante der Metallplatte (2) und der Bremssscheibe (1) gemessen.

16.2 Vorderradscheibenbremsen

16.2.1 Beläge prüfen

Eine Warnleuchte für auftretenden Bremsklotzverschleiss ist nicht länger vorhanden, d.h. man muss die Stärke des noch verbleibenden Bremsklotzmaterials schon mal ausmessen. Die Bremsklötze sollten eine Lebensdauer von ca. 50 000 km haben, so dass man eine Prüfung um diese Kilometerleistung herum vornehmen sollte.
Nach einer Faustregel entspricht 1 mm Bremsbelag einer Fahrleistung von mindestens 1000 km. Diese Faustregel gilt unter ungünstigen Bedingungen. Im Normalfall halten die Beläge sehr viel länger.
Zu einer Schnellkontrolle, die man regelmässig durchführen kann, mit einer Taschenlampe durch einen Durchbruch der Radfelge in den Bremssattel leuchten. Bei einer ernsthaften Kontrolle das Vorderrad abnehmen, um die Klötze besser sehen zu können. Bei einer Belagsstärke von 7 mm ist die Verschleissgrenze erreicht und die Beläge müssen ausgewechselt werden. Die Rückenplatte der Beläge wird dabei mitgemessen. Diese hat eine Stärke von 5 mm, d.h. der verbleibende Belag muss noch 2,0 mm betragen. Gemessen wird dabei anhand von Bild 297.

16.2.2 Bremsklötze erneuern

An die Arbeit sollte man sich nur herantrauen, wenn man einige Erfahrungen mit Bremsen hat. Die Verkehrssicherheit und Ihre eigene Sicherheit hängen davon ab.

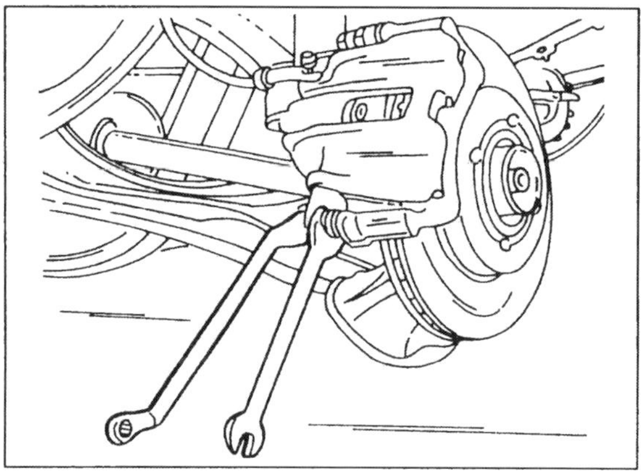

Bild 298
Lösen des Führungsbolzens und der Schraube eines vorderen Bremssattels. Die obere Schraube unter keinen Umständen lockern. Sie würde ihre Sicherungsfähigkeit verlieren, müsste also erneuert werden.

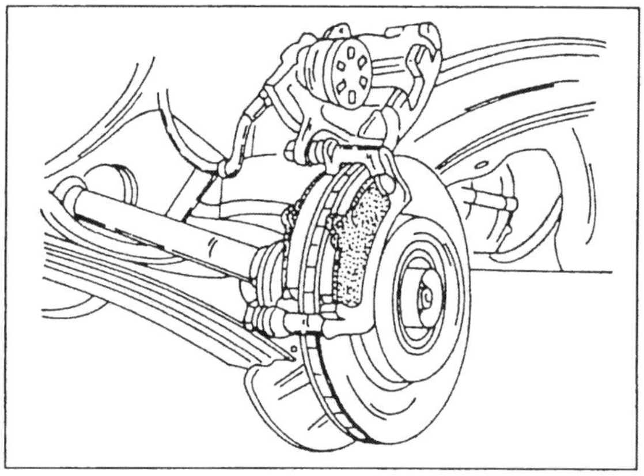

Bild 299
Das Bremssattelgehäuse nach Lösen der unteren Schraube nach oben schwenken. Bremsklötze und Wärmeschutzblech liegen jetzt frei.

Achtung: Bremsklötze nur im Satz erneuern. Auch niemals Klötze von einer Seite auf die andere überwechsel, um etwaigen Verschleiss auszugleichen. Wie müssen ebenfalls darauf bestehen, dass man nur von Audi genehmigte Teile einbauen darf.

Zwei verschiedene Bremssattelausführungen werden in der A4-Baureihe eingebaut. Beide werden auf den folgenden Seiten behandelt. Erkennen kann man die eingebaute Ausführung am Bremssattel. Bei einem ATE (Teves)-Bremssattel sind die Bezeichnung ATE und die vier Audi-Ringe eingezeichnet. Ebenfalls werden Innensechskantschrauben bei ATE verwendet, die sich unter Gummikappen versteckt halten.

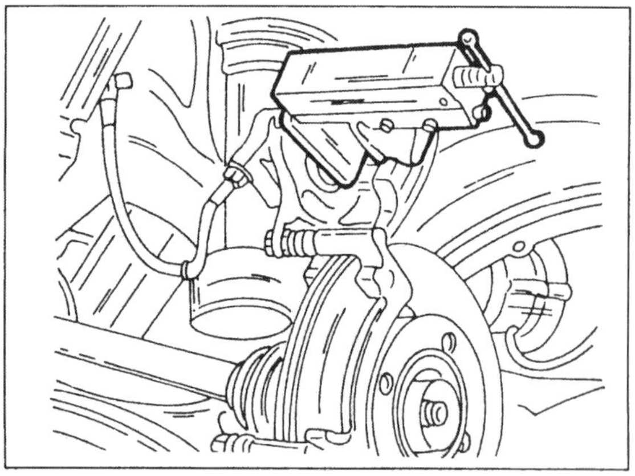

Bild 300
Kolben müssen vor Einbau der neuen Bremsklötze in die Bohrung gestossen werden. Hiermit einer Spezialzange gezeigt.

Girling-Bremsen

- Zylindergehäuse von Hand nach aussen ziehen. Dadurch wird der Kolben zurückgedrückt. Vor dem Zurückdrücken etwas Bremsflüssigkeit aus dem Bremsflüssigkeitsbehälter absaugen, da sonst Bremsflüssigkeit auslaufen und zu Schäden führen kann. Besonders wenn der Vorratsbehälter voll ist, kann er sofort überlaufen. Bremsflüssigkeit ist giftig! Die Bremsflüssigkeit nicht mit dem Mund über einen Schlauch absaugen, sondern einen Saugheber benutzen. Die Bremsflüssigkeit in einer Flasche aufbewahren, die nur mit Bremsflüssigkeit in Berührung kommt.
- Untere Sechskantschraube für das Zylindergehäuse herausschrauben. Dazu den Führungsbolzen in der Innenseite mit einem Gabelschlüssel gegenhalten, um die Schraube mit einem Ringschlüssel zu lösen, wie man es in Bild 298 sehen kann. Nur die untere Schraube wird gelöst.
- Zylindergehäuse nach oben schwenken (Bild 299) und die Bremsklötze herausziehen. Die Wärmeschutzbleche von den Bremsklötzen abnehmen. Unbedingt darauf achten, wie diese eingesetzt sind, um sie wieder in gleicher Weise anzuordnen.

Die Führungsfläche, bzw. Sitz im Gehäuseschacht, wenn möglich mit Pressluft reinigen, sonst mit einem Lappen. Keine mineralölhaltigen Lösungsmittel oder scharfkantige Werkzeuge verwenden. Die Schutzkappe und den Klemmring im Bremssattel auf einwandfreien Sitz kontrollieren. Beschädigte, spröde bzw. hartgewordene Schutzkappen müssen erneuert werden.

Vor dem Einbau der Bremsklötze die Bremsscheibe überprüfen. Bei spürbaren Riefen muss die Bremsscheibe ausgebaut und abgedreht, bzw. erneuert werden (siehe ebenfalls Kapitel 16.4).

Beim Einbau der Bremsklötze folgendermassen vorgehen:

- Die Wärmeschutzbleche in alter Lage über den Kolben setzen (neue Bleche verwenden, siehe unten).
- Die Bremsklötze einsetzen. Eventuell den Kolben weiter eindrücken. Dazu steht eine sogenannte Kolbenrückstellzange zur Verfügung, welche man wie in Bild 300 gezeigt ansetzt. Falls sie nicht zur Verfügung steht (Werkzeugausleihstationen könnten sie haben), muss man den Kolben mit einem Stück Holz eindrücken — **Achtung** — Der Vorratsbehälter könnte erneut überlaufen.
- Das Zylindergehäuse nach unten schwenken (ohne dabei gegen die Bremsklötze anzustossen) und mit den neuen, selbstsichernden Schrauben befestigen. Die Führungsbolzen gegenhalten, wie es in Bild 298 gezeigt ist. Das Anzugsdrehmoment beträgt 30 Nm. *Dabei muss man beachten, dass der zum Gegenhalten benutzte Gabelschlüssel nicht zu breit ist. Es würde bedeuten, dass man den*

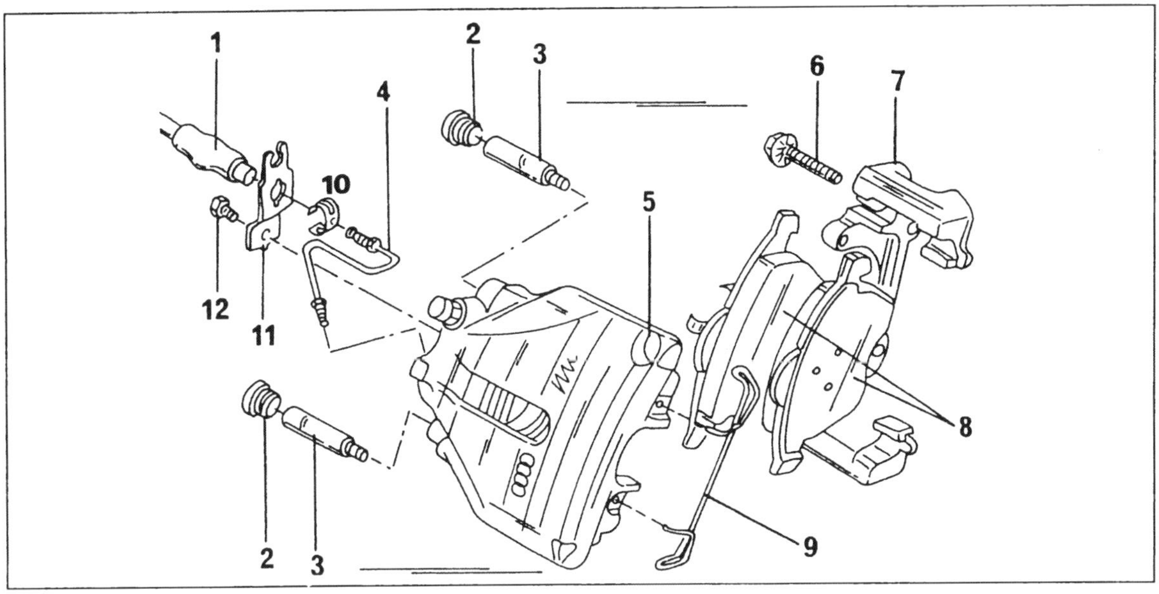

Bild 301
Die Einzelteile eines ATE-Teves-Bremssattels.
1 Bremsschlauch
2 Schutzkappen für Schrauben
3 Führungsbolzen, 25 Nm
4 Bremsleitung
5 Bremssattelzylinder
6 Rippschraube, 125 Nm
7 Bremssattelträger
8 Bremsklötze
9 Haltefeder
10 Siicherungsfederblech
11 Schlauchhalteblech
12 Schraube

"Gabelschlüssel festzieht", ohne das Drehmoment voll zu erhalten. Ausserdem ist der im Bild gezeigte Ringschlüssel natürlich durch eine Stecknuss mit Drehmomentschlüssel zu ersetzen.
Jedem Original Audi-Reparatursatz Bremsklötze liegen für jeden Bremssattel neue Schrauben bei. Diese Schrauben sind in jedem Fall zu benutzen. Der Reparatursatz enthält ausserdem die beiden Wärmeschutzbleche.

- Bremspedal im Stand mehrmals kräftig durchtreten, damit die Bremsklötze einen dem Betriebszustand entsprechenden Sitz einnehmen.
- Bremsflüssigkeitsstand im Vorratsbehälter berichtigen.

Denken Sie daran, dass sich die Bremsklötze zuerst "einbetten" müssen. Am Anfang die Bremsen deshalb mit dem nötigen Gefühl behandeln.

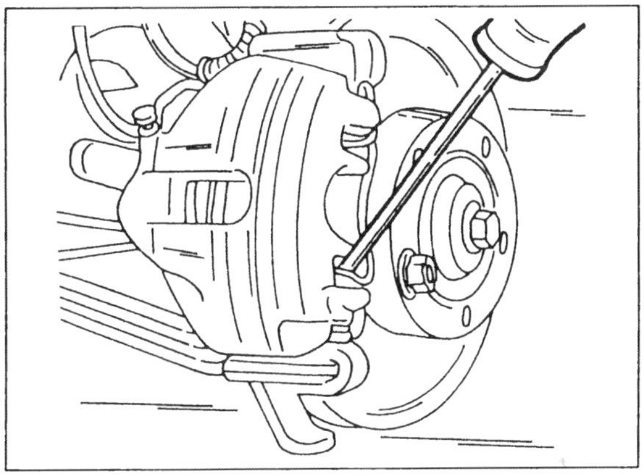

Bild 302
Aushebeln der Haltefeder aus dem Bremssattel.

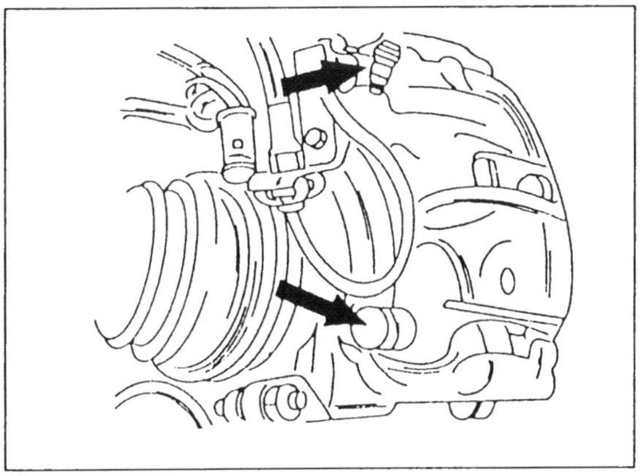

Bild 303
Die mit dem Pfeil gezeigten Schutzkappen über den Führungsbolzen entfernen, ehe man an die Schraubenköpfe kommen kann.

Teves (ATE)-Scheibenbremsen

Der Bremsbelagverschleiss der vorderen Bremsklötze wird in gleicher Weise kontrolliert wie es bei den Girling-Bremsen im letzten Kapitel beschrieben wurde.
Die Bremssättel haben das in Bild 301 gezeigte Aussehen. Falls die Bremsklötze wieder eingebaut werden sollen, sind sie entsprechend ihrer Seitenzugehörigkeit, auch innen und aussen, zu zeichnen.

- Vorderräder auf beiden Seiten abschrauben.
- Einen Schraubenzieher in der in Bild 302 gezeigten Weise in die Haltefeder einsetzen und sie aus ihrer Befestigung im Bremssattelgehäuse aushaken.
- Die in Bild 303 gezeigte Kappen aus den Öffnungen für die Schrauben entfernen und die darunterliegenden Führungsbolzen mit einem Inbusschlüssel herausdrehen (Bild 304) und herausziehen.
- Den Bremssattel abheben und mit einem Stück Draht an geeigneter Stelle festbinden. Nicht den Bremssattel am Schlauch hängen lassen.
- Die Bremsklötze links und rechts der Bremsscheibe abnehmen. Der innere Belag wird mit der Halteklammer aus dem Kolben genommen. Der äussere Belag wird vom Bremssattel genommen.

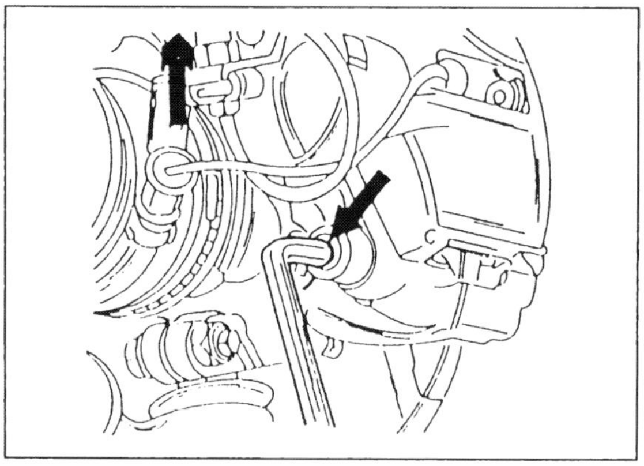

Bild 304
Nach Lösen der Inbusschrauben den Bremssattel abnehmen und mit Draht festbinden.

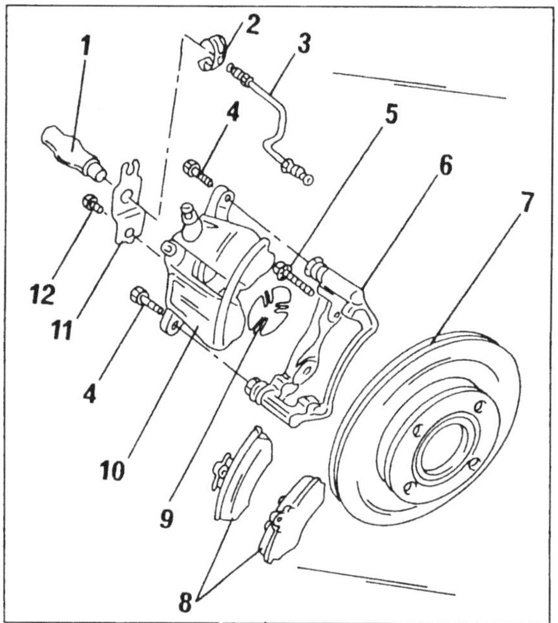

Bild 305
Die Einzelteile eines Girling-Bremssattels. Der Bremssattelträger (6) wird mit Führungsbolzen und Schutzkappen geliefert.
1 Bremsschlauch
2 Halteklammer
3 Bremsleitung, 15 Nm
4 Selbstsichernde Schraube, 30 Nm
5 Rippschraube, 125 Nm
6 Bremssattelträger
7 Bremsscheibe
8 Bremsklötze
9 Wärmeschutzblech
10 Bremssattelzylinder
11 Halter, am Bremssattelgehäuse angeschraubt
12 Schraube, 10 Nm

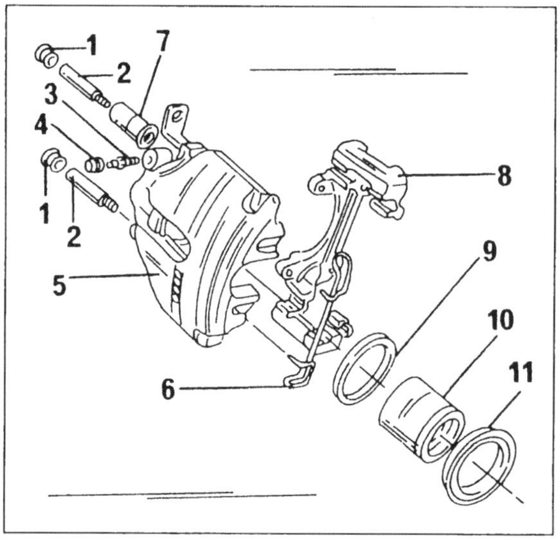

Bild 306
Zerlegter ATE-Teves-Bremssattel.
1 Abdeckkappen
2 Führungsbolzen, 25 Nm
3 Entlüftungsschraube
4 Staubschutzkappe
5 Bremszylindergehäuse
6 Haltefeder
7 Kunststoffbüchse
8 Bremssattelträger
9 Zylinderdichtring
10 Zylinderkolben
11 Schutzkappe

Manchmal klebt er sehr fest. In diesem Fall mit einem Schraubenzieher abhebeln.
Die Führungsfläche, bzw. Sitz im Gehäuseschacht, wenn möglich mit Pressluft reinigen, sonst mit einem Lappen. Keine mineralölhaltigen Lösungsmittel oder scharfkantige Werkzeuge verwenden. Schutzkappe und Klemmring im Bremssattel auf einwandfreien Sitz kontrollieren. Beschädigte, spröde bzw. hartgewordene Schutzkappen müssen erneuert werden.
Vor dem Einbau der Bremsklötze die Bremsscheibe überprüfen. Bei spürbaren Riefen muss die Bremsscheibe ausgebaut und abgedreht, bzw. erneuert werden (siehe ebenfalls Kapitel 16.4).
Beim Einbau der Bremsklötze folgendermassen vorgehen:

- Reste der Klebefolie an den Anlageflächen des äusseren Bremsklotzes entfernen.
- Den Kolben in die Bohrung hineindrücken. Normalerweise wird dazu eine Zwinge verwendet, mit welcher man den Kolben hineindrückt (siehe auch Bild 300). Falls der Vorratsbehälter des Hauptbremszylinders ziemlich voll ist, kann er dabei überlaufen. Um dies zu vermeiden, muss man etwas Flüssigkeit aus dem Behälter absaugen.
- Bremsklötze einsetzen. Die äusseren Bremsklötze sind auf der Metallplatte mit einer Klebefolie abgedeckt. Diese muss, ohne Reststücke zu hinterlassen, entfernt werden. Beim Einsetzen nicht die Klebsubstanz an der Metallplatte beschädigen. Die inneren Bremsklötze mit der Halteklammer in den Zylinderkolben einsetzen.
- Den Bremssattel vorsichtig über Bremsklötze und Bremsscheibe setzen und die beiden Schrauben eindrehen. Die Inbusschrauben einschrauben (alte Schrauben wieder verwenden) und abwechselnd anziehen, bis eine Anzeige von 25 Nm am Drehmomentschlüssel erhalten wird. Dies bedeutet, dass man einen geraden Inbusschlüssel haben muss. Wird der in Bild 304 gezeigte Inbusschlüssel benutzt, muss man das Drehmoment schätzen (sollte vermieden werden).
- Bremspedal im Stand mehrmals kräftig durchtreten, damit die Bremsklötze einen dem Betriebszustand entsprechenden Sitz einnehmen und sich gut gegen die Bremsscheibe anlegen können.
- Bremsen am Anfang mit Gefühl behandeln, damit sich die neuen Bremsklötze gut "einbetten" können.

16.2.3 Vorderrad-Bremssättel überholen

Die Überholung der beiden Bremssattelausführungen findet in ähnlicher Weise statt. Bilder 306 und 307 zeigen Montagebilder der beiden Bremssättel. Bremssättel sollten nur unter den folgenden Bedingungen erneuert werden:

- Man hat die notwendige Erfahrung mit hydraulischen Bremssteilen.
- Man kann einen Reparatursatz für den Bremssattel erhalten.

Da der Bremssattel nach der Überholung vorentlüftet werden muss, besorgt man sich ein sogenanntes "Ein-Mann"-Entlüftungsgerät, da es sonst schwer sein wird, die Flüssigkeit durch den Bremssattel zu pumpen.

Die folgenden Anweisungen sind allgemein für beide Bremssattelausführungen gegeben.

- Den Zylinder in einen Schraubstock einspannen und den Staubschutzring von Zylinder und Kolben abheben (Schraubenzieher).
- Ein Stück Holz in die Aussparung vor dem Kolben einlegen und mit einer Pressluftleitung den Kolben aus der Bohrung blasen (siehe Bild 308).
- Mit einem Schraubenzieher vorsichtig den Dichtring aus der Innenseite der Zylinderbohrung herausheben, wie es Bild 309 zeigt, ohne dabei die Bohrung zu beschädigen.
- Alle Teile gründlich reinigen und, falls der Zylinder sich in gutem Zustand befindet, die Teile des Reparatursatzes beim Zusammenbau verwenden. Unbedingt den richtigen Reparatursatz entsprechend dem Baujahr beziehen.
- Den neuen Dichtring mit Bremsflüssigkeit oder Bremsfett eingeschmiert einsetzen.
- Den Staubschutzring mit der äusseren Dichtlippe am Kolben anbringen und die Kolbenfläche mit Flüssigkeit oder Bremsfett einschmieren.
- Den Kolben in den Zylinder hineindrücken und die innere Dichtlippe des Staubschutzringes am Zylinder anbringen, nachdem der Kolben angesetzt worden ist. Dazu benutzt man einen kleinen Schraubenzieher, wie es in Bild 310 gezeigt ist. Der Bremssattel wird in einen Schraubstock eingespannt.
- Mit einer Spannzwinge den Kolben langsam in die Bohrung des Zylinders hineindrücken. Die äussere Dichtlippe des Staubschutzringes springt in die Rille des Kolbens sobald sie gegenüber liegt.
- Der Bremssattel sollte jetzt vorentlüftet werden. Falls Sie im Besitz eines im Handel erhältlichen "Ein-Mann"-Entlüftungsgerätes sind, den Schlauch auf die Entlüftungsschraube aufstekken und die Schraube öffnen. Aus der Flasche des Geräts Bremsflüssigkeit einpumpen, bis diese wieder aus dem Anschluss für den Bremsschlauch austritt. Der Bremssattel muss dabei in der in Bild 311 gezeigten Lage gehalten werden.

16.2.4 Vorderen Bremssattel aus- und einbauen

Die beiden Bremssättel sind mit sogenannten Rippschrauben befestigt. Eine Rippschraube hat hinter dem Sechskantkopf eine feinverzahnte

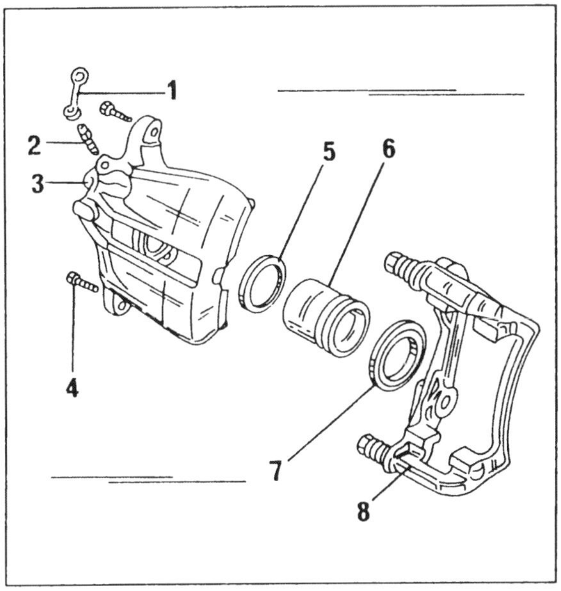

Bild 307
Zerlegter Girling-Bremssattel.
1 Staubschutzkappe
2 Entlüftungsschraube
3 Bremssattelzylinder
4 Selbstsichernde Schraube, erneuern, 30 Nm
5 Zylinderdichtring
6 Zylinderkolben
7 Staubschutzring
8 Bremssattelträger mit Führungsbolzen und Schutzmanschetten

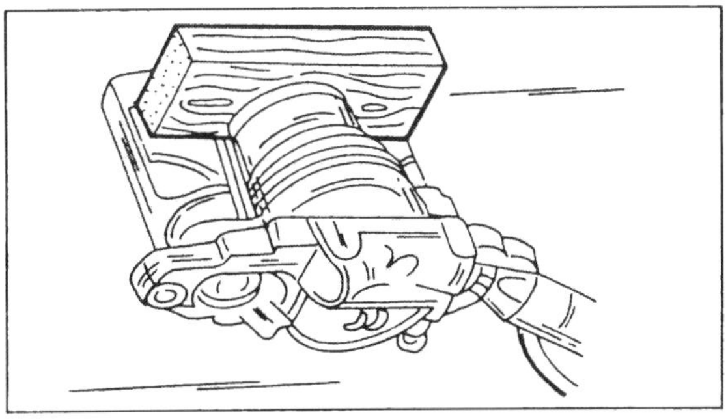

Bild 308
Ausblasen des Kolbens eines Bremssattels.

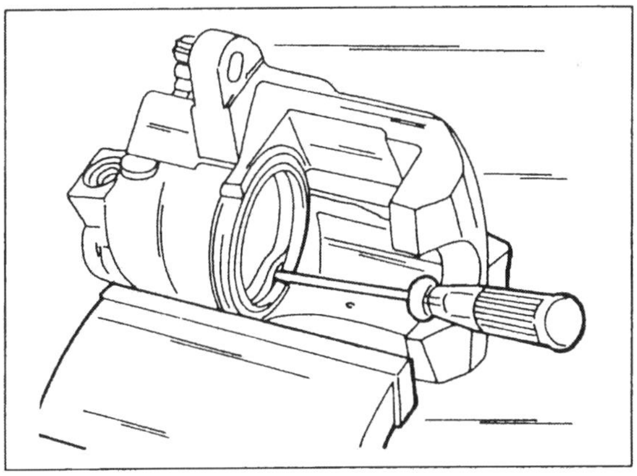

Bild 309
Herausnehmen des Zylinderdichtringes aus der Innenseite eines Bremssattels.

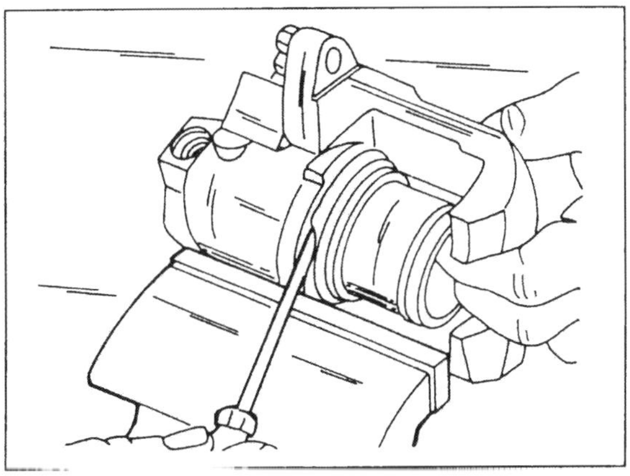

Bild 310
Den Staubschutzring vorsichtig mit einem Schraubenzieher in die Rille einschieben, während der Kolben langsam eingeschoben wird.

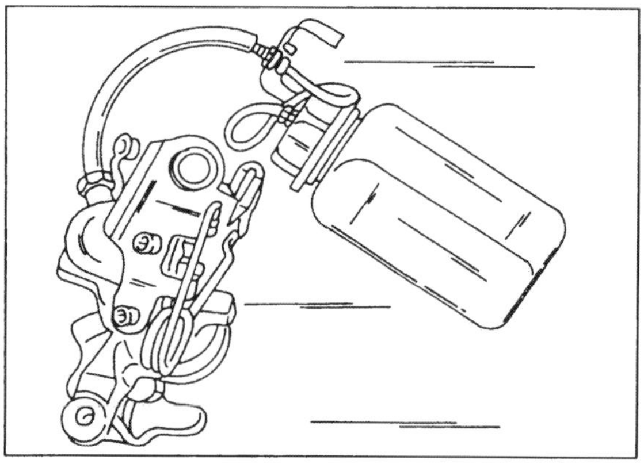

Bild 311
Entlüften eines Bremssattels. Das im Text erwähnte Gerät entsprechend ansetzen. Andernfalls entsprechend den Anweisungen beim Zusammenbau eines hinteren Bremssattels vorgehen (Kapitel 16.3.3, Seite 152).

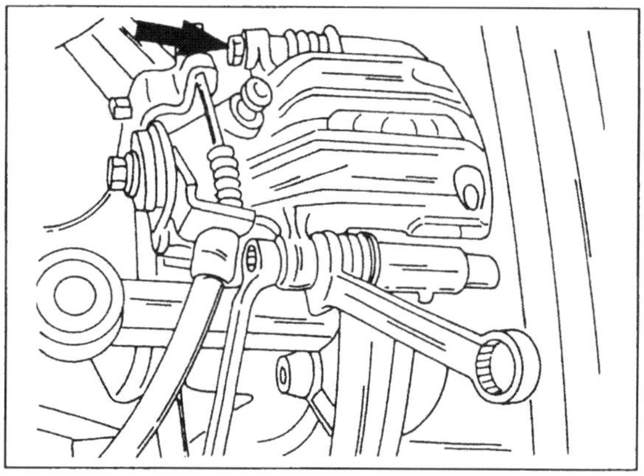

Bild 312
Lösen eines hinteren Bremssattels an der Unterseite. Die obere Schraube (Pfeil) in gleicher Weise lösen. Das Sechskant an der Innenseite mit einem Gabelschlüssel gegenhalten.

Fläche, die der Schraube nach dem Anziehen einen positiven Halt gibt, d.h. sie kann sich nicht von selbst lösen. Die Schrauben auf keinen Fall durch beliebige Schrauben ersetzen. Da die Schrauben wieder verwendet werden können,

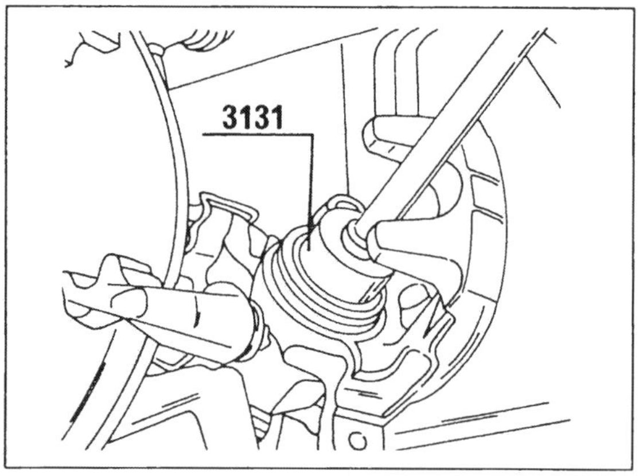

Bild 313
Einschrauben des Kolbens in den Bremssattelzylinder unter Verwendung des Spezialwerkzeugs.

müssen sie an der verzahnten Fläche gut gereinigt werden.

- Fahrzeug vorn auf Böcke setzen und das Rad abschrauben.
- Bremsklötze ausbauen, wie es bereits beschrieben wurde und den Bremssattel mit einer Drahtschlinge befestigen. Ebenfalls kann man den Schlauch am Bremssattel lösen, falls dieser ebenfalls ausgebaut werden soll.
- Die Schrauben oben und unten an der Innenseite des Bremssattelträgers ausdrehen und den Träger abnehmen.
- Der Einbau geschieht in umgekehrter Reihenfolge. Die Bremsklötze entsprechend den Anweisungen für den in Frage kommenden Bremssattel durchführen. Die Schrauben mit 125 Nm anziehen. Je nach Ausbauarbeiten die Bremsanlage abschliessend entlüften.

16.3 Hinterradbremsen

16.3.1 Prüfen der Bremsbelagstärke

Nach einer Faustregel entspricht 1 mm Bremsbelag einer Fahrleistung von mindestens 1000 km. Diese Faustregel gilt nur unter ungünstigen Bedingungen. Im Normalfall halten die Beläge sehr viel länger.
Mit einer Taschenlampe durch einen Durchbruch der Radfelge in den Bremssattel leuchten. Eventuell das Hinterrad abnehmen, um die Klötze besser sehen zu können. Bei einer Belagsstärke von 7 mm ist die Verschleissgrenze erreicht und die Beläge müssen ausgewechselt werden. Die Rükkenplatte der Beläge wird dabei mitgemessen. Die Messung erfolgt ähnlich, wie sie in Bild 297 bei der Vorderradbremse gezeigt wurde.

16.3.2 Bremsklötze erneuern

Falls die Bremsklötze wieder eingebaut werden, sind sie entsprechend ihrer Seitenzugehörigkeit zu zeichnen. Obwohl die Bremszangen ähnlich wie bei früheren Audi-Modellen aussehen, wurden die Kolben abgeändert und ein Spezialwerkzeug ist jetzt erforderlich, um die sich von selbst herausschraubenden Kolben (durch den Nachstellmechanismus) wieder in die Bohrung zu schrauben, ehe man die neuen Bremsklötze einsetzen kann. In die Kolben sind zwei gegenüber angeordnete Nuten eingearbeitet, an welchen man einen Zapfenschlüssel ansetzt. Falls man diesen nicht zur Verfügung hat, kann man einen Stahlstreifen der Breite des Kolbens und der Breite der Nuten zum Einschrauben benutzen. Andernfalls kann man den Bremssattel ausbauen und zur Überholung in eine Werkstatt bringen. Die letzte Lösung ist die Erneuerung des Bremssattels.

- Rückseite des Fahrzeuges auf Böcke setzen und die Räder abschrauben.
- Unter Bezug auf Bild 312 die untere Sechskantschraube für das Zylindergehäuse mit einem Ringschlüssel herausschrauben, während man das Sechskant des Führungsbolzens an der Innenseite mit einem Gabelschlüssel gegenhält, wie es

in Bild 312 gezeigt ist. Falls man das Sechskant nicht gegenhält, kann sich der Führungsbolzen mitdrehen und dabei die Befestigung zerstören. Der Gabelschlüssel muss natürlich dünn genug sein, damit er sich in den Spalt einsetzen lässt. Das Bremssattelgehäuse an der Oberseite in gleicher Weise abschrauben.

- Das Zylindergehäuse abheben und am Schlauch hängend in geeigneter Weise an der Hinterradaufhängung festbinden, damit es nicht herunterhängen kann.
- Die Bremsklötze liegen jetzt frei und können nach Kennzeichnung herausgenommen werden (es sei denn, man weiss bereits, dass sie erneuert werden müssen).

Die Führungsfläche, bzw. den Sitz im Gehäuseschacht, wenn möglich mit Pressluft reinigen, sonst mit einem Lappen. Auf keinen Fall den ausgeblasenen Bremsstaub einatmen (siehe Hinweis, Seite 144). Keine mineralölhaltigen Lösungsmittel oder scharfkantige Werkzeuge verwenden. Die Schutzkappe im Ende des Kolbens auf Leckstellen und einwandfreien Sitz kontrollieren. Beschädigte, spröde bzw. hartgewordene Schutzkappen müssen erneuert werden.

Vor dem Einbau der Bremsklötze die Bremsscheibe überprüfen. Bei spürbaren Riefen muss die Bremsscheibe ausgebaut und abgedreht, bzw. erneuert werden. Kapitel 16.4 gibt weitere Hinweise über die Bremsscheiben.

Beim Einbau der Bremsklötze folgendermassen vorgehen:

- Den Kolben mit dem bereits genannten Spezial-Zapfenschlüssel zurückschrauben, wie es Bild 313 zeigt. Dabei Druck nach der Innenseite zu ausüben. In Kapitel 16.3.3 werden Sie Anweisungen finden, wie man den Kolben ohne das Werkzeug einschraubt. Vor dem Zurückdrücken etwas Bremsflüssigkeit aus dem Bremsflüssigkeitsbehälter absaugen, da sonst Bremsflüssigkeit auslaufen und zu Schäden führen kann. Bremsflüssigkeit ist giftig! Die Bremsflüssigkeit nicht mit dem Mund über einen Schlauch absaugen, sondern einen Saugheber benutzen. Die Bremsflüssigkeit in einer Flasche aufbewahren, die nur mit Bremsflüssigkeit in Berührung kommt.
- Die Bremsklötze einsetzen. Eventuell den Kolben weiter einschrauben. Darauf achten, dass die Klötze an den Pfeilstellen in Bild 314 richtig sitzen, ehe man das Zylindergehäuse wieder aufsetzt.
- Das Zylindergehäuse über die Bremsscheibe setzen und mit neuen, selbstsichernden Schrauben befestigen. Das Anzugsdrehmoment beträgt 30 Nm. Jedem Original Audi-Reparatursatz Bremsklötze liegen für jeden Bremssattel neue Schrauben bei.
- Die Bremsen müssen jetzt in die Grundeinstellung gebracht werden, wie es bereits in Kapitel 16.1.2 auf Seite 144 beschrieben wurde, d.h. man kontrolliert die Einstellung der Handbremse.
- Fahrzeug wieder auf den Boden ablassen und Räder anziehen.
- Flüssigkeitsstand im Vorratsbehälter berichtigen.
- Das Bremspedal einige Male fest durchtreten, damit die Bremsklötze sich an die Bremsscheiben anlegen können. Neue Bremsklötze müssen sich am Anfang einbremsen, so dass man die Bremsen mit der notwendigen Sorgfalt behandeln muss.

Hinweis: Die zum Befestigen der hinteren Bremssattelträger dienenden Schrauben werden entweder mit 95 Nm (Rippschrauben) oder 60 Nm (Inbusschrauben) angezogen. Wird der Montagerahmen abgeschraubt, muss dies beachtet werden.

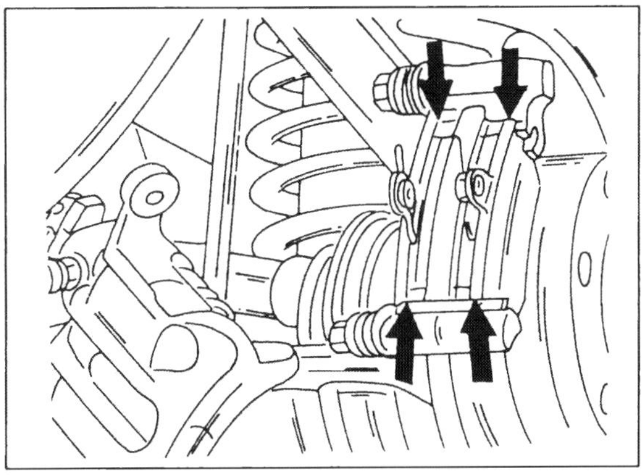

Bild 314
Einbau der Bremsklötze. Diese müssen an den Pfeilstellen fest anliegen.

16.3.3 Bremssättel überholen

Bild 315 zeigt den zerlegten Bremssattel. Der Kolben wird, wie bereits erwähnt, mit einem Spezialschlüssel herausgeschraubt, wie es im folgenden Text beschrieben wird.

- Den Zylinder mit Blechbacken in einen Schraubstock einspannen und als erstes ein-

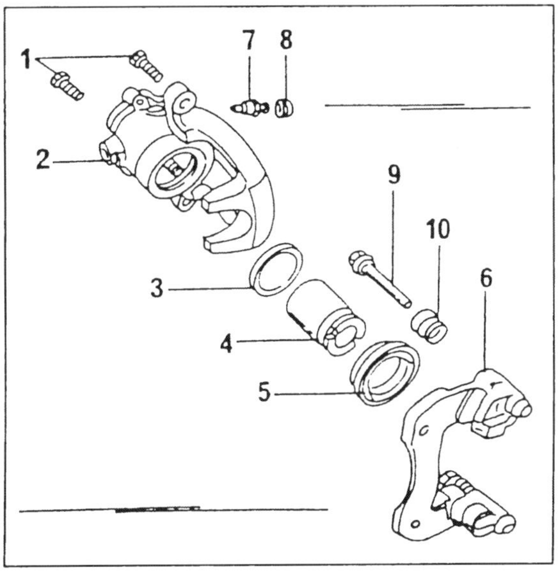

Bild 315
Montagebild eines hinteren Bremssattels.
1 Selbstsichernde Schrauben, 30 Nm
2 Bremssattelgehäuse
3 Zylinderdichtring
4 Kolben mit Nachsteller, 38 mm Durchmesser
5 Staubschutzkappe
6 Bremssattelträger
7 Entlüftungsschraube
8 Staubschutzkappe
9 Führungsstifte
10 Gummimanschette

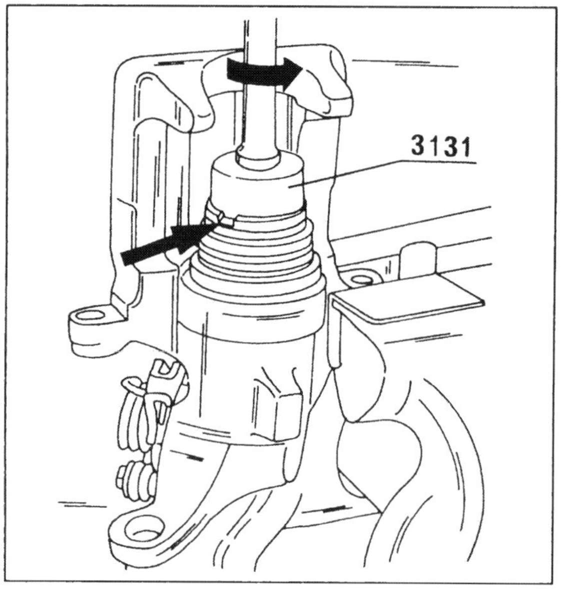

Bild 316
Kolben mit dem Spezialschlüssel aus dem Zylinder schrauben oder ihn wieder einschrauben.

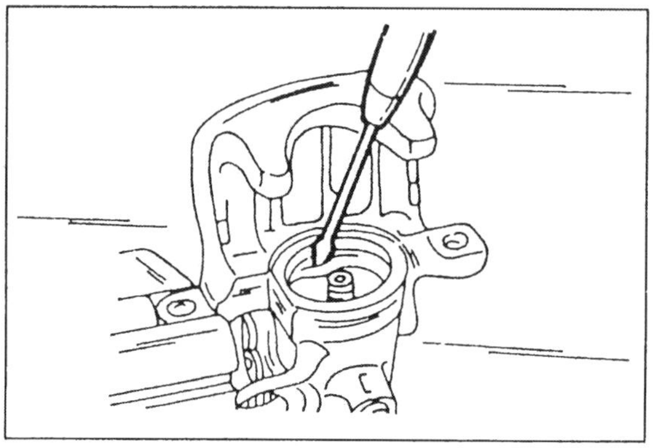

Bild 317
Aushebeln des Zylinderdichtringes aus dem Bremssattel.

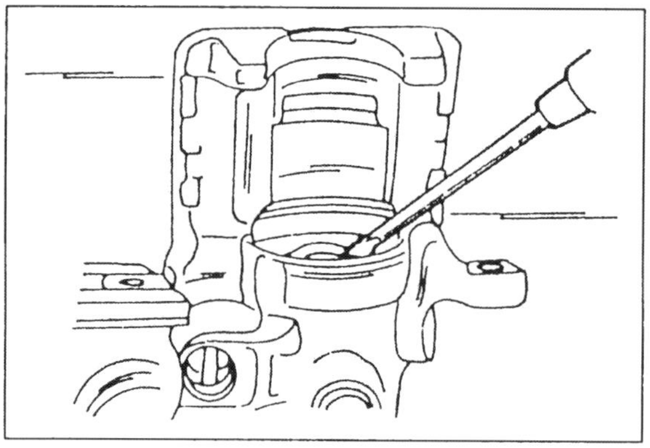

Bild 318
Einsetzen des Staubschutzringes in den Bremssattelzylinder.

wandfrei mit Bremsflüssigkeit oder Spiritus reinigen. Die Halterung für das Handbremsseil abschrauben.

- Mit dem in Bild 316 gezeigten Spezialschlüssel den Kolben aus dem Bremssattel herausdrehen. Der Zacken des Schlüssels ist an der Pfeilstelle in eine Nut im Kolben eingesetzt. Auf der anderen Seite ist eine gleiche Nut eingearbeitet. Falls man ein Stück Stahlstreifen der gleichen Breite wie der Kolben und einer sich für die Nuten passenden Stärke benutzt, wird man in der Lage sein den Kolben herauszudrehen. Dabei nicht die Kanten der Nuten beschädigen.
- Mit einem Schraubenzieher vorsichtig den Dichtring aus der Innenseite der Zylinderbohrung herausheben, wie es in Bild 317 gezeigt ist.
- Alle Teile gründlich reinigen und, falls der Zylinder sich in gutem Zustand befindet, die Teile des Reparatursatzes beim Zusammenbau verwenden. Falls der Bremssattelträger erneuert wird, kommt er mit ausreichendem Fett an den Führungsbolzen. Den Träger erneuern oder die Schutzmanschetten unter Verwendung eines Reparatursatzes erneuern, falls die Schutzmanschetten oder Führungsbolzen beschädigt sind.
- Den neuen Dichtring in Bremsflüssigkeit oder Bremsfett eingeschmiert in die Rille einsetzen.
- Den Staubschutzring mit der äusseren Dichtlippe am Kolben anbringen und den Kolben in die Zylinderbohrung einführen. Die Kolbenfläche mit Flüssigkeit oder Bremsfett einschmieren.
- Die innere Dichtlippe des Staubschutzringes vorsichtig mit einem Schraubenzieher in die Rille des Zylinders eindrücken, wie es aus Bild 318 ersichtlich ist.
- Den in Bild 316 gezeigten Spezialschlüssel oder den Stahlstreifen in den Kolben einsetzen und den Kolben nach innen schrauben. Während des Einschraubens einen gleichmässigen Druck auf den Kolben ausüben. Wenn der Kolben sitzt, springt die äussere Dichtlippe des Staubschutzringes in die Rille des Kolbens.
- Entlüftungsventil mit Bremsfett einschmieren und einschrauben. Der Bremssattel muss jetzt vorentlüftet werden. Dazu einen Entlüftungsschlauch am Entlüftungsventil aufstecken und das andere Ende des Schlauches auf eine mit Bremsflüssigkeit gefüllte Spritze aufstecken. Man kann zum Beispiel einen zur Kontrolle der Batteriesäure verwendeten Säureheber benutzen, welcher natürlich vorher einwandfrei gereinigt werden muss. Bremsflüssigkeit einspritzen, bis diese blasenfrei aus dem Anschluss für den Bremsschlauch herauskommt.
- Der Bremssattel ist jetzt wieder einbaubereit.

16.4 Nacharbeitung von Bremsscheiben

Bremsscheiben können, falls erforderlich, nachgeschliffen werden, um sie wieder verwendungsfähig zu machen. Dabei ist auf die Angaben in der Mass- und Einstelltabelle zu achten, die die Mindestabmessungen angibt, die bei Schleifarbeiten zu beachten sind. Ebenfalls auf die Planflächigkeit der Bremsscheiben achten, d.h. beim Abschleifen müssen diese so geschliffen sein, dass die beiden Seiten parallel zueinander liegen.

Falls angenommen wird, dass eine Bremsscheibe Schaden erlitten hat, kann sie im eingebauten Zustand mit einer Messuhr an der Aussenkante auf Schlag kontrolliert werden. Dazu die Bremsscheibe festschrauben, den Messuhrstift ca. 5 mm von der Aussenkante ansetzen und die Scheibe langsam durchdrehen.

16.5 Hauptbremszylinder

Bei allen Fahrzeugausführungen ist ein Tandem-Hauptbremszylinder eingebaut, welcher mit einem Doppelvorratsbehälter versehen ist, so dass beide Abschnitte der Zweikreisbremsanlage mit Bremsflüssigkeit versorgt werden können.
Hauptbremszylinder können nicht repariert werden, d.h. bei Ausfall des Zylinders muss ein neuer eingebaut werden.
Die Bremsleitungen sind diagonal geteilt, d.h. die zwei Kolben beliefern die beiden Bremskreise wie folgt:

- Der Druckkolben, am nächsten zur Stösselstange, beliefert die linke Vorderradbremse und die rechte Hinterradbremse und der Zwischenkolben die rechte Vorderradbremse und die linke Hinterradbremse. *Falls Sie also plötzlich bemerken, dass der zum Abbremsen erforderliche Fussdruck höher und der Bremsweg länger ist, bedeutet dies sicherlich den Ausfall eines der Bremskreise.*

16.5.1 Aus- und Einbau des Hauptbremszylinders

Der Hauptbremszylinder ist an der Stirnfläche des Bremskraftverstärkers angeschraubt und kann von der Motorraumseite her ausgebaut werden.

- Vor Arbeitsbeginn das Bremspedal einige Male durchtreten, um den Unterdruck des Bremskraftverstärkers zu entfernen. Ist kein Bremsdruck vorhanden, die Unterdruckleitung am Bremsservo abschliessen.
- Die Bremsflüssigkeit aus dem Vorratsbehälter absaugen, nachdem das Sieb herausgenommen wurde. Zum Absaugen einen Sauger benutzen — nicht durch den Mund mit einem Schlauch absaugen.
- Den Steckverbinder der Warnanzeige vom Ausgleichsbehälter abziehen.
- Die Schlauchleitung zum Kupplungszylinder abziehen.
- Den Vorratsbehälter durch Hin- und Herwackeln aus dem Bremszylinder herausziehen. Achtung: verbleibende Bremsflüssigkeit tropft dabei heraus — Lappen unterhalten.
- Anschlüsse der Bremsleitungen abschrauben und vorsichtig zur Seite biegen. Vermerken an welcher Stelle sie angeschlossen sind.
- Zylinder abschrauben (nur die beiden Muttern, nicht die Schrauben). Ein Gummidichtring befindet sich am Ende des Bremskraftverstärkers. Bild 319 zeigt die Befestigung des Hauptbremszylinders am Bremskraftverstärker.

Der Einbau des Zylinders geschieht in umgekehrter Reihenfolge wie der Ausbau. Die beiden Flanschmuttern (3) mit 50 Nm anziehen, die Überwurfmuttern der Bremsleitungen mit 15 Nm anziehen. Die Stösselstange des Bremskraftverstärkers braucht nicht eingestellt werden (nur bei Erneuerung des Bremskraftverstärkers) (siehe Kapitel 16.6). Dabei muss die Länge der Stösselstange auf eine bestimmte Länge eingestellt werden.
Die Dichttüllen im Zylinder mit Bremsflüssigkeit einschmieren und den Vorratsbehälter in die

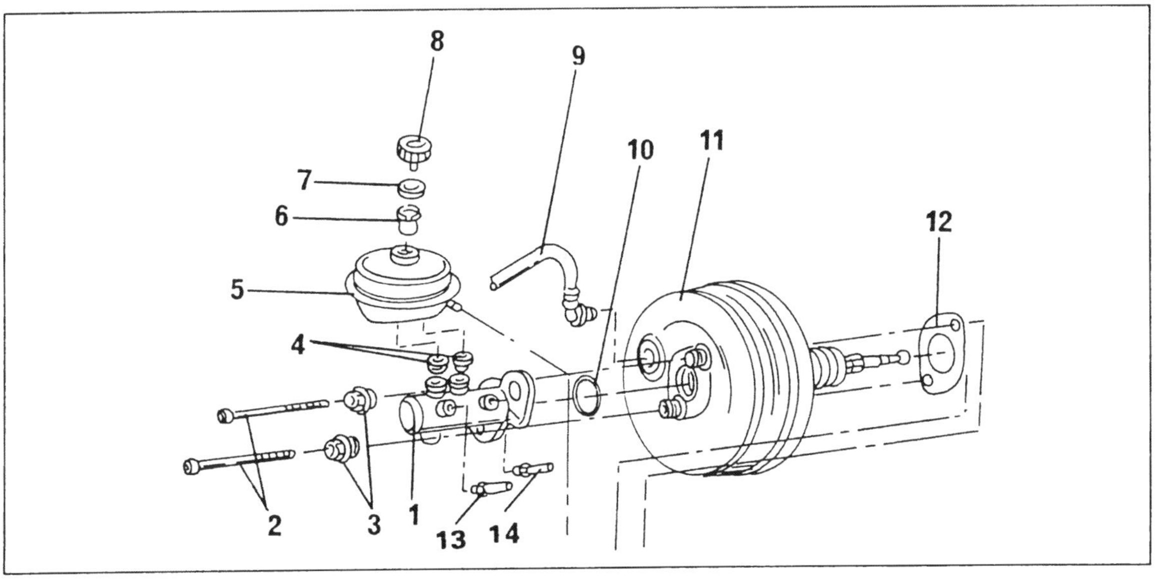

Bild 319
Befestigungsweise von Hauptbremszylinder und Bremskraftverstärker. Die gestrichelten Linien weisen zu den Befestigungsstellen an der Stirnwand.
1 Hauptbremszylinder
2 Torxschraube, 25 Nm
3 Flanschmutter, 50 Nm (neu)
4 Dichttüllen
5 Vorratsbehälter (Anschluss für Kupplung auf gezeigte Seite bringen)
6 Sieb
7 Dichtring
8 Verschraubung
9 Unterdruckleitung
10 "O"-Dichtring, nach Zylinderausbau immer erneuern
11 Bremskraftverstärker
12 Dichtung (aufgeklebt)
13 Bremsleitung zum Zwischenkolbenkreis
14 Bremsleitung zum Druckkolbenkreis

Tüllen eindrücken. Die Tüllen müssen natürlich in gutem Zustand sein. Abschliessend die Anlage mit Bremsflüssigkeit füllen und die Bremsanlage sowie die hydraulische Anlage für die Kupplung entlüften, wie es in den entsprechenden Kapiteln beschrieben ist.

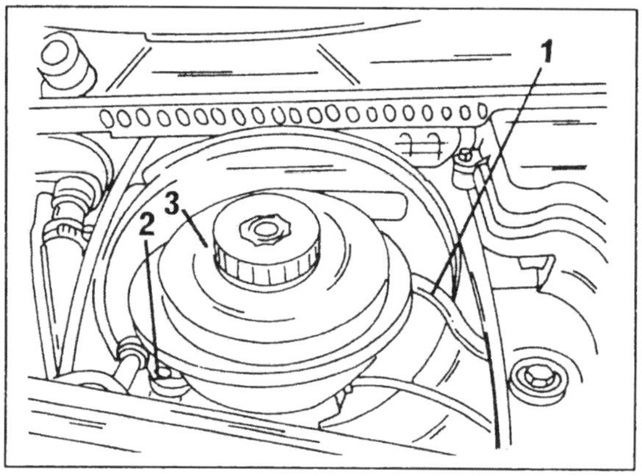

Bild 320
Ausbau des Vorratsbehälters.
1 Schlauch zur Kupplung
2 Steckverbinder
3 Vorratsbehälter

16.5.2 Hauptbremszylinder überholen

Der Hauptbremszylinder der in dieser Ausgabe behandelten Fahrzeuge kann nicht überholt werden. Hauptbremszylinder und Bremskraftverstärker können von verschiedenen Herstellern geliefert werden, jedoch spielt es keine Rolle welches Fabrikat eingebaut wird, wenn man den Zylinder erneuern muss. Das gleiche gilt für den Bremskraftverstärker.

Die Gummitüllen (4) in Bild 319 für den Vorratsbehälter können jedoch erneuert werden, falls man an dieser Stelle Feuchtigkeit feststellen kann. Der Vorratsbehälter wird vorsichtig durch Ansetzen eines Schraubenziehers links und rechts abgedrückt, worauf man die Gummitüllen heraus-

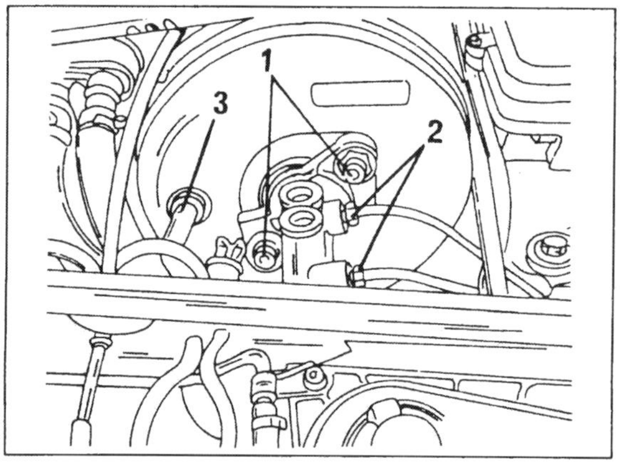

Bild 321
Ausbau des Bremskraftverstärkers.
1 Befestigungsschrauben
2 Bremsleitungsanschlüsse
3 Unterdruckschlauch

drücken kann. Die neuen Gummitüllen mit Bremsflüssigkeit einschmieren und in den Hauptbremszylinder eindrücken. Danach den Vorratsbehälter vorsichtig aufdrücken. Die Bremsanlage muss entlüftet werden (Kapitel 16.7).

Warneinrichtung der Bremsflüssigkeit
Die Warnleuchte im Armaturenbrett leuchtet auf und ein Summer ertönt, wenn etwas nicht mit dem Bremsflüssigkeitsstand stimmt. Zur Kontrolle die Verschraubung (8) in Bild 319 abschrauben, die Zündung einschalten und mit einem Finger auf das Sieb (6) drücken. Die Warnleuchte muss sich erhellen und der Summer ertönen. Ist dies der Fall, arbeitet die Warneinrichtung einwandfrei.

16.6 Bremskraftverstärker

Eine Überholung des Bremskraftverstärkers ist nicht möglich. Falls er Schaden erlitten hat, muss er erneuert werden.

Ein Ausfall des Bremskraftverstärkers bedeutet keinen Verlust der Bremsleistung, lediglich ist der Kraftaufwand am Bremspedal grösser, um den gleichen Bremsweg einzuhalten.

Der Bremskraftverstärker erhält seinen zum Betrieb erforderlichen Unterdruck durch die Unterdruckbildung im Ansaugsammelrohr. Der Bremskraftverstärker kann auf seine Arbeitsweise folgendermassen kontrolliert werden:

- Bei abgestelltem Motor das Bremspedal mehrere Male durchtreten, bis aller Unterdruck aus der Anlage ausgeschieden ist.
- Bremspedal mit mässigem Druck durchtreten und den Motor anlassen.
- Falls der Bremskraftverstärker einwandfrei arbeitet, senkt sich das Bremspedal fühlbar.

Der Bremskraftverstärker kann mit einfachen Mitteln nicht ausgebaut werden, da man unbedingt das von Audi verwendete Spezialwerkzeug braucht, um das Bremspedal von der Stösselstange zu lösen. Nur wer dieses Werkzeug auftreiben kann, hält sich an folgenden Text.

- Das Ablagefach auf der Fahrerseite ausbauen.
- Den Vorratsbehälter ausbauen, wie es bereits beschrieben wurde. Dazu den Kupplungsschlauch (1), den Steckverbinder (2) und den Vorratsbehälter (3) an den in Bild 320 gezeigten Stellen lösen. Der Vorratsbehälter wird vorsichtig hin- und hergewackelt und herausgezogen
- Die nächsten Arbeiten unter Bezug auf Bild 321 durchführen. Zuerst die beiden Bremsleitungen (2) abschrauben, die Leitungen herausziehen und vorsichtig auf eine Seite biegen. Austropfende Flüssigkeit auffangen (Lappen darunter halten). Auf einer Seite den Unterdruckschlauch (3) vom Servo abschliessen. Die beiden Schrauben (2) in Bild 319 jetzt herausdrehen, welche in Bild 321 mit (1) angegeben sind. Dazu ist ein "Torx"-Steckeinsatz (T45) mit einer Verlängerung erforderlich.
- Als nächstes erfolgt das Lösen der Servostösselstange vom Pedal, mit den bereits genann-

ten Schwierigkeiten. Zuerst den Bremslichtschalter ausbauen. Ist eine Geschwindigkeitsregelanlage eingebaut, muss man auch die Lufteinlassventile in dieser Gegend ausbauen. Der Schalter und die Ventile müssen in bestimmter Weise eingebaut werden.

- Das Spezialwerkzeug 3289 jetzt in der in Bild 322 gezeigten Weise am Pedal ansetzen. Die Druckstange des Bremskraftverstärkers löst sich dabei am Pedal. Das Bremspedal nach hinten ziehen, um das Lösen vollkommen herzustellen.
- Den Bremskraftverstärker zusammen mit dem Hauptbremszylinder aus dem Wasserkasten herausziehen.

Hinweis: Der Hauptbremszylinder kann auch vorher ausgebaut werden, wie es bereits beschrieben wurde. In diesem Fall zuerst die beiden Flanschmuttern lösen.

Der Einbau geschieht in umgekehrter Reihenfolge wie der Ausbau. Falls ein neuer Bremskraftverstärker eingebaut werden soll, muss die Länge der Stösselstange neu eingestellt werden. Gemessen wird dabei zwischen der Anlagefläche des Bremsservos und dem Ende der Stösselstange, wie es in Bild 323 durch das Mass "A" angegeben wird. Da sich die Stösselstange jedoch bewegen kann, muss man darauf achten, dass sie lotrecht zum Bremsservo steht. Ausserdem darf die Dichtung bei der Messung nicht aufgelegt sein. Da diese jedoch angeklebt ist, muss man deren Stärke beim Messen berücksichtigen. Zum Verstellen die Kontermutter lockern und die Stösselstange verdrehen. Das zu erhaltende Mass beträgt (wie gesagt ohne Dichtung) 158,5 mm mit einer Toleranz von 0,5 mm. Da jedoch auch Rechtslenker auf dem europäischen Kontinent fahren, wollen wir auch das Mass für diese Fahrzeuge geben: 174,0 mm. Nach Einstellung die Kontermutter anziehen.

- Die Dichtung (12) in Bild 319 erneuern und den Bremsservo wieder befestigen. Die Schrauben können wieder verwendet werden.
- Den Gelenkbolzen leicht einfetten und die Verbindung Bremspedal/Stösselstange zusammenbringen.
- Wurde der Bremszylinder abmontiert, die Flanschmuttern erneuern (50 Nm). Die Überwurfmuttern mit 15 Nm anziehen.

Das im Bremskraftverstärker sitzende Rückschlagventil kann schon mal eine Störung in der Anlage herstellen. Zur Kontrolle kann man das Ventil vorsichtig mit einem Schraubenzieher herausdrücken und in Pfeilrichtung (in das Ventil eingegossen) durchblasen. Die Luft muss auf der anderen Seite herauskommen. Bläst man jedoch von der anderen Seite durch, darf keine Luft herauskommen. Bei Erneuerung des Ventils muss man ein Ventil beziehen, welches sich für den eingebauten Motor eignet. Das Ventil wird in den Bremskraftverstärker eingepresst.

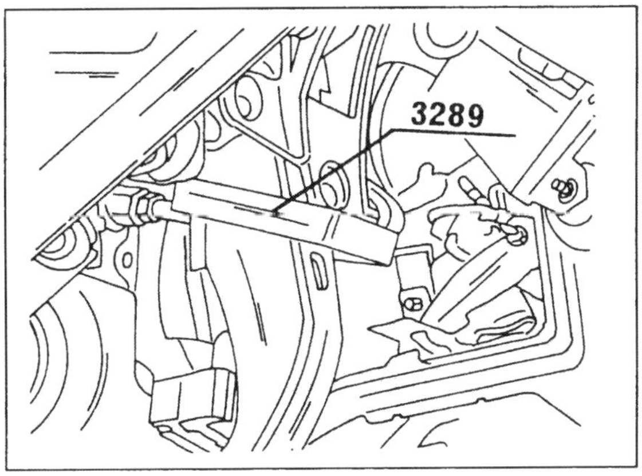

Bild 322
Das Spezialwerkzeug wird in der gezeigten Weise am Bremspedal angesetzt.

16.7 Entlüften der Bremsen

Ein Entlüften der hydraulischen Anlage ist erforderlich, falls das Bremsleitungsnetz an irgendeiner Stelle geöffnet wurde, oder Luft ist auf andere Weise in die Anlage gekommen. Die Bremsanlage sollte mit einem Druckapparat entlüftet werden. Die folgende Beschreibung kann nur als Notbehelf angesehen werden. Vor der Entlüftung der Anlage sind Schmutz und Fremdkörper von den Entlüftungsstellen und dem Einfüllverschluss des Vorratsbehälters zu entfernen.

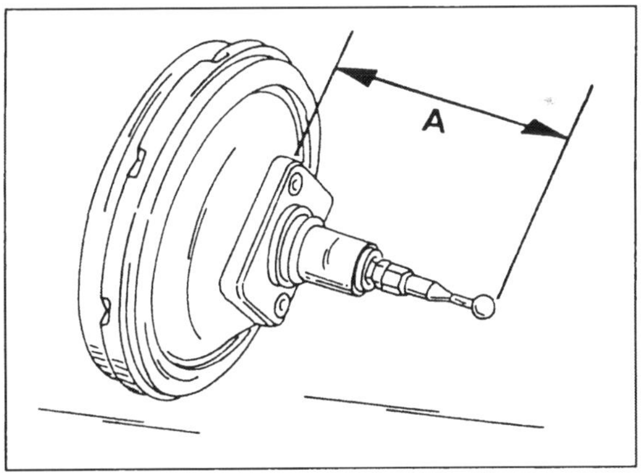

Bild 323
Das Mass "A" muss dem im Text angegebenen Wert entsprechen.

Falls nur ein Radbremszylinder oder ein Bremssattel abgeschlossen wurde, könnte es ausreichen, wenn man nur diesen betreffenden Bremskreis entlüftet, d.h. vorn links und hinten rechts oder vorn rechts und hinten links. Andernfalls kann die Entlüftung entweder an den Hinterrädern oder an den Vorderrädern begonnen werden, jedoch ist die vom Hersteller empfohlene Reihenfolge hinten rechts, hinten links, vorn

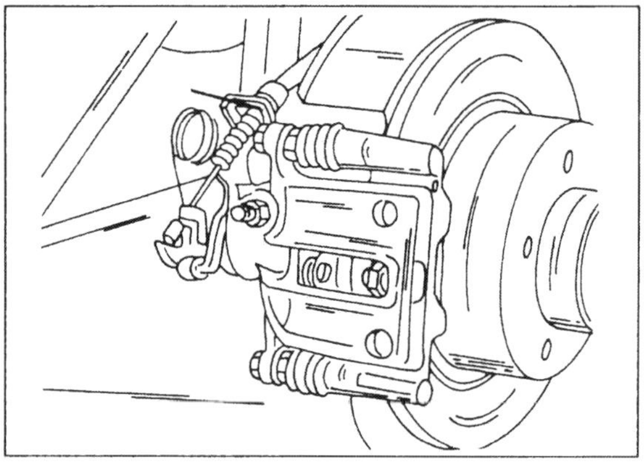

Bild 324
Befestigung eines Bremsseils am Bremssattel. Gezeigt bei Frontantrieb. Die Verlegung ist beim Quattro nicht gleich.

rechts und vorn links zu beachten. Während des gesamten Entlüftungsvorganges muss der Vorratsbehälter gefüllt bleiben. Man tut gut daran, einen Helfer damit zu beauftragen, den Behälter

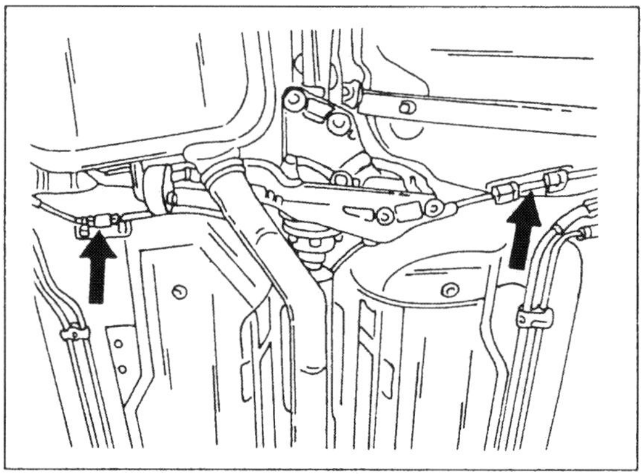

Bild 325
Befestigung der Handbremsseile beim Quattro am Wagenboden und Kraftstofftank.

ständig nachzufüllen, mit anderen Worten gesagt, wäre dies am besten eine Arbeit für drei Personen.

- Einen durchsichtigen Kunststoffschlauch nach Entfernen der Staubschutzkappe auf das betreffende Entlüftungsventil aufstecken. Spezielle Entlüftungsschläuche gibt es in Autozubehörgeschäften. Das andere Ende des Schlauches in ein mit etwas Bremsflüssigkeit gefülltes Glasgefäss einhängen.
- Bremspedal von einer zweiten Person auf den Boden durchtreten lassen. Die Entlüftungsschraube um eine halbe Umdrehung öffnen, wenn das Pedal auf dem Boden aufsitzt. Den aus dem Schlauch austretenden Flüssigkeitsstrom beobachten.
- Sobald keine Luftblasen mehr herauskommen, ist alle Luft aus der Anlage ausgeschieden. Das Bremspedal beim letzten Hub auf dem Boden halten lassen und das Entlüftungsventil schliessen. Das Pedal langsam zurückkehren lassen.
- Gleiche Arbeiten in der angegebenen Reihenfolge an den anderen Entlüftungsschrauben durchführen.

Es wird nochmals darauf hingewiesen, dass der Stand der Bremsflüssigkeit laufend kontrolliert werden muss, so dass keine Luft in die Anlage gesaugt wird. Niemals aus der Anlage ausgepumpte Flüssigkeit wieder in den Behälter einfüllen. Auch keine Flüssigkeit verwenden, welche längere Zeit ohne Verschluss gestanden hat. Um keine Fehler bei der Verwendung von Bremsflüssigkeit zu machen, sollte man die von Audi/VW gehandelte Flüssigkeit verwenden.

Bremsflüssigkeit wechseln

Den Entlüftungsschlauch der Reihe nach an den verschiedenen Entlüftungsschrauben anbringen, das andere Ende in ein Gefäss halten und die Schraube öffnen. Das Pedal jetzt durchtreten lassen, bis keine Bremsflüssigekeit mehr herauskommt. An allen Schrauben die gleiche Arbeit durchführen.
Zum Füllen der Anlage wie beim Entlüften vorgehen, nur dass es länger dauern wird, bis die Flüssigkeit blasenfrei aus den Entlüftungsschrauben kommt.

16.8 Die Handbremse

Die Einstellung der Handbremse wurde bereits auf Seite 144 beschrieben.

16.8.1 Handbremsseil aus- und einbauen

Unterschiede liegen beim Ausbau der Handbremsseile bei Fahrzeugen mit Frontantrieb und Vierradantrieb vor. Diese werden im folgenden Text durch "Quattro" angegeben.

- Rückseite des Fahrzeuges aufbocken und die Hinterräder abschrauben. Die Handbremse lösen.
- Das Wärmeschutzblech der Auspuffanlage in der Nähe der Handbremsseilverlegung ausbauen (vier Befestigungsstellen). — Entfällt beim Quattro.
- Das Handbremsseil an der Nachstellvorrichtung entspannen. Dazu die Sicherungsspange des Nachstellelements herausziehen und die Einstellmutter bis zum Anschlag einschrauben. Bild 294 zeigt die nötigen Einzelheiten.
- Am Ende des Bremsseils, am Bremssattel, die in Bild 324 gezeigte Federspange aushebeln und das Anschlussnippel aus dem Hebel am Sattel aushängen. Falls das Seil wieder eingebaut werden soll, nicht die Gummibälge beschädigen. Das Bild zeigt ein Fahrzeug mit Vorderradantrieb. Beim Quattro kommt das Seil von unten herein und ist unten befestigt und oben eingehängt.
- Die Handbremsseile jetzt von den verschiedenen Haltern an der Hinterachse und am Wagenboden befreien. Dazu muss man eine Blechhalterung öffnen und die Seile herausziehen und

ebenfalls das Seil mit einem Schraubenzieher aus einer Halterung drücken.

- **Beim Quattro:** Die Handbremsseile vom Wagenboden und vom Kraftstofftank befreien. Die Befestigungsstellen sind in Bild 324 gezeigt. Die Montagehilfe für das Handbremsseil könnte dabei herausfallen. Sie braucht nicht wieder eingebaut werden.
- Wärmeisolierungsblech am Nachschalldämpfer lösen und auf eine Seite schieben (vier Befestigungsstellen) — Nicht bei Quattro.
- Im Wageninneren den hinteren Teil der Mittelkonsole ausbauen. Ziemlich kompliziert:

— Handbremshebel anziehen und an der Unterseite des Handbremsgriffs den kleinen Haltebolzen mit einem Schraubenzieher lösen und abziehen. Den Handbremsgriff jetzt nach vorn abziehen.

— Die Handbremshebelverkleidung nach vorn und oben herunternehmen.

— Nach Herausziehen des Aschenbechers eine sichtbare Mutter lösen.

— An der Verbindung zwischen dem Vorderteil und dem Rückteil wird man zwei Abdeckkappen sehen. Diese heraushebeln. Zum Vorschein kommen zwei Schrauben. Diese herausdrehen.

— Das Rückteil vom Vorderteil trennen. Durch leichtes Nachuntendrücken kommen die Teile auseinander.

— Handbremshebel wieder anziehen und die Konsole nach vorn abziehen, ohne sie vollkommen zu entfernen, da sie noch an einem Kabel hängt. Den Steckverbinder von der Steckzunge abziehen.

- Handbremsseile aus dem Ausgleichshebel aushängen und herausnehmen.
- **Quattro** Das Handbremsseil aus der Führung an der Hinterachse aushängen. Dazu die Führungshülse (1) in Bild 326 zusammendrücken. Dann Handbremsseile herausnehmen.

Beim Einbau folgendermassen vorgehen:

- Handbremsseile von unten einsetzen. Beim Quattro die Seile weit genug durch die Querlenker schieben, bis die Führungshülse (Bild 326) einrastet.
- Alle Kunststoffteile am Ausgleichshebel herausnehmen. Sie brauchen nicht wieder eingebaut werden.
- Einen Schraubenzieher entsprechend Bild 293 einschieben, um den Ausgleichshebel in der Mittelstellung zu sperren.
- Den Kugelkopf durch den Ausgleichshebel einführen und im Hebel verankern.
- Die Handbremsseile wieder am Wagenboden und der Hinterachse (auch am Tank beim Quattro) befestigen und das Seilende mit dem Betätigungshebel verbinden. Sicherung einsetzen.
- Handbremse einstellen (Seite 144) und das Rückteil der Mittelkonsole wieder in umgekehrter Reihenfolge wieder einbauen.

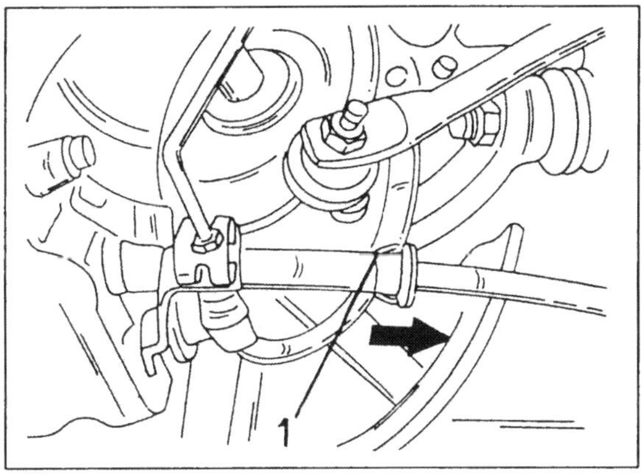

Bild 326
Die Führungshülse in Pfeilrichtung zusammendrücken, um das Handbremsseil zu befreien (Quattro).

16.8.2 Handbremshebel aus- und einbauen

Der Handbremshebel kann nach Ausbau des Rückteils der Mittelkonsole und Aushängen der Handbremsseile am Ausgleichshebel vom Fahrzeugboden abgeschraubt werden.
Die Schrauben beim Festschrauben mit 25 Nm anziehen.

16.9 ABS-Anlage

Die ABS-Anlage wurde, verglichen mit früheren Audi-Modellen wesentlich abgeändert und arbeitet vollkommen elektronisch. Sie arbeitet zusammen mit der elektronischen Bremskraftverteilung (EBV) und der elektronischen Differentialsperre (EDS), falls die letztere eingebaut sein sollte (Quattro serienmässig).
Arbeiten an Bauteilen der ABS-Anlage wollen wir nicht beschreiben. Die Drehzahlfühler an den Rädern sind nur eingesteckt und brauchen zum Ausbau nur herausgezogen werden.
Bei Ausfall der Anlage, durch die Warnleuchte angezeigt, muss das Abbremsen des Fahrzeuges entsprechend angeglichen werden, da die elektronisch gesteuerte Bremsdruckverteilung ebenfalls ausgefallen ist. Besonders in Kurvenfahrten können die Räder hinten blockieren und ein Ausbrechen des Fahrzeuges mit den zu erwartenden Folgen verursachen.
In diesem Fall können Sie vorsichtig bis zur nächsten Werkstatt fahren, um die Anlage da mit Hilfe des Fehlerspeichers und der Spezialgeräte überprüfen lassen. Plötzliches Bremsen muss unter allen Umständen vermieden werden, vor allem auf nassen Strassen.

Dieser Abschnitt befasst sich nur mit dem hinteren Differential, der Gelenkwelle sowie den Hinterradlagern des Quattros. Die Gelenkwelle ist werkseitig ausgewuchtet und eine ausgebaute Gelenkwelle muss unbedingt sorgfältig behandelt werden. Die Welle auf keinen Fall herunterfallen

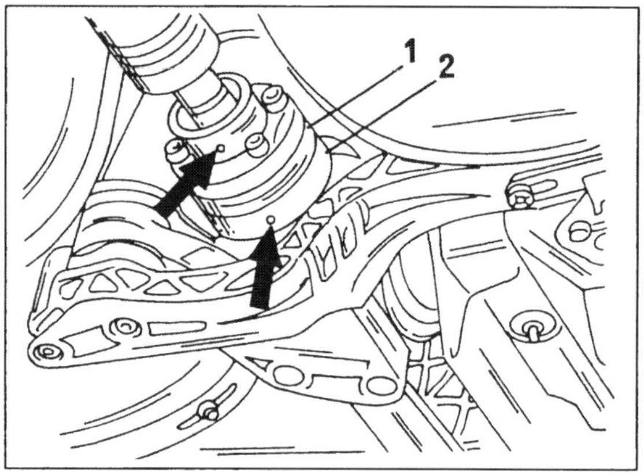

Bild 327
Die Flanschverbindungen an Stellen (1) und (2) mit Farbe kennzeichnen, ehe die Wellen getrennt wird.

lassen, da es leicht vorkommen kann, dass sie ihre Auswuchtung verliert. Die Kreuzgelenke der Gelenkwelle können nicht überholt werden. Falls die Welle nach langem Betrieb an den Kreuzgelenken übermässiges Spiel zeigt, muss eine neue Welle eingebaut werden. Auch die beiden Wellenhälften der Gelenkwelle können nicht einzeln erneuert werden, da die Welle auch mit normalen Werkstatteinrichtungen nicht ausgewuchtet werden kann.

Der Hinterradantrieb, zusammen mit dem Differential, ist bei Schäden auszubauen und in eine Audi-Werkstatt zur Überholung zu bringen, oder man baut einen Austausch-Antrieb ein.

17.1 Gelenkwelle — Aus- und Einbau

Die Gelenkwelle wird in der Werkstatt nach dem Einbau genau eingestellt, um Schwingungen und Laufgeräusche zu vermeiden. Dazu ist das Spezialwerkzeug 3298 erforderlich. Da diese bestimmt nicht zur Verfügung stehen wird, beschränkt sich die folgende Beschreibung nur auf den Aus- und Einbau ohne auf die Einstellung einzugehen. Zum Einstellen benutzte Ausgleichsscheiben sind beim Einbau der Welle wieder unterzulegen.

Soll die Welle erneuert werden, wäre es vielleicht besser, wenn man die Arbeit in einer Werkstatt durchführen lässt, um sie einwandfrei einstellen zu lassen. Beim Einbau sind einige Anweisungen zu beachten.

Beim Ausbau folgendermassen vorgehen:

- Fahrzeug hoch genug aufbocken, um an der Unterseite zu arbeiten.
- Die gesamte Auspuffanlage ausbauen und absenken.
- Die beiden Flansche (1) und (2) in Bild 327 an den gezeigten Stellen mit einem Farbklecks kennzeichnen.
- Die Gelenkwelle vom Getriebe abschrauben. Dabei aufpassen, dass die Unterlegplatten nicht verlorengehen. Jede Platte wird durch je zwei Schrauben gehalten. Nach Trennen des Wellenflansches die Vorderseite der Welle mit einem Stück Draht an der Bodengruppe befestigen, damit die Welle nicht herunterhängen kann.
- Die Gelenkwelle vom Flansch des Hinterradantriebs abschrauben. Die Befestigung ist ähnlich wie am anderen Ende. Das Ende der Welle wiederum mit einem Stück Draht befestigen.
- Einen Wagenheber unter den Achsantrieb untersetzen und den vorderen Querträger des Antriebs abschrauben und herausheben.
- Das mittlere Stützlager von der Bodengruppe abschrauben und die Gelenkwelle herausheben. Auf die Ausgleichsscheiben an der Oberseite des Stützlagers achten und diese seitenmässig kennzeichnen. Da das Stützlager in die Mittelstellung gebracht werden muss, zeichnet man dessen Lage genau an.

Der Einbau der Gelenkwelle geschieht in umgekehrter Reihenfolge, unter Beachtung der folgenden Punkte:

- Nach Ausbau der Gelenkwelle die Rückstände der Mikroverkapselung in den Gewinden der Flanschwellen des Getriebes und der Hinterachse entfernen. Dazu einen entsprechenden Gewindeschneider benutzen. Wird dies nicht durchgeführt, könnte es sein, dass die Schrauben beim Festziehen festfressen und bei einer späteren Lösung abscheren.
- Die Flanschverbindungsschrauben sind selbstsichernd und müssen erneuert werden.
- Die zwischen den Flanschen eingelegten Dichtungen müssen immer erneuert werden. Diese sind mit Schutzfolie überzogen, welche man vor Einlegen der Dichtungen entfernen muss. Die Dichtungen auf die Flansche aufkleben.
- Beim Zusammenschrauben der Flansche die eingezeichneten Farbkleckse wieder zusammenbringen (Bild 327).
- Die Schrauben des Stützlagers mit 20 Nm anziehen, wenn die Flucht wieder entsprechend der eingezeichneten Markierungen hergestellt ist.
- Alle anderen Arbeiten in umgekehrter Reihenfolge durchführen.

17.2 Hinterer Achsantrieb — Aus- und Einbau

Falls irgendwelche Schäden am hinteren Achsantrieb und Differential aufgetreten sind, kann man dieses ausbauen und zur Reparatur in eine Werkstatt bringen oder man baut ein Austausch-Aggregat ein. Beim Ausbau folgendermassen vorgehen:

- Fahrzeug aufbocken und auf sichere Unterstellböcke setzen.
- Auspuffanlage vollkommen ausbauen.
- Die linke Antriebswelle ausbauen, wie es in Kapitel 15.5 beschrieben wurde.
- Die rechte Gelenkwelle vom Anschluss am Flansch des Achsantriebs abschrauben.
- Das Wärmeschutzblech über der Gelenkwelle abschrauben und die Gelenkwelle ausbauen (siehe Kapitel 17.1).
- Einen Wagenheber unter das Antriebsgehäuse untersetzen. Um zu verhindern, dass der Antrieb herunterfallen kann, sollte man Achsantrieb und Wagenheberteller mit einer Drahtschlinge zusammenbinden.
- Die Befestigungsschrauben des vorderen Querträgers lösen und abnehmen.
- Die Schrauben des hinteren Querträgers lösen (kontrollieren, dass der Achsantrieb gut gehalten wird), den Querträger abnehmen und den Achsantrieb auf dem Wagenheber absenken.

Der Einbau geschieht in umgekehrter Reihenfolge wie der Ausbau. Darauf achten, dass die Aufhängungen spannungsfrei angezogen werden. Die Schrauben des vorderen und hinteren Querträgers mit einem Anzugsdrehmoment von 45 Nm anziehen. Das Anzugsdrehmoment der Achswellenflansche beträgt 80 Nm. Das Anzugsdrehmoment des Gelenkwellenflansches beträgt 55 Nm. Vor Einschrauben jedoch die Anweisungen auf der letzten Seite über diese Schrauben durchlesen.

17.3 Hinterradlager

Die Hinterradlager erfordern keinerlei Nachstellung, brauchen also nur erneuert werden, wenn sie ausgeschlagen sind. Die Radlager sind in den Achsschenkel (Radnabenträger) eingepresst und eine Handpresse mit den entsprechenden Pressdornen muss zur Verfügung stehen, um ein Radlager zu erneuern.

Die Erneuerung eines Hinterradlagers geschieht in ähnlicher Weise wie es bei den Vorderradlagern beschrieben wurde. Der Achsschenkel muss ausgebaut werden. Ebenfalls wie bei der Vorderachse werden neue Bundschrauben für die Gelenkwelle an der Aussenseite verwendet. Das Anzugsdrehmoment der Schrauben beträgt 115 Nm + 90°. Die Schraube nur anziehen, wenn das Fahrzeug mit seinen Rädern auf dem Boden aufsteht.

17.4 Ölstand im Achsantrieb kontrollieren

Der Achsantrieb ist mit zwei Stopfen versehen, die man an den in Bild 328 gezeigten Stellen sehen kann.

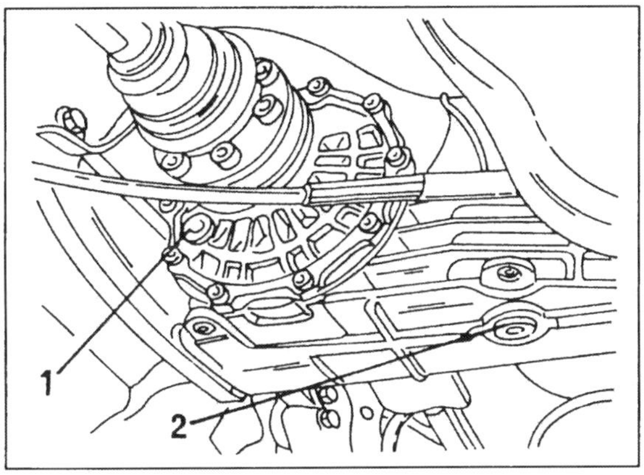

Bild 328
Die Lage des Öleinfüll- und Kontrollstopfens (1) und des Ölablassstopfens (2) am Hinterachsantrieb.

Der Hinterachsantrieb ist mit 1,3 Liter Getriebeöl (SAE 90) gefüllt. Obwohl der Antrieb auf Lebenszeit gefüllt ist, sollte man den Ölstand nach einer hohen Kilometerleistung kontrollieren, besonders, wenn man Öllleckstellen in dieser Gegend feststellen kann.

Zur Kontrolle des Ölstands den Stopfen (1) ausschrauben und mit dem abgewinkelten Finger das Öl erfühlen. Falls der Antrieb gut gefüllt ist, wird das Öl vielleicht sofort auslaufen. Andernfalls etwas Öl nachfüllen.

Um an die Einfüllöffnung zu kommen, kann man eine mit dem vorgeschriebenen Öl gefüllte Ölkanne benutzen, da in den meisten Fällen sehr wenig Öl erforderlich sein wird.

Den Öleinfüll/Kontrollstopfen gut reinigen und wieder eindrehen. Angezogen wird er mit 35 Nm.

- Falls man den Achsantrieb aus irgendeinem Grund ablassen muss, ist der Stopfen (2) an der Unterseite herauszudrehen. Das Öl in einen untergestellten Behälter ablaufen lassen. Daran denken, dass warmes Öl besser ablaufen kann als kaltes, jedoch darf das Öl nicht überhitzt sein (eine kurze Fahrt, nicht mehr als einige Kilometer, erwärmt das Öl ausreichend zum Ablassen). Frisches Öl einfüllen. Zwecks der ungünstigen Lage kann man dieses Mal eine Fettpresse mit dem Öl füllen. Das Öl einspritzen, bis es aus der Einfüllöffnung austropft.

18 Die elektrische Anlage

Die Fahrzeuge sind mit einer elektrischen Anlage mit einer Spannungsstärke von 12 Volt ausgerüstet. Die Masserückstromführung erfolgt über die Minusklemme der Batterie. Die Batterie befindet sich im Motorraum.
Ein Schubtriebanlasser mit Untersetzungsgetriebe wird zum Anlassen des Motors verwendet. Der Anlassschalter bildet einen Teil des Zündschalters und erregt bei Betätigung einen im Anlasser montierten Einrückmagnetschalter.
Die in die A4-Baureihe eingebaute Drehstromlichtmaschine hat eine Nennleistung von 70, 90 oder 120 A. Bei den Vierzylindermotoren ist die 70 A-Batterie serienmässig eingebaut. Die Lichtmaschine sitzt links vorn am Motor und ist von oben erreichbar.

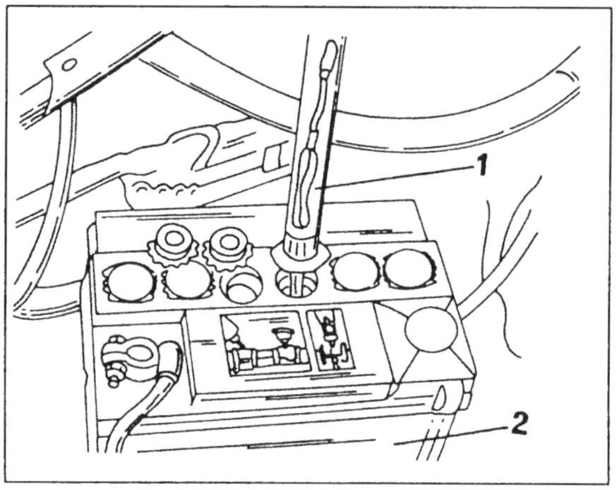

Bild 329
Kontrolle der Säuredichte (spezifisches Gewicht) der Batteriesäure.
1 Säureheber
2 Markierung für Säurestand

Die Lichtmaschine wird über einen Keilriemen von der Kurbelwelle aus angetrieben. Ein Spannungsregler dient zur Regulierung des Ladestromes und befindet sich bei beiden Lichtmaschinen auf dem hinteren Deckel.
Eine in die Instrumententafel eingesetzte Ladekontrolleuchte gibt eine Anzeige über das einwandfreie Funktionieren der elektrischen Anlage, soweit die Aufladung der Batterie betroffen ist.

18.1 Die Batterie

Die eingebaute 12 Volt-Batterie besitzt sechs Zellen, die aus positiven und negativen Platten bestehen, welche in eine Schwefelsäurelösung eingetaucht sind. Die Batterie hat die Aufgabe, den Strom zum Anlassen des Fahrzeugs, zur Beleuchtung des Fahrzeugs sowie für andere Stromverbraucher zu liefern. In Audi A4-Fahrzeuge eingebaute Batterien haben eine Kapazität von 36 Ah (1,6 Liter) bis zu 70 Ah (1,8 Liter mit Automatik), je nach Motor und eingebautem Zubehör. Die Stärke Ihrer Batterie werden Sie bestimmt kennen.
Die folgenden Arbeiten sind von Zeit zu Zeit durchzuführen, um der Batterie eine lange Lebensdauer zu geben und deren Leistung immer auf dem Höhepunkt zu halten. Die Batterie wird als wartungsfrei bezeichnet, d.h. unter normalen Betriebsbedingungen sollte es nicht notwendig sein sie nachzufüllen. Manchmal passiert es jedoch, dass der Flüssigkeitsspiegel durch bestimmte Umstände absinkt.

- Batterie und die sie umgebenden Teile immer sauber halten. Die Oberfläche der Batterie muss immer gut trocken sein, da sich sonst zwischen den einzelnen Zellen Kriechströme entwickeln können, wovon sich die Batterie von selbst entladen kann.
- Die Batteriesäure muss jederzeit bis zur Höhe des unteren Striches an der Aussenseite des Batteriegehäuses stehen. Zum Nachfüllen destilliertes Wasser verwenden.
- Bei kaltem Wetter die Batterie nicht in ungeladenem Zustand stehen lassen, da sie sonst einfriert. Schwach geladene Batterien frieren eher ein als geladene, d.h. man muss der Batterie die notwendige Pflege geben, um dies zu verhindern.

18.1.1 Prüfen der Batterie

Säurestand Wie bereits erwähnt, ist die Batterie wartungsfrei. Die Batterie ist mit Schwefelsäure gefüllt, die mit destilliertem Wasser verdünnt wurde. Da die Wasseranteile verdunsten können, muss man gelegentlich den Säurestand überprüfen und ggf. destilliertes Wasser nachfüllen. Die Batteriesäure muss zwischen den Markierungen am Batteriegehäuse liegen. Original-Batterien sind mit einem Überfüllschutz versehen. Zum Nachfüllen den Batteriestopfen herausdrehen und destilliertes Wasser einfüllen, bis dieses sichtbar wird.

Ladezustand Zur Kontrolle des Ladezustandes ist ein Säureheber erforderlich. Zur Kontrolle die Verschlussstopfen herausdrehen und die Spitze des Säurehebers durch den Gummi des Überfüllschutzes stossen (Bild 329). Mit Hilfe des Gummiballs genügend Säure ansaugen, dass der Schwimmer frei schwimmen kann. Je nach Ladezustand besitzt die Säure ein unterschiedliches spezifisches Gewicht, welches durch das Eintauchen des Schwimmers in die Säure angezeigt wird. Bei einer Anzeige von 1,28 ist die Batterie voll geladen; bei 1,12 ist die Batterie vollkommen entladen. Dazwischenliegende Werte weisen auf die entsprechende Ladestärke hin. Die Anzeigen am Säureheber sind in kg/l gegeben.

Aufladen der Batterie Eine sehr entladene Batterie sollte erst nach dem Aufladen mit destilliertem Wasser aufgefüllt werden. Beim Laden steigt der Säurestand an und eine vorschriftsmässig gefüllte Batterie könnte aus diesem Grund "überkochen". Der Ladestrom sollte am Anfang 10% der Batteriekapazität nicht überschreiten. Je nach Aufbau des verwendeten Batterieladegeräts, wird sich der Ladestrom allmählich automatisch verringern. Die Batterie ist voll geladen, wenn sich die Säuredichte innerhalb zwei aufeinanderfolgenden Stunden nicht verändert.
Die Verschlussstopfen der Batterie sollten im allgemeinen herausgeschraubt und lose auf die Einfüllöffnungen gelegt werden. Damit kann das aus Sauerstoff und Wasserstoff entstehende Knallgas entweichen. Da bei lebhafter Aufladung ein Spritzen der Säure unvermeidlich ist, sollte man die Umgebung der Batterie mit Zeitungen oder ähnlichem schützen. Wird die Aufladung in einem geschlossenen Raum durchgeführt, muss dieser gut belüftet sein. Auf keinen Fall mit nackter Flamme in die Batterieöffnungen leuchten.
Bei Verwendung mit einem Heimladegerät kann die Batterie im Auto verbleiben. Auch die Kabel braucht man nicht abzuschliessen. Anders ist es bei der Verwendung eines Schnelladegeräts. Beide Batteriekabel abklemmen um die Dioden der Drehstromlichtmaschine, die elektronischen Schaltgeräte, das Autoradio, usw. nicht zu gefährden.

Aus- und Einbau Die Batterie sitzt im Motorraum und ist auf einer Konsole verschraubt, d.h. genauer gesagt ist sie nur auf einer Seite an der Unterseite befestigt.
Vor dem Ausbau die beiden Batteriekabel von den Polen abschrauben. Immer zuerst das Minuskabel abklemmen. Der weitere Ausbau ist offensichtlich. Der Entgasungsschlauch muss abgezogen werden.

Hinweis: Bei einem Autoradio mit Diebstahlcode muss die Eingabenummer zur Hand sein, um das Radio wieder in Gang zu setzen.

Beim Einbau der Original-Batterie zuerst die Polköpfe reinigen und mit einem guten Polfett einschmieren. Normalerweise wird hier ein Bosch-Fett verwendet. Zuerst das Pluskabel anschliessen und festschrauben. Die Kabelklemmen kann man aufgrund ihrer Grösse nicht verwechseln.

Start mit leerer Batterie Am einfachsten ist die Verwendung von Starthilfekabeln, die aber einen kräftigen Querschnitt und starke Anschlussklemmen haben müssen, um den Strom von einer Batterie zur anderen durchzulassen. Beim Anschaffen solcher Kabel sollte man immer etwas tiefer in die Tasche greifen, um Kupferkabel zu kaufen. Aluminiumkabel sind zwar billiger, werden aber sehr heiss, so dass die Isolierung schmilzt und man sich beim Abnehmen der Klemmen die Finger verbrennen kann. Zuerst das Pluskabel an die beiden Pluskabel anklemmen und danach erst die Minuskabel anschliessen. Der "Helfer" sollte den Motor anlassen und mit mittleren Drehzahlen laufen lassen, damit die Lichtmaschine zusätzlichen Strom aufbauen kann.
Anschieben oder Anrollenlassen sowie Anschleppen in der bekannten Weise sind die bekanntesten Methoden zum Anlassen eines Motors mit schwacher Batterie.

18.2 Die Drehstromlichtmaschine

18.2.1 Vorsichtsmassnahmen bei Arbeiten an der Ladestromanlage

Ehe irgendwelche Arbeiten an der Ladestromanlage durchgeführt werden, müssen die folgenden Vorsichtsmassnahmen unbedingt eingeprägt werden:

- Niemals die Batterie oder den Spannungsregler abklemmen, während der Motor und somit die Lichtmaschine laufen.
- Niemals die Erregerklemme (Feldklemme) der Lichtmaschine oder das daran befestigte Kabel in Berührung mit Masse kommen lassen.
- Niemals die beiden Leitungen des Spannungsreglers verwechseln.
- Niemals den Spannungsregler in Betrieb bringen, wenn er mit Masse verbunden ist (sofortige Beschädigung).
- Niemals die Lichtmaschine ausbauen, wenn die Batterie nicht vorher aus dem Stromkreis genommen wurde.
- Beim Einbau der Batterie darauf achten, dass die Minusklemme an Masse angeschlossen wird.
- Niemals eine Prüflampe verwenden, die direkt an das Hauptstromnetz (110 oder 220 V) angeschlossen ist. Nur eine Prüflampe mit einer Spannungsstärke von 12 V benutzen.
- Falls eine Batterie im eingebauten Zustand mit einem Batterieladegerät aufgeladen wird, müssen die beiden Batteriekabel abgeklemmt werden (ausser bei Benutzung bestimmter Heimladegeräte, Anweisungen des Herstellers folgen). Die positive Klemme des Ladegerätes an den positiven Pol der Batterie und die negative Klemme an den negativen Pol der Batterie anschliessen.

- Falsches Anschliessen der Leitungen führt zur Zerstörung der Gleichrichter und des Reglers.

18.2.2 Eingebaute Drehstromlichtmaschine prüfen

Während normaler Fahrt muss die Ladekontrollleuchte erlöschen. Falls dies nicht der Fall ist, liegt ein Fehler in der Drehstromlichtmaschine oder im Spannungsregler vor. Als erstes alle Stromverbindungsanschlüsse der Drehstromlichtmaschine prüfen.
Kontrollieren, ob der Keilriemen einwandfrei gespannt ist. Die weiteren Überprüfungsarbeiten sind bei ausgebauter Drehstromlichtmaschine durchzuführen. In Eigenregie sollte man sich nur mit den Schleifkohlen der Lichtmaschine beschäftigen. Aufgrund eines Prüflaufs sind alle anderen Arbeiten einer Werkstatt zu überlassen.

18.2.3 Aus- und Einbau

- Massekabel der Batterie abklemmen und das Kabel gut vom Batteriepol wegdrücken (könnte sonst wieder zurückspringen).
- Falls ein Massekabel angeschlossen ist, dieses abschliessen.
- Keilrippenriemen ausbauen, wie es in Kapitel 2.8 unter der betreffenden Überschrift beschrieben wurde.
- Von der Rückseite der Drehstromlichtmaschine den Kabelstecker abziehen und die Leitung von der getrennten Klemme abziehen.
- Schrauben der Lichtmaschinenaufhängung lösen, die Lichtmaschine festhalten, die Schrauben herausziehen und die Lichtmaschine abnehmen.

Der Einbau der Lichtmaschine geschieht in umgekehrter Reihenfolge wie der Ausbau. Den Keilriemen in die Rillen der Riemenscheiben einlegen und die Riemenspannung einstellen, wie es in Kapitel 2.8 unter der betreffenden Überschtift beschrieben wurde.

18.2.4 Reparatur einer Drehstromlichtmaschine

Die Lichtmaschine kann als wartungsfrei angesehen werden. Nur nach einer sehr hohen Kilometerleistung könnte es vorkommen, dass man die Kohlebürsten eventuell erneuern muss. Von allen anderen Arbeiten an einer Lichtmaschine raten wir Ihnen ab, da das Aggregat vor dem Wiedereinbau auf einem Prüfstand laufen sollte, um Ladewerte, Drehzahl, usw. zu überprüfen.

Ehe man eine Lichtmaschine jedoch erneuert, kann man die folgenden Arbeiten durchführen:

Ladespannung der Lichtmaschine prüfen

Ein Voltmeter ist zur Messung der Ladespannung der Lichtmaschine erforderlich. An der Ladespannung kann man erkennen, ob die Batterie z.B. ausreichend nachgeladen wird.

- Voltmeter zwischen der Klemme des dicken roten Kabels an der Lichtmaschine und einer guten Massestelle abschliessen.
- Den Motor anlassen und etwas auf dem Leerlauf heraus beschleunigen.
- Anzeige des Voltmeters kontrollieren. Zeigt dieser 13,3 bis 14,6 V, stimmt die Anzeige.
- Liegt die Anzeige wesentlich unter diesem Wert, kann man die Schleifkohlen kontrollieren. Eine andere Ursache ist ein fehlerhafter Spannungsregler. Sehen die Schleifkohlen gut aus, ist die Lichtmaschine defekt.

Kontrolle der Schleifkohlen

Obwohl die Arbeit bei eingebauter Lichtmaschine durchgeführt werden kann, schlagen wir vor, dass man sie ausbaut.

- Die Abdeckung an der Rückseite der Lichtmaschine abschrauben. Diese wird durch die drei Schrauben in der Mitte gehalten.
- An der Oberseite der Lichtmaschine den Spannungsregler von der Lichtmaschine abschrauben. Links und rechts je eine Schraube lösen.
- Den Regler erfassen und vorsichtig herausziehen.
- Die aus dem Bürstenträger heraustehenden Schleifkohlen (Bürsten) in der Länge ausmessen. Da neue Schleifkohlen eine Länge von 13 mm haben, kann man am Mass erkennen, wie weit sich die Kohlen abgeschliffen haben. Ein Mass von weniger als 5 mm bedeutet Erneuerung der Bürsten. Neue Schleifkohlen bedeuten eine Erneuerung des gesamten Reglers. Man kann sich jedoch in einer allgemeinen Bosch-Elektro-Werkstatt erkundigen, ob man Ihnen die Kohlen da erneuern kann. Da es Bosch-Teile sind, sollte dies keine Probleme bringen. Die Kohlen sind in den Träger eingelötet.

Fahren bei ausgefallener Lichtmaschine

Falls Sie feststellen, dass die Lichtmaschine die Batterie nicht mehr auflädt (Ladekontrolleuchte erlöscht nicht), ist dies kein Grund zum sofortigen Verzweifeln. Am Tag werden Sie in der Lage sein noch einige Stunden zu fahren (es wird angenommen, dass die Batterie in gutem Zustand ist). Wir geben Ihnen die folgenden Ratschläge:

- Den Motor so gut wie möglich nicht abstellen. Der Anlasser braucht viel Strom. Wenn Sie anhalten müssen, suchen Sie sich eine Steigung aus, um den Wagen beim Wiederstart anrollen zu lassen.

- Beheizte Heckscheibe, das Autoradio und die Heizung ausschalten.
- Bei leichtem Regen die Scheibenwischer in die Intervall-Schaltung setzen.
- Müssen Sie in der Dunkelheit fahren, nur das Abblendlicht einschalten. Montierte Zusatzleuchten nicht einschalten.
- Falls Sie den Schaden vor Antritt einer Heimreise feststellen, kann man die Kabel an der Lichtmaschine abklemmen und einzeln mit Isolierband umwickeln. Dadurch wird verhindert, dass wertvoller Batteriestrom durch die Lichtmaschine fliessen kann.

Störungen in der Ladestromanlage
Folgend sind einige Störungen, deren Ursachen und mögliche Abhilfen angeführt, die Ihnen bei Ausfällen helfen könnten:

Die Ladekontrolleuchte leuchtet beim Einschalten der Zündung nicht auf.

- Batterie ist entladen. Starthilfekabel oder Anschleppen werden helfen.
- Die Glühbirne ist durchgebrannt.
- Batteriekabel/Kabelklemmen lose oder oxidiert. Anschlüsse kontrollieren. Im Notfall mit warmen Wasser reinigen. Spezielle Reinigungsmittel stehen dazu zur Verfügung.
- Stromkreis zwischen Zündschloss, Ladekontrolleuchte und Lichtmaschine unterbrochen. Hier empfehlen wir eine Kontrolle in einer Werkstatt.
- Massekabel zwischen Lichtmaschine und Motor unterbrochen oder lose. Entsprechend kontrollieren.
- Schleifkohlen, Spannungsregler oder Lichtmaschine defekt. Kohlen und Spannungsregler wie oben beschrieben erneuern, Lichtmaschine reparieren lassen oder erneuern.

Ladekontrolleuchte erhellt oder flackert, wenn der Motor läuft
Falls alle Kabel einwandfrei angeschlossen und nicht unterbrochen sind, könnte der Keilriemen gerissen oder die Spannvorrichtung defekt sein. Entsprechend kontrollieren. Andere Ursachen sind abgeschliffene Schleifkohlen und defekter Regler/Lichtmaschine.

18.3 Der Anlasser

18.3.1 Anlasser prüfen

Um den Anlasser unter Batteriespannung zu kontrollieren, sind die Klemmen "30" (grosse Klemme) und "50" (kleines Kabel neben der grossen Klemme) mit einem Kabel von mindestens 4,0 mm^2 Querschnitt zu verbinden. Falls der Anlasser jetzt einwandfrei arbeitet, ist die Zuleitung zum Anlasser zu kontrollieren. Spurt der Anlasser nicht ein, muss er ausgebaut und überprüft werden.
Eine einwandfreie Prüfung des Anlassers in einer Prüfbank sollte von einer Elektrowerkstatt durchgeführt werden.

18.3.2 Aus- und Einbau des Anlassers

- Massekabel der Batterie abklemmen (an Radio-Diebstahlcode denken).
- Die Geräuschverkapselung an der Unterseite des Motorraums ausbauen (Schnellverschlüsse lösen).
- Fahrzeug auf der Anlasserseite aufbocken und absichern.
- Leitungen an der Rückseite des Anlassers vom Magnetschalter abklemmen.
- Die Muttern und die Schraube der Stützplatte lösen, Verbindungsschrauben zu Motor und Getriebe entfernen, je nach Anbringung des Anlassers.
- Den Anlasser herausheben.

Der Einbau des Anlassers geschieht in umgekehrter Reihenfolge. Die Kabel gut anschliessen, damit sie sich nicht lösen können.

18.3.3 Zerlegung und Zusammenbau des Anlassers

Wie bei der Lichtmaschine ist eine Reparatur des Anlassers in Eigenregie nicht zu empfehlen, da Stromverbrauch, Anlassdrehmoment, Leistungswerte unter Last und ohne Last auf einem Prüfstand zu ermitteln sind, ehe man den Anlasser wieder einbaut. Erfahrungen haben gezeigt, dass die meisten Ausfälle eines Anlassers an den Schleifkohlen liegen. Um auch diese Arbeit fachmännisch durchführen zu lassen, raten wir Ihnen den Anlasser auszubauen und in eine Elektro-Werkstatt zu bringen. Bei dieser Gelegenheit wird man auch feststellen, ob die Störung nur an den Bürsten liegt.
Muss der Anlasser erneuert werden, baut man einen Austausch-Anlasser ein. Durch Eingabe des ursprünglichen Aggregats hat der neue Anlasser die gleichen Garantie wie der Original-Anlasser. Der Einrückmagnetschalter kann jedoch bei ausgebautem Anlasser leicht erneuert werden. Nach Lösen der Kabelverbindung den Schalter vom Anlasser abschrauben und herausziehen.

18.4 Scheibenwischeranlage

Die Teile der Scheibenwischeranlage sind in Bild 330 gezeigt. Der Scheibenwischermotor kann nur zusammen mit dem Wischerrahmen ausgebaut werden.

18.4.1 Scheibenwischerarm ersetzen

Ehe ein Wischerarm erneuert wird, muss man wissen, dass sie nicht gleich sind. Der eingezeichnete Buchstabe "F" weist auf die Fahrerseite hin, "B" auf die Beifahrerseite.

- Die Motorhaube muss geöffnet, der Scheibenwischer muss ausgeschaltet sein.
- Die schwarze Schutzkappe über der Wischerspindel abhebeln und die jetzt sichtbare Sechskantmutter abschrauben. Die Scheibe entfernen.
- Den Wischerarm an der Befestigung an der Spindel erfassen und hin- und herwackeln, während er gleichzeitig heruntergezogen wird.
- Den neuen Wischerarm auf die Spindel stecken und gegen die Scheibe anlegen. Der betreffende Wischer muss sich mit der schwarzen Strichmarkierung an der Unterseite der Windschutzscheibe decken. Die Einstellung ist in Bild 331 gezeigt.
- Die Sechskantmutter mit 16 Nm anziehen.

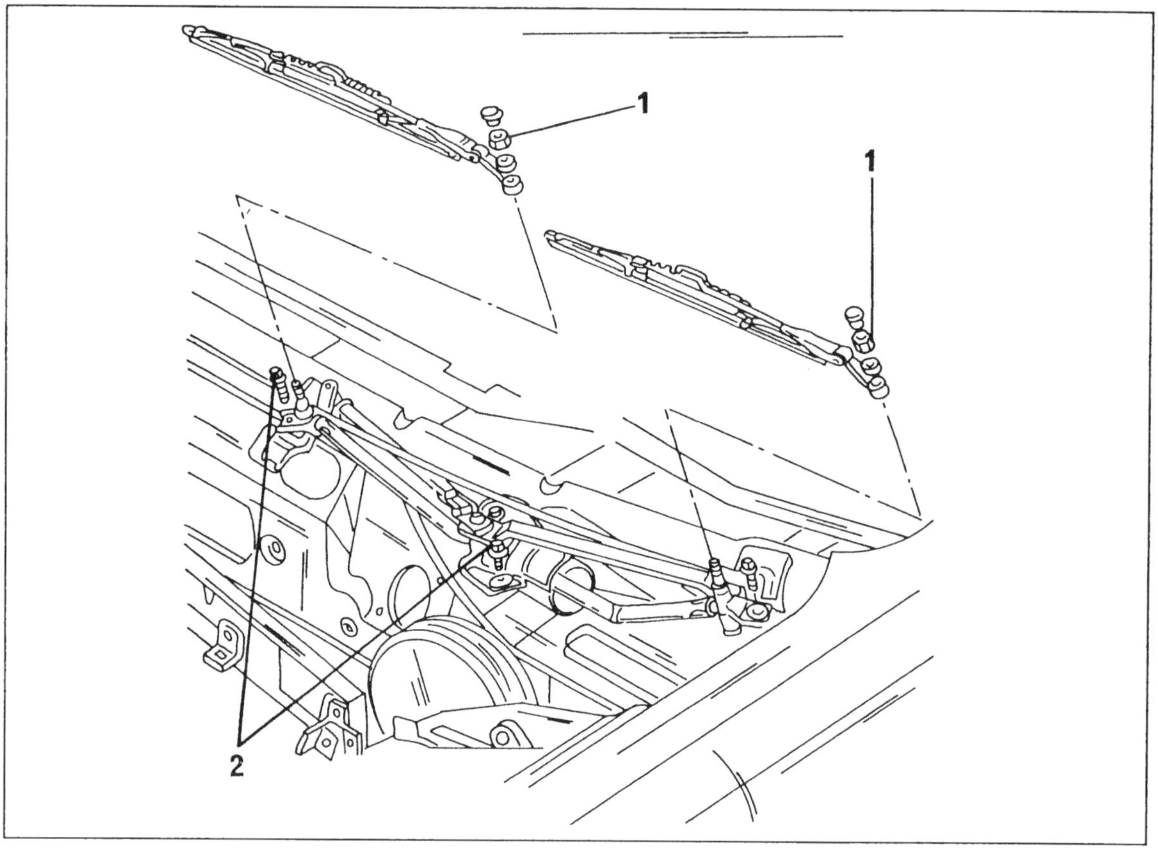

Bild 330
Eingebauter Scheibenwischer.
1 Mutter, 16 Nm
2 Schrauben, 8 Nm

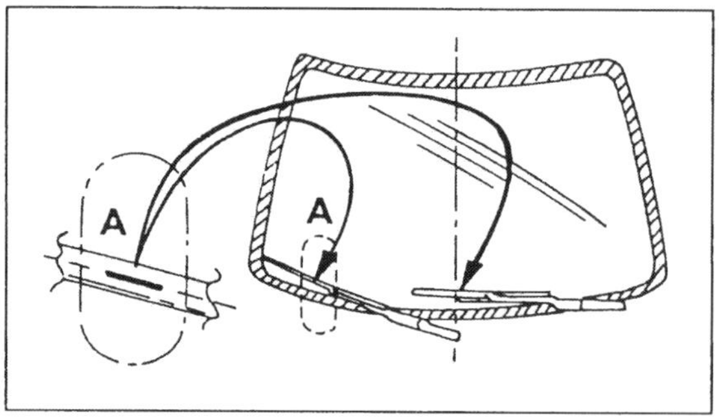

Bild 331
Richtige Ausrichtung der Scheibenwischerblätter. Der Ausschnitt "A" zeigt wie das Blatt über die Strichmarkierung kommt.

- Scheibenwischer einschalten und kontrollieren, dass die Scheibenwischerblätter wieder in die richtige Stellung kommen. Abschliessend die Schutzkappe wieder in die Öffnung eindrücken.

18.4.2 Scheibenwischergummi/blatt ersetzen

Man kann getrost sagen, dass ein Scheibenwischergummi seinen Dienst ca. 6 Monate lang tut, ehe man durch Fensterverschmierung oder dergleichen feststellen kann, dass ein neuer Wischergummi fällig ist. Komplette Wischerblätter werden von vielen Herstellern angeboten und wir überlassen es Ihnen, welches Wischerblatt Sie einbauen. Ebenfalls kann man nur den eigentlichen Wischgummi erneuern.

Wischergummi erneuern

● Das Wischerblatt ausbauen, wie es unten beschrieben ist und zum Audi-Händler oder Autozubehörgeschäft mitnehmen, um durch Vergleich das richtige Teil zu erhalten.

● Vor Ausbau des alten Gummis genau einprägen wie die Teile zusammengebaut sind.

● Die Haltespange um den Wischergummi an einem Ende des Wischerblatts vorsichtig aufbiegen, bis sich der Gummi herausziehen lässt. Die beiden eingesetzten Metallstreifen müssen auf den neuen Gummi übertragen werden.

● Neuen Gummi langsam einschieben, wobei auf den Verlauf der Krümmung zu achten ist. Wenn der Gummi vollkommen sitzt, die Haltespange wieder vorsichtig mit einer Zange zusammendrücken.

Wischerblatt ersetzen

Die Arbeit kann schneller durchgeführt werden, jedoch sind komplette Wischerblätter teurer. Beim Kauf unbedingt das alte Wischerblatt mitnehmen. Da die Wischerblätter nicht gleich sind, muss man sich einprägen, wo sie gesessen haben.

● Wischerarm von der Windschutzscheibe abziehen und sofort eine dicke Decke auf die Windschutzscheibe auflegen und zwar auf der Stelle wo das Ende des Wischerarms auftreffen könnte, sollte er nach Ausbau des Wischerblatts zurückschnappen.

● Einen kleinen Kunststoffhebel an Verbindung zwischen Wischerblatt und Wischerarm nach unten drücken und das Wischerblatt aus dem Arm herausziehen.

● Das neue Wischerblatt in den Haken des Wischerarms einschieben, bis die Haltesicherung einrastet.

● Scheibenwischerblatt nach Entfernen der Decke vorsichtig auf die Scheibe auflegen.

18.4.3 Scheibenwischermotor erneuern

Aufgrund der Verbauung sind einige Teile auszubauen, um an die eigentliche Befestigung des Wischergestänges zu kommen.

● Wischerblätter durch Einschalten der Scheibenwischer in die Parkstellung bringen. Zündung danach ausschalten.

● Die beiden Wischerarme ausbauen, wie es oben beschrieben wurde.

● Den linken Teil der schwarzen Kunststoffabdeckung unterhalb der Windschutzscheibe ausbauen. Die Abdeckung wird durch Drehsicherungen gehalten. Eine passende Münze dazu in die Schlitze einsetzen und die Sicherungen nach links verdrehen. Ausserdem wird die Abdeckung durch zwei Blechspangen an der Unterseite gehalten, welche man ebenfalls lösen muss.

● Den Deckel des Elektronikkastens abschrauben, die beiden Befestigungsmuttern des Kastens ausfindig machen, den Kasten aus der Befestigung ziehen und zur Seite versetzen, um den Wischermechanismus mehr zugänglich zu machen.

● Zwei Schrauben an der Oberseite der Wischerspindeln und eine weitere Schraube in der Nähe des Wischermotors herausdrehen (2, Bild 330) und das Wischergestänge vorsichtig mit dem Wischermotor herausnehmen.

● Den Mehrfachstecker vom Wischermotor abziehen.

● Die Wischergestänge an der Verbindung zu den Wischerspindeln mit einem Schraubenzieher abhebeln.

● Die drei Schrauben des Wischermotors ausdrehen. Den Kurbelarm entsprechend verdrehen, um an alle Schrauben heranzukommen. Der Wischermotor ist jetzt frei. Wird der Motor erneuert, muss man den Kurbelarm vom Motor abmontieren.

Beim Einbau ist die richtige Stellung des Kurbelarms zu beachten, da diese vor Einbau des Motors nach vorn weisen muss. Dazu den Mehrfachstecker aufstecken und die Zündung einschalten lassen. Den Motor eine Weile laufen lassen und die Zündung ausschalten lassen. Wenn er anhält, steht der Kurbelarm in der Parkstellung.

● Den Motor wieder in den Montagerahmen verschrauben und die Gestänge aufdrücken (Kugelpfannen mit etwas Graphitfett einschmieren, wenn möglich). Beim Anschliessen der Gestänge zu beachten: das Gestänge zur linken Wischerspindel sitzt unten am Kurbelarm, das zur rechten Wischerspindel verlegte Gestänge sitzt oben auf dem Kurbelarm.

● Den Kurbelarm jetzt festschrauben. Der Kurbelarm steht richtig, wenn er in der gleichen Ebene wie das Wischergestänge auf der Beifahrerseite liegt.

● Den Wischerrahmen jetzt zusammen mit dem Wischermotor in umgekehrter Reihenfolge zum Ausbau einbauen. Abschliessend die Wischer einschalten und kontrollieren, dass die Wischer richtig parken.

18.5 Scheinwerfer

18.5.1 Aus- und Einbau einer Glühbirne

Bilder 332 und 333 zeigen die Teile eines Scheinwerfers mit und ohne Nebelleuchten. Die Birnen werden vom Motorraum aus erneuert. Auf der rechten Seite vorher den Luftkanal ausbauen.

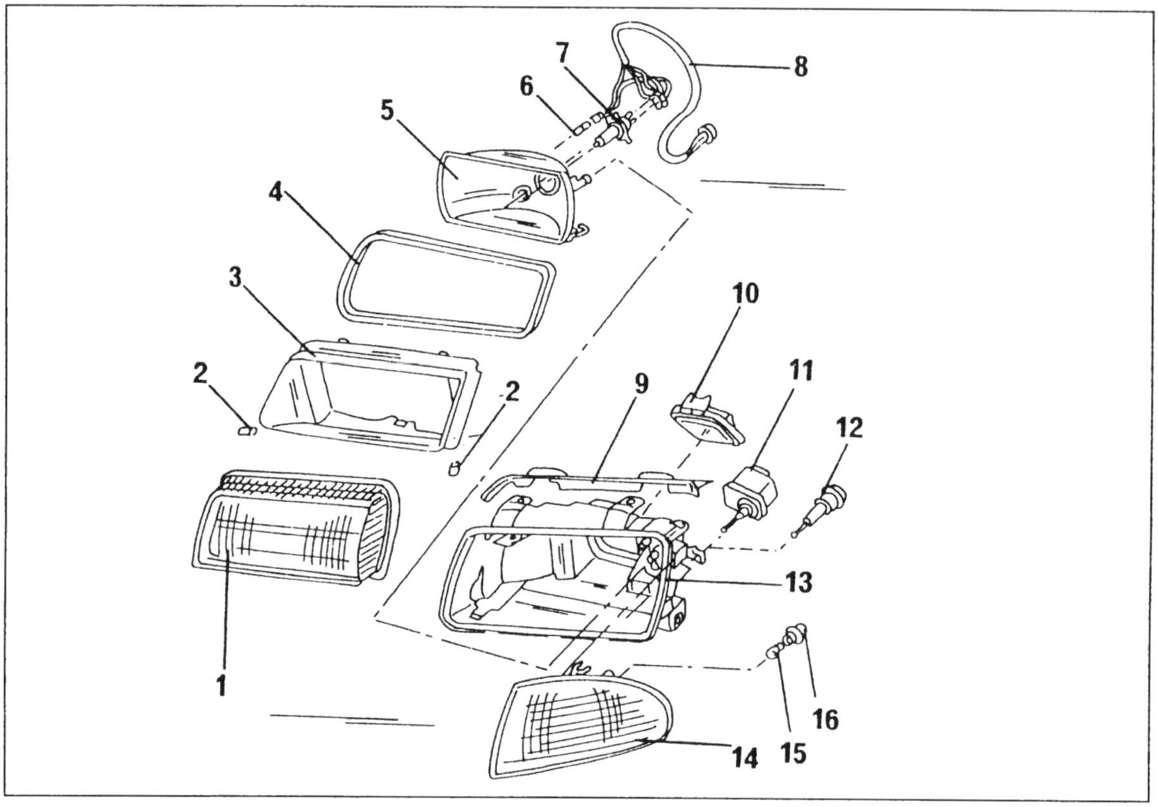

Bild 332
Die Einzelteile eines Scheinwerfers ohne eingebaute Nebelleuchte.
1 Scheinwerferglas
2 Sicherungsspangen (7 x)
3 Scheinwerferrahmen
4 Dichtungsgummi
5 Reflektor
6 Birne, Seitenleuchte, 4 W
7 Kombi-Scheinwerferbirne
8 Kabelanschluss
9 Abdeckung
10 Abdeckkappe
11 Servomotor für Leuchtweitenregulierung
12 Fixierlager für Reflektor
13 Scheinwerfergehäuse
14 Blinkleuchte
15 Birne für Blinkleuchte, 21 W
16 Birnenfassung

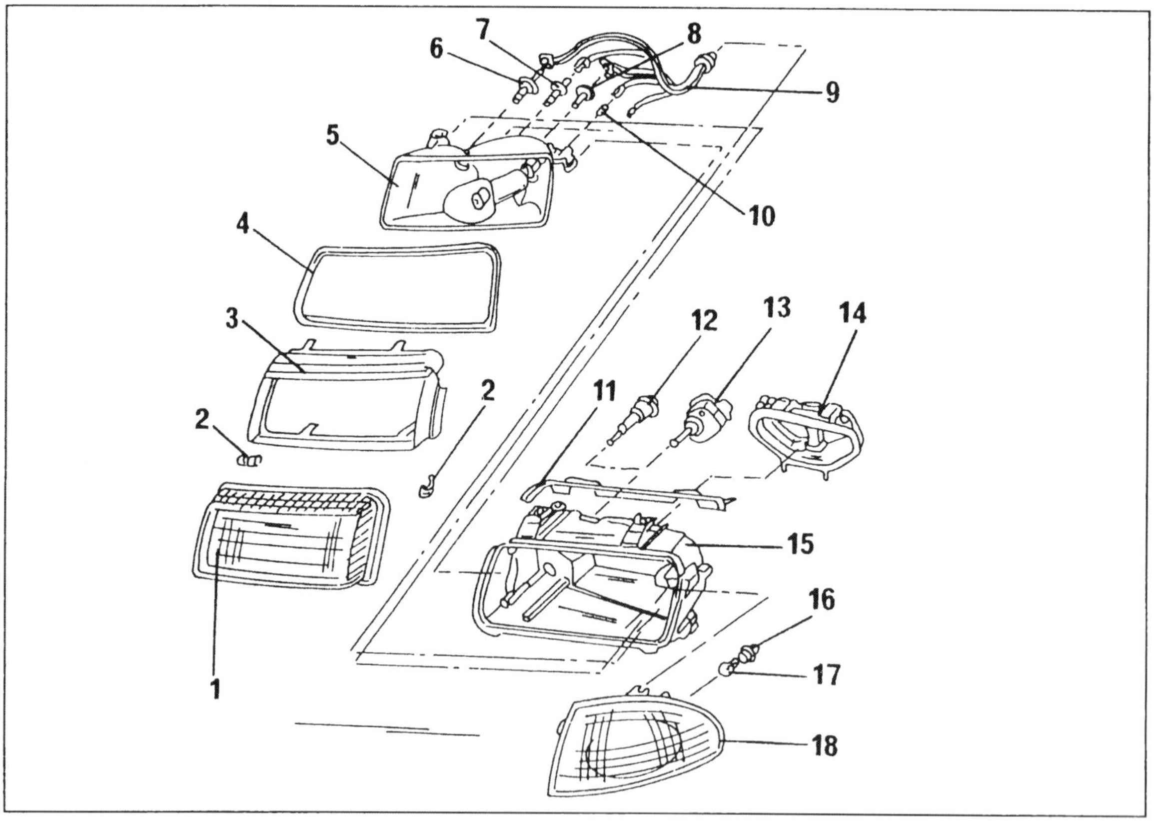

Bild 333
Die Einzelteile eines Scheinwerfers mit integrierter Nebelleuchte.
1 Scheinwerferglas
2 Sicherungsspangen (5 x)
3 Scheinwerferrahmen
4 Abdichtgummi
5 Reflektor
6 Scheinwerferbirne für Fernlicht, H7, 55 W
7 Nebelleuchtenbirne, H1, 55 W
8 Scheinwerferbirne für Abblendlicht, H7, 55 W
9 Kabelanschluss
10 Birne, Seitenleuchte, 5 W
11 Abdeckung
12 Fixierlager für Reflektor
13 Servomotor, Leuchtweitenregulierung
14 Abdeckkappe
15 Scheinwerfergehäuse
16 Birnenfassung
17 Birne, Blinkleuchte, 21 W
18 Blinkleuchte

- Vom Motorraum aus die Schutzkappe entfernen. An der Oberseite sind entweder eine oder zwei Tasten zu sehen (je nachdem, ob Nebelleuchten eingebaut sind oder nicht). Die Taste(n) nach unten drücken und die Kappe abnehmen.
- Den Kabelstecker von der betreffenden Scheinwerferbirne abziehen.
- Die Sicherungsspange über die beiden Zun-

gen heben und die Birne aus dem Scheinwerfereinsatz herausziehen.
Die neue Birne nicht mit den blossen Fingern anfassen. Beim Einbau der Birne entsprechend den folgenden Anweisungen vorgehen:
- Beim Einsetzen der H4-Lampe (Scheinwerfer ohne Nebelleuchte) die mittlere Steckzunge an die Oberseite bringen.
- Beim Einsetzen der H7-Lampe (Scheinwerfer mit Nebelleuchte) die Nasen des Lampentellers senkrecht an die Oberseite bringen.
- Beim Einsetzen der H1-Lampe (Nebelleuchte) die beiden Nasen in den Reflektor einsetzen.

Nach dem Auswechseln einer Scheinwerferbirne immer die Einstellung der Scheinwerfer kontrollieren und ggf. einstellen. Wir schlagen vor, dass man die Scheinwerfereinstellung in einer Werkstatt überprüfen lässt.

18.5.2 Scheinwerfer aus- und einbauen

Einzelheiten der Scheinwerferinstallationen sind den beiden Montagebildern zu entnehmen. Der Stossdämpfer muss ausgebaut werden, wie es in Kapitel 2.12 beschrieben wurde oder man klebt den Stossdämpfer in der Gegend des Scheinwerfers gut ab, um keine Kratzer zu verursachen.
- Die Blinkleuchte ausbauen, wie es später beschrieben wird.
- Die in Bildern 334 und 335 gezeigten Schrauben lösen. Zwei sitzen oben am Schlossträger, eine unterhalb des Scheinwerfers.
- Den mittleren Stecker der Scheinwerfer, den Stecker des Servomotors für die Leuchtweitenregulierung oder die Steckergruppe (mit Nebelleuchte) an der Rückseite des Scheinwerfers abziehen.
- Den Scheinwerfer vorsichtig aus der Zapfenführung an der Seite herausziehen (nicht mehr als 15 mm), etwas anheben und danach zur Vorderseite zu herausziehen. Den Scheinwerfer dabei wie erforderlich verdrehen.

Der Einbau geschieht in umgekehrter Reihenfolge wie der Ausbau. Den Scheinwerfer vor dem Festziehen mit den danebenliegenden Blechteilen der Karosserie ausrichten, um einen gleichmässigen Abstand zwischen Scheinwerfer und Karosserie herzustellen. Dann erst die in den Bildern gezeigten Schrauben anziehen.

18.5.3 Scheinwerferzerlegung

Ein gebrochenes Scheinwerferglas oder ein stumpf gewordener Reflektor bedeutet die Erneuerung des kompletten Scheinwerfers. Ein Scheinwerfer lässt sich in die in den Bildern 332 und 333 gezeigten Teile zerlegen. Bei der Zerlegung folgendermassen vorgehen:
- Die Abdeckung über dem Scheinwerferglas entfernen und die Halteklammern vorsichtig mit einem Schraubenzieher ringsherum des Scheinwerferglases aushebeln. Je nach Ausführung sind 5 oder 7 vorhanden.

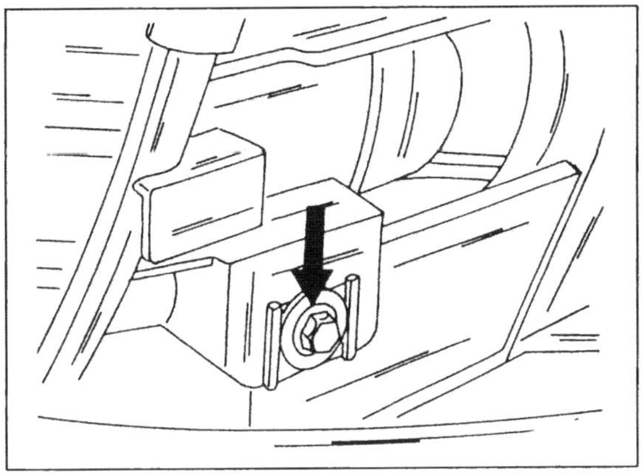

Bild 334
Eine Befestigungsschraube der Scheinwerfer befindet sich an der Unterseite.

Bild 335
Zwei Befestigungsschrauben der Scheinwerfer befinden sich am Schlossträger.

- Das Scheinwerferglas, ebenfalls als Streuscheibe bezeichnet, sowie den Abdichtgummi abnehmen.
- Die verchromte Zierumrandung vorsichtig vom Reflektor abdrücken und herausnehmen.
- Den Reflektor jetzt ausbauen. Bei Ausführung ohne Nebelleuchte den Reflektor vorsichtig aus den Halteringen hebeln, bei Ausführung mit Nebelleuchten beide Einstellschrauben herausdrehen, bis der Reflektor frei wird und abgenommen werden kann.
- Falls eingebaut, den Stellmotor ausbauen, wie es unter getrennter Überschrift beschrieben ist.

Den Scheinwerfer wieder in umgekehrter Reihenfolge zusammenbauen. Zu beachten:
- Die Innenseite eines Reflektors nicht mit den blossen Händen anfasssen. Zum Einbau ihn vorsichtig in die Halteringe eindrücken, bzw. durch Verdrehen der Schrauben in die richtige Lage bringen.
- Die Gummiabdichtung des Scheinwerfer-

glases muss immer erneuert werden.

- Die Haltespangen der Scheinwerferglasbefestigung mit der Hand in die richtige Lage drükken.
- Nach Einbau des Scheinwerfers muss die Einstellung auf jeden Fall kontrolliert werden.

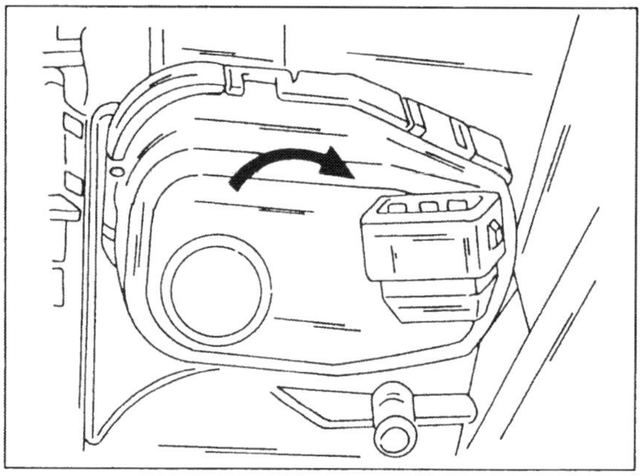

Bild 336
Verdrehrichtung des Servomotors bei einem Scheinwerfer ohne Nebelleuchte. Hier wird der linke Servomotor ausgebaut.

18.5.4 Aus- und Einbau eines Motors für die Leuchtweitenverstellung

Der Motor für die Leuchtweitenverstellung kann nur bei ausgebautem Scheinwerfergehäuse erneuert werden. Wir möchten darauf hinweisen, dass nach einer Erneuerung eines Verstellmotors immer die Grundeinstellung der Scheinwerfer durchgeführt

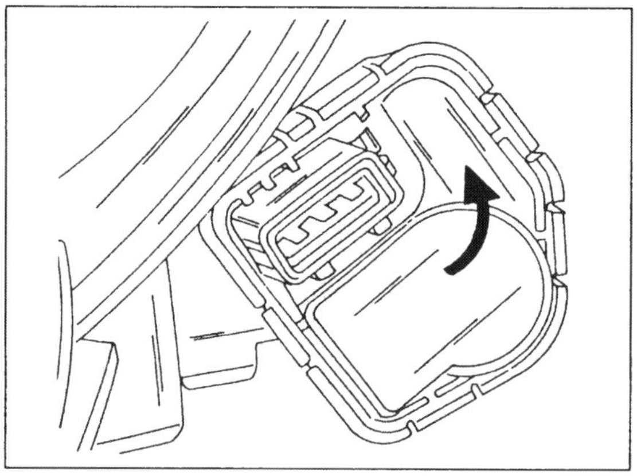

Bild 337
Verdrehrichtung des Servomotors bei einem Scheinwerfer mit Nebelleuchte. Hier wirdder linke Servomotor ausgebaut.

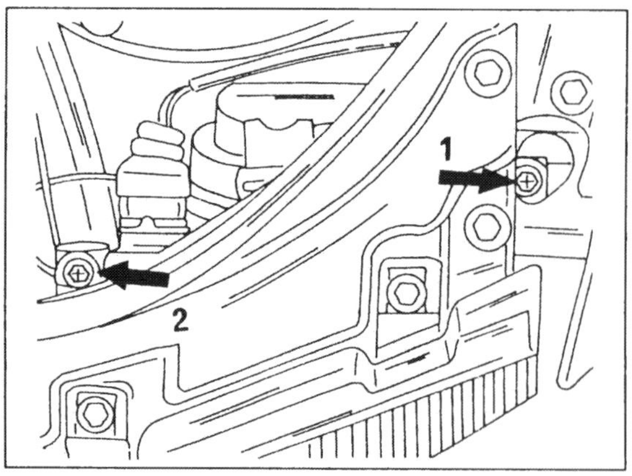

Bild 338
Die Lage der Scheinwerfereinstellschrauben. Beim Verstellen genau an die Anweisungen im Text halten.

werden muss. Dies lässt sich nur mit einem Scheinwerfereinstellgerät, d.h. in einer Werkstatt durchführen.
Der Ausbau eines Scheinwerfermotors ist ziemlich einfach. Der linke Motor wird ausgebaut, indem man ihn in die in Bild 336 bzw. 337 gezeigte Richtung dreht, wenn es sich um einen linken Motor handelt oder nach links, wenn es sich um einen rechten Motor handelt. Dies ist die Verdrehrichtung bei einem Scheinwerfer ohne Nebelleuchte. Ist eine Nebelleuchte eingebaut, ist der Gegenteil der Fall. Den Stellmotor schräg aus der Reflektoraufnahme kippen und von hinten herausziehen.
Der Einbau geschieht in umgekehrter Reihenfolge wie der Ausbau. Der Motor wird durch entgegengesetztes Verdrehen befestigen.

18.5.5 Scheinwerfereinstellung

Die Einstellung dieser Scheinwerfer befindet sich in der Innenseite des Motorraums, d.h. genauer gesagt sitzen die Schrauben in Bohrungen im Schlossträgerblech. Zum Einstellen ist ein Innensechskantschlüssel (Inbusschlüssel) erforderlich. Das besondere bei den eingebauten Scheinwerfern ist die unterschiedliche Lage und Wirkung der Einstellschrauben, die je nach Lieferant das Gegenteil bewirken. Ehe wir auf die Einstellung eingehen, soll diese erklärt werden:

- In Bild 338 sind die beiden Einstellschrauben zu sehen. Zwar sitzen sie bei allen Scheinwerfern an den gleichen Stellen, jedoch ist die Einstellweise zu beachten:
- Werden die Scheinwerfer von Bosch angeliefert, dient die Schraube (1), d.h. die an der Seite befindliche Schraube, zur Seiteneinstellung und die Schraube (2) an der Innenseite zur Höheneinstellung.
- Werden die Scheinwerfer von Valeo angeliefert, dient die Schraube (1) zur Höheneinstellung und die Schraube (2) zur Seiteneinstellung.

Die Einstellung der Scheinwerfer sollte mit einem speziellen Einstellgerät durchgeführt werden und nur im Notfall sollte man versuchen die Einstellung zu berichtigen oder zu verändern. Das Fahrzeug zur Einstellung im rechten Winkel vor eine Garagentür oder eine Wand fahren und die Scheinwerfer einschalten. Der Abstand zur Wand oder Tür sollte ca. 5 Meter betragen.
Bei eingebauter Leuchtweitenregulierung muss diese auf "0" geschaltet werden.
Meistens stimmt die Einstellung nur eines Scheinwerfers nicht, d.h. man kann das Strahlenbild des "guten" Scheinwerfers auf der anderen Seite kopieren. Nach Eigeneinstellung bei der ersten Gelegenheit in einer Werkstatt oder bei einem

Bosch-Dienst vorfahren, um die Scheinwerfer fachmännisch einstellen zu lassen.

Aus Erfahrung gesprochen
Vorausgesetzt, dass das Fahrzeug in einer Garage untergebracht ist (d.h. Sie haben eine Garagentür), und die Scheinwerfer genau eingestellt sind (z.B. nach einer Einstellung mit einem Justiergerät in der Werkstatt), können Sie das Fahrzeug genau 5 m vor die Garagentür fahren (genau abmessen, nicht schätzen). Jetzt das Fernlicht einschalten und den Mittelpunkt der Strahlenbündel beider Scheinwerfer mit einem Kreuz auf der Garagentür anzeichnen. Wenn es einmal nötig sein sollte die Scheinwerfereinstellung zu kontrollieren (z.B. vor einer Vorfahrt zur technischen Überprüfung), kann das Fahrzeug wieder vor die Garagentür gefahren werden, um festzustellen, dass sich die Einstellung noch mit den Kreuzen deckt. Etwaige Einstellungen können dann vorgenommen werden. Wir möchten nochmals darauf hinweisen, dass man die Einstellschrauben je nach eingebautem Scheinwerferfabrikat verstellen muss. Sonst kommt man damit nicht zurecht.

Audi hat eine Broschüre mit dem Titel "Instandhaltung genau genommen" herausgegeben. Falls Sie in der Lage sind, sich diese zu besorgen, werden Sie dieser viele Anregungen, unter anderem auch über die Einstellung der Beleuchtung, entnehmen können.

18.6 Rückleuchtengruppe

Die in die Rückleuchtengruppe eingesetzten Glühbirnen sind in Bild 339 gezeigt.

Glühbirnen erneuern

- Die Kofferraumverkleidung hinter der Heckleuchte lösen und zur Seite klappen.
- Den Stecker (3) in Bild 340 abziehen.
- Die Haltezunge (2) in Bild 340 nach unten drücken und die Birnenfassung (1) zur Innenseite des Kofferraums zu herausziehen. Dies geschieht durch Eindrücken, Verdrehen nach links und und gleichzeitiges Herausziehen. Das Kabel (4) vom Clips befreien.
- Die neue Glühbirne in umgekehrter Weise einbauen, d.h. einschieben und verdrehen. Dabei das Birnenglas nicht mit blossen Fingern anfassen (Papiertaschentuch).

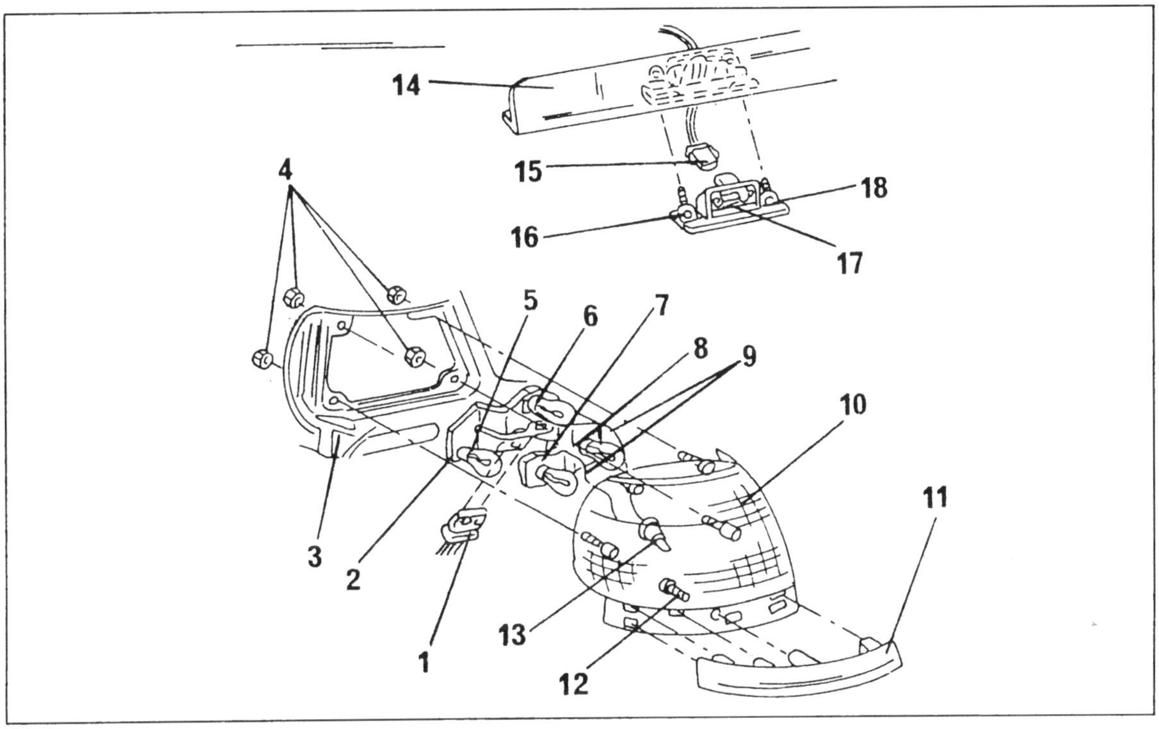

Bild 339
Zerlegte Schlussleuchte mit der Kennzeichenleuchte.
1 Stecker für Rückleuchten
2 Birnenfassung
3 Karosserieabdichtung
4 Mutter, 4 x
5 Birne, Bremsleuchte, 21/5 W
6 Birne, Blinkleuchte, 21 W
7 Birne, Rückfahrleuchte, 21 W
8 Birne, Nebelschlussleuchte, 21 W
9 Kabel für Rückleuchten
10 Rückleuchtengruppe
11 Blende unter Leuchte
12 Blechschraube
13 Birnenfassung mit Birne für Schlussleuchte
14 Kofferraumdeckelgriff
15 Stecker, Kennzeichenleuchten
16 Blechschraube
17 Birne, Kennzeichenleuchte
18 Kennzeichenleuchte

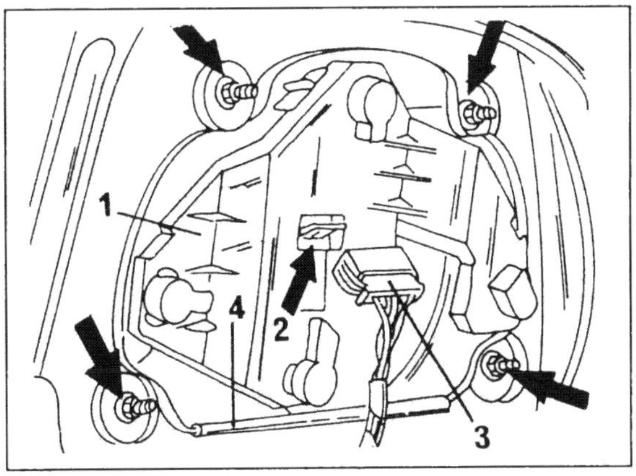

Bild 340
Einzelheiten zum Aus- und Einbau einer Heckleuchte.
1 Birnenfassung
2 Haltezunge der Birnenfassung
3 Kabelstecker
4 Kabel (festgeclipst)

Heckleuchte ausbauen

- Die Birnenfassung ausbauen, wie es oben beschrieben wurde.
- Die Kofferraumverkleidung in der Gegend der Heckleuchte zurückschlagen.
- Die vier Muttern der Heckleuchtenbefestigung (Pfeile, Bild 340) lösen und das Lampengehäuse von der Aussenseite des Fahrzeuges herausziehen. Die Dichtung ist am Lampengehäuse angeklebt, d.h. die Leuchte könnte festkleben. Wird ein Schraubendreher zum Abdrücken benutzt, muss man mit der notwendigen Vorsicht vorgehen. Am besten eignet sich dazu ein sogenannter Sattlerknochen.

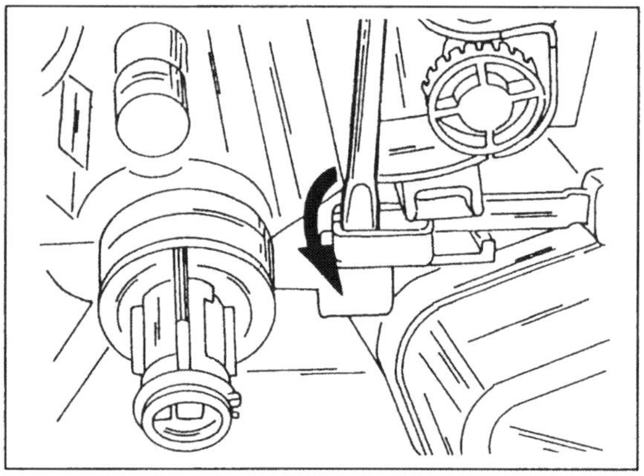

Bild 341
Ausbau einer vorderen Blinkleuchte. Den Sicherungsriegel in Pfeilrichtung drücken.

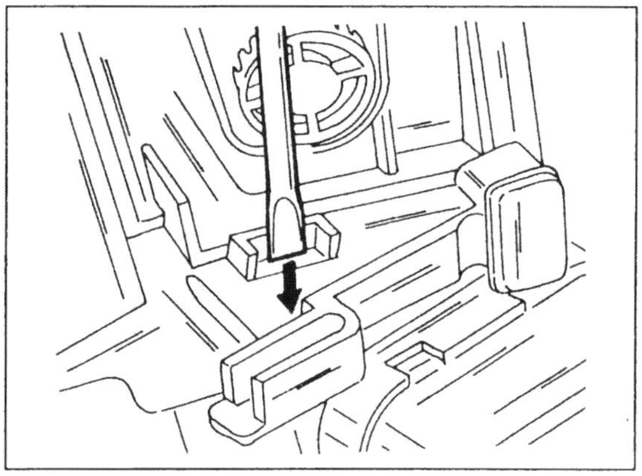

Bild 342
Die Haltezunge der Blinkleuchte nach unten drücken und die Blinkleuchte herausziehen.

- Bei Erneuerung der Leuchte muss die in der Karosseriefarbe lackierte Blende an der Unterseite schadensfrei ausgetauscht werden. Diese werden durch Halterasten an der Innenseite gehalten (mit Schraubendreher auspressen). Die Blende kann ausserdem durch zusätzliche Blechschrauben von der Innenseite aus befestigt sein (Pos. 12, Bild 339).

Der Einbau der Leuchte geschieht in umgekehrter Reihenfolge wie der Ausbau. Die Blende wieder einschieben und, wie vorgefunden, von innen befestigen.

Kennzeichenleuchten

Die Kennzeichenleuchten sind mit Kreuzschlitzschrauben an der Unterkante der Kofferraumklappe befestigt. Die Soffittenbirne kann nach Herausziehen der Leuchte erneuert werden. Zum Austausch der Leuchte den Stecker abziehen.

18.7 Vordere Blinkleuchten

Den Luftkanal ausbauen, wenn man die rechte Blinkleuchte ausbauen will. Der Ausbau einer Blinkleuchte kann ohne Ausbau des Scheinwerfers durchgeführt werden.

- Vom Motorraum aus neben dem Scheinwerfergehäuse den Sicherungsriegel der Blinkleuchte nach hinten drücken, wie man es in Bild 341 sehen kann. Die Lage des Sicherungsriegels hängt vom eingebauten Scheinwerfer ab:
  - Bei einem normalen Scheinwerfer ist er am Scheinwerfergehäuse angebracht.
  - Bei einem "Dreifachscheinwerfer" ist er an der Blinkleuchte angebracht.
- Die Haltezunge der Blinkleuchte in Pfeilrichtung von Bild 342 leicht nach unten drücken und die Blinkleuchte nach vorn herausziehen.
- Den Stecker abziehen, um die Leuchte vollkommen auszubauen oder die Glühbirne in die Fassung drücken, etwas nach links verdrehen und herausziehen.

Der Einbau geschieht in umgekehrter Reihenfolge. Zuerst die Leuchte einschieben, bis die Haltezunge einrastet und danach den in Bild 341 gezeigten Sicherungsriegel wieder in die ursprüngliche Lage drücken.

18.8 Innenleuchte

Die Streuscheibe der Innenleuchte wird vorsichtig mit einem Schraubenzieher abgedrückt. Die mittlere Glühbirne ist die Innenleuchte (10 W). Die beiden Glühbirnen links und rechts dienen für die Leseleuchten. Bei diesen handelt es sich um sogenannte Glassockelbirnen (5 Watt).
Beim Einsetzen der Streuscheibe diese zuerst die kleinen Haken an der Rückseite einhängen und dann die Scheibe in die Dachöffnung eindrücken.

18.9 Motorraumleuchte

Das Leuchtenglas ist in der Aufnahmeöffnung verklemmt. Zum Ausbau der Leuchte die Seiten links und rechts etwas zusammendrücken und die Leuchte herausziehen. Die Birne ist durch einen Renkverschluss (Bajonettverschluss) gehalten. Die Birnenstärke beträgt 10 Watt.

Wartungsplan

In der folgenden Aufstellung sind die von Audi angegebenen Empfehlungen angeführt. In ***Kursivschrift*** angegebene Wartungsarbeiten muss man in einer Werkstatt durchführen lassen.

Regelmässige Wartungsarbeiten

Funktion der Standleuchten, Rückleuchten, Bremsleuchten, Nebelleuchten, Nebelschlussleuchte, Blinkanlage, Rundumblinkanlage und Signalhupe kontrollieren .... ☐
Funktion der Scheibenwischer und Scheibenwaschanlage überprüfen. Falls erforderlich Flüssigkeitsbehälter nachfüllen .... ☐
Motor auf Öllecksteilen kontrollieren .... ☐
Stand des Kühlmittels überprüfen. Falls erforderlich durch Nachfüllen von zusätzlichem Frostschutzmittel berichtigen. Den Zustand aller Kühlmittelschläuche überprüfen .... ☐
Motorölstand überprüfen .... ☐
Flüssigkeitsstand im Vorratsbehälter der Lenkung überprüfen .... ☐
Bremsen prüfen .... ☐
Reifendruck prüfen. Nach angemessener Zeit die Profiltiefe der Reifen kontrollieren .... ☐

Alle 12 Monate oder 15000 km

Motoröl und Ölfilter wechseln .... ☐
Stärke der Bremsbeläge der Scheibenbremsen kontrollieren. Kontrolle der Vorderradbremsen reicht aus ☐

Inspektion alle 12 Monate

Fehlerspeicher auslesen lassen .... ☐
Motor auf Öllecksteilen kontrollieren .... ☐
Säurestand in der Batterie kontrollieren und ggf. berichtigen (bei wartungsfreien Batterien hinfällig). Vielleicht Batteriepole säubern und leicht einfetten .... ☐
Motor auf Öllecksteilen kontrollieren .... ☐
Frostschutzmittel der Kühlanlage mit Hydrometer kontrollieren. Falls erforderlich durch Nachfüllen von zusätzlichem Frostschutzmittel berichtigen. Den Zustand aller Kühlmittelschläuche überprüfen.... ☐
Ölstand im Schaltgetriebe überprüfen, beim Quattro Ölstand im Hinterachsantrieb prüfen .... ☐
Zustand der Keilriemen und Keilrippenriemen überprüfen........................ ☐
Manschetten der Lenkung auf Leckstellen oder Schäden kontrollieren .... ☐
Bremsanlage auf Leckstellen und Beschädigung oder Anrostung der Bremsleitungen sowie Risse der Bremsschläuche kontrollieren. Dazu gehören eine Kontrolle der Stärke der hinteren Bremsklötze und eine Zustandsüberprüfung der Bremsscheiben .... ☐
Auspuffanlage auf Leckstellen oder sichtbare Schäden kontrollieren .... ☐
Spurstangenkugelgelenke auf übermässiges Spiel und Zustand der Staubschutzkappen kontrollieren ☐
Staubschutzkappen der Aufhängungsgelenke der Vorderradaufhängung und Zustand der Manschetten der Antriebswellen überprüfen (beim Quattro vorn und hinten) .... ☐
Radschrauben auf vorgeschriebenes Anzugsdrehmoment kontrollieren und den Zustand der Reifen kontrollieren. Tiefe des Reifenprofils (1,6 mm), Abnutzung der Reifen an den Kanten unbedingt prüfen ☐
Flüssigkeitsstand im Vorratsbehälter der Servolenkung kontrollieren und ggf. berichtigen .... ☐
Betätigung der Handbremse kontrollieren .... ☐
Scheinwerfereinstellung kontrollieren oder ***kontrollieren lassen*** .... ☐
Lenkung auf übermässiges Spiel kontrollieren .... ☐
Alle Kontrollinstrumente und Warnleuchten auf einwandfreie Funktion kontrollieren .... ☐
Alle Züge, Gelenke, Schlösser, usw. schmieren und auf Leichtgängigkeit überprüfen .... ☐
Service-Intervallanzeige zurücksetzen lassen. Falls Sie dafür kein Geld ausgeben wollen, kann man sich an den Wartungsplan halten. Warten Sie Ihren Wagen nach Ablauf der Garantiezeit, geht es auch ohne Intervallanzeiger, wenn man sich den Kilometerstand registriert .... ☐
Wagen probefahren und allgemeine Leistung der Handbremse, Fussbremse, Lenkung, Motorleistung und aller anderen wichtigen Faktoren kontrollieren .... ☐
Alle Beleuchtungskörper der Reihe nach durchschalten und auf einwandfreie Funktion überprüfen. Beschädigte Glühbirnen erneuern .... ☐

Inspektion alle 24 Monate oder 30000 km

Die oben angegebenen Arbeiten und Kontrollen durchführen und zusätzlich die folgenden Arbeiten durchführen:

Abgasüberprüfung durchführen lassen. Laut Landesgesetz alle 2 oder 3 Jahre. . . . . ☐
Radlagerspiel der Vorder- und Hinterräder kontrollieren . . . . ☐
Bremsflüssigkeit wechseln ***oder wechseln lassen.*** Bitte halten Sie sich an diesen Wartungs-Intervall ☐
Staub- und Pollenfilter wechseln lassen . . . . ☐
Ölstand im Achsantrieb eines automatischen Getriebes überprüfen oder ***überprüfen lassen*** . . . . . ☐
Flüssigkeitsstand im automatischen Getriebe kontrollieren lassen. *Selbstkontrolle ist nicht möglich* ☐

Inspektion alle 60000 km

Bei der 12-Monate-Inspektion angegebene Arbeiten sowie die folgenden Arbeiten durchführen:

Zündkerzen erneuern, mindestens alle 3 Jahre. An diesen Zeitintervall halten . . . . ☐
Luftfiltereinsatz auswechseln . . . . ☐
Flüssigkeit im automatischen Getriebe wechseln lassen. Mindestens alle 4 Jahre. Kann nicht selbst durchgeführt werden. . . . . ☐
Servolenkung auf undichte Stellen kontrollieren . . . . ☐
Funktion des Bremskraftverstärkers kontrollieren . . . . ☐
Alle Kraftstoffleitungen auf Korrosion kontrollieren . . . . ☐

Inspektion alle 120000 km

Die bei der 12-Monate-Inspektion angegebenen Arbeiten durchführen. Nur eine weitere Zusatzarbeit ist erforderlich.

Keilriemen und Keilrippenriemen aller Aggregatantriebe auswechseln . . . . ☐

Motor — Allgemeine Daten

Bauart	Vierzylinder-Viertakt-Motor, Zylinder in Reihe angeordnet. Motor längs zur Fahrzeuglinie eingebaut.
Ventilsteuerung:	
— Ausser 20V-Motor	Obenliegende Nockenwelle, Steuerzahnriemen zum Nokkenwellenantrieb. Nockenwelle arbeitet direkt auf umgekehrte, hydraulische Becherstössel.
— 20V-Motor	Zwei obenliegende Nockenwellen (eine für Einlassventile und eine für Auslassventile), Zahnriemenantrieb zu einer Nockenwelle, zweite Nockenwelle durch Kette angetrieben. Nockenwellen arbeiten direkt auf umgekehrte Becherstössel.
Motorkennzeichnung:	
— 1,6 Liter (74 kW)	ADP
— 1,8 Liter (92 kW)	ADR
— 1,8 Liter (110 kW)	AEB
Hubraum:	
— 1,6 Liter	1595 cm^3
— 1,8 Liter	1781 cm^3
Zylinderbohrung:	
— 1,6 Liter	81,0 mm
— 1,8 Liter	81,00 mm
Kolbenhub:	
— 1,6 Liter	77,4 mm
— 1,8 Liter	86,40 mm
Verdichtungsverhältnis:	
— 1,6 Liter-ADP-Motor	10,3 : 1
— 1,8 Liter-ADR-Motor (92 kW)	10,3 : 1
— 1,8 Liter-AEB-Motor (110 kW)	9,5 : 1
Leistung:	
— 1,6 Liter-ADP-Motor	75 kW bei 5300/min
— 1,8 Liter-ADR-Motor	92 kW bei 5800/min
— 1,8 Liter-AEB-Motor	110 kW bei 5700/min
Max. Drehmoment (DIN):	
— 1,6 Liter-ADP-Motor	140 Nm bei 3800/min
— 1,8 Liter-ADR-Motor	173 Nm bei 3950/min
Kraftstoffaufbereitung:	
— Einspritzanlage — 1,6 Liter-Motor	Bosch Motronic, Typenbezeichnung 3.2, mit Klopfregulierung, Selbstdiagnose, Lambda-Regulierung, Katalysator
— 1,8 Liter	Bosch Motronic, Typenbezeichnung mit Klopfregulierung, Selbstdiagnose, Lambda-Regulierung, Katalysator. Je nach Motor mit (110 kW) oder ohne (92 kW) Turbolader
Zündfolge	1 - 3 - 4 - 2
Öldruck:	
— Im Leerlauf	1.0 - 2,5 bar
— Bei 3000/min	3,0 - 5,0 bar

Ventilsteuerzeiten — 1,8 Liter-Motoren	ARD	AEB
— Einlassventil öffnet nach o.T.	4°	18°
— Einlassventil schliesst nach o.T.	34°	28°
— Auslassventil öffnet vor u.T.	38°	30°
— Auslassventil schliesst vor o.T.	8°	10°

Ventilsteuerzeiten — 1,6 Liter, 8V-Motor, ADP:	
— Einlassventil öffnet nach o.T.	1°
— Einlassventil schliesst nach o.T.	37°
— Auslassventil öffnet vor u.T.	41°
— Auslassventil schliesst vor o.T.	5°
Material der Ölwanne:	
— 1,6 Liter-Motor	Stahlblech
— 1,8 Liter-Motoren	Aluminium
Verdichtungsdrücke:	
— Motoren ADP, ADR	9 - 14 bar (Verschleissgrenze 7,5 bar)
— Motor AEB	10 - 13 bar (Verschleissgrenze 7,0 bar)

Motor — Mechanisch

Zylinderbohrungen (alle Motoren)	
Nenndurchmesser	81,01 mm
1. Übergrösse	81,26 mm
2. Übergrösse	81,51 mm

Zylinderkopf und Ventile

Ventilführungen:	
Einbautemperatur	Zylinderkopf kalt
Innendurchmesser der Führungen, ausser ADP-Motor	6,013 - 6,035 mm
Innendurchmesser der Führungen, ADP-Motor	7,013 - 7,035 mm
Spiel der Ventilschäfte:	
— Einlassventile	1,0 mm (siehe Text zwecks Messung)
— Auslassventile	1,3 mm (siehe Text zwecks Messung)
Ventilsitze:	
— Ventilsitzdurchmesser:	
— Einlassventile:	
Motor ADR, AEB	26,20 mm
Motor ADP	38,70 mm
— Auslassventile:	
Motor ADR, AEB	29,20 mm
Motor ADP	32,10 mm
Sitzwinkel	45°
Breite der Ventilsitze:	
— Einlassventile	ca. 1,5 - 2,0 mm
— Auslassventile	1,8 mm
Äusserer Korrekturwinkel:	
— Einlassventile	30°
— Auslassventile	30°
Min. Nacharbeitungsmass der Sitze	Siehe Seite 29
Ventile:	
— Ventiltellerdurchmesser:	
Einlassventile — ADR, AEB	26,8 - 27,0 mm
— ADP	39,50 mm
Auslassventile — ADR, AEB	29,80 - 30,00 mm
— ADP	32,90 mm

— Ventillänge - Einlassventile:	
ADR- und AEB-Motoren	104,84 - 105,34 mm
ADP-Motor	91,85 mm
— Ventillänge - Auslassventile:	
ADR- und AEB-Motoren	103,64 - 104,14 mm
ADP-Motor	91,15 mm
— Ventilschaftdurchmesser:	
Einlassventile, ausser ADP-Motor	5,95 - 5,97 mm
Einlassventile, ADP-Motor	6,98 mm
Auslassventile, ausser ADP-Motor	5,94 - 5,95 mm
Auslassventile, ADP-Motor	6,965 mm
— Ventilkantenstärke	min. 0,5 mm

Kolben und Pleuelstangen

Nenndurchmesser	80,985 mm
1. Übergrösse	81,235 mm
2. Übergrösse	81,485 mm
Übergrösse-Kolbenringe	Wie Kolben
Kolbenausführung	Festmantelkolben
Messstelle für Kolbendurchmesser	10,0 mm von der Unterkante des Kolbenmantels im 90° Winkel zur Kolbenbolzenachse
Max. zulässiger Verschleiss am Kolbendurchmesser	0,04 mm vom angegebenen Durchmesser
Laufspiel der Kolben:	
— Normal	0,03 mm
— Verschleissgrenze	0,06 mm
Kolbenringe:	
— Anzahl der Ringe	3
— Höhenspiel der Ringe in Kolbennuten:	
Normal — Verdichtungsringe	0,02 - 0,07 mm
Normal — Ölabstreifringe	0,02 - 0,06 mm
Verschleissgrenze	0,12 mm
— Stossspiel:	
Normal — Verdichtungsringe	0,15 - 0,40 mm
Normal — Ölabstreifringe, zweiteilig	0,25 - 0,50 mm
Normal — Ölabstreifringe, dreiteilig	Weniger als 1,0 mm
Verschleissgrenze:	
Verdichtungsringe	0,8 mm
Ölabstreifring, zweiteilig	1,0 mm
Ölabstreifring, dreiteilig	1,3 mm
Pleuelstangen:	
— Lageraxialspiel	0,05 - 0,31 mm
— Verschleissgrenze	0,37 mm
— Pleuellager	Siehe unter "Kurbelwelle"
— Laufspiel des Kolbenbolzens	0,01 - 0,02 mm

Kurbelwelle

Anzahl der Hauptlager	5
Kennzeichnung der Hauptlager	1 bis 5, Vorderseite des Motors ausgehend
Aufnahme des Axialdrucks	Durch Anlaufhalbscheiben am mittleren Lager
Haupt/Pleuellagerausführung	Dünnwandige Lagerschalen

Kurbelwellenaxialspiel:	
— Normal	0,07 - 0,17 mm
— Verschleissgrenze	0,25 mm
Hauptlagerlaufspiel:	
— Normal	0,02 - 0,06 mm
— Verschleissgrenze	0,17 mm
Laufspiel der Pleuellager:	
— Normal	0,01 - 0,06 mm
— Verschleissgrenze	0,12 mm
Max. Unrundheit der Lagerzapfen	0,03 mm
Durchmesser der Hauptlagerzapfen:	
— Nenndurchmesser	54,00 mm
— 1. Untergrösse	53,75 mm
— 2. Untergrösse	53,50 mm
— 3. Untergrösse	53,25 mm
Durchmesser der Pleuellagerzapfen:	
— Nenndurchmesser	47,80 mm
— 1. Untergrösse	47,55 mm
— 2. Untergrösse	47,30 mm
— 3. Untergrösse	47,05 mm

Motorschmierung

Druck des Schmierungssystems:	
— Im Leerlauf	1,0 - 2,5 bar
— Bei 3000/min	3,0 - 5,0 bar
Ölfassungsvermögen — 1,6 Liter:	
— Mit Filter	3,3 Liter
— Ohne Filter	2,7 Liter
Ölfassungsvermögen — 1,8 Liter:	
— Mit Filter	3,9 Liter
— Ohne Filter	3,4 Liter
Ölfilter	Wegwerffilter
Ölpumpe	Siehe Kapitel 4

Kühlanlage

Bauart	Thermosyphonanlage mit Flügelradwasserpumpe. Thermostatregelung. Getrenntes Dehngefäss. Visko-Lüfter bzw. elektrischer Ventilator, oder Zwei-Ventilator-Installation, aus- und eingeschaltet durch Thermoschalter.
Lage des Thermoschalters	Unterseite des Kühlers
Antrieb der Wasserpumpe	Durch Keilriemen
Füllmenge der Anlage	ca. 7,0 Liter
Frostschutzmittel	Siehe Kapitel "Kühlanlage" im Hauptteil
Thermoschalter für Kühlungsventilator:	
— Erste Stufe, schaltet ein/aus	92 - 97° C/84 - 91° C
— Zweite Stufe, schaltet ein/aus	99 - 105°/91 - 98° C
Öffnungstemperatur des Thermostats	87° C
Thermostat, vollkommen geöffnet bei	102° C
Verschlussdeckel des Dehngefässes:	
— Überdruckventil öffnet bei	1,2 - 1,5 bar
— Unterdruckventil öffnet bei	0,06 - 0,1 bar

Kraftstoff-Einspritzanlage

Hersteller	Bosch
Ausführung	Motronic, Typ 3.2
Leerlaufdrehzahl, alle Motoren	820 - 900/min
Abschaltdrehzahl der Einspritzung:	
— 1,6 Liter-Motor	6500/min
— 1,8 Liter-Motor	6800/min
Luftmessung mit	Luftmassenmesser
Kraftstoffdruck im Leerlauf:	
— Unterdruckschlauch aufgesteckt	3,5 bar
— Unterdruckschlauch abgezogen	4,0 bar
Haltedruck nach Abschalten der Zündung nach 10 min.	2,5 bar
Einspritzventile:	
— Ausführung — 1,6 Liter-Motor	Einloch-Einspritzventil
— 1,8 Liter-Motor	Zweiloch-Einspritzventil
Einspritzventil-Widerstand bei Raumtemperatur:	
— 1,6 Liter-Motor	14 - 16 Ohm
— 1,8 Liter-Motoren	11 - 13 Ohm
Einspritzventil-Widerstand bei Betriebstemperatur	ca. 4 - 6 Ohm mehr

Zündanlage

Bauart — 1,6 Liter-Motor	Bosch Motronic mit Zündverteiler, einzelne Zündspule und Klopfregelung
— 1,8 Liter-Motor, 92 kW	Bosch Motronic, ohne Verteiler, zwei Doppelfunken-Zündspulen und Klopfregelung
— 1,8 Liter-Motor, 110 kW	Bosch Motronic, ohne Zündverteiler, mit vier einzelnen Zündspulen (eine pro Zylinder) und Klopfregelung
Zündzeitpunktverstellung:	
— 1,6 Liter-Motor	0 ± 12° (Prüfwert), 0 ± 3° (Einstellwert)
— 1,8 Liter-Motoren	Zündzeitpunkt wird durch elektronisches Steuergerät bestimmt, kann nicht verstellt werden.
— Zündzeitpunktmarkierung:	Am Schwungrad
Zündfolge	1 - 3 - 4 - 2

Zündkerzen

Eingebaute Kerzen:	
— 1,6 Liter-Motor und 92 kW 1,8 Liter-Motor	NGK BKUR 6 ET oder Bosch F7 LTCR
— 110 kW 1,8 Liter-Motor	NGK BKUR 7 ET oder Bosch F6 LTCR
Elektrodenabstand	0,7 - 0,9 mm

Hinweis: Die Kerzen haben drei Masseelektroden und brauchen nur alle 60 000 km oder alle 3 Jahre erneuert werden.

Kupplung

Bauart	Einscheibentrockenkupplung mit Tellerfeder
Betätigung	Durch hydraulische Anlage. Nehmerzylinder am Getriebe, Geberzylinder mit Kupplungspedal verbunden. Anlage mit Vorratsbehälter der Bremsanlage verbunden
Mitnehmerscheibe:	
— Durchmesser	210 mm (1,6) oder 228 mm (1,8)
— Max. Schlag	0,5 mm

Schaltgetriebe — Frontantrieb

Eingebauter Getriebetyp	012		
Anzahl der Gänge	Fünf		
Eingebautes Getriebe — Code-Buchstaben:			
— 1,6 Liter	CTD		
— 1,8 Liter, 92 kW	CPD		
— 1,8 Liter, 110 kW	CTG		
Getriebeübersetzungen:			
	CTD	**CPD**	**CTG**
— 1. Gang	3,500 : 1	3,500 : 1	3,500 : 1
— 2. Gang	2,118 : 1	2,118 : 1	2,118 : 1
— 3. Gang	1,300 : 1	1,429 : 1	1,300 : 1
— 4. Gang	0,943 : 1	1,029 : 1	1,029 : 1
— 5. Gang	0,789 : 1	0,838 : 1	0,838 : 1
— Rückwärtsgang	3,444 : 1	3,444 : 1	3,444 : 1
Achsantrieb:			
— CTD-Getriebe	4,556 : 1		
— CPD-Getriebe	4,111 : 1		
— CTE-Getriebe	3,700 : 1		
Ölfüllmenge	2,25 Liter		
Ölsorte	SAE 75 W90 (Getriebeöl G 052 911 A — synthetisches Öl)		
Ölwechselzeiten	Auf Lebenszeit gefüllt		

Schaltgetriebe — Quattro

Eingebauter Getriebetyp	01A	
Eingebautes Getriebe:		
— 1,8 Liter, 92 kW	CPU	
— 1,8 Liter, 110 kW	CTF	
Getriebeübersetzungen:		
	CPU	**CTF**
1. Gang	3,500 : 1	3,778 : 1
2. Gang	2,118 : 1	2,176 : 1
3. Gang	1,300 : 1	1,429 : 1
4. Gang	0,943 : 1	1,029 : 1
5. Gang	0,789 : 1	0,838 : 1
Rückwärtsgang	3,44 : 1	3,444 : 1
Achsantrieb	4,556 : 1	3,889 : 1
Ölfüllmenge	2,75 Liter	
Ölsorte	Wie beim Getriebetyp 012, oben	

Achsantrieb, hinten — Quattro

Übersetzung:	
— 1,8 Litrer, 92 kW	3,88 : 1
— 1,8 Liter, 110 kW	4,111 :

Automatisches Getriebe

Eingebauter Getriebetyp	01N
Anzahl der Gänge	Vier
Eingebauter Getriebetyp:	
— 1,6 Liter und 1,8 Liter, 92 kW	CUW

Getriebeübersetzungen:	
— 1. Gang:	2,714 : 1
— 2. Gang	1,551 : 1
— 3. Gang	1,000 : 1
— 4. Gang	0,679 : 1
— Rückwärtsgang	2,111 : 1
Achsantriebsübersetzung	4,444 : 1
Schmieröl:	
— Ölfüllmenge:	
Bei Neufüllung	5,4 Liter
Bei Ölwechsel	3,0 Liter
Füllmenge des Achsantriebs	1,00 Liter
— Schmierölsorte:	
Getriebe	ESSO LT 71 141
Achsantrieb	Synthetisches Getriebeöl nach SAE 75W-90, auf Lebenszeit gefüllt

Lenkung

Bauart und Lenksäule	Servo-unterstützte Zahnstangenlenkung. Sicherheitslenksäule mit Auseinanderschiebung der beiden Lenksäulenhälften beim Frontalzusammenstoss. Airbag im Lenkrad eingebaut
Radstand	2615 mm (260,5 mm, Quattro)
Spurweite, vorn	1495,0 mm
Spurweite, hinten	1479 mm (147,5 mm, Quattro)
Lenkungsgeometrie	
Sturz:	
— Normale Radaufhängung (1BA)	—20' ± 20' (Zweiradantrieb), —20' ± 20' (4 x 4)
— Sportaufhängung (1BE)	—35' ± 20' (Zweiradantrieb), —35' ± 20' (4 x 4)
— Ab ca. Jan. 1995, alle Radaufhängungen	—1° 30' ± 20' (nur mit Zweiradantrieb)
— Max. Unterschied zwischen Seiten	30' (±15' ab Jan. 1995)
Vorspur (pro Rad):	
— Normale und Sportaufhängung — Prüfwert	10' ± 2'
— Normale und Sportaufhängung — Einstellwert	10' ± 5'
Spurdifferenzwinkel bei 20° (alle Radaufhängungen):	
— Einschlag, links oder rechts	1° 20' ± 30'

Vorderradaufhängung

Bauart	Einzelradabfederung. Auf jeder Seite vier Querlenker, Schraubenfedern, Federbeine und Kurvenstabilisator. Stossdämpfer in Federbeinen eingebaut (Gasdruckdämpfer). Kurvenstabilisator zwischen den unteren Querlenkern und Federbeinen montiert. Aufhängungsgelenkverbindung zwischen Querlenkern und Achsschenkel (Radlagergehäuse)
Farbkennzeichnung der Schraubenfedern	Farbkennzeichnung je nach Modellvariante. Beide Federn müssen immer die gleiche Farbe haben. Ersatzfedern können auch unterschiedliche Farbkennzeichnung haben.

Hinterradaufhängung

Bauart:	
— Mit Vorderradantrieb	Verbundlenkerachse mit Federbeinen und Kurvenstabilisator, Längslenker und Achsrohr. McPherson-Federbeine mit eingebauten Stossdämpfern (Gasdruckdämpfer)
— Mit Vierradantrieb	Einzelradaufhängung mit je zwei Dreiecksquerlenkern, zwei Längslenkern (Schubstreben) und Kurvenstabilisator. McPherson-Federbeine mit integrierten Gasdruckstossdämpfern
Radnabenlager	Schrägrollenlager. Unterschiedliche Einbauweise bei Fahrzeugen mit Zweirad- und Vierradantrieb (siehe Abschnitte 14 oder 17)
Federnkennzeichnung	Je nach Modellvariante verschieden. Beide Federn müssen gleiche Farbkennzeichnung haben.
Radeinstelldaten:	
Sturz (alle Radaufhängungen), Zweiradantrieb	—90' ± 20'
Sturz (alle Radaufhängungen), Vierradantrieb	—40' ± 30'
— Max. Unterschied zwischen Seiten	30'
Radspur bei richtigem Sturz:	
— Normale Radaufhängung (1BA), Zweiradantrieb	10' ± 5' (pro Rad)
— Sportaufhängung (1BE), Zweiradaufhängung	15' ± 5' (pro Rad)
— Alle Radaufhängungen — Vierradantrieb	8' ± 5' (pro Rad)

Bremsanlage

Bauart	Scheibenbremsen vorn und hinten, Zweikreisbremsanlage mit Servogerät und ABS. Weitere Beschreibung siehe Seite 144
Vorderradbremsen	
Bremssattelausführung	ATE Teves oder Girling (Lucas)
Bremszylinderdurchmesser	54 mm
Bremsscheibendurchmesser x Stärke:	
— Unbelüftete Scheiben — ATE/Teves	288 x 15 mm
— Belüftete Scheiben — ATE/Teves	288,0 x 25 mm
— Unbelüftete Scheiben — Lucas/Girling	280 x 13 mm
Min. Scheibenstärke:	
— Belüftete Bremsscheiben — ATE/Teves	23,0 mm
— Unbelüftete Bremsscheiben — ATE/Teves	13,0 mm
— Unbelüftete Scheiben — Lucas/Girling	11,0 mm
Max. Schlag der Bremsscheibe	0,03 mm
Bremsklotzstärke (alle Bremsen):	
— Neu	14,0 mm
— Verschleissgrenze	7,0 mm mit Metallplatte
— Belagmaterialverschleissgrenze	2,0 mm
Hauptbremszylinder und Bremsservo	
Hauptbremszylinderdurchmesser	23,81 mm, alle Fahrzeuge
Bremsservodurchmesser	10 Zoll
Hinterrad-Scheibenbremsen	
Bauart	Faustsattel-Scheibenbremse mit automatischer Nachstellung für Feststellbremse (Handbremse)
Bremsscheibendurchmesser	245,0 mm

Bremsscheibenstärke	10,0 mm
Min. Bremsscheibenstärke	8,0 mm
Bremssatteldurchmesser	38,0 mm
Max. Schlag der Bremsscheibe	0,03 mm
Bremsklotzstärke:	
— Neu	12,0 mm
— Verschleissgrenze mit Metallplatte	7,0 mm
— Verschleissgrenze der Belagstärke	2,0 mm

Elektrische Anlage

Batterie	
Spannung	12 V, negative Masse
Kapazität	Je nach Ausführung bis zu 70 Ah
Ladezustand:	
— Vollkommen entladen	Spez. Gewicht 1,12, 16° Baumé
— Halb entladen	Spez. Gewicht 1,20, 24° Baumé
— Voll geladen	Spez. Gewicht 1,28, 32° Baumé
Drehstromlichtmaschine	
Hersteller	Bosch oder Motorola
Leistung	70, 90 oder 120 A
Glühbirnen	
Wattstärke der Birnen	Die Wattstärke der Birnen sind in den Montagebildern der Scheinwerfer und der Heckleuchtengruppe angegeben.

Abmessungen und Gewichte

Länge über alles	4480 mm
— Breite über alles	173,5 mm
— Höhe über alles	1415 mm
— Bodenfreiheit	105 mm
— Radstand	261,5 mm (260,5 mm, Quattro)
— Spurweite vorn	1500 mm, Zweiradantrieb und Quattro
— Spurweite hinten	1480 mm (147,5 mm, Quattro)
Typische Gewichte:	
— Mit 1,6 Liter-Motor	ab 1195 kg, zus. Gesamtgewicht 1745 kg
— Mit 1,8 Liter-Motor — Leergewicht	ab 1225 kg, Quattro ab 1330 kg
— Zus. Gesamtgewicht	1790 kg, Quattro 1880 kg

Motor

Zylinderkopfschrauben:
— Erster Durchgang 40 Nm
— Zweiter Durchgang 60 Nm
— Dritter Durchgang:
Ohne Drehmomentschlüssel in Anzugsreihenfolge um eine weitere ½ Umdrehung nachziezen (oder 2 x eine Viertelumdrehung)
Hauptlagerdeckel 65 Nm
Pleuellagerdeckel:
— Erster Durchgang 30 Nm
— Zweiter Durchgang Um weitere 90° anziehen
Normales Schwungrad:
— Erster Durchgang 60 Nm
— Zweiter Durchgang Um weitere 90° anziehen
Doppelmassen-Schwungrad:
— Erster Durchgang 40 Nm
— Zweiter Durchgang Um weitere 180° anziehen
Antriebsscheibe (Automatik):
— Erster Durchgang 60 Nm
— Zweiter Durchgang Um weitere 90° anziehen
Kupplungsschrauben 25 Nm
Steuerrad der Zwischenwelle 80 Nm
Hallgeber an Zylinderkopf 10 Nm
Visko-Ventilator 45 Nm
Steuerrad der Kurbelwelle:
— Erster Durchgang 90 Nm
— Zweiter Durchgang Um weitere 90° anziehen
Hälften der Kurbelwellenriemenscheibe 20 Nm
Zahnriemenschutz an Zylinderblock 10 Nm
Mutter des Zahnriemenspanners 25 Nm
Riemenspanner an Block 20 Nm
Zylinderkopfhaube 10 Nm
Zündverteilerhalteplatte (1,6 Liter) 25 Nm
Ölfiltersockel an Motor 25 Nm
Wasserpumpe an Motor 20 Nm
Motoraufhängungen:
— M6-Gewinde 10 Nm
— M8-Gewinde 20 Nm
— M10-Gewinde 45 Nm
— M12-Gewinde 60 Nm
Abdeckplatte (Unterseite Motor) 10 Nm
Auspuffrohr an Getriebebügel 25 Nm
Auspuffrohr an Krümmer 25 Nm
Anlasserschrauben 20 Nm
Wandler an Mitnehmerscheibe 35 Nm
Ölwanne an Zylinderblock 20 Nm
Vorderer Öldichtringflansch an Motor:
— M6-Schrauben 10 Nm
— M8-Schrauben 25 Nm
Flansch der Zwischenwelle 25 Nm
Lagerdeckel der Nockenwelle 20 Nm
Lagerdeckel der Nockenwelle (20V) 10 Nm
Steuerrad der Nockenwelle 85 Nm
Ölpumpe:
— Lange Schrauben 20 Nm
— Kurze Schrauben 10 Nm
Ölablassstopfen 30 Nm
Zündkerzen 30 Nm
Öldruckschalter 25 Nm
Thermostatgehäuse 10 Nm
Riemenscheibe der Wasserpumpe 20 Nm
Wasseranschlussstutzen an Motor 10 Nm
Ansaugkrümmer an Motor 10 Nm
Auspuffkrümmer an Motor 25 Nm
Mutter, Ölkühler an Filtersockel 25 Nm
Ölansaugsieb an Ölpumpe 10 Nm
Thermostatgehäuse an Zylinderblock 10 Nm
Hinterer Öldichtringflansch an Motor 10 Nm
Zylinderkopfhaube 10 Nm
Ölspritzdüse für Kolbenkühlung 10 Nm
Drehstromlichtmaschine an Konsole 35 Nm
Lenkhilfspumpe an Konsole 25 Nm
Andere Drehmomente Im Text angegeben
Kompressor der Klimaanlage an Konsole 25 Nm

Schaltgetriebe

Führungsmuffe für Ausrücklager an Getriebe 25 Nm
Kupplung an Schwungrad 25 Nm
Schraube für Kupplungsnehmerzylinder 25 Nm
Kupplungsgeberzylinder an Pedallagerbock 20 Nm
Schraube für Schaltstange an Schalthebellager 25 Nm
Schraube für Schaltstangenkupplung 20 Nm
Schrauben für Schaltgestängelagerung 10 Nm
Mutter und Schraube für Schaltgabel 10 Nm
Motor an Getriebe:
— M8-Schrauben 25 Nm
— M10-Schrauben 45 Nm
— M12-Schrauben 60 Nm
Antriebswellenflansche an Getriebe:
— M8-Schrauben 45 Nm
— M10-Schrauben 80 Nm
Ölablassstopfen 25 Nm
Schalter der Rückfahrleuchte 30 Nm

Vorderradaufhängung

Oberer Lagerbock an Karosserie 3 Schrauben) 65 Nm
Federbein oben an Lagerbock 20 Nm
Federbein unten 90 Nm
Achslenker oben an Lagerbock 50 Nm + 90°
Klemmschraube der Achsgelenke oben 40 Nm
Bundschraube der Achswellen:
— M14-Gewinde 115 Nm + 90°
— M16-Gewinde 190 Nm + 90°
Bremsenschutzblech 10 Nm
Flanschmutter, Achsgelenk, unten 100 Nm
Koppelstange, Stabilisator siehe Hinweis, Seite 127
Nebenrahmenschrauben 110 Nm + 90°

Abstützblech am Nebenrahmen	25 Nm
Unterer Querlenker an Achskörper	90 Nm + 90°
Antriebswellenflansche:	
— M8-Gewinde	40 Nm
— M10-Gewinde	80 Nm
Antriebswellenflansch (Automatik)	80 Nm
Kurvenstabilisatorschellen	35 Nm
Kolbenstangenmutter, oben	60 Nm
Klemmschraube für Kugelbolzengelenk	45 Nm
Radmuttern	110 Nm
Andere Drehmomente:	
— Oberer Querlenker und Lagerbock	Bild 255
— Unterer Querlenker und Achsschenkel	Bild 260

Hinterradaufhängung — Ausser Quattro

Lager der Teile	Siehe Bild 274
Stossdämpfer an Achse	50 Nm + 90°
Stossdämpfer an Karosserie	25 Nm
Kolbenstangenmutter, oben	25 Nm
Längslenker an Karosserielager	80 Nm + 90°
Konsole der Längslenker an Karosserie	75 Nm
Bremsenspritzblech (Achsstumpf) an Achse	30 Nm
Radlagermutter	Muss eingestellt werden
Radmuttern	110 Nm

Hinterradaufhängung — Quattro

Lage der Teile	Siehe Bilder 283, 287, 290 und 291
Untere Querlenker an Nebenrahmen	70 Nm + 90°
Federbein, unten	70 Nm + 90°
Obere Querlenker an Nebenrahmen	50 Nm + 90°
Obere Querlenker an Achsschenkel	70 Nm + 90°
Federbein an Karosserie, oben	55 Nm
Unterer Querlenker, aussen an Achsschenkel	95 Nm
Schubstrebe an Achsschenkel	50 Nm
Schubstrebe (Exzenterschraube)	90 Nm
Koppelstange an Achsschenkel	50 Nm
Koppelstange an Stabilisator	40 Nm
Montageschellen des Stabilisators	25 Nm
Antriebswellenflansche	40 Nm
Bundschraube der Antriebswellen	115 Nm + 90°

Lenkung

Lage der Teile	Bild 234
Lenkradmutter	40 Nm
Klemmschraube des Lenkungsgelenk am Ritzel	40 Nm
Klemmschraube der Spurstangengelenke	45 Nm
Schraube für Vorspurkurveneinstellung	7 Nm (nicht lösen)
Kontermutter der Spurstangen	40 Nm
Lenkung an Fahrgestell	65 Nm (Anzugsreihenfolge beachten)
Schraubstopfen in Lenkung	18 Nm
Hohlschraube für Rücklaufschlauch	50 Nm
Hohlschraube für Flexischlauch	40 Nm
Lenkungsdämpfer, Lenkungsseite (V6)	35 Nm
Lenkungsdämpfer, Aussenseite (V6)	10 Nm
Befestigung der Lenkhilfspumpe	Bild 246
Andere Drehmomente	Siehe "Vorderradaufhängung"

Bremsanlage

Bremssattelträger, vorn an Federbein	125 Nm
Bremssattel, hinten an Federbein:	
— Ribbschrauben	95 Nm
— Inbussschraube (falls eingebaut)	60 Nm
Führungsschrauben des Bremszylinders, vorn:	
— Lucas/Girling-Bremsen	30 Nm
— ATE/Teves-Bremsen	25 Nm
Führungsschrauben des Bremssattels, hinten	30 Nm
Bremsenspritzplatte an Hinterachse, (mit Achsstumpf)	30 Nm
Spritzblech, vorn	10 Nm
Handbremshebel an Wagenboden	25 Nm
Bremsschlauch an Bremssattel	15 Nm
Blechwinkel am Bremssattel	10 Nm
Bremsleitung an Hauptbremszylinder	15 Nm
Hauptbremszylinder an Servo (Flanschmuttern)	50 Nm
Bremsservo an Karosserie (Schrauben)	25 Nm
Radschrauben	110 Nm
Achswellenschrauben, vorn — M14-Gewinde:	
— Erste Stufe	115 Nm
— Zweite Stufe	90° nachziehen
Achswellenschrauben, vorn — M16-Gewinde:	
— Erste Stufe	190 Nm
— Zweite Stufe	90° nachziehen
Achsstumpfmuttern, hinten, ausser Quatrro	Siehe Kapitel 14.2
Bundschraube, Antriebswelle, hinten:	
— Erste Stufe	115 Nm
— Zweite Stufe	90° nachziehen
Teile der ABS-Anlage:	
— Überwurfmuttern, Bremsleitungen	15 Nm
— Abdeckblech über Relais	5 Nm

Verzeichnis der Schaltpläne — Audi A4 mit Vierzylindermotoren

Stromlaufverbindungen der einzelnen Stromabnehmer des Fahrzeuges sind auf den folgenden Seiten zu finden:

Schaltpläne für Audi A4 mit 1,6 Liter-Motor (ADP)

Schaltpläne 1 bis 6 sowie 7 bis 18

Schaltpläne für Audi A4 mit 1.8 Liter-Motor (Motor ADR, 92 kW)

Schaltpläne 19 bis 23 sowie Schaltpläne 7 bis 18

Schaltpläne für Audi A4 mit 1,8 Liter-Motor (Motor AEB, 110 kW)

Schaltpläne 24 bis 29 sowie Schaltpläne 7 bis 18

Zusatzschaltpläne

Scheinwerfer mit integrierten Nebelleuchten — Schaltpläne 30 bis 32
Elektrische Fensterheber, 4-türig — Schaltpläne 33 bis 35
Elektrische Fensterheber, Vordertüren — Schaltpläne 36 bis 37
Zentralverriegelung — Schaltpläne 38 bis 41
Zusatzinstrumente — Schaltplan 42
ABS — Schaltpläne 43 bis 44
Zentralverriegelung mit Innenleuchten-Abschaltverzögerung — Schaltpläne 45 bis 47
Beheizte Sitze — Schaltplan 48

Kabelfarbenerklärung

bl	=	blau
br	=	braun
ge	=	gelb
gn	=	grün
gr	=	grau
li	=	violett
ro	=	rot
sw	=	schwarz
ws	=	weiss

Verzeichnis der Sicherungen

30A	= grün		15 A	= blau
25 A	= weiss		10A	= rot
20 A	= gelb			

Schaltpläne für Audi A4 mit 1,6 Liter ADP-Motor.

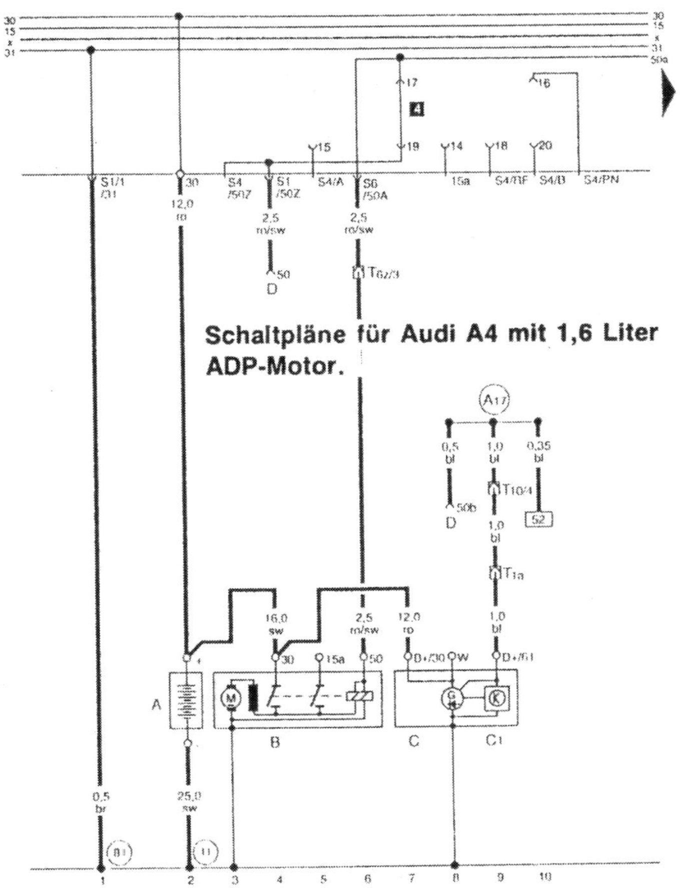

Schaltplan 1 — Batterie, Anlasser, Drehstromlichtmaschine
(alle Masseanschlüsse sind eingekreist)

A	Batterie
B	Anlasser
C	Drehstromlichtmaschine
C1	Spannungsregler
D	Zündanlassschalter
T 1a	Steckverbinder, 1-fach, blau, im Motorraum
T 6z	Steckverbinder, 6-fach, rot, Steckerstation E-Box, Wasserkasten
T10	Steckverbinder, 10-fach, braun, Steckerstation, E-Box, Wasserkasten

Massestellen:

A17	Verbindung (61), im Kabelstrang, Armaturenbrett
11	Massepunkt, im Batteriekasten
81	Masseverbindung 1, im Kabelstrang, Armaturenbrett

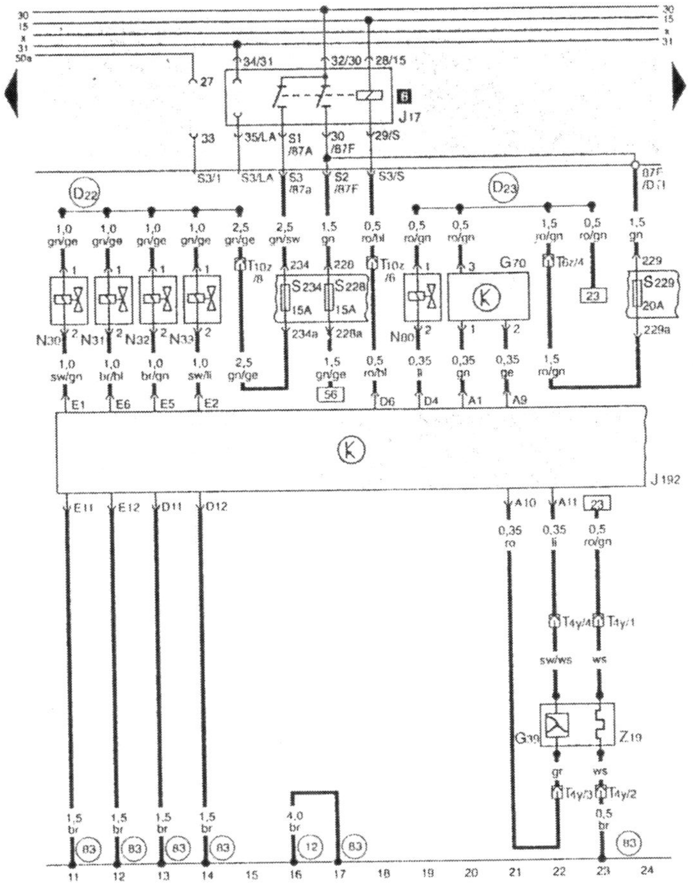

Schaltplan 2 — Steuergerät für Motronic, Kraftstoffpumpenrelais, Luftmassenmesser, Lambda-Sonde, Einspritzventile

G39	Lambda-Sonde
G70	Luftmassenmesser
J17	Kraftstoffpumpenrelais
J192	Steuergerät der Einspritz/Zündanlage
N30	Einspritzventil Zylinder 1
N31	Einspritzventil Zylinder 2
N32	Einspritzventil Zylinder 3
N33	Einspritzventil Zylinder 4
N80	Magnetventil 1 für Aktivkohlebehälter-Anlage
S228	Sicherung im Sicherungshalter
S229	Sicherung im Sicherungshalter
S234	Sicherung im Sicherungshalter
T 4y	Steckverbinder, 4-fach, schwarz, im Motorraum rechts
T 6z	Steckverbinder, 6-fach, rot, Steckerstation, E-Box, Wasserkasten
T10x	Steckverbinder, 10-fach, gelb, Steckerstation, E-Box, Wasserkasten
Z19	Heizung für Lambda-Sonde

Massestellen (eingekreist):

D22	Plusverbindung (87a für Einspritzventile) im Kabelstrang, Motorraum rechts
D23	Plusverbindung (87F) im Kabelstrang, Motorraum rechts
12	Massepunkt, im Motorraum links
83	Masseverbindung 1, im Kabelstrang vorn rechts

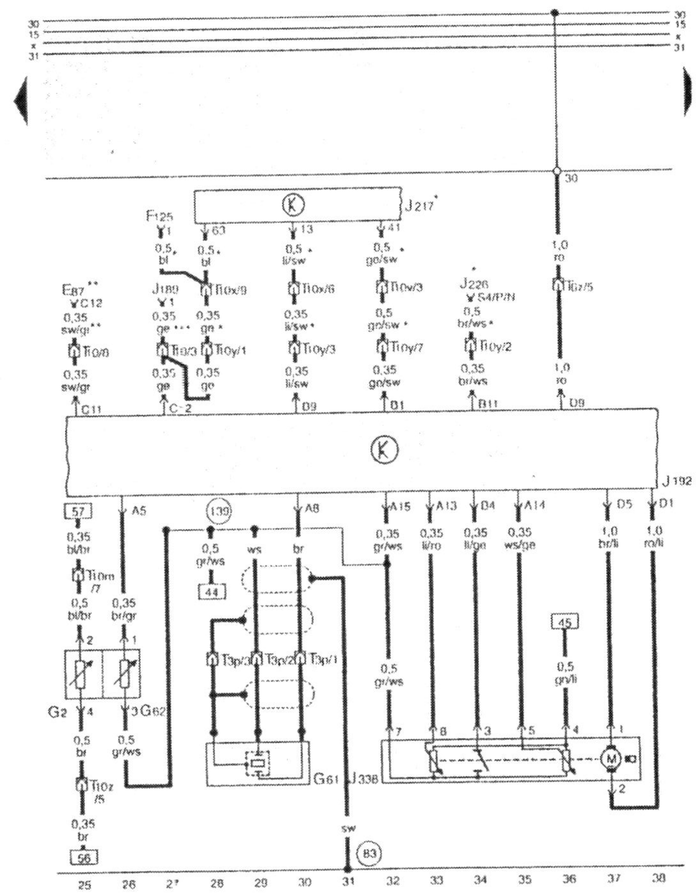

Schaltplan 3 — Steuergerät, Klopfsensor, Drosselklappe

E87	Bedienungs- und Anzeigeeinheit für Klimaanlage/Climatronic
F125	Multifunktionsschalter
G2	Geber für Kühlmitteltemperatur
G61	Klopfsensor I
G62	Geber für Kühlmitteltemperatur
J189	Auto-Checksystem
J192	Steuergerät, Einspritzung
J217	Steuergerät für Automatikgetriebe
J226	Relais für Anlasssperre und Rückfahrleuchte
J338	Drosselklappen-Steuereinheit
T3p	Steckverbinder, 3-fach, grün, im Motorraum links
T6z	Steckverbinder, 6-fach, rot, Steckerstation, E-Box, Wasserkasten
T10	Steckverbinder, 10-fach, braun, Steckerstation, E-Box, Wasserkasten
T10m	Steckverbinder, 10-fach, schwarz, Steckerstation, E-Box, Wasserkasten
T10v	Steckverbinder, 10-fach, braun, Steckerstation, rechts, Pfosten A
T10x	Steckverbinder, 10-fach, blau, Steckerstation rechts, Pfosten A
T10y	Steckverbinder, 10-fach, blau, Steckerstation E-Box, Wasserkasten
T10z	Steckverbinder, 10-fach, gelb, Steckerstation E-Box, Wasserkasten

Masse- und Stromanschlüsse (eingekreist):

83	Masseverbindung —1— im Kabelstrang vorn rechts
139	Masseverbindung (Gebermasse), im Kabelstrang Motorraum, rechts
*	Fahrzeuge mit Automatikgetriebe
**	Fahrzeuge mit Klimaanlage
***	Fahrzeuge mit Auto-Checksystem

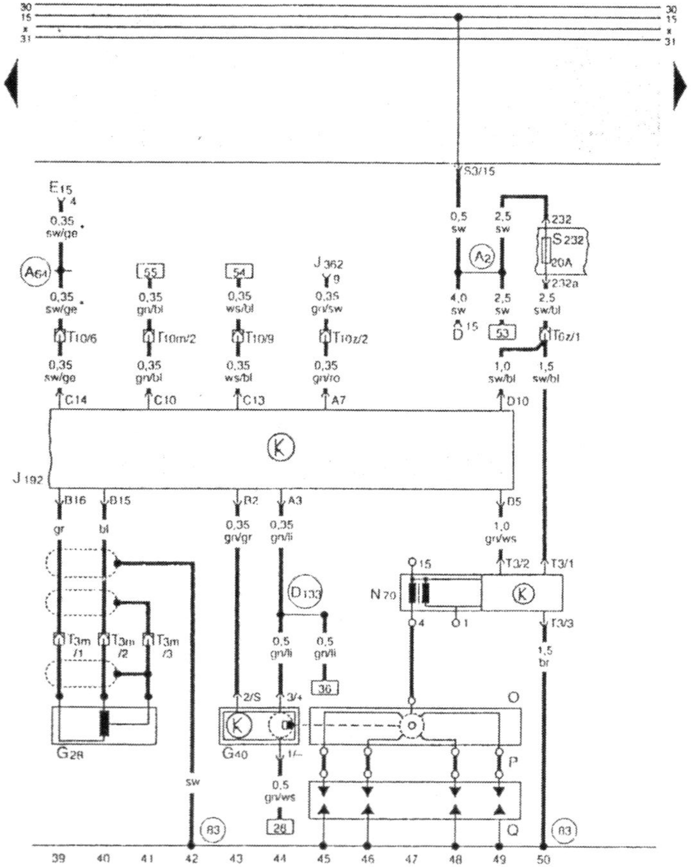

Schaltplan 4 — Steuergerät Einspritzung, Geber für Motordrehzahl, Hallgeber, Zündspule

D	Zündanlassschalter
E15	Schalter für beheizte Heckscheibe
G28	Geber für Motordrehzahl
G40	Hallgeber
J192	Steuergerät, Einspritzung
J362	Steuergerät für Wegfahrsicherung
N70	Zündspule für Leistungsendstufe 1
O	Zündverteiler
P	Zündkerzenstecker
Q	Zündkerzen
S232	Sicherung im Sicherungshalter
T3	Steckverbinder, 3-fach, an Zündspule
T3m	Steckverbinder, 3-fach, grau, im Motorraum links
T6z	Steckverbinder, 6-fach, rot, Steckerstation E-Box, Wasserkasten
T10	Steckverbinder, 10-fach, braun, Steckerstation E-Box, Wasserkasten
T10m	Steckverbinder, 10-fach, schwarz, Steckerstation E-Box, Wasserkasten

Masse- und Stromanschlüsse (eingekreist):

A2	Plusverbindung (15), im Armaturenbrett-Kabelstrang
A64	Verbindung (30, Drehzahlanhebung), im Armaturenbrett-Kabelstrang
D133	Verbindung (Hallgeber-Signal), im Motorraum-Kabelstrang
83	Masseverbindung —1—, im Kabelstrang
*	Leitungen entfallen bei Fahrzeugen mit Klimaanlage

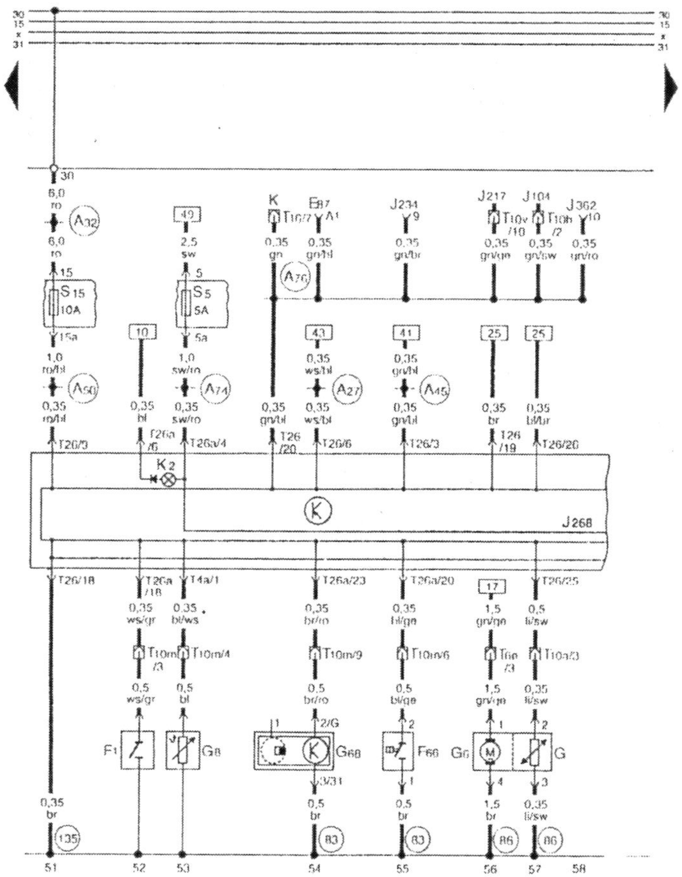

Schaltplan 5 — Schalttafeleinsatz, Geber für Fahrgeschwindigkeit, Kraftstoffpumpe, Tankgeber, Öldruckschalter, Diagnoseanschlüsse

E87	Bedienunungs- und Anzeigeeinheit für Klimaanlage
F1	Öldruckschalter
F66	Schalter, Kühlmittelmangel
G	Tankgeber
G6	Kraftstoffpumpe
G8	Öltemperaturgeber
G68	Geber, Fahrgeschwindigkeit
J104	ABS- und EDL-Steuergerät
J217	Steuergerät für Automatikgetriebe
J234	Steuergerät für Airbag
J268	Steuergerät für Mini-Check-System
J362	Steuergerät für Wegfahrsperre
K2	Ladekontrolleuchte
S5	Sicherung in Sicherungshalter
S15	Sicherung in Sicherungshalter
T4a	Steckverbinder, schwarz, im Schalttafeleinsatz
T6e	Steckverbinder, 6-fach, blau, linke Steckerstation, Pfosten A
T10a	Steckverbinder, 10-fach, braun, linke Steckerstation, Pfosten A
T10b	Steckverbinder, 10-fach, orange, linke Steckerstation, Pfosten A
T10m	Steckverbinder, 10-fach, schwarz, Steckerstation E-Box, Wasserkasten
T10v	Steckverbinder, 10-fach, braun, rechte Steckerstation, Pfosten A
T16	Steckverbinder, 10-fach (Diagnoseverbindung), hintere Mittelkonsole
T26	Steckverbinder, 26-fach, gelb, am Schalttafeleinsatz
T26a	Steckverbinder, 26-fach, am Schalttafeleinsatz

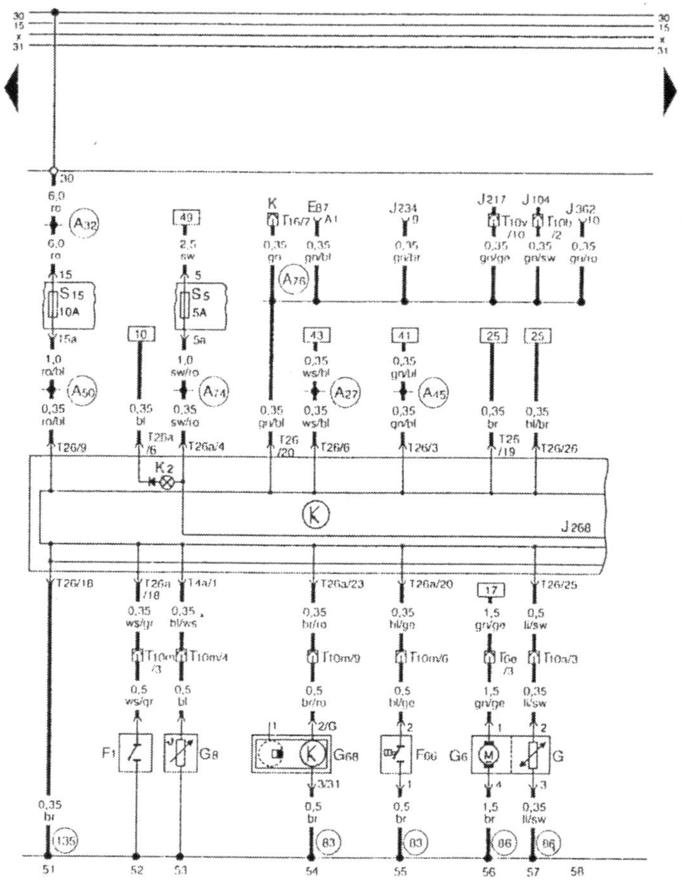

Masse- und Stromverbindungen (eingekreist):

A27	Verbindung (Fahrgeschwindigkeit-Signal), im Schalttafel-Kabelstrang
E32	Plusverbindung (30), im Schalttafel-Kabelstrang
A45	Verbindung (Motordrehzahl-Signal), im Schalttafel-Kabelstrang
A50	Plusverbindung (30as), im Schalttafel-Kabelstrang
A74	Plusverbindung (15a Sicherung 5), im Schaltafel-Kabelstrang
A76	Verbindung (Klemme K, Diagnose), im Schalttafel-Kabelstrang
83	Masseverbindung —1—, im vorderen, rechten Kabelstrang
86	Masseverbindung —1—, im hinteren Kabelstrang
135	Masseverbindung —2—, im Schalttafel-Kabelstrang
*	Modelle mit Zusatzinstrumenten

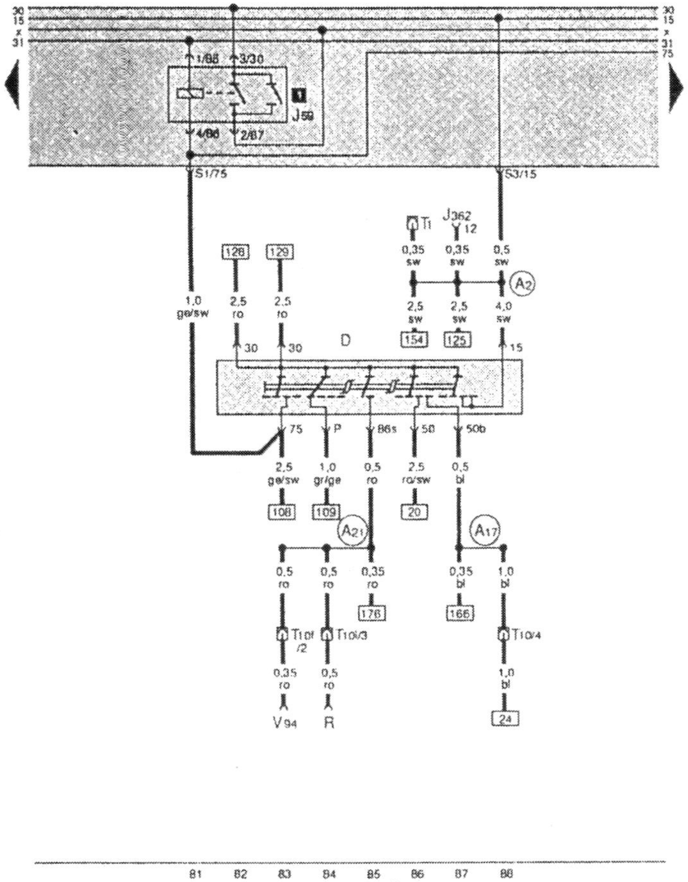

Schaltplan 6 — Zündanlassschalter, Entlastungsrelais für X-Kontakt

D	Zündanlassschalter
J59	Entlastungsrelais für X-Kontakt
J362	Steuergerät für Wegfahrsicherung
R	Radio
T1	Steckverbinder, 1-fach
T10	Steckverbinder, 10-fach, braun, Steckerstation E-Box, Wasserkasten
T10f	Steckverbinder, 10-fach, schwarz, Steckerstation rechts, Pfosten A
T10i	Steckverbinder, 10-fach, schwarz, in Mittelkonsole
V94	Motor für Zentralverriegelung mit Steuergerät für Abschaltverzögerung-Innenbeleuchtung und Diebstahl-Warnanlage
A2	Plusverbindung (15) im Schalttafel-Kabelstrang
A17	Verbindung (61), im Schalttafel-Kabelstrang
A21	Verbindung (86s), im Schalttafel-Kabelstrang

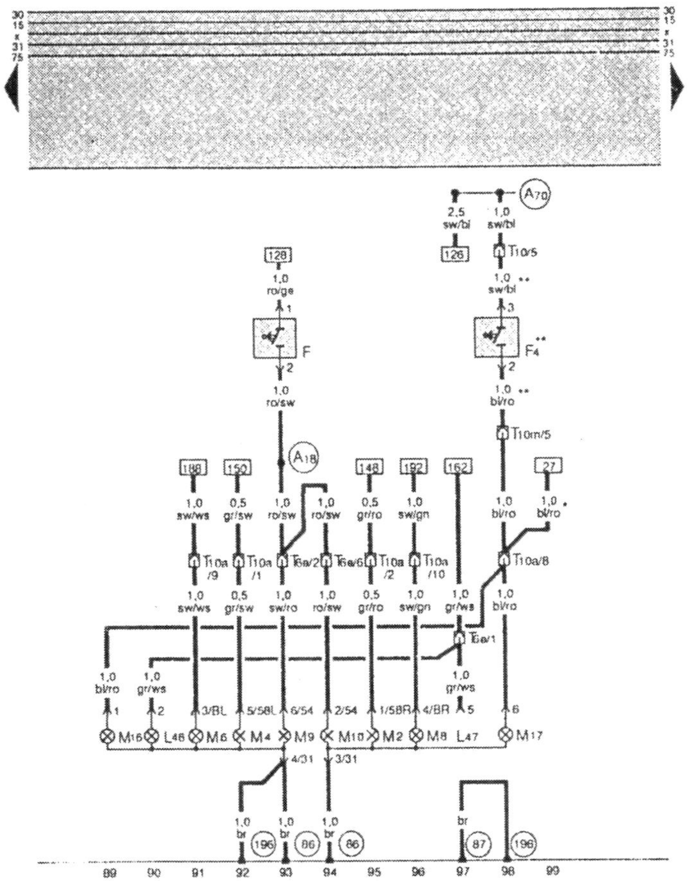

Schaltplan 7 — Bremslichtschalter, Schlusslicht

F	Bremslichtschalter
F4	Schalter für Rückfahrleuchten
L46	Glühbirne für Nebelschlussleuchte, links
L47	Glühbirne für Nebelschlussleuchte, rechts
M2	Glühbirne für Schlussleuchte, rechts
M4	Glühbirne für Schlussleuchte, links
M6	Glühbirne für Blinkleuchte, hinten links
M9	Glühbirne für Bremslicht links
M10	Glühbirne für Bremslicht rechts
M16	Glühbirne für Rückfahrleuchte links
M17	Glühbirne für Rückfahrleuchte rechts
T6e	Steckverbinder, 6-fach, blau, Steckerstation links, Pfosten A
T10	Steckverbinder, 10-fach, braun, Steckerstation E-Box, Wasserkasten
T10a	Steckverbinder, 10-fach, braun, Steckerstation links, Pfosten A
T10m	Steckverbinder, 10-fach, schwarz, Steckerstation, E-Box, Wasserkasten
	Masse- und Stromverbindungen (eingekreist):
A18	Verbindung (54) im Armaturenbrett-Kabelstrang
A70	Plusverbindung (15a-Sicherung 231) im Armaturenbrett-Kabelstrang
86	Masseverbindung —1—, im Kabelstrang hinten
87	Masseverbindung —2—, im Kabelstrang hinten
196	Masseverbindung —3—, im Kabelstrang hinten
*	Fahrzeuge mit Automatikgetriebe
**	Fahrzeuge mit Schaltgetriebe

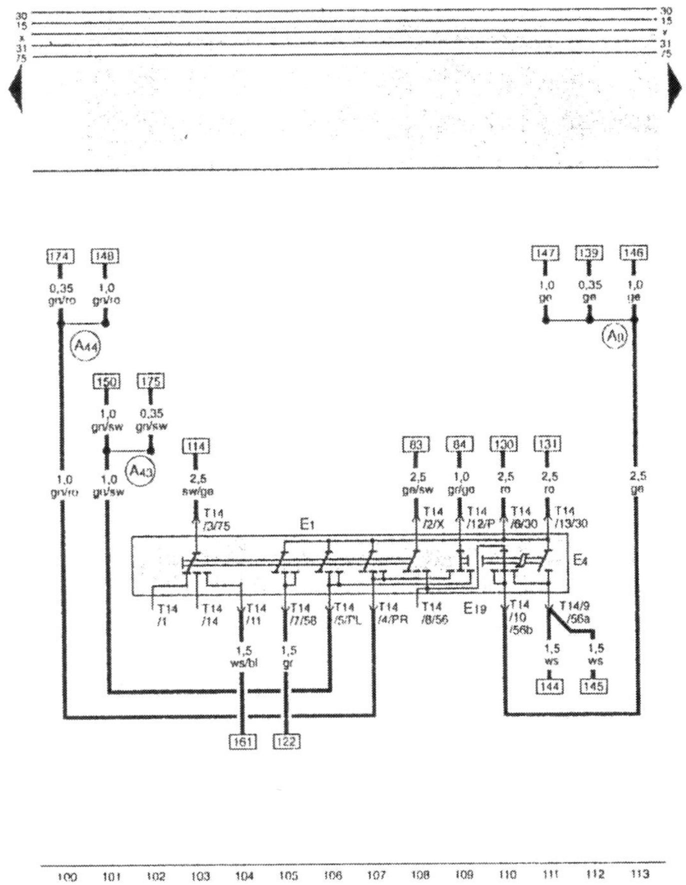

Schaltplan 8 — Lichtschalter

E1	Lichtschalter
E4	Schalter für Abblendlicht und Lichthupe
E19	Schalter für Parklicht
T14	Steckverbinder, 14-fach, schwarz, am Lenksäulenschalter
	Masse- und Stromverbindungen (eingekreist):
A9	Plusverbindung (56b), im Armaturenbrett-Kabelstrang
A43	Verbir dung (57L), im Armaturenbrett-Kabelstrang
A44	Verbir dung (57r), im Armaturenbrett-Kabelstrang

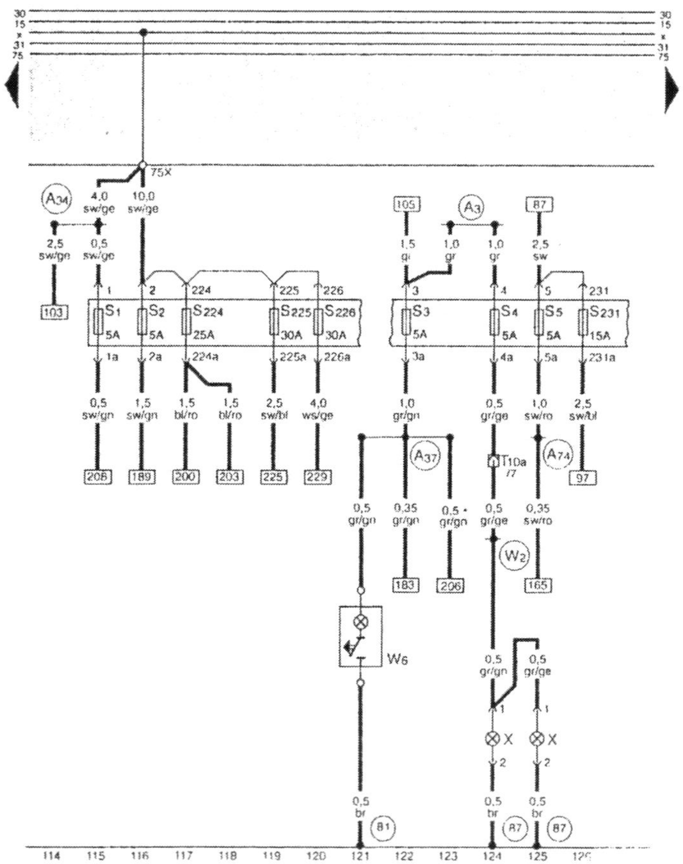

Schaltplan 9 — Sicherungshalter, Kennzeichenleuchte, Handschuhkastenleuchte

S... Sicherungen in Sicherungshalter
T10a Steckverbinder, 10-fach, braun, linke Steckerstation, Pfosten A
W6 Handschuhkastenleuchte
X Kennzeichenleuchte

Masse- und Stromanschlüsse (eingekreist):

A3 Plusverbindung (58), im Armaturenbrett-Kabelstrang
A34 Verbindung (75x), im Armaturenbrett-Kabelstrang
A37 Verbindung (58a), im Armaturenbrett-Kabelstrang
A74 Plusverbindung (15a-Sicherung 5), im Armaturenbrett-Kabelstrang
W2 Plusverbindung (58), im hinteren Kabelstrang
81 Masseverbindung —1—, im Armaturenbrett-Kabelstrang
87 Masseverbindung —2—, im hinteren Kabelstrang

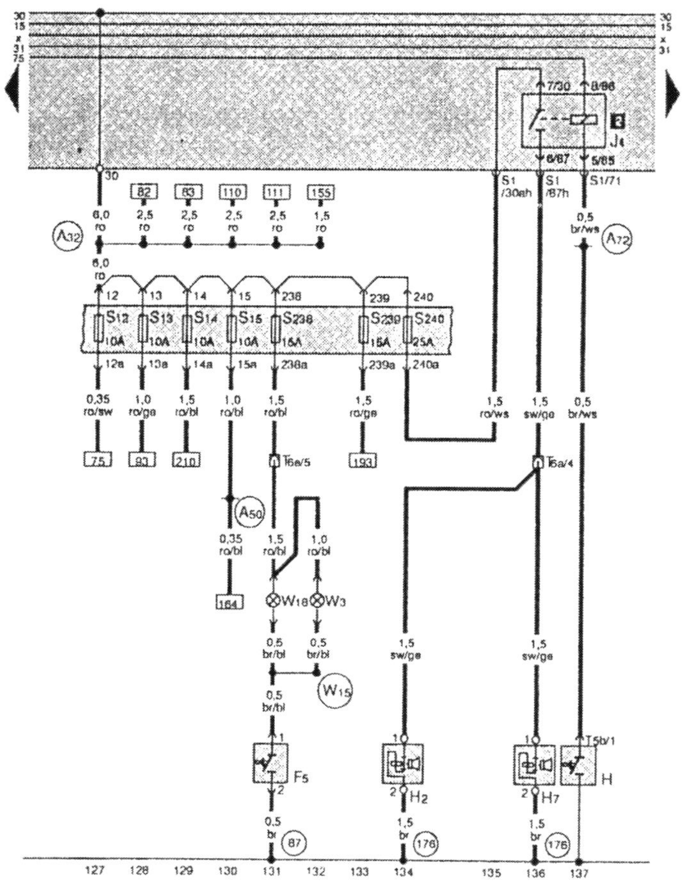

Schaltplan 10 — Sicherungshalter, Signalhupe, Kofferraumbeleuchtung

F5 Schalter für Kofferraumbeleuchtung
H Signalhupenbetätigung
H2 Hochtonhupe
H7 Tieftonhupe
J4 Relais für Doppeltonhupe
S..... Sicherung im Sicherungshalter
T6a Steckverbinder, 6-fach, rot, Steckerstation rechts, Pfosten A
W3 Kofferraumleuchte
W18 Kofferraumleuchte, links

Masse- und Stromanschlüsse (eingekreist):

A32 Plusverbindung (30), im Armaturenbrett-Kabelstrang
A50 Plusverbindung (30as), im Armaturenbrett-Kabelstrang
A72 Verbindung (71), im Armaturenbrett-Kabelstrang
W15 Verbindung (Kofferraumleuchte), im Kabelstrang, hinten
87 Masseverbindung —2—, im Kabelstrang, hinten
176 Masseverbindung, im Kabelstrang, Scheinwerfer, rechts

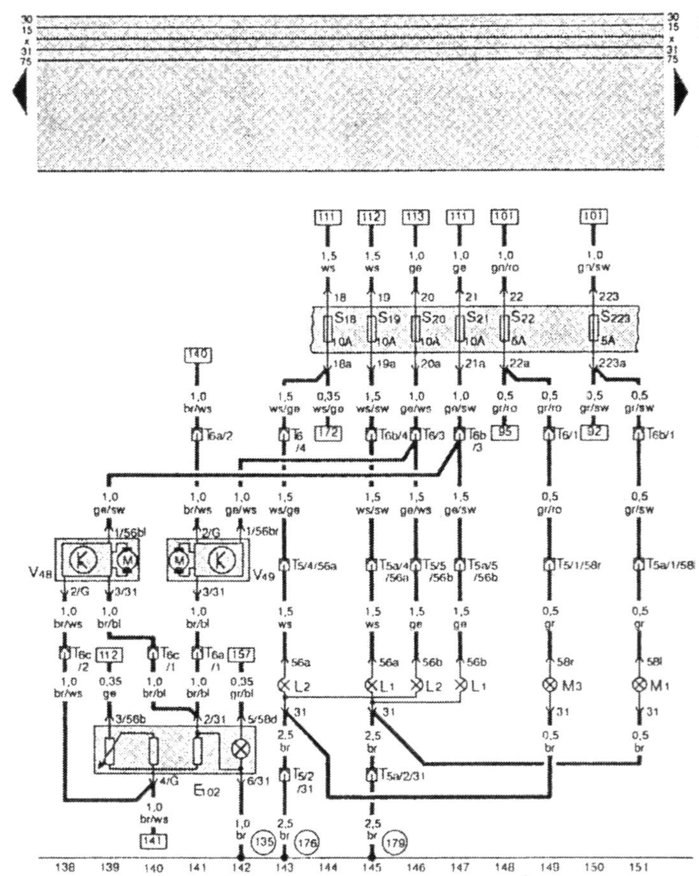

Schaltplan 11 — Sicherungsträger, Leuchtweitenregulierung

E102 Einsteller für Leuchtweitenregulierung
L1 Zweifadenlampe für Scheinwerfer/Sealed-Beam-Einsatz, links
L2 Zweifadenlampe für Scheinwerfer/Sealed-Beam-Einsatz, rechts
M1 Glühbirne, Standlicht links
M3 Glühbirne, Standlicht rechts
S.... Sicherungen im Sicherungshalter
T5 Steckverbinder, 5-fach, Scheinwerfer rechts
T5a Steckverbinder, 5-fach, Scheinwerfer links
T6 Steckverbinder, 6-fach, gelb, Steckerstation rechts, Pfosten A
T6a Steckverbinder, 6-fach, rot, Steckerstation rechts, Pfosten A
T6b Steckverbinder, 6-fach, gelb, Steckerstation links, Pfosten A
T6c Steckverbinder, 6-fach, rot, Steckerstation links, Pfosten A
V48 Stellmotor links, Leuchtweitenregulierung
V49 Stellmotor, rechts, Leuchtweitenregulierung

Masse- und Stromverbindungen (eingekreist):

135 Masseverbindung —2—, im Armaturenbrett-Kabelstrang
176 Masseverbindung, im Kabelstrang, Scheinwerfer, rechts
179 Masseverbindung, im Kabelstrang, Scheinwerfer, links

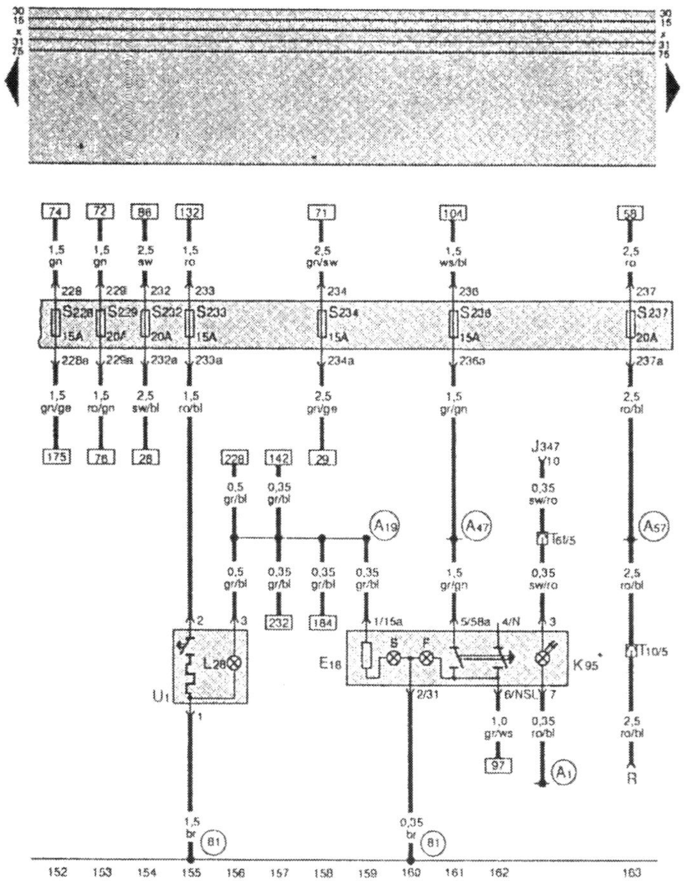

Schaltplan 12 — Sicherungsträger, Zigarrenanzünder, Schalter für Nebelschlussleuchten

E18 Schalter für Nebelschlussleuchte
K95 Kontrollampe für Alarmanlage
L28 Glühbirne für Zigarrenanzünder-Beleuchtung
S.... Sicherungen im Sicherungshalter
T6f Steckverbinder, 6-fach, orange, Steckerstation rechts, Pfosten A
T10 Steckverbindung, 10-fach, braun, Steckerstation E-Box, Wasserkasten
U1 Zigarrenanzünder

Masse- und Stromverbindungen (eingekreist):

A19 Verbindung (58d), im Armaturenbrett-Kabelstrang
A47 Verbindung (55), im Armaturenbrett-Kabelstrang
A57 Verbindung (30a), im Armaturenbrett-Kabelstrang
81 Masseverbindung —1—, im Armaturenbrett-Kabelstrang
* Fahrzeuge mit Diebstahl-Warnanlage

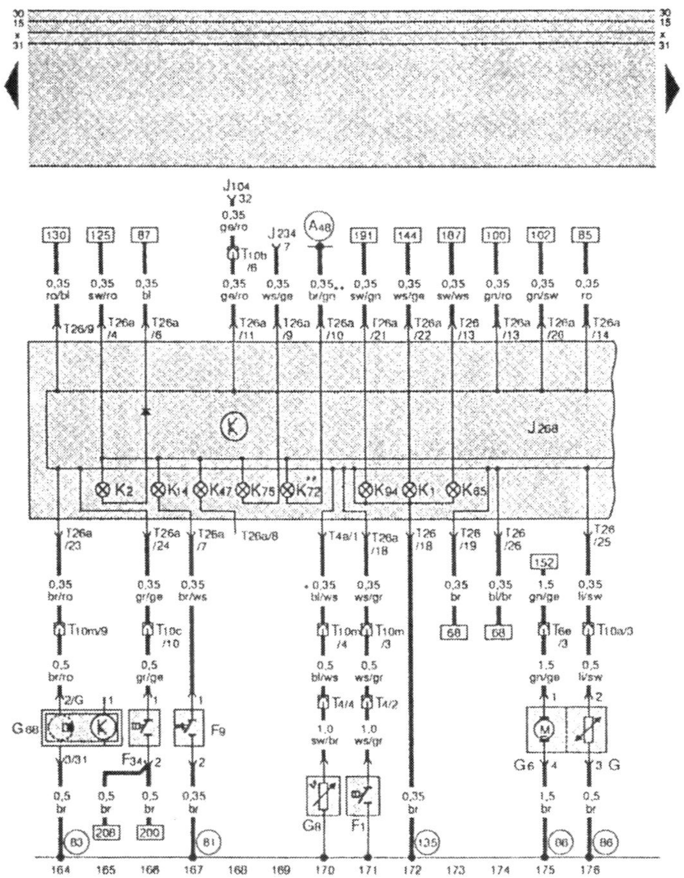

Schaltplan 13 — Schalttafeleinsatz, Geber für Fahrgeschwindigkeit, Kraftstoffpumpe, Öldruckschalter

F1 Öldruckschalter
F9 Schalter für Handbremskontrolle
F34 Warnkontakt für Bremsflüssigkeitsstand
G Geber für Kraftstoffvorrat
G6 Kraftstoffpumpe (Vorförderpumpe)
G8 Geber für Öltemperatur
G68 Geber für Fahrgeschwindigkeit
J104 Steuergerät für ABS mit EDL
J234 Steuergerät für Airbag
J268 Steuergerät für Mini-Checksystem
K1 Fernlichtkontrolleuchte
K2 Ladekontrolleuchte
K14 Handbremsen-Kontrolleuchte
K47 ABS-Kontrolleuchte
K65 Blinkkontrolleuchte, links
K72 Kontrolleuchte für Katalysatorüberwachung
K75 Airbag-Kontrolleuchte
K94 Blinkkontrolleuchte, rechts
T4 Steckverbinder, 4-fach, schwarz, in Motorraum, Mitte
T4a Steckverbinder, 4-fach, schwarz, an Schalttafeleinsatz
T6a Steckverbinder, 6-fach, blau, Steckerstation links, Pfosten A
T10a Steckverbinder, 10-fach, braun, Steckerstation links, Pfosten A
T10b Steckverbinder, 10-fach, orange, Steckerstation links, Pfosten A
T10c Steckverbinder, 10-fach, violett, Steckerstation links, Pfosten A
T26 Steckverbinder, 26-fach, gelb, an Schalttafeleinsatz
T26a Steckverbinder, 26-fach, blau, an Schalttafeleinsatz

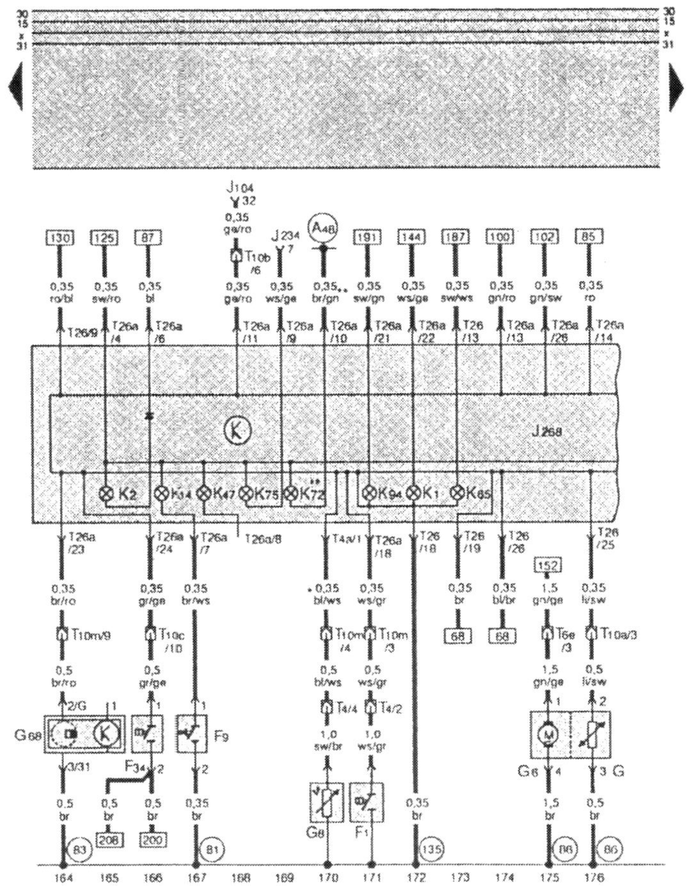

Masse- und Stromanschlüsse (eingekreist):

A48 Verbindung (Katalysatorüberwachung), im Armaturenbrett-Kabelstrang
81 Masseverbindung —1—, im Armaturenbrett-Kabelstrang
83 Masseverbindung —1—, im vorderen, rechten Kabelstrang
86 Masserverbindung —1—, im hinteren Kabelstrang
135 Masseverbindung —2—, im Armaturenbrett-Kabelstrang
* Nur Modelle mit Zusatzinstrumenten
** Je nach Zulassungsland

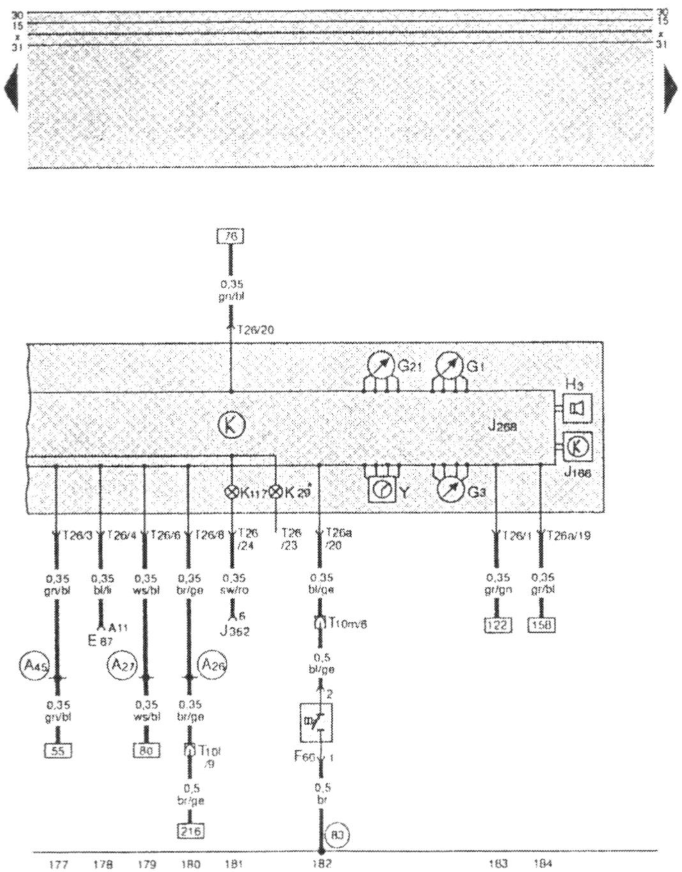

Schaltplan 14 — Schalttafeleinsatz, Kühlwasserüberwachung

E87 Bedienungs- und Anzeigegerät für Klimaanlage/Climatronic
F66 Schalter für Kühlmittelanzeige
G1 Kraftstoffvorratsanzeige
G3 Fernthermometer
G21 Tachometer
Summer/Gong
J166 Verstärker für Instrumentenbeleuchtung
J268 Steuergerät für Mini-Checksystem
J362 Steuergerät für Wegfahrsicherung
K29 Vorglühkontrolleuchte
K117 Wegfahrsicherung-Kontrolleuchte
T10f Steckverbinder, 10-fach, schwarz, Steckerstation, Pfosten A
T10m Steckverbinder, 10-fach, schwarz, Steckerstation E-Box, Wasserkasten
T26 Steckverbinder, 26-fach, gelb, an Schalttafeleinsatz
T26a Steckverbinder, 26-fach, blau, an Schalttafeleinsatz
Y Analoguhr

Masse- und Stromverbindungen (eingekreist):

A26 Verbindung (Türkontaktschalter/Fahrerseite), im Armaturenbrett-Kabelstrang
A26 Verbindung (Türkontaktschalter/Beifahrerseite), im Armaturenbrett-Kabelstrang
A45 Verbindung (Motordrehzahlsignal), im Armaturenbrett-Kabelstrang
831 Masseverbindung —1—, im vorderen, rechten Kabelstrang
* Nur Fahrzeuge mit Dieselmotor

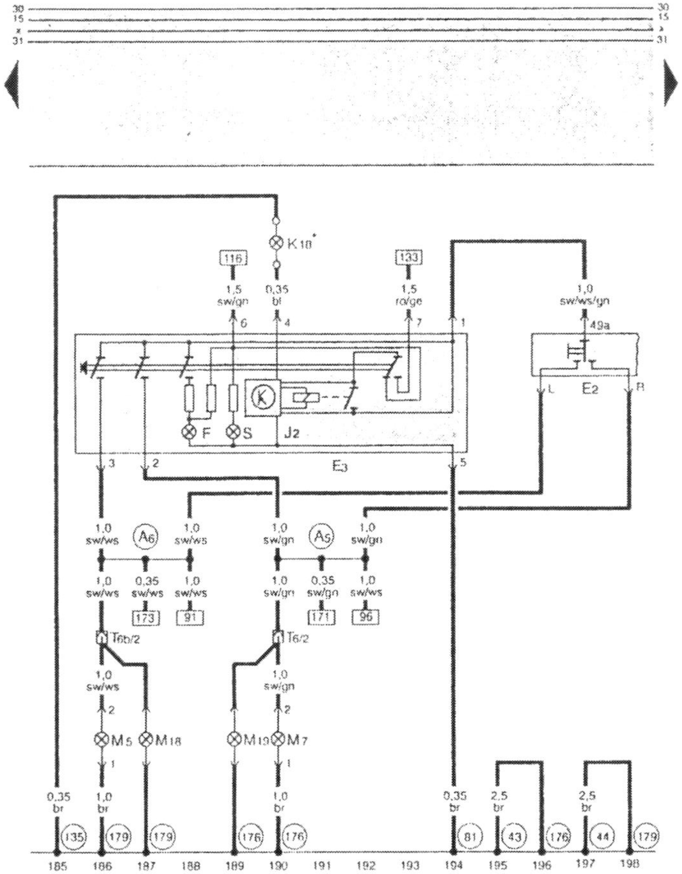

Schaltplan 15 — Warnlichtschalter, Blinkerschalter

E2 Blinkerschalter
E3 Warnlichtschalter
J2 Warnblinkrelais
K18 Kontrolleuchte für Anhängerbetrieb
M5 Glühbirne, vorn links
M7 Glühbirne, vorn rechts
M18 Glühbirne, Seitenblinkleuchte links
M19 Glühbirne, Seitenblinkleuchte, rechts
T6 Steckverbinder, 6-fach, gelb, Steckerstation, rechts, Pfosten A
T6b Steckverbinder, 6-fach, Steckerstation links, Pfosten A

Masse- und Stromverbindungen (eingekreist):

A5 Plusverbindung (Blinker, rechts), im Armaturenbrett-Kabelstrang
A6 Plusverbindung (Blinker, links), im Armaturenbrett-Kabelstrang
43 Massestelle, Pfosten A, rechts unten
44 Massestelle, Pfosten A, links unten
81 Masseverbindung —1—, Armaturenbrett-Kabelstrang
135 Masseverbindung —2—, Armaturenbrett-Kabelstrang
176 Masseverbindung, im Kabelstrang, Scheinwerfer, rechts
179 Masseverbindung, im Kabelstrang, Scheinwerfer, links
* Nur Modelle mit Anhänger

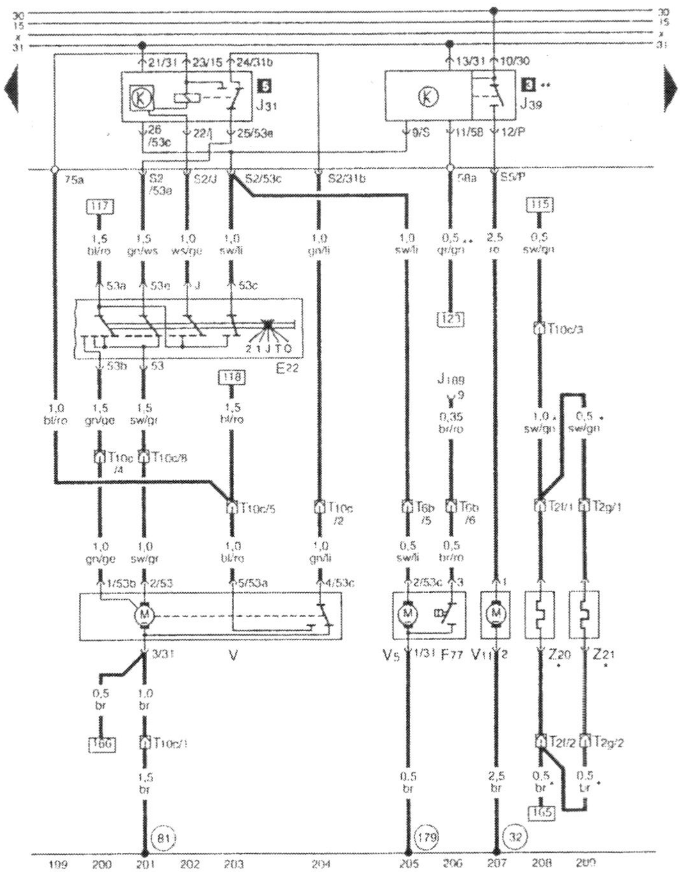

Schaltplan 16 — Scheinwerferschalter für Intervall-Betrieb, Scheibenwisch- und Waschanlage, Scheinwerferreinigungsanlage, beheizbare Waschdüsen

E22 Scheibenwischerschalter für Intervall-Betrieb
F77 Warnkontakt für Scheibenwaschflüssigkeit
J31 Relais für Wasch-Wisch-Automatik
J39 Relais für Scheinwerfer-Reinigungsanlage
J189 Auto-Checksystem
T2f Steckverbinder, 2-fach, im Motorhaube
T2g Steckverbinder, 2-fach, in Motorhaube
T6b Steckverbinder, 6-fach, gelb, Steckerstation links, Pfosten A
T10c Steckverbinder, 10-fach, violett, Steckerstation links, Pfosten A
V Scheibenwischermotor
V5 Scheibenwascherpumpe
V11 Pumpe für Scheinwerfer-Reinigungsanlage
Z20 Heizwiderstand für Spritzdüse, links
Z21 Heizwiderstand für Spritzdüse, rechts

Masse- und Stromverbindungen (eingekreist):

32 Massestelle, hinter Schalttafel, links
81 Masseverbindung —1—, im Armaturenbrett-Kabelstrang
179 Masseverbindung, im Scheinwerfer-Kabelstrang

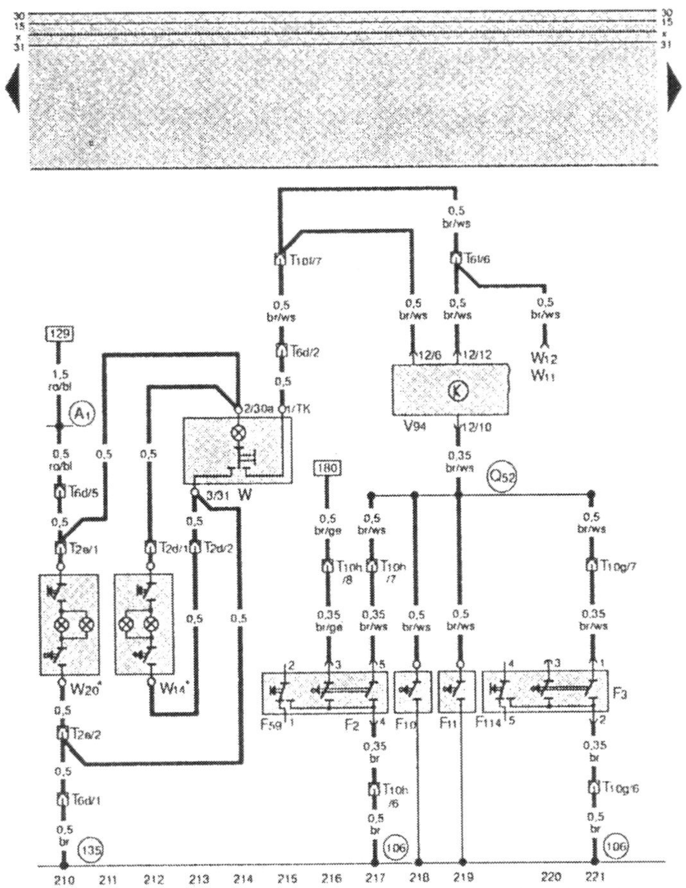

Schaltplan 17 — Türkontaktschalter, verzögerte Innenleuchte, Make-Up-Spiegel

F2 Türkontaktschalter, Fahrerseite
F3 Türkontaktschalter, Beifahrerseite
F10 Türkontaktschalter, hinten links
F11 Türkontaktschalter, hinten rechts
F59 Schalter für Zentralverriegelung (Fahrerseite)
F114 Schalter für Zentralverriegelung (Beifahrerseite)
T2d Steckverbinder, 2-fach, weiss, Nähe Innenleuchte
T6d Steckverbinder, 6-fach, dunkelblau, Steckerstation rechts, Pfosten A
T10f Steckverbinder, 10-fach, schwarz, Steckerstation rechts, Pfosten A
T10g Steckverbinder, 10-fach, braun, Steckerstation rechts, Pfosten A
T10h Steckverbinder, 10-fach, braun, Steckerstation links, Pfosten A
V94 Motor für Zentralverriegelung mit Steuergerät für Abschaltverzögerung-Innenbeleuchtung
W Innenleuchte, vorn
W11 Leseleuchte, hinten links
W12 Leseleuchte, hinten rechts
W14 Beleuchteter Make-Up-Spiegel, (Beifahrerseite)
W20 Beleuchteter Make-Up-Spiegel (Fahrerseite)

Masse- und Stromverbindungen (eingekreist):

A1 Plusverbindung (30a), im Armaturenbrett-Kabelstrang
Q52 Verbindung (Türkontaktschalter), im Kabelstrang der Diebstahlwarnanlage
106 Masseverbindung im Kabelstrang der Diebstahlwarnanlage
135 Masseverbindung —2—, im Armaturenbrett-Kabelstrang
* Modelle mit beleuchtetem Make-Up-Spiegel

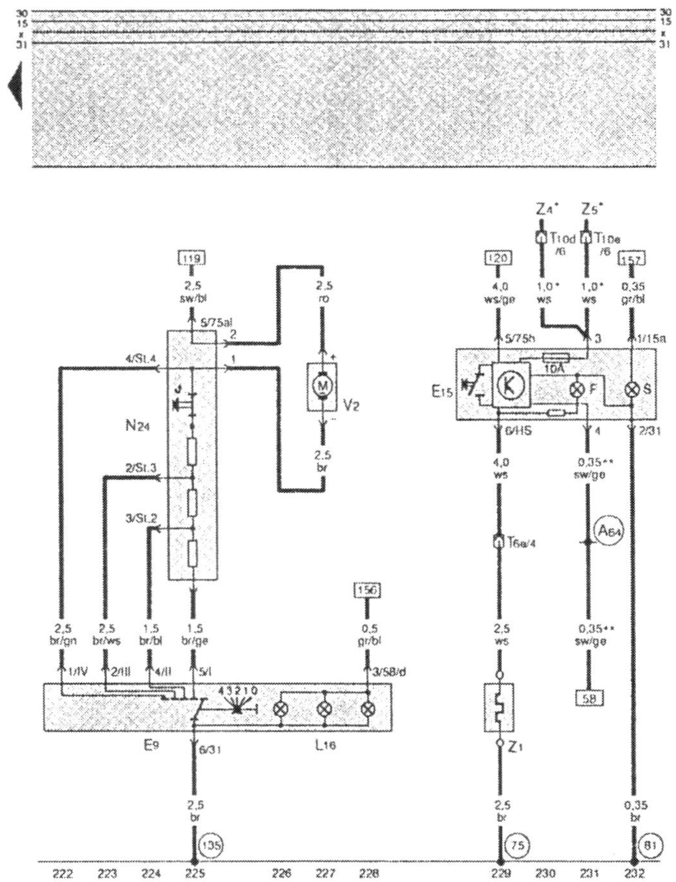

Schaltplan 18 — Frischluftgebläse, beheizte Heckscheibe

E9 Schalter für Frischluftgebläse
E15 Schalter für beheizte Heckscheibe
L16 Glühbirne für Beleuchtung der Frischluftregulierung
N24 Vorwiderstand für Frischluftgebläse mit Überhitzungswiderstand
T6e Steckverbinder, 6-fach, blau, Steckerstation links, A-Pfosten
T10d Steckverbinder, 10-fach, schwarz, Steckerstation, links, Pfosten A
T10e Steckverbinder, 10-fach, schwarz, Steckerstation rechts, Pfosten A
V2 Frischluftgebläse
Z1 Beheizte Heckscheibe
Z4 Beheizbarer Aussenspiegel (Fahrerseite)
Z5 Beheizbarer Aussenspiegel (Beifahrerseite)

Masse- und Stromverbindungen (eingekreist):

A64 Verbindung (30, Drehzahlanhebung), im Armaturenbrett-Kabelstrang
135 Masseverbindung —2—, im Armaturenbrett-Kabelstrang
* Modelle mit beheizten Aussenspiegeln
** Leitungen entfallen bei Fahrzeugen mit Klimaanlage

Zusatzschaltplan für 1,8 Liter, 92 kW-Motor. ADR-Motor

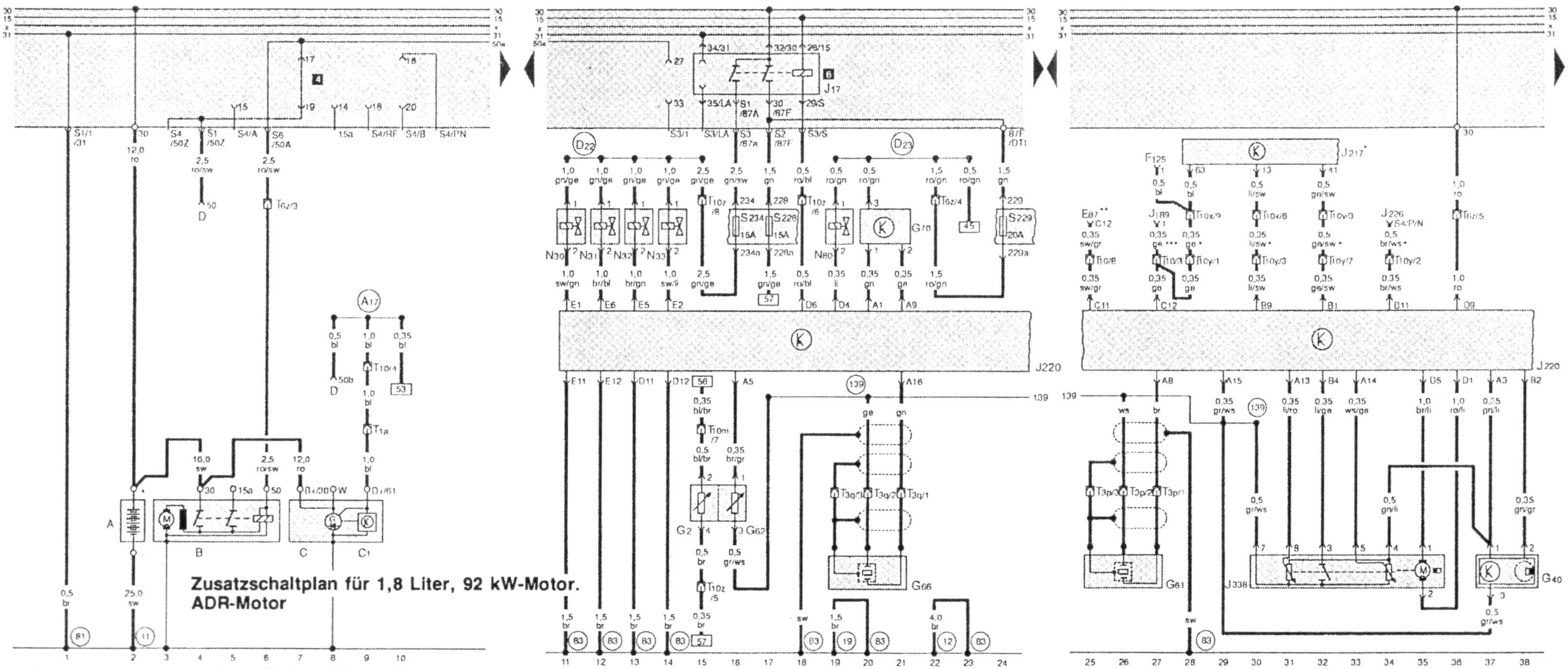

Schaltplan 19 — Batterie, Anlasser, Drehstromlichtmaschine

A	Batterie
B	Anlasser
C	Drehstromlichtmaschine
C1	Spannungsregler
T1a	Steckverbinder, 1-fach, blau, im Motorraum
T6c	Steckverbinder, 6-fach, rot, Steckerstation, E-Box, Wasserkasten
T10	Steckverbinder, 10-fach, braun, Steckerstation, E-Box, Wasserkasten
	Masse- und Stromverbindungen (eingekreist):
A17	Verbindung (61), im Armaturenbrett-Kabelstrang
11	Massestelle, Batteriekasten
81	Masseverbindung —1—, im Armaturenbrett-Kabelstrang

Schaltplan 20 — Steuergerät für Motronic, Kraftstoffpumpenrelais, Klopfsensor II, Einspritzventile, Luftmassenmesser

G2	Geber für Kühlmitteltemperatur
G62	Geber für Kühlmitteltemperatur
G66	Klopfsensor II
G70	Luftmassenmesser
J17	Kraftstoffpumpenrelais
J220	Motronic-Steuergerät
N30	Einspritzventil, Zylinder 1
N31	Einspritzventil, Zylinder 2
N32	Einspritzventil, Zylinder 3
N33	Einspritzventil, Zylinder 4
N80	Magnetventil 1 für Aktivkohlefilterbehälter
S...	Sicherungen im Sicherungshalter
T3g	Steckverbinder, 3-fach, blau, im Motorraum links
T6z	Steckverbinder, 6-fach, rot, Steckerstation E-Box, Wasserkasten
T10m	Steckverbinder, 10-fach, schwarz, Steckerstation E-Box, Wasserkasten
T10z	Steckverbinder, 10-fach, gelb, Steckerstation E-Box, Wasserkasten
Masse-	und Stromverbindungen (eingekreist):
D22	Plusverbindung (87a-für Einspritzventile), Kabelstrang, Motorraum rechts
D23	Plusverbindung (87a-für Einspritzventile), im rechten Kabelstrang
12	Massestelle, Motorraum links
19	Massestelle, Nähe Zündspule
83	Masseverbindung —1—, im vorderen, rechten Kabelstrang
139	Masseverbindung (Gebermasse), im Kabelstrang, Motorraum rechts

Schaltplan 21 — Motronic-Steuergerät, Hallgeber, Klopfsensor, Drosselklappe

E87	Bedienungs- und Anzeigeeinheit für Klimaanlage/Climatronic
F125	Multifunktionsschalter
G40	Hallgeber
G61	Klopfsensor
J189	Auto-Checksystem
J217	Steuergerät für Automatikgetriebe
J220	Motronic-Steuergerät
J226	Relais für Anlasssperre und Rückfahrleuchte
J338	Drosselklappen-Steuerteil
T3p	Steckverbinder, 3-fach, grün, im Motorraum, links
T6z	Steckverbinder, 6-fach, rot, Steckerstation E-Box, Wasserkasten
T10v	Steckverbinder, 10-fach, braun, Steckerstation rechts, A-Pfosten
T10x	Steckverbinder, 10-fach, blau, Steckerstation rechts, A-Pfosten
T10y	Steckverbinder, 10-fach, blau, Steckerstation E-Box, Wasserkasten
Masse-	und Stromverbindungen (eingekreist):
83	Masseverbindung —1—, im Kabelstrang, vorn rechts
139	Masseverbindung (Gebermasse), im Kabelstrang, Motorraum rechts
*	Modelle mit Automatikgetriebe
**	Modelle mit Klimaanlage
***	Modelle mit Auto-Checksystem

Schaltplan 22 — Motronic-Steuergerät, Geber für Motordrehzahl, Lambda-Sonde, Zündtrafo

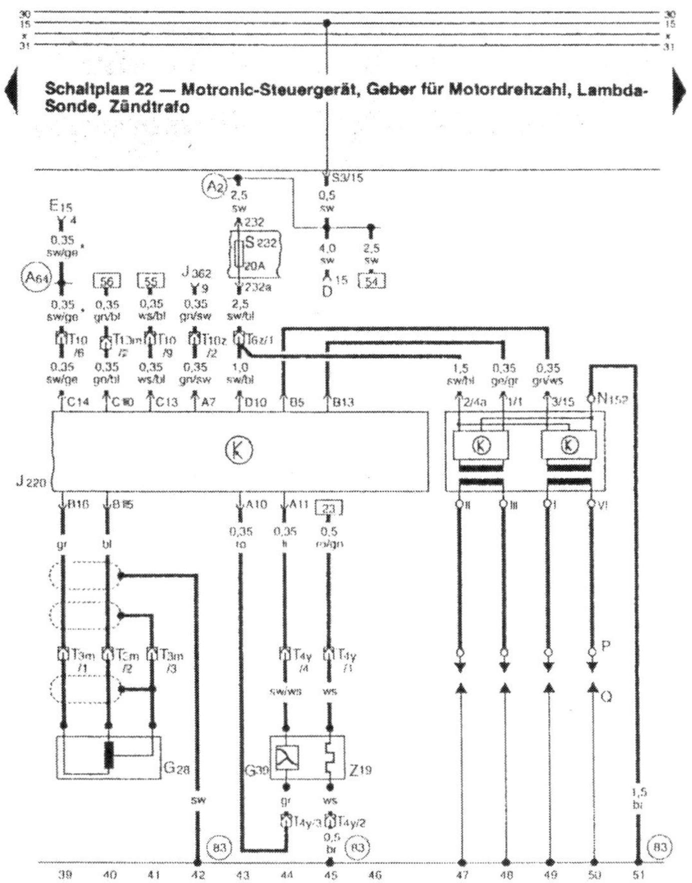

D Zündanlassschalter
E15 Schalter für heizbare Heckscheibe
G28 Motordrehzahlgeber
G39 Lambda-Sonde
J220 Motronic-Steuergerät
J362 Steuergerät für Wegfahrsperre
N Zündspule
N122 Leistungsendstufe
N128 Zündspule 2
P Zündkerzenstecker
Q Zündkerzen
S232 Sicherung im Sicherungshalter
T3m Steckverbinder, 3-fach, grau, im Motorraum links
T4y Steckverbinder, 4-fach, schwarz, im Motorraum rechts
T6z Steckverbinder, 6-fach, rot, Steckerstation E-Box, Wasserkasten
T10 Steckverbinder, 10-fach, braun, Steckerstation E-Box, Wasserkasten
T10m Steckverbinder, schwarz, Steckerstation E-Box, Wasserkasten
T10z Steckverbinder, 10-fach, gelb, Steckerstation E-Box, Wasserkasten
Z19 Heizung für Lambda-Sonde

Masse- und Stromanschlüsse (eingekreist):

A2 Plusverbindung (15), im Armaturenbrett-Kabelstrang
A64 Verbindung (30, Drehzahlanhebung), im Armaturenbrett-Kabelstrang
83 Masseverbindung —1—, im vorderen, rechten Kabelstrang
* Leitungen entfallen bei Fahrzeugen mit Klimaanlage

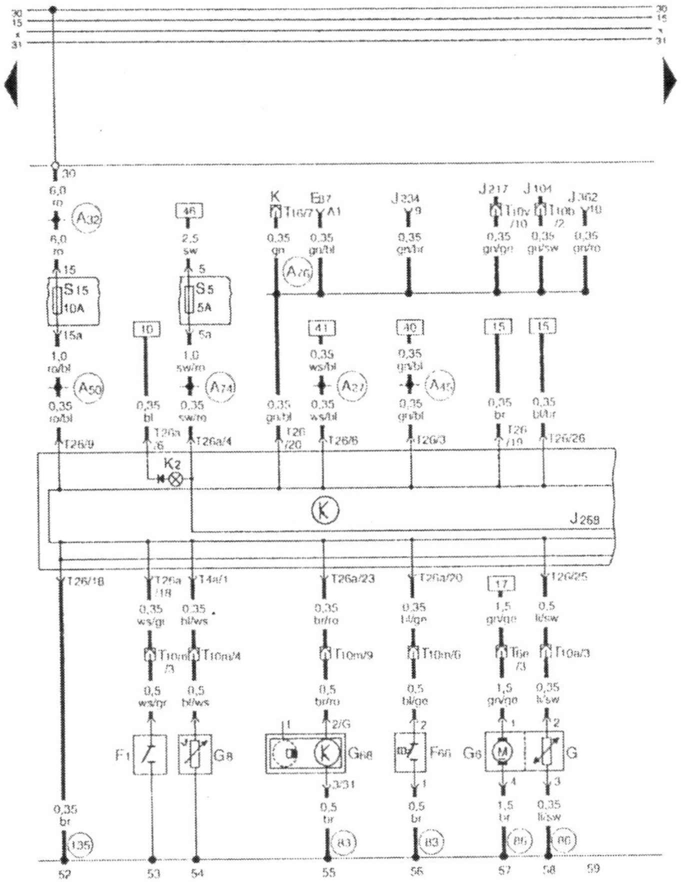

Schaltplan 23 — Schalttafeleinsatz, Geber für Fahrgeschwindigkeit, Kraftstoffpumpe, Kraftstoffvorratsanzeige, Öldruckschalter, Diagnoseanschlüsse

E87 Bedienungs- und Anzeigeeinheit für Klimaanlage
F1 Öldruckschalter
F66 Schalter, Kühlmittelmangel
G Tankgeber
G6 Kraftstoffpumpe
G8 Öltemperaturgeber
G68 Geber, Fahrgeschwindigkeit
J104 ABS- und EDL-Steuergerät
J217 Steuergerät für Automatikgetriebe
J234 Steuergerät für Airbag
J268 Steuergerät für Mini-Checksystem
J362 Steuergerät für Wegfahrsperre
K2 Ladekontrolleuchte
S5 Sicherung in Sicherungshalter
S15 Sicherung in Sicherungshalter
T4a Steckverbinder, schwarz, im Schalttafeleinsatz
T6e Steckverbinder, 6-fach, blau, linke Steckerstation, Pfosten A
T10a Steckverbinder, 10-fach, braun, linke Steckerstation, Pfosten A
T10b Steckverbinder, 10-fach, orange, linke Steckerstation, Pfosten A
T10m Steckverbinder, 10-fach, schwarz, Steckerstation E-Box, Wasserkasten
T10v Steckverbinder, 10-fach, braun, rechte Steckerstation, Pfosten A
T16 Steckverbinder, 10-fach (Diagnoseverbindung), hintere Mittelkonsole
T26 Steckverbinder, 26-fach, gelb, am Schalttafeleinsatz
T26a Steckverbinder, 26-fach, am Schalttafeleinsatz

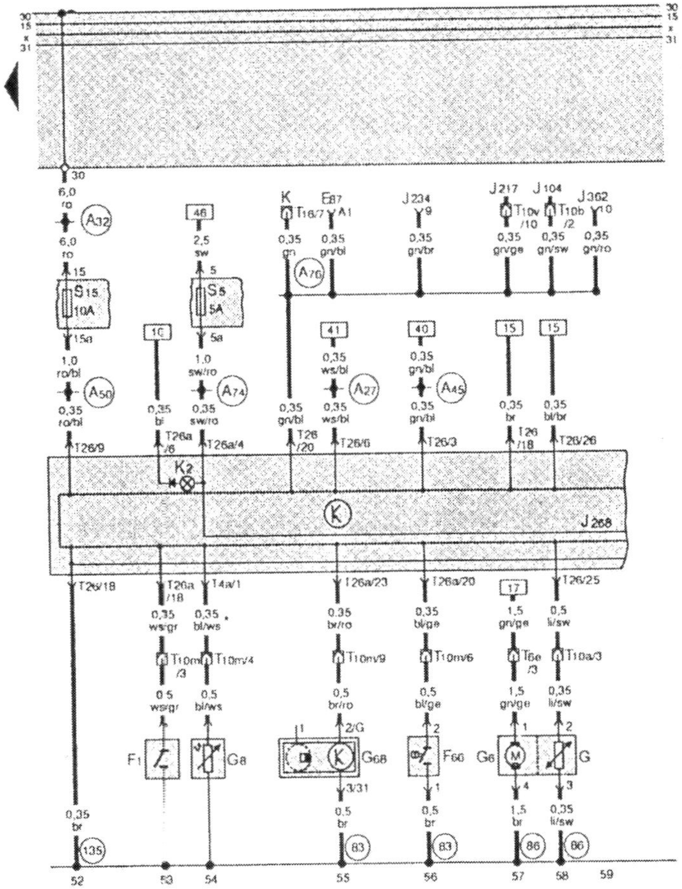

Masse- und Stromverbindungen (eingekreist):

A27 Verbindung (Fahrgeschwindigkeit-Signal), im Schalttafel-Kabelstrang
E32 Plusverbindung (30), im Schalttafel-Kabelstrang
A45 Verbindung (Motordrehzahl-Signal), im Schalttafel-Kabelstrang
A50 Plusverbindung (30as), im Schalttafel-Kabelstrang
A74 Plusverbindung (15a Sicherung 5), im Schalttafel-Kabelstrang
A76 Verbindung (Klemme K, Diagnose), im Schalttafel-Kabelstrang
83 Masseverbindung —1—, im vorderen, rechten Kabelstrang
86 Masseverbindung —1—, im hinteren Kabelstrang
135 Masseverbindung —2—, im Schalttafel-Kabelstrang
* Modelle mit Zusatzinstrumenten

Zusatzschaltplan für 1,8 Liter 110 kW-Motor mit Turbo, Motor AEB

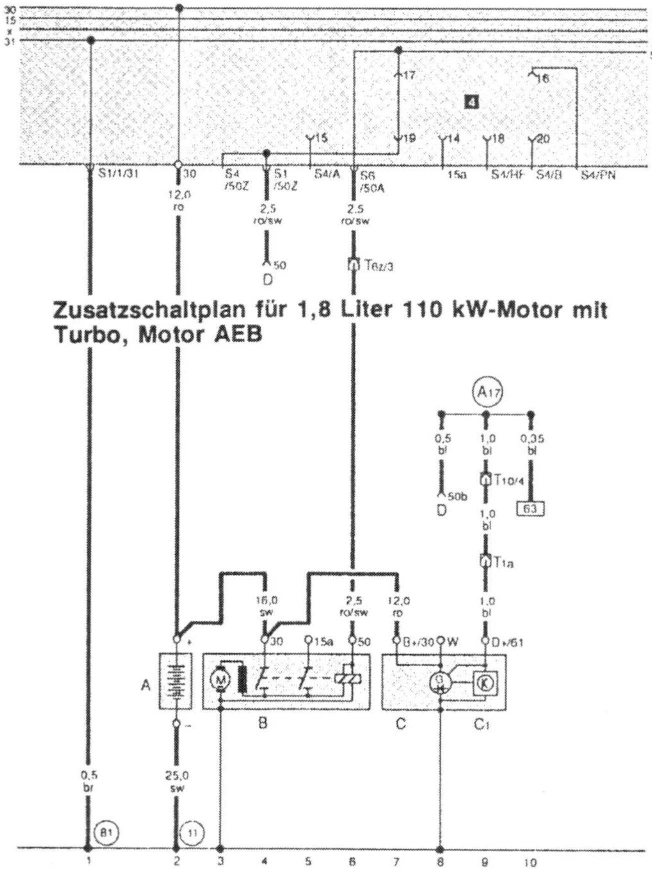

Schaltplan 24 — Batterie, Anlasser, Drehstromlichtmaschine

A	Batterie
B	Anlasser
C	Drehstromlichtmaschine
C1	Spannungsregler
T1a	Steckverbinder, 1-fach, blau, im Motorraum
T6z	Steckverbinder, 6-fach, rot, Steckerstation, E-Box, Wasserkasten
T10	Steckverbinder, 10-fach, braun, Steckerstation, E-Box, Wasserkasten
	Masse- und Stromverbindungen (eingekreist):
A17	Verbindung (61), im Armaturenbrett-Kabelstrang
11	Massestelle, Batteriekasten
81	Masseverbindung —1—, im Armaturenbrett-Kabelstrang

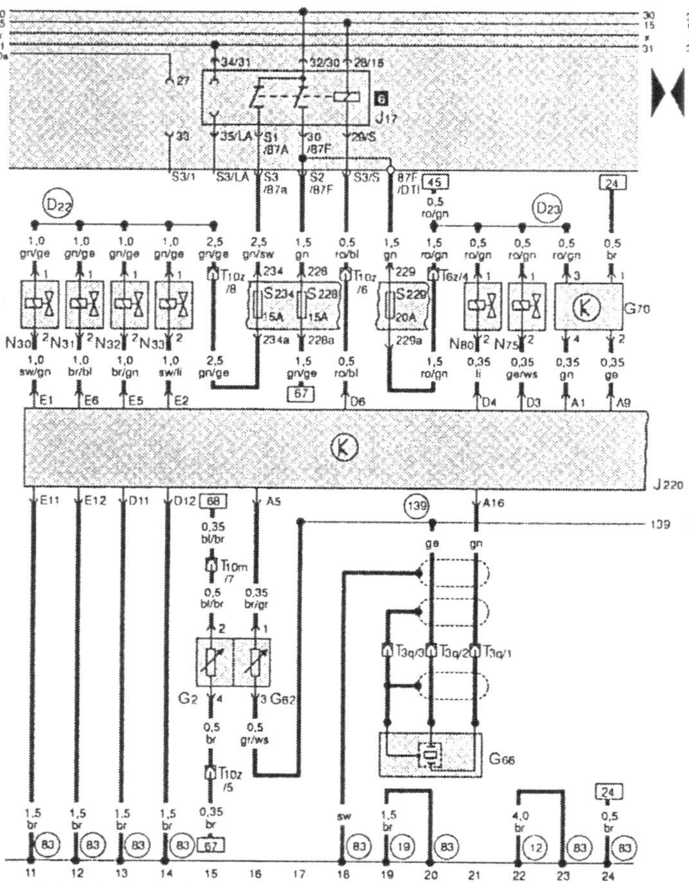

Schaltplan 25 — Steuergerät für Motronic, Kraftstoffpumpenrelais, Klopfsensor II, Einspritzventile, Luftmassenmesser

G2	Geber für Kühlmitteltemperatur
G62	Geber für Kühlmitteltemperatur
G66	Klopfsensor II
G70	Luftmassenmesser
J17	Kraftstoffpumpenrelais
J220	Motronic-Steuergerät
N30	Einspritzventil, Zylinder 1
N31	Einspritzventil, Zylinder 2
N32	Einspritzventil, Zylinder 3
N33	Einspritzventil, Zylinder 4
N75	Magnetventil für Ladedruckbegrenzung
N80	Magnetventil 1 für Aktivkohlefilterbehälter
S...	Sicherungen im Sicherungshalter
T3g	Steckverbinder, 3-fach, blau, im Motorraum links
T6z	Steckverbinder, 6-fach, rot, Steckerstation E-Box, Wasserkasten
T10m	Steckverbinder, 10-fach, schwarz, Steckerstation E-Box, Wasserkasten
T10z	Steckverbinder, 10-fach, gelb, Steckerstation E-Box, Wasserkasten
D22	Plusverbindung (87a-für Einspritzventile), Kabelstrang, Motorraum rechts
D23	Plusverbindung (87a-für Einspritzventile), im rechten Kabelstrang
12	Massestelle, Motorraum links
19	Massestelle, Nähe Zündspule
83	Masseverbindung —1—, im vorderen, rechten Kabelstrang
139	Masseverbindung (Gebermasse), im Kabelstrang, Motorraum rechts

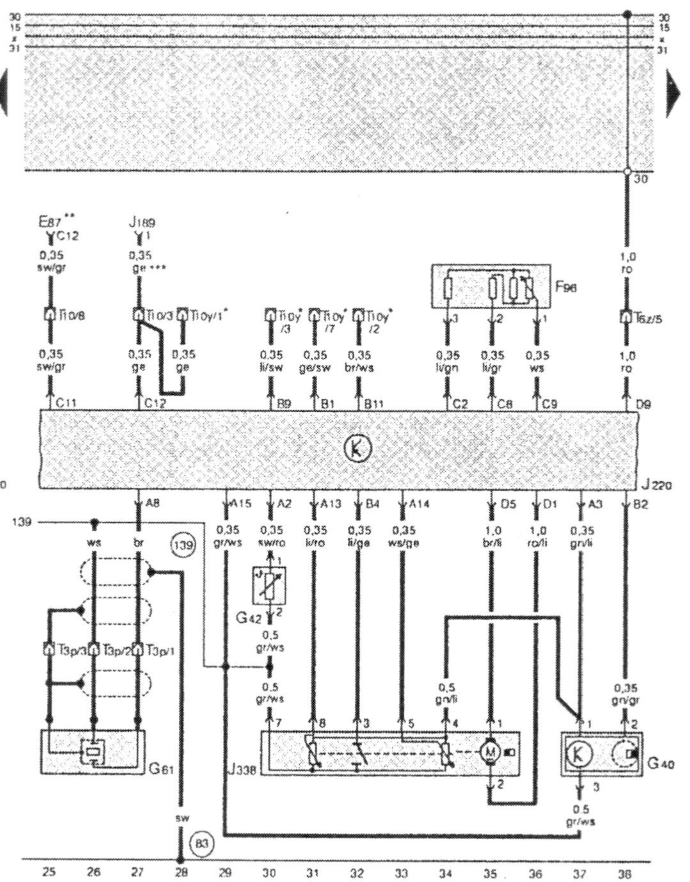

Schaltplan 26 — Motronic-Steuergerät, Hallgeber, Klopfsensor, Drosselklappe, Höhengeber

E87	Bedienungs- und Anzeigeeinheit für Klimaanlage/Climatronic
F96	Höhengeber
G40	Hallgeber
G61	Klopfsensor
J189	Auto-Checksystem
J220	Motronic-Steuergerät
J338	Drosselklappen-Steuerteil
T3p	Steckverbinder, 3-fach, grün, im Motorraum, links
T6z	Steckverbinder, 6-fach, rot, Steckerstation E-Box, Wasserkasten
T10	Steckverbinder, 10-fach, braun, Steckerstation E-Box, Wasserkasten
T10y	Steckverbinder, 10-fach, blau, Steckerstation E-Box, Wasserkasten
	Masse- und Stromverbindungen (eingekreist):
83	Masseverbindung —1—, im Kabelstrang, vorn rechts
139	Masseverbindung (Gebermasse), im Kabelstrang, Motorraum rechts
*	Restliche Verkabelung siehe gültigen Stromlaufplan, Automatikgetriebe
**	Modelle mit Klimaanlage
***	Modelle mit Auto-Checksystem

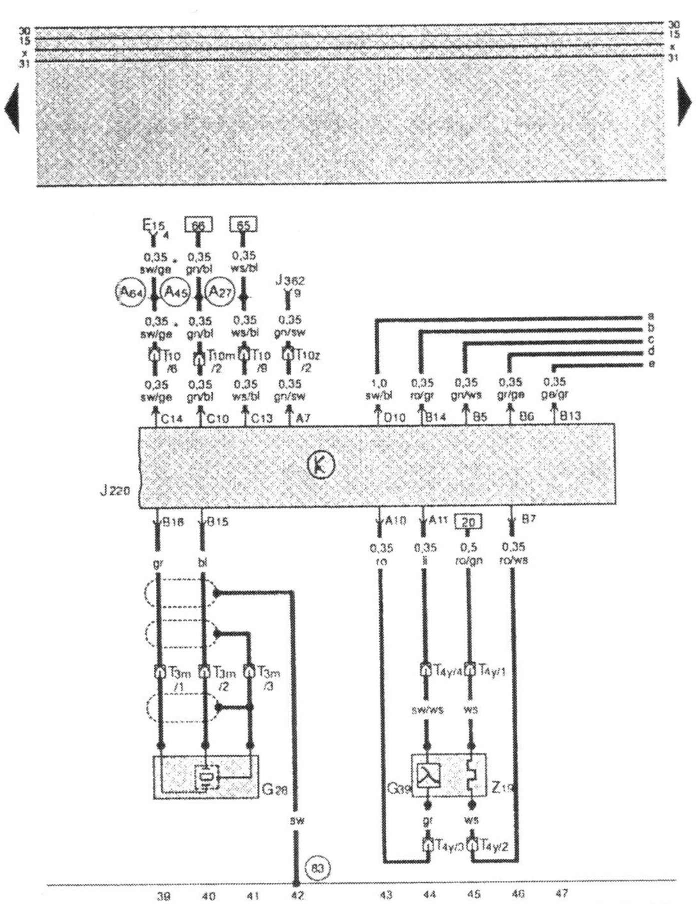

Schaltplan 27 — Motronic-Steuergerät, Geber für Motordrehzahl, Lambda-Sonde

E15	Schalter für heizbare Heckscheibe
G28	Motordrehzahlgeber
G39	Lambda-Sonde
J220	Motronic-Steuergerät
J362	Steuergerät für Wegfahrsperre
T3m	Steckverbinder, 3-fach, grau, im Motorraum links
T4y	Steckverbinder, 4-fach, schwarz, im Motorraum rechts
T10	Steckverbinder, 10-fach, braun, Steckerstation E-Box, Wasserkasten
T10m	Steckverbinder, schwarz, Steckerstation E-Box, Wasserkasten
T10z	Steckverbinder, 10-fach, gelb, Steckerstation E-Box, Wasserkasten
Z19	Heizung für Lambda-Sonde

Masse- und Stromanschlüsse (eingekreist):

A27	Verbindung (Geschwindigkeitssignal) im Armaturenbrett-Kabelstrang
45	Verbindung (Geschwindigkeitssignal) im Armaturenbrett-Kabelstrang
A64	Verbindung (30, Drehzahlanhebung), im Armaturenbrett-Kabelstrang
83	Masseverbindung —1—, im vorderen, rechten Kabelstrang
*	Leitungen entfallen bei Fahrzeugen mit Klimaanlage

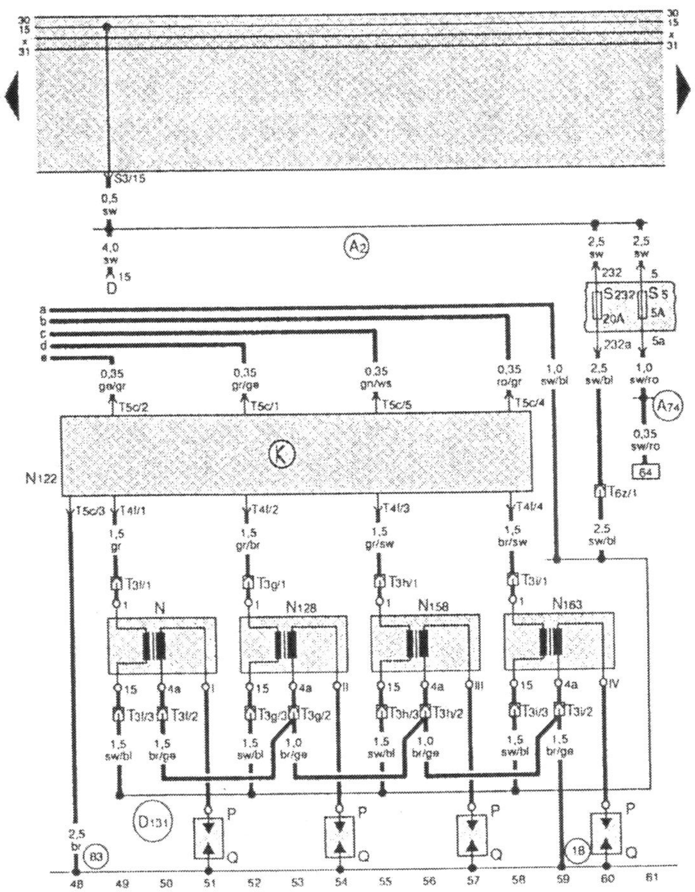

Schaltplan 28 — Zündanlage

D	Zündanlassschalter
N	Zündspule
N122	Leistungsendstufe
N128	Zündspule 2
N158	Zündspule 3
N163	Zündspule 4
P	Zündkerzenstecker
Q	Zündkerzen
S....	Sicherungen im Sicherungshalter
T3f	Steckverbinder, 3-fach, schwarz, an Zündspule 1
T3g	Steckverbinder, 3-fach, schwarz, an Zündspule 2
T3h	Steckverbinder, 3-fach, schwarz, an Zündspule 3
T3i	Steckverbinder, 3-fach, schwarz, an Zündspule 4
T4f	Steckverbinder, 4-fach, schwarz, an Zündungsendstufe
T5c	Steckverbinder, 5-fach, schwarz, an Zündungsendstufe
T6z	Steckverbinder, 6-fach, rot, Steckerstation E-Box, Wasserkasten

Masse- und Stromverbindungen (eingekreist):

A2	Plusverbindung (15), im Armaturenbrett-Kabelstrang
A74	Verbindung (15a, Sicherung 5), im Armaturenbrett-Kabelstrang
D131	Verbindung (15) über Sicherung 232, im Motorraum-Kabelstrang
18	Massestelle, am Zylinderblock
83	Masseverbindung —1—, im vorderen, rechten Kabelstrang

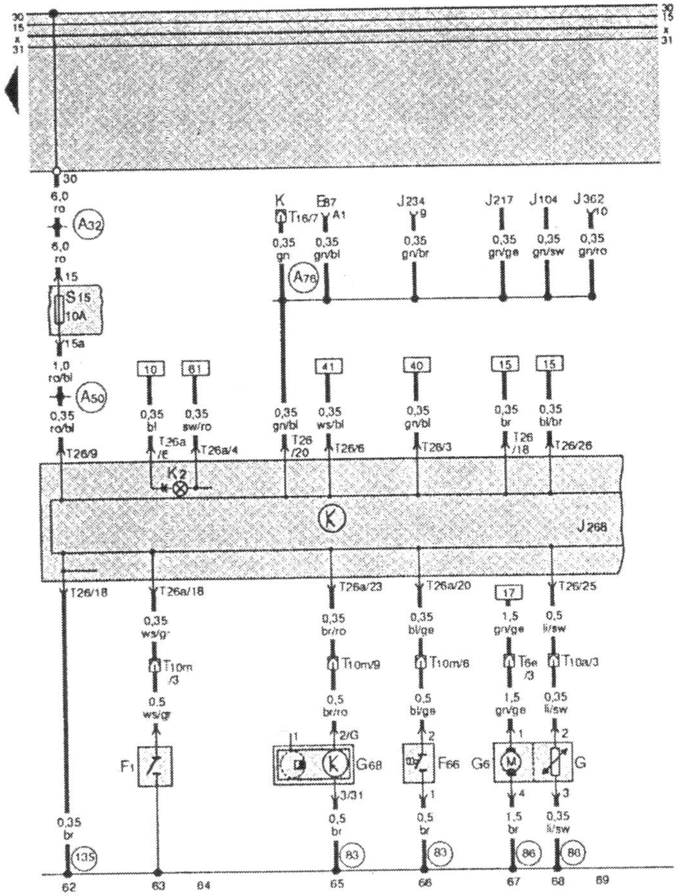

Schaltplan 29 — Schalttafeleinsatz, Geber für Fahrgeschwindigkeit, Kraftstoffpumpe, Tankgeber, Öldruckschalter, Diagnoseverbindungen

E87	Bedienungs- und Anzeigeeinheit für Klimaanlage/Climatronic
F1	Öldruckschalter
F66	Schalter, Kühlmittelmangel
G	Tankgeber
G6	Kraftstoffpumpe
G68	Geber, Fahrgeschwindigkeit
J104	ABS- und EDL-Steuergerät
J217	Steuergerät für Automatikgetriebe
J234	Steuergerät für Airbag
J268	Steuergerät für Mini-Check-System
J362	Steuergerät für Wegfahrsperre
K2	Ladekontrolleuchte
S15	Sicherung in Sicherungshalter
T4a	Steckverbinder, schwarz, im Schalttafeleinsatz
T6e	Steckverbinder, 6-fach, blau, linke Steckerstation, Pfosten A
T10a	Steckverbinder, 10-fach, braun, linke Steckerstation, Pfosten A
T10m	Steckverbinder, 10-fach, schwarz, Steckerstation E-Box, Wasserkasten
T16	Steckverbinder, 10-fach (Diagnoseverbindung), hintere Mittelkonsole
T26	Steckverbinder, 26-fach, gelb, am Schalttafeleinsatz
T26a	Steckverbinder, 26-fach, am Schalttafeleinsatz

Masse- und Stromverbindungen (eingekreist):

E32	Plusverbindung (30), im Schalttafel-Kabelstrang
A50	Plusverbindung (30as), im Armaturenbrett-Kabelstrang
A76	Verbindung (Klemme K, Diagnose), im Schalttafel-Kabelstrang
83	Masseverbindung —1—, im vorderen, rechten Kabelstrang
86	Masseverbindung —1—, im hinteren Kabelstrang
135	Masseverbindung —2—, im Schalttafel-Kabelstrang

Schaltpläne für Zusatzausstattung

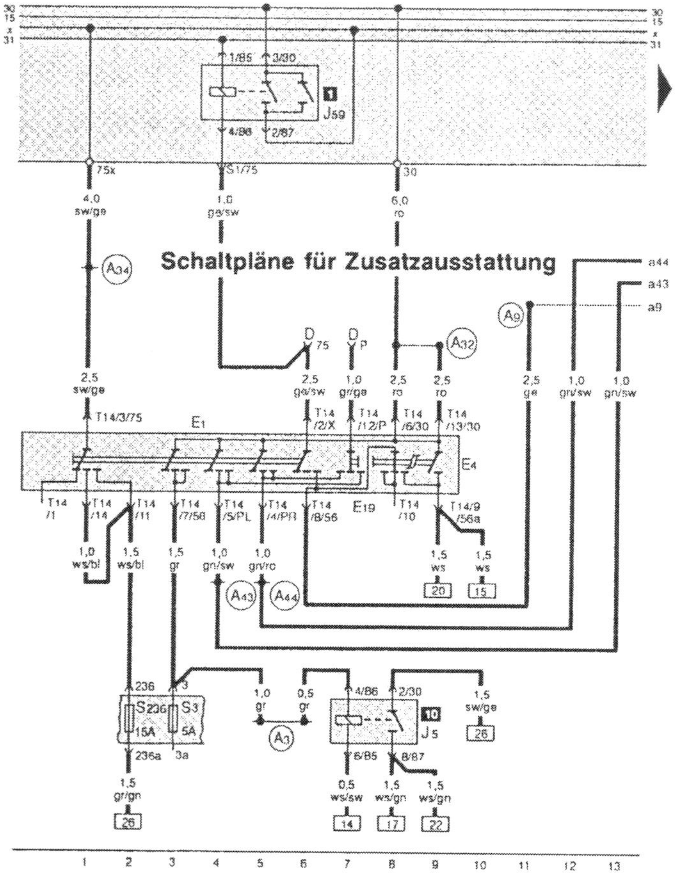

Schaltplan 30 — Scheinwerfer mit integrierten Nebelleuchten, Nebelschlussleuchte

D	Zündanlassschalter
E1	Lichtschalter
E4	Scheinwerfer-Abblendschalter/Lichthupe
E19	Parklichtschalter
J5	Nebelleuchten-Relais
J59	Entlastungsrelais für X-Kontakt
S....	Sicherungen in Sicherungshalter
T14	Steckverbinder, 14-fach, schwarz, am Lenksäulenschalter
	Masse- und Stromverbindungen (eingekreist):
A3	Plusverbindung (58), in Armaturenbrett-Kabelstrang
A9	Plusverbindung (56b), in Armaturenbrett-Kabelstrang
A32	Plusverbindung (30), in Armaturenbrett-Kabelstrang
A34	Plusverbindung (75x), in Armaturenbrett-Kabelstrang
A43	Plusverbindung (57f), in Armaturenbrett-Kabelstrang
A44	Plusverbindung (57r), in Armaturenbrett-Kabelstrang

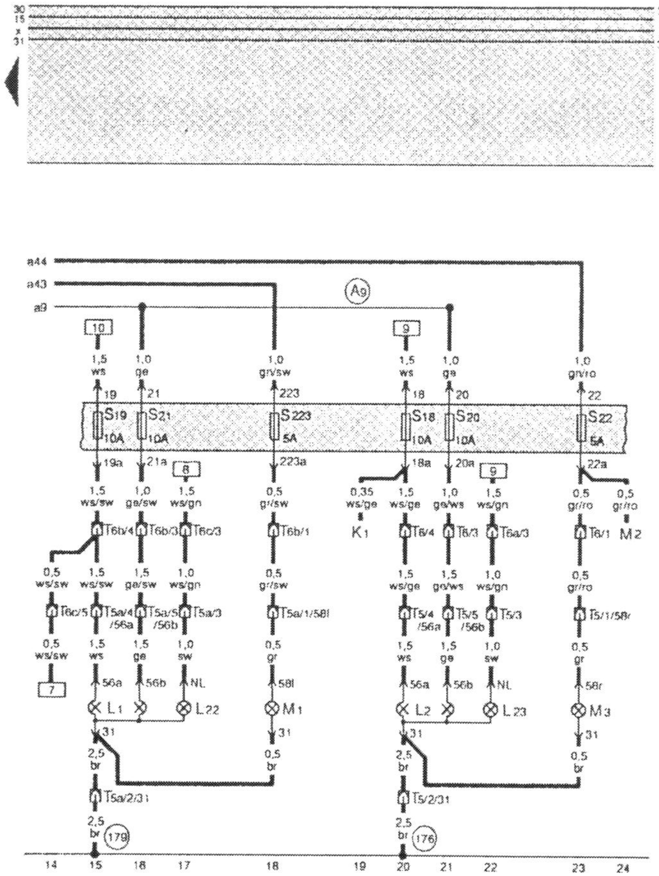

Schaltplan 31 — Fortsetzung von Schaltplan 30

K1	Fernlichtkontrolleuchte
L1	Zweifadenlampe für Scheinwerfer/Sealed-Beam-Einsatz, links
L2	Zweifadenlampe für Scheinwerfer/Sealed-Beam-Einsatz, rechts
L22	Glühbirne, Nebelleuchte links
L23	Glühbirne, Nebelleuchte rechts
M1	Glühbirne, Standlicht links
M2	Glühbirne, Schlussleuchte, rechts
M3	Glühbirne, Standlicht rechts
S....	Sicherungen im Sicherungshalter
T5	Steckverbinder, 5-fach, Scheinwerfer rechts
T5a	Steckverbinder, 5-fach, Scheinwerfer links
T6	Steckverbinder, 6-fach, gelb, Steckerstation rechts, Pfosten A
T6a	Steckverbinder, 6-fach, rot, Steckerstation rechts, Pfosten A
T6b	Steckverbinder, 6-fach, gelb, Steckerstation links, Pfosten A
T6c	Steckverbinder, 6-fach, rot, Steckerstation links, Pfosten A
	Masse- und Stromverbindungen (eingekreist):
A9	Plusverbindung (56b), im Armaturenbrett-Kabelstrang
176	Masseverbindung, im Kabelstrang, Scheinwerfer, rechts
179	Masseverbindung, im Kabelstrang, Scheinwerfer, links

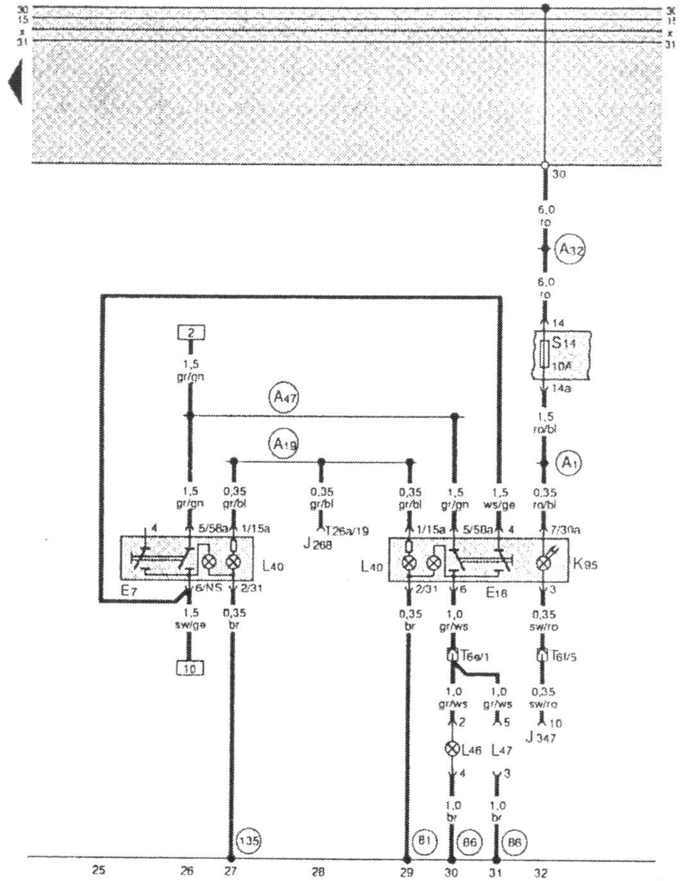

Schaltplan 32 — Fortsetzung von Schaltplan 30

E7	Schalter der Nebelleuchten
E18	Schalter der Nebelschlussleuchten
J268	Steuergerät für Auto-Checksystem
J347	Steuergerät für Ultraschallsensoren
L46	Glühbirne, linke Nebelschlussleuchte
L47	Glühbirne, rechte Nebelschlussleuchte
S14	Sicherung im Sicherungshalter
T6e	Steckverbinder, 6-fach, Steckerstation links, A-Pfosten
T6f	Steckverbinder, 6-fach, orange, Steckerstation rechts, A-Pfosten
	Masse- und Stromverbindungen (eingekreist):
A1	Plusverbindung (30a), im Armaturenbrett-Kabelstrang
A19	Verbindung (58d), im Armaturenbrett-Kabelstrang
A32	Plusverbindung (30), im Armaturenbrett-Kabelstrang
A47	Verbindung (55), im Armaturenbrett-Kabelstrang
81	Masseverbindung —1—, im Armaturenbrett-Kabelstrang
86	Masseverbindung —1—, im hinteren Kabelstrang
135	Masseverbindung —2—, im Armaturenbrett-Kabelstrang

Schaltplan 33 — Elektrischer Fensterheber, 4-türig (mit Einklemmschutz)

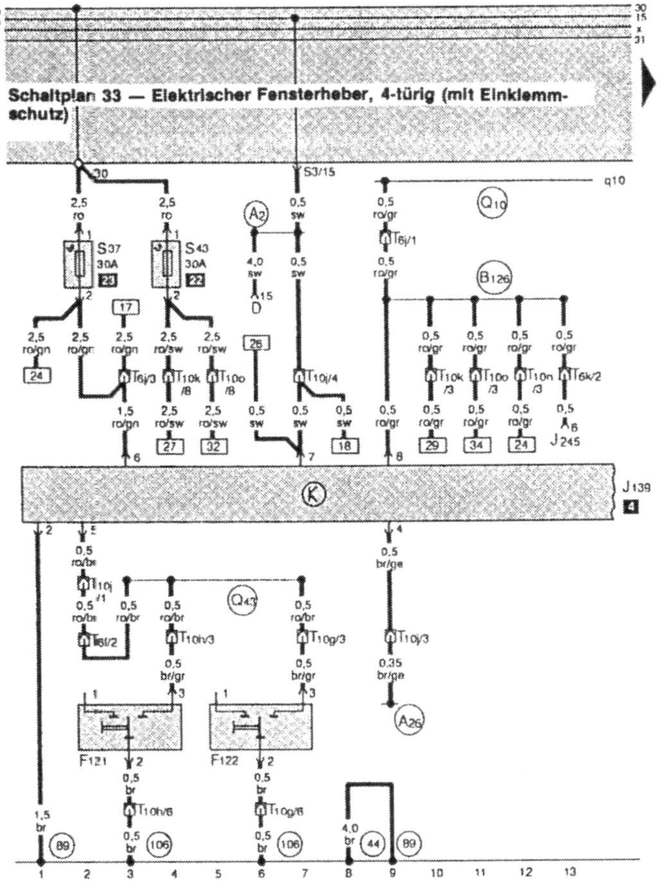

D Zündanlassschalter
F121 Türaussengriffschalter in Fahrertür für Diebstahlwarnanlage
F122 Türaussengriffschalter in Beifahrertür für Diebstahlwarnanlage
J139 Steuergerät für Fensterheber
J245 Steuergerät für Schiebedachverstellung
S.... Sicherungen in Sicherungshalter
T6f Steckverbinder, 6-fach, rot, Steckerstation links, A-Pfosten
T6k Steckverbinder, 6-fach, braun, Steckerstation links, A-Pfosten
T10g Steckverbinder, 10-fach, braun, Steckerstation rechts, A-Pfosten
T10h Steckverbinder, 10-fach, braun, Steckerstation links, A-Pfosten
T10j Steckverbinder, 10-fach, grün, Steckerstation links, A-Pfosten
T10k Steckverbinder, 10-fach, rot, B-Pfosten, links
T10n Steckverbinder, 10-fach, rot, Steckerstation rechts, A-Pfosten
T10o Steckverbinder, 10-fach, rot, B-Pfosten, rechts

Masse- und Stromanschlüsse (eingekreist):

A2 Plusverbindung (15), im Armaturenbrett-Kabelstrang
A26 Verbindung (Türkontaktschalter/Fahrerseite), im Armaturenbrett-Kabelstrang
B126 Verbindung (87, Steuergerät für Fensterheber), in Armaturenbrett-Kabelstrang
Q10 Plusverbindung (87), in Kabelstrang für Fensterheber/Zentralverriegelung und Türkontaktschalter
Q43 Verbindung (Schliesszylinder geschlossen), in Fensterheber-Kabelstrang
44 Massestelle, A-Pfosten, links unten
106 Masseverbindung, in Fensterheber-Kabelstrang

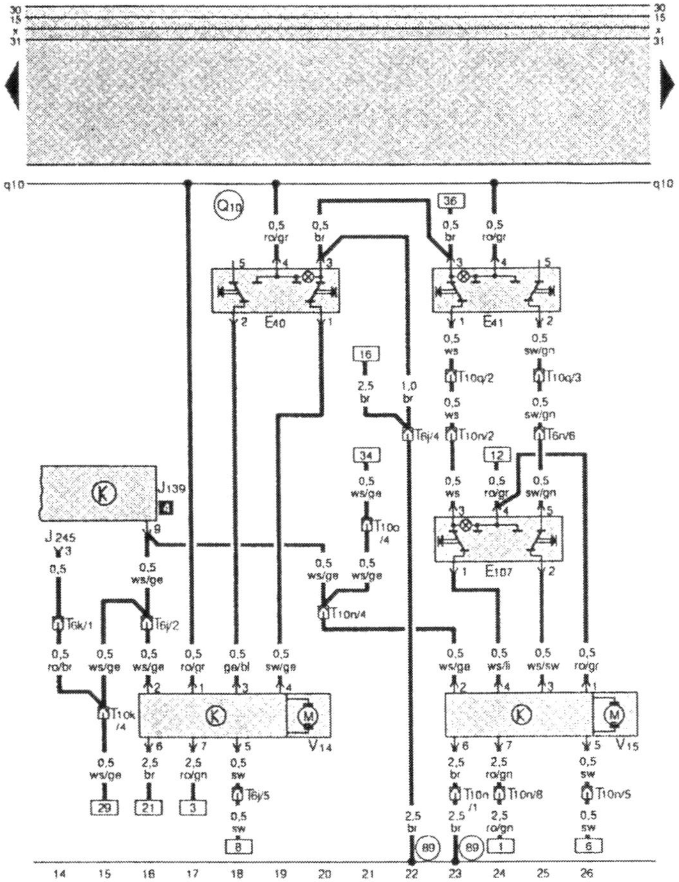

Schaltplan 34 — Fortsetzung von Schaltplan Nr. 33

E40 Schalter für Fensterheber, vorn links
E41 Schalter für Fensterheber, vorn rechts
E107 Schalter für Fensterheber für Beifahrerseite
J139 Steuergerät für Fensterheber
J245 Steuergerät für Schiebedachverstellung
T6j Steckverbinder, 6-fach, rot, Nähe vordere Innenleuchte
T6k Steckverbinder, 6-fach, braun, Steckerstation links, A-Pfosten
T6n Steckverbinder, 6-fach, gelb, A-Pfosten links
T10k Steckverbinder, 10-fach, rot, B-Pfosten links
T10n Steckverbinder, 10-fach, rot, Steckerstation rechts, A-Pfosten
T10o Steckverbinder, 10-fach, rot, B-Pfosten, rechts
T10q Steckverbinder, 10-fach, blau, Steckerstation links, A-Pfosten
V14 Motor für Fensterheber, links
V15 Motor für Fensterheber, rechts

Masse- und Stromverbindungen (eingekreist):

Q10 Plusverbindung (87), im Fensterheber/Zentralverriegelungs/Türkontaktschalter-Kabelstrang
89 Masseverbindung —1—, im Fensterheber-Kabelstrang

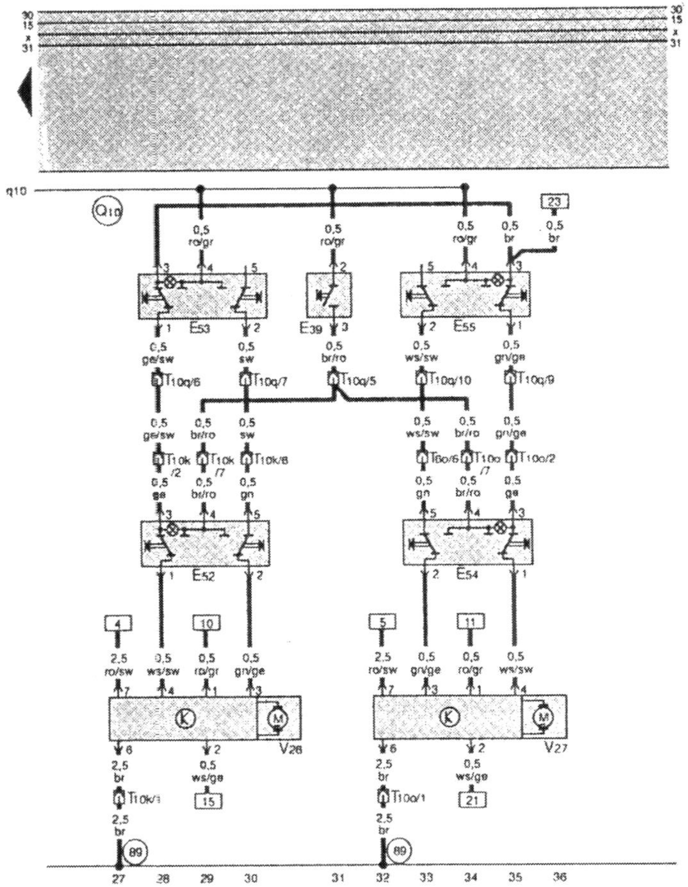

Schaltplan 35 — Fortsetzung von Schaltplan 33/34

E39 Sperrschalter für Fensterheber hinten
E52 Schalter für Fensterheber hinten links (in der Tür)
E53 Schalter für Fensterheber hinten links (in der Fahrertür)
E54 Schalter für Fensterheber hinten rechts (in der Tür)
E55 Schalter für Fensterheber hinten rechts (in Fahrertür)
T6o Steckverbinder, 6-fach, weiss, Steckerstation rechts, A-Pfosten
T6k Siehe Schaltplan Nr. 34
T10... Siehe Schaltplan Nr. 34
V26 Motor für Fensterheber, hinten links
V27 Motor für Fensterheber, hinten rechts
89 (im Kreis), siehe Schaltplan Nr. 34

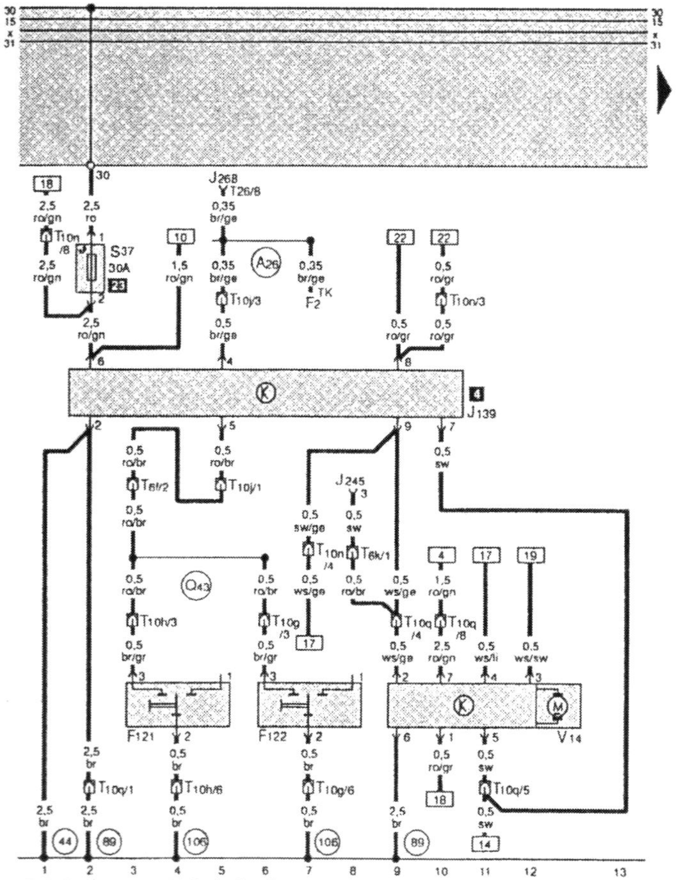

Schaltplan 36 — Elektrische Fensterheber, Vordertüren (mit Einklemmschutz)

F2 Türkontaktschalter, Fahrertür
F121 Türaussengriffschalter in Fahrertür für Diebstahlanlage
F122 Türaussengriffschalter in Beifahrertür für Diebstahlanlage
J139 Steuergerät für Fensterheber und Schiebedach
J245 Steuergerät für Schiebedachverstellung
J268 Steuergerät für Mini-Checksystem
S37 Sicherung im Sicherungshalter
T6... Siehe bereits gezeigte Schaltpläne
T10... Siehe bereits gezeigte Schaltpläne
T26 Steckverbinder, 26-fach, gelb, im Armaturenbrett-Kabelstrang
V14 Fensterhebermotor, links

Masse- und Stromverbindungen (eingekreist):

A26 Verbindung (Türkontaktschalter/Fahrerseite), im Armaturenbrett-Kabelstrang
Q43 Verbindung (Schliesszylinder geschlossen), im Fensterheber-Kabelstrang
44 Massestelle, A-Pfosten links, unten
89 Siehe Schaltplan 35
106 Masseverbindung, im Diebstahlwarnanlagen-Kabelstrang

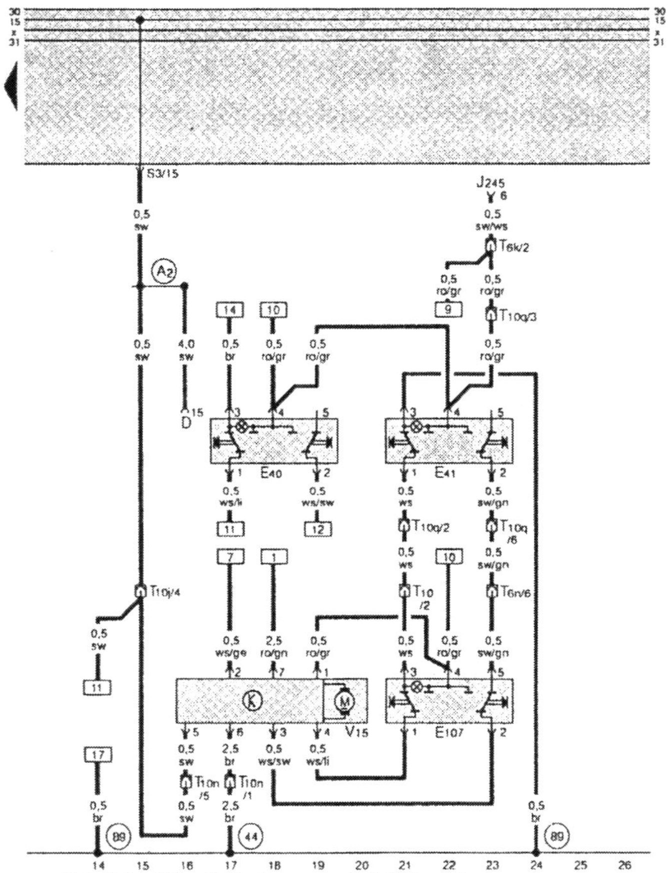

Schaltplan 37 — Fortsetzung von Schaltplan 36

D Zündschlossschalter
E40 Schalter für Fensterheber, vorn links
E41 Schalter für Fensterheber, vorn rechts
E107 Schalter für Fensterheber für Fahrerseite
J245 Steuergerät für Schiebedachverstellung
T6k Steckverbinder, 6-fach, braun, Steckerstation links, A-Pfosten
T6n Steckverbinder, 6-fach, gelb, A-Pfosten, links
T10 Steckverbinder, 10-fach, braun, Steckerstation E-Box, Wasserkasten
T10j Steckverbinder, 10-fach, grün, Steckerstation links, A-Pfosten
T10n Steckverbinder, 10-fach, rot, Steckerstation rechts, A-Pfosten
T10q Steckverbinder, 10-fach, blau, Steckerstation links, A-Pfosten
V15 Fensterhebemotor, rechts

Masse- und Stromverbindungen (eingekreist):

A2 Plusverbindung (15), im Armaturenbrett-Kabelstrang
44 Massestelle, A-Pfosten, links, unten
89 Masseverbindung —1—, im Kabelstrang des Fensterhebers

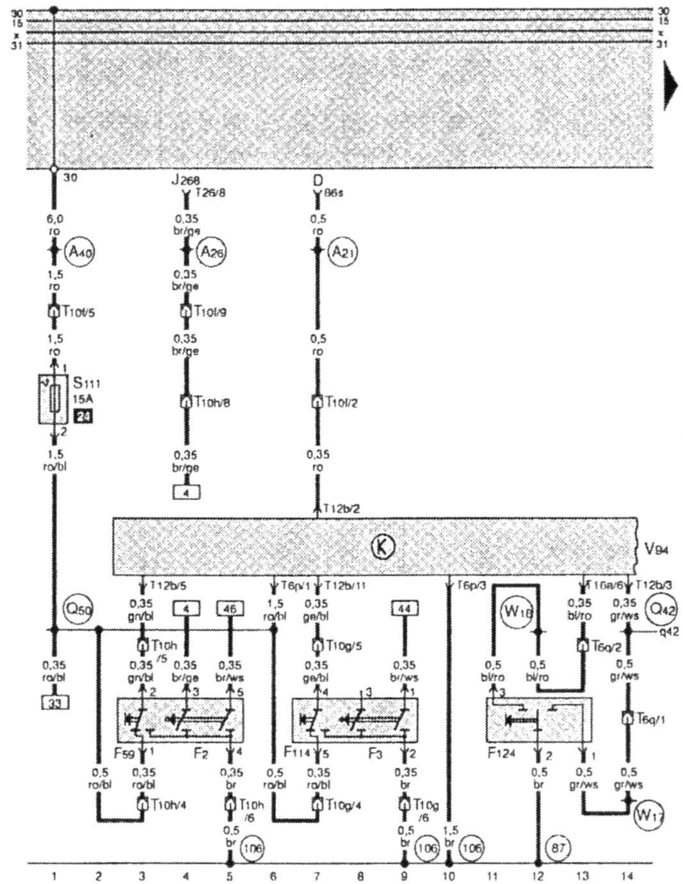

Schaltplan 38 — Zentralverriegelung/Infrarot-Steuergerät - Diebstahlwarnanlage mit Innenraumüberwachung

D Zündschlossschalter
F2 Türkontaktschalter, Fahrerseite
F3 Türkontaktschalter, Beifahrerseite
F59 Schalter für Zentralverriegelung, Fahrerseite
F114 Schalter für Zentralverriegelung, Beifahrerseite
F124 Kontaktschalter im Schliesszylinder für Heckklappe/Diebstahlwarnanlage/Zentralverriegelung
J268 Steuergerät für Mini-Checksystem
S111 Sicherung für Diebstahlwarnanlage und Wegfahrsicherung
T6p Steckverbinder, 6-fach, schwarz, Anschlussstecker B in V94, im Kofferraum rechts
T6q Steckverbinder, 6-fach, violett, Steckerstation links, A-Pfosten
T10f Steckverbinder, 10-fach, schwarz, Steckerstation rechts, A-Pfosten
T10g Steckverbinder, 10-fach, braun, Steckerstation, A-Pfosten
T10h Steckverbinder, 10-fach, braun, Steckerstation links, A-Pfosten
T12b Steckverbinder, 12-fach, grün, Anschlussstecker A in V94, Kofferraum rechts
T16a Steckverbinder, 16-fach, Anschlussstecker C in V94, Kofferraum, rechts
T26 Steckverbinder, 26-fach, gelb, in Armaturenbrett-Kabelstrang
V94 Motor für Zentralverriegelung mit Steuergerät für Abschaltverzögerung-Innenleuchte und Diebstahlwarnanlage

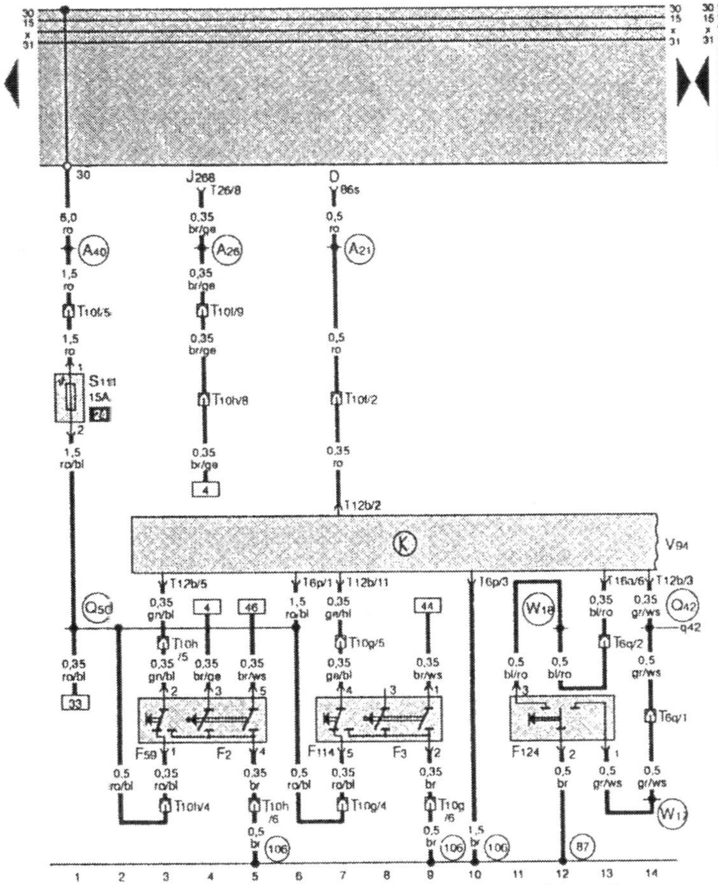

Schaltplan 38 — Zentralverriegelung/Infrarotsteuergerät — Diebstahlwarnanlage mit Innenraumüberwachung — Teil 2

Masse- und Stromanschlüsse (eingekreist):

- A21 Verbindung (86s), im Armaturenbrett-Kabelstrang
- A26 Verbindung (Türkontaktschalter/Fahrerseite), in Armaturenbrett-Kabelstrang
- A40 Plusverbindung —1— (30), in Armaturenbrett-Kabelstrang
- Q42 Verbindung (Schliesszylinder offen), im Diebstahlwarnanlage-Kabelstrang
- Q50 Verbindung (30a), im Diebstahlwarnanlage-Kabelstrang
- W17 Verbindung (Schliesszylinder offen), im hinteren Kabelstrang
- W18 Verbindung (Schliesszylinder geschlossen), im hinteren Kabelstrang
- 106 Masseverbindung, im Diebstahlwarnanlagen-Kabelstrang

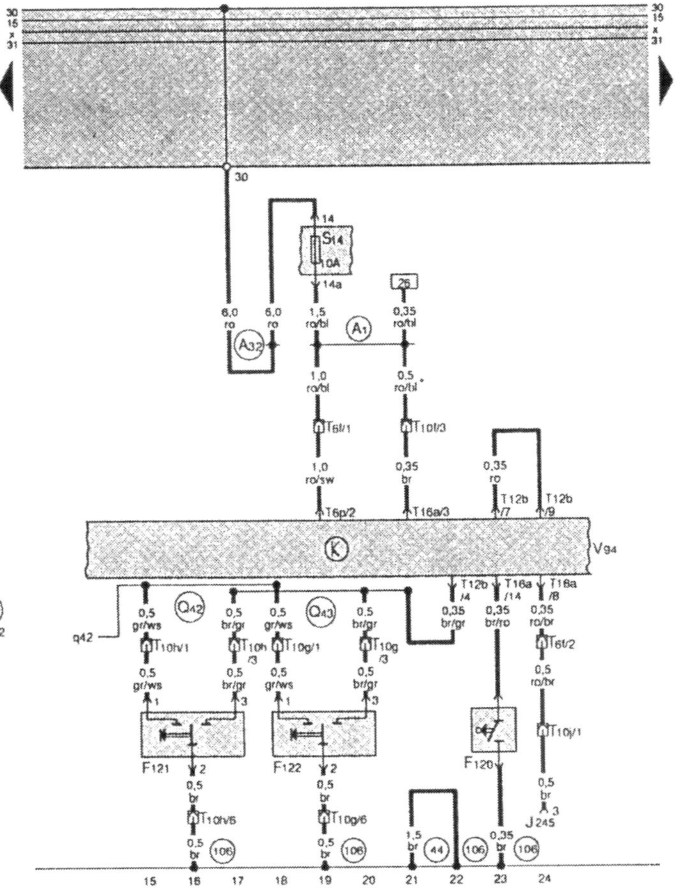

Schaltplan 39 — Fortsetzung von Schaltplan 38

- F2 Kontaktschalter, Fahrertür
- F120 Kontaktschalter für Diebstahlwarnanlage (DWA)
- F121 Türaussengriffschalter in Fahrertür für Diebstahlwarnanlage
- F122 Türaussengriffschalter in Beifahrertür für Diebstahlwarnanlage
- J245 Steuergerät für Schiebedachverstellung
- S14 Sicherungen im Sicherungshalter
- T6f Steckverbinder, 6-fach, rot, Steckerstation links, A-Pfosten
- T6p Steckverbinder, 6-fach, schwarz, Anschlussstecker B in V94, Kofferraum rechts
- T10f Steckverbinder, 10-fach, schwarz, Steckerstation, rechts, A-Pfosten
- T10g Steckverbinder, 10-fach, braun, Steckerstation rechts, A-Pfosten
- T10h Steckverbinder, 10-fach, braun, Steckerstation links, A-Pfosten
- T10j Steckverbinder, 10-fach, grün, Steckerstation links, A-Pfosten

Masse- und Stromanschlüsse (eingekreist):

- A1 Plusverbindung (30a), im Armaturenbrett-Kabelstrang
- A32 Plusverbindung (39), im Armaturenbrett-Kabelstrang
- Q42 Verbindung (Schliesszylinder offen), im DWA-Kabelstrang
- Q43 Verbindung (Schliesszylinder geschlossen), im DWA-Kabelstrang
- 44 Massestelle, A-Pfosten, links, unten
- 106 Masseverbindung, im DWA-Kabelstrang
- * Für bestimmte Bestimmungsländer (Schweiz)

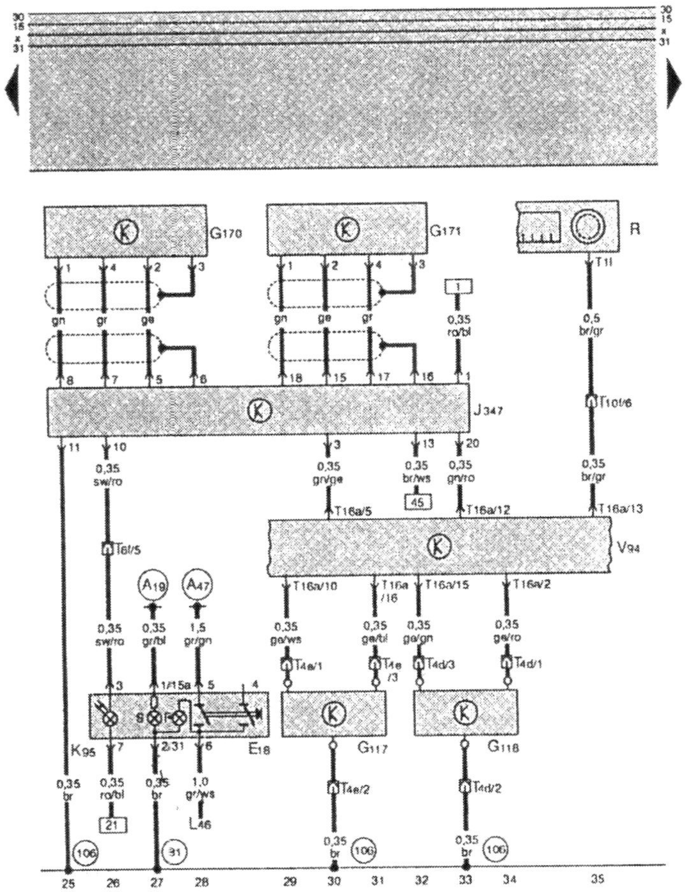

Schaltplan 40 — Fortsetzung von Schaltplan 38/39

- E18 Schalter, Nebelschlussleuchte
- G117 Infrarotsensor links für Zentralverriegelung
- G118 Infrarotsensor rechts für Zentralverriegelung
- G170 Ultraschallsensor links für DWA
- G171 Ultraschallsensor rechts für DWA
- J347 Steuergerät für Ultraschallsensor
- K95 Kontrolleuchte
- L46 Glühbirne, Nebelschlussleuchte
- R Radio
- T1l Steckverbinder, 1-fach, braun, am Radio
- T4d Steckverbinder, 4-fach, schwarz, B-Pfosten links
- T4e Steckverbinder, 4-fach, schwarz, B-Pfosten rechts
- T6f Steckverbinder, 6-fach, orange, Steckerstation rechts, A-Pfosten
- T10f Steckverbinder, 10-fach, schwarz, Steckerstation rechts, A-Pfosten
- T16a Steckverbinder, 16-fach, Anschlussstecker C in V94, Kofferraum rechts
- V94 Motor für Zentralverriegelung mit Steuergerät für Abschaltverzögerung-Innenleuchten und DWA

Masse- und Stromanschlüsse (eingekreist):

- A19 Verbindung (58d), im Armaturenbrett-Kabelstrang
- A47 Verbindung (55), im Armaturenbrett-Kabelstrang
- 81 Masseverbindung —1—, im Armaturenbrett-Kabelstrang
- 106 Masseverbindung, im DWA-Kabelstrang

Schaltplan 41 — Fortsetzung der Schaltpläne 38/39/40

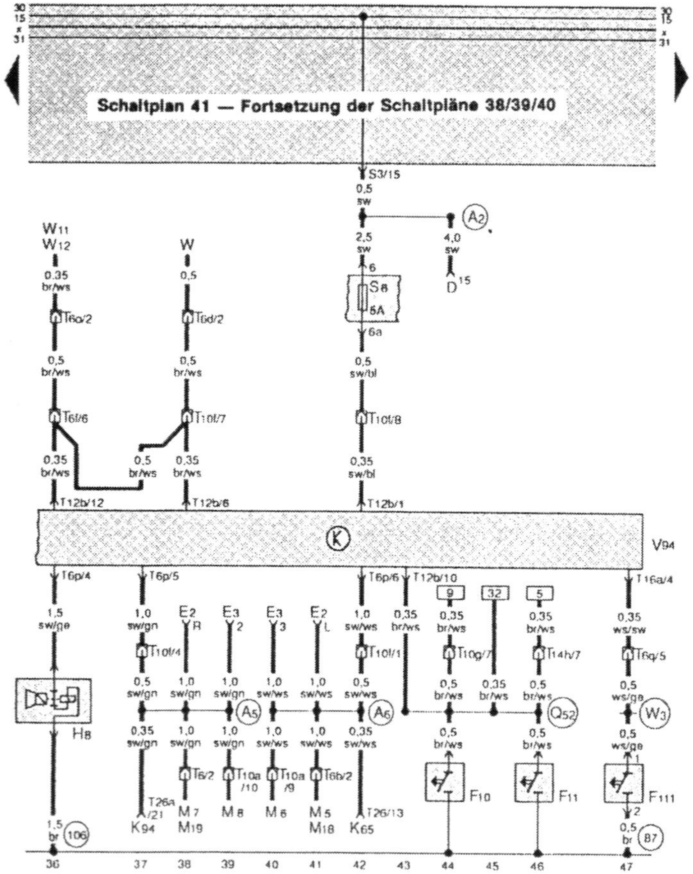

D Zündschlossschalter
E2 Blinkerschalter
E3 Warnlichtschalter
F10 Türkontaktschalter, hinten links
F11 Türkontaktschalter, hinten rechts
F111 Kontaktschalter in Kofferraumklappe
H8 Signalhorn für DWA
K65 Blinkerschalter, linke Blinkleuchte
K94 Blinkerschalter, rechte Blinkleuchte
M5 Glühbirne, Blinkleuchte, vorn links
M6 Glühbirne, Blinkleuchte, hinten links
M7 Glühbirne, Blinkleuchte, vorn rechts
M8 Glühbirne, Blinkleuchte, hinten rechts
M18 Glühbirne, Seitenblinkleuchte links
M19 Glühbirne, Seitenblinkleuchte rechts
S6 Sicherung im Sicherungshalter
T6 alle, Steckverbinder "T6...", 6-fach, bereits angegeben, Nr. 38
T10 alle Steckverbinder "T10..." bereits angegeben, Nr. 38
T12b Siehe Schaltplan Nr. 38
T14h Steckverbinder, 14-fach, schwarz, am Lenksäulenschalter
T16a Siehe Schaltplan Nr. 38
T26 Siehe Schaltplan Nr. 38
T26a Siehe Schaltplan Nr. 38
V94 Siehe Schaltplan Nr. 38
W Innenleuchte vorn
W11 Leseleuchte hinten links
W12 Leseleuchte hinten rechts

Masse- und Stromverbindungen (eingekreist):

A2, A5, A6, QA52 Q52, W3, 87, 106 bereits angegeben.

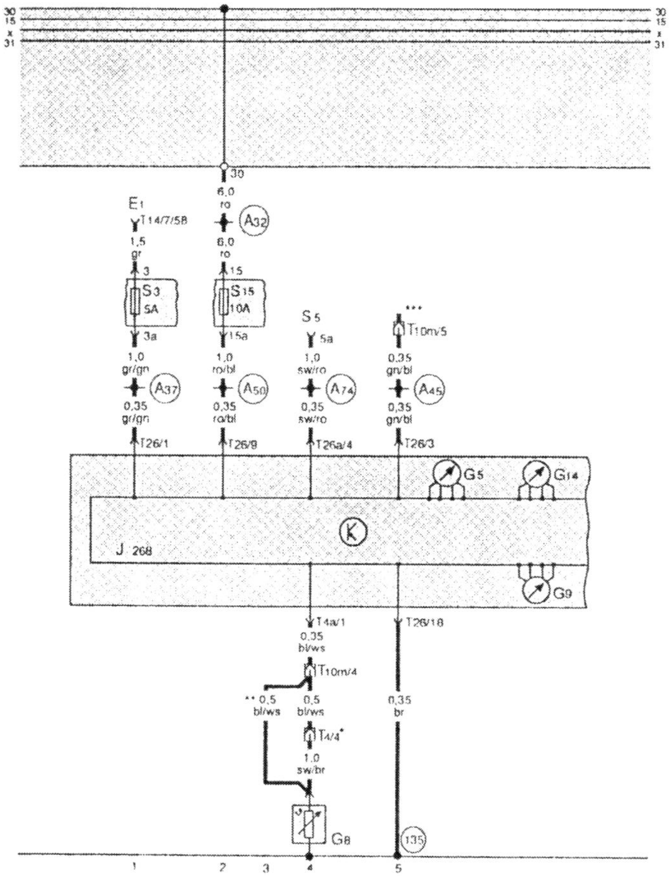

Schaltplan 42 — Zusatzinstrumente

E1 Lichtschalter
G5 Drehzahlmesser
G8 Geber, Öltemperatur
G9 Öltemperaturanzeige
G14 Voltmeter
J268 Steuergerät für Mini-Checksystem
S.... Sicherungen in Sicherungshalter
T4 Steckverbinder, 4-fach, schwarz, im Motorraum, Mitte
T4a Steckverbinder, 4-fach, schwarz, im Schalttafeleinsatz
T10m Steckverbinder, 10-fach, schwarz, Steckerstation, E-Box, Wasserkasten
T14 Steckverbinder, 14-fach, schwarz, Lenksäulenschalter
T26 Steckverbinder, 26-fach, gelb, am Schalttafeleinsatz
T26a Steckverbinder, 26-fach, blau, am Schalttafeleinsatz

Masse- und Stromverbindungen (eingekreist):

A32 Plusverbindung (30), im Armaturenbrett-Kabelstrang
A37 Verbindung (58a), am Schalttafeleinsatz
A45 Verbindung (Drehzahlsignal), in Armaturenbrett-Kabelstrang
A50 Plusverbindung (30a), in Armaturenbrett-Kabelstrang
74 Plusverbindung (15a-Sicherung 5), in Armaturenbrett-Kabelstrang
135 Masseverbindung —2—, in Armaturenbrett-Kabelstrang
* Modelle mit 6-Zylindermotor
** Modelle mit 4-Zylindermotor
*** Drehzahlsignal motorabhängig

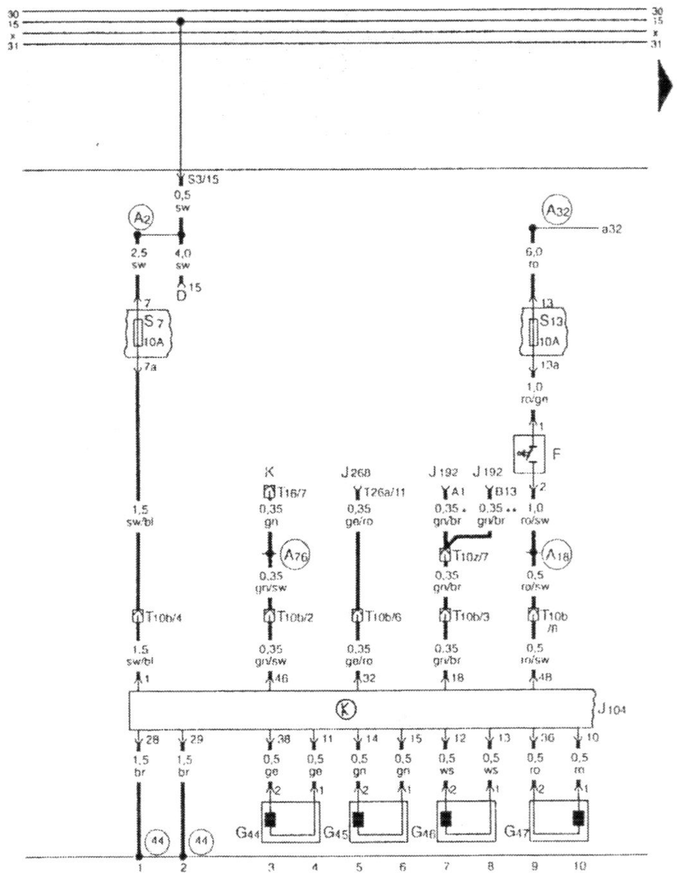

Schaltplan 43 — ABS — Mit Vorderradantrieb

D Zündschlossschalter
F Bremslichtschalter
G44 Drehzahlsensor, hinten rechts
G45 Drehzahlsensor, vorn rechts
G46 Drehzahlsensor, hinten links
G47 Drehzahlsensor, vorn links
J104 ABS- und EDL-Steuergerät
J192 Steuergerät, Motronic
S... Sicherungen in Sicherungshalter
T10b Steckverbinder, 10-fach, orange, Steckerstation links, A-Pfosten
T10z Steckverbinder, 10-fach, braun, Steckerstation E-Box, Wasserkasten
T10m Steckverbinder, 10-fach, schwarz, Steckerstation, E-Box, Wasserkasten
T16 Steckverbinder, 16-fach (Diagnose-Verbindung), hintere Mittelkonsole
T26a Steckverbinder, 26-fach, blau, am Schalttafeleinsatz
Masse- und Stromverbindungen (eingekreist):

A2 Plusverbindung (15) in Armaturenbrett-Kabelstrang
A18 Verbindung (54) im Armaturenbrett-Kabelstrang
A32 Plusverbindung (30) im Armaturenbrett-Kabelstrang
76 Verbindung (Klemme K, Diagnose), im Armaturenbrett-Kabelstrang
44 Massestelle, A-Pfosten, links, unten
* Nur mit 128 kW-6-Zylinder
** Nur mit 110 kW-6-Zylinder

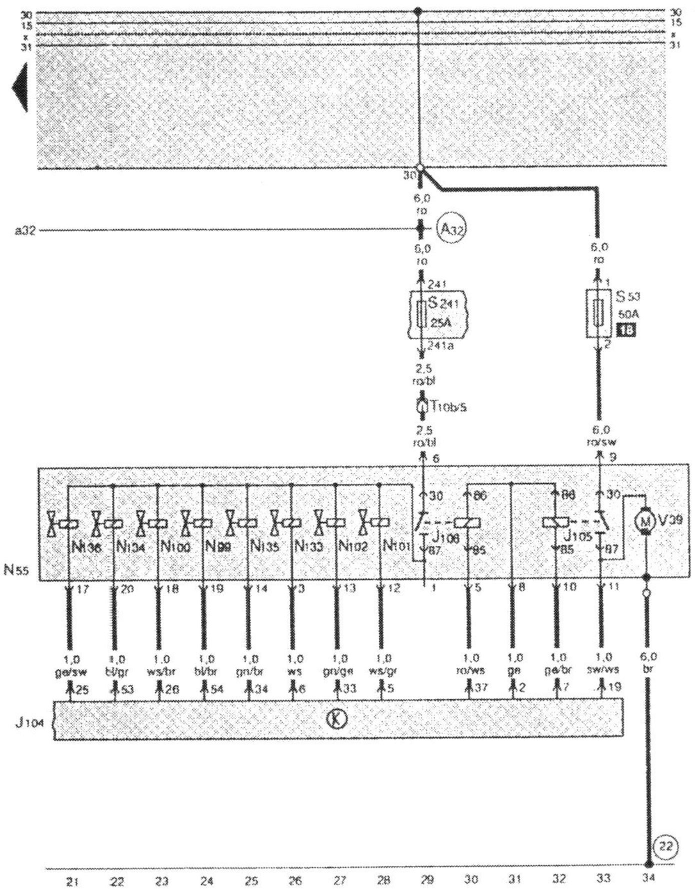

Schaltplan 44 — Fortsetzung von Schaltplan 43

J104 Steuergerät, ABS mit EDL
J105 ABS-Rücklaufströmung-Pumpenrelais
J106 ABS-Magnetventilrelais
N55 ABS-Hydrogerät
N99 ABS-Vorderes, rechtes Einlassventil
N100 ABS-Vorderes, rechtes Auslassventil
N101 ABS-Vorderes, linkes Einlassventil
N102 ABS-Vorderes, linkes Auslassventil
N133 ABS-Hinteres, rechtes Einlassventil
N134 ABS-Hinteres, linkes Einlassventil
N135 ABS-Hinteres, rechtes Auslassventil
N136 ABS-Hinteres, linkes Auslassventil
T10b Steckverbinder, 10-fach, orange, Steckerstation links, A-Pfosten
V39 ABS-Rücklaufströmungs-Pumpe
S... Sicherungen in Sicherungshalter

Masse- und Stromverbindungen (eingekreist):

A32 Siehe Schaltplan Nr. 43
22 Massestelle am Hydrogerät

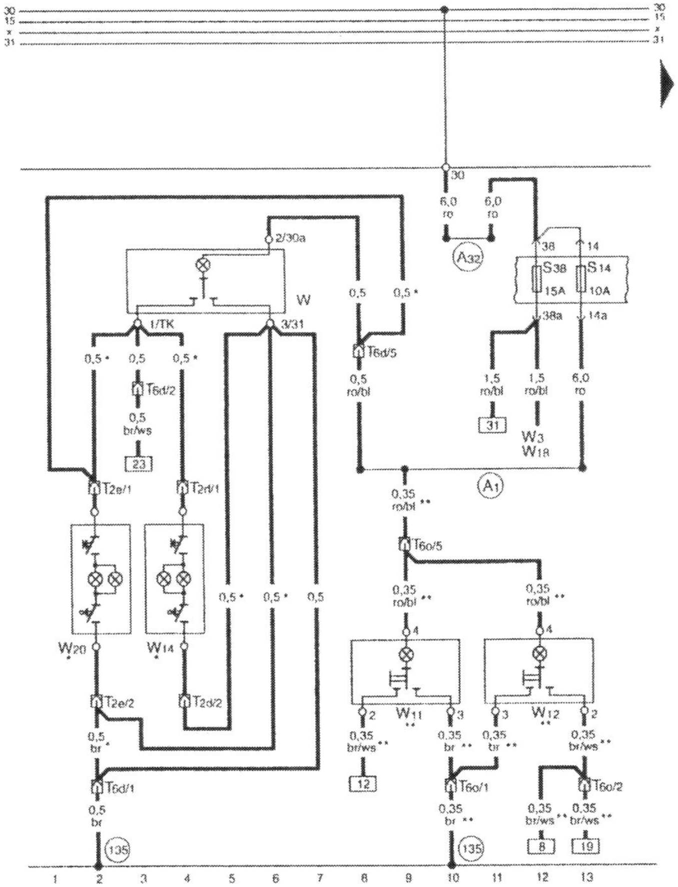

Schaltplan 45 — Zentralverriegelung und Innenleuchten mit Abschaltverzögerung, Leseleuchten und beleuchtetem Make-Up-Spiegel

S... Sicherung in Sicherungshalter
T2d Steckverbinder, 2-fach, weiss, Nähe Innenleuchte
T2e Steckverbinder, 2-fach, weiss, Nähe Innenleuchte
T6d Steckverbinder, 6-fach, dunkelbraun, Steckerstation links, A-Pfosten
T6o Steckverbinder, 6-fach, weiss, Steckerstation rechts, A-Pfosten
W Innenleuchte, vorn
W11 Leseleuchte, hinten links
W12 Leseleuchte, hinten rechts
W14 Beleuchteter Make-Up-Spiegel (Beifahrerseite)
W20 Beleuchteter Make-Up-Spiegel (Fahrerseite)

Masse- und Stromanschlüsse (eingekreist):

135 Masseverbindung —2—, im Armaturenbrett-Kabelstrang
A1 Plusverbindung (30a), im Armaturenbrett-Kabelstrang
A32 Plusverbindung (30), im Armaturenbrett-Kabelstrang
* Nur mit beleuchtetem Make-Up-Spiegel
** Nur mit Leseleuchten

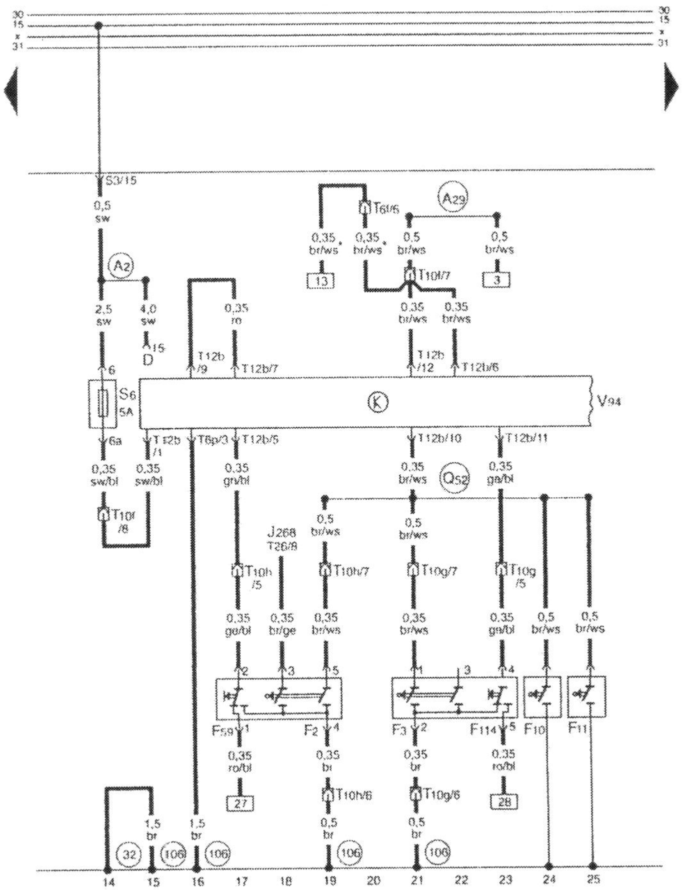

Schaltplan 46 — Fortsetzung von Schaltplan 45

D Zündschlossschalter
F2 Türkontaktschalter, Fahrerseite
F3 Türkontaktschalter, Beifahrerseite
F10 Türkontaktschalter, hinten links
F11 Türkontaktschalter, hinten rechts
F59 Schalter für Zentralverriegelung (Fahrerseite)
F114 Schalter für Zentralverriegelung (Beifahrerseite)
J268 Steuergerät für Mini-Checksystem
S6 Sicherung in Sicherungshalter
T6f Steckverbinder, 6-fach, orange, Steckerstation, A-Pfosten
T6p Steckverbinder, 6-fach, schwarz, Anschlussstecker B an V94, Kofferraum, rechts
T10f Steckverbinder, 10-fach, schwarz, Steckerstation rechts, A-Pfosten
T10g Steckverbinder, 10-fach, braun, Verbindung A-Pfosten
T10h Steckverbinder, 10-fach, braun, Steckerstation links, A-Pfosten
T12b Steckverbinder, 12-fach, grün, Anschlussstecker an V94, Kofferraum, rechts
T26 Steckverbinder, 26-fach, gelb, Armaturenbrett-Kabelstrang
V94 Motor für Zentralverriegelung mit Steuergerät für Innenleuchten-Abschaltverzögerungsrelais

Masse- und Stromverbindungen (eingekreist):

32 Massestelle, hinter Schalttafeleinsatz, links
106 Masseverbindung, im Zentralverriegelungs-Kabelstrang
A2 Plusverbindung (15), im Armaturenbrett-Kabelstrang
A29 Verbindung (Innenleuchte), im Armaturenbrett-Kabelstrang
Q52 Verbindung (Türkontaktschalter), im Kabelstrang der Diebstahlwarnanlage

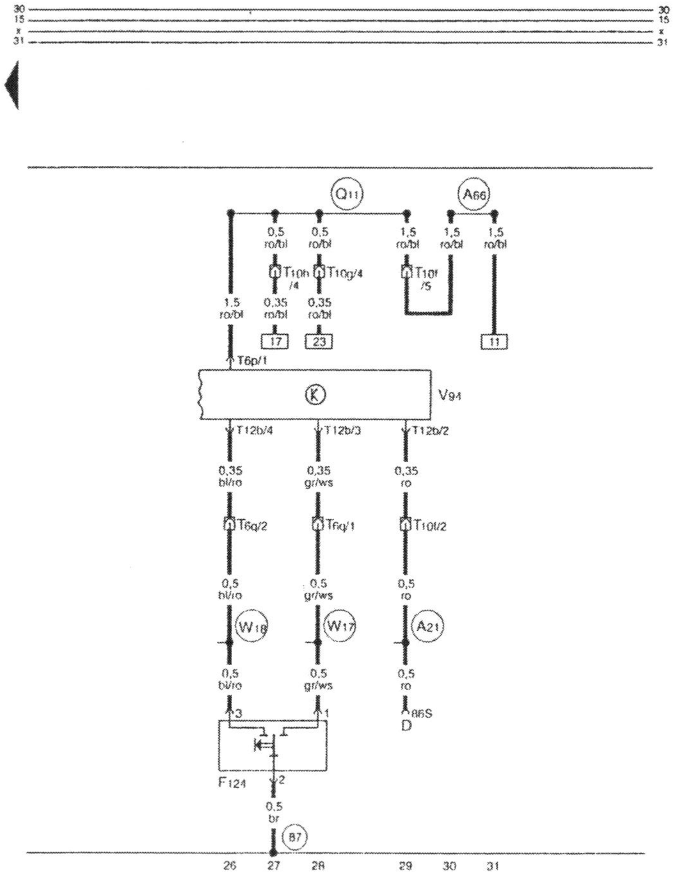

Schaltplan 47 — Fortsetzung von Schaltplan Nr. 45

D	Zündschlossschalter
F124	Kontaktschalter in Schliesszylinder für Heckklappe/Zentralverriegelung
T6g	Steckverbinder, 6-fach, violett, Steckerstation links, Pfosten A
T6p	Steckverbinder, 6-fach, schwarz, Anschlussstecker an V94, Kofferraum, rechts
T10f	Siehe Schaltplan Nr. 14
T10g	Siehe Schaltplan Nr. 33
T12b	Siehe Schaltplan Nr. 46
V94	Siehe Schaltplan Nr. 46
	Masse- und Stromverbindungen (eingekreist):
A87	Masseverbindung —2—, im hinteren Kabelstrang
A21	Verbindung (85s), im Armaturenbrett-Kabelstrang
A66	Verbindung (30a, Zentralverriegelung), im Armaturenbrett-Kabelstrang
Q11	Plusverbindung (39az), im Zentralverriegelungs-Kabelstrang
W17	Verbindung (Schliesszylinder offen), im hinteren Kabelstrang
W18	Verbindung (Schliesszylinder offen), im hinteren Kabelstrang

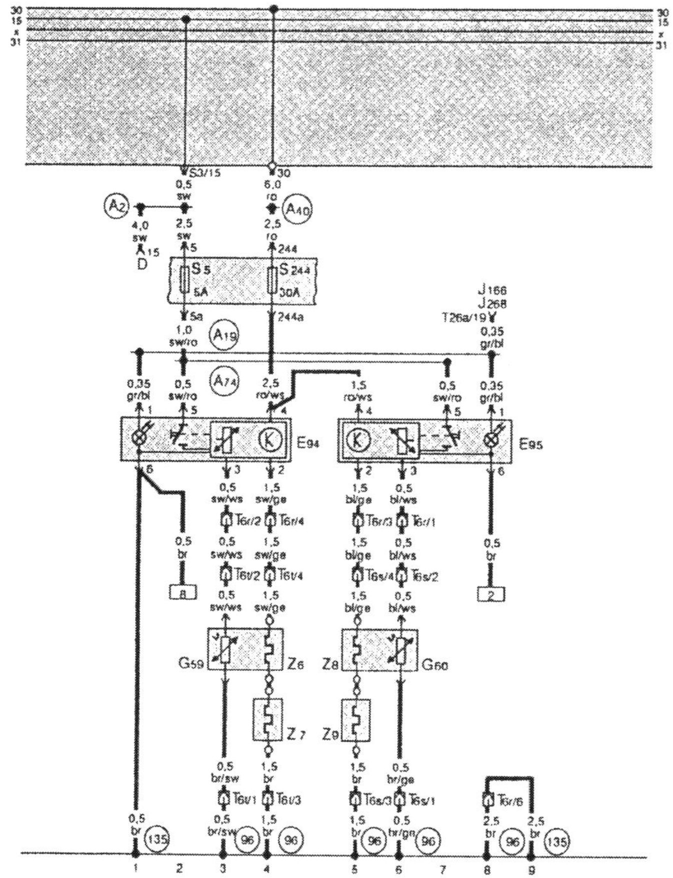

Schaltplan 48 — Beheizte Sitze

D	Zündanlassschalter
E94	Sitzversteller, Fahrerseite
E95	Sitzversteller, Beifahrerseite
G59	Temperatur-Sensor, Fahrersitz
G60	Temperatur-Sensor, Beifahrersitz
J166	Verstärker, Instrumentbeleuchtung
J268	Steuergerät für Mini-Checksystem
S...	Sicherungen in Sicherungshalter
T6r	Steckverbinder, 6-fach, weiss, Steckerstation links, A-Pfosten
T6s	Steckverbinder, 6-fach, grün, unter Beifahrersitz
T6t	Steckverbinder, 6-fach, grün, unter Fahrersitz
T26a	Steckverbinder, 26-fach, blau, am Schalttafeleinsatz
Z6	Beheizter Fahrersitz
Z7	Beheizte Rückenlehne, Fahrersitz
Z8	Beheizter Beifahrersitz
Z9	Beheizte Rückenlehne, Beifahrersitz
	Masse- und Stromverbindungen (eingekreist):
A2	Plusverbindung (15), im Armaturenbrett-Kabelstrang
A19	Verbindung (58d), im Armaturenbrett-Kabelstrang
A40	Plusverbindung —1— (30), im Armaturenbrett-Kabelstrang
A74	Plusverbindung (15a Sicherung 5), im Armaturenbrett-Kabelstrang
96	Masseverbindung —1—, im Kabelstrang der Sitzbeheizung
135	Masseverbindung —2—, im Armaturenbrett-Kabelstrang

FSC
www.fsc.org
MIX
Papier | Fördert gute Waldnutzung
FSC® C083411

Kolibri 360 GmbH
Ferdinand-Jühlke-Straße 7
99095 Erfurt, Deutschland
produktsicherheit@kolibri360.de

Druck:
CPI Druckdienstleistungen GmbH
im Auftrag der
Kolibri 360 GmbH
Ferdinand-Jühlke-Str. 7
99095 Erfurt